気象学・気象技術の全体俯瞰図

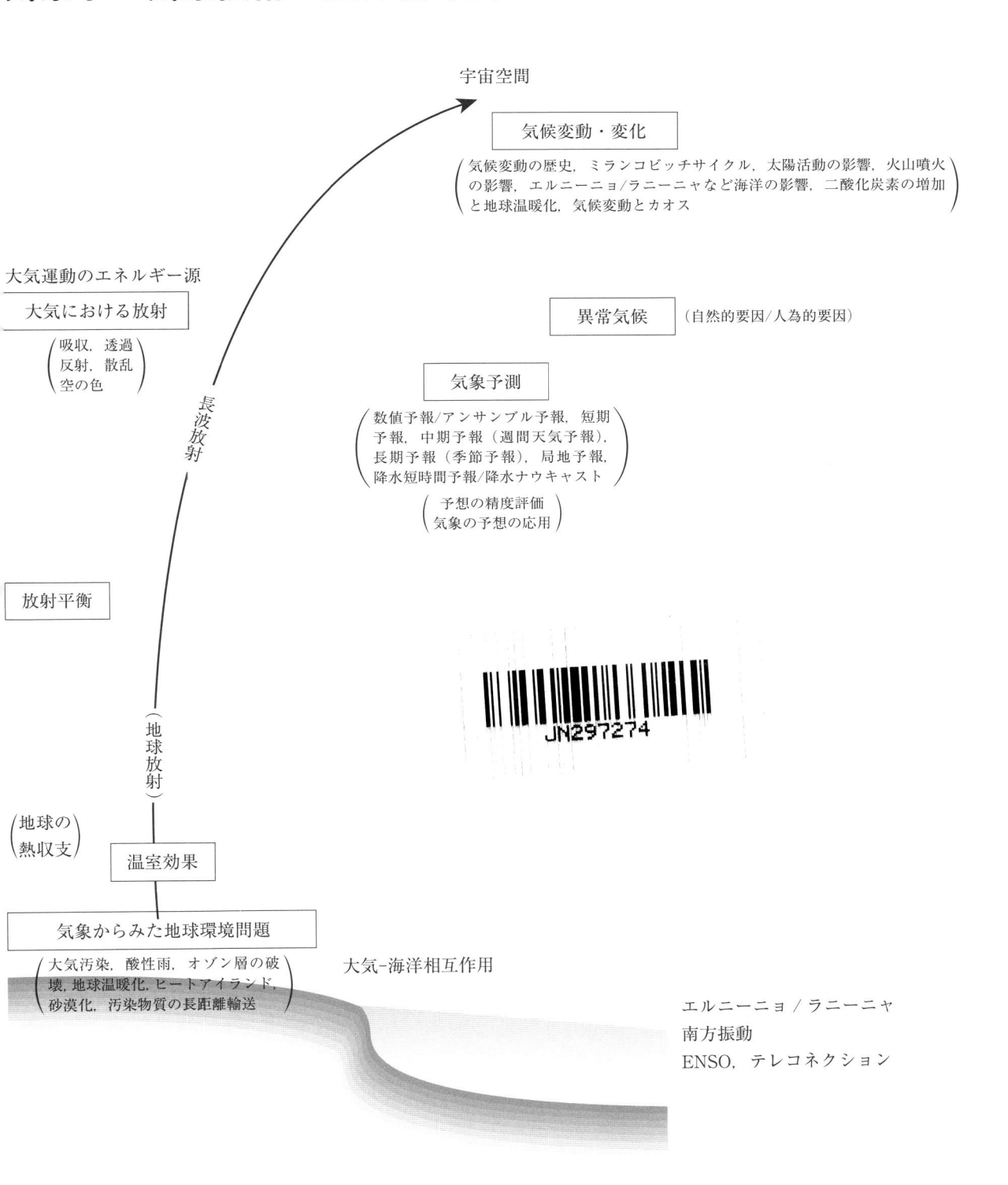

宇宙空間

気候変動・変化
気候変動の歴史, ミランコビッチサイクル, 太陽活動の影響, 火山噴火の影響, エルニーニョ/ラニーニャなど海洋の影響, 二酸化炭素の増加と地球温暖化, 気候変動とカオス

大気運動のエネルギー源

大気における放射
吸収, 透過, 反射, 散乱, 空の色

長波放射

異常気候
(自然的要因/人為的要因)

気象予測
数値予報/アンサンブル予報, 短期予報, 中期予報（週間天気予報）, 長期予報（季節予報）, 局地予報, 降水短時間予報/降水ナウキャスト

予想の精度評価
気象の予想の応用

放射平衡

（地球放射）

（地球の熱収支）

温室効果

気象からみた地球環境問題
大気汚染, 酸性雨, オゾン層の破壊, 地球温暖化, ヒートアイランド, 砂漠化, 汚染物質の長距離輸送

大気-海洋相互作用

エルニーニョ/ラニーニャ
南方振動
ENSO, テレコネクション

気象予報士
合格 ハンドブック

気象予報技術研究会 [編集]
新田　尚・二宮洸三・山岸米二郎 [編集主任]

朝倉書店

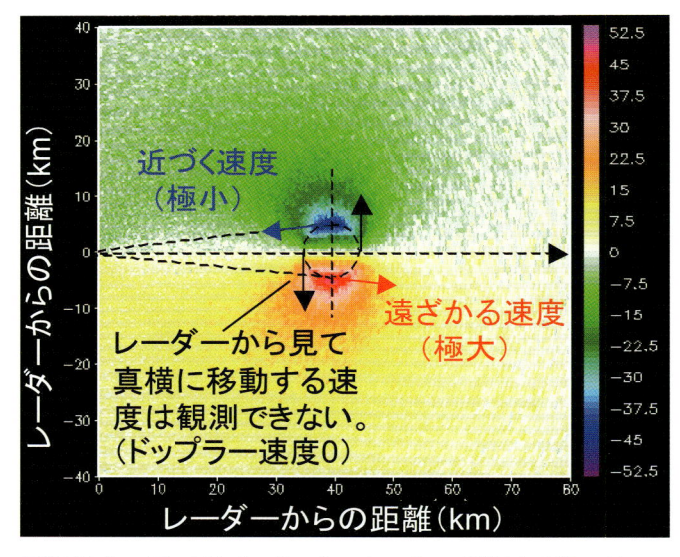

口絵1（本文 p.109，図1.4）　ドップラーレーダーで観測される渦のパターン（気象庁提供）

レーダーサイトから見て，近づく速度（青）と遠ざかる速度（赤）が対になって見える．

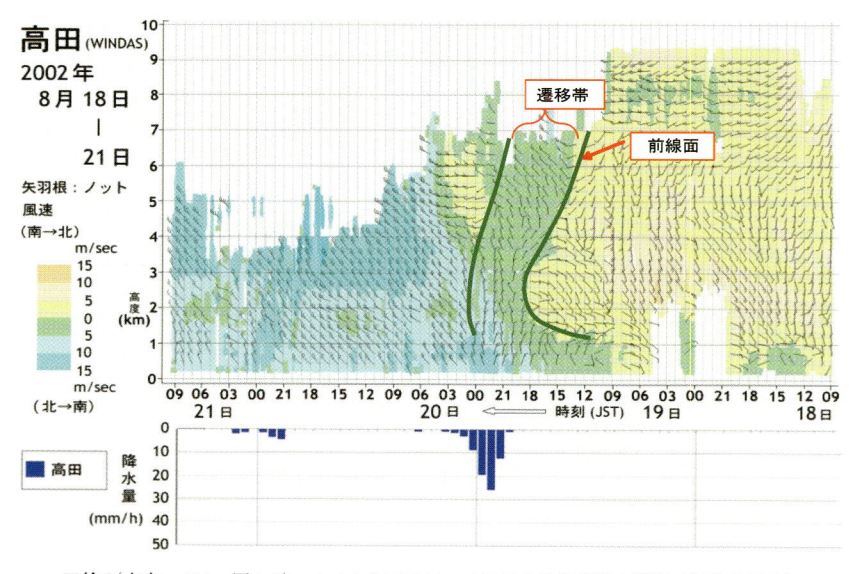

口絵2（本文 p.111，図1.5）　ウィンドプロファイラによる前線帯の表現（気象庁提供）

(ア) (イ)

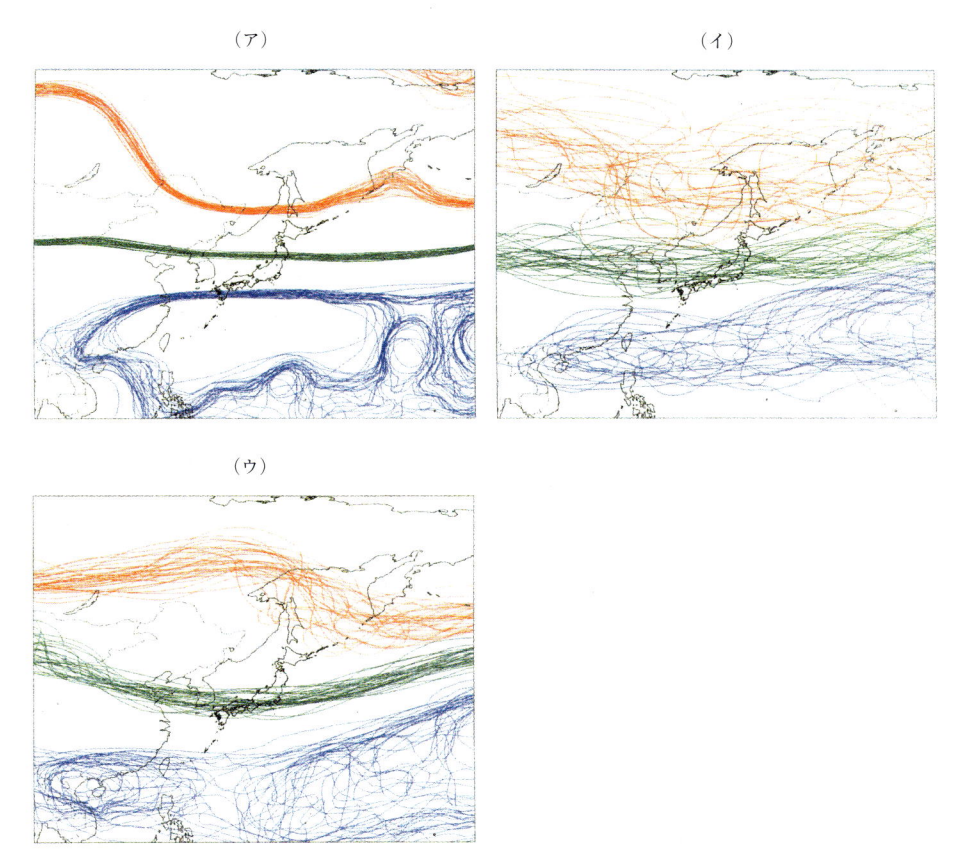

(ウ)

(ア)〜(ウ):500 hPaの特定高度線(赤線:5400 m,緑線:5700 m,青線:5880 m)の予測結果(全メンバー)

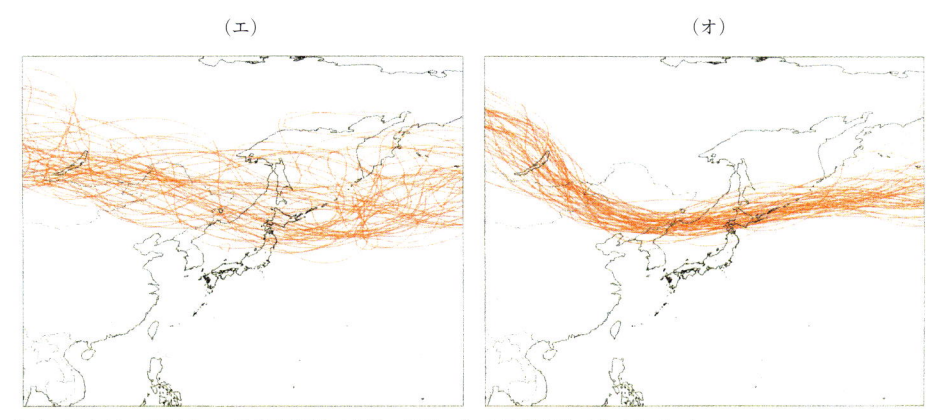

(エ) (オ)

(エ)と(オ):500 hPaの特定高度線(赤線:5400 m)の予測結果(全メンバー)

口絵3(本文 p.136,図1)

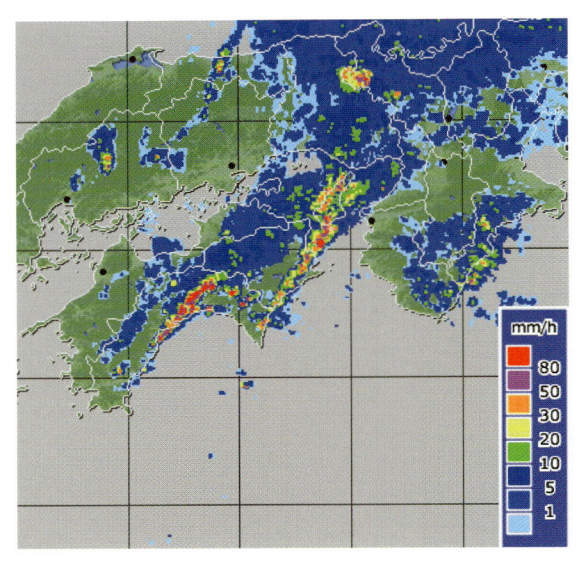

口絵4（本文 p.245，図1.39） レーダーエコー合成図
2008年5月13日21時（12 UTC）

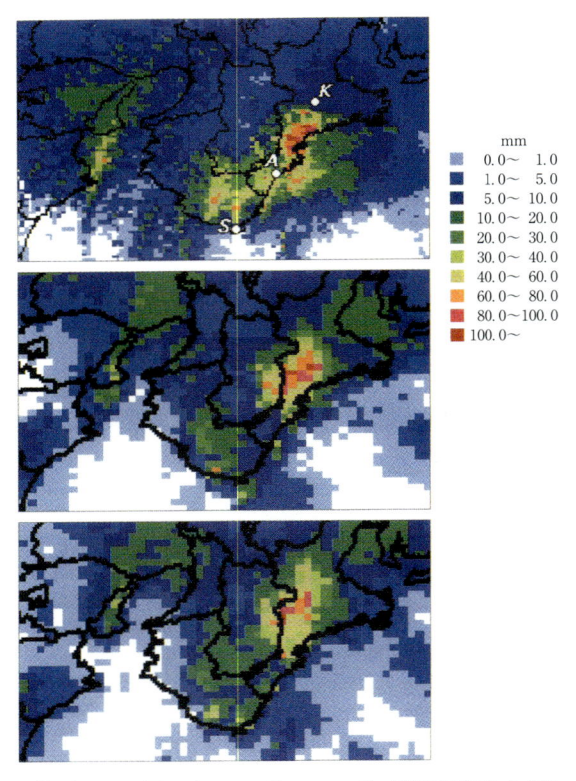

口絵5（p.252，図2.1） レーダー・アメダス解析雨量図および降
水短時間予報
実況（上）xx年9月29日8時（28日23 UTC）
1時間予報（中）xx年9月29日9時（00 UTC）
2時間予報（下）xx年9月29日10時（01 UTC）

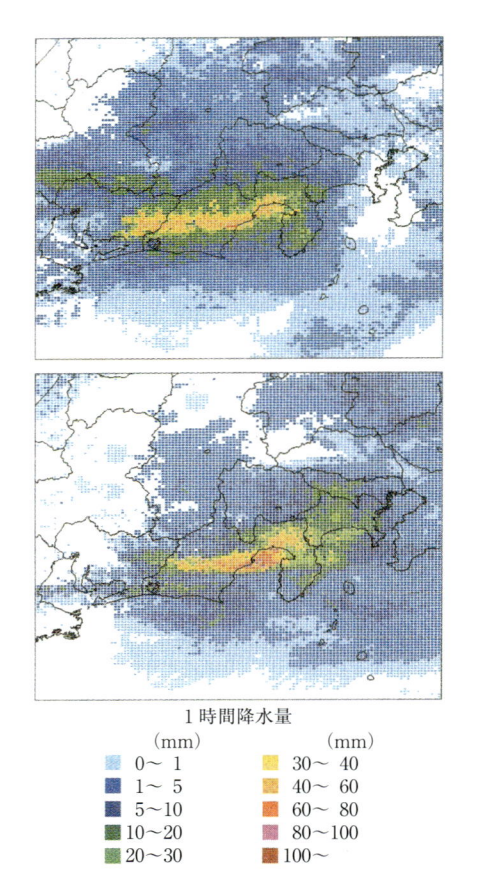

口絵6（p.256，図2.10） レーダー・アメダス解析雨量図
（上）4日0時（3日15 UTC），（下）4日2時（3日17 UTC）．

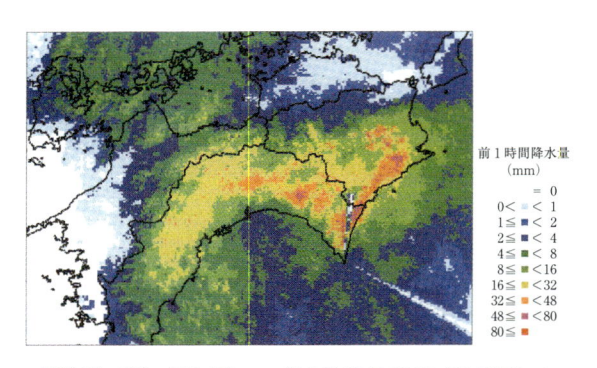

口絵7（p.259，図2.17） xx年4月11日10時（01 UTC）の
四国地方における解析雨量図
室戸岬から東南東に伸びる白い線状の領域は，レーダーサイ
ト近傍の建物の影響によってできたもの．

は　じ　め　に

　「気象予報士」という国家資格が制定されて以来 15 年以上が経過し，気象予報士試験も 2010 年 1 月の平成 21 年度第 2 回試験で 33 回を数えるに至っている．その間に，約 8000 名に近い合格者を出し，気象情報の現場をはじめわが国の各界で気象予報士が活躍している．なかでも毎日のテレビやラジオに登場する気象予報士への注目度は高く，それにつれて気象情報に対する国民の関心も高まってきた．

　日本気象予報士会も 2009 年 7 月に一般社団法人として新しいスタートをきり，気象庁から提供される高度な気象資料を正確に理解して，的確な気象予報を行うとともに，気象災害の軽減に貢献できる気象予測の専門家の集団としてより強力な社会的活動をめざしている．

　こうした新しい展開に伴って，気象予報士の資格を取得しようとする受験者は年 2 回の試験で毎回 5000 人前後に及び，約 4% の合格率という難関に挑戦している．そうした「難しい国家試験」のひとつとしての気象予報士試験の受験対策のための参考書は，すでに数多く刊行されているが，受験準備の段階で受験者が単に合格するという目先の目標に終わらず，将来の発展をめざす真の専門家として成長していくことを考慮した，行き届いた実力養成のための参考書は数少ない．

　本書は「ハンドブック」と銘打つように，受験対策を体系的に整理して構成し，試験科目を縦の柱としつつ，学習した知識を将来にわたって深めていって一層役に立つようにすべく横にも系統的に広がる配列を行っている．したがって，全くの初心者には最初少しとりかかりにくいかもしれないので，区切りの項目ごとに「初心者の方々へのメッセージ」を掲げてそれぞれの項目で扱っている内容のポイントをわかりやすく示している．

　他方，かなり学習を積んで合格レベルに近づいている受験者は，これまで勉強してきた事項の内容を確かめながら，より充実した，発展性のある系統的な知識の体系を自分の中に築いて頂けるものと思う．そして，それぞれの区切りの項目を，例題を解くことにより自分の実力を試したり確かめたりして，もし仮に自分に弱点があることがわかればそれはどういう点であるかを特定して，その解消に努めて欲しい．それがポイントをついた学習につながるはずである．

　気象予報士試験の場合，まず学科試験（一般知識と専門知識）に合格し，それが有効な期間中に実技試験に合格しなければならない（両方，同時に合格すればいうことはないが）．したがって，作戦としては学科試験の準備を先行させることになるが，学科と実技は全くの別物ではなくお互いに相補的に密接に関連しているので，座学としての学科の勉強のかたわら，実技の実務的操作も学習し，学科の知識を気象の変動の解釈や状態の解析，今後の進展の予測などに活用することも学んでいくことが大切である．それは，学科試験にだけ最初合格し，続いて実技試験に備えるという事態に直面した場合も，学科の知識をベースとした復習を怠ることなく，実技の学習

と並行して行うという対処の仕方につながっていく．

　どういう試験にせよ「受験」ということは，決して楽しいことではないが，単なる趣味としてでなく受験勉強を通して仕事の一環としての気象の知識や技術を習得し，やがてそれらを自分で自由に使いこなす喜びを得るのだと考えれば，将来への夢もふくらむし希望も湧いてきて，受験勉強のストレスからも解放されるのではないだろうか．つまり，この道を行けば，やがて「自分にとって新しい世界が開けるのだ」「いまはそのための修練の時なのだ」と考えたい．

　本書は，そうした「未来志向」や「発展志向」に役立つ構成と内容の書物として企画し，気象学・気象技術のそれぞれの分野で実績を積んだベテランの執筆者・気象予報士の方々が，これまでの本番の試験の出題傾向も十分考慮してお互いに議論を重ねて準備したものである．試験に臨むための座右の書として大いに活用され，見事目的を達成されることを心から願うとともに，気象予報士としての日常業務にも活用して頂けることを期待している．

　本書の刊行で大変お世話になった，朝倉書店の関係者に厚く謝意を表したい．

　2010年3月

執筆者を代表して　新 田　　尚

編 集
気象予報技術研究会

執筆者（五十音順）

足 立　　　崇　元気象庁観測部長
伊 藤 朋 之　元気象庁気候・海洋気象部長
稲 葉 弘 樹　気象予報士（ユナイテッド航空会社）
澤 井 哲 滋　元気象庁気象大学校教頭
新 田　　　尚*　元気象庁長官
二 宮 洸 三*　元気象庁長官
長 谷 川 隆 司　元気象庁気象研究所長
古 川 武 彦　元気象庁札幌管区気象台長
山 岸 米 二 郎*　元気象庁気象研究所長

(*：編集主任)

目　　次

第0編　序　論　（新田　尚）

1. はじめに ································· 2
2. 気象予報士試験について ······· 2
3. 学科試験の勉強の仕方 ············ 6
4. 実技試験の勉強の仕方 ············ 8

第I編　学　科　試　験

第1部　予報業務に関する一般知識

1. **大気の構造** ················（古川武彦）···· 14
   1.1 大気の組成 ································· 14
   1.2 大気の鉛直構造 ························· 14
   　　1.2.1 対流圏，対流圏界面 ············ 15
   　　1.2.2 成層圏，成層圏界面 ············ 15
   　　1.2.3 中間圏 ································ 16
   　　1.2.4 熱圏，電離圏 ······················ 16
   　　1.2.5 標準大気 ····························· 16
   　　1.2.6 大気境界層 ························· 17
   1.3 風・気温の鉛直構造 ················· 17
2. **大気の熱力学** ············（山岸米二郎）···· 20
   2.1 理想気体と状態方程式 ············· 20
   　　2.1.1 理想気体の状態方程式 ········ 20
   　　2.1.2 乾燥空気の状態方程式 ········ 20
   　　2.1.3 ダルトンの分圧の法則 ········ 20
   　　2.1.4 水蒸気量の表し方 ··············· 20
   　　2.1.5 湿潤空気の状態方程式 ········ 20
   2.2 熱力学第一法則 ························ 21
   　　2.2.1 内部エネルギーと比熱 ········ 21
   　　2.2.2 乾燥空気の断熱変化と温位 ··· 21
   　　2.2.3 未飽和湿潤空気の断熱変化 ··· 21
   　　2.2.4 静力学平衡（静水圧平衡） ··· 21

　　2.2.5 断熱減率 ····························· 21
   2.3 大気（空気塊）の熱力学的特性とエマグラム ·· 22
   　　2.3.1 エマグラム ························· 22
   　　2.3.2 湿潤空気塊の断熱変化 ········ 22
   　　2.3.3 大気の安定度 ······················ 23
3. **降水過程** ···················（伊藤朋之）···· 27
   3.1 エーロゾル ······························· 27
   3.2 凝結による雲の発生 ················· 27
   　　3.2.1 水蒸気の凝結 ······················ 27
   　　3.2.2 水滴のサイズと平衡蒸気圧 ··· 28
   　　3.2.3 凝結核と雲核 ······················ 29
   　　3.2.4 凝結による雲粒の成長 ········ 29
   3.3 雲粒から雨滴への併合成長 ······ 29
   　　3.3.1 水滴の落下速度 ··················· 30
   　　3.3.2 併合過程による水滴の成長 ··· 31
   　　3.3.3 「暖かい雨」と「冷たい雨」 ··· 31
   3.4 氷晶過程 ··································· 32
   　　3.4.1 氷晶核 ································ 32
   　　3.4.2 雪結晶 ································ 32
   　　3.4.3 併合成長 ····························· 33
   　　3.4.4 融解 ··································· 34
   3.5 雲と霧 ······································ 34
   　　3.5.1 雲 ······································· 34
   　　3.5.2 霧 ······································· 35
   3.6 気象光学 ··································· 36
   　　3.6.1 レイリー散乱による大気光象 ··· 36
   　　3.6.2 ミー散乱による大気光象 ···· 37
   　　3.6.3 幾何散乱による大気光象 ···· 37
4. **放　　射** ···················（二宮洸三）···· 42
   4.1 放射の基礎 ······························· 42
   4.2 放射に関する物理法則 ············· 42
   　　4.2.1 ウィーンの法則 ··················· 42
   　　4.2.2 ステファン-ボルツマンの法則 ··· 42
   　　4.2.3 放射の距離逆2乗法則 ········ 42
   　　4.2.4 太陽の高度角との関係 ········ 43
   4.3 放射伝達にかかわる過程 ········· 43
   4.4 放射平衡と大気の温室効果 ······ 43

4.4.1	放射平衡と放射平衡温度	43
4.4.2	地球の放射平衡：大気が赤外放射を吸収しない場合	44
4.4.3	地球の放射平衡：大気が赤外放射を完全に吸収する場合	44
4.5	地球と大気の熱収支	44
4.5.1	熱収支にかかわる諸過程	44
4.5.2	放射対流平衡	45
4.5.3	放射と熱源の緯度分布	45
4.6	放射と大気大循環	45
4.6.1	大気大循環	45
4.6.2	ハドレー循環	45
4.6.3	極循環	45
4.6.4	高緯度気団と熱帯・亜熱帯気団	45
4.6.5	極前線帯と温帯低気圧	46
4.7	放射と気象のリモートセンシング	46
4.7.1	気象レーダー	46
4.7.2	ウィンドプロファイラ	46
4.7.3	透過計，散乱計	46
4.7.4	気象衛星観測	46

5. 大気の力学 ……………………(二宮洸三)…49

5.1	大気の運動と大気に作用する力	49
5.1.1	気象力学の特徴	49
5.1.2	大気中で作用する力	49
5.2	基礎方程式系	50
5.2.1	運動方程式	50
5.2.2	全微分的時間変化と偏微分的時間変化	50
5.2.3	質量保存の法則と連続の式	50
5.2.4	状態方程式と熱力学第一法則	50
5.2.5	基本方程式の活用	50
5.2.6	水蒸気の連続の式	51
5.3	大規模現象を理解するための方程式系	51
5.3.1	静力学平衡	51
5.3.2	等圧面高度傾度と気圧傾度	52
5.3.3	連続の式	52
5.3.4	熱力学第一法則	52
5.4	地衡風と温度風	52
5.4.1	地衡風	52
5.4.2	温度風	53
5.4.3	層厚温度の移流	53
5.4.4	摩擦がある場合の定常状態	54
5.5	傾度風と旋衡風	54
5.5.1	傾度風	54
5.5.2	摩擦力の作用する場合	55

5.5.3	旋衡風	55
5.6	境界層と摩擦	55
5.6.1	境界層と自由大気	55
5.6.2	運動量輸送と摩擦力	55
5.7	水平発散と鉛直流	56
5.7.1	水平発散	56
5.7.2	鉛直流	56
5.8	渦度と渦度方程式	56
5.8.1	鉛直渦度	56
5.8.2	渦度方程式	58
5.8.3	絶対渦度と相対渦度	58
5.8.4	固定点における渦度の変化	59
5.9	擾乱のスケールと発達のメカニズム	59
5.9.1	擾乱のスケール	59
5.9.2	力学的不安定	59
5.10	温帯低気圧の発達	59
5.10.1	地上気圧の変化	59
5.10.2	上昇流	60
5.10.3	渦度方程式	60
5.10.4	準地衡風近似	60
5.10.5	オメガ（ω）方程式と傾向方程式	60
5.10.6	低気圧の発達と傾圧不安定	61

6. 気象現象 ……………………(山岸米二郎)…64

6.1	成層圏の気象	64
6.2	大気大循環	65
6.2.1	大規模現象	65
6.2.2	エネルギーと水蒸気の循環と収支	66
6.3	総観規模現象（温帯低気圧と台風）	66
6.3.1	温帯低気圧	66
6.3.2	台風	67
6.4	メソスケール現象	67
6.4.1	メソスケール現象の種類	67
6.4.2	積乱雲	67
6.4.3	積乱雲の組織化	67
6.4.4	竜巻とダウンバースト	68
6.5	海陸風，斜面風，山谷風	68
6.5.1	海陸風	68
6.5.2	斜面風と山谷風	68

7. 気候と環境 ……………………(伊藤朋之)…72

7.1	気候システム	72
7.1.1	気候システム	72
7.1.2	気候モデル	73
7.1.3	エルニーニョ	73
7.2	気候の変動	76
7.2.1	ミランコビッチの仮説	77

        7.2.2　ヤンガードリアス……………… 78
        7.2.3　縄文海進………………………… 78
        7.2.4　マウンダー極小期と小氷期…… 78
        7.2.5　火山噴火………………………… 78
    7.3　地球温暖化…………………………… 79
        7.3.1　温室効果………………………… 79
        7.3.2　温室効果気体…………………… 80
        7.3.3　二酸化炭素……………………… 81
        7.3.4　地球温暖化……………………… 82
        7.3.5　温暖化の現状認識……………… 83
    7.4　オゾン層とオゾンホール…………… 84
        7.4.1　オゾン層問題…………………… 84
        7.4.2　オゾン層の仕組み……………… 84
        7.4.3　オゾンホール…………………… 85
    7.5　酸　性　雨…………………………… 86
        7.5.1　酸性沈着………………………… 86
        7.5.2　酸性雨への取り組みの歴史…… 86
        7.5.3　モニタリング…………………… 87
        7.5.4　酸性雨関係諸量………………… 87
        7.5.5　日本の酸性雨…………………… 87
8. 気象業務法その他の気象業務に関する法規
        ………………………………（稲葉弘樹）… 91
    8.1　予報業務の許可……………………… 91
        8.1.1　予報とは………………………… 91
        8.1.2　予報業務の許可………………… 91
        8.1.3　予報業務の許可の手続き……… 91
        8.1.4　予報業務の変更，休・廃止…… 91
        8.1.5　許可を受けた者の義務………… 92
    8.2　観測に関する遵守事項……………… 92
        8.2.1　技術基準に従った観測の実施… 92
        8.2.2　観測施設の設置・廃止の届出… 92
        8.2.3　観測成果の報告………………… 93
        8.2.4　検定合格測器の使用…………… 93
        8.2.5　気象庁長官の求めによる検査の受忍… 93
    8.3　気象予報士…………………………… 93
        8.3.1　気象予報士とは………………… 93
        8.3.2　気象予報士資格の取得………… 93
        8.3.3　気象予報士の登録等…………… 94
    8.4　警報・注意報………………………… 94
        8.4.1　警報・注意報の定義…………… 94
        8.4.2　警報・注意報の種類…………… 95
        8.4.3　一般の利用に適合する警報・注意報
            の実施………………………………… 96
        8.4.4　警報・注意報の周知…………… 96
        8.4.5　警報の実施制限と例外………… 96

        8.4.6　気象情報………………………… 97
        8.4.7　消防法の火災警報……………… 97
    8.5　気象業務法における罰則…………… 97
        8.5.1　罰則の分類……………………… 97
        8.5.2　遵守義務と行政処分…………… 97
    8.6　災害対策基本法……………………… 97
        8.6.1　国，都道府県および市町村の責務… 97
        8.6.2　予報・警報の伝達等…………… 98
        8.6.3　事前措置および避難…………… 99
        8.6.4　応急措置………………………… 99

第2部　予報業務に関する専門知識

1. 観測の成果の利用………………………… 104
    1.1　地上気象観測…………………（足立　崇）… 104
        1.1.1　気圧・風・気温の観測……… 104
        1.1.2　降水，雲，大気現象，その他の観測… 105
        1.1.3　観測システムとデータの予報への
            利用…………………………………… 106
    1.2　レーダー観測………………（足立　崇）… 107
        1.2.1　レーダーとそのデータの特徴… 107
        1.2.2　レーダーのプロダクトとその予報
            への利用……………………………… 108
        1.2.3　ドップラーレーダーとそのデータの
            特徴…………………………………… 108
        1.2.4　ドップラーレーダーのプロダクトと
            その予報への利用…………………… 109
    1.3　高　層　観測………………（足立　崇）… 109
        1.3.1　ゾンデによる観測とプロダクト… 109
        1.3.2　ウィンドプロファイラとそのデータ
            の特徴………………………………… 110
        1.3.3　ウィンドプロファイラのプロダクト
            とその予報への利用………………… 110
    1.4　気　象　衛　星………………（長谷川隆司）… 113
        1.4.1　各種気象衛星画像の特徴……… 113
        1.4.2　雲形の判別……………………… 114
        1.4.3　気象擾乱に伴う雲パターンの特徴… 115
        1.4.4　主な雲パターンの特徴………… 117
2. 数　値　予　報…………………………（新田　尚）… 122
    2.1　数値予報の原理と手順……………… 122
    2.2　数値予報モデル……………………… 122
    2.3　予報（支配）方程式………………… 123
    2.4　物　理　過程………………………… 124
    2.5　数　値　計　算……………………… 124

2.6　初期値の作成と客観解析……………126
　2.7　アンサンブル予報………………………128
　2.8　アプリケーション………………………130
　2.9　「数値予報」試験問題の出題傾向………131
3. **短期予報, 中期予報（週間予報）**（足立　崇）…138
　3.1　擾乱とそれに伴う天気……………………138
　　3.1.1　温帯低気圧と前線……………………138
　　3.1.2　台　風…………………………………139
　　3.1.3　梅雨前線………………………………140
　　3.1.4　寒冷低気圧（寒冷渦），寒気内小低
　　　　　気圧（ポーラーロー）…………………140
　　3.1.5　高気圧…………………………………141
　3.2　現象の予報………………………………141
　　3.2.1　風………………………………………141
　　3.2.2　降雨，降雪，霧………………………142
　　3.2.3　雷雨と雷雨に伴う突風………………143
　3.3　天気予報ガイダンスの利用………………144
　3.4　解析資料の利用…………………………145
　　3.4.1　地上および高層天気図………………145
　　3.4.2　高層断面図とジェット気流…………146
　　3.4.3　エマグラム（EMAGRAM）…………146
　3.5　短　期　予　報…………………………147
　　3.5.1　短期予報の種類と内容………………147
　　3.5.2　短期予報支援資料の概要……………148
　　3.5.3　予報の手順……………………………148
　　3.5.4　予報用語………………………………150
　3.6　中　期　予　報…………………………151
　　3.6.1　週間天気予報の種類と内容…………151
　　3.6.2　週間天気予報支援資料の概要………151
4. **長期予報（季節予報）**………………（新田　尚）…155
　4.1　長期予報（季節予報）とは………………155
　4.2　日本の天候に影響を与える高気圧………156
　　4.2.1　太平洋高気圧…………………………156
　　4.2.2　チベット高気圧………………………157
　　4.2.3　オホーツク海高気圧…………………157
　　4.2.4　シベリア高気圧………………………158
　4.3　ブロッキング現象………………………159
　4.4　偏西風（ジェット気流）の変動（東西
　　　指数）と日本の天候……………………161
　　4.4.1　ジェット気流の特性…………………161
　　4.4.2　東西指数（ゾーナルインデックス）…162
　　4.4.3　梅雨前線帯と梅雨ジェット…………164
　　4.4.4　西谷型，東谷型………………………165
　4.5　日本の天候に影響する熱帯の循環………165
　　4.5.1　熱帯域の熱源と太平洋高気圧などの

　　　　　大気の応答……………………………166
　　4.5.2　マッデン-ジュリアン振動（MJO）……166
　4.6　テレコネクション………………………166
　　4.6.1　テレコネクションとは………………166
　　4.6.2　エルニーニョ/ラニーニャ現象………166
　　4.6.3　北極振動（AO）………………………169
　　4.6.4　定常ロスビー波とその影響…………169
　4.7　長期予報の方法…………………………170
　　4.7.1　アンサンブル（数値）予報……………170
　　4.7.2　統計的手法による予報………………171
　　4.7.3　長期予報の確率的表現………………172
　4.8　異常天候早期警戒情報…………………172
　4.9　「長期予報」試験問題の出題傾向………173
5. **局　地　予　報**………………（長谷川隆司）…178
　5.1　海　陸　風………………………………178
　5.2　山　谷　風………………………………178
　5.3　お　ろ　し………………………………179
　　5.3.1　フェーン…………………………………179
　　5.3.2　ボ　ラ……………………………………180
　5.4　積雲，積乱雲……………………………180
　　5.4.1　集中豪雨…………………………………180
　　5.4.2　竜巻（トルネード）……………………180
　　5.4.3　ダウンバースト………………………181
　5.5　都　市　気　候…………………………181
　　5.5.1　ヒートアイランド……………………181
　　5.5.2　その他の都市気象……………………182
6. **降水短時間予報, 降水ナウキャスト**
　…………………………………（足立　崇）…186
　6.1　降水短時間予報…………………………186
　　6.1.1　初期値の作成，解析雨量……………186
　　6.1.2　実況補外予測…………………………187
　　6.1.3　メソ数値予報による数値予測………188
　　6.1.4　実況補外予測とMSM予測の結合
　　　　　手法……………………………………188
　　6.1.5　防災情報への利用……………………188
　6.2　降水ナウキャスト………………………188
7. **気　象　災　害**………………（伊藤朋之）…191
　7.1　気象災害と気象情報……………………191
　　7.1.1　気象庁の発表する警報と注意報……191
　　7.1.2　「気象情報」……………………………194
　7.2　風　害……………………………………194
　　7.2.1　風について……………………………194
　　7.2.2　風の強さと吹き方……………………194
　　7.2.3　藤田スケール…………………………195
　　7.2.4　強風による被害の様態………………195

- 7.2.5 波浪害 …… 196
- 7.2.6 高潮害 …… 197
- 7.2.7 その他の風害 …… 197
- 7.2.8 風害を発生させる気象条件 …… 198
- 7.2.9 竜巻 …… 199
- 7.2.10 ダウンバースト …… 199
- 7.2.11 突風に関する情報 …… 200
- 7.2.12 突風被害の調査 …… 200
- 7.3 水害，大雨害 …… 200
  - 7.3.1 洪水・浸水による災害 …… 200
  - 7.3.2 土砂災害 …… 203
  - 7.3.3 水害をもたらす雨量 …… 204
  - 7.3.4 水害をもたらす気象 …… 204
- 7.4 雪害 …… 205
  - 7.4.1 風雪害 …… 205
  - 7.4.2 積雪害 …… 205
  - 7.4.3 雪圧害 …… 205
  - 7.4.4 着雪害 …… 205
  - 7.4.5 なだれ …… 206
  - 7.4.6 融雪害 …… 206
- 7.5 寒冷害，凍霜害，濃霧 …… 206
  - 7.5.1 寒冷害 …… 206
  - 7.5.2 凍害 …… 206
  - 7.5.3 霜害 …… 206
  - 7.5.4 濃霧の害 …… 207
- 7.6 雷災，雹害 …… 207
  - 7.6.1 雷災 …… 207
  - 7.6.2 雹害 …… 208
- 7.7 冷害，干害，高温害 …… 208
  - 7.7.1 冷害 …… 208
  - 7.7.2 干害 …… 208
  - 7.7.3 長期予報 …… 208
  - 7.7.4 異常天候早期警戒情報 …… 209
  - 7.7.5 猛暑とヒートアイランド現象 …… 209
- 8. 予想の精度の評価 ……（足立　崇）…… 213
  - 8.1 評価に用いるスコア …… 213
    - 8.1.1 カテゴリー予報 …… 213
    - 8.1.2 量的予報 …… 213
    - 8.1.3 注意報・警報 …… 213
  - 8.2 降水有無の評価 …… 213
  - 8.3 気温の精度評価 …… 214
  - 8.4 確率予報の評価 …… 214
  - 8.5 予報の検証 …… 214
- 9. 気象の予想の応用 ……（古川武彦）…… 217
  - 9.1 気象情報 …… 217
  - 9.2 気象予報と予報区 …… 217
  - 9.3 注意報・警報，伝達，発表基準 …… 220
    - 9.3.1 気象警報の伝達 …… 220
    - 9.3.2 気象警報の種類と内容 …… 220
    - 9.3.3 警報・注意報の発表，切替，継続 …… 220
    - 9.3.4 警報・注意報の発表基準 …… 220
    - 9.3.5 指定河川洪水予報 …… 220
  - 9.4 その他 …… 221
    - 9.4.1 土砂災害警戒情報，土壌雨量指数 …… 221
    - 9.4.2 降水短時間予報，降水ナウキャスト …… 221
    - 9.4.3 記録的短時間大雨情報 …… 221
    - 9.4.4 竜巻注意情報 …… 221
    - 9.4.5 台風情報 …… 222
    - 9.4.6 火災警報，火災気象通報 …… 222
    - 9.4.7 異常天候早期警戒情報 …… 222

第II編　実技試験

第1部　気象概況およびその変動の把握
（長谷川隆司）

- 1.1 気象概況の把握 …… 226
  - 1.1.1 地上天気図・高層天気図等の解読 …… 227
  - 1.1.2 状態曲線（エマグラム）解析 …… 229
  - 1.1.3 鉛直断面図解析 …… 230
  - 1.1.4 ウィンドプロファイラ解析 …… 231
  - 1.1.5 気象レーダー解析 …… 232
  - 1.1.6 気象衛星画像解析 …… 232
  - 1.1.7 前線の解析 …… 232
  - 1.1.8 温帯低気圧の発達・衰弱 …… 237
  - 1.1.9 重要な天気パターン …… 240
- 1.2 気象概況の変動の把握 …… 246
  - 1.2.1 予報作業の流れ …… 246
  - 1.2.2 天気予報 …… 247
- 1.3 週間天気予報 …… 247

第2部　局地的な気象の予想
（長谷川隆司）

- 2.1 降水短時間予報 …… 251
- 2.2 時系列解析 …… 252
- 2.3 シアライン，収束線解析 …… 254
- 2.4 集中豪雨 …… 257

2.5　地　形　効　果 …………………………258
　2.5.1　大規模な現象に伴う地形効果の例……258
　2.5.2　局地的な地形効果 ……………………258

第3部　台風等緊急時における対応（山岸米二郎）

3.1　第3部で扱う範囲と最近の出題傾向 ………260
　3.1.1　緊急時とは ………………………………260
　3.1.2　注意報・警報関連の出題範囲 …………260
　3.1.3　新しい防災気象情報 ……………………260
3.2　短時間大雨関連の防災気象情報 ……………260
3.3　注意報と警報の発表と解除 …………………262
3.4　沿　岸　波　浪 …………………………………265
3.5　全般海上警報 …………………………………266
3.6　台　風　情　報 …………………………………267
3.7　台風と高潮 ……………………………………269

■ 付録1　まとめのポケット知識 ……（稲葉弘樹）…271
■ 付録2　参　考　表 ………………………………278
■ 付録3　天気図分類 …………………（澤井哲滋）…281

索　　引 ………………………………………………285

第0編 序論

1. はじめに

　本書は，気象予報士試験の受験者の受験対策の総括的なガイドブックとして編集した．近年，受験のための参考書が数多く刊行され，初心者を対象とした入門書，手軽なハウツーものから，かなりレベルの高い内容の総合的な参考書までバラエティーに富んだ品揃えがみられる．しかし，それらに共通していえることは，「帯に短し，襷（たすき）に長し」という感じがすることで，結局数冊揃えねば用をなさない．

　こうした状況をふまえ，合格レベルに近いところで足ぶみしている実力者の方々に，この試験を全体的に見通せる位置まで達していただくことと，あくまで実際の試験に則して役立つような情報内容を網羅しようとしたのが本書のねらいである．

　したがって，ある程度のレベル以上に達した受験者がより向上することをめざして学習するうえで，本書は役に立つと考えている．さらに，〈初心者の方々へのメッセージ〉を各項目に付して，白紙の状態から少しずつレベルアップしてきた受験者が，もう一段ステップアップするためのアドバイスと学習のポイントを提供している．

　気象予報士試験は，一般の気象マニアよりは高いレベル，気象庁などのプロの予報官よりは低いレベルを想定して，試験問題の基準にしているようだが，この試験は単に個人が国家資格を取得するだけではなく，個々の合格者が将来，天気予報技術者，気象情報の専門家，防災業務従事者へと成長していかれることを通して，社会に貢献されることをめざしている．そのことも考慮しつつ，本書では必要な知識やノウハウ，技能を揃えている．

2. 気象予報士試験について

　「1. はじめに」でも述べたように，気象予報士試験の目的などは，（財）気象業務支援センターによって下記のように示されている（こうした発表は毎年行われるので，常に最新の発表を知っておくことが大切である）．

　この発表にみられる「試験の目的」や「試験科目とその概要」に応じた対処が，受験者にとって最も必要なことであり，本書はその線に沿って編集されている．したがって，単に試験のためのテクニックや暗記物ではなく，真の実力養成に役立ち，かつかなり高いレベルの試験問題に直接対処できるよう工夫されている．

平成 2 1 年 4 月
（財）気象業務支援センター

気象予報士試験について

1　試験の目的

　平成5年5月に改正された気象業務法（第19条の3）の規定により，気象庁長官の許可を受けて予報業務を行おうとする者（民間の気象会社など業務として天気の予測を行う事業者，正確には予報業務許可事業者といいます）は，現象の予想を気象予報士に行なわせなければならないとされています．

　本試験はその合格者が現象の予想を適確に行うに足る能力を持ち，気象予報士の資格を有することを認定するために行うものです．

　具体的には，気象予報士として①今後の技術革新に対処しうるように必要な気象学の基礎的知識，②各種データを適切に処理し科学的な予測を行う知識および能力，③予測情報を提供するに不可欠な防災上の配慮を適確に行うための知識および能力を認定することを目的とします．

2　受験資格

受験資格の制限はありません．

3　試験地

北海道・宮城県・東京都・大阪府・福岡県・沖縄県

4　試験手数料

11,400円

5　試験の概要

試験は学科試験と実技試験があります．

学科試験は，予報業務に関する一般知識と予報業務に関する専門知識があり，原則として5つの選択肢から1つを選択する多肢選択式によるものです．

実技試験は，文章や図表で解答する記述式です．

試験の時間割及び試験科目

試験時間	試験科目	試験方式
09:45～10:45	学科試験　予報業務に関する一般知識	多肢選択式
11:05～12:05	学科試験　予報業務に関する専門知識	多肢選択式
12:05～13:10	休憩	
13:10～14:25	実技試験　気象概況及びその変動の把握，局地的な気象の予想，台風等緊急時における対応	記述式
14:45～16:00	実技試験（同上）	記述式

6　試験の一部免除

学科試験は，一般・専門のいずれか，または両方に合格された方については，合格発表日から一年以内に行われる当該学科試験が，申請により免除されます．

また，気象業務に関する業務経歴又は資格を有する方については，申請により学科試験の一部又は全部が免除になります（詳細は試験案内書参照）．

7　試験日および受験申請受付等

平成21年度の試験は，以下の日程で2回実施します．

試験日の約3か月前には，試験要項を発表しますので，当センターにお問い合わせ下さい（当センターから依頼して，新聞等に掲載することはありませんが，当センターに取材依頼のあった受験雑誌等には，気象予報士試験の簡単な案内が掲載されることがあります）．

年度毎の試験日程については，毎年4月上旬頃に確定いたしますので，ホームページ等でご確認ください．なお，全国の気象官署（管区気象台，地方気象台等）にも試験要項を公示します．

平成21年度の試験

第32回試験　平成21年8月30日（日）	第33回試験　平成22年1月24日（日）

試験科目について
学科試験の科目
1 予報業務に関する一般知識
  イ．大気の構造
  ロ．大気の熱力学
  ハ．降水過程
  ニ．大気における放射
  ホ．大気の力学
  ヘ．気象現象
  ト．気候の変動
  チ．気象業務法その他の気象業務に関する法規
2 予報業務に関する専門知識
  イ．観測の成果の利用
  ロ．数値予報
  ハ．短期予報・中期予報
  ニ．長期予報
  ホ．局地予報
  ヘ．短時間予報
  ト．気象災害
  チ．予想の精度の評価
  リ．気象の予想の応用
実技試験の科目
1 気象概況及びその変動の把握
2 局地的な気象の予想
3 台風等緊急時における対応

気象予報士試験に関するお問い合わせ先
財団法人 気象業務支援センター 試験部
  住所 〒101-0054 東京都千代田区神田錦町 3-17 東ネンビル
  電話 03-5281-3664（試験部着信専用）
  ホームページ http://www.jmbsc.or.jp/

（別紙）

気象予報士試験試験科目の概要

気象予報士試験の試験科目は気象業務法施行規則第15条別表に定められている．同表記載の各項目の概要は以下のとおりである．今後とも気象学の発展，気象庁等における予報技術の高度化等に応じて，その内容は適宜見直される．

学科試験の科目

一 予報業務に関する一般知識

イ	大気の構造	地球・惑星の大気及び海洋の基本的な特徴と構造等
ロ	大気の熱力学	理想気体の状態方程式，大気中の水分の相変化及び大気の鉛直安定度等
ハ	降水過程	雨粒・氷晶等の生成と成長などのメカニズム等
ニ	大気における放射	太陽放射，地球放射の吸収・反射・散乱等の過程及び地球大気の熱収支や温室効果等
ホ	大気の力学	大気の運動を支配する力学法則，質量保存則，コリオリ力，地衡風及び大気境界層の性質等
ヘ	気象現象	様々な時間・空間スケールの現象（地球規模の大規模運動，温帯低気圧，台風，中規模対流系等）の構造と発生・発達のメカニズム等
ト	気候の変動	地球温暖化等の気候変動に対する温室効果ガスの増加，火山噴火，海洋の影響等
チ	気象業務法その他の気象業務に関する法規	民間における気象業務に関連する法律知識（気象業務法及び災害対策基本法その他関連法令）等

二 予報業務に関する専門知識

イ	観測の成果の利用	各種気象観測（地上気象，高層気象，気象レーダー，気象衛星等）の内容及び結果の利用方法等
ロ	数値予報	数値予報資料を利用するうえで必要な数値予報の原理，予測可能性，プロダクトの利用法等
ハ	短期予報・中期予報	短期予報・中期予報を行ううえで着目する気象現象の把握，予報に必要な各種気象資料の利用方法等
ニ	長期予報	長期予報を行ううえで着目する気象現象の把握，予報に必要な各種気象資料の利用方法等
ホ	局地予報	局地予報を行ううえで着目する気象現象の把握，予報に必要な各種気象資料の利用方法等
ヘ	短時間予報	短時間予報を行ううえで着目する気象現象の把握，予報に必要な各種気象資料の利用方法等
ト	気象災害	気象災害の概要と注意報・警報等の防災気象情報
チ	予想の精度の評価	天気予報が対象とする予報要素に応じた精度評価の手法等
リ	気象の予想の応用	交通，産業等の利用目的に応じた気象情報の作成手法等

実技試験の科目

一　気象概況及びその変動の把握

実況天気図や予想天気図等の資料を用いた，気象概況，今後の推移，特に注目される現象についての予想上の着眼点等

二　局地的な気象の予想

予報利用者の求めに応じて局地的な気象予想を実施するうえで必要な，予想資料等を用いた解析・予想の手順等

三　台風等緊急時における対応

台風の接近等，災害の発生が予想される場合に，気象庁の発表する警報等と自らの発表する予報等との整合を図るために注目すべき事項等

3. 学科試験の勉強の仕方

　学科試験は「一般知識」，「専門知識」各15問ずつが60分の試験時間に出題され，いずれも多肢選択式となっている．1問平均4分しか与えられていないので，設問をみて解く道筋を考える（計算問題では計算手順を考える）のに無駄な時間は許されず，かなりの即戦能力，反射神経の鋭さが要求される．それには，学科の知識や知見の習得と同時に，過去問や予想問題を少しでも多く解いておくことが大切である．
　次に，試験科目を検討しよう．「試験科目の概要」にみるように，大別して「予報業務に関する一般知識」と「同専門知識」となっている．
　「一般知識」は「気象学の基礎」と「気象業務に関する法規」からなっている．前者は，気象学の各事項の中でも予報業務に密接な関係のある項目にかかわる知識を問うもので，大気の構造（鉛直構造や組成など），大気の熱力学，降水過程，大気における放射，大気の力学，気象現象，気候の変動が選ばれている．後者は，気象業務法その他の気象業務にかかわる法令・法規の知識を問うものである．
　気象学は，本書の表紙裏見返しに示したように，地球にふりそそぐ太陽放射（すべての気象現象のエネルギー源）が地球大気に影響を及ぼし，それに対する地球大気の反応（応答，レスポンス）としての気象現象を調べる学問として，ひとつの体系をなしている．したがって，系統的に学習して内容を把握していけば，諸過程・諸事項の相互関連が理解でき，受験テクニックとしての単なる断片的な知識の暗記ではなく，試験で問われることを気象学の体系に沿って理解を深めていくことができる．
　同じことは，法令・法規についてもいえることで，条文を丸暗記して点を稼ぐのではなく，法令・法規の体系を整理して，それぞれの条文をその法体系の中で位置づけて，それらが意味する内容を系統的に理解していくと，より包括的に法令・法規が意図しているところを把握することができて有利に受験できると思われる．
　「専門知識」は，観測技術，予報技術（数値予報，短期予報，中期予報，長期予報，局地予報，短時間予報），防災業務（気象災害），天気予報の精度評価，気象の予想の応用（気象情報の社会的応用）の各科目が出題される．これらは，いずれも気象技術の基本事項である．観測技術は気象技術の第一の根幹をなしており，すべての気象業務はまず「観測」から始まる．気象観測の範囲は広範で，近年のリモートセンシング技術の導入に伴ってウィンドプロファイラ，気象レーダー，気象衛星と拡大している．「専門知識」ではそれほど高度な専門知識や技能は問われないが，時々はかなり特化した事項が出題されることもある．さらに，次の予報技術にもいえることだが，近年の技術開発とその実用化のテンポが速く，常に気象庁のホームペー

ジや（財）気象業務支援センターの刊行物に目を光らせている必要がある．

予報技術は気象業務の第二の根幹をなしていて，やはり技術の近代化に伴って範囲が拡大している．なかでも数値予報は天気予報の中核技術となっているので，かなり深い理解が求められており，設問の数も相対的に多い．短時間・短期・中期・長期の各予報技術も，観測データなどの資料，数値予報（アンサンブル（数値）予報を含む）の出力結果の資料などを駆使した技術が問われている．防災業務も，局地的豪雨，突風や竜巻など従来以上に重視されている．また，それは予想の精度評価や気象情報の社会的応用とともに気象業務の第三の根幹をなし，気象予報士が行う業務としても中心的分野なので，単なる受験準備としてではなく，将来にわたる発展的な視点で学習していきたい．

実際の試験問題からみえてくるのは，気象予報士に求められている重点分野である．それらを次に整理しておこう．学科試験で特に重視されている科目は，「一般知識」では「大気の熱力学」，「大気の力学」，「気象現象」，「法令・法規」で，複数問（「法令・法規」は，おおむね15問中4問，他は2～3問）出題され，残りはそれ以外の科目がおおむね1問となっている．「専門知識」では，「各種気象観測」がそれぞれ1問，「数値予報」が2～3問，残りはそれ以外の科目がおおむね1問ずつぐらい出題されている．

先にも述べたが，学科試験の場合，試験時間が「一般」，「専門」でそれぞれ60分，それで各15問解かねばならないので，平均して1問4分以内に処理せねばならない．確かにそれほどこみいった問題は出題されないといえるが，それでも4分は決して長い時間ではない．特に計算問題や少しひねった問題が出たときは，解き方の道筋や手順を考えていると時間が不足しがちである．そして試験後1週間ぐらいに（財）気象業務支援センターから発表される「解答（学科）・解答例（実技）」で自己採点できる．合格基準は15問中正解が11問以上（時には問題がむずかしくて10問以上）となっているので，70％以上の正解が求められていることになり，かなりむずかしい試験といえる．

次にもう少し具体的な勉強の仕方についてみていこう．受験者のうち，これまで気象学・気象技術・気象業務になじみがなく白紙に近い状態からスタートされる方は，どういう参考書でもよいから書店の店頭で見て，自分に合っていると思われる入門書を一冊選んで徹底的に読んでみるところから始める．そして試験のフィーリングをつかんで欲しい．そのうえで，実際の試験問題のレベルはかなり高いということを過去問を解いてみることで感じ取って欲しい．そうすると，ステップアップしていくうえで自分に欠けているものが見えてくるはずである．そしてあまり飛躍しないで，一歩一歩足元を固めていくように自分に合った参考書を，レベルを上げるつもりで1冊1冊吟味して，やはり徹底的に学習して欲しい．そうすると，知らず知らずのうちに学科の知識が自分の中で体系化されてくる．つまり実力がついてきた証拠である．よく，「勉強しているうちに，それまで断片的だった知識が一本の糸につながって見えてきたとき，合格していた」という体験談を耳にするが，まさにこのことを意味している．この段階では，かなりレベルの高い参考書で学習されているわけである．つまり，最初の初級の入門書と比べてみるとその差は歴然としているし，過去問がやさしく思えることになって，合格レベルに達したことになる．この段階に達した読者と，これまでかなり力を貯えてきた読者はすでにこのレベルに達しておられるわけだから，ともに本書の各項目の説明に入っていって，例題で最終的に腕をみがいていって欲しい．

いずれにしても，学科試験の勉強をするうえで最も重要なことは，あまり最初から細かいことを詮索せず，太い大きな流れを把握する気持ちで基本事項のポイントを十分身につけることである．そして過去問や予想問題で自分の知識を常に確認して欲しい．自分の頭の中の知識が，系統的・体系的にいつも整理されていて，試験問題を見たときどの引出しから解答の糸口を取り出せばよいかすぐ判断できることが肝要である．

先にも強調したが，気象庁の気象技術，気象業務は日進月歩で進展しており，常に更新されたり新規の技術が導入されたりしている．それらは，2, 3年後にはすっかり気象庁の日常業務の中に組み込まれて定着し，試験問題にも反映される．したがって，気象予報士候補者である受験者は，先にも述べたように将来に備えるうえでも気象庁のホームページや『気象業務はいま』（毎年刊行）などで常に気象技術や気象業務の進展をチェックしてフォローしておくことをおすすめする．特に学科専門知識対策としてはきわめて有効である．

なお，注意事項であるが，気象予報士試験ではまず学科試験（「一般知識」と「専門知識」の両方）に合格しなければ，実技試験を採点してもらえない（仮に，実技試験の出来ばえがよくて合格ラインを超えて

4. 実技試験の勉強の仕方

　実技試験は，いわば気象予報士試験の中核をなすもので，受験者が気象予報士として仕事をしていくうえで欠かせない「天気予報作業に関する実際の技能」を試すものである．

　実技試験の試験科目としては，2章の枠内の概要にみるように
　(1) 気象概況およびその変動の把握
　(2) 局地的な気象の予想
　(3) 台風等緊急時における対応
の3項目が中心である（それぞれの内容については，枠内参照）．

　試される技能の基本は，気象庁における天気予報作業の流れの中の，いずれかのステップに対応する技能から問題が出される（図0.1参照）．すなわち，以下の通りである．

　ステップ1：ここでは気象状況の現状（実況）を監視するもので，次のステップ2の予測資料などとペアで比較・評価・考察して，気象状態や現象がどのように変化してきたかの気象の流れの連続性を確認するとともに，実況が意味している状況の解釈を行う．

　ステップ2：ここでは予測資料などを検討して，それぞれの数値予報モデルの予測結果を評価して，その意味するところを解釈する．

　ステップ3：ここでは「気象に関する知見」を用いて，実況資料や予測資料などの解釈に知見を適用し，天気予報を組み立てるうえでの気象変化の流れのシナリオの骨格を作成する．

　ステップ4：ここでは実況監視に基づく「実況の変化に対応」して，実況の変化の内容を精査し，今後考えられる気象変化の流れについてのいくつかの選択肢を用意して，シナリオの変更が必要かどうかを判断する．

　ステップ5：ここでは予想される気象変化の流れの中で，突風・雷雨・局地豪雨などの顕著現象が発現するかどうかのチェックを行う．

　ステップ6：ここでは，これまでの作業に基づいて予想される気象災害が現実に発生するかどうかを判断し，防災事項としてどういう事柄が考えられるかを確認する．気象予報士の予報作業としてはここまでである．（気象庁の予報官は，この後さらに予報・警報作業に入るわけで，気象予測のシナリオに基づく予報・警報を作成して発表する．気象予報士は気象庁の発表する警報等と自らの発表する予報等との整合を図り，利用者に情報を提供する．したがって，気象予報士試験の実技試験では，警報を作成する問題は出題されないが，上記の整合を図るために注目すべき事項等は問われることになるし，気象災害の発現と防災事項の確認も出題の範囲内にある．）

　これらのステップと試験科目の対応をまとめると次のようになる．

　① ステップ1，2，3，4を中心とする「気象概況及

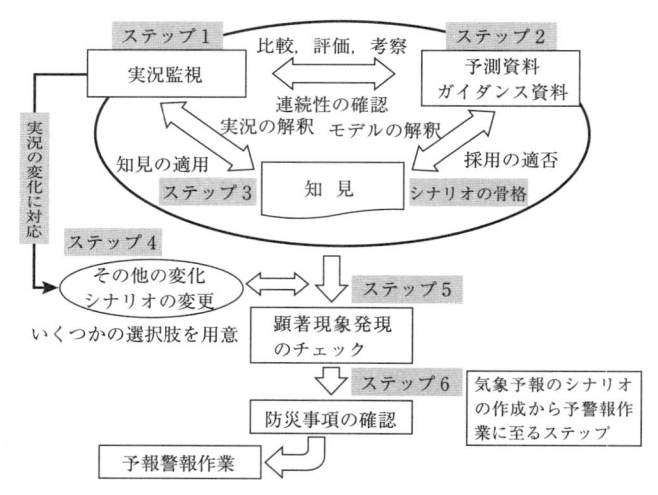

図0.1 気象庁における天気予報作業の流れ（気象庁提供を一部改変）

びその変動の把握」において，実況天気図や予想天気図の見方，読み方，解釈による気象概況，今後の推移，特に注目される現象についての予想上の着眼点などについて問われる．

② ステップ5，6を中心とする「局地的な気象の予想」について，予報利用者の求めに応じて局地的な気象予想を実証するうえで必要な，予想資料等を用いた解析の技能，予想の手順などが問われる．

③ ステップ5，6を中心とする「台風等緊急時における対応」について，台風の接近等，災害が予想される場合の気象予報士のとるべき作業に関する上述の警報を受けての処理が問われる．

次に，実技試験に登場する気象資料・予測資料についてみておこう．これらは上述のステップ1や2に始まり，すべてのステップで採り上げられている．過去の実技試験から，最近のサンプルを取り出してみる．

1 実況図
① 天気図
1) 地上天気図（地上実況図）
2) 850 hPa 天気図
3) 500 hPa 天気図
（注）原則として客観解析の天気図が用いられているが，地上天気図だけは前線の記入や等圧線の細かい特徴などに人力が加えられることがある．また，地上実況図は天気記号だけ記入されたものである．
② 解析図
1) 975 hPa 風解析図
2) 850 hPa 気温・風，700 hPa 鉛直 p 速度解析図
3) 850 hPa 風・相当温位解析図
4) 500 hPa 高度・渦度解析図
5) 特定経度線（たとえば東経129度）付近の鉛直断面解析図（南北断面図）
（注）客観解析の出力図や予想図で，各種物理量が重ねられているのが特徴である．本来は「鉛直 p 速度」とすべきものを「上昇流」と表現していることがあるが適切でなく，そうしている場合もあるものの不統一である．
③ 波浪図
1) 沿岸波浪実況図
2 予想図
① 地上気圧・風・降水量予想図
降水量は，前3時間，前12時間，前24時間など，予想先行時間も6時間，12時間，24時間，36時間，48時間のほか，3時間，9時間，30時間，45時間，72時間，192時間もあり，これらの時間の中間の時間のものもある．
② 850 hPa 気温・風，700 hPa 鉛直 p 速度予想図
予想先行時間は，12時間，24時間，36時間，48時間のほかに，中間の時間のものがあり，それは以下のものでも共通している．
③ 850 hPa 風・相当温位予想図
④ 850 hPa と 700 hPa の気温・湿数・風予想図
⑤ 850 hPa 気温および 925 hPa 予想図
⑥ 850 hPa 水平風予想図
⑦ 特定地点の 850 hPa における気温偏差予想の時系列図
⑧ SSI（ショワルター安定指数）の予想図
⑨ 500 hPa 高度・渦度予想図
⑩ 500 hPa 気温，700 hPa 湿数予想図
⑪ 特定経度線に沿った相対温度・風鉛直断面予想図（南北）
⑫ 特定経度線に沿った鉛直 p 速度・風鉛直断面予想図（南北）
⑬ 特定経度線に沿った鉛直断面予想図（南北）（気象要素は，気温，相当温位，風向・風速の矢羽）
⑭ 沿岸波浪24時間予想（48時間もある）
（注）気象関係の予想図は原則として数値予報モデルによる出力図，波浪関係の予想図は波浪モデルによる出力図である．
3 資料（今後，問題のシナリオに応じて，もっと多彩な資料が取り上げられるものと推測される．これらは基本的には実況資料である）
① 特定地点の状態曲線と高層風や相当温位の鉛直分布図
② レーダーエコー合成図
③ 気象衛星画像（赤外画像，可視画像，水蒸気画像など）
④ 特定領域の解析雨量図
⑤ 特定地点のウィンドプロファイラ観測による水平風時系列図
⑥ アメダス風分布図
⑦ アメダス気温・風分布図
⑧ 台風第 Tx 号の経路図および高層気象観測点
⑨ 台風第 Tx 号の中心付近を通る鉛直断面図（この場合は，那覇，名瀬，鹿児島，潮岬，浜松を通る鉛直断面図で，気象要素は気温（℃）と相対温度（％）の数値と風向・風速の矢羽）
⑩ 特定地点の時系列図（気象要素は，地上気象観測値，地上気温，地上風，高度別水平風，前1

⑪ 特定地点の鉛直構造表（設問の部分も含まれていて，内容は，1）湿潤層の有無．存在する場合は，その上限の高さ，2）安定層や逆転層の有無，存在する場合は，その下限の高さと成因，安定層や逆転層の上の層の特徴，地点）
⑫ 警報・注意報発表の状況（表）
⑬ 特定沿岸における天文潮位，潮位偏差予想図
⑭ 数値予報モデルの地形図（モデルは，メソ数値予報モデルなど）
⑮ 特定領域の地形図
（注）⑭，⑮の地形図は，設問で地形の影響を問う場合などに取り上げられる．

こうした資料類は，元来一般の人にはなじみの薄いものだから，正しい見方，読み方，解釈の仕方などをきちんと学習しておく必要がある．いわば実技試験の勉強の仕方の第一歩である．そうして資料類にすっかりなじむと，問題を前にしてあわてることもないし，時間不足も緩和される．そのためには，本書を利用したり，各編や部末の参考文献から，自分に合った1冊を選んで徹底的に読み込むのが近道である．

実技試験の問題には「主テーマ」（表0.1参照）がある．そしてそれぞれの主テーマに基づいた上記①～③についての「問題のシナリオ（ストーリー展開）」がある．したがって，試験場で問題を手にしたとき，さっと問題（図や設問）を通して見て，できるだけ早く「主テーマ」を特定し，「問題のシナリオ」を推定する．そうすると，実技試験の全体を通して問われていることがわかり，各設問を相互に関連づけて解くことができ，対処しやすくなる．こうした対処法や設問を解く技能も，過去問や編末の参考書でまず基本のポイントや実例に沿って実技操作のテクニックを学びたい．次に，学科試験と同様に過去問や予想問題をできるだけ多く自分で解いてみて（できれば時間を測って75分以内に解く努力をし），実務体験に相当する経験

表0.1 第1回から最近までの実技試験の主テーマの分類

温帯低気圧	約60%
台風	約20%
寒冷低気圧	約10%
梅雨前線	約5%
太平洋高気圧	約1%
北東気流	約1%
その他	約3%

を多く積むようにしたい．特に，こうすることによって実技試験の特徴である多くの資料を限られた時間内に処理して，問題を解くうえで必要な情報を読み取ることができるようになるし，バリエーションの多い気象変化のさまざまな局面を自分の実技知識・実技技能の引出しにしまっておいて，設問のさまざまな情況に対処することができるようになる．

過去に受験した多くの受験者は，特に実技試験での時間不足を挙げている．それは試験問題に対する受験者の正確で即時的な対応が不十分なためで，それを解決するうえでもこうした技能をみがいておくことが必要である．ところで，気象予報士試験で学科の実力があり，学科試験は比較的簡単に合格しながら実技試験で不合格を重ねる受験者がかなり多い．いわゆる「実技の壁」である．気象の知識はかなり普及しているこんにちであるが，気象庁の予報作業を基本とした「天気予報の実技」を学習する機会はそれほど多くない．したがって，ある意味で「実技の壁」にぶつかってとまどうことがあっても不思議ではない．

「実技の壁」を乗り越えるためのポイントは，上述のように少しでも多くの事例を実技の問題（過去問や予想問題など）で解いてみて，
① 「主テーマ」の特定
② 問題のシナリオ（ストーリー展開）の推定
③ シナリオに沿った各設問の関連性の把握と個別の設問の解答
④ 特に，資料から情報をくみとったり，設問の指示通りに等圧線や前線を解析したりする訓練のくり返しという点にしぼられる．ただし，最近の実技試験の特徴として，ストーリー展開に伴うシナリオから外れた設問が個別に挿入される場合があるので（主として実技技能をためすもの），基本をしっかりと維持しながら柔軟に対処して欲しい．

実技試験では，学科の知識が問題の背景として要求されることが多いので，仮に学科試験に合格したからといって，そこで学科の復習を怠たると後悔することになるので，適宜復習しておきたい．また，平均1問4分しか与えられていない学科試験では問えない，学科試験の延長線上に範囲を広げた問題も実技試験に出題されることがあるので注意したい．

気象予報士試験の本番終了後1週間ぐらいしたら試験問題の「解答（学科）・解答例（実技）」が，（財）気象業務支援センターから発表される（同センターのホームページなどで）．それには，実技試験の各設問

の配点が示されているので，自己採点に便利なうえに，どのような事項が重視されているかも推定できる．それらは，主として実技の基本知識と基本技能にかかわる設問である．試験の採点者の「記述式解答」に対する採点基準が不明なのでむずかしい点もあるが，受験者は自己採点に際して，えてして自分に甘くなりがちなので，できるだけ厳しく自己採点したい．そして，自分の弱点をしっかりと把握して改善に役立てたい．（しばしばみられる現象として，「自分は今回の試験はできた」という人が不合格，「自分は今回は駄目だった」という人が合格することがある．これなども自分に対する甘さ，厳しさの程度を示唆している現象といえよう．）最年少の中学生合格者が「実技の壁」を突破できたのも，しっかりと実技解答のポイントをおさえていたからであろう．

自己採点の結果による自分の合否の目安となる実技試験の合格基準は，基本が総得点が満点の70％以上となっているが，毎回問題の難易に応じた平均点による調整が行われており，これまでのところ「62％以上～72％以上」といったかなりの幅で変動している．

（新田　尚）

■ 参考文献

日本気象予報士会編：気象予報士ハンドブック，オーム社（2008）．

下山紀夫・伊東譲司：最新の観測技術と解析技法による天気予報のつくりかた（CD-ROM付），東京堂出版（2007）．

長谷川隆司・入田　央・隈部良司：天気予報の技術（CD-ROM付），オーム社（2000）．

新田　尚監修：気象予報士試験　標準テキスト「学科編」および同「実技編」，オーム社（2009）．

新田　尚監修：気象予報士試験　練習テキスト「学科編」および同「実技編」，オーム社（2009）．

気象予報技術研究会編，新田　尚（編集主任）：気象予報士模擬試験問題＋解答例・解説①，朝倉書店（2007）．

小倉義光：一般気象学（第2版），東京大学出版会（1999）．

新田　尚・白木正規編：気象予報士試験　数式問題解説集，「学科編」，東京堂出版（2007）．

新田　尚編著：気象予報士試験　数式問題解説集「実技編」，東京堂出版（2007）．

・〔少し専門性が高いが，深く理解するための参考文献〕

気象庁予報部予報課：平成15，16，17，18，19，20年度量的予報研修テキスト（量的予報技術資料第9，10，11，12，13，14号），（財）気象業務支援センター．

・〔毎年刊行されていて，気象業務全般の最新の実情がわかる参考文献〕

気象庁：気象業務はいま ── 伝えます地球のシグナル～命・暮らし・未来のために～（2008）．

同 ── あなたを　大切な人を　守りたい．～気象庁の使命　そして願い～（2009）．

気象庁：気象ガイドブック（2009）．

第Ⅰ編
学 科 試 験

第1部　予報業務に関する一般知識

1. 大気の構造

　地球を取り巻いている空気は大気と呼ばれる．大気の諸現象である気象は，時々刻々変化し，それに伴って気温や風などの気象要素も，時間的および空間的に変化する．しかしながら，それらの気象要素の変化のうち鉛直方向に注目し，1か月あるいは1年などの平均状態でみると，それぞれ特徴的な変化をしている．一般に大気の構造と呼ばれるものは，このような鉛直方向の平均状態をいう．この章では，大気を構成している気体の組成，気温，風などの平均状態を対象とする．

1.1　大気の組成

　大気を構成している気体の組成は，容積比でみると，窒素が78%，酸素が21%で全体の99%を占めており，残りの1%をアルゴン，ネオン，ヘリウムなどが占めている．注目すべきことは，窒素と酸素の割合は約80kmの高さまで一定であり，このことは空気がこの高度までよく混合されていることを意味している．これらの気体は濃度が時間や場所によってほとんど変化しないことから，永久ガスと呼ばれる．一方，大気には濃度が時間と空間で変化する水蒸気や二酸化炭素，オゾンなどを含んでおり，可変ガスと呼ばれる．

　可変ガスは，水蒸気0〜4%，二酸化炭素0.038%（380ppm），以下メタン，一酸化二窒素，オゾンと続く．このうち水蒸気は，気体・液体・固体という相変化を伴う雲や降水の生成などを通じて，大気に対する加熱や冷却効果をもたらし，大気の運動を非常に複雑なものにしている．また，オゾンは，太陽放射に含まれる紫外線を吸収して成層圏での熱源となるとともに，有害紫外線が地表に届くのを防御している．他方，二酸化炭素やメタン，一酸化二窒素などは，地表から上空に向かう赤外放射を吸収し，地表に向かって再放射することから温室効果気体と呼ばれている．化石燃料の消費に伴う二酸化炭素の排出量の増加は，地球温暖化の観点から，近年，グローバルな政治的・経済的な課題となっている．

　なお，現在の大気の組成は，地球が誕生したころの初期の大気（原始大気と呼ばれる）と異なっている．すなわち地球内部からの脱ガスと呼ばれる大規模な火山噴火ガスに含まれていた大量の水蒸気のほか，二酸化炭素および窒素の成分が，徐々に現在の組成に変化してきたものである．噴火ガス中の二酸化炭素は，たびたびの降水によって，石灰岩のような炭酸塩として海中に固定されて，窒素の割合が次第に大きくなり，酸素は，水蒸気が光解離と呼ばれる過程を通じて酸素と水素に分解されて生成され，また，植物の光合成を通じて現在の組成になったと考えられている．

1.2　大気の鉛直構造

　地球を取り巻く大気は気体であることから圧縮性をもっている．そのため重力の影響を受けて，大気の密度は地表ほど大きく，上空にいくにつれて急速に減少し，大気の上縁でほとんど真空となり，宇宙につながっている．密度は高度とともに指数関数的に減少しており，気圧もまた同様に減少している．一方，気温の鉛直方向の平均的な状態をみると，密度および気圧とは異なった特徴をしており，日々の気象現象の生起と密接に関係している．それゆえに，われわれは大気の鉛直方向の区分を，気圧や密度よりも，むしろ気温の鉛直分布に着目して，図1.1に示すように，地表から上空に向かって，対流圏，成層圏，中間圏，熱圏に分けている．他方，図1.2に示すように，大気の組成に着目して下層の均質圏とそれより上空の非均質圏に区分し，また，電気的性質から約60kmから上空の領域を電離圏と区分している．地表付近に眼を向けると，大気境界層と呼ばれる層がある．

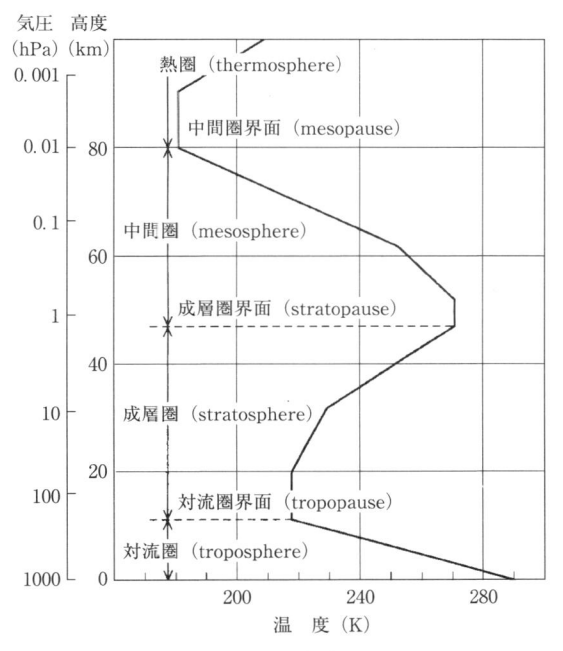

図 1.1 大気の鉛直区分

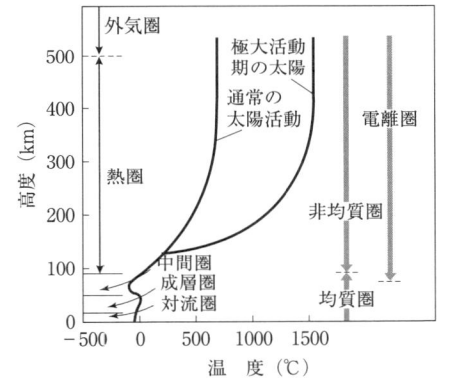

図 1.2 大気の上層の区分と温度

対流圏は，図 1.1 にみるように，地表から上空に向かって，気温がほぼ一定の割合で低下している領域であり，文字通り対流を伴う雲や降水現象が頻繁に起こっている領域である．また，高・低気圧や台風などの現象が存在する空間でもある．対流圏の平均的な気温減率は約 6℃・km^{-1} である．この値は，乾燥断熱減率 10℃・km^{-1} より小さく，湿潤断熱減率（3℃～5℃・km^{-1} 程度）より大きくなっていることに留意しておこう．実際の大気では，種々の現象に伴って，気温減率は時間・空間で変化しているが，対流圏全体の平均でみれば，約 6℃・km^{-1} の減率となっている．気温は高度約 10 km 付近から，等温層を経て今度は上昇に転じている．その境界が対流圏界面であり，上空の成層圏につながっている．このように対流圏界面は，気温逆転の下限となっているので，対流圏界面の上空では大気は非常に安定になっており，下方からの対流活動を抑える一種の蓋の役割を演じている．

夏の日などに積乱雲の頂上付近でかなとこ雲が水平方向に広がっているのがよく見受けられるが，これは対流圏界面の付近で起きている現象である．また，1.3 節で述べるように対流圏界面の直下は偏西風の極大域であるジェット気流が存在していることから，長距離を飛行するようなジェット機は，東に向かう便ではその強風を利用し，逆に西に向かう便ではできるだけ避ける飛行をしている．

なお，対流圏の厚さである対流圏界面の平均高度は約 10 km であるが，対流活動が活発な熱帯地方では，極地方に比べて高くなっていることに留意しておく必要がある（図 1.5 参照）．

なお，大気の鉛直構造を風という要素で眺めると，気温とは異なった特徴がみられるが，1.3 節でふれる．

1.2.1 対流圏，対流圏界面

最初に，気温の鉛直方向の変化の割合を表す気温減率について述べておこう．通常，気温減率は，Γ（ガンマ）を用いて，

$$\Gamma = -\partial T/\partial z \quad (\text{℃}\cdot\text{km}^{-1})$$

と表される．ここで T は気温，z は高さである．したがって，気温が高度とともに低下している場合，減率 Γ は正の値となり，逆に高度とともに増加している逆転の場合は負となる．

1.2.2 成層圏，成層圏界面

成層圏の気温は，対流圏界面から数 km の厚さの等温層を経て，高度とともに上昇に転じている領域であり，高度約 50 km の上空まで広がっている．この高度で気温は極大となっており，成層圏界面と呼ばれる．また成層圏の上限となっている．成層圏内を気温減率でみれば，下部でのゼロ（等温層）から，中・上層では −1℃ から −3℃・km^{-1} 程度で逆転層となっている．このように成層圏は静的安定度でみれば非常に安定な層となっており，鉛直方向の運動が強く抑制されているので，水平方向の流れが卓越している．その意味で成層圏は安定な層で，また静かな領域ということができる．成層圏の底の付近では，ときどき，対流圏界面を突き破って上昇して来る強力な積乱雲がみられ，オーバーシュートと呼ばれている．

ここで成層圏の気温の極大高度とオゾン濃度の極大の高度についてみておこう．オゾンの極大は約 25 km，気温の極大は約 50 km 付近と異なっているが，これはオゾンによる紫外線の吸収による加熱の割合が，オゾンの極大となっている 25 km 付近よりも，むしろより上空の空気密度の小さい約 50 km 付近で極大となるためである．

なお，オゾン層のオゾンは，酸素分子が紫外線を吸収して光解離により生まれた酸素原子に，別の酸素分子が結合して生成されたものである．オゾン濃度の最大は，低緯度の上空約 30 km 付近にあり，南北方向の循環によって中緯度に運ばれ，そこで沈降している．このようなオゾンの子午面循環はブルーワー–ドブソン循環と呼ばれている．

成層圏は上述のように安定な領域であるが，その下部の領域には種々の波動が存在している．熱帯の下部成層圏には，東風と西風がほぼ 1 年ごとに入れ替わる準 2 年周期振動（QBO）と呼ばれる現象が存在し，平均周期は約 26 か月である．QBO は，対流圏から成層圏に伝播する波動（ケルビン波や混合ロスビー重力波）がもつ運動量と風の東西成分の相互作用で起きると考えられており，風系の変化は上層から下層に及ぶ．このほか下部成層圏には，真冬から春先にかけて極域地方で温度が数日間で数十度以上も上昇する現象がみられ，成層圏突然昇温と呼ばれている．突然昇温に伴って，風は通常の西風から東風に変化する場合がある．突然昇温は，西風の中をプラネタリー波（長波長のロスビー波）が西向きの運動量を保持しながら上空に伝播する際，西風が減速されて東風となり，それに伴って熱の輸送が極向きとなることに起因するといわれている．

1.2.3　中間圏

成層圏の上空は中間圏と呼ばれ，約 50 km 上空の成層圏界面から，約 80 km の高度にある中間圏界面まで広がっている．中間圏では気温は再び低下に転ずる．これはオゾンの濃度が高度とともに減少しているため，紫外線の吸収量が少なく加熱の割合が小さいためである．この領域では大気は極端に希薄で，平均気圧は約 1 hPa である．したがって，これより上空には，全大気のわずか 1000 分の 1 が存在しているだけである．このように中間圏の密度が地表の約 1000 分の 1 以下と非常に小さいことから，下方の成層圏から伝播してくるプラネタリー波などの波動エネルギーの振幅がこの中間圏で増大しやすく，また，局所的な乱流が存在していることが知られている．

1.2.4　熱圏，電離圏

熱圏は，中間圏界面のさらに上空に広がっている領域であり，宇宙につながっている．この領域では，大気の組成は少量の原子と分子しかなく，酸素分子が太陽放射を吸収して空気を暖めている．したがって，図 1.2 でみるように気温の変化は，太陽活動に大きく左右される．また，太陽からの高いエネルギーをもつ荷電粒子がイオン化されている空気分子と反応して，高緯度地方ではオーロラを出現させている．

電離圏は，大気を電気的性質から区分した層で，イオンおよび自由電子の濃度が高い，帯電した粒子が存在する領域である．図 1.2 に示すように，電離圏の全体は熱圏に含まれる．ちなみに，電離圏の活動は AM 電波（通常のラジオ）の伝播と深くかかわっており，日中は約 60 km の下層（D 層）が AM 電波をよく吸収するため電波は遠方には届きにくい．夜間は約 180 km の上層（F 層）が AM 電波を強く反射し，地表との間で反射を繰り返すため，非常に遠方まで到達することが可能である．日本でのラジオ放送が夜間に外国の混信を受けるのはこのためである．

なお，熱圏では，空気分子の密度がきわめて小さいため，通常の温度計では温度は測定できない．そのため人工衛星の軌道が空気分子の抵抗によって，ごくわずかに低下することから密度を求め，そこから気温を求めている．

1.2.5　標準大気

気象の観測や予報では，鉛直方向の座標は，幾何学的な高度よりもむしろ気圧が用いられており，500 hPa 天気図などとして表示されている．ある面の気圧は，それより上空の空気の重量だから，ある地上気温と気圧のもとで気温の鉛直分布を与えると，気体の状態方程式と静力学平衡の式を用いることにより，上空の気圧と高度は一対一に対応する．地上気圧を 1013.25 hPa，気温を 15℃ とし，標準的な気温分布を与えた大気を国際標準大気あるいは単に標準大気と呼び，国際民間航空機関（ICAO）で決められた仮想的な大気である．標準大気では，対流圏では気温減率を $6.5℃ \cdot km^{-1}$ としており，対流圏界面高度は 11 km となっている．また，等温層が高度 20 km まで続き，高度 32 km まで気温減率は $-1℃ \cdot km^{-1}$，その上空では $-2.8℃ \cdot km^{-1}$ と決められている．

ちなみに，航空機の高度は，搭載されている空盒式

気圧計の気圧の読みを標準大気の高度に換算した仮想的な高度である．したがって，たとえば飛行高度31000フィートは，標準大気の約300 hPaの等圧面上を飛行していることになる．実際の等圧面の高さは時間的・空間的に変化するが，すべての航空機は標準大気の高度目盛りに対応した高度計で等圧面を飛んでいるから，混乱は起きない．

1.2.6 大気境界層

これまで大気の区分および鉛直構造の議論では，大気の底である地表を無視してきた．すなわち，自由大気を対象にしてきた．しかしながら，大気が地表と接する境界面では，摩擦力が働いているほか，地表面との間に熱エネルギーの交換や水蒸気の輸送が存在している．大気境界層は，地表での摩擦や日射による熱的な影響を直接受けて，その効果が支配的である層である．大気境界層では，熱的な影響を大きく受けるため，日変化が大きい．日中は，熱的な対流が卓越するので対流境界層（対流混合層とも呼ばれる）が発達し，その上端は1000～2000 mに達する．一方，夜間には，日射がないので放射冷却で冷えた地表面の影響で地表付近の温度が下降するため，一般に，高度が200～300 m程度の安定層が形成される．特に，夜間の放射冷却が強い場合は，逆転層（接地逆転層）を生じる．秋や冬の夕暮れ時などに，地面から真っすぐに立ち昇る煙が，ある高度ではとんど水平に流れている様は，接地逆転層が形成されている証拠である．大気境界層のうち，地表から数十m程度までの層を特に接地境界層と呼んでいる．この層では地面での加熱や摩擦応力によって生まれる乱流が，運動量，熱，水蒸気の鉛直方向の輸送を担っている．図1.3に大気境界層の日変化の様子を示す．

なお，海陸風は，陸上と海上における大気境界層の高さが昼間と夜間で日変化することに伴って，水平方向の温度傾度および気圧傾度が生じるために起きる局地的な風系である．したがって，程度の差はあるものの，日中は海風，夜間は陸風という日変化をもつ．

1.3 風・気温の鉛直構造

中緯度の上空には，偏西風と呼ばれる西寄りの風が吹いており，約10 km付近にジェット気流と呼ばれる強風軸がある．偏西風の鉛直方向の変化はどのようになっているだろうか？ また，上空の風は南北断面（子午面）でみればどうなっているのだろうか？ 上空の風の観測は，通常，ラジオゾンデと呼ばれる気球の航跡を時々刻々追跡することにより観測される．実際の気球は水平に流されるので，決して観測点の鉛直にはないが，天気予報などのシノプティックの観点では，そのズレは無視できる．図1.4は，上空の風の東西方向の成分（東西風あるいは帯状風と呼ばれる）を南北断面で表したもので，冬季（12月～2月）と夏季（6月～8月）についての平均を示している．

ここで縦軸は高度および気圧高度で示した高度，横軸は南北の緯度を示している．東西風は，対流圏と成層圏で大きな相違がみられる．すなわち，対流圏では

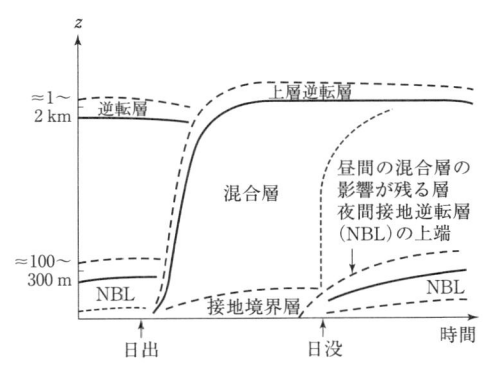

図1.3 大気境界層（日本気象学会編，1998）

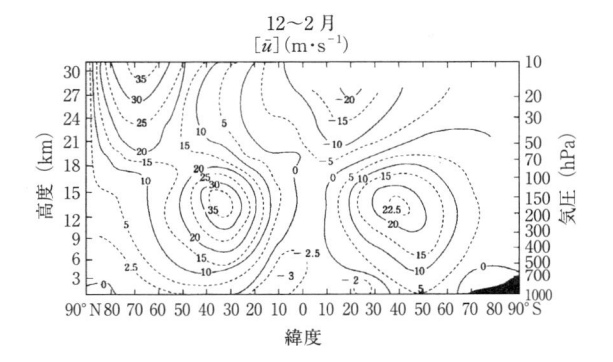

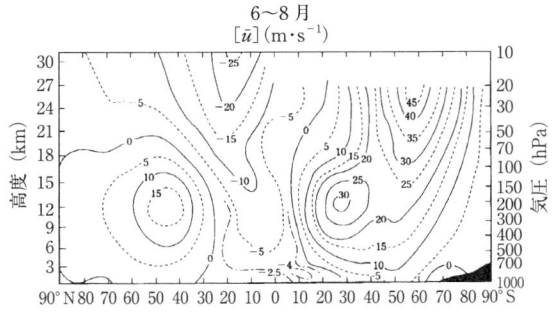

図1.4 平均東西風の南北断面図
（日本気象学会編，1998）

一年を通じて，南北両半球の中緯度の上空に西風がみられ，その極大の高度は対流圏界面付近にある．また，低緯度の上空では東風が吹いている．それらの季節的な変化は少ない．ところが，成層圏では東西風の季節変化が顕著である．このことは，対流圏が熱容量の大きい（保温性の大きい）海洋に接しているため季節変化が現れにくく，逆に成層圏では下層の対流圏からの活動が及びにくく，太陽放射による加熱の影響，すなわち，季節変化を直接に受けるためである．一方，対流圏の下層をみると，低緯度と高緯度の下層で弱い東風がみられ，中緯度では西風となっている．

東西風のこのような鉛直および南北断面の構造は，気温の鉛直分布の南北断面と密接不可分の関係にある．図1.5は，平均気温についての分布図である．この図は1.2節で述べた気温の鉛直構造の中身を，南北に展開して，また季節別にみていることになる．

赤道付近で対流圏界面が両極地方に比べて高くなっていること，成層圏では気温が等温層を経て上昇に転じていることが確認できる．地衡風のところで記述されるように，このような東西風の鉛直方向の変化は，気温の南北方向の分布（傾度）と力学的に結びついており，両者は温度風という関係を満たしている．ちな

みにこの関係は，冬季の北半球の中緯度の上空に着目すると，気温の南北傾度が大きな領域では，高度とともに西風が強くなってついに極大となり，それより上空では温度傾度が逆になることに対応して，西風も弱まっていることに留意しておこう．

> 〈初心者の方々へのメッセージ〉
>
> 気象予報士試験では，大気の鉛直構造は学科の一般が対象であり，試験の問題は，鉛直構造の成因を問う場合よりも，むしろ事実関係を問う場合が多い．しかしながら，大気の鉛直構造は，学科の専門や実技試験に対応する場合の基礎的な部分に位置しているので，単なる事実関係の記憶ではなく，その成因などについても勉強しておくことが望まれる．

【例題1.1】

次の文章の正誤について検討せよ．

(1) 乾燥大気を構成する気体は，単位体積中に含まれる質量の多いものから窒素，酸素，二酸化炭素の順であり，これらの気体の組成は高度約80 kmまでほぼ一定である．実際の大気中には水蒸気が含まれており，どの緯度帯でも年平均では水蒸気の乾燥大気に対する質量比は対流圏中層で最も大きい．また，大気中には，これらの気体のほかにもエーロゾルと呼ばれる微粒子が含まれている．一般的に，対流圏内のエーロゾルの単位体積中の数は対流圏中層で最も大きい．

(2) 地球大気の成分の大部分を占めているのは窒素と酸素であり，その成分比は体積比で約4:1である．次に多いのは単原子分子のアルゴンで，地球内部から供給されていると考えられている．その他の大気成分のうち二酸化炭素は，その量が時間的にも場所的にも大きく変動しており，その相変化が地球の気象を変化に富んだものにしている．またメタンが近年人間活動に伴って増加していることから，その温室効果による地球の温暖化が問題となっている．このような大気微量成分を監視し，その影響を科学的に評価することが今求められている．

(3) 大気中のオゾンは，低緯度の成層圏で最も多く生成され，中高緯度へと輸送される．

(4) 成層圏における気温の鉛直分布は，太陽からの紫外線をオゾンが吸収することよる加熱と，二酸化

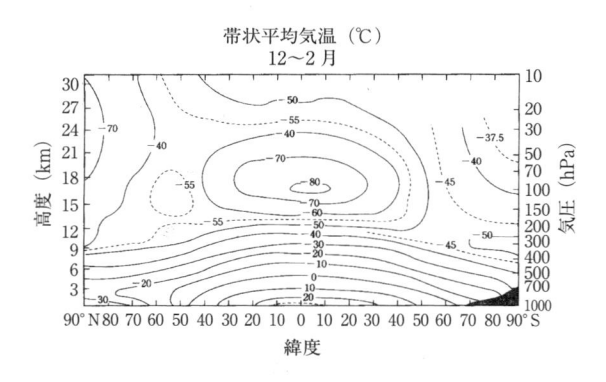

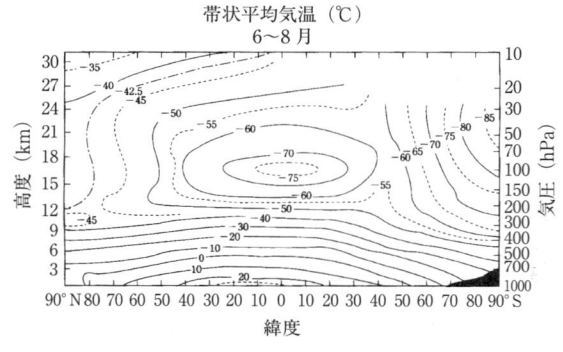

図1.5 平均気温の南北断面図
（日本気象学会編，1998）

炭素などが赤外線を放射することによる冷却との収支で近似的に表すことができる．

(5) 大気を構成する原子や分子が太陽からの紫外線やX線を吸収することによって生じる自由電子やイオンの多い電離層は，中間圏上部およびそれより上にある．

(6) 高度約80 kmまでは，大気の各成分の分子拡散が主な原因となって乾燥空気の化学組成はほぼ一定であり，その平均分子量は，最も量の多い窒素の分子量に近い．さらに高度が増すにつれ重力による分離が始まり，大気の化学組成は高度とともに変わっていく．高度約80 km以上には，電離層と呼ばれる自由電子やイオンの密度の大きい層があるが，これは空気の成分の分子や原子が太陽放射の紫外線などによって電離されるためである．

(7) 太陽系の惑星は，太陽から近い順に火星までを地球型惑星，木星以遠を木星型惑星という．地球型惑星の大気の成分は，いずれも惑星ができたときの原始大気の成分が主となっている．地球と金星・火星では大気の組成が異なっているが，このうち二酸化炭素が地球大気に少ないのは，地球では海洋に溶け，それが岩石として固定されたからである．他方，木星型惑星の大気の主成分は水素・ヘリウムである．

(8) 現在の海洋中の鉄やアルミニウム，カルシウム，マグネシウムなどの元素の含有量の多くは，原始海洋に塩化水素ガスや亜硫酸ガスが溶け込むことによって酸性化したため，岩石中から溶け出したものであると考えられている．

(9) 海洋中には大気中の約60倍の二酸化炭素が溶けており，石灰岩や頁岩（けつがん）には海洋中と比べても桁違いに多くの二酸化炭素が固定されている．

(10) 地球の大気は引力により地表面に引きつけられているので，密度や気圧は上空ほど小さく，高度とともにほぼ指数関数的に減少している．

(11) 夏の北半球の中・高緯度における上部成層圏では東風が卓越しており，対流圏のプラネタリー波はここに伝播できず，流れは極を中心にしたほぼ同心円となっている．

(12) 赤道域の下部成層圏ではほぼ2年周期で東風と西風が交代している．風系の交替は下層から始まり時間の経過とともに上層に及んでいく．

(ヒント) (1) 二酸化炭素の占める割合は，約0.04%（380 ppm）である．水蒸気の鉛直分布に注意．(2) 大気組成のうち時間・空間変化のしやすいものは何か．(3) および (4) オゾンの生成・輸送と成層圏の加熱の機構．(5) 電離層の成因と中間圏の定義．(6) 空気の鉛直方向の混合，分子量に対する重力の影響，紫外線による電離の理解．(7)，(8)，(9) 大気の起源，二酸化炭素の吸収に果たす海洋の役割．(10) 大気の圧縮性と静力学平衡の理解．(11)，(12) 成層圏の構造と風系の季節変化，東西風の鉛直分布とプラネタリー波の鉛直伝播の関係の理解．

(解答)
(1) 誤，(2) 正，(3) 正，(4) 正，(5) 誤，(6) 正，(7) 正，(8) 正，(9) 正，(10) 正，(11) 正，(12) 誤

(古川武彦)

2. 大気の熱力学

2.1 理想気体と状態方程式

2.1.1 理想気体の状態方程式

気象熱力学では混合気体も含めてすべての気体を理想気体として扱う．水蒸気を含まない乾燥空気は組成一定とみなして，「平均分子量」を定義する．湿潤空気は乾燥空気と水蒸気の混合気体として扱う．

理想気体の圧力 p，絶対温度 T，比容 α（または密度 $\rho = 1/\alpha$）の間には状態方程式が成立する．

$$p\alpha = RT \quad \text{または} \quad p = R\rho T \quad (2.1)$$
$$R = R_0/W \quad (2.2)$$

W は気体の分子量，R_0 は普遍気体定数で物質に依存しない．R は各気体固有の定数で気体定数と呼ばれ，式 (2.2) から分子量に逆比例する．

2.1.2 乾燥空気の状態方程式

乾燥空気の「分子量」を W_a，気体定数を R_a とすると，

$$p\alpha = R_a T, \quad R_a = (R_0/W_a) \quad (2.3)$$

乾燥空気の分子量は $W_a = 28.97$ (g/mol) である．

同温，同圧であれば，分子量が大きい気体は分子量の小さい気体よりも気体定数が小さいので（式 (2.3)），密度が大きい．

2.1.3 ダルトンの分圧の法則

温度 T，体積 V の混合気体の一つの成分だけで体積 V を占めたときの圧力をその成分気体の分圧という．ダルトンの分圧の法則によれば混合気体の圧力は分圧の和に等しい．分圧に対応する密度を分密度と呼ぶ．混合気体の密度は分密度の和に等しい．

2.1.4 水蒸気量の表し方

水蒸気量は以下に示すさまざまな尺度で表される．

(1) **水蒸気圧** 大気中の水蒸気の分圧をいう．
(2) **飽和水蒸気圧** 純粋な水または氷の平面と熱的に平衡状態にある水蒸気の圧力をいう．飽和水蒸気圧 (e_s) は次のクラペイロン-クラジウスの理論式で求めることができ，温度のみの関数である．

$$(1/e_s)(de_s/dT) = L/(R_v T^2) \quad (2.4)$$

R_v は水蒸気の気体定数，L は蒸発（凝結）の潜熱である．

0℃ 以下では氷に対する飽和水蒸気圧 (e_i) と過冷却の水に対する飽和水蒸気圧 (e_w) の二つがあり，$e_i < e_w$ であり，これは降水の生成要因として重要である（第Ⅰ編第 1 部 3 章「降水過程」参照）．

(3) **相対湿度** 湿潤空気の水蒸気圧 (e) の飽和水蒸気圧 (e_s) に対する比 e/e_s である．飽和とは $e = e_s$ の状態である．

(4) **露点温度** 気圧を変えないで気温を低下させたとき，飽和に達する温度である．別の表現では，現在の水蒸気圧が飽和水蒸気圧である温度である．

(5) **混合比** 水蒸気混合比（以下，混合比）は，水蒸気の分密度の乾燥空気の分密度に対する比である．凝結や蒸発がなければ空気塊の混合比は不変である．

(6) **比 湿** 水蒸気の分密度の湿潤空気の密度に対する比．比湿と混合比の数値はほとんど等しい．

2.1.5 湿潤空気の状態方程式

空気塊の気圧を p，温度を T，密度を ρ，水蒸気圧を e，乾燥空気の分圧を p_d，分密度を ρ_d，水蒸気の分密度を ρ_v とすると，乾燥空気と水蒸気の状態方程式はそれぞれ

$$p_d = R_a \rho_d T \quad (2.5)$$
$$e = R_v \rho_v T \quad (2.6)$$
$$p = p_d + e, \quad \rho = \rho_d + \rho_v$$

ここで R_v は水蒸気の気体定数である．

式 (2.5) と (2.6) の比から混合比 q は

$$q = \rho_v/\rho_d = (R_a/R_v)e/(p-e) \simeq \varepsilon e/p \quad (2.7)$$
$$\varepsilon \equiv R_a/R_v \simeq 0.622$$

式 (2.5) と (2.6) の和から湿潤空気の状態方程式として $p = R_a T \rho (1 + q/\varepsilon)/(1+q) \simeq R_a(1+0.608q) \cdot \rho T$ が得られる．湿潤空気の気体定数は $R^* = R_a(1+0.608q)$ であるが，定数が変化するのは不便なので

$$p\alpha = R_a T_v \quad (2.8)$$
$$T_v = T(1 + 0.608q) \quad (2.9)$$

と記し，T_v を仮温度と呼ぶ．仮温度は同じ圧力で，乾燥空気が湿潤空気と同じ密度をもつとしたときの乾燥空気の温度である．

混合比，比湿，相対湿度，露点温度が相互に変換できることを確かめてみること．

2.2 熱力学第一法則

2.2.1 内部エネルギーと比熱

空気塊が運動したり，空気塊に熱が出入りしたときの状態変化は，熱力学第一法則により調べることができる．

気圧 p，温度 T，比容 α（密度 $\rho=1/\alpha$）の単位質量の乾燥空気塊に与えられる熱量を ΔQ，空気塊の温度変化を ΔT，体積変化を $\Delta \alpha$ とすると，熱力学第一法則は次のように記される．

$$\Delta Q = \Delta u + p\Delta\alpha, \quad \Delta u = C_v \Delta T \quad (2.10)$$

微分形式で表すと

$$dQ = du + pd\alpha \quad (2.10)'$$

ここで Δ は変化が微小であることを示す．$u=C_vT$ を内部エネルギーと呼び，温度だけの関数である．空気塊に与えられた熱の一部は内部エネルギーの増加となり，一部は空気塊の膨張で外になされる仕事に使われる．

式 (2.10) で $\Delta\alpha=0$ とすると $\Delta Q=\Delta u=C_v\Delta T$ である．C_v は体積変化がないときの比熱なので定積比熱と呼ばれる．状態方程式 $p\alpha=RT$ を用いて式 (2.10) を変形すると

$$\Delta Q = C_p\Delta T - \alpha\Delta p, \quad C_p \equiv C_v + R \quad (2.11)$$

$\Delta p=0$ のとき $\Delta Q=C_p\Delta T$．C_p を定圧比熱と呼ぶ．定圧のときは体積変化で外に対して仕事をするので定積のときより比熱が大きくなる．

2.2.2 乾燥空気の断熱変化と温位

断熱変化とすると，式 (2.11) より

$$C_p\Delta T = \alpha\Delta p$$

から

$$\Delta T/\Delta p = \alpha/C_p \quad (2.12)$$

微分形式では

$$dT/dp = \alpha/C_p \quad (2.12)'^{(注)}$$

気圧 p，温度 T の乾燥空気塊が断熱変化で気圧 p_1，温度 T_1 になったとすると，式 (2.12)' から

$$T/(p^\kappa) = T_1/(p_1^\kappa), \quad \kappa = R_a/C_p = 0.286 \quad (2.13)$$

すなわち $T/(p^\kappa)$ は乾燥断熱変化では一定である．そこで気圧 p_1 を 1000 hPa としたときの気温を θ と記すと $\theta = T(1000/p)^\kappa$ は乾燥断熱変化では変化しない量である．θ は温位と呼ばれる．

(注) 微分記号の d/d は全微分，∂/∂ は偏微分と呼ばれる．

dT/dp は空気塊の特性（この場合は温度）が気圧変化で変わる割合を示す微分記号である．dT/dt なら空気塊温度の時間変化を表す．一方 $\partial p/\partial z$（式 (2.14)'）は空気柱の気圧が z 方向に変わる割合を示す微分記号である．$\partial p/\partial t$ は空間に固定した点で気圧が時間とともに変わる割合を表す．

2.2.3 未飽和湿潤空気の断熱変化

湿潤空気の比熱や気体定数は水蒸気の影響で乾燥空気のそれらとは異なるが差は小さく，湿潤空気の κ は乾燥空気の $\kappa = R_a/C_p$ と同じとみなしうる．したがって，未飽和湿潤空気の断熱変化は乾燥空気と同等に扱うことができる．

2.2.4 静力学平衡（静水圧平衡）

静止大気では，空気塊に働く上向きの気圧傾度力は下向きの重力と釣り合っている．単位断面積で高さ Δz（気圧差 Δp），密度 ρ の気柱では，z を上向きとして

$$\Delta p = -\rho g\Delta z = -pg\Delta z/(R_aT_v) \quad (2.14)$$

これが静力学平衡の式である．微分形式で表すと

$$\frac{\partial p}{\partial z} = -\rho g = -\frac{R_aT_v}{p}g \quad (2.14)'$$

大気が運動していても，水平スケールが 10 km 程度以上であれば式 (2.14) の関係がよい近似で成り立つ．

式 (2.14) によれば $\Delta z = \Delta p(R_aT_v)/pg$ だから，気圧差 Δp の間の高度差 Δz はその層の仮温度に比例する．より厳密には式 (2.14)' から

$$\Delta z = \{(R_aT_{vm})/g\}\ln(p_1/p_2) \quad (2.15)$$

ここで p_1 と p_2 はある層の下面と上面の気圧，T_{vm} は p_1 と p_2 面間の層の平均仮温度である．各気圧面の温度と水蒸気量がわかると，式 (2.15) を用いて気圧面の地上からの高度を計算できる．式 (2.15) を測高公式という．Δz を等圧面 p_1 と p_2 の間の層厚（シックネス）と呼ぶ．

2.2.5 断熱減率

乾燥断熱変化で空気塊の位置が上下に変化するときは，式 (2.12) の気圧変化 Δp に静力学平衡の関係を用いて高度変化 Δz で置き換えると，

$$\Delta T/\Delta z(dT/dz) = -g/C_p = -0.98 \text{ K}/100 \text{ m} \quad (2.16)$$

すなわち空気塊の温度は乾燥断熱変化で 100 m 上昇するごとにおよそ 1℃ 低下する．この気温減率を乾燥断熱減率と呼ぶ．飽和した空気塊が断熱的に上昇するときは凝結による潜熱放出があるので，飽和（湿潤）断熱減率は乾燥断熱減率より小さい．どの程度小さいかは混合比に依存する．

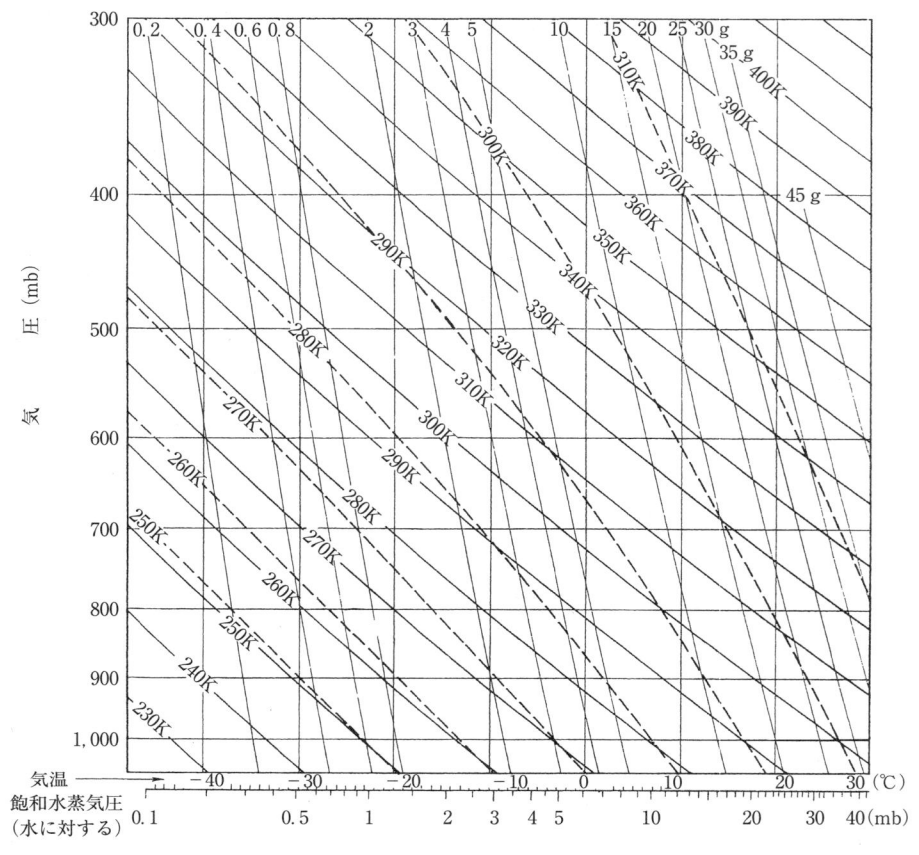

図 2.1 エマグラム

2.3 大気（空気塊）の熱力学的特性とエマグラム

2.3.1 エマグラム

エマグラム（図 2.1）は縦軸に気圧の対数，横軸に温度が目盛られていて，そのほかに乾燥断熱線，飽和断熱線（湿潤断熱線ともいう），等飽和混合比線の 3 種類の斜線が描かれている．エマグラムを用いると湿潤空気の断熱変化過程や関連するパラメータおよび大気の鉛直安定度などを視覚的に理解できる．

2.3.2 湿潤空気塊の断熱変化

図 2.2 により，空気塊の初期の気圧を p_1 として説明する（なお，図 2.2 は例題 2.4 でも用いる）．未飽和空気塊の特性は初期の特性を示す点 (p_1, T) と空気塊の混合比と数値が等しい等飽和混合比線（飽和線）で表される．露点温度 (T_d) は気圧 p_1 と飽和線の交点の温度である．

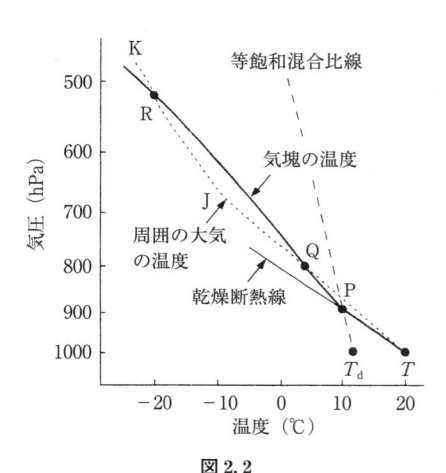

図 2.2

((財) 気象業務支援センター，平成 17 年度第 2 回試験問題)

(1) 持ち上げ凝結高度 未飽和空気塊の気圧と温度は (p_1, T) を通る乾燥断熱線に沿って変化し，露点温度は飽和線に沿って変化するので，二つの線の

交点(点P)で空気塊が飽和する．点Pの気圧を点(p_1, T)の空気塊の持ち上げ凝結高度(LCL)と呼ぶ．

(2) 偽断熱変化 飽和後の空気塊が凝結した水分を保持する断熱変化では，気圧増大の変化では水分が蒸発して可逆変化となる．これに対し凝結した水分が空気塊から落下する偽断熱変化は非可逆変化である．偽断熱変化では落下した水分の熱が失われるが，断熱変化との差はきわめてわずかである．エマグラムの飽和断熱線は偽断熱線(注)であるが，通常は差を無視して飽和断熱線として扱う．以後「偽」の用語を省略する．図2.2では点Pを通る曲線PQRが飽和断熱線である．

(注) 凝結した水分を保持する断熱変化とすると飽和した空気塊の気圧と温度が等しくても，過去の履歴により液体水分量が異なりうるので，気圧，温度，混合比を与えても空気塊の特性が一義的には決まらない．

(3) 湿球温位 θ_w 持ち上げ凝結高度を通る飽和断熱線と気圧1000 hPaの交点の温度を湿球温位と呼ぶ．飽和断熱線に付された数値はこの湿球温位の値である．空気塊を持ち上げ凝結高度より上まで断熱的に持ち上げても湿球温位は変わらない．湿球温位は乾燥断熱変化でも飽和断熱変化でも不変である．

(4) 相当温位 飽和した空気塊を偽湿潤断熱的に，水蒸気が事実上なくなるまで持ち上げ，その後乾燥断熱的に1000 hPaまで下降させたときの温度を，この空気塊の相当温位 θ_e と呼び次の式で与えられる．

$$\theta_e = \theta \exp(Lq_s/C_pT) \qquad (2.17)$$

θ_e は飽和断熱過程で保存される（偽断熱との差は無視できる）．ここで θ は温位，q は混合比，L は蒸発の潜熱，C は定圧比熱である．

不飽和空気塊の場合は，飽和するまで乾燥断熱的に持ち上げ，その後ははじめに述べた偽断熱過程で θ_e を求めることができる．この場合は式(2.17)の温度 T は持ち上げ凝結高度での温度 T_c となる．したがって相当温位を

$$\theta_e = \theta \exp(Lq_c/C_pT_c) \qquad (2.18)$$

で定義すると，θ_e は乾燥断熱変化，湿潤断熱変化で保存する量である．

温度の鉛直分布が与えられたとき，温度 T での飽和混合比 q_s を用いて，次の飽和相当温位 θ_e^* を定義できる．

$$\theta_e^* = \theta \exp(Lq_s/C_pT) \qquad (2.19)$$

空気塊を断熱的に持ち上げて飽和したとき，持ち上げた高度で $\theta_e^* < \theta_e$ なら空気塊の温度は周囲の空気の温度より高い，すなわち $\partial \theta_e^*/\partial z < 0$ の成層は条件付き不安定成層である．

(5) 相当温度と湿球温度 相当温位と湿球温位を定義する過程で，空気塊の気圧をはじめに存在していたと同じ気圧にしたときの温度をそれぞれ，相当温度，湿球温度と呼ぶ．

2.3.3 大気の安定度

静止大気を考える．周囲の空気（密度 ρ）に影響を与えずに空気塊（密度 ρ'）の位置を微小距離上下に変化させるとする．このとき空気塊単位質量には，g を重力の加速度として $g(\rho-\rho')/\rho'$ の浮力が働く．空気塊の気圧は同じ高さの周囲の空気の気圧と等しいから，T_v を仮温度とすると浮力は $g(T_v'-T_v)/T_v$ と変形できる．周囲より温度が高い空気塊は上向きの浮力を受ける．浮力の正負によって大気の安定度が定義される．図2.3を用いて安定度の概念を説明する．

(1) 安定度 エマグラムでa, b, cの三つの温度分布を考える（図2.3）．実線が温度分布で破線は乾燥断熱線，一点鎖線は飽和断熱線である．乾燥断熱減率を Γ_d，飽和断熱減率を Γ_m，気温減率を $\Gamma = -\partial T/\partial z$ と記す．温度分布cは $\Gamma > \Gamma_d$，bは $\Gamma_m < \Gamma < \Gamma_d$，aは $\Gamma < \Gamma_m$ である．点Oにある空気塊を微小な距離断熱的に変位させたとき，変位が増大するように浮力が働くときを不安定，変位が減少するように浮力が働く状態を安定という．

$\Gamma > \Gamma_d$ では空気塊の飽和，未飽和にかかわらず上方に変位させたときの浮力は正，下方に変位させたときの浮力は負で不安定なので，絶対不安定と呼ばれる．$\Gamma < \Gamma_m$ では空気塊の飽和，未飽和にかかわらず安定なので絶対安定である．また $\Gamma_m < \Gamma < \Gamma_d$ の場合は空気塊が飽和していれば不安定，未飽和であれば安定なので条件付き不安定と呼ぶ．図2.3と浮力の関係から各自これを確かめよ．

(2) 自由対流高度 図2.2では，空気塊の温

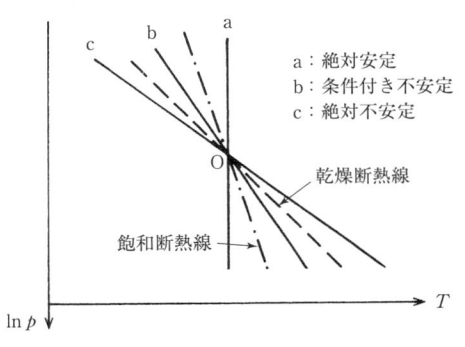

a：絶対安定
b：条件付き不安定
c：絶対不安定

図2.3

度は点Pから点Qの間は周囲の空気の温度より低くて浮力が負，点Qで周囲の空気の温度と等しく，それより上では浮力が正である．点Qを自由対流高度（LFC）と呼ぶ．

(3) **対流有効位置エネルギー**　図2.2では点Qから点Rの間では空気塊は周囲の空気より暖かいので，浮力によって運動エネルギーを得る．このエネルギー全体を積算したものを対流有効位置エネルギー（CAPE）と呼ぶ．

(4) **対流抑制**　空気塊の出発点 (p_1, T) から点Pを経て点Qまでは，空気塊は周囲の空気より冷たいので，下向きの力（負の浮力）を受ける．この負のエネルギーの合計を対流抑制（CIN）と呼ぶ．

(5) **潜在不安定**　下層の空気塊に対してCAPE＞0の成層は，空気塊を自由対流高度より上まで変位させると不安定が実現し対流が発生するので潜在不安定であるという．条件付き不安定成層は温度だけを用いて，微小変位に対して定義されるが，潜在不安定は有限距離の変位に対して定義され，温度と水蒸気量が考慮されていて，対流の起こりやすさを調べるのに有用な概念である．図2.2は潜在不安定な成層で対流が発生する概念をわかりやすく説明したものである．

(6) **対流不安定**　$\partial \theta_e/\partial z<0$，あるいは $\partial \theta_w/\partial z<0$ の大気層は，はじめ絶対安定成層であっても層全体を持ち上げて全層を飽和させると，温度減率が飽和断熱減率より小さくなり不安定となるので，元の成層を対流不安定な成層と呼ぶ．

(7) **ショワルターの安定指数**　850 hPa の空気塊を断熱的に500 hPaまで持ち上げときの温度を $(500, T')$，500 hPa の空気の温度を $(500, T)$ としたとき SSI $= (500, T) - (500, T')$ をショワルターの安定指数と呼ぶ．SSIは対流の起こりやすさを簡便に調べる指数として利用される．SSIが負なら不安定である．

〈初心者の方々へのメッセージ〉

ここの説明だけではわかりにくいと感じられる読者は，以下の心構えで参考書などを勉強していただきたい．

大気熱力学は状態方程式と熱力学第一法則を空気塊に適用する部分と空気塊について得られた原理を地球大気に応用する部分からなる．初めの方は大気の熱力学の基礎部分で，中学，高校でボイル・シャルルの法則などを学んでいるから比較的

容易だろうが，水蒸気の特性とその扱いをよく理解したい．

水蒸気は空間・時間で変動が大きいので，乾燥空気とは分けて扱う．また通常の温度範囲で相変化をする．水蒸気量（大気の湿り具合）の表し方にいろいろの指標があるが，飽和水蒸気圧が温度のみの関数であることを利用すると，一つの指標がわかれば他を導くことができる．自分でも具体的に確かめてみると各指標を確実に理解できる．

次は地上から上層まで成層していて，気圧や温度が鉛直方向に変化している地球大気への応用である．静力学近似により気圧と高度は1対1に対応する．大気は常に運動していてそれに伴って温度変化や水蒸気の相変化が起こる．大気の運動は鉛直安定度に大きく影響される．

これらの理解を助けるために次に示すような種々の概念や指標が導入，定義されている．

気温の鉛直傾度：気温減率，乾燥断熱減率，飽和（湿潤）断熱減率

各種温度の指標：露点温度，温位，相当温位（温度），湿球温位（温度）．

各種鉛直安定度：鉛直安定と不安定，条件付き不安定，潜在不安定，対流不安定，ショワルター指数など．

各種保存量：温位，相当温位，湿球温位，混合比など．保存量が保存される条件を確実に理解する．

鉛直変位と安定度に関わる指標：持ち上げ凝結高度，自由対流高度，対流有効位置エネルギー，対流抑制など．

これらの定義，特性，適用条件などを確実に理解しよう．それにはエマグラムを用いた視覚的な把握が便利である．

エマグラムは大気の成層状態を把握するための重要な手段である．エマグラムを用いて，相対湿度，露点温度，混合比の間の相互変換を確かめるなどの作業を試みると理解と習熟に役立つ．

【例題2.1】（平成19年度第1回　学科一般知識 問3）

次図のように，三つの密閉した容器に空気と一定の温度の水が閉じこめられている．それぞれの空気は，水面と熱的に平衡状態にあって飽和している．それぞれの容器内の空気に含まれる乾燥空気の分圧，飽和水

蒸気圧（e_s）および混合比（q），ならびに水温の値は，図に示した通りである．このとき，飽和水蒸気圧 e_{s_1}〜e_{s_3} の値および混合比 q_1〜q_3 の値の大小関係の組み合わせとして正しいものを，下記の①〜⑤の中から一つ選べ．

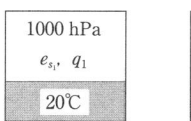

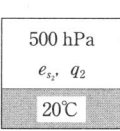

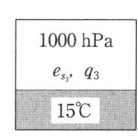

1000 hPa e_{s_1}, q_1 20℃	500 hPa e_{s_2}, q_2 20℃	1000 hPa e_{s_3}, q_3 15℃

飽和水蒸気圧 　　　　混合比
① $e_{s_3} < e_{s_1} = e_{s_2}$ 　　$q_3 < q_2 < q_1$
② $e_{s_2} < e_{s_3} < e_{s_1}$ 　　$q_2 < q_1 < q_3$
③ $e_{s_3} < e_{s_1} = e_{s_2}$ 　　$q_3 < q_1 < q_2$
④ $e_{s_1} < e_{s_2} < e_{s_3}$ 　　$q_3 < q_1 = q_2$
⑤ $e_{s_2} < e_{s_3} < e_{s_1}$ 　　$q_2 < q_3 < q_1$

〔例題 2.1 の解答と解説〕
（解答）③
（解説）容器を左から A, B, C とする．容器 A, B の温度は等しく容器 C の温度より高いから，$e_{s_1} = e_{s_2} > e_{s_3}$ である．したがって①または③が正解である．次に q_1 と q_2 を比較する．式 (2.7) の分母 $p - e$ は乾燥空気の分圧で，今の場合，$e_{s_1} = e_{s_2}$，容器 A の乾燥空気の分圧 $= 2 \times$（容器 2 の乾燥空気の分圧）だから，式 (2.7) により $q_2 = 2q_1$ となる．よって正解は③である．

式を正確に記憶するのは困難である．式を用いずに基本を応用する習慣を身につけたい．混合比は気体の体積や質量に依存しないから，容器 A, B, C の乾燥空気の体積が等しいと仮定してよい．乾燥空気の状態方程式から，容器 B の乾燥空気の密度は容器 A の乾燥空気の密度の半分となる．また $e_{s_1} = e_{s_2}$ より容器 A, B の水蒸気密度は等しい．したがって容器 B の水蒸気混合比は容器 A の水蒸気混合比の 2 倍である．

【例題 2.2】（平成 17 年度第 1 回　学科一般知識 問 2）（(d) のみ平成 18 年度第 1 回　問 2 から）
乾燥空気の熱力学に関して述べた次の文 (a)〜(d) の正誤について，下記の①〜⑤の中から正しいものを一つ選べ．
(a) 空気塊の内部エネルギーは，絶対温度で表した気温の 2 乗に比例する．
(b) 外から熱量を与えられた空気塊の内部エネルギーは，外に仕事をしない場合には，熱量を与える前より小さくなる．
(c) 空気塊が断熱的に膨張して外に仕事をした場合には，内部エネルギーは大きくなる．
(d) 圧力を一定に保って空気塊に熱を加えた場合の温度変化は，体積を一定に保って同量の熱を加えた場合の温度変化に比べて小さい．
① (a) のみ正しい
② (b) のみ正しい
③ (c) のみ正しい
④ (d) のみ正しい
⑤ すべて誤り

【例題 2.3】（平成 18 年度第 1 回　学科一般知識 問 7）
下図（上段）のように，点 A にある飽和していない湿潤空気塊が断熱的に山を越えて反対側の同じ高度の点 B に移動した．この過程で山頂付近において凝結によって雲が発生し，生成された雨や雪は空気塊内からただちに落下した．次に点 B に到達した空気塊が下図（下段）のように断熱的に同じ山を越えて再び反対側の点 A に戻った．このとき，山頂付近で雲が発生したが雨や雪は降らず，点 A に到達する前に雲はすべて蒸発した．

これらの過程において，点 A における初期の空気塊の温位と混合比をそれぞれ θ_1 と q_1，点 B における空気塊の温位と混合比をそれぞれ θ_2 と q_2，空気塊が再び点 A に戻ったときの温位と混合比をそれぞれ θ_3 と q_3 とすると，これらの間の大小関係の組み合わせとして正しいものを，下記の①〜⑤の中から一つ選べ．

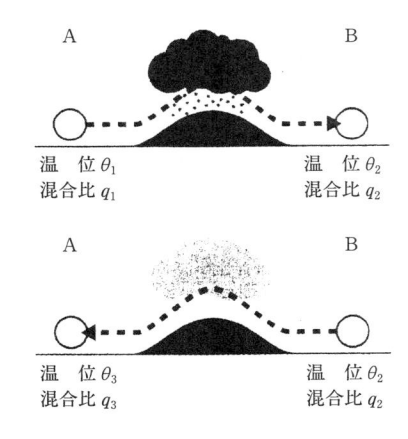

① $\theta_1 > \theta_2 > \theta_3$ 　　$q_1 < q_2 < q_3$
② $\theta_1 < \theta_2 = \theta_3$ 　　$q_1 < q_2 = q_3$
③ $\theta_1 < \theta_2 = \theta_3$ 　　$q_1 > q_2 = q_3$
④ $\theta_1 < \theta_2 < \theta_3$ 　　$q_1 > q_2 = q_3$
⑤ $\theta_1 > \theta_2 = \theta_3$ 　　$q_1 < q_2 < q_3$

〔例題 2.2 と 2.3 の解答と解説〕
例題 2.2（解答）④
（解説）
(a) 定義に反する．誤り．
(b) 内部エネルギーは増加する．誤り．
(c) 断熱だから外に仕事をした分だけ内部エネルギーは減少する．誤り．
(d) 圧力一定の場合は体積膨張により，外に対して仕事をするので体積一定の場合より温度変化が小さい．正しい．

例題 2.3（解答）③
（解説）
点 A から B に行くとき凝結した水分が落下するので，$q_2 < q_1$．また凝結により暖められるので $\theta_2 > \theta_1$．これを満たすのは③と④である．点 B から点 A に戻るときは凝結した水分は再び蒸発したので，混合比も温位も変わらない．$q_3 = q_2$，$\theta_3 = \theta_2$．よって正解は③である．

【**例題 2.4**】（平成 17 年度第 2 回　学科一般知識　問 4）
下図は，1000 hPa 付近にある気温 T，露点温度 T_d の未飽和湿潤空気塊を断熱的に持ち上げたときの，気塊と周囲の大気の温度の高度分布を断熱図上に模式的に示したものである．実線 T-P-Q-R は気塊の温度，点線 T-Q-J-K は周囲の大気の温度を示している．次の文章 (a)〜(c) の正誤の組み合わせとして正しいものを下記の①〜⑤のなかから一つ選べ．
(a) この気塊が上昇して雲が形成される場合，雲底高度はほぼ Q の高度である．
(b) 実線 PQR は，湿潤断熱線に沿っている．
(c) Q の高度と R の高度の間では，気塊の温度が周囲の大気の温度より高い．このため気塊に働く浮力が重力より大きく，気塊は全体として上向きの力を受ける．

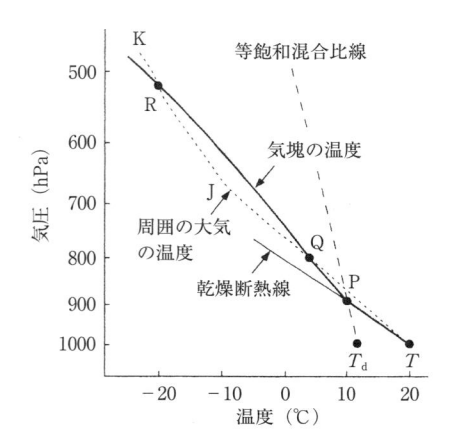

	(a)	(b)	(c)		(a)	(b)	(c)
①	正	正	正	④	誤	正	正
②	正	正	誤	⑤	誤	誤	誤
③	正	誤	正				

【**例題 2.5**】（平成 18 年度第 2 回　学科一般　問 3）
湿潤空気塊に対する次の (a)〜(c) のそれぞれの過程において，露点温度，相対湿度および混合比のうち値が一定であるものの組み合わせとして正しいものを，下記①〜⑤の中から一つ選べ．
(a) 未飽和の湿潤空気塊を，一定の圧力のもとで凝結を伴わずに飽和するまで温度を低下させる．
(b) 未飽和の湿潤空気塊を，持ち上げ凝結高度まで断熱的に上昇させる．
(c) 飽和している湿潤空気塊を，凝結させながら断熱的に冷却させる．

	(a)	(b)	(c)
①	混合比	混合比	露点温度
②	露点温度と混合比	相対湿度	露点温度と相対湿度
③	露点温度	露点温度と混合比	相対湿度
④	混合比	露点温度	露点温度と相対湿度
⑤	露点温度と混合比	混合比	相対湿度

〔例題 2.4，2.5 の解答と解説〕
例題 2.4（解答）④
（解説）
図の見方はすでに本文で説明した．空気塊が最初に凝結する持ち上げ凝結高度（点 P）が雲底となる．自由対流高度（点 Q）より上で浮力が重力より大．

例題 2.5（解答）⑤
（解説）
蒸発や凝結がなければ断熱変化でも非断熱変化でも混合比は保存する．凝結や蒸発が無いとき，露点温度は気圧一定の非断熱変化で変化しない．断熱変化で気温を変化させるときは気圧も変わるので露点温度も変化する．これはエマグラムの解説で説明済み．(c) の場合は飽和しているので相対湿度は 100% で一定である．ただしこの問題は (a) と (b) の設問だけで正解が決まってしまう．

（山岸米二郎）

3. 降水過程

3.1 エーロゾル

大気中には，気体成分のほかに，エーロゾル（またはエアロゾル）と呼ばれる固体や液体の微粒子が浮遊している．エーロゾル粒子は自然の大気中で，次節以降にみるように，雲や氷晶の発生に重要な働きをしており，その働きに応じて，凝結核，雲核，氷晶核，凍結核などといった特別な呼び名をもつものがある．ここでは，エーロゾルとは何かについてその概略を示す．

エーロゾル粒子のサイズは半径，数十 nm（ナノメートル：$1\,nm = 10^{-9}\,m$）から数十 μm（マイクロメートル：$1\,\mu m = 10^{-6}\,m$）と幅があり，形は球形から不定形まで多様である．その物質組成は，無機物から有機物までさまざまな物質からなり，やはり多様である．エーロゾル粒子はそのサイズによって，半径 $0.005\sim0.1\,\mu m$ の粒子をエイトケン核（エイトケン粒子），半径 $0.1\sim1\,\mu m$ を大核（大粒子），半径 $1\,\mu m$ 以上を巨大核（巨大粒子）と呼ぶことがある．エイトケン粒子は他のサイズの粒子に比べ数が多く，大気中の個数の大部分を占める．大粒子は重量濃度などを計測するとき最も大きく寄与する粒子である．巨大粒子は大気中に長時間滞留することがむずかしく，個数，重量ともにエーロゾル全体で占める割合が小さい．

エーロゾルの発生源は自然の発生と人間活動に伴う発生の両方があり，エーロゾルはその発生のメカニズムにより2種類に大別できる．一つ目は，機械的に粉砕され空中に分散された粒子で，一次粒子という．自然に発生するものとしては，土壌粒子，海塩粒子（海水の飛沫が乾燥したもの），火山灰などがあり，人間活動に伴うものとして，交通運輸や生産の過程で空中に巻き上げられる粉塵やアスベストなどがある．サイズは大粒子から巨大粒子に属する．二つ目は，ガスから粒子化した粒子で，二次粒子という．自然に発生するものとしては，大気中での化学反応でできる硫酸アンモニウムや硝酸ナトリウムの粒子があり，人間活動に伴うものとしては，自動車，工場，焼却炉などから燃焼過程を経て発生する有機や無機の複雑な化合物の大気汚染などがある．サイズは，大部分がエイトケン粒子に属するが，大粒子，巨大粒子もある．

単位体積中に含まれるエーロゾル粒子の個数のことを，個数濃度または数密度という．個数濃度でみると，大気エーロゾルは，ほとんどエイトケン粒子で占められる．自然の大気中のエーロゾルの個数濃度は変動が激しく，1～2桁の変動幅も珍しくない．しいて代表的な濃度をあげるとすると，空気 $1\,cm^3$ のなかにある粒子の数は，海洋上では1000個，陸上の清浄大気中で1万個，市街の汚染大気中で10万個が目安であろう．

3.2 凝結による雲の発生

3.2.1 水蒸気の凝結

体積 $1\,cm^3$ の容器を考える．容器内に気体として存在できる水蒸気分子の個数には温度で決まる上限があって，その上限状態を飽和といい，上限に達しない状態を未飽和という．飽和時の容器内の水蒸気分子の数を飽和水蒸気密度といい，蒸気圧に換算したものを飽和蒸気圧という．飽和水蒸気密度あるいは飽和蒸気圧は温度が低いと小さく，高いと大きい．空気の湿度は飽和水蒸気密度を基準に，その何％の水蒸気分子が空気中に存在するかで表現され，これを相対湿度という．相対湿度が100％に達しない未飽和の空気の温度を何らかの方法で下げていくと，やがて相対湿度が100％の飽和に達する．$1\,cm^3$ の容器内の空気の場合，飽和を超えて温度を下げようとすると，湿度が100％を超えて過飽和状態になるのではなく，水蒸気分子が容器の壁に付着して液体の水に変わる．つまり過飽和状態を回避するため凝結が起きるのである．

壁をもたず実質上無限に広がる屋外の大気の場合には，凝結核と呼ばれるエーロゾルが，$1\,cm^3$ の容器の壁と同様の役割を果たす．屋外では，上昇気流により上昇する空気は，断熱膨張で冷却し，はじめ水蒸気未飽和であった空気はやがて湿度100％の飽和に達する．それを超えて空気がさらに上昇して冷却が進むと，水分子がエーロゾルに凝結して雲粒をつくり，空気が水蒸気の過飽和状態になるのを回避する．つまり，エーロゾル粒子が，自然の空気中で水蒸気から霧や雲をつくる足場すなわち凝結核として働く．自然の大気中には，凝結核として働くエーロゾルは常に十分

な数で存在しており，凝結核が不足して雲ができないなどといった状況は通常は起きない．

海洋上の積雲は大陸上の積雲に比べて，単位体積当たりの雲粒の数が少なく，雲粒のサイズが大きいといった特徴がある．積雲の凝結高度付近の雲粒のおよその数は海洋上の雲で1 cm³に100個以下，大陸上の雲では数百個以上である．これは，凝結核となるエーロゾルが，空気の清浄な海上より，陸上の方が多いことによる．核の数が多いと雲粒の数が多く，サイズは小さくなる．その関係は以下のように概算できる．

水蒸気混合比w_1の空気塊が冷却されて凝結が起こり，空気1 m³当たりn個の雲粒が形成されて水蒸気混合比がw_2に減少したとき，同じ大きさの雲粒を形成すると仮定して，雲粒の半径は以下のように求められる．雲粒形成に使われた水分は乾燥空気1 kg当たりw_1-w_2である．このときの空気密度をρ_aとするとき，雲水量Mは，$M=\rho_a(w_1-w_2)$である．雲粒の数密度をn，雲粒の半径をr，水滴の密度をρ_wとすると式，$(4/3)\pi\rho_w r^3 n = M = \rho_a(w_1-w_2)$が成り立つ．したがって，$r=[(3/4\pi)(\rho_a/\rho_w)(w_1-w_2)/n]^{1/3}$である．ここで，代表値，$\rho_w=1$ g·cm⁻³$=10^3$ kg·m⁻³，$\rho_a=1$ kg·m⁻³，$w_1=16$ g·kg⁻¹$=16\times10^{-3}$ kg·kg⁻¹，$w_2=12$ g·kg⁻¹$=12\times10^{-3}$ kg·kg⁻¹，$n=10^3$ cm³$=10^9$ m³，$\pi=3.14≒3$を代入すると，

$$r=[(1/4)(1/10^3)(4\times10^{-3})/(10^9)]^{1/3}$$
$$=[(4/4)\times10^{-3}\times10^{-3}\times10^{-9}]^{1/3}$$
$$=(10^{-15})^{1/3}$$
$$=10^{-5}$$
$$=10\times10^{-6} \text{ m}=10 \text{ μm}$$

乾燥空気1 kg当たり4 gの水が凝結して，空気1 cm³当たり1000個の雲粒ができるとき，雲粒の半径は10 μmとなる．個数が100個の場合，半径は10の3乗根倍すなわち約20 μmになる．

3.2.2 水滴のサイズと平衡蒸気圧

仮にエーロゾル粒子がまったく存在しない場合には，大気中では湿度が100％を少々超えた程度では水滴は形成せず，水滴ができるのには相対湿度にして300％以上の湿度が必要である．水蒸気が飽和になっても水滴ができないのは，水滴が仮にできても表面張力の働きのためただちに蒸発するからである．微小な水滴が成長するためには，表面張力に逆らって仕事をする必要があり，この仕事をなしうるだけの大きな過飽和が要求される．

一般に，液体の表面には表面張力が働く．この表面張力は，液体の分子間の引力に由来し，液体の表面にある分子を常に液体内部に引きこむ力として働いているので，結果的に，液体の表面積を最小にするように働く．同体積（水分子の数が同数）の液体の塊ならば球形が最も表面積は小さい．実際，半径1 mm程度以下の水滴の空気中に浮かんだ姿は球である．これが表面張力の働きである．数mmを超える雨滴になると，落下中の姿は水滴の重みのためやや扁平になり下面が平らで上面の膨らんだ饅頭の形をとるが，それは重力のせいであって，無重力状態の中では半径数mmを超える水滴であっても球形になる．

水滴の表面から水分子が飛び出せば，水滴の表面積は小さくなる．表面張力は表面積を小さくする方向に働くから，同時に水滴からの蒸発を助ける方向にも働く．サイズが小さい水滴の方が大きな水滴より，同数の分子が飛び出したときの表面積変化が大きい．つまり小さい水滴ほど蒸発しやすい．

水滴に入りこむ水分子の数と出ていく水分子の数が等しい場合を平衡という．一般に水滴表面から飛び出す水分子の数は水滴サイズが同じなら温度のみの関数である．これに対し水滴表面に外から飛びこむ水分子の数は温度と，水滴を取り巻く空気中の水分子の数つまり水蒸気圧の関数である．同じ温度であれば，水蒸気圧が高い方が飛びこむ数は多い．上で述べたように，小さい水滴ほど蒸発しやすいので，水滴を出入りする水分子数をバランスさせ，水滴サイズを不変に保つには，小さい水滴ほど大きな水蒸気圧が必要である．このことを水滴が小さいほど平衡蒸気圧は高いという．平らな水面は曲率の観点からは無限大サイズの水滴に相当し，平衡蒸気圧としては最小値をとることになる．平らな水面上の平衡蒸気圧は，定義により水の飽和蒸気圧である．つまり，雲粒のように空気中に浮かぶ水滴の平衡蒸気圧は水蒸気過飽和であり，水滴が小さいほど平衡蒸気圧は高い過飽和となっている．

(1) 過飽和度 過飽和の尺度を「過飽和度」という．水滴表面の平衡蒸気圧をe，平面に対する平衡蒸気圧（飽和蒸気圧）をe_sとすると，過飽和度Sは，$S=100\times(e-e_s)/e_s=$（相対湿度－100)％で表される．平衡状態にある半径0.01 μmの水滴は相対湿度112％すなわち過飽和度12％で平衡し，半径0.1 μmの水滴ならば相対湿度101％すなわち過飽和度1％で平衡になる．

(2) 自発凝結 水蒸気で満たされた空間では，水分子同士が衝突し，瞬間的には，ある程度の個数の分子の結合した塊（クラスター）が偶然に形成される

ことがある．こうしてできたクラスターの多くは，ただちに蒸発するが，時にはさらに水分子が凝結して水滴に成長する場合がある．これを自発凝結という．200%を超えるような高い過飽和度のもとでは水分子が数十個結合したクラスターの存在確率は高く，それらが成長して自発凝結に進む可能性も高い．過飽和度1%程度では，それと平衡する0.1 μm の大きさのクラスターを偶然つくりだす確率はほとんどゼロで，自発凝結は起きない．自然界では過飽和度1%を超えることはきわめてまれで，自発凝結で雲が発生することはない．

3.2.3 凝結核と雲核

現実の大気ではエーロゾルの助けを借りて，容易に半径1 μm 以上の水滴ができる．たとえば，半径0.3 μm の水に濡れやすい物質からなるエーロゾル粒子があると，$S=0.4$%の過飽和度で粒子に吸着した水分子が表面に水膜をつくり平衡状態になる．そのようなエーロゾル粒子は，$S=0.4$%より高い過飽和のもとでは凝結による成長によって1 μm 以上の水滴をつくることができる．エーロゾル粒子のうちこのような働きをするものを凝結核という．厳密には，凝結核は200%以上の高い過飽和度で凝結を起こす粒子すなわちエイトケン核を指す．それに対し，ある程度の大きさの凝結核の場合，表面張力の効果が比較的弱い大きい水滴として凝結成長を開始するので，平面に対する飽和水蒸気圧をわずかに超える程度の過飽和で凝結が進行する．このように，現実の大気中で雲粒子に成長できるエーロゾル粒子を雲凝結核あるいは単に雲核という．しかし一般には，雲核のことも凝結核という場合が多い．水をはじく性質（撥水性）の強い油脂などは水を吸着しないので凝結核や雲核にはならない．

一般に，塩類が水に溶けると，純水よりも平衡蒸気圧が低くなる．水溶性物質でできている核の場合，核が水に溶けて水滴表面の平衡蒸気圧を真水（純水）に比べて低くするので，一層低い過飽和度，時には湿度100%以下でも凝結核として働く．水溶性物質として食塩（塩化ナトリウム）を例にとり，温度18℃での水平面の上の水蒸気の平衡蒸気圧をみると，純粋な水の場合20.6 hPaであるが，10%食塩水では19.6 hPa，30%の食塩水では16.7 hPaと平衡蒸気圧が純粋な水に比べて低下する．37%食塩水は食塩で飽和した溶液であるが，平衡蒸気圧は15.6 hPaにまで低下し，この蒸気圧の値は湿度76%に相当する．したがって，空気中に浮遊する食塩の粒子は，相対湿度76%以上で水蒸気を吸収して液滴となる．エーロゾルには海水の飛沫が乾燥して空気中に浮遊する海塩粒子がある．海塩粒子は塩化ナトリウムなど海水の成分からなり，相対湿度100%以下で凝結核として働く．

3.2.4 凝結による雲粒の成長

水滴を取り巻く周囲の水蒸気圧が，水滴表面上の平衡水蒸気圧よりも大きい場合，水の分子が拡散によって水滴表面に凝結し，水滴は成長する．この過程を凝結過程という（拡散過程ともいう）．合理的な仮定に基づき理論的に導出された水滴の凝結成長の式によれば，水滴質量Mの増加速度dM/dtは，水滴半径をr，周囲の水蒸気密度をρ_v，水蒸気の拡散係数をD，水蒸気の過飽和度を$S=(e-e_s)/e_s$として，$dM/dt=4\pi rD\rho_v S$で表される．水滴の質量Mは水の密度をρ_wとすると，$M=(4/3)\pi\rho_w r^3$である．Mのこの表現を上記dM/dtの式に代入して，$d[(4/3)\pi\rho_w r^3]/dt=4\pi rD\rho_v S$であり，左辺の微分を演算して，$4\pi\rho_w r^2 dr/dt=4\pi rD\rho_v S$を得る．さらに整理して，$dr/dt=(D/r)\cdot(\rho_v/\rho_w)S$であるから，凝結による成長で水滴の半径が増加する速さは，水蒸気の過飽和度に比例し，水滴の半径に反比例する．したがって，同一気塊内で大きさの異なる水滴が水蒸気拡散によって成長する場合，小さな水滴ほど成長が速いので，大小水滴の半径の差は時間とともに小さくなる．また，エーロゾルを核にして成長する雲粒は凝結開始の初期は急速にサイズを増すが，やがて成長が鈍る．計算によれば，過飽和度$S=0.25$%の場合，半径0.5 μm の水滴は10分後に10 μm にまで成長する．しかし，代表的な雲粒のサイズである半径10 μm の水滴は，同じ10分間に半径14 μm 程度にまでしか成長できない．成長は半径とともに鈍っていくので，半径10 μm の雲粒から半径1 mmの雨粒まで凝結で成長するには途方もなく長い時間がかかる．観測によれば，雲の発生から降雨の開始まで，すなわち凝結の開始から雨滴の形成までの時間はふつう1時間以内である．したがって，雲の発生から雨滴の形成までを凝結過程のみで説明するのは非現実的である．実は，雲粒から雨滴までの成長には，雲粒（氷晶も含む）同士が衝突し，一方が他方を取りこむ併合の過程が重要である．

3.3 雲粒から雨滴への併合成長

雲は空に浮いてみえるが，一つひとつの雲粒は自らの重みにより落下している．落下速度が小さいので

上昇気流に支えられているか，高度が低下していてもそれがゆっくりなので空に浮いているようにみえる．この雲のなかで併合成長と呼ばれる過程により，雲粒同士が衝突し結合して次第に大きな水滴になり，雨粒になって地上に落下する．これが降水である．自由落下する水滴同士が衝突するには，落下速度に差がなければならない．自由落下する水滴の落下速度はどのように決まるのか，まずその説明から始めよう．

3.3.1　水滴の落下速度

静止した流体中にある剛体の球が静止の状態から自重によって落下を開始したと考える．球は速度ゼロから重力による加速を受けて落下速度を増していくが，一方で流体から落下速度とともに増大する抵抗力が働くので，やがて重力と抵抗力とが釣り合った段階で，落下速度は一定値に達する．これを終端速度（または最終落下速度）という．球に働く重力が小さいほど，短時間で終端速度に達し，その終端速度は小さい．球が重いと終端速度に達するまでに時間を要し，その終端速度は大きい．

静止した流体中を終端速度で落下する球には，球が流体から受ける浮力を無視すれば，球に働く重力と流体からの抵抗力が働き，それらは大きさが等しく方向が反対の力として釣り合っている．半径 r の剛体球が静止した流体中を速度 V で移動するとき球には流体の粘性に由来する粘性抵抗（摩擦抗力，ストークス抵抗ともいう）と流体の慣性に由来する慣性抵抗（圧力抗力，ニュートン抵抗ともいう）とが働き，両者の相対的重要度をはかる無次元パラメータとして，レイノルズ数 $R_e = 2\rho rV/\eta$ が用いられる．ここで，ρ と η はそれぞれ流体の密度と粘性係数である．

流体中を運動する剛体球の受ける抵抗力 F は，広く一般に適用できる式として，$F = 6\pi\eta rV(C_d R_e/24)$ または $F = (1/2)C_d(\rho V^2)(\pi r^2)$ で表される．ここで，両式の C_d は抵抗係数と呼ばれ，レイノルズ数 R_e の関数として経験的に決定される．

$R_e < 0.6$ では $C_d = 24/R_e$ が成り立ち，抵抗力は $F = 6\pi\eta rV$ の粘性抵抗で表される．$R_e = 0.6 \sim 10^3$ の範囲は粘性項と慣性項がともに重要な領域で，C_d は $(1/R_e)$ のべき級数を用いた式などで近似される．$R_e = 10^3 \sim 10^5$ では C_d はほぼ 0.45 の一定値をとり，抵抗力は $F = (9/40)(\rho V^2)(\pi r^2)$ の慣性抵抗で表される．R_e が 3×10^5 を超えると乱流剥離により慣性抵抗が半減し，C_d は 0.2 以下に急減する．

空気の粘性係数を $\eta = 18\times 10^{-6}\,\mathrm{kg\cdot m^{-1}\cdot s^{-1}}$，空気密度を $\rho = 1\,\mathrm{kg\cdot m^{-3}}$ として，半径 $20\,\mu\mathrm{m}$ の球形水滴を剛体と仮定すれば，終端速度は $0.04\,\mathrm{m\cdot s^{-1}}$ 程度であり，レイノルズ数 $R_e = 2\rho rV/\eta = 2(1\,\mathrm{kg\cdot m^{-3}})(2\times 10^{-5}\,\mathrm{m})(0.04\,\mathrm{m\cdot s^{-1}})/(18\times 10^{-6}\,\mathrm{kg\cdot m^{-1}\cdot s^{-1}}) = 8/9$ で，$R_e < 0.1$ である．すなわち，半径 $20\,\mu\mathrm{m}$ より小さい球形水滴の落下中に空気から働く力は粘性抵抗である．半径 $1\,\mathrm{mm}$ の球形水滴の終端速度の実測値は $6\,\mathrm{m\cdot s^{-1}}$ 程度であり，レイノルズ数は $R_e = 2\times(1\,\mathrm{kg\cdot m^{-3}})\times(10^{-3}\,\mathrm{m})\times(6\,\mathrm{m\cdot s^{-1}})/(18\times 10^{-6}\,\mathrm{kg\cdot m^{-1}\cdot s^{-1}}) = (2/3)\times 10^3$ と 1000 に近いので，半径 $1\,\mathrm{mm}$ より大きければ，水滴の落下中に空気から働く力は主に慣性抵抗であると考えてよい．

(1) 雲粒の落下速度　以上は剛体球の場合である．これを空気中で落下する水滴に適用する場合には，水滴の変形などの考慮が必要な場合がある．半径 $20\,\mu\mathrm{m}$ より小さい雲粒の場合，形は球であるとともに R_e が小さいので，抵抗力は上段でふれた粘性抵抗の式 $F = 6\pi\eta rV$ で近似できる．したがって，浮力を無視した重力と抵抗力の釣り合いの式は，重力加速度を g，水の密度を ρ_w として，$(4/3)\pi r^3\rho_w g = 6\pi\eta rV$ となり，終端速度は $V = 2\rho_w r^2 g/9\eta$ となり，落下速度は半径の2乗に比例するので，半径が倍になれば落下速度は4倍になる．半径 $10\,\mu\mathrm{m}$ の雲粒は1秒間に約 $1\,\mathrm{cm}$ 落下，したがって，半径 $20\,\mu\mathrm{m}$ の大きな雲粒は1秒間に約 $4\,\mathrm{cm}$ 落下する．

(2) 降水粒子の最終落下速度（終端速度）　半径 $20\,\mu\mathrm{m}$ より大きい粒子については粘性抵抗の式では誤差が大きくなり，特に $1\,\mathrm{mm}$ より大きい雨粒になると，球形からの変形の効果も考慮する必要がある．実測値では，半径 $100\,\mu\mathrm{m}$ の巨大な雲粒は1秒間に $70\,\mathrm{cm}$ 以上を，また，$1\,\mathrm{mm}$ の雨滴は1秒間に約 $6\,\mathrm{m}$ 以上を落下する．

半径 $1\,\mathrm{mm}$ から半径 $5\,\mathrm{cm}$ の範囲では，$R_e = 10^3 \sim 10^5$ に相当し，剛体球の場合，抵抗力は前にふれた慣性抵抗の式 $F = (9/40)(\rho V^2)(\pi r^2)$ で近似できる．$(4/3)\pi r^3\rho_w g = (9/40)(\rho V^2)(\pi r^2)$ を適用して，最終落下速度は $V = [(160/27)(\rho_w gr/\rho)]^{0.5}$ で計算できる．この場合，最終落下速度は半径の平方根に比例するので，半径が倍になれば落下速度は 1.4 倍になる．

以上，3.3.1 項の要点は，以下の通りである．

① 雲粒や雨粒は，重力により落下するが，落下中に重力と逆向きに働く空気抵抗を受けるため，両者の釣り合いから定まる一定の速度，すなわち終端速度（最終落下速度ともいう）で落下する．

② 雲粒（代表的な半径約 $10\,\mu\mathrm{m}$）の場合，雲粒に

働く重力と空気抵抗（粘性抵抗が主役）の釣り合いの式 $(4/3)\pi r^3 \rho_w g = 6\pi \eta r V$ から，終端速度は $V = 2\rho_w r^2 g/9\eta$ と定まり，雲粒の落下速度は半径 r の二乗に比例する形になっている．

③ 雨粒（代表的な半径約 1 mm）の場合，雨粒に働く重力と空気抵抗（慣性抵抗が主役）の釣り合いの式 $(4/3)\pi r^3 \rho_w g = (9/40)(\rho V^2)(\pi r^2)$ から，終端速度は，$V = [(160/27)(\rho_w gr/\rho)^{0.5}]$ と定まり，雨粒の半径 r の平方根に比例する．

3.3.2 併合過程による水滴の成長

雲の中にある多数の雲粒の大きさが異なるとき，落下速度に差があるため，雲粒が互いに衝突，併合して成長する．このような成長過程が併合過程である．このとき，大きい雲粒ほど断面積が大きいため，ほかの雲粒との衝突の機会が多く，衝突した雲粒を併合することによって，一層急速に成長する．この場合の雲粒の半径の増加速度は半径の関数として以下のように導かれる．

ある程度大きくなった水滴がさらに雲粒と衝突しそれらを併合して成長していくときを考える．単位時間当たりの雨滴の質量増加量 Δm は，雲粒の半径を雨滴の半径に比べ無視するなど十分な根拠をもって，雨滴の断面積 S とその落下速度 V に比例する．すなわち，$\Delta m \propto aSV$ である．ここで $\propto$ は比例することを表す記号，a は捕捉率であり，aS を衝突断面積と呼ぶ．単位時間に雨滴の通過する空気の体積は SV であるが，その中にある雲粒のすべてが併合されるとは限らない．雨滴のまわりで空気は迂回して流れるので，通常は一部補捉されないものがあり，a はふつう 1 より小さい．

一方，ある時刻における雨滴の半径を r，水の密度を ρ_w とすれば，質量 m は $m = (4\pi/3)\rho_w r^3$ で表される．単位時間後に半径が r から $(r+\Delta r)$ まで成長したときの質量 m' は $m' = (4\pi/3)\rho_w(r+\Delta r)^3$ で表される．したがって，単位時間当たりの質量増加量 Δm は，$\Delta m = m' - m = (4\pi/3)\rho_w[(r+\Delta r) - r]^3 = (4\pi/3)\cdot\rho_w[(r^3 + 3r^2\Delta r + 3r\Delta r^2 + \Delta r^3 - r^3]$ となり，二次以上の微少量を省略して，$\Delta m = 4\pi \rho_w r^2 \Delta r$ を得る．これを $\Delta m \propto aSV$ に等しいとおいて，$4\pi \rho_w r^2 \Delta r \propto aSV$ であり，$S = \pi r^2$ を代入して整理すると，$\Delta r \propto (a/4\rho_w)V$ を得る．落下雨滴の場合，空気が雨滴に及ぼす力は慣性抵抗であるから，前節の落下速度の式から，V は雨滴の半径 r の 0.5 乗に比例する．

以上のことから，単位時間当たりの雨滴の半径の増加量は，半径の平方根に比例する．1 個の水滴の成長過程において，水滴半径が増すにつれて半径の増加速度も増すので，雲粒（平均半径 10 μm）から雨滴（平均半径 1 mm）へと時間とともに加速度的に成長する．

3.3.3 「暖かい雨」と「冷たい雨」

実際に雨の降っている雲を調べると，氷晶の存在する雲としない雲の 2 種類ある．氷晶を含まない水滴だけからなる雲を「暖かい雲」，氷晶を含む雲を「冷たい雲」という．両者は雨の形成過程に相違がある．氷晶の存在しない雲は水滴同士の衝突併合で雲粒から雨滴までの成長が起きる．後者は，氷晶の成長の後，氷晶による雲粒や氷晶などとの衝突と併合を経て，あられ，雪片，雹の形成，さらに融解して雨として落下，あるいは融解せず固形粒子のまま落下など，多様な経路がありうる．水滴のみの関与する前者の降水形成過程を，「暖かい雨」のメカニズムと呼ぶことがある．これに対し，氷の介在する後者の降水形成過程を，「冷たい雨」のメカニズム，氷晶過程，ベルシェロン過程などと呼ぶことがある．ここでは簡単のため，「暖かい雨」，「冷たい雨」の用語で区別する．

「暖かい雨」は熱帯地方の降雨にみられ，また，層状雲からの雨にみられる．「冷たい雨」は，中緯度の対流雲からの雨にみられる．地球上の降水の 25% が「暖かい雨」であり，75% が「冷たい雨」で，「冷たい雨」のうち雪として降るのは 5% といわれている．日本ではほぼ 80% が「冷たい雨」である．

（1）暖かい雨 雨の降る雲の場合，雲の発生後 1 時間以内，多くは 30 分程度で雨が降る．つまり，雲粒から雨滴への成長は 1 時間以内に完了する．代表的な雲粒半径 10 μm に対し，代表的な雨滴の半径 1 mm は，半径にして 100 倍の差があり，体積にして 100 万倍の差がある．言い換えれば，雲粒の併合で雨滴にまで成長する雲粒は 1 時間以内に 100 万個の雲粒を併合することになる．併合が起きるためには落下速度差が必要で，そのため雲粒サイズの差が併合過程の前提として必要ということになる．

凝結成長では，成長するに従い成長速度が遅くなる効果により，雲粒のサイズは時間とともに均一化する傾向がある．すなわち，一般に凝結成長では雲粒サイズのばらつきはできにくい．一方，併合成長では，成長速度は成長する水滴の断面積に比例するので，時間の経過とともに加速度的に半径が増加する．

計算によれば，半径 20 μm の雲粒が併合過程で 100 μm に成長するまでの時間の約 80% は 40 μm まで

の成長に費やされる．つまり，いったん 40 μm の水滴ができれば短時間で雨滴にまで成長する．したがって，最初に 40 μm の粒のできやすい雲は雨を降らせやすいといえる．熱帯の海洋上では気温が高いため水蒸気が豊富なうえ，雲核の数が少ないので，最初から大きな粒ができやすい．そして雲底における上昇流，雲核濃度，水蒸気量の不均一などが偶然の要因として最初の雲粒サイズのばらつきが生じ，さらに，その後の併合成長において，併合される側の雲粒の空間分布の不均一による成長速度のばらつきなども関与して，最初は偶然の要因により 40 μm の雲粒ができ，これがその後の併合成長により雨滴に成長する．熱帯洋上ではこのようにして「暖かい雨」が降るものと考えられる．

(2) **冷たい雨**　水は氷点下で固体（氷）または液体（過冷却水）で存在できる．平衡蒸気圧は氷の上の方が過冷却水の上より低い．このことが「冷たい雨」のメカニズムに重要である．0℃以下の雲の中に氷晶と過冷却水滴が混在する場合，氷晶は水蒸気を優先的に取得して成長する．場合によってはまわりの雲粒（過冷却水）は蒸発して氷晶に吸収される．つまり，氷点下で氷晶の昇華成長は水滴の凝結成長より速い．その後は暖かい雨と同様に雲粒の併合によるあられや雹の形成，あるいは，氷晶のさらなる成長による単結晶の降雪，氷晶同士の併合による雪片形成，さらには 0℃層以下での融解による降雨といった経路がある．中緯度では夏でも 5 km より上空は 0℃以下であり「冷たい雨」が卓越する．したがって，日本のみならず世界の降水を考える場合，影響範囲の広さなどの点，あるいはその過程の複雑さの点で「冷たい雨」が「暖かい雨」より述べるべき事項が多く，「冷たい雨」のメカニズムすなわち氷晶過程については次節においてさらに詳しく述べる．

3.4　氷晶過程

世界各地の平均的様相として，雲頂温度が 0℃〜−4℃の雲のほとんどすべては過冷却雲粒である．大気中の雲粒は氷点下でも容易に凍結しないといえる．雲頂 −10℃の雲では 50% の確率で氷晶が存在しており，雲頂 −20℃の雲では 95% の雲が氷晶化しているという．すべて氷晶からなる巻雲は −30〜−40℃付近にある．−40℃以下の自然の雲には過冷却水滴は存在しない．

3.4.1　氷晶核

水蒸気が氷になること，および氷が水蒸気になることを昇華という．そのいずれかを明確にしたい場合には，前者は昇華凝結，後者は昇華蒸発で区別する．室内実験では純水の水滴は −33℃以下に冷却してはじめて自発凍結する．自然の大気中では，気温が −10℃前後でも氷晶ができる場合がある．それは，大気中で氷晶をつくる核として働くエーロゾル粒子すなわち氷晶核が存在するためである．黄砂など土壌起源の粒子に含まれるある種の粘土鉱物が自然の氷晶核として知られている．

大気中で最初に発生する氷晶を，ここでは初期結晶と呼ぶ．初期結晶は，氷晶核として働くエーロゾルに水蒸気が昇華してできる場合，過冷却雲粒に含まれている異物が凍結核として働き雲粒が凍結する場合，過冷却雲粒に接触したエーロゾルが接触凍結核として作用して雲粒が凍結する場合などが考えられている．このいずれの場合もそのようなエーロゾルを総称して氷晶核と呼ぶ．それぞれの氷晶核には作用温度（活性化温度ともいう）があり，ある温度以下にならないと氷晶核として作用（活性化）しない．作用温度が氷点下の高い（氷点に近い）温度の場合ほど，より効果の高い氷晶核ということになる．

自然の大気中で −10℃で活性化する氷晶核は空気 1 m^3 当たり 10 個，−20℃では 1000 個のオーダーである．雲核は少なくても 1 cm^3 当たり 10 個以上のオーダーで存在するのに比べ，氷晶核の数は圧倒的に少ない．このことが，氷晶の不足した過冷却雲の存在を許し，人工的に氷晶核を補給することにより，氷晶を発生させ，降雨に至らせる人工降雨が可能であるとの考えの基礎になっている．ヨウ化銀の微粒子は −4℃で氷晶核の作用をあらわすので，有効な氷晶核として人工降雨の種まきなどに使用される．

1960 年代以降活発に実施されてきた人工降雨実験の結果，雲によっては，氷晶核の数に比べ，氷晶の数が圧倒的に多い場合があることがわかった．その原因として，水滴凍結時に噴出する水の飛沫が微細な氷晶をつくりそれらが氷晶の増殖を起こしているなどの考えも出されているが，雲の中での氷晶の発生の仕組みには未解明の部分が多い．

3.4.2　雪結晶

初期結晶は発生後，昇華によりサイズを増大し，特徴的な雪結晶の形へと成長していく．氷晶の昇華成長の速度は氷晶サイズ，過飽和度，水蒸気拡散係数に依

存するなど基本的には水滴の凝結成長と同じであるが，形が非球形で，結晶の形が各種あるため，水滴よりはるかに複雑である．大気中には大小さまざまな凝結核が存在するため，水滴に対する過飽和度は数％以下であるが，氷晶に対しては高い過飽和度の場合が多い．気温が0℃以下では，同じ温度で水面と氷面に対する飽和水蒸気圧に違いがあり，水面に対する飽和水蒸気圧をE_s，氷面に対する飽和水蒸気圧をE_{si}として，水面に対して飽和しているときの氷面に対する過飽和度は，式$(E_s-E_{si})/E_{si}$で表現される．水面に対する飽和水蒸気圧と氷面に対する飽和水蒸気圧の差E_s-E_{si}は，−13℃付近に極大値をもつが，氷面に対する飽和水蒸気圧E_{si}は温度が低下すると急激に減少するので，両者の比である氷面に対する過飽和度（E_s-E_{si}）/E_{si}は，気温の低下とともに増大し，数十％にも達する．雲中の水蒸気圧は水滴に対しては未飽和であるが，氷晶に対しては過飽和の状態にあることが多く，水滴から蒸発した水蒸気が氷晶に昇華凝結することによって成長する．さらに，氷晶が過冷却水滴と共存するとき，水滴との衝突併合によって成長する．

昇華成長により，初期結晶から雪結晶への成長が起きるとき，気温と水蒸気量により決まる特徴的な結晶形が現れる．雪結晶の成長を実験室で再現しその結果に基づき結晶形と温度および水蒸気量の関係を示すダイヤグラムに整理した中谷宇吉郎は，「雪は天から送られた手紙である」という有名なことばを残した．雪結晶にはその結晶が経験してきた温度および水蒸気量の履歴が刻まれていることを意味する．図3.1は中谷以後の研究成果も踏まえてまとめた，雪結晶と温度および水蒸気量の関係を示すダイヤグラムである．結晶形は大別して板状と柱状がある．これは雪結晶がその六角形の面を拡大する方向への成長が優越するか，それに直角な軸方向への成長が優越するかによって決まるもので，これを晶癖という．晶癖は基本的には温度に依存する．温度が0〜−4℃の範囲で成長すると板状結晶になり，−4〜−10℃が柱状，−10〜−22℃で再び板状，−22℃より低温では再び柱状の結晶がみられる．これに加えてそれぞれの温度範囲で，水蒸気の量，特に水に対して過飽和か未飽和かで結晶形に特徴的な違いが現れる．

3.4.3 併合成長

雪結晶に雲粒が付着し凍結することをライミングという．雪結晶は，過冷却雲の中を落下し，ライミングにより成長し，あられや雹に成長する．雪結晶を地上で観察すると，透明な氷の結晶の場合と，白っぽく不透明な結晶の場合がある．前者は雲粒を捕捉してこなかった単結晶の雪である．後者をよく観察すると，白い粒が無数に付着している．雪結晶が過冷却雲の中を落下中に，雲粒が付着して凍結したものである．付着した雲粒の数がさほど多くなく結晶の形がはっきりしたものは雲粒付き雪結晶と呼ぶが，結晶をおおうように雲粒の付着が進めば，あられと呼ぶ．

あられは，細かく分けると，雪あられと氷あられに

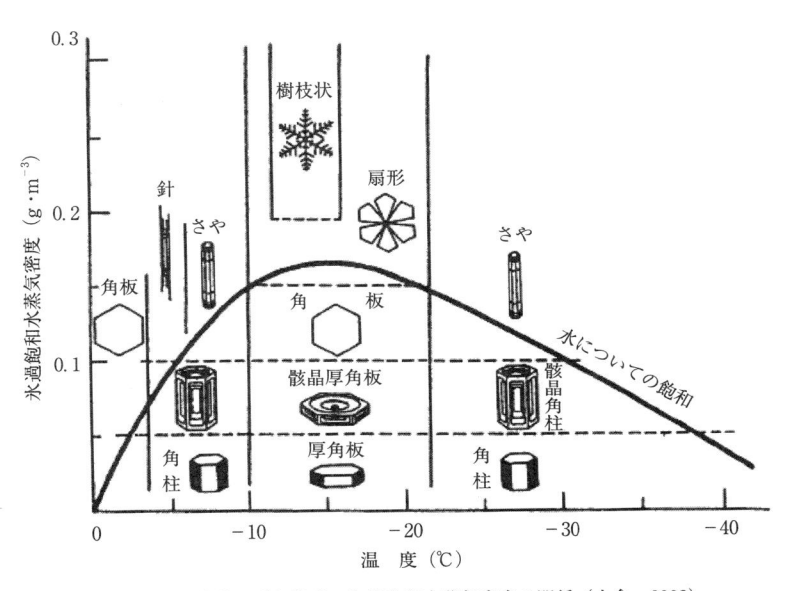

図 3.1 雪結晶の形と温度，氷過飽和水蒸気密度の関係（小倉, 2003）

分けられる．雪あられは雪の季節に降り，白くてもろい．氷あられは夏にも降り，半透明で硬い．あられが大きく硬くなって直径が5 mm以上になったものを雹と呼ぶ．世界最大の雹の記録は，サイズでは2003年6月ネブラスカ州に降った直径17.8 cmが，重さでは1986年4月バングラデシュに降った重さ1 kgがある．

雪片は多数の雪結晶の集合体である．雪結晶が付着しあって雪片に成長する過程を凝集という．最大の雪片は1971年シベリアに降った30 cmというのがある．雪片が凝集するのにも落下速度の差が必要である．落下速度差が衝突の機会を増やすからである．落下速度は氷晶のサイズ，形，雲粒付きの様子などが関係する．結晶同士が衝突しても凝集するとは限らない．衝突した結晶の凝集率は氷点下では気温が高いほど高い．-5℃より高いとぼたん雪など特に大きな雪片が生じやすい．-10～-15℃でも大きな雪片が観測されることがあるが，この温度範囲が樹枝状結晶の成長領域に当たることが関係しているかもしれない．このほか，凝集による雪片の成長には，氷晶の空間密度，経過時間なども関係する．

3.4.4 融解

落下する雪片は0℃の高度を過ぎると融解を始める．雲の中で雪片が解けて雨に変わっている証拠は，レーダーで観測した雨雲の鉛直断面において，ひときわ反射強度の強いブライトバンドとして現れる．雪片よりも雨滴になった方がレーダーの後方散乱が強くなるためである．

雪片の融解の速さを支配する因子は，まわりの空気から熱伝導で粒子が受け取る熱と，粒子表面から水が昇華や蒸発する際に奪う熱がある．このため雪から雨に変わる境は，温度のみでなく湿度にも依存する．湿度100％近くでは雨と雪の境は0℃付近であるが，空気が乾燥していると地上気温が4～5℃でも雪が降る．

3.5 雲と霧

3.5.1 雲

雲は上空の大気状態を知る手がかりとして古くから観察の対象であった．現在でも，WMOのもとに行う気象観測では，世界で共通の基準に従って観測している．世界共通の基準のなかで雲は大きく10の種類に分類される．これを10種雲形または10種雲級という．10の雲形は「類」と呼ばれ，それぞれ，形，配列，透明度，部分的な特徴などに従って，さらに「種」，「変種」，「副変種」として細分されている．

表3.1に10種の雲の特徴を示す．雲の現れる代表的な高さから，上層雲，中層雲，下層雲の区別がある．上層雲には，巻雲（けんうん，記号はCi），巻積雲（けんせきうん，Cc），巻層雲（けんそううん，Cs）がある．すべての雲粒が氷晶化した雲である．現れる代表的な高度は10 km前後である．中層雲は，高積雲（Ac），高層雲（As），乱層雲（Ns）である．現れる代表的な高度は5 km前後である．下層雲は層積雲（Sc），層雲（St），積雲（Cu），積乱雲（Cb）がある．下層雲のうち層積雲と層雲，積雲の現れる代表的な高度は2 km前後であるが，積乱雲は垂直に高く発達し，雲頂は圏界面に達している．「積」の文字のある雲種は対流性の雲，「層」の文字のある雲は層状の雲，「乱」のついた雲は降水を伴う雲を意味する．

層雲は通常地面付近から2000 mまでの高さに現れるほぼ一様な層状の雲で，乱層雲（上限は8000 m位になることがある）と異なり雨や雪を降らせることは少ない．降水があるときには雨（直径の多くが0.5 mm以上のもの）や雪ではなく霧雨（直径0.2 mm～0.5 mm）になるのがふつうである．

対流性の雲は個別にみると寿命は30分～1時間程度である．対流性の雲は大気の成層の不安定性によって出現する．成層の不安定性は短時間のうちに解消するため，対流雲は持続しない．一方，層状の雲は低気圧や前線などの大規模な気象擾乱に伴って現れ，安定な成層中の上昇流によって生じる．母体となる気象擾乱が長時間存在するため，層状雲の寿命は一般に対流雲よりも長い．

積雲のように，雲の輪郭が明瞭なのは，水滴（過冷却も含む）の雲の証である．雲の境界で周囲の乾燥した空気が混入すると，雲は蒸発するが，その際，水滴は速やかに蒸発して雲の境界を際立たせるが，氷晶は蒸発が遅く雲の境界をぼかす．積雲が上方に十分発達して雲頂の輪郭が不明瞭になってきたら，雲の内部に氷晶が発生した証であり，積乱雲に分類する．積乱雲の雲頂は圏界面に達すると上昇が止まり，氷晶の雲が水平にたなびくことにより，かなとこ雲（anvil）の様相となる．

温暖前線がある地域に接近するとき，その地域の観測者の頭上の雲の変化は特徴的な様相を示す．すなわち，観測者から800 kmと遠い位置に温暖前線があるときは，観測者の頭上には雲底の高い巻雲が現れており，時間経過とともに巻層雲，高層雲と次第に雲底の低い厚い雲に変わっていき，前線が最も近づくころに

表 3.1 10種類の雲形の名称とよく現れる高さ（気象庁：『気象観測の手引き』より）

層	雲形の名称	雲形に関する解説	出現高度
上層	巻雲（Ci）Cirrus	繊維状をした繊細な，離ればなれの雲で，一般に白色で羽毛状かぎ形，直線状の形となることが多い．また，絹のような光沢をもっている．	5〜13 km
	巻積雲（Cc）Cirrocumulus	小さい白色の片（部分的には繊維構造が見えることもある）が群をなし，うろこ状又はさざ波状の形をなした雲で，陰影はなく一般に白色に見える場合が多い．大部分の雲片のみかけの幅は1度以下である．	
	巻層雲（Cs）Cirrostratus	薄い白っぽいベールのような層状の雲で陰影はなく，全天をおおうことが多く，普通，日のかさ，月のかさ現象を生ずる．	
中層	高積雲（Ac）Altocumulus	小さなかたまりが群をなし，斑状又は数本の並んだ帯状の雲で，一般に白色又は灰色で普通陰がある．雲片は部分的に毛状をしていることもある．規則的に並んだ雲片のみかけの幅は，1度から5度までの間にあるのが普通である．	2〜7 km
	高層雲（As）Altostratus	灰色の層状の雲で，全天をおおうことが多く，厚い巻層雲に似ているが日のかさ，月のかさ現象を生じない．この雲の薄い部分ではちょうど，すりガラスを通して見るようにぼんやりと太陽の存在が判る．	
	乱層雲（Ns）Nimbostratus	ほとんど一様でむらの少ない暗灰色の層状の雲で，全天をおおい雨又は雪を降らせることが多い．この雲のいずれの部分も太陽を隠してしまうほど厚い．低いちぎれ雲がこの雲の下に発生することが多い．	
下層	層積雲（Sc）Stratocumulus	大きなかたまりが群をなし，層又は斑状，ロール状となっている雲で，白色又は灰色に見えることが多い．この雲には毛状の外観はない．規則的に並んだ雲片の大部分はみかけ上5度以上の幅をもっている．	地面付近〜2 km
	層雲（St）Stratus	灰色の一様な層の雲で霧に似ている．不規則にちぎれている場合もある．霧雨，細氷，霧雪が降ることがある．この雲を通して太陽が見えるときはその輪郭がハッキリ判る．非常に低温の場合を除いては，かさ現象は生じない．	
	積雲（Cu）Cumulus	垂直に発達した離ればなれの厚い雲で，その上面はドームの形をして隆起しているが，底はほとんど水平である．この雲に光が射す場合は明暗の対照が強い．積雲はちぎれた形の雲片になっていることがある．	
	積乱雲（Cb）Cumulonimbus	垂直に著しく発達している塊状の雲で，その雲頂は山又は塔の形をして立ち上がっている．少なくとも雲頂の一部は輪郭がほつれるか又は毛状の構造をしていて普通平たくなっていることが多い．この雲の底は非常に暗く，その下にちぎれた低い雲を伴い，普通雷電，強いしゅう雨，しゅう雪，雹及び突風を伴うことが多い．	

は降水をもたらす乱層雲が頭上に現れる．前線の接近速度にもよるが，巻雲が巻層雲に変わりはじめてから12時間程度で降雨になる．巻層雲が月をおおうと暈がみえるので，「月に傘は雨の前兆」との天気俚諺は温暖前線の接近に関する上記の特徴を踏まえてのことである．

コンマ状の巻雲の場合，コンマの始点には巻雲をつくりだす上昇流があり，そこから落下している氷晶が風の鉛直シアにより流され，斜めに筋を引いてみえ，筋状の部分の先端では，氷晶が昇華して水蒸気に変わっている．

3.5.2 霧

霧は地上に発生した雲である．直径数十 μm 以下の水滴（または氷晶）が大気中に浮いていることが原因で，地上の視程が1 km 未満になる現象を霧といい，1 km 以上の場合はもやという．視程悪化は霧粒による光の散乱による．視程は単位体積中の含水量が多いほど悪く，同じ含水量の場合は粒子の数が多いほど，したがって粒子の半径が小さいほど，視程が悪くなる傾向にある．

霧の中は必ずしも湿度100%ではない．発達中は100%近くであるが，消散中は100%よりずっと低いこともある．また，海塩粒子など吸湿性のエーロゾルすなわち雲核が多く存在する環境では湿度が80%より低くても視程が悪くなることがある．

大まかにいえば，霧は空気が水蒸気で過飽和になると発生する．空気が水蒸気で過飽和になる過程は，① 湿潤空気の気温が低下する，② 湿潤空気に水蒸気が加えられる，③ 温度の異なる湿潤空気が混ざり合う，の3通りが可能である．自然の大気中では，これらの基本的な過程が組み合わさって霧が発生する．霧のできる状況の違いから，放射霧，移流霧，蒸気霧，前線霧，上昇霧（滑昇霧）などと分類するが，実際の霧はそれらが複合しているものもあり，出現した霧を明確に分類できない場合も多い．

放射霧は晴れた夜，地表面が放射冷却によって冷やされ，地面に接する空気が露点温度以下になり発生する霧である．雲のない風の弱い夜明け，冷気が溜まる盆地などに発生しやすい．

移流霧は暖かく湿潤な空気が冷たい地面や海面に移流してくると，下から冷やされて露点温度以下となり発生する．この霧の代表的な発生場所に夏の北海道近海がある．黒潮上を北上してきた空気が親潮上で冷やされて北海道沖に霧が発生する．

蒸気霧は暖かい水面に冷気が接する場合など，水蒸気を多く含む暖かい空気が冷たい空気と混合して飽和に達して発生するので混合霧ともいう．寒い日の白い息や温泉の湯煙などと同じ原理で生じる．高緯度地方の海霧や大きな湖や河川で冷たい北風が吹くとき発生する霧が蒸気霧の例である．

前線霧は，温暖前線の前面の降雨時に現れる．上空にある暖気から温度の高い雨が降るとき，下層の寒気に温度の高い雨滴からの水蒸気が添加され飽和に達して発生する．シャワーの湯気と同じ原理で生じる．

上昇霧は斜面を空気が上昇してできる霧で，滑昇霧ともいう．

3.6 気象光学

一般に，電磁波は大気を透過するとき，気体分子やエーロゾル粒子，雲，氷晶，雨粒など大小の粒子に当たり，吸収され，散乱される．散乱は電磁波が粒子にいったん吸収され，その全部または一部のエネルギーを改めて同じ波長の電磁波として周囲に放散する現象とみなすことができる．散乱の様態は電磁波の波長（λ）と粒子のサイズ（半径 r）の相対関係により異なり，粒子サイズが波長より著しく小さい（$r \ll \lambda$）場合の散乱をレイリー散乱（Rayleigh scattering），波長と粒子サイズがあまり違わない（$\lambda \fallingdotseq r$）場合はミー散乱（Mie scattering），波長より著しく大きい（$r \gg \lambda$）場合は幾何散乱（geometric scattering）と区分される．

レイリー散乱（$r \ll \lambda$）の特徴は，① 散乱強度（I_s）が波長の4乗に逆比例（$I_s \propto \lambda^{-4}$），② 前方（入射する電磁波の進む方向）と後方の散乱量が等しく大きい，③ 側方散乱は弱く直角方向は前方の半分，などがあげられる．ミー散乱（$\lambda \fallingdotseq r$）の特徴は，① 波長が短いほど散乱が大きいが散乱強度の波長依存はレイリーほど顕著でない，② 前方散乱が顕著で後方散乱が弱い，③ 側方散乱は散乱強度が方向別に複雑に分布，

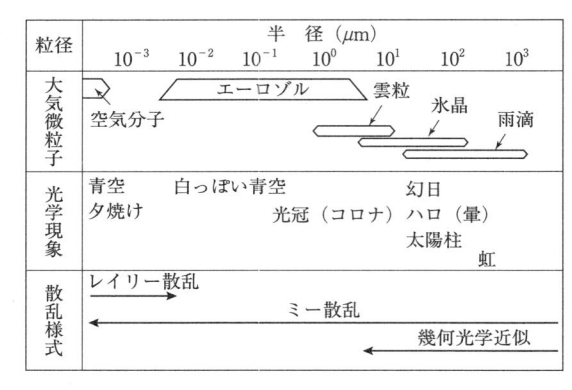

図 3.2 大気中の微粒子と大気光学現象の関係（新田ほか編，2000 を一部改変）

などがあげられる．幾何散乱（$r \gg \lambda$）の特徴は，電磁波の伝播の様子が反射，屈折，回折といった幾何光学の法則に従う，などがあげられる．

電磁波の一種である可視光は波長 380～770 nm（0.38～0.77 μm）の範囲にある．可視光を分光すると，人間の目には長い波長の赤から短い波長の紫まで，赤，橙，黄，緑，青，藍，紫の七色に見える．太陽光は大気を透過するとき，空気中の気体分子（半径 1 nm 以下）によるレイリー散乱，大きなエーロゾル粒子（半径 0.01～10 μm）によるミー散乱，大きな氷晶や雨粒（半径 0.1 mm 以上）により幾何散乱を受ける．これらの散乱により，ある特定の方向から来る光が強調されたり，七色に分光されたり，あるいは特定の色が強調されてみえ，大気光象と呼ばれるさまざまな光学現象が現れる（図 3.2）．大気光象を扱う学問分野が気象光学である．

3.6.1 レイリー散乱による大気光象

空が青く見え，夕焼けが赤く見えるのは，空気分子による太陽光のレイリー散乱で説明できる．赤い光の波長を $\lambda = 0.71$ μm，青い光の波長を $\lambda = 0.45$ μm とすると，赤と青の散乱強度比は $(0.71/0.45)^4 \fallingdotseq 6$ となり，青は赤より6倍強く散乱される．地上から見える太陽面以外の天空からは空気中の気体分子に散乱された光が目に入るので，青く見える．空が最も短い波長の紫色ではなく青く見えるのは，太陽光のスペクトルの中で紫は青より光量が少ないことと，散乱の後，目に届くまでの行程での大気による散乱で最も減衰が大きいためである．空気がなければ，日中の太陽は一層強く輝くが，空は夜間のように暗く星が見える．宇宙で見る空の景色とはこのようなものであろう．

朝日や夕日が赤く見えるのは以下の通り説明され

る．太陽が地平線に近い位置にあるとき，太陽光が地表に届くまでに大気層を長距離通過する．太陽光が大気層を通過中に，太陽光の中の波長の短い青寄りの光は散乱により減衰し，波長の長い赤寄りの光が多く残る．そのような光が目に届くため朝日や夕日は赤っぽく見え，そうした光が雲の底や煙霧の層を照らすので，夕焼け空は赤い．

3.6.2 ミー散乱による大気光象

秋の青空は色が濃いのに春の青空が白っぽく見えるのは，エーロゾルによるミー散乱の効果である．大気中にエーロゾルがなければ，空は濃い青色に見える．ダスト粒子や水を含んだ大きいエーロゾル粒子が多数存在すると，空から来る光は空気分子によるレイリー散乱光よりも粒子によるミー散乱光が多く，ミー散乱は波長選択性があまりないので，どの波長もほぼ均等に目に届くので空一面が白っぽく見える．春は上層大気に水分が多く，秋の空は乾燥している場合が多い．空が乾燥している場合は水を吸った大きなエーロゾルの数が少ないので，秋の乾燥した青空は色が濃く見える．空が湿っている場合は水を吸ってサイズが大きくなったエーロゾルが多く，青空が白っぽく見える．スモッグの空や，霧，雲が白く見えるのもミー散乱の効果である．ミー散乱では，後方散乱は少なく前方散乱が多いので，山頂から見た下界の景色は，太陽を背にした場合明瞭に見え，太陽を前面に見した場合はかすんで見える．

3.6.3 幾何散乱による大気光象

(1) 暈，幻日，太陽柱 上層雲，主として巻層雲があるとき，太陽や月の外側に見える環を暈またはハロという．太陽や月の光が氷の結晶で屈折して，無数の結晶の効果が集まって特定の半径の光の環が見える（図3.3）．最も一般的なタイプの暈は，内暈（22度ハロ）で，月や太陽を中心に約22°離れた環として見える．太陽からの光が六角柱状の氷晶のあるひとつの側面に垂直に入射し，隣の側面を挟んだ別の側面から出る場合，氷晶は頂角60°のプリズムとして働き，入射光の進む方向とは約22°屈折した光を出す．この光が目に入るので太陽から半径が約22°の円上からやってくる光が強調されて見える．そのため，この位置に暈が見える．暈は通常明るく白い輪に見えるが，屈折作用により色づくこともある．色は虹の場合と逆に内側が赤く外側が青い．内暈の外側にまれに見える外暈（46度ハロ）や，寒冷地で見られる幻日や

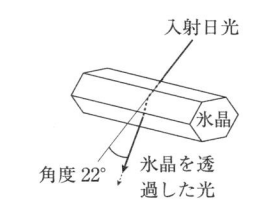

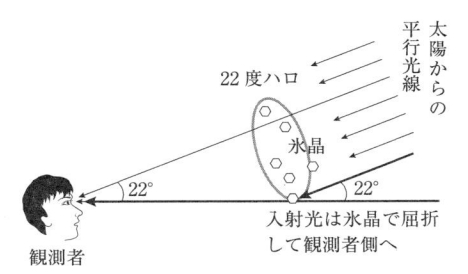

図3.3 22度ハロにおける光線の経路
上図は氷晶による光の屈折を示し，下図は太陽，氷晶，ハロおよび観測者の位置関係と光線の経路を示す．

接弧も氷晶による屈折現象である．同じく寒冷地で見られる太陽柱は氷晶による光の反射による大気光象である．

(2) 虹 虹は日射がある状態で，空の一部に降水があり，太陽を背にした観測者の前方の無数の雨滴をスクリーンにして現れる七色の光の環である．太陽からの可視光が大気中の水滴に入射する際屈折し，水滴内で反射して，水滴から出る際再び屈折して，これらの屈折に際し，波長によって屈折率が違うため太陽光は分光され，分光された光が観測者の目に届くとき，無数の雨滴の効果が集まって，同心円の色の帯として虹が見える（図3.4）．よく現れる虹は内側が紫で外側が赤である．これを「主虹」と呼ぶが，水滴内部で光線が1回反射して水滴の外に出る場合に現れる．まれに，主虹の外側に主虹より光が弱く色並びが逆の虹が見えることがある．これを「副虹」と呼ぶが，水滴の中で光線が2回反射して水滴から出る場合に現れる．主虹の場合，水滴に入射する太陽光と水滴から出ていく光（すなわち観測者の目に届く光）との成す角（偏角という）は，屈折率が小さいと大きくなる．屈折率は光の波長が長いほど小さい．可視光の中の赤い光は波長が長く，したがって屈折率が小さいので，偏角は大きい．主虹では，赤は偏角が約42°，紫は偏角が約40°である．観測者に見える主虹の頂上部分でいうと，赤い光は偏角が大きいので，高い高度角に位置する無数の雨滴からやってくる光であって，紫の光は低い高度角に位置する無数の雨滴からやってくる光である．したがって，主虹の光の並びは，赤が外側，

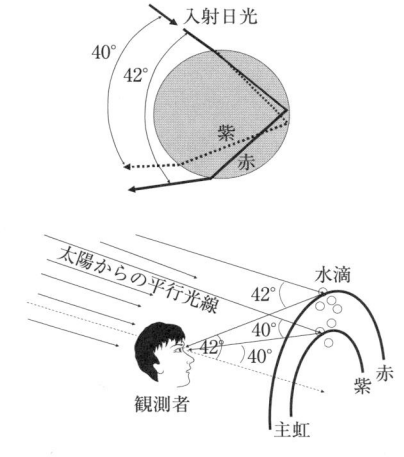

図 3.4 主虹における光線の経路
上図は水滴による光の分光を示す．下図は太陽，水滴，虹および観測者の位置関係と光線の経路を示す．

紫が内側になる．

(3) **光冠** 微細な球形水滴からなる雲の薄いベールを通して月や太陽を見るとき，光冠と呼ばれる明るい光の円盤が月や太陽にかかる場合がある．暈との違いは，明るい部分の半径が小さいこと，環状でなく円盤状であること，氷晶雲でなく水雲で現れることである．雲粒による光の回折の結果として現れる．回折は，波が伝播経路上の障害物を回り込む現象であり，光の回折は光が波動の性質をもつ証である．微細な雲粒のまわりを光が通過するとき，回折により，入射光の前方からそれた方向に光が強調して現れ，雲粒に入射した光が特定の方向に曲げられたのと同じ効果を示す．雲粒は小さいほど回折による光線の曲がりが大きいので，大きな光冠が見られる．雲粒が一様な粒径のときには色が現れる．回折で光が曲がる度合いが光の波長に依存するので，短い波長の青い光は輪の内側に現れ，長い波長の赤い光は外側に現れる．粒径が一様でない場合，光冠は白く見える．

(4) **蜃気楼(しんきろう)** 蜃気楼は，空気層による可視光の屈折現象である．光は空気密度が大きいと小さい密度に比べて速度が減速し遅延する．鉛直方向に密度の違いのある気層を水平に進む光線は，密度の大きい側すなわち光の遅延の大きい側に曲がる．鉛直上方に向かって密度が減少する気層を水平に進む光線は下側に曲がる．鉛直上方に向かって密度が増大する気層を通過する光線は上側に曲がる．観測者は目への入射方向を直線的に逆にたどった位置に光の出発点があると判断するので，下側に曲がってきた光の出発点は実際の位置より上にあるものと視認するし，上側に曲がってきた光の出発点は実際の位置より下に視認する．このため，物体の位置が上下にズレたり，転倒したり，または実在しない物体の像が現れたりする．海面など地表面の温度と気温の差が大きいと，鉛直方向に顕著な気温傾度が地表面近くにできる．下が冷たく上に暖かい空気があると，実際よりも上に引き伸ばされた像や上に浮かんだ蜃気楼を見る．富山湾の春に見られる蜃気楼はこのタイプである．夏の暑いアスファルト道路は下は暖かい空気で上が冷たい空気の層を通して空の青が地面に写って，逃げ水といわれる蜃気楼になる．

⟨初心者の方々へのメッセージ⟩

気象の絡む事件の一つに渇水問題がある．渇水が社会問題になると，いつも話題に上るのが人工降雨である．識者の見解は，「上空に雲がなければ人工降雨は可能でない．上空に雨や雪が降りそうな雲があれば，たとえばヨウ化銀を混ぜたアセトンを地上で燃焼するなどにより人工降雨が可能な場合がある」といったものであろう．人工降雨はこの50余年間，世界の各地で実施され，効果を発揮した例も多いが，いずれともいいがたい場合も多いようだ．近年は，雲の中の物理的な変化が，モデルシミュレーションで予測された通りに進んでいるかといった面から技術の効果を判断する研究が進められている．雨は空気中の水蒸気が水滴となって地上に落下する現象である．今では小学生でも知っている単純そうな現象なのだが，詳細にみるとなかなか複雑な仕組みの現象である．ここでは，水蒸気から雨粒になるまでの過程を解説している．

【例題 3.1】（エーロゾルと凝結核）（平成9年度第1回 学科一般知識 問3）

大気中のエーロゾルに関する次の(1)〜(5)の記述のうち，誤っているものを一つ選べ．

(1) エーロゾルの数密度は，一般的に海上に比べて陸上で大きい．

(2) エーロゾルの数密度が大きい場合には大気の視程に影響が現れる．

(3) エーロゾルを含む大気中では，相対湿度が100%を超えると，特定のエーロゾル（雲核）を中心に水蒸気が凝結し，雲粒が形成される．

(4) エーロゾルを含まない清浄な空気中では，相対湿度が101%程度になっても雲粒は形成されない．
(5) 吸湿性のエーロゾルには雲粒の成長を抑制する働きがある．

(ヒント) 大気エーロゾルの物質組成，発生源，個数濃度（数密度）など概略を把握しておくこと，および，凝結核，雲核（雲凝結核），氷晶核としての働きを理解しておくことが重要．特に吸湿性のエーロゾルは有効な雲核であるから，雲の発生に重要であり，数密度が多い場合，視程障害の要因になることの理解が重要．

(解答) (5)

【例題3.2】（凝結による雲の発生）（平成17年度第1回 学科一般知識 問4）

大気中の水滴（雲粒）の水蒸気の拡散による成長について記述した次の文章の下線部(a)〜(c)の正誤の組み合わせとして正しいものを，下記の(1)〜(5)の中から一つ選べ．

周囲の水蒸気圧が水滴表面上の飽和水蒸気圧よりも大きくなると，水分子が分子拡散によって水滴表面上に凝結し，水滴は成長する．水分子が水滴表面上に凝結する際の(a)<u>顕熱</u>により水滴表面は加熱され，水滴表面の飽和水蒸気圧は(b)<u>大きくなる</u>．

水蒸気の拡散による水滴の成長においては，小さい水滴ほど単位時間あたりの半径の増加量は大きくなるので，同じ雲塊内にあるさまざまな半径を持つ水滴が水蒸気拡散によって成長する場合，大きな水滴の半径と小さな水滴の半径の差は時間とともに(c)<u>小さく</u>なる．

	(a)	(b)	(c)
(1)	正	正	誤
(2)	正	誤	誤
(3)	誤	正	正
(4)	誤	正	誤
(5)	誤	誤	正

(ヒント) 水蒸気が凝結すると潜熱が放出され，凝結している表面は昇温する．温度が高いと飽和蒸気圧は高い．これらは凝結の基礎的な知識である．(a)，(b)はこれを問う問題で，(a)は潜熱とすべきで誤り，(b)は正しい．凝結成長（水蒸気の拡散による水滴の成長）による水滴質量 m の増加の速さ dm/dt は，水滴半径 r と過飽和度 S に比例し，$dm/dt \propto rS$ である．半径 r の水滴の質量は，ρ_w を水の密度として $m = \rho_w (4/3) \cdot \pi r^3$ であるから，質量増加の速さは $dm/dt = 4\pi r^2 \rho_w dr/dt$ で表され，半径増加の速さ dr/dt は，$dr/dt \propto S/r$ となり，半径に逆比例する．つまり，小さな水滴の成長速度は速く，大きな水滴の成長速度は遅いので，両者の半径の差は時間とともに小さくなるので，(c)は正しい．

(解答) (3)

【例題3.3】（雲粒から雨滴への併合成長）（平成13年度第1回 学科一般知識 問5）

直径1mm程度の雨滴の落下速度（終端速度）について述べた次の文章の空欄（ ）を埋める数値として正しいものを，下記の(1)〜(5)の中から一つ選べ．

空気中を落下する雨滴の落下速度は，雨滴に働く重力（mg）と逆向きに働く抵抗力（$\rho V^2 \pi r^2 C_d / 2$）との釣り合いを表す次式から求められる．

$$mg = \rho V^2 \pi r^2 C_d / 2$$

ここで，m は雨滴の質量，r は雨滴の半径，V は落下速度，C_d は空気の抵抗係数，g は重力加速度，ρ は空気の密度である．

この式を使って大きさの異なる雨滴の落下速度を比較すると，雨滴の半径が2倍になったとき雨滴の落下速度は約（ ）倍になる．ただし，空気の密度，重力加速度，空気の抵抗係数は一定とする．

(1) 0.5
(2) 0.7
(3) 1.4
(4) 2
(5) 4

(ヒント) ρ_w を水の密度として $m = \rho_w (4/3) \pi r^3$ であることに気づけば，これを用いて $mg =$ の式を整理して，V を求める式が得られる．その結果，V は半径の平方根に比例することがわかり，答が$\sqrt{2}$倍すなわち1.4倍が得られる．流体中を落下する球は，初期の加速度運動後，球が流体から受ける浮力を無視すれば，球に働く重力と流体からの抵抗力が釣り合う終端速度で落下する．球に働く抵抗力には流体の粘性に由来する粘性抵抗（摩擦抵抗，ストークス抵抗）と空気の慣性に由来する慣性抵抗（圧力抗力，ニュートン抵抗）とが働く．半径20μmより小さい雲粒の場合，粘性抵抗が主役であり，終端速度は半径の2乗に比例する．半径1mm以上の雨滴では慣性抵抗が主役にな

り，終端速度は半径の平方根に比例する．
（解答）（3）

【例題 3.4】（氷晶過程）（平成 16 年度第 2 回 学科一般知識 問 4）

大気中の氷晶の成長に関して述べた次の文章の下線部 (a)〜(c) の正誤の組み合わせについて，下記の (1)〜(5) の中から正しいものを一つ選べ．

氷晶が水蒸気の拡散によって成長する割合（質量の増加率）は，水滴の場合と同様に過飽和度に比例する．水滴の場合には，過飽和度はたかだか数 % 以下であるのに対して，(a) <u>氷晶の場合には，数十 % に達する場合がある</u>．水面に対して飽和している場合，(b) <u>氷面に対する過飽和度は温度が低いほど大きくなる</u>．氷晶と過冷却の水滴とが共存する場合には，これらの粒子が衝突して，水滴が氷晶に捕捉される．このような衝突捕捉による氷晶の成長は，(c) <u>水滴や氷晶の大きさに依存しないで生ずる</u>．

	(a)	(b)	(c)
(1)	誤	誤	正
(2)	誤	正	正
(3)	正	正	誤
(4)	正	誤	誤
(5)	正	正	正

（ヒント）氷点下では水は過冷却水と氷の両方で存在が可能で，それぞれに対して平衡蒸気圧がある．同じ温度で氷の平衡蒸気圧は水より低い．したがって水に対して飽和であれば，氷に対しては高い過飽和度を示し，その過飽和度は温度が低いほど高く，数十%にもなる．大気中には低い過飽和度で凝結核として働くエーロゾルが十分多数存在するので，過飽和が現れそうになるとただちに凝結を開始し，自然の状態で水に対しての飽和度は数 % 以下である．
（解答）（3）

【例題 3.5】（霧と雲）（平成 10 年度第 1 回 学科一般知識 問 4）

さまざまな雲とその性質に関する以下の (a)〜(d) の文の正誤に関する次の (1)〜(5) の記述のうち，正しいものを一つ選べ．

(a) 巻雲，巻層雲などの上層雲は，大部分氷晶からできている．
(b) 太陽や月の暈（かさ）は，氷晶でなければ生じない．
(c) 対流性の雲よりも層状性の雲の方が一般に寿命が長い．
(d) 層雲は，雨や雪などの現象を伴わないことが多い．

(1) (a) のみ誤り
(2) (b) のみ誤り
(3) (c) のみ誤り
(4) (d) のみ誤り
(5) すべて正しい

（ヒント）それぞれの雲の特徴とそれをもたらす物理要因を理解しておくことが重要．
（解答）（5）

【例題 3.6】（大気光象）（平成 17 年度第 1 回 学科一般知識 問 10）

虹に関して述べた次の文章の空欄 (a)〜(d) に入る語句の組み合わせとして正しいものを，下記の (1)〜(5) の中から一つ選べ．

下図は，虹（主虹）を説明したモデル図である．この図のように太陽光が雨滴に入射して屈折し，雨滴の内面で 1 回だけ反射し，観察者の目に届くとき，虹（主虹）が見える．一般に，波長の長い光ほど屈折率が (a) ため，雨滴を出た光のうち，A は (b) 色，B は (c) 色である．虹は太陽を背にして反対方向に円弧状に見え，虹（主虹）の円弧の外側の色は (d) 色となる．

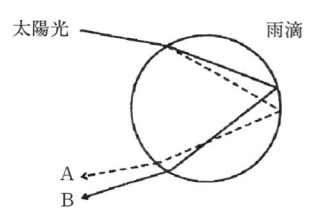

	(a)	(b)	(c)	(d)
(1)	大きい	赤	紫	紫
(2)	大きい	紫	赤	赤
(3)	小さい	赤	紫	紫
(4)	小さい	赤	紫	赤
(5)	小さい	紫	赤	赤

（ヒント）虹は観測者の背後に位置する太陽からの可視光が観測者の前面にある雨滴によって屈折および反射されて生じる現象である．波長によって雨滴での屈折率が違うために色が分かれる．問題の図は雨滴の

中で1回だけ反射する主虹の場合である．1回反射の場合，屈折が少ないと水滴に対する入射光線と水滴から出てくる光線のなす角度は大きい．逆に，屈折が大きいと角度は小さくなる．色帯が主虹の外側にあるということは，色帯に対する観測者と太陽の間の角度が大きいことを意味し，これは屈折の少ない赤の場合にあたる．色帯が主虹の内側にあるということは，色帯に対する観測者と太陽の間の角度が小さいことを意味し，これは屈折の大きい紫の場合にあたる．

(解答) （5）

（伊藤朋之）

4. 放射

　この章では大気現象の理解に必要な放射の基礎知識を要約する．

4.1　放射の基礎

　放射は，電磁波の伝播，あるいは，電磁波のエネルギーの伝播を意味する概念である．電磁波は，その波長域によって表4.1に記したように分類されている．

　μm（マイクロメートル）は10^{-6} mである．可視光線は短い波長から順に，スミレ色，青，緑，黄緑，黄，オレンジ色，赤色光に分類される（7色に分ける場合）．

　分光器によって放射強度を測定すると，各波長域における放射強度分布が得られる．横軸に波長を，縦軸に放射強度を示すグラフを書くと，放射強度を波長の関数として示す「放射のスペクトル（分布）」が得られる．

　物体（物理学では黒体と定義される）から放出される放射スペクト分布は「プランクの放射則」によって説明され，波長とその物体の表面温度（黒体温度）の関数として表現される．

　大気圏外で観測される太陽放射スペクトルは，プランクの放射則に示されたスペクトルとよく一致している．これに対して地上に到達した太陽放射スペクトルでは，大気圏外におけるスペクトルの特定部分が"虫食い"状に欠けている．これは太陽放射が大気圏中を通過する途中で気体分子によって吸収されるからである．大気を構成する気体分子は，その構造によって特定の波長域の電磁波を選択的に吸収する．この特定の吸収がなされる波長域を「吸収線」と呼ぶ．そしてある程度の波長域にまたがる吸収線を「吸収帯」と呼ぶ．上記した"虫食い"状の欠落は，吸収帯（複数）に相当している．

　吸収帯以外の波長域では，大気による太陽放射の吸収はわずかである．このような大気の吸収を受けない波長域を「大気の窓領域」と呼ぶ．可視光の波長域（0.4〜0.8 μm）は，大気の窓領域の一つである．

4.2　放射に関する物理法則

　放射に関する最も基本的法則は「プランクの放射則」である．科学史的にみれば，それに先立って，「ウィーンの法則」と「ステファン-ボルツマンの法則」がまず確立され，ついでそれらを統合する理論「プランクの放射則」が導かれたのである．ここでは，気象に直接的にかかわる「ウィーンの法則」と「ステファン-ボルツマンの法則」だけを説明する．

4.2.1　ウィーンの法則

　表面温度がT（絶対温度；0℃ = 273.2 K）である黒体が射出する放射が最大のエネルギーをもつ波長（つまり放射スペクトルのピークが現れる波長）λ_mは，
$$\lambda_m = 2897 \, \mu m \cdot K \cdot T^{-1} \tag{4.1}$$
である．これが「ウィーンの法則」である．

　太陽の表面温度は5800 Kであるから，太陽放射のλ_mは，$\lambda_m = 0.5 \, \mu m$で，これは可視光の青色の波長に相当する．地球表面の表面温度が15℃（= 288 K）であれば，地球放射のλ_mは$\lambda_m = 10 \, \mu m$で，これは赤外線領域である．

4.2.2　ステファン-ボルツマンの法則

　表面温度がTである黒体の単位面積から放射される放射エネルギーEは，
$$E = \sigma T^4 \tag{4.2}$$
で表される．これが「ステファン-ボルツマンの法則」である．σは「ステファン-ボルツマン定数」で，
$$\sigma = 5.67 \times 10^{-8} \, W \cdot (m^{-2} \cdot K^{-4}) \tag{4.3}$$
である．

　太陽表面（$T = 5800$ K）から射出される放射エネルギーは，$E = 6.4 \times 10^7 \, W \cdot m^{-2}$，地球表面（$T = 288$ K）から射出エネルギーは$E = 390 \, W \cdot m^{-2}$である．球体から射出される線放射エネルギーは$E \times$表面積で表される．

4.2.3　放射の距離逆2乗法則

　球体表面から射出された放射が均質に伝播していけ

表4.1　放射（電磁波）の分類

波長 (μm)	0.02 以下	0.02〜 0.4	0.4〜0.8	0.8〜 100	100以上
電磁波	X線	紫外線	可視光線	赤外線	マイクロ波

ば，それが距離 R の距離においては仮想的な球表面積 $4\pi R^2$ を通過することを意味する．したがって単位面積を通過するエネルギーのフラックスは距離逆 2 乗に比例する．（距離 2 乗に反比例する．）

太陽の単位表面積からの放射エネルギーは $E=6.4\times 10^7\,\mathrm{W\cdot m^{-2}}$ であり，太陽の全表面からの放射は $E\times(4\pi\cdot\text{太陽半径}^2)$ となる．これが，地球（太陽－地球間距離 $=1$ 天文単位 $=1.496\times 10^{11}$ m）に到達するとき，太陽光に対して直角な単位面積当たりのエネルギーは，

$$S_0 = 1.37\,\mathrm{kW\cdot m^{-2}} \tag{4.4}$$

となる．これを「（地球の）太陽定数」と呼ぶ．

火星－太陽間距離は 1.52 天文単位であるから，「火星の太陽定数」$=(1.37\,\mathrm{h\cdot W\cdot m^{-2}})/(1.52)^2 = 0.60\,\mathrm{kW\cdot m^{-2}}$ となる．

（注）放射の距離逆 2 乗法則は，放射が真空を伝播する場合の話である．気体による放射の吸収・散乱とは全く異なる概念である．

4.2.4 太陽の高度角との関係

太陽定数（$=1.37\,\mathrm{kW\cdot m^{-2}}$）は太陽放射に対して直角をなす平面の受ける太陽エネルギーである．つまり太陽が頭上にある場合（太陽高度角 $a=90°$）の状況である．太陽の高度角が a であれば，単位表面の受ける太陽エネルギー S_a は，

$$S_a = S_0 \sin a \tag{4.5}$$

となる．地球自転によって a が変化するから地表の受ける太陽エネルギーは正午に最大となり，日出と日没時にはゼロとなる．夜間にも，もちろんゼロである．太陽の天球上における緯度は，地球自転軸が公転面に対する垂線から 23.5° 傾いているため季節変化するから，太陽高度角も年周変化する．北半球では夏至の正午における a は最大に，冬至には最小になる．

4.3 放射伝達にかかわる過程

放射（電磁波）が伝播していく過程で吸収・反射・散乱・屈折などによって変化する．気象に関連する事象を要約する．

(1) **吸収** 大気中の気体分子の構造によって特定の分子が特定波長域の太陽放射を吸収する．吸収の少ない波長帯を「大気の窓領域」と呼ぶ．地表に到達した太陽放射の一部は，地表・海表面で吸収され，一部は反射される．

(2) **反射** 異なる媒質の表面で放射は反射される．

(3) **散乱** 物質が電磁波の影響を受けて励起され電磁波を放出する現象を散乱（scattering）という．（黒体放射は，その表面温度によって決定される点において散乱とは異なる．）

気象学では，次の散乱が扱われる．

レイリー散乱：光の波長の〜1/10 以下の球形粒子による散乱をレイリー散乱と呼ぶ．散乱の強さは波長の 4 乗に逆比例し，粒子直径の 6 乗と粒子個数に比例する．前方散乱と後方散乱の強さは同一である．（短波長の青色光が散乱し，空が青く見える．）

ミー散乱：粒子の半径が光の波長にほぼ等しいか，大きい場合に起こる散乱をミー散乱と呼ぶ．前方散乱の方が強く，波長に関係しない．（霧や「もや」が白く見える．）

ブラッグ散乱：電磁波の波長と同程度のスケールの乱流による散乱．（ウィドプロファイラはブラッグ散乱を測定する．）

(4) **屈折** 異なる媒質の中に光が進行するとき，光の経路が変化する現象を屈折と呼ぶ．媒質の屈折率は波長に依存する．

(5) **回折** 障害物によって光の経路が迂回する現象．（光の波動性による．）

(6) **干渉** わずかに波長の異なる光が重なったり，打ち消し合う現象．

表 4.2 大気光学現象の例

現象	光学的原因
虹	水滴による屈折分光（と反射）
かさ（ハロ）	氷晶による屈折分光（と反射）など
太陽柱	氷晶による反射
光輪	雲粒による回折・干渉
光冠（環：コロナ）	雲粒による回折
彩雲	雲粒・氷晶による回折
蜃気楼	空気密度差による屈折
空の青色	空気分子によるレイリー散乱
霧の白色	霧粒によるミー散乱

4.4 放射平衡と大気の温室効果

地球全体をひとまとめに扱う単純化した場合の放射平衡を考える．

4.4.1 放射平衡と放射平衡温度

ある物体が受け取る放射エネルギーと，その物体が射出する放射エネルギーが等しい（平衡している）状態を放射平衡（状態）と呼ぶ．この放射平衡状態にお

ける物体の温度（放射平衡によって決定される温度）を放射平衡温度と呼ぶ．

実際の大気では，放射過程以外のさまざまな冷源・熱源も作用する．特に重要なのは積雲対流の作用である．放射と対流の作用が同時的に作用して達成される平衡を「放射対流平衡」と呼ぶ．

4.4.2 地球の放射平衡：大気が赤外放射を吸収しない場合

最も単純化したケースとして大気（可視光に対し透明）が赤外放射（地球放射）を吸収しない状況を考察し，かつ地球全体をひとまとめにして扱う．

地球の半径を R とすれば，太陽光に対する地球の影の面積は πR^2 で，これは太陽光に対して直角に置かれた受光面の面積である．地球の反射率を A とすれば，地球の受ける太陽放射の総エネルギーは，

$$E = \pi R^2 S_0 (1-A) \tag{4.6}$$

となる．放射平衡の条件は，E が地球放射と等しいことである．地球の単位表面積から射出される放射エネルギーは式（4.2）によって与えられ，地球の表面積は $4\pi R^2$ であるから，放射平衡状態は，

$$\pi R^2 S_0 (1-A) = 4\pi R^2 \sigma T^4 \tag{4.7}$$

となる．$S_0 = 1.37 \text{ kW} \cdot \text{m}^{-2}$ は太陽定数，$A = 0.3$ は観測によって得られた反射率である．これから

$$T_* = [S_0(1-A)/4\pi\sigma]^{1/4} = 255 \text{ K} = -18℃ \tag{4.8}$$

が得られる．T_* は，このケースの地球表面温度である．

（注）観測される地表面温度は 15℃ である．

4.4.3 地球の放射平衡：大気が赤外放射を完全に吸収する場合

大気が赤外放射を完全に吸収すると仮定した場合を考える（図4.1）．

大気上端における放射平衡は

$$\pi R^2 S_0 (1-A) = 4\pi R^2 \sigma T_*^4 = 4\pi R^2 \sigma T_A^4 \tag{4.9}$$

大気層における放射平衡は

$$2 \times 4\pi R^2 \sigma T_A^4 = 4\pi R^2 \sigma T_E^4 \tag{4.10}$$

である．式（4.9）から

$$T_A = T_* = 255 \text{ K} = -18℃ \tag{4.11}$$

式（4.10）から

$$T_E = (2)^{1/4} T_A = 303 \text{ K} = 30℃ \tag{4.12}$$

が得られる．T_* に比べて T_E が高温となったのは下向きの大気放射のためであり，大気放射は大気が地球放射を吸収することから生じている．この大気放射の効果を「大気の温室効果」と呼ぶ．

太陽放射 $\pi R^2 s_0 (1-A) = 4\pi R^2 \sigma T_*^4$

大気層 (T_A)
大気放射 $4\pi R^2 \sigma T_A^4$
（上向と下向）
地球放射 $4\pi R^2 \sigma T_E^4$

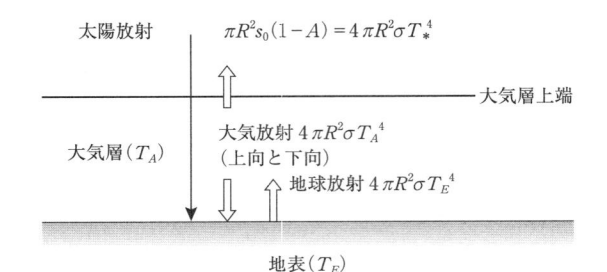

地表 (T_E)

図 4.1 大気が赤外放射を完全に吸収する場合の放射平衡の模式図

大気層で地球放射（赤外放射）を吸収する気体は，CO_2（二酸化炭素），フロンガス（ハロゲン化炭化水素）や水蒸気などであり，これらの気体を「温室効果気体」と呼ぶ．近年の気候温暖化は人為的な温室効果気体の放出に伴う温室効果気体濃度の増加によっている．

4.5　地球と大気の熱収支

4.4 節ではきわめて単純化した模型で地球と大気の放射平衡を考察した．4.5 節では実際の大気の熱収支を説明する．

4.5.1　熱収支にかかわる諸過程

熱収支には放射以外の諸過程が関与する．単純化するため，熱収支過程の水平的差異を扱わずに，地球全体をまとめて考察する．

- 太陽放射（その全体を 100 単位と定義する）の 30 単位は雲面・地表面による反射と大気散乱によって大気圏外に去る．大気圏の雲，気体（水蒸気，オゾンなど）によって 19 単位が吸収され，残りの 51 単位が地表に達する．

- 地表面からは，21 単位の赤外放射（上向き地面放射と大気下向き放射との差し引きのネットフラックスとして），7 単位の顕熱フラックス，23 の潜熱フラックスが放出される．（その合計は 51 単位である．）

- 大気圏は，太陽放射の 19 単位を吸収し，地面放射のうちの 15 単位を吸収する（大気下向放射との差として）．顕熱フラックス 7 単位と潜熱フラックス 23 単位（大気中で凝結熱となる）を吸収する．すなわち合計 64 単位を吸収する．一方，大気は雲からの赤外放射 26 単位と大気上向き赤外放射 38 単位の合計 64 単位を大気圏外に放出している．

なお，地表赤外放射の 21 単位のうち残りの 6 単位（大気に吸収されなかった）も大気圏外に逃れる．

4.5.2 放射対流平衡

気温の鉛直分布に対しても放射は関与している．オゾン層における太陽放射（紫外域）の吸収が熱源となって成層圏の上部を高温に保っているのはその実例である．しかし気温の鉛直分布は放射のみによっては決定されていない．さまざまな過程で大気成層が不安定になれば対流が発生し，成層を中立状況に変化させるように作用する．放射と対流の作用によって気温の鉛直分布が平衡に達した状態を放射対流平衡と呼ぶ．

4.5.3 放射と熱源の緯度分布

地表面が受ける太陽放射は太陽高度角による．したがって年平均でみれば地表が受ける太陽放射は赤道で最大，両極で最小となる．一方，気温も赤道で最高，両極で最低になっているけれども，各緯度帯で太陽放射とバランスするに足る赤外放射を放出するほどに大きな気温の緯度変化ではない．すなわち，各緯度帯別に観察すれば，太陽放射と地球（赤外）放射は平衡していない．

観測によれば，赤道付近（低緯度帯）では，
　　　（太陽放射 − 地球放射）＞ 0
であり，放射過程による熱源があり，高緯度帯では
　　　（太陽放射 − 地球放射）＜ 0
であり，放射過程による冷源がある．

この熱・冷源にもかかわらず低緯度の高温，高緯度の低温のコントラストが変化しないで維持されているのは，この熱・冷源を相殺する熱エネルギーフラックスの収束・発散があるからである．

海洋中では極向きの海流が暖水を運び，赤道向きの海流が冷水を運ぶ．大気中でも極向きの風が暖気を運び，赤道向きの風が寒気を運ぶ．したがってトータルとして，顕熱フラックスは極向きであり，高緯度では顕熱フラックスの収束があり熱源となり，低緯度では，顕熱フラックスの発散があり，冷源となり，放射の冷・熱源とバランスしている．

上記の状況を過程として考察すれば，次のように記述される．太陽高度角は緯度によって決まり，太陽放射は極で最小，赤道で最大となり，緯度的なコントラストを示す．そして生じた温度コントラストが海洋と大気の循環を駆動し，循環による顕熱フラックスが放射の不均衡を解消するに至る．さらに循環系の上昇流によって水蒸気の凝結が起こり，放出された潜熱も熱源として作用する．この統合的プロセスによって維持された，温度の緯度分布と循環を，われわれは準定常的な気候状態として認識している．

4.6 放射と大気大循環

4.6.1 大気大循環

地球の各緯度帯に現れた放射のアンバランスは，極－赤道間の気温差（以下，気温南北傾度と記す）を引き起こし，さらに全地球スケールの大気の流れ（大気大循環と呼ぶ）を引き起こす．

4.6.2 ハドレー循環

赤道近傍の低緯度帯では，放射の熱源などによる高温の空気が上昇し，上空で極向きに流れ，亜熱帯で冷却され下降流となり，亜熱帯高気圧ゾーンを形成する．対流圏下層では亜熱帯高気圧ゾーンから赤道に向かう風が生じる．これが北半球の北東貿易風，南半球の南東貿易風であり，両者が赤道で収束して地球の多雨ゾーンである熱帯収束帯（ITCZ：inter tropical convergence zone）を形成する．ITCZにおける降水は多量の潜熱を発生させ，赤道ゾーンにおける大きな熱源に寄与する．この大きな水平対流的循環を「ハドレー循環」と呼ぶ．ハドレー循環は暖気上昇で特徴づけられる「直接循環」である．

ほぼ200 hPaの高さでは，極向きのハドレー循環の流れが，大きな角運動量を運び，亜熱帯ジェット流の形成に寄与する．

4.6.3 極循環

放射の冷源によって極での下降流が生じる．この水平的対流を「極循環」と呼ぶ．寒気下降であるので直接循環の特徴を示す．

4.6.4 高緯度気団と熱帯・亜熱帯気団

各緯度帯における放射収支の過不足が，気温の緯度分布を決定する第一の要因である．気温は赤道から極に向かって徐々に低下しているわけではなく，中緯度帯で大きな気温差が現れている（観測事実）．すなわち高緯度地域には，広く広がる寒冷な「極気団」（polar airmass；日本では寒帯気団と訳されることもある）が，低緯度では，広く広がる高温な「熱帯・亜熱帯気団」があり，その境界は中緯度に位置し，そこで大きな気温の南北傾度が表れる．この境界を，気候学的な「極前線」（polar front：日本では寒帯前線とも訳される）と呼ぶ．

極前線は一本の線ではなく，数百kmの南北幅をもつので「極前線帯」と表現することがある．極前線帯

では強い気温傾度があるため上空に向かって西風風速が増加し（温度風によって説明される）．その上空では極ジェット気流（polar jet stream：寒帯ジェット気流とも訳される）が観測される．

4.6.5　極前線帯と温帯低気圧

極前線帯における気温傾度がある限界を越えると（これは温度風シアーがある限界を越えることを意味する）「傾圧不安定」と呼ばれる機構が作用して温帯低気圧が発達する．低気圧の東〜東北側では温暖前線が強化され暖気の北上と上昇流が，西〜南西側では寒冷前線が強化され寒気の南下と下降流がみられる．低気圧の近傍では前線は強化されるが，暖気の北上と寒気の南下はトータルとして顕熱の極向き輸送を引き起こし，前線帯の気温傾度を弱める．このプロセスが作用するため，放射の南北的な不均衡があっても，前線帯の気温傾度は，ある範囲におさまり，低気圧が無限に発達することはなく，変動しつつも準平衡状態が保たれる．

4.7　放射と気象のリモートセンシング

気象観測においては，測定器を直接的に大気に接して行う「直接的観測」と，遠方から大気の状態を測定する「遠隔観測（リモートセンシング）」と呼ばれる2種類の方法がある．

直接観測の例としては，温度計，気圧計，風速・風向計などがあげられる．高層観測のラジオゾンデ観測では気球に測定器を釣り下げて飛揚させ，データを自動的に無線で送信させる観測であり，直接大気に接して測定しているから，遠隔測定ではない．

気象のリモートセンシングには音波や電磁波が使用される．本節では放射（光線や電磁波）を利用したリモートセンシングを簡潔に述べる．

4.7.1　気象レーダー

気象レーダーはビーム状の電磁波のパルスを発射し，空中の物体からの反射あるいは散乱波を受信し，どのような物体がどこに存在するかを検出する機器である．

レーダーは，航空機や船舶に搭載され，航行の安全をさまたげる物体の検出に使われている．

気象レーダーの原理も本質的には，一般レーダーと同一であるが，その観測対象は空中を落下しつつある降水粒子である．

気象レーダーで使用される電磁波の波長は，5〜10 cmである．一方，降水粒子の半径は，〜mmの程度であるので，レイリー散乱が起きる．気象レーダーで検出するのは「反射」ではなく「レイリー散乱の前方散乱」である．散乱の強さは，粒子直径の6乗と，粒子個数に比例する．

降水粒子のサイズ分布と個数分布には，近似的に一定の関係があることが観測によって知られている．さらに粒子の半径から粒子の落下速度が決定される．したがって散乱された電磁波の強度から上記の関係を通して降水量が計算（推定）される．これが気象レーダーによる降水強度推定の原理である．

散乱の強さは電磁波の波長の4乗に反比例するから，長波長であるほど散乱が弱く，したがって減衰することなく遠距離に届くが，微細な粒子（散乱は粒子の半径の6乗に比例する）からの散乱を観測しにくい．すなわち観測の目的に適した電磁波の波長が用いられている．（微細な霧粒や雲粒を観測するためにはミリ波など短波長の電磁波が使用される．）

散乱を引き起こす物体がレーダーに対して相対的に運動すると，ドップラー効果によって電波の周波数が変化する．この原理を利用すれば降水粒子（したがって降水粒子を動かしている空気の運動）の運動（速度：レーダービームの方向である動径速度）が観測される．このような機能をもつレーダーをドップラーレーダーと呼ぶ．

4.7.2　ウィンドプロファイラ

30 MHz〜3 GHzの電磁波を使用して，大気乱流による散乱（ブラッグ散乱）を測定し，上空の風速を測定する．

4.7.3　透過計，散乱計

可視光などを用い，光源からの光の減衰（散乱・吸収による）を測定する機器を透過計と呼ぶ．また光線を光源より発射し，前方散乱を測定し，粒子の密度や距離を測定する機器を散乱計と呼ぶ．大気透明度（視程）や雲底高度の測定に用いられる．

4.7.4　気象衛星観測

気象衛星観測も放射を用いたリモートセンシング技術を応用している．

（1）　可視光域の観測

太陽放射可視域の反射を測定する．雪氷面・雲頂表面は反射率が大きく，地表・海面の反射率は低いの

で，反射の測定から，反射する物体が識別される．

(2) 赤外光域の観測

物体（黒体）の表面から射出される赤外放射の強度を測定し，ステファン-ボルツマンの法則から，物体の表面温度（等価黒体温度）を測定し，その物体を識別する．雲の場合には，黒体温度から，その雲頂高度が推定される．

水蒸気吸収帯で観測すれば，水蒸気を含む気層の上面の等価黒体温度を測定し，その上面の高さが推定される．

さらに多くの特性をもつ波長域で赤外放射を測定すれば，その組み合わせから，気温や水蒸気の鉛直分布を推定できる．

〈初心者の方々へのメッセージ〉

地球はその内部にほとんど熱源をもたない．そして地球は太陽放射を受け，かつ地球放射を射出し，その平衡状態によって地球の温度が決定される．それゆえ，放射は地球と大気の状態を決定する重要な物理過程である．

放射は季節・時刻により，また緯度によって変化し，それは大気の循環を駆動し，その変化をもたらす．

この章では放射に関する最も基礎的な説明を簡潔にまとめた．この基礎だけはきちんと理解していただきたい．

なお，放射に関連する大気光学現象については，第Ⅰ編第1部3章，地球（気候）温暖化については7章，また大気大循環については6章も参照されたい．

【例題 4.1】

以下の記述で誤っているものはどれか．

(a) 電磁波の波長が粒子（散乱体）の半径より，～10倍以上である場合の散乱がレイリー散乱である．
(b) レイリー散乱の強さは波長の4乗に逆比例する．空が青く見えるのはこの理由による．
(c) レイリー散乱では後方散乱と前方散乱の強さは，ほぼ等しい．
(d) 粒子の半径が波長と同程度か，大きな場合の散乱がミー散乱である．ミー散乱では，前方散乱が後方散乱よりも弱い
(e) ミー散乱は波長によらない．このため雲やモヤが白く見える．

(解説) 大気光学における散乱の基礎知識を問う問題である．ミー散乱は前方散乱が後方散乱より強い．
(解答) (d)

【例題 4.2】

以下の記述で正しいものはどれか．

(a) 黒体放射が最も強い波長は，その黒体温度に比例する．
(b) 黒体の単位面積から射出される放射量は，黒体の絶対温度の4乗に比例する．
(c) 地球の太陽定数は $1370\ \mathrm{W\cdot m^{-2}}$ である．この数値は，太陽放射の総エネルギー量と，太陽-地球間距離によって決定されている．もし，太陽-地球間距離が2倍になれば，太陽定数は1/2となる．
(d) 単位面積の地表が受ける太陽エネルギーは，太陽天頂角 a の正弦（$\sin a$）に比例する．
(e) 地球大気の窓領域の一つは $0.4\sim0.8\ \mu\mathrm{m}$ の可視光域にあるのは，太陽放射のスペクトルピークがこの波長帯にあるからである．

(解説)

放射に関する基礎知識を問う問題である．
(a) ウィーンの法則によれば最も黒体放射の強い波長は黒体温度（絶対温度）に逆比例する．
(b) ステファン-ボルツマンの法則によれば，放射エネルギーは黒体温度の4乗に比例する．
(c) 点源から等方的に広がりつつ伝播する放射エネルギー密度は距離の2乗に反比例する．したがって距離が2倍になれば太陽定数は1/4になる．
(d) 地表の受ける太陽エネルギーは太陽の高度角が b であれば $\sin b$ に比例する．高度角 b と天頂角 a の関係は $a+b=90°$ であるから，地表の受ける太陽エネルギーは $\cos a$ に比例する．
(e) 太陽放射のスペクトルピークは $0.4\sim0.8\ \mu\mathrm{m}$（可視部）にある．これは太陽の黒体温度が～5800 K であるからである．一方，大気を構成する分子・原子の構造がどの波長域の放射を吸収するかを決定している．

(解答) (b)

【例題 4.3】

大気上端に達する太陽放射エネルギーを 100 単位とする．大気上端からは 6 単位が大気散乱により，20 単位が雲による反射，4 単位が地表反射によって大気圏外に逃げる．そして地上に達する太陽放射は 51 単位である．

一方，大気下向放射と地表放射の差は 21 単位（上向き）である．大気圏外に逃げる地表放射は 6 単位，大気放射は 38 単位，雲放射は 26 単位である．

(a) 地球の全球平均アルベド
(b) 地表における顕熱フラックス＋潜熱フラックスは下記のどれが正しい答か．

	①	②	③	④	⑤
(a)	4%	26%	30%	36%	30%
(b)	51 単位	38 単位	30 単位	30 単位	26 単位

（解説）
アルベドは大気圏外に逃げる短波放射／太陽放射であるから (6+4+20) 単位/100 単位＝30% である．また地表における熱バランスの条件から 51 単位−21 単位＝（顕熱＋潜熱フラックス）が示される．

（解答） ③

【例題 4.4】

(a)〜(d) の正否について組み合せの正しいものを①〜⑤から一つ選べ．

(a) 太陽虹は可視光が大気中の水滴によって屈折することによって生ずる．
(b) 太陽虹は可視光が大気球の水滴によって反射することによって生ずる．
(c) 太陽虹は可視光が大気中の水滴に進行するとき屈折し，水滴の後面（太陽光の反射例）で反射し，再び大気中に進行するとき屈折することによって生ずる．
(d) 星が"またたいて見える"（シンチレーション）のは大気の時間的に変化する密度差による屈折のためである．
(e) 日没時に空が赤く見えるのは，比較的散乱されにくり波長の短い光が地表に達するためである．

① ⓒ ⓔ が正しい
② ⓐ ⓔ が正しい
③ ⓒ ⓓ が正しい
④ ⓐ ⓔ が正しい
⑤ ⓓ ⓔ が正しい

（解説）
(a) 屈折だけでは虹は説明されない．
(b) 反射だけでは虹は説明されない．
(c) 「屈折と反射」によって説明される．これは正しい．
(d) 大気層の密度差によって星の光はわずかに屈折する．そして密度は時間的に変化しているので，星がまたたいて見える．正しい．
(e) 比較的散乱されないのは"波長の長い"赤色光である．

（解答） ③

(二宮洸三)

5. 大気の力学

大気の流れは風として観測される．大気の流れは，あるまとまりと規則性をもつ流れ，すなわち循環系を形成する．大気の流れや循環系の状態，メカニズムを力学的観点から学ぶ気象学の分野を気象力学，大気力学と呼ぶ．本章ではその基礎を簡潔に記す．

5.1 大気の運動と大気に作用する力

5.1.1 気象力学の特徴

大気の運動は，気塊の運動であり，それは「力学の法則」によって理解できる．力学の法則は「物体の加速度は，物体に作用する力によって生ずる」と書かれる．したがって大気の運動を考察するためには気塊に働く力を理解しなければならない．初歩的な力学では宇宙空間に固定されている静止座標系（慣性系）上の運動を扱う．大気の場合では，引力，気圧傾度力と摩擦力が主要な力である（詳しくは後述する）．また流れが曲率をもつ場合には，遠心力が生ずる．

しかし気象学では自転している地球上に固定された座標系（回転座標系）で気塊の運動を取り扱う．このためには，静止座標系から回転座標系への運動方程式の座標変換がなされる．その数式上の計算はここでは述べないが，結果として2種類の力が現れる．それは「転向力（コリオリの力）」と「地球自転による遠心力」である．これらの力は座標変換によって現れた力である．そして，これらの力を含めて考察する点に気象学の特徴がある．

5.1.2 大気中で作用する力

(1) 転向力（コリオリの力） 角速度 Ω で回転する回転座標系上で速度 V の絶対値 $|V|$ で運動する物体に対し右向きに $2\Omega|V|$ の加速度が働く．Ω の単位は，（ラジアン）$\cdot$s^{-1} である．ラジアンは角度（=円弧/半径）であり，定義により無次元である．したがって，$2\Omega|V|$ は s$^{-1}\cdot$m$\cdot$s^{-1}=m$\cdot$s^{-2} であり，加速度の次元と同一である．

地球の自転角速度は $\Omega=7.29\times10^{-5}$ rad$\cdot$s^{-1} であるが，緯度 φ である地点の地面がその地点の天頂に対して回転する角速度 ω は，

$$\omega=\Omega\sin\varphi \tag{5.1}$$

である．したがって，この地点においては，

転向力の加速度 $=2\Omega\sin\varphi|V|$
$$=f|V| \tag{5.2}$$

となる．

$$f=2\Omega\sin\varphi \tag{5.3}$$

をコリオリ因子（コリオリパラメータ）という．f は北極で最大値をとり，赤道上でゼロとなり，南半球では負（マイナス）となる．

(2) 地球自転による遠心力 地球自転による遠心力の加速度は

$$R\cos\varphi\cdot\Omega^2 \tag{5.4}$$

と書かれる．R は地球半径，φ は緯度である．$R\cos\varphi$ は自転軸からの距離，Ω は地球自転角速度である．$R\cos\varphi\cdot\Omega^2$ は赤道で最大となり，両極（$\varphi=\pm90°$）ではゼロとなる．

(3) 地球の万有引力 地球質量 M_E と地上の物体の質量 M の間に働く万有引力は

$$k^2M_EM/R^2 \tag{5.5}$$

である．R は両者の距離（すなわち地球半径）である．k^2 は万有引力定数で

$$k^2=6.67\times10^{-11}\,\text{N}\cdot\text{m}^2\cdot\text{kg}^{-2}$$

である．N は力の単位（ニュートン=kg$\cdot$m$\cdot$s^{-2}）である．したがって物体に働く加速度は，k^2M_E/R^2 であり，その単位は kg$\cdot$m$\cdot$s$^{-2}\cdot$m$^2\cdot$kg$^{-2}\cdot$m$^{-2}\cdot$kg=m$\cdot$s^{-2} で加速度の単位と一致する．

R は物体と地球の中心（重心）との距離であるから，正しくは $R+h$ である（h は物体の高さ）が $R\gg h$ であるから R と近似してもかまわない．

万有引力は地球の中心（重心）の方向に向かって働く．

(4) 重力 重力は，地球の引力と自転遠心力の合力である．したがって重力は地球の中心に向かわない．このため海面は真球ではなく赤道側に伸びた「回転長円体」の形状をもつ．これをジオイド面と呼ぶ．

しかし，引力≫遠心力であるため，初歩的な気象学では，重力加速度は一定として扱う．

$$g=9.80\,\text{m}\cdot\text{s}^{-2}$$

そして重力の方向を鉛直方向（直交座標系の z 軸）と定義する．z 軸に直交する平面を水平面と定義し，

水平面上で東向きに x 軸を，北向きに y 軸をとる．x, y 座標系については図5.7(a) を参照されたい．

この座標系の定義により，重力は z 軸方向（下向き）にのみ作用し，x 軸および y 軸の方向には作用しない．

(5) 気圧傾度力 気圧とは大気の圧力のことである．圧力は単位面積に及ぼす力と定義され，その単位 Pa（パスカル）で表される．

$$1\,\mathrm{Pa}=1\,\mathrm{N\cdot m^{-2}}$$

である．気象学では 100 Pa = 1 hPa を使用することが多い．h（ヘクト）は 100 を意味する接頭語である．

ここで，微小な立方体の気塊を仮想する．立方体の x 方向の運動を考える．（y および z 方向にもまったく同一な考えが適用される．）気塊の東側の側面に働く西向きの圧力と，西側の側面に働く東向きの圧力が等しければ，気塊には加速度が生じない．もし，両者に差があれば，高圧力側から低圧力側に力が作用する．つまり，圧力の空間的傾度（圧力差）によって気塊に力が作用する．これを「気圧傾度力」と呼ぶ．

$$x\text{方向気圧傾度力} = -(1/\rho)\Delta p/\Delta x$$
$$= -(1/\rho)\partial p/\partial x \quad (5.6)$$

と書く．（$\partial p/\partial x$ は x 方向の気圧傾度を示す．）
$(1/\rho)$ は「単位質量当たり」の力を示すためである．y, z 軸についても同様な式が得られる．

(6) 摩擦力 摩擦力とは運動に対する抵抗力である．大気の場合では地表面の抵抗力，およびシア流（風速が高さ方向に変化する流れ）内における乱流混合による運動量交換によって生ずる力である．（接地境界層の節参照．）

この章では，その物理的意味に深入りしないで，単純に「運動に対する抵抗力」と理解するにとどめる．

5.2 基礎方程式系

5.2.1 運動方程式

(x, y, z) 座標系は「局所直交座標系」とも呼ばれる．それは球面上では，東西・南北の方向は狭い地域上（正しくはその地点）のみで定義されているからである（図 5.7(a) 参照）．しかし，最もわかりやすいので，(x, y, z) 座標系での運動方程式を記す．それらは，

$$du/dt = fv - (1/\rho)\partial p/\partial x + F_x \quad (5.7)$$
$$dv/dt = -fu - (1/\rho)\partial p/\partial y + F_y \quad (5.8)$$
$$dw/dt = -g - (1/\rho)\partial p/\partial z + F_z + 2\Omega\cos\varphi\cdot u \quad (5.9)$$

である．式（5.9）における $2\Omega\cos\varphi\cdot u$ も転向力を表すが，多くの場合無視できる．(F_x, F_y, F_z) は摩擦力の (x, y, z) 成分を示す．

5.2.2 全微分的時間変化と偏微分的時間変化

ここで全微分 d/dt の意味を説明しなければならない．質点力学では考察の対象である質点の運動を追いながら，その速度の変化を測定することが可能であるが，気象学では，空間に固定した測定点での測定値を用いて，その点における時間変化 $(\partial/\partial t)$ を評価する方が実用的である．そしてある物理量 a の実質的変化（全微分的変化）は

$$da/dt = \partial a/\partial t + (u\partial a/\partial x + v\partial a/\partial y + w\partial a/\partial z) \quad (5.10)$$

と書かれる．$(u\partial a/\partial x + v\partial a/\partial y + w\partial a/\partial z)$ を「移流項」と呼ぶ．式（5.7），（5.8），（5.9）の左辺の加速度は，式（5.10）と同様な形式で書かれる．この形式をオイラー形式と呼ぶ．

5.2.3 質量保存の法則と連続の式

運動の法則と並ぶ基本式としては，「質量保存の法則」があり，それは「連続の式」，

$$(d\rho/dt)/\rho + (\partial u/\partial x + \partial v/\partial y + \partial w/\partial z) = 0 \quad (5.11)$$

によって表される．ρ は空気の密度である．

この式の物理的意味は「空間に固定された体積内の質量の変化と流入する質量の和が一定である（質量保存）」である．

5.2.4 状態方程式と熱力学第一法則

さらに，ρ や p は温度とも関連し，その関係は気体の状態方程式，

$$p\alpha = RT \quad (5.12)$$

によって決定される．R は空気の気体定数（287 J·K^{-1}·kg^{-1}），T は絶対温度，比容 α は，$\alpha = 1/\rho$ である．

式（5.12）に現れる T の変化は熱力学第一法則，

$$\dot{Q} = c_v dT + pd\alpha = (R + c_v)dT - \alpha dp$$
$$= c_p dT - \alpha dp \quad (5.13)$$

によって知られる．c_v は空気の定容比熱（717 J·K^{-1}·kg^{-1}），c_p は定圧比熱（1004 J·K^{-1}·kg^{-1}）である．$\dot{Q}$ は非断熱加熱を示す．断熱過程では $\dot{Q} = 0$ である．

（注）湿潤大気の議論では水蒸気質量保存則に基づき比湿 q の変化を求める．しかし本章では議論を複雑にしないため乾燥大気の力学の扱う．

5.2.5 基本方程式の活用

式（5.7）～（5.9），（5.11），（5.12）および（5.13）はすべての大気力学的過程の理解に適応できる汎用性

のある方程式系である.

一方，大気中には，音波，積雲対流，低気圧，高気圧などのさまざまな現象が発現する．それらは特有な時間・空間スケールと力学的メカニズムをもっている．そのメカニズムを取り扱うためには前述した方程式系をそのまま使用しなければならない場合と，その一部を簡略化してもさしつかえない場合とがある．後者のケースでは簡略化によって議論が容易になる利点がある．次にこの問題を具体的に説明する.

大気現象は，メカニズムによって大別すると次の2種類に分類される.

（1）鉛直加速度が大きく，鉛直加速度を直接的に評価する必要がある現象：積雲対流，小スケール（規模）現象

（2）鉛直加速度がゼロに近く，鉛直加速度を直接的に評価する必要のない現象：低気圧・高低気圧など，大スケール（規模）現象

（注）さらに一般的には，(1) と (2) の中間の中スケール現象も分類されている．中スケール現象（台風・前線など）の場合でも，鉛直加速度を直接評価する必要は少なく，大スケール現象と同等に考えてよい.

小スケール現象を議論するためには，式（5.9）（鉛直方向の運動方程式）と式（5.11）（連続の式，空気の圧縮性・弾性を表す）の両式をそのままの形式で考察しなければならない.

上記の考察は第2部2章「数値予報」でも，数値予報モデルの方程式系の問題として述べられるが，本章では現象のメカニズムの理解のための議論として取り上げている.

5.2.6 水蒸気の連続の式

空気の連続の式（5.11）は

$$\partial \rho / \partial t + (\partial \rho u / \partial x + \partial \rho v / \partial y + \partial \rho w / \partial z) = 0 \quad (5.14)$$

と書くことができる．（$d\rho/dt$ をオイラー形式に書くと．）式（5.14）の（ ）は空気の質量フラックスの発散を示す.

同様な形式で水蒸気の連続の式が書かれる．すなわち，比湿を q とすれば ρq は水蒸気密度であり，

$$\partial \rho q / \partial t + (\partial \rho q u / \partial x + \partial \rho q v / \partial y + \partial \rho q w / \partial z) = 0 \quad (5.15)$$

である.

この式は水蒸気の凝結のない場合に成り立つ．飽和に達すれば凝結が起き，$d\rho q/dt \neq 0$ となる.

5.3 大規模現象を理解するための方程式系

5.2節の考察に基づいて，大規模現象を理解するための方程式系を導く.

5.3.1 静力学平衡

一般的な鉛直方向の運動方程式は

$$dw/dt = -g - (1/\rho)\partial p/\partial z + F_z \quad (5.9)$$

である．大規模現象に関しては，観測事実として，$dw/dt = 0$，$F_z = 0$ と近似できることが確かめられているので，式（5.9）は

$$0 = -g - (1/\rho)\partial p/\partial z \quad (5.16)$$

となる．式（5.16）を「静力学平衡の式」と呼ぶ.

式（5.16）は

$$\partial p/\partial z = -\rho g \quad (5.16')$$

と書かれる.

加速度 dw/dt をゼロとしたが，これは鉛直速度 w がゼロであることを意味しない．w は連続の式から評価される．（後述する.）

式（5.16'）を地表（z_s）から大気層上端（z_∞）まで積分すれば地表気圧 p_s は

$$p_s = \int_{z_s}^{z_\infty} \rho g \, dz \quad (5.17)$$

によって求まる.

また高さ z_1 と z_2（$z_2 > z_1$）における気圧 p_1 と p_2（$p_2 < p_1$）の差は，

$$p_1 - p_2 = \int_{z_1}^{z_2} \rho g \, dz \quad (5.18)$$

によって求まる．また p_1 と p_2（$p_2 < p_1$）における高度 z_1 と z_2（$z_2 > z_1$）との関係は

$$z_2 - z_1 = \int_{p_2}^{p_1} \frac{1}{\rho g} dp = \int_{p_2}^{p_1} \frac{\alpha}{g} dp = \int_{p_2}^{p_1} \frac{RT}{g} \frac{dp}{p} \quad (5.19)$$

によって得られる.

以上の説明から p は z の一価関数として記され，したがって鉛直座標の独立変数として p が使用できることがわかる．p を鉛直座標の独立変数として使用する座標系を (x, y, p) 座標系，あるいは省略して p 座標系と呼ぶ．そして前述した基本方程式系を独立変数 (x, y, p) によって表現する．z 座標と p 座標の模式図を図5.1に示す．この場合，鉛直 p 速度

$$\omega = dp/dt \quad (5.20)$$

が定義される．（注：$w = dz/dt$ である.）

p 座標系では静力学平衡を導入したため，空気の圧縮性・弾性の性質が除かれ，したがって音波は除去さ

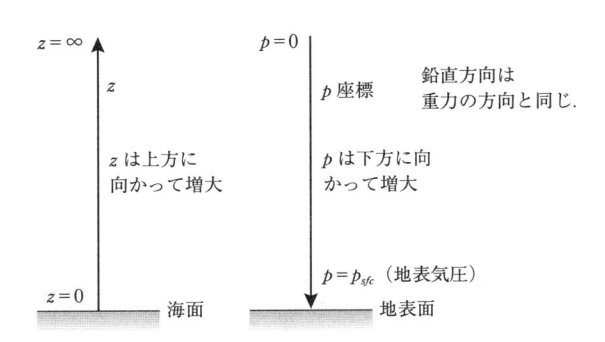

図5.1 z座標系とp座標系の模式図

れる．

5.3.2 等圧面高度傾度と気圧傾度

式(5.7)および(5.8)では，水平面上の気圧傾度力を$-(1/\rho)\partial p/\partial x$および$-(1/\rho)\partial p/\partial y$で表現した．地上天気図は$z=0$（海面）における気象要素を記入した図であり，海面気圧を記入し等圧線を描いてある．この図から水平面上の水平気圧傾度（$\partial p/\partial x, \partial p/\partial y$）を知ることができる．

一方，「高層天気図」は「等圧面天気図」であり，等圧面高度が記入され，等高線が描かれている．等圧面であるから，「この面上では気圧は一定であるのに"気圧傾度"がどうして存在するのか？」に対して説明が必要であろう．気圧傾度は水平面上における気圧傾度のことである．したがって等圧面高度分布から，水平面上の気圧分布を静力学平衡の式を用いて算出して気圧傾度を求めることになる（図5.2）．その結果として，p座標系による(x, y)方向の運動方程式が得られる．（以下，摩擦力F_x, F_yを省略して書く．）それは，

$$du/dt = fv - g\partial z/\partial x \quad (5.21)$$
$$dv/dt = -fu - g\partial z/\partial y \quad (5.22)$$

である．zは等圧面高度である．また移流項は，

$$da/dt = \partial a/\partial t + (u\partial a/\partial x + v\partial a/\partial y + \omega\partial a/\partial p) \quad (5.23)$$

となる．

5.3.3 連続の式

z座標系における連続の式(5.11)はp座標系では

$$\partial u/\partial x + \partial v/\partial y + \partial \omega/\partial p = 0 \quad (5.24)$$

と書かれる（証明は省略）．連続の式が非常に単純になることはp座標系の利点の一つである．

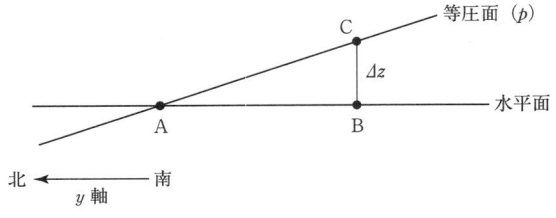

$p(A) = p(C)$ ∵ A，Cとも等圧面上にあるから
$p(B) = p(C) + \rho g \Delta z$ したがって，点A〜Bの気圧傾度力は

$$-\frac{1}{\rho}\frac{\partial p}{\partial y} = -\frac{1}{\rho}\frac{1}{\partial y}[p(B) - p(A)] = -g\frac{\partial z}{\partial y}$$

となる．

図5.2 水平面上の気圧傾度力と等圧面の傾きとの関係の模式図

5.3.4 熱力学第一法則

z座標系における熱力学第一法則の式(5.13)で断熱過程$\dot{Q}=0$の場合は

$$0 = c_p dT - \alpha dp \quad (5.13)$$

である．これから，$dT = (\alpha/c_p)dp$．したがって，

$$dT/dt = (RT/pc_p)dp/dt$$
$$= (RT/pc_p)\omega \quad (5.25)$$

の関係，

$$dT/T = (R/c_p)dp/p$$

すなわち

$$\ln T = (R/c_p)\ln p \quad (5.26)$$

の関係が得られる．式(5.26)をpから$p_0=1000\,\text{hPa}$まで積分し，1000 hPaにおけるTをθ（温位）と定義すれば，

$$\theta = T(p_0/p)^{R/C_p} \quad (5.27)$$

が得られる．（Tはpにおける絶対温度である．）

(注) 気象観測や天気図では，温度の単位として℃（セ氏温度）が用いられている．一方，気象力学，気象熱力学，放射では，温度の単位としてK（絶対温度，ケルビン温度）が使用され，それをTで記す．

セ氏温度と絶対温度の目盛幅は同一であるが，基準点が異なる．0℃ = 273.2 Kである．0 K（= -273.2℃）を絶対零度と呼ぶ．

5.4 地衡風と温度風

5.4.1 地衡風

大規模場における風速の時間的・空間的変化は比較的わずかである．このような定常的な風で，しかも摩擦力が無視できる場合には気圧傾度力と転向力がバランスしており，式(5.7)，(5.8)は，

$$0 = fv - (1/\rho)\partial p/\partial x \quad (5.28)$$
$$0 = -fu - (1/\rho)\partial p/\partial y \quad (5.29)$$

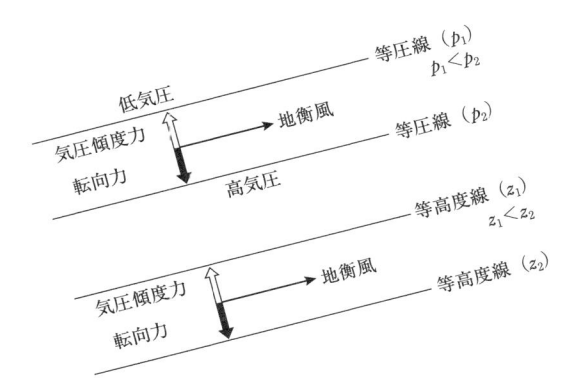

図 5.3 地上天気図と高層天気図における北半球の地衡風の概念図

となる．これから得られる風,
$$\left. \begin{array}{l} u_g = -(1/\rho f)\partial p/\partial y \\ v_g = (1/\rho f)\partial p/\partial x \end{array} \right\} \quad (5.30)$$

を地衡風と呼ぶ．実際の風速は地衡風によってかなりよく近似される．地衡風は等圧線に平行に，低気圧側を左にして吹く．その風速は気圧傾度に比例する．（なお赤道では $f=0$ であり，地衡風は低緯度では成立しない．）

等圧面天気図で考えれば式 (5.21)，(5.22) から
$$\left. \begin{array}{l} u_g = -(g/f)\partial z/\partial y \\ v_g = (g/f)\partial z/\partial x \end{array} \right\} \quad (5.31)$$

が得られる．

地衡風の模式図を図 5.3 に示す．

5.4.2 温度風

レベル 1 と 2 $(z_2 > z_1)$ の間の地衡風の鉛直シアを「温度風」(u_T, v_T) と呼び，
$$\left. \begin{array}{l} u_T \equiv (u_{g_2} - u_{g_1}) = -(g/f)\partial(z_2 - z_1)/\partial y \\ v_T \equiv (v_{g_2} - v_{g_1}) = (g/f)\partial(z_2 - z_1)/\partial x \end{array} \right\} \quad (5.32)$$

と書かれる．$\Delta z = z_2 - z_1$ をこの気層の「層厚」(thickness) と呼ぶ（図 5.4）．静力学平衡の式から，
$$\Delta z = z_2 - z_1 = \frac{R}{g}\int_{p_2}^{p_1} T d(\ln p) = \frac{R\overline{T}}{g}\ln(p_1/p_2) \quad (5.33)$$

が得られる．$\overline{T}$ は「層厚温度」であり，
$$\overline{T} \equiv \int_{p_2}^{p_1} T d(\ln p) \bigg/ \int_{p_2}^{p_1} d(\ln p) \quad (5.34)$$

と書かれる．つまりこの層の平均的温度である．この関係を使うと，式 (5.29) は
$$\left. \begin{array}{l} u_T = -(g/f)(R/g)\ln(p_1/p_2)\partial \overline{T}/\partial y \\ v_T = (g/f)(R/g)\ln(p_1/p_2)\partial \overline{T}/\partial x \end{array} \right\} \quad (5.35)$$

となり，(u_T, v_T) は $\overline{T}$ の等温線に平行（低温を左手

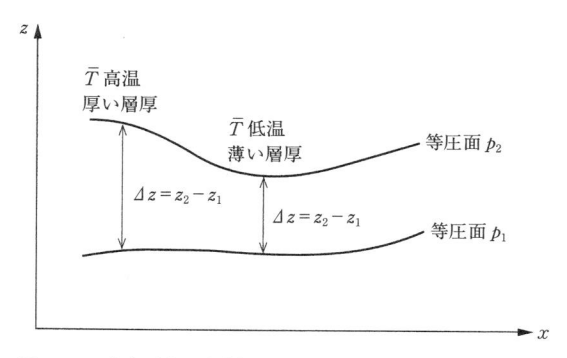

図 5.4 x 方向（東西方向）の等圧面 p_2 と p_1 の高度と層厚 $\Delta z = z_2 - z_1$ の分布の概念図

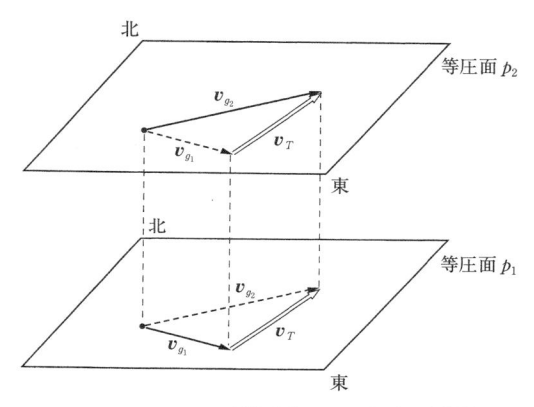

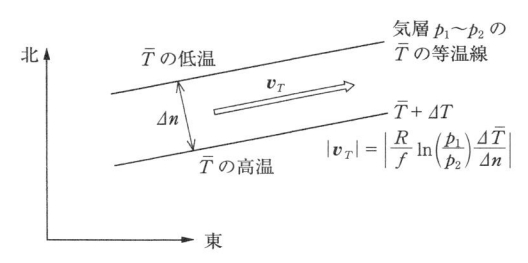

$v_{g_1} + v_T = v_{g_2}$　　v_{g_1}, v_{g_2} は等圧面 p_1, p_2 における地衡風
$v_T = v_{g_2} - v_{g_1}$　　v_T は気層 $p_1 \sim p_2$ における温度風

(a) 地衡風と温度風の関係

$$|v_T| = \left| \frac{R}{f}\ln\left(\frac{p_1}{p_2}\right)\frac{\Delta \overline{T}}{\Delta n} \right|$$

(b) 気層 $p_1 \sim p_2$ における $\overline{T}$ の等温線と v_T の関係

図 5.5 温度風の概念図

に）に吹く．(u_T, v_T) はシアである．）この関係は地衡風のシア（鉛直分布）を温度場との関係で把握するために利用される（図 5.5）．

5.4.3 層厚温度の移流

式 (5.35) は温度風が層厚温度 $\overline{T}$ の等温線に平行に吹くことを示している．すなわち (u_T, v_T) による $\overline{T}$ の移流はない．しかし，この説明は十分ではない．

そもそも温度風は地衡風の鉛直シアであり，風ではない．レベル1と2の間の気層の平均地衡風速 $\bar{V}_g = (\bar{u}_g, \bar{v}_g)$ は

$$\bar{V}_g = (1/2)(V_{g_1} + V_{g_2}) = V_{g_1} + \frac{1}{2}V_T \quad (5.36)$$

である．したがって $\bar{V}_g$ による $\bar{T}$ の移流は，

$$\bar{V}_g \nabla \bar{T} = V_{g_1} \nabla \bar{T} + \frac{1}{2}V_T \nabla \bar{T} \quad (5.37)$$

である．式 (5.35) に示した温度風の性質によって，式 (5.37) 右辺第2項はゼロとなるが，第一項はゼロとなるとは限らない．(V_{g_1} は $\bar{T}$ の等温線と平行であるとは限らない．) したがって，定常的である地衡風（加速度がゼロであるという意味）でも移流により $\bar{T}$ を変化させる（したがって気圧場が変化し，地衡風も変化する）点において，定常的ではない．

5.4.4 摩擦がある場合の定常状態

気圧傾度力と転向力が平衡する定常状態の地衡風は，摩擦のない（少ない）自由大気中で近似的に成立している．

最も単純化した摩擦力では，速度の逆向きに働く抵抗力として摩擦力を仮定する．このとき定常（加速度ゼロ）であるためには，気圧傾度力と，転向力および摩擦力の合力がバランスしていなければならない．そして風は等圧線を横切って低圧側に流れ出る（図5.6）．風と等圧線のなす角度 a は，摩擦力が大きいほど大きい．その角度は海上で 20～30°，陸上では 30～40° となる．その風速は地衡風速より小さい．

5.5 傾度風と旋衡風

5.5.1 傾度風
等圧線が同心円状で，風が等圧線に沿って吹く場合

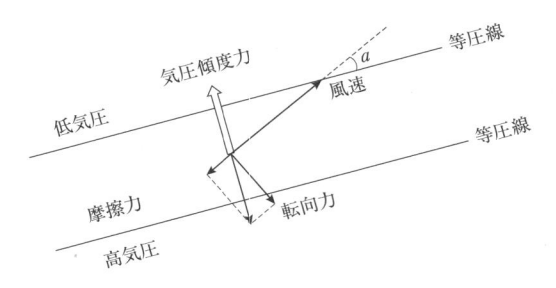

図 5.6 摩擦のある場合の定常状態の模式図

を想定する．この状況を論ずるためには極座標系 (r, θ 座標系（図5.7(b)）を用いて運動方程式を表し，動径方向（r の方向）の加速度がゼロ（定常状態）であるためのバランス状況を考察する．それは

$$-v^2/r - fv = -(1/\rho)(\partial p/\partial r) \quad (5.38)$$

と書かれる．v は θ 方向の速度で反時計まわり（低気圧性回転）を正（プラス）と定義する．左辺第一項は遠心力を示す．

(1) 低気圧の場合 気圧傾度力は中心に向かう．風は反時計まわりで，転向力と遠心力は外側に向かう．そして外側に向かう（転向力＋遠心力）と中心に向かう，気圧傾度力がバランスする（加速度はゼロ）（図5.8(b)）．

(2) 高気圧の場合 気圧傾度力は外側に向かう．風は時計まわりで，転向力は中心に向かい，遠心力は外側に向かう．そして，外側に向かう（気圧傾度力＋遠心力）が中心に向かう転向力とバランスする（図5.8(a)）．

r が無限大（等圧線は直線になる）となれば平衡状態は地衡風であるから，

$$fv_g = (1/\rho)\partial p/\partial r \quad (5.39)$$

と書かれ，式 (5.38) は，

$$v^2/r + fv = fv_g \quad (5.40)$$

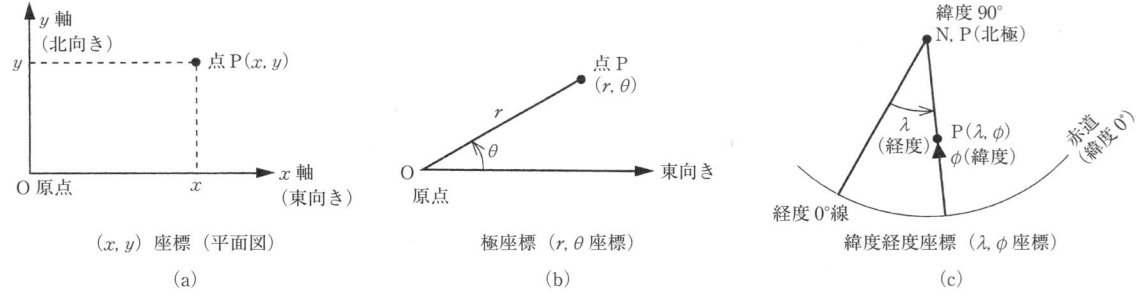

図 5.7 直交座標（x, y 座標），極座標と緯度・経度座標の概念図

本章では多くの箇所で直交座標系 (a) を使用しているが，傾度風，旋衡風については (r, θ) 座標系 (b) を使用している．なお，広範囲（たとえば全球）で議論する場合には (λ, ϕ) 座標系 (c) が使用される．

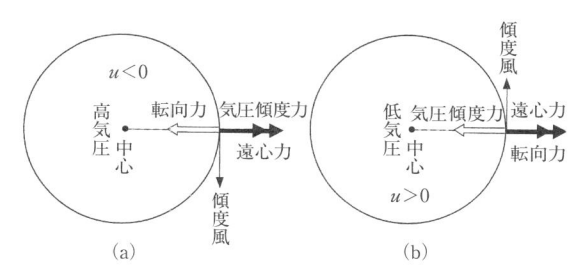

第1部 予報業務に関する一般知識〔5. 大気の力学〕

図5.8 傾度風のバランス状況の概念図

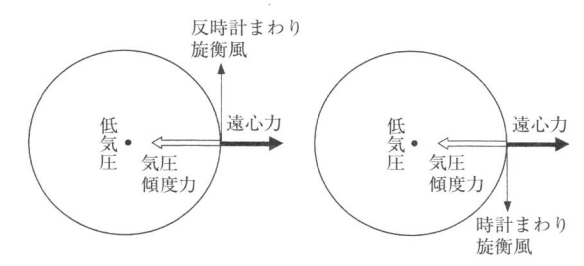

図5.9 旋衡風のバランスの概念図

となる．これから$v_g/v = 1 + v/fr$が得られるから，低気圧（$v>0$）では$|v_g|>|v|$，高気圧（$v<0$）では$|v_g|<|v|$であることがわかる．

$$G \equiv (1/\rho)\partial p/\partial r = fv_g \quad (5.41)$$

の記号を使えば

$$v^2/r + fv = G \quad (5.42)$$

である．式(5.42)の解は

$$v = \frac{fr}{2}\left\{-1 + \sqrt{1 + \frac{4G}{f^2 r}}\right\} \quad (5.43)$$

が得られる（式(5.43)で$r \to \infty$とすれば，$\sqrt{1+4G/f^2 r} = 1 + 2G/f^2 r$となり，$v = v_g$となる）．

低気圧（内側が低気圧）の場合は式(5.43)は必ず実数解となる（定常状態となる）．

高気圧（内側が高気圧）の場合では，$|G|<f^2 r/4$の場合には実数解が得られる．この場合（定常状態）を図5.8(a)に示す．もし$|G|>f^2 r/4$となれば実数解は得られない．つまり$|G|>f^2 r/4$となれば高気圧性循環の定常状態は成立しない（高気圧の場合，気圧傾度が大きくなると，定常状態を維持できない）．

5.5.2 摩擦力の作用する場合

円形等圧線の場合，速度の逆方向に作用する摩擦力があると想定し，この状況下での平衡を考える．気圧傾度力，転向力，遠心力および摩擦力の合計がゼロとなるのが平衡の条件である．

低気圧の場合には風は等圧線を横切って中心に吹き込み，高気圧の場合には風は等圧線を横切って外側に吹き出す．風が等圧線を横切る角度は摩擦力によるが，多くのケースで〜30°である．

5.5.3 旋衡風

竜巻，トルネードなど，強い渦の場合は，遠心力と気圧傾度力に比べると転向力は非常に小さい．この場合，加速度がない状況は遠心力と気圧傾度力のバランスによって説明され，

$$-v^2/r = -(1/\rho)(\partial \rho/\partial r) \quad (5.44)$$

となる．気圧傾度力は中心に向かい，遠心力は（時計まわり，反時計まわりのどちらでも）外向きに働く（図5.9）．（多くのケースで反時計まわりだが時計まわりの渦もみられることがある．）

5.6 境界層と摩擦

5.6.1 境界層と自由大気

地表に近接している対流圏下部の気層は，地表面から大きな影響を受ける．この気層を「境界層」と呼ぶ．境界層はさらに，地表に近い「接地境界層」とその上にある「対流混合層」あるいは「混合層」に分けて考察することもある．

接地境界層では，主として乱流混合により，運動量や熱エネルギーが交換される．接地境界層の厚さは数m〜10 mであり，その内部における風速分布は最下層で大きな変化（増加）をみせる対数法則，あるいは「べき乗法則」で表現されている．

混合層では対流により，運動量や熱エネルギーの鉛直混合がなされる．混合層の厚さは100 m〜1 kmであり，大気の状況によって変化する．混合層内では，上記のメカニズムによって特徴ある風速，気温，比湿の鉛直分布が観測される．

地表の影響は，直接的には，境界層の上端より上空には及ばない．この地表の影響が直接的に及ばない気層を「自由大気」と呼ぶ．自由大気での運動方程式では摩擦力は非常に小さく無視できる．

5.6.2 運動量輸送と摩擦力

5.4節では摩擦は運動に対する抵抗力として考え，その方向は速度の逆向き，その大きさは速度に比例すると仮定した．すなわち，

$$\left.\begin{array}{l} du/dt = fv - (1/\rho)\partial p/\partial x - ku \\ dv/dt = -fu - (1/\rho)\partial p/\partial y - kv \end{array}\right\} \quad (5.45)$$

とした．これは最も単純化した形式で，便利ではあるが，その物理的意味（摩擦のメカニズムの意味）を理

解するためには十分ではない.

摩擦力は，速度の上下差がある（シア流）内での運動量フラックスの鉛直収束に起因する．シア流内の運動量フラックスはシアに比例すると考えられるから $k_m \partial \bar{u}/\partial z, k_m \partial \bar{v}/\partial z$ と書かれる．k_m を渦粘性係数と呼ぶ．k_m を一定と仮定すれば，運動量フラックスの鉛直収束は $k_m \partial^2 \bar{u}/\partial z^2, k_m \partial^2 \bar{v}/\partial z^2$ となるから，運動方程式は

$$\left. \begin{array}{l} du/dt = fv - (1/\rho)\partial p/\partial x + k_m \partial^2 u/\partial z^2 \\ dv/dt = -fu - (1/\rho)\partial p/\partial y + k_m \partial^2 v/\partial z^2 \end{array} \right\} \quad (5.46)$$

と書かれる．一般に $k_m = 1 \sim 10 \text{ m}^2 \cdot \text{s}^{-1}$ である．式（5.46）で加速度がゼロである定常状態の風速鉛直分布は「エクマンスパイラル」になる．この層を「エクマン層」と呼ぶ．エクマン層では等圧線を横切り低圧側に流出する流れがある．

このような摩擦力によって生じた流れの収束を「摩擦収束」と呼ぶ．低気圧や台風の境界層では，渦度に比例した摩擦収束が起きている．

5.7　水平発散と鉛直流

5.7.1　水平発散

水平流（水平面上の流れ，等圧面上の流れ，二次元流とも呼ぶ）を特徴づける量として，水平発散と鉛直渦度（5.8節参照）がある．

水平発散は，平面上の面積素分の外周から流入する風の量を面積（S）で除算した量として定義される．水平発散は数式では

$$\text{div}\,\boldsymbol{v} \equiv \nabla \cdot \boldsymbol{v} \equiv \partial u/\partial x + \partial v/\partial y \quad (5.47)$$

で定義され，データ解析では

$$\nabla \cdot \boldsymbol{v} = \Delta u/\Delta x + \Delta v/\Delta y \quad (5.48)$$

の差分形式で数値が求まる．発散の模式図を図5.10（c）に示す．

大規模循環系では，$\nabla \cdot \boldsymbol{v} \approx 10^{-5} \text{ s}^{-1}$ である．なお，f

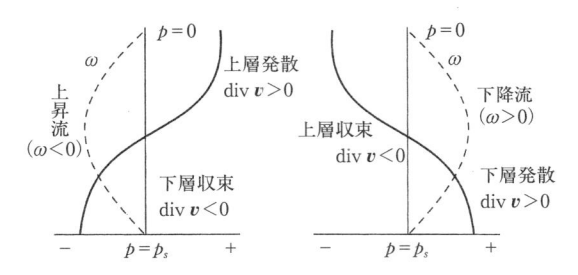

図5.11　水平発散と鉛直流 ω の鉛直分布の模式図

の緯度変化を無視すれば，地衡風の水平発散は，

$$\nabla \cdot \boldsymbol{v}_g = -\left(\frac{g}{f}\right)\frac{\partial}{\partial x}\left(\frac{\partial z}{\partial y}\right) + \left(\frac{g}{f}\right)\frac{\partial}{\partial y}\left(\frac{\partial z}{\partial x}\right) = 0$$

となる．すなわち，f を一定と仮定すれば地衡風は非発散風である．

5.7.2　鉛直流

p 座標系の連続の式（5.24）から，

$$\partial \omega/\partial p = -(\partial u/\partial x + \partial v/\partial y)$$

が得られる．これから，

$$\omega - \omega_0 = \int_p^{p_0} \text{div}\,\boldsymbol{v}\, dp \quad (5.49)$$

が得られる．p_0, ω_0 は地表における気圧と鉛直流を示す．ω_0 の単位は $\text{Pa}\cdot\text{s}^{-1}$ または $\text{hPa}\cdot\text{h}^{-1}$ で表す．

$\omega_0 \approx 0$ の場合を考察すれば，$p_0 \sim p$ の気層で収束なら ω は負（上昇流），発散なら ω は正（下降流）であることがわかる（図5.11）．

大気上端では $p_\infty = 0$，したがって ω_∞ もゼロであるから $\int_{p_\infty}^{p_0} \text{div}\,\boldsymbol{v} = 0$ であり，大気層全体で積分すれば，非発散である．

$$\omega_0 \approx -\rho g w_0 = -\rho g \boldsymbol{v}_0 \cdot \nabla z_0 \quad (5.50)$$

によって ω_0 が得られる．$\boldsymbol{v}_0 \cdot \nabla z_0$ は地面の起伏による地形性上昇流を表す．具体的には，斜面の水平距離が L，斜面の高さが H，風速が V であれば，$w_0 = \boldsymbol{v}_0 \cdot \nabla z_0 = VH/L$ となる．

5.8　渦度と渦度方程式

5.8.1　鉛直渦度

相対渦度（以下渦度）は3次元ベクトルの物理量である（図5.12）．そのうちの鉛直成分が水平二次元流の回転を示す鉛直渦度である．それは二次元流中の面積素分の外周に沿って，風速接線成分（反時計まわりを正と定義）を線積分し，それを面積で除算した数値で表現される．二次元流の回転であるから「コマの軸」に対応する回転軸は二次元面に対し鉛直であるの

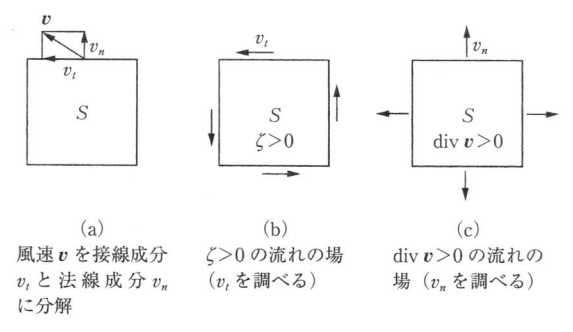

図5.10　面積が S である領域における鉛直渦度と水平発散の概念図

(a) 風速 $\boldsymbol{v}$ を接線成分 v_t と法線成分 v_n に分解
(b) $\zeta > 0$ の流れの場（v_t を調べる）
(c) $\text{div}\,\boldsymbol{v} > 0$ の流れの場（v_n を調べる）

で「鉛直渦度」と呼ばれるのである.

鉛直渦度は (x, y) 座標系では微分形式で
$$\zeta = \partial v/\partial x - \partial u/\partial y \quad (5.51)$$
差分形式では
$$\zeta = \Delta v/\Delta x - \Delta u/\Delta y \quad (5.52)$$
と書かれる. ζ はギリシャ文字ゼータの小文字である. (反時計まわり,すなわち低気圧性流れで $\zeta>0$ となる.) 渦度の概念図を図5.10(b)に示す.

角速度 Ω で回転(反時計まわり, Ω は正)している半径 R の円板の ζ は,定義により,$\zeta = 2\pi R(\Omega R)/\pi R^2 = 2\Omega$ となる. コリオリ因子(パラメーター)$f = 2\Omega \sin\varphi$ は,ある地点(緯度 φ)における地球自転の天頂軸に対する角速度の2倍であり,地球自転の渦度に対応していることがわかる(図5.13).

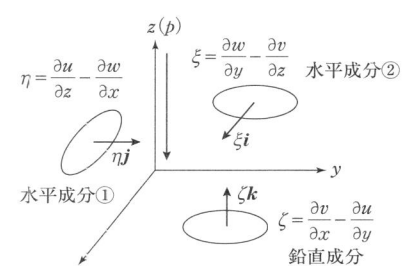

図5.12 三次元ベクトルとしての渦度(相対渦度)(z 系の場合)

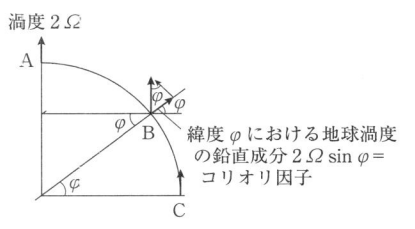

図5.13 地球自転の渦度(地球渦度)

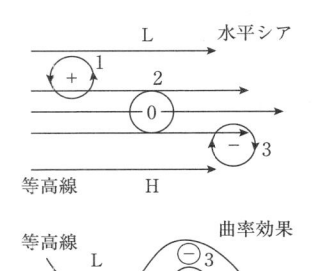

図5.14 高層天気図上の渦度と符号〔1:低気圧性(+), 2:渦度なし(0), 3:高気圧性(-)〕

式(5.51)と同じ形式で,x 軸および y 軸向きの水平渦度は,それぞれ
$$\begin{aligned}\eta &= \partial u/\partial z - \partial w/\partial x \approx \partial u/\partial z \\ \xi &= \partial w/\partial y - \partial v/\partial z \approx -\partial v/\partial z\end{aligned} \quad (5.53)$$
と書かれる.(大規模循環では w は非常に小さいから,$\partial w/\partial x, \partial w/\partial y$ は無視される.)

中〜大規模循環系では $\zeta = 10^{-4} \sim 10^{-5} \mathrm{s}^{-1}$ である.

なお,渦度は,流れのシアと曲率によって決定される(図5.14). 詳しくは以下の囲みを参照されたい.

〈鉛直渦度の数式表現についての補足〉

5.8.1項に記したように,鉛直渦度 ζ は,平面上(二次元面)の微小な面積 S の外周に沿った風速の接線成分 v_t を線積分し,それを S で除算した量として定義される. すなわち,
$$\zeta = \frac{1}{S}\oint v_n ds \quad (\mathrm{A})$$
である(付図1参照). このように ζ は面積 S のまわりの流れの回転にかかわる量である.

定義(A)はどのような座標系にも適用される. (x, y) 座標で付図2の面積に適用すれば
$$\zeta = \frac{\partial v}{\partial x} - \frac{\partial u}{\partial y} \quad (\mathrm{B})$$
の微分形式で表現される.

(r, θ) 座標(極座標)で付図3の面積に適用すれば
$$\zeta = \frac{\partial v_\theta}{\partial r} - \frac{\partial v_r}{r\partial \theta} + \frac{v_\theta}{r} \quad (\mathrm{C})$$
の微分形式で表現される. ここで v_θ は風速の接

付図1

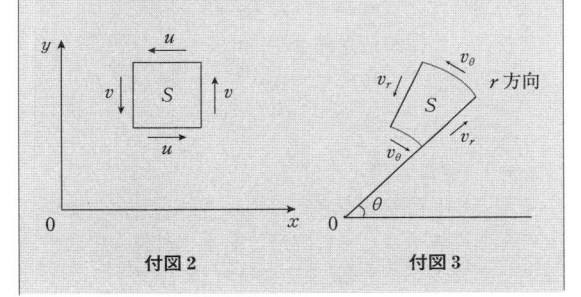

付図2   付図3

線成分，v_r は動径成分である．

角速度 Ω で回転する固体の円板の場合では，$v_\theta = \Omega r$, $v_r = 0$ であるから，
$\zeta = \partial(\Omega r)/dr + \Omega r/r = 2\Omega$ であり，定義の $\zeta = 2\pi(\Omega r)r/\pi r^2 = 2\Omega$ と一致する．このように v_θ/r は，回転を表現している．

さて，流線の方向に接する円弧をとれば $v_r = 0$ となり（このようにして取られた座標系を自然座標系と呼ぶ），この座標系では

$$\zeta = \frac{\partial v_\theta}{\partial r} + \frac{v_\theta}{r} \tag{D}$$

と書かれる．すなわち自然座標系では，ζ は風のシア項 ($\partial v_\theta/\partial r$) と曲率項 v_θ/r の和として表現される．

一方，(x, y) 座標系では，$\zeta = \partial v/\partial x - \partial u/\partial y$ であり，曲率に関わる項は陽にはあらわれない．このため，(x, y) 座標系では，流れの曲率項が求められないと誤解する人がある．曲率項は流れの方向の変化から生ずる項であり，流れの方向の変化は，$\partial v/\partial x$, $\partial u/\partial y$ によって評価されているのである．

次に流れが平行である場合のシアで渦度が評価されることを付図4で示した．2枚の板にはさまれた"コロ"の回転の類似からも直感的に理解されよう．

正渦度（反時計まわり）
負渦度（時計まわり）

シア流（この場合は $\partial u/\partial y$ がある）でも，流体素分は回転している．（2枚の板にはさまれたコロのように）

付図4

繰り返すが，ζ の物理的な定義は式（A）によって与えられている．どの座標系を用いても，この定義が変化することはない．ただ座標系によって，微分式の形式が異なる．どの座標系を使うか（つまり，どの微分式を使うか）は，現象の理解にどちらが便利か（わかりやすいか）によっている．

5.8.2 渦度方程式

渦度の時間的変化を考察することは，大規模循環系の変化を理解するために有用である．運動方程式の加速度を「移流形式」（式（5.10））で書けば，

$$\frac{\partial u}{\partial t} + u\frac{\partial u}{\partial x} + v\frac{\partial u}{\partial y} + \omega\frac{\partial u}{\partial p} = fv - g\frac{\partial z}{\partial x} \tag{5.54}$$

$$\frac{\partial v}{\partial t} + u\frac{\partial v}{\partial x} + v\frac{\partial v}{\partial y} + \omega\frac{\partial v}{\partial p} = -fu - g\frac{\partial z}{\partial y} \tag{5.55}$$

となる．$\partial($式 (5.55)$)/\partial x - \partial($式 (5.54)$)/\partial y$ を計算すれば

$$\left(\frac{\partial}{\partial t} + u\frac{\partial}{\partial x} + v\frac{\partial}{\partial y} + \omega\frac{\partial}{\partial p}\right)\zeta + v\frac{\partial f}{\partial y}$$
$$+ \left(\frac{\partial u}{\partial x}\cdot\frac{\partial v}{\partial y} + \frac{\partial v}{\partial x}\cdot\frac{\partial v}{\partial y} - \frac{\partial u}{\partial x}\cdot\frac{\partial v}{\partial y} - \frac{\partial v}{\partial x}\cdot\frac{\partial v}{\partial y}\right)$$
$$+ \left(\frac{\partial \omega}{\partial x}\cdot\frac{\partial v}{\partial p} - \frac{\partial \omega}{\partial y}\cdot\frac{\partial u}{\partial p}\right) + f\left(\frac{\partial u}{\partial x} + \frac{\partial v}{\partial y}\right) = 0$$

が得られる．これを整理すれば，

$$\frac{d(f+\zeta)}{dt} + (f+\zeta)\left(\frac{\partial u}{\partial x} + \frac{\partial v}{\partial y}\right)$$
$$+ \left(\frac{\partial \omega}{\partial x}\cdot\frac{\partial v}{\partial p} - \frac{\partial \omega}{\partial y}\cdot\frac{\partial u}{\partial p}\right) = 0 \tag{5.56}$$

が得られる．これを「渦度方程式」と呼ぶ．

式 (5.56) の第3項は，水平渦が上昇流の水平傾度によって鉛直渦に変化する「立上り項（ねじれの項）」を表す．大規模場においては，立上り項は相対的に小さく，無視されるから，

$$\frac{d(\zeta+f)}{dt} + (\zeta+f)\left(\frac{\partial u}{\partial x} + \frac{\partial v}{\partial y}\right) = 0 \tag{5.57}$$

が近似的に成り立つ．非発散 ($\partial u/\partial x + \partial v/\partial y = 0$) 大気では $d(\zeta+f)/dt = 0$ で $(\zeta+f)$ は一定である．したがって，気塊が南下して f が減れば ζ が増加し，気塊が北上して f が増加すれば ζ は減少する．

5.8.3 絶対渦度と相対渦度

式 (5.57) は，$(\zeta+f)$ が一つにまとまっていることを示している．そこで，次式によって「絶対渦度」Z（等圧面高度 z と混同しないように）を定義する．

$$Z = \zeta + f \tag{5.58}$$

この場合，ζ を「相対渦度」と呼び Z と区別する．Z は地球自転に関係する渦度 f と大気の流れの鉛直渦度 ζ の合計値である．

さて発散 ($\equiv \text{div}\,\boldsymbol{v} \equiv \partial u/\partial x + \partial v/\partial y$) の定義によって

$$\text{div}\,\boldsymbol{v} = \oint v_n\,ds/S = (dS/dt)/S \tag{5.59}$$

であるから，式 (5.57) は

$$S(dZ/dt) + Z(dS/dt) = 0$$

となり，これから

$$S \cdot Z = 一定 \tag{5.60}$$

が得られる．底面積 S, 厚さ Δp である気層の質量が

保存されるから,
$$d(S \cdot \Delta p)/dt = 0$$
したがって $S \cdot \Delta p =$ 一定であるから，式 (5.60) は
$$d(Z/\Delta p)/dt = 0 \qquad (5.61)$$
となる．すなわち，気層（気柱）が伸びれば Z が増加し，気層が縮めば Z は減少する．

式 (5.61) から，「渦位」の概念が導かれる．（詳しくは文献参照．）

5.8.4 固定点における渦度の変化

ある固定された地点における渦度の偏微分的時間変化 $\partial \zeta/\partial t$ は次の数式によって表現される．
$$\frac{\partial \zeta}{\partial t} = -\left[u\frac{\partial}{\partial x} + v\frac{\partial}{\partial y}\right]\zeta - v\frac{\partial f}{\partial y} - (f+\zeta)\,\mathrm{div}\,\boldsymbol{v} \quad (5.62)$$
（相対的に小さな項を省略してある．）

すなわち，$\partial \zeta/\partial t$ は ζ の水平移流，f の南北風による移流（$\partial f/\partial x \equiv 0$ である），および水平発散の効果によって決定される．式 (5.62) は，高層天気図（具体的には，500 hPa 天気図や 500 hPa 面渦度分布図）によってトラフ・リッジの時間的変化を観察し把握するために有用である．

5.9 擾乱のスケールと発達のメカニズム

5.9.1 擾乱のスケール

大気擾乱のスケールとメカニズムについては他の章でも具体的に解説されるが，本節では気象力学の観点から，その概念的説明をごく簡単にまとめる．

観測データに基づいて観察すると地球大気中に発生する気象擾乱はそれぞれが固有の時間・空間スケールと独自の発達過程をもつことが知られる．一般に，そのスケールは，小，中および大スケール，あるいは，ミクロ，メソおよびマクロスケール（シノプテックスケールとも呼ばれる）に分類される．必要によってはさらにメソ-α，メソ-β，メソ-γ などに細分類する．

さて，上記したスケールは単に見かけのスケールだけによる分類ではなく，その発生・発達のメカニズムと結びついていることが判明している．すなわち，あるメカニズムによる発達を最も速やかに実現するのに最適なスケールがあり，それがその擾乱のスケールとして認識される．

5.9.2 力学的不安定

擾乱の発達のメカニズムは，一般的には，流体の不安定とその解消の過程として理解される．その最も明瞭な例として熱対流をあげる．ビーカーに水を入れ，下面を加熱する．鉛直の温度差（したがって密度差）が生ずると対流が起きる．そのスケールは，最も有効に運動を駆動する現象のサイズとして決定される．そして，下面からの加熱と，対流による不安定の解消がバランスする状態が維持される．

積雲対流の場合では，何らかの原因によって（地表からの加熱，下層の暖気の流入，上層の寒気の流入など）成層が不安定となると，積雲対流が発生する．それによって不安定が解消すれば，積雲対流は終止する．このように，ある種の擾乱は，ある種の不安定状態のもとに発現し，その過程によってその不安定を解消して終止する．

大気現象における不安定を論ずることは本書の目的外であるので，ごく簡単に予報士試験に関係する，主要な不安定の一部を記すにとどめる．

(1) 第一種条件付き不安定　基本的には鉛直不安定気層内で，浮力によって駆動される積雲対流の発生にかかわる不安定．

(2) 第二種条件付き不安定　積雲対流の集団によってもたらされる潜熱によって駆動される循環と，その循環のエクマン収束による積雲対流の組織化が結合して循環系を発生させる不安定．台風などの発達のメカニズム．これは，英文では "conditional instability of second kind（SISK；シスク）" と書かれる．

(3) 傾圧不安定　気温の南北傾度がある限界を超えると，温帯低気圧の発達をもたらす不安定．南北傾度をもつ大気中の有効位置エネルギーが最も能率よく擾乱の運動エネルギーに転換できるスケール（波長）が選択され，それが温帯低気圧のスケールを決定する．

(4) 順圧不安定　水平シアがある限界を超えると生ずる不安定．

5.10 温帯低気圧の発達

本章の最後に温帯低気圧の発達過程を調べる．この問題を正確に説明するためには，ある程度，数式を使用する必要がある．しかしそれは本書の範囲を越えるので，ここでは概念的説明にとどめる．詳しくは第1部末の参考文献を参照されたい．

5.10.1 地上気圧の変化

ある地点における地上気圧 p_s は式 (5.17) によって決定される．その時間変化 $\partial p_s/\partial t$ は，式 (5.17)，

(5.10) および (5.11) を用いて,
$$\frac{\partial p_s}{\partial t} = g\int_0^\infty \left(\frac{\partial \rho}{\partial t}\right)dz = -g\int_0^\infty \left[\frac{\partial \rho u}{\partial x} + \frac{\partial \rho v}{\partial y}\right]dz \quad (5.63)$$
と書かれる.(ここでは $w_\infty = w_0 = 0$ の条件を使用している.)すなわち,$\partial p_s/\partial t$ は「質量発散」の鉛直積分によって決定される.しかし,式 (5.63) は質量発散がどのような過程によって生ずるかを説明する式ではない.

5.10.2 上昇流

低気圧の発生過程を調べるには上昇流 ω の大きさを知ることも必要である.ω は連続の式 (5.24) から,
$$\omega - \omega_0 = \int_p^{p_0} \mathrm{div}\,\boldsymbol{v}\,dp \quad (5.49)$$
と求められている.しかし式 (5.49) は $\mathrm{div}\,\boldsymbol{v}$ がどのようにして現れるかを説明していない.

また,熱力学第一法則の式 (5.13) において,断熱の条件($\dot{Q}=0$)を仮定すれば
$$dT/dt = (\alpha/c_p)\omega \quad (5.64)$$
が得られる($\omega \equiv dp/dt$).dT/dt を式 (5.12) で書き換えれば
$$\partial T/\partial t + u\partial T/\partial x + v\partial T/\partial y + \omega\partial T/\partial p = (\alpha/c_p)\omega \quad (5.65)$$
であるから,
$$\omega = \frac{\partial T/\partial t + u\partial T/\partial x + v\partial T/\partial y}{(\alpha/c_p) - \partial T/\partial p} \quad (5.66)$$
が得られる.温位 θ は $\dot{Q}=0$ の条件では保存するから($d\theta/dt = 0$),
$$\omega = -(\partial\theta/\partial t + u\partial\theta/\partial x + v\partial\theta/\partial y)/(\partial\theta/\partial p) \quad (5.66)'$$
と書くこともできる.しかし式 (5.66),(5.66)' は上昇運動のメカニズムを示す式ではない.

5.10.3 渦度方程式

ある地点における ζ の変化は渦度方程式によって
$$\frac{\partial \zeta}{\partial t} = -\left[u\frac{\partial}{\partial x} + v\frac{\partial}{\partial y}\right]\zeta - v\frac{\partial f}{\partial y} - (f+\zeta)\mathrm{div}\,\boldsymbol{v} \quad (5.62)$$
と書かれるが,(u, v) の変化は式 (5.62) では説明されていない.

5.10.4 準地衡風近似

上述の式 (5.63),(5.65),(5.62) のいずれも,多くの変数(u, v, ω, ζ, T など)が含まれていて,低気圧発達過程を理解するのは容易ではない.そこで変数をまとめる工夫が考え出された.

地衡風

$$\left.\begin{array}{l} u_g = -(g/f)\partial z/\partial y \\ v_g = (g/f)\partial z/\partial x \end{array}\right\} \quad (5.31)$$

は大規模場の風の近似値であることはすでに記した.(u_g, v_g) は「非発散」であること,および,定常的であることもすでに述べた.その制限はあるけれども,風の近似値として利用することを考える.(各方程式系において,近似が許容されることは,観測データに基づいて確認したうえで近似が採用されている.)

渦度 ζ は,地衡風によって
$$\zeta \equiv \frac{\partial v}{\partial x} - \frac{\partial u}{\partial y} \approx \zeta_g = \frac{\partial v_g}{\partial x} - \frac{\partial u_g}{\partial y} = \frac{g}{f}\left(\frac{\partial^2 z}{\partial x^2} + \frac{\partial^2 z}{\partial y^2}\right) \quad (5.67)$$
によって精度よく近似される.さらに,渦度方程式 (5.62) の移流項の u, v も u_g, v_g で近似され,
$$\frac{\partial \zeta_g}{\partial t} = -\left[u_g\frac{\partial}{\partial x} + v_g\frac{\partial}{\partial y}\right]\zeta_g - v_g\frac{\partial f}{\partial y} + (f+\zeta_g)\frac{\partial \omega}{\partial p} \quad (5.68)$$
となる.式 (5.64) では,変数は,z,$\partial z/\partial t$ と ω のみとなる.(ζ_g, u_g, v_g は z の微分で表現されている.)

また,式 (5.65) の移流項の u, v は u_g, v_g で近似される.さらに,温度 T を層厚温度 $\bar{T}$ で表現すれば,$\bar{T}$ は Δz で書き表される(式 (5.34) によって).したがって,式 (5.65) も,z,$\partial z/\partial t$ および ω(の微分)だけで表現される.

5.10.5 オメガ(ω)方程式と傾向方程式

前記の 2 本の式はかなり複雑であるので,数式表現を避け,概念的にまとめる.

準地衡風近似の渦度方程式

($\partial z/\partial t$, ω, z の微分を含む方程式)   (5.69)

準地衡風近似の熱力学の式(T を層厚で表現)

($\partial z/\partial t$, ω, z の微分を含む方程式)   (5.70)

式 (5.69),(5.70) から $\partial z/\partial t$ を消去すると,ω を z の関数で表現する式,すなわち

ω 方程式   (5.71)

が得られ,ω を消去すると $\partial z/\partial t$ を z の関数として表現する式,すなわち

傾向($\partial z/\partial t$)方程式   (5.72)

が得られる.

すなわち,各 p 面上の z の分布から,渦度方程式と熱力学第一法則を同時に満足させる ω と $\partial z/\partial t$ が知られることになる.

式 (5.71),(5.72) は,z の鉛直および水平微分項を含むかなり複雑な式である.それから得られる,定性的・概念的な説明(解釈)だけを記す.

・ω 方程式から得られる状況の説明

500 hPa 面の正渦度移流(これは 500 hPa 面のトラ

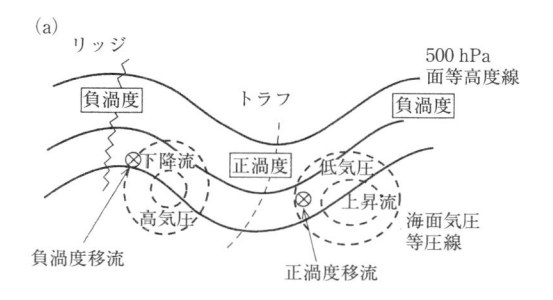

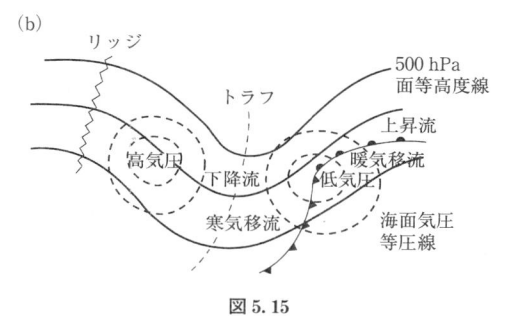

第1部　予報業務に関する一般知識〔5. 大気の力学〕

図 5.15
(a) 500 hPa の等高線（太実線），海面気圧等圧線（太点線），500 hPa の渦度，渦度移流および上昇流の関係の概念図．
(b) 500 hPa 面等高度線（太実線）と海面気圧等圧線（太点線）および対流圏下層の暖気，寒気移流と鉛直流の関係の模式図．

フの東側にみられる）および 850 hPa 面の暖気移流（下層の低気圧の東側にみられる）が上昇流（$\omega < 0$）に寄与する．

・傾向方程式から得られる状況の説明

500 hPa 面の正渦度移流があるとトラフの東側で高度が下がる（トラフの伝播の効果）．そして，トラフの位置で下層の寒気移流があると，トラフ（と低気圧）が深まる．

・以上に述べた状況は，トラフの東側に低気圧が位置している状況，つまり，トラフの鉛直軸が高さとともに西側に傾く状況に対応している．

以上の考察から得られる「発達する低気圧」の特徴を図 5.15 (a)，(b) に模式的に示す．

このように ω 方程式と傾向方程式から得られる（解釈される）温帯低気圧の構造と発達条件は，実際に観測（観察）される低気圧の構造と発達条件と整合的である．

5.10.6　低気圧の発達と傾圧不安定

ここまでの議論では温帯低気圧のスケールがどのようにして決定されるかを調べていない．これを調べるためには，最小限，上下二層の大気層を扱う必要があ

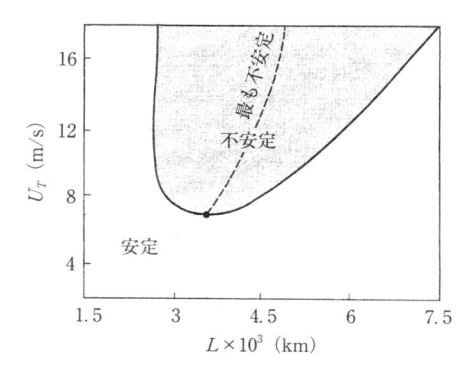

図 5.16　縦軸に基本場の温度風，横軸に波長を示し，この二つのパラメータに対し北緯 45°で標準大気の条件下で求めた傾圧性不安定の領域（不安定）を示す．点線は最も不安定（最も速やかに発達する）波長を示す．

る．この気層のそれぞれに，渦度方程式と熱力学第一法則（断熱変化を仮定）の式を連立させる．

次に変化しない基本場とそれに重なる微小振幅の擾乱場を仮定し，擾乱場についての方程式（摂動方程式）を導く．次に微小振幅の擾乱場を，三角関数または指数関数で展開してその性質を調べる．ある基本場の条件下では，ある波長の擾乱は三角関数で表現される．その擾乱は微小振幅のまま振動する波である．ある波長の擾乱は指数関数で表される．これは発達する擾乱である．

この二層大気では，温度風がある限度を超えると，特定波長の擾乱のみが発達する．大気中の実際の南北の気温傾度（したがって温度風）の条件下では波長〜4000 km の擾乱，つまり温帯低気圧が発達する（図 5.16）．

これが傾圧不安定による温帯低気圧の発達の数式による理解である．傾圧不安定は南北に気温傾度がある（等圧面上で気温傾度がある）大気（すなわち温度風がある）中で擾乱の位置エネルギーが擾乱の運動エネルギーに転換することによって擾乱が発達することを説明する概念である．

この計算から得られる発達する低気圧の構造は，前述の ω 方程式，および傾向方程式から知られた低気圧の構造と整合的である．

さて摂動方程式では数学上のテクニックとして取り扱いを単純にする微小振幅を仮定した．有限振幅にまで発達する過程を調べるには，原方程式（摂動方程式を導く前の）の数値積分によって発達を再現して調べることになる．それを「予報」に応用すれば「数値予報」となる．数値予報についてはその章で説明される．

〈初心者の方々へのメッセージ〉

大気の力学は，大気熱力学とともに気象を理解するために最も大切な基礎知識である．この章では，他の章に比較して，数式が多く使用されている．それは，文章で長々と記述するよりも，数式で書いた方が，正確にわかりやすく理解できると考えたからである．この章では，気象力学のごく初歩的・基本的なことだけを述べており，数式といっても高校程度の数式なので，落ち着いて読まれれば理解に困難はないと思う．そして，文章表現のあいまいさを避け，正確な理解に役立てていただきたい．本書では要点をまとめて記してあるので，詳しくは，第1部末に掲げた参考文献をあわせて読んでいただきたい．

【例題5.1】 記述 (a) (b) (c) の正誤の組み合わせのうち正しいものを一つ選べ．
(a) 大規模運動では運動方程式の鉛直成分の式においては，加速度項は，重力と気圧傾度力の項に比して非常に小さい．
(b) したがって重力加速度と気圧傾度力がバランスしており，これから静力学平衡の式が得られる．
(c) 鉛直方向の加速度が非常に小さいから，鉛直速度も小さく，大規模の流れは準水平的である．したがって大規模運動では鉛直流は重要ではない

	(a)	(b)	(c)
①	正	正	正
②	誤	誤	誤
③	正	正	誤
④	誤	正	正
⑤	正	誤	誤

(解説)
(a) 鉛直方向の運動方程式では，
$$g \approx -(1/\rho)\partial p/\partial z \gg dw/dt$$
である．
(b) したがって $g = -(1/\rho)\partial p/\partial z$ のバランスが成立し，静力学平衡の式が得られる．
(c) しかし $dw/dt = 0$ は $w \equiv 0$ を意味しない．たしかに $w < u, v$ であり，大規模流は準水平的であるが，大規模場の維持，大規模擾乱の発達のためには鉛直流の役割りは大切である．

(解答) ③

【例題5.2】 下図は北半球における，南北-高度断面図上の等圧面高度の分布図である．$p_1 > p_2 > p_3$ であり，東西方向には変化がない（一様）と仮定する．この条件下で，(a)〜(e)の正誤の組み合わせ①〜⑤の正しいもの一つを選べ．

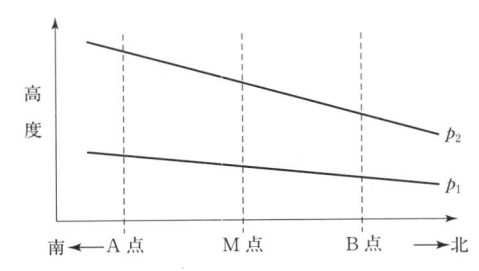

(a) M点における等圧面 p_1 および p_2 の地衡風は西風（西から東へ向かう）である．
(b) A点における p_1〜p_2 の層厚はB点における層厚より大きい．
(c) A点における層厚温度はB点におけるそれより高い．
(d) M点において，p_2 面における地衡風速は p_1 面におけるそれより大きい．
(e) M点の p_1〜p_2 における温度風は東風（東から西に向かう）．

	(a)	(b)	(c)	(d)	(e)
①	正	正	正	正	正
②	正	正	誤	正	誤
③	正	正	正	正	誤
④	誤	誤	正	誤	正
⑤	正	正	誤	誤	正

(解説)
(a) 北側が低圧域だから地衡風は西風．
(b) A点における層厚が大きい．
(c) したがってA点における層厚温度は高い．
(d) p_2 面の傾斜は p_1 面より大きい．したがって p_2 面における地衡風速（西風）は，p_1 面における地衡風より大．
(e) したがって地衡風のシア ($\partial u_g/\partial z$) は正であり，温度風は，西風（西から東に向かう）．

(解答) ③

【例題5.3】
ある等圧面における風速分布が下図によって示され

ている．A点，B点，C点の渦度の正誤の正しいものを①〜⑤から一つ選べ．

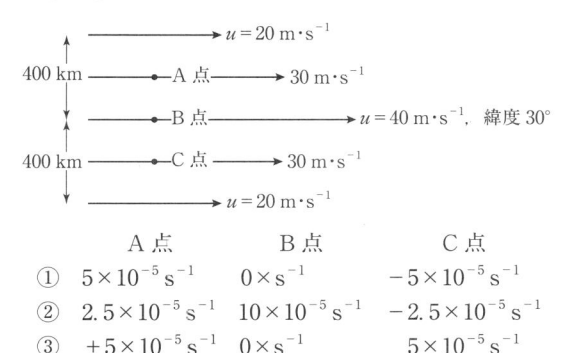

```
                    ────────→ u = 20 m·s⁻¹
  400 km ──────── A点 ──────→ 30 m·s⁻¹
          ──────── B点 ──────────→ u = 40 m·s⁻¹, 緯度 30°
  400 km ──────── C点 ──────→ 30 m·s⁻¹
                    ────────→ u = 20 m·s⁻¹
```

	A点	B点	C点
①	5×10^{-5} s⁻¹	$0 \times$ s⁻¹	-5×10^{-5} s⁻¹
②	2.5×10^{-5} s⁻¹	10×10^{-5} s⁻¹	-2.5×10^{-5} s⁻¹
③	$+5 \times 10^{-5}$ s⁻¹	$0 \times$ s⁻¹	5×10^{-5} s⁻¹
④	2.5×10^{-5} s⁻¹	$0 \times$ s⁻¹	-2.5×10^{-5} s⁻¹
⑤	5×10^{-5} s⁻¹	10×10^{-5} s⁻¹	-5×10^{-5} s⁻¹

(解説)

$\zeta = \Delta v/\Delta x - \Delta u/\Delta y$ によって求める．この場合，$v=0$ だから $\zeta = -\Delta u/\Delta y$ である．例題に緯度＝30°と書いてあるが，この ζ の計算には無関係である．A点では 5×10^{-5} s⁻¹，C点では -5×10^{-5} s⁻¹，そしてB点で u が極大であるから，$\zeta = 0$ s⁻¹．

(解答) ①

【例題 5.4】

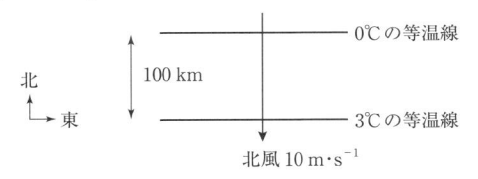

```
          ─────────── 0℃の等温線
   北     ↑
   ├ 東   100 km
          ↓
          ─────────── 3℃の等温線
              ↓ 北風 10 m·s⁻¹
```

ある等圧面上の等温線分布と風速分布が上図に示されている．断熱変化，および水平運動を仮定した場合，どれだけの気温変化がもたらされるか．①〜⑤から正しいものを選べ．

① 約 3℃·h⁻¹ の気温下降
② 約 1℃·h⁻¹ の気温下降
③ 約 1℃·h⁻¹ の気温上昇
④ 約 3℃·h⁻¹ の気温上昇
⑤ 約 0.5℃·h⁻¹ の気温下降

(解説)

熱力学第1法則によって
$dT/dt = \partial T/\partial t + u\partial T/\partial x + v\partial T/\partial y + \omega\partial T/\partial p = \alpha/c_p \omega$
である．断熱，かつ $\omega = 0$, $u=0$ であるから $\partial T/\partial t = -v\partial T/\partial y$ である．

$\partial T/\partial t = -(-10 \text{ m·s}^{-1}) \cdot (-3℃/100 \text{ km})$
$= -(10 \text{ m·30℃·h}^{-1})(3℃/100 \text{ km})$
$= 1.08℃ \cdot \text{h}^{-1}$ であり．

(解答) ②

【例題 5.5】

縦・横・高さが 1 km の直方体があり，下図のような風速，比湿分布がある．このとき，直方体内における水蒸気量の増加は①〜⑤のどれか．（空気密度は 1 kg·m^{-3} で一定と仮定する．）また凝結は起きないと仮定する．

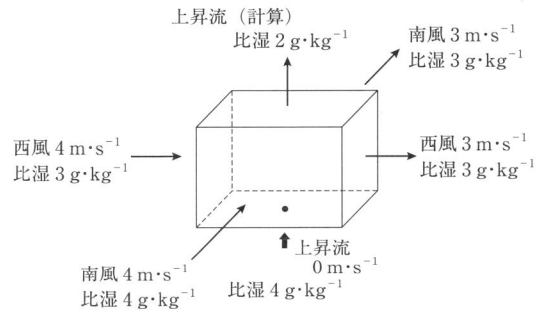

```
              上昇流（計算）
              比湿 2 g·kg⁻¹
                    ↑              南風 3 m·s⁻¹
                                   比湿 3 g·kg⁻¹
  西風 4 m·s⁻¹ →  ┌──────┐  → 西風 3 m·s⁻¹
  比湿 3 g·kg⁻¹    │      │     比湿 3 g·kg⁻¹
                  └──────┘
                    ↑ 上昇流
  南風 4 m·s⁻¹         0 m·s⁻¹
  比湿 4 g·kg⁻¹    比湿 4 g·kg⁻¹
```

① 600×10^6 g·s⁻¹　　④ 0.6×10^6 g·s⁻¹
② 60×10^6 g·s⁻¹　　⑤ 0.06×10^6 g·s⁻¹
③ 6×10^6 g·s⁻¹

(解説)

まず ρ は一定であるから，空気の連続の式は $\partial u/\partial x + \partial v/\partial y + \partial w/\partial z = 0$ である．

$(3-4) \text{m·s}^{-1} \cdot \text{km}^{-1} + (3-4) \text{m·s}^{-1} \cdot \text{km}^{-1} = -\partial w/\partial z$

となる．これから，
w（上面）$= 1 \text{ km} \cdot \partial w/\partial z = 2 \text{ m·s}^{-1}$
が得られる．（w（下面）$= 0 \text{ m·s}^{-1}$ の条件を使う．）

この w（上面）$= 2 \text{ m·s}^{-1}$ を使用して水蒸気収支計算を行う．

直方体の各 6 面を通過する水蒸気フラックスを求める．流出を＋，流入を－とする．

$\{+3 \text{ m·s}^{-1} \cdot 3 \text{ g·kg}^{-1} - 4 \text{ m·s}^{-1} \cdot 3 \text{ g·kg}^{-1}$
$+ 3 \text{ m·s}^{-1} \cdot 3 \text{ g·kg}^{-1} - 4 \text{ m·s}^{-1} \cdot 4 \text{ g·kg}^{-1}$
$+ 2 \text{ m·s}^{-1} \cdot 2 \text{ g·kg}^{-1}\} \times 10^6 \text{ m}^2 \cdot \text{kg·m}^{-3}$
$= (9 - 12 + 9 - 16 + 4) \text{ m·s}^{-1} \cdot \text{g·kg}^{-1} \cdot \text{m}^2 \cdot \text{kg·m}^{-3} \cdot 10^6$
$= -6 \times 10^6$ g·s⁻¹

この流入に相当する水蒸気量の増加がある．

(解答) ③

(二宮洸三)

6. 気象現象

　学科一般の気象現象に関する設問は基本的知識を問うものが多いので気象現象を幅広く，大規模からメソ現象まで網羅的に取り上げ，すでにかなり学習した人が試験前に知識の整理をするのに適した記述とした．この解説を読むと例題の正解が容易に得られるので，設問の最後に正解のみまとめて示す．

　気象現象の空間規模は地球を一回りするような大規模なものから，数千 km 程度の移動性高・低気圧，10 km 程度の積乱雲，cm から mm スケールの乱渦までさまざまである．それらを空間スケールに応じて分類した例を図 6.1 に示す．時間や空間の数値はおおよその目安である．

　運動形態でみると大規模現象はほぼ水平の地衡風的運動で，乾燥空気でも存在する．中規模から小規模の現象は，鉛直不安定で起こり，水蒸気の凝結による潜熱放出が本質的な激しい鉛直対流と，水平方向の加熱差で生ずる水平的運動（海陸風など）がある．また安定大気中で重力を復元力として生ずる山岳波などの重力波もある．中間規模に分類されている台風や（梅雨）前線上の波動は水平的な運動が主体だが，対流による凝結熱の放出なしでは発達せず，大規模と小規模の相互作用が本質的な擾乱である．個々の現象の基本的特性とスケール間の相互作用をよく理解していただきたい．

6.1　成層圏の気象

　大気圏外での単位面積当たりの日積算太陽放射量は，夏期には極地方が中・低緯度より多い．上部成層圏では太陽放射量の季節変化に応じて温度が変化し，平均気温は夏期は極地方が中・低緯度よりも高温で冬季は低緯度地方が極地方より高温となる．

　成層圏大気は波動を生じさせる不安定性がないので対流圏から波動が鉛直伝播しなければ，極を中心として冬は西風，夏は東風のほぼ同心円状の地衡風的帯状流となる．

　大規模山岳や海陸分布の影響で対流圏内で生成される大規模な波動は，西風の中では上方に伝播が可能であるが，東風の中では上方伝播が不可能である．したがって，北半球でも南半球でも夏期は極を中心に同心円状に東風が吹く．

　対流圏で特に振幅が増大したプラネタリー波が成層圏に伝播すると，西風運動量の上方輸送，熱の極向き輸送が大きくなり，これに伴う極地方での大規模な下降流による断熱圧縮で昇温（突然昇温）が発生する．

　赤道付近の対流圏では西向きの位相速度をもつ混合ロスビー重力波や東向きの位相速度をもつケルビン波が励起される．これら二つの波による運動量の鉛直輸送で平均流が加速され，赤道域の成層圏では約 2 年の

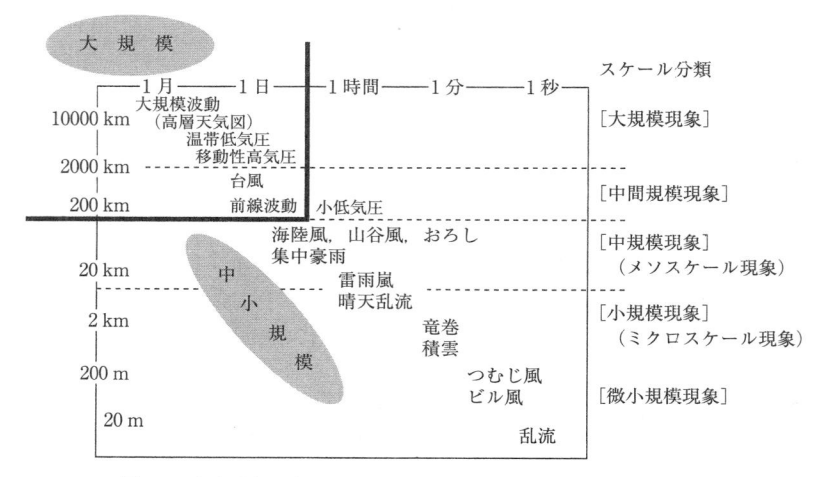

図 6.1　気象現象の空間・時間スケールによる分類（新田，2009）

周期で偏西風と偏東風が交互に出現する．風系の交代は上層から下層に及んでゆく（準2年周期振動）．

オゾンは日射量の多い低緯度の成層圏で生成され，成層圏の循環によって中・高緯度に輸送されて下降する（ブリュワードブソン循環）．低緯度および高緯度のオゾン濃度最大の高度はそれぞれ25 km付近と20 km付近である．

6.2 大気大循環

6.2.1 大規模現象

大気大循環とは全球的な大気の流れのことで，長時間平均した風，温度，水蒸気，降水などの場を形成する要因となる．大循環の様相は東西方向にほぼ一様な帯状平均場と東西方向に非一様な場とに分けられる．後者はさらに時間的な変動が小さい準定常な循環と循環の方向が季節で逆転する季節風循環，季節内あるいは年々にわたる変動などの低周波変動に分けられる．以下大循環を構成する現象の基礎的事項を簡単に説明する．さらに詳しいことは参考書などで補足していただきたい．

(1) 帯状平均場 風速の東西成分と温度の帯状平均場は，温度の南北分布，風速の南北・高度分布など大規模場の基本構造を示す．風速の南北成分の帯状平均場では低緯度のハドレー循環，中緯度のフェレルセル，極地方の循環が識別され，それにより基本構造の維持機構が議論される．

ハドレー循環は熱帯収束帯域で上昇し，緯度30度付近の亜熱帯高圧帯で下降している．中緯度は東西方向の非一様性が強いので，帯状平均の解釈には注意が必要である．たとえばフェレルセルにみられる高緯度で上昇，低緯度で下降の流れは，低気圧前面での相対的高緯度での暖気上昇，低気圧後面での相対的低緯度での寒気下降の流れを東西平均したことによる見かけのもので，閉じた循環ではないし，これを間接循環（寒気上昇，暖気下降）と見なすのは妥当でない等々である．

(2) モンスーン（季節風） モンスーンとは一般に季節により循環が逆転する現象を指し，それを引き起こす基本的な要因は陸と海の熱的特性のコントラストである．日本付近では冬はシベリア高気圧から吹き出す北西の季節風，夏は太平洋高気圧から吹く南東の季節風が顕著である．

低緯度ではモンスーンに伴う雨季と乾季の交替が明瞭で，最も広範なモンスーン地帯であるインドではモンスーンは雨季と同義である．日本の梅雨はインドモンスーンとも関連する広範囲の雨季の一部であるが，これには大陸と海洋の熱的コントラストだけでなくチベットとヒマラヤ山塊の熱的・力学的役割も大きい．

(3) 準定常プラネタリー波 東西方向に非一様な準定常な大規模場には，ユーラシア大陸東縁の東経120度から140度付近や北アメリカ東岸に形成される準定常な（超）長波のトラフがある．これはヒマラヤ山脈，ロッキー山脈など大規模山岳の力学的影響や，大陸，海洋の熱的コントラストの影響で生じている．位相は上下方向にほぼ一様で，強制により生じるロスビー波と見なされる．準定常な（超）長波のトラフとその下流は温帯低気圧の発生と発達に好都合な場である．

(4) 低周波変動 1週間程度持続するブロッキング現象や高指数タイプと低指数タイプの流れが平均的に6週間程度で交替する変動，循環が季節により逆になるモンスーンあるいは数年程度の間隔で起こるエルニーニョ-南方振動（ENSO）など多様な変動がある．以下では主として低緯度地方の現象を説明する．

(5) 低緯度地方の低周波変動 低緯度地方は有効位置エネルギーが小さいので，運動エネルギー源には積雲対流系により放出される潜熱が重要である．非断熱効果は赤道波を励起することにより遠くまで影響を及ぼす．対流活動は海水温変動に大きく影響され，一方，海水温変動は大気の運動に影響されるので海洋と大気の間の相互作用が大きい．また海水温の変動や対流活動で励起される定常ロスビー波のエネルギー伝播により低緯度から中・高緯度へ大きく影響する現象もある．

熱帯収束帯：北半球の北東貿易風と南半球の南東貿易風の境界域で，ハドレー循環の上昇域の位置にある帯状の多降水域．降水をもたらす積乱雲は雲クラスターに組織化されてゆっくり移動するので，平均的には帯状に連なる積乱雲列となる．凝結する水蒸気量の多くは貿易風による収束でまかなわれる．

ウォーカー循環：赤道域には東西方向の循環があり，インド洋から赤道域太平洋にかけての循環は特に顕著で，ウォーカー循環と呼ばれる．ウォーカー循環の上昇域は低圧部に，下降域は高圧部になる．

南方振動：低緯度の東太平洋と西太平洋からインド洋方面にかけての数年単位の地上気圧のシーソー的変動で，ウォーカー（Walker）により最初に定義された．南方振動はタヒチ（17.5°S, 149.6°W）とオーストラリアのダーウィン（12.4°S, 130.9°E）の海面気圧差

である南方振動指数（SOI）により表される．エルニーニョ時には東太平洋の海水温が上昇するので，SOI は大きな負の値になる．地上気圧の変動はウォーカー循環の変動の表れで，エルニーニョに伴って変動するので，両者をあわせてエルニーニョ南方振動（ENSO）と呼ぶ．

赤道域季節内振動（赤動域 30-60 日振動）またはマッデン-ジュリアン振動：境界層と対流圏上部の東西風成分の変動に特に顕著に現れる．振動はインド洋における地上気圧の低下で始まる．境界層内での水蒸気の収束，対流活動の増大，対流圏の昇温，圏界面高度の増大を伴う．擾乱はおよそ 5 m·s^{-1} で東進し，西太平洋で極大に達する．振動の周期は 30 日から 50 日である．

6.2.2 エネルギーと水蒸気の循環と収支

地球上の各緯度帯の年平均の降水量 P, 蒸発量 E を観測から求めると $P-E$ は緯度帯により過不足がある．$P-E$ の分布から各緯度を横切る水蒸気の輸送量を推定することができる．

降水量と蒸発量に加えて，地表面からの顕熱輸送量と地表面および大気中の放射収支を求めると，年平均でエネルギーの過不足がないという条件から，大気中の全エネルギーおよび顕熱の輸送量と海洋による熱輸送量も見積もることができる．

熱エネルギーや水蒸気を輸送する機構を調べるのは大気大循環の研究の大きな目的の一つである．図 6.2（Sellers, 1965）は大気と海洋における年平均した北向きのエネルギー輸送を示している．亜熱帯高気圧域から南と北に水蒸気が輸送されている．顕熱の輸送は北緯 15 度付近と，北緯 50 度付近に極大がある．前者はハドレー循環による輸送，後者は温帯低気圧による輸送である．海洋による熱輸送は緯度 20 度付近に極大があり，大気の潜熱輸送と同じ程度の極大値である．海流の速さは一般に風速に比較して小さいが，海水の熱容量が空気の熱容量に比較して大きいので，地球全体のエネルギー収支には海洋による輸送も大きな役割を果たしている．平成 14 年度第 1 回（学科一般）問 9 で海洋による熱輸送の役割についての問題が出題されている．

6.3 総観規模現象（温帯低気圧と台風）

6.3.1 温帯低気圧

温帯低気圧は日々の天気に最も密接に関連する現象であり，台風は暴風，大雨，高潮などによる多様な災害を引き起こす現象である．学科専門や実技でどちらかに関連する問題がいつも出題されるが，学科一般での出題は多くない．温帯低気圧と台風は発生する緯度帯，運動エネルギー源，発達の機構，構造，引き起こされやすい災害の様相も異なる．これらの知識を整理しておくと，実技試験にも役に立つ．

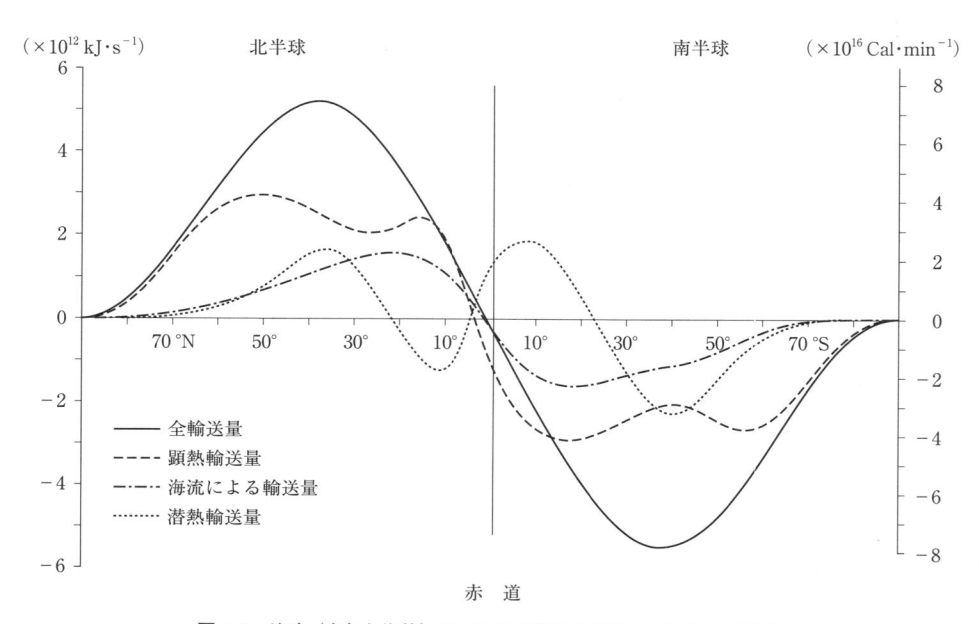

図 6.2 地球（大気と海伴）における北向き熱輸送量（Sellers, 1965）

温帯低気圧は温度傾度の大きい偏西風帯で傾圧不安定性により発生し，有効位置エネルギーを運動エネルギー源として発達する．

6.3.2 台風

台風は水平温度傾度の小さい低緯度で発生し，積乱雲群による水蒸気の凝結に伴う潜熱の集団効果で温暖核を形成し，そこでの上昇流による直接循環で運動エネルギーを生成する（シスク）．同時に台風循環によって積乱雲群が維持される．

地表面摩擦により周辺から空気が収束すること，収束して断熱膨張で冷却する空気が海面からの熱補給で暖められ，同時に海面から水蒸気が補給されることが台風の発達に不可欠な過程である．

台風は目の壁付近（中心から数十 km〜100 km 程度）で最大風速が出現し，その外側で風速が減少する．強い風による吹き寄せ効果と気圧低下による吸い上げ効果で高潮が起こる．台風の経路と高潮の起こりやすい場所，天文潮位の時刻と台風の接近時刻との関係など高潮災害の危険についての知識を整理しておくこと．

6.4 メソスケール現象

6.4.1 メソスケール現象の種類

メソスケール現象は鉛直不安定により生ずる積乱雲活動に関連する現象と，安定大気中で海陸の熱的特性の差によって生ずる海陸風や山岳による力学的影響で生ずる現象の二つに大別される．ここでは鉛直不安定に伴う現象を説明し，海陸風などは 6.5 節で説明する．

激しいメソスケール現象の多くは積乱雲と関連している．学科一般知識ではメソスケール現象に関する設問よりも，積乱雲そのものの特性に関する出題が多い．積乱雲は大気の鉛直不安定性により発生し，自由循環と呼ばれる．

6.4.2 積乱雲

一般風が弱く鉛直シアーも小さい環境場では，気団性雷雨と呼ばれる孤立性の積乱雲が発達する．積乱雲内のセルの上昇流（アップドラフト）内で生成される降水粒子が重くなって下降しだすと周囲の空気を引きずり，下降流（ダウンドラフト）が始まる．降水粒子の融解，蒸発で冷却されてダウンドラフトが強化され，雲底での蒸発があるとさらに強化される．気団性雷雨では下降流の開始で下層からの暖湿気流の上昇が妨げられて成長が抑えられ，セルは消滅する．セルの寿命は 30 分〜1 時間程度である．雷雨の最盛期以降に降水とともに冷気が下降するのは積乱雲の一般的特徴である．

6.4.3 積乱雲の組織化

風の鉛直シアが大きい環境場で発生する積乱雲はほぼ大気中層の風で移動し，下層では暖湿気流が積乱雲に吹き込み，上層では環境場の相対的に乾燥した風が積乱雲に流入する．図 6.3 では積乱雲の塊（ストー

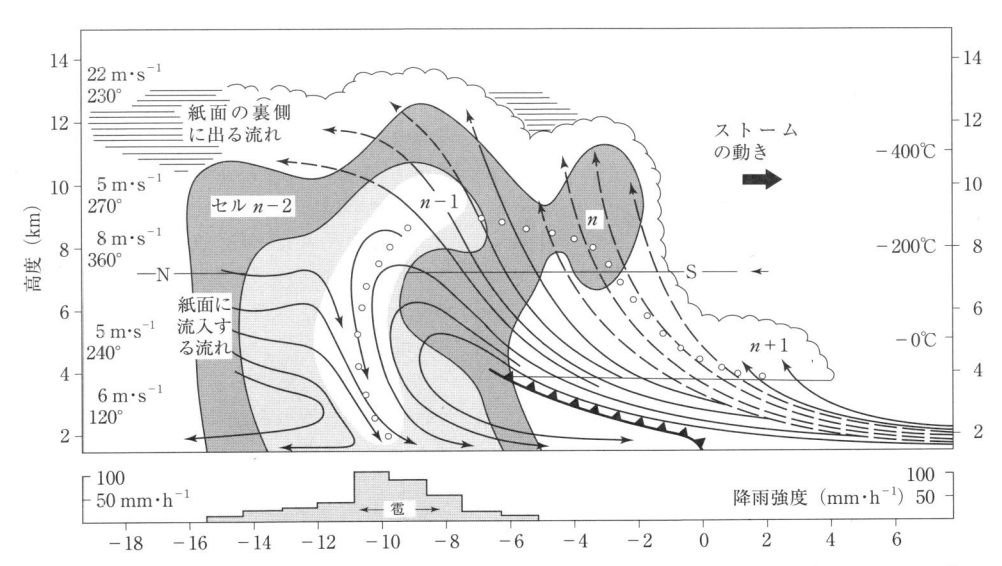

図 6.3 1973 年 7 月 9 日米国コロラド州で観測されたマルチセル型のストームの構造（Browning, 1976）ストームの進行方向に沿った鉛直断面図．

ム）は左から右に移動していて左のセルほど早く発生している．矢印付きの線はストームに相対的な流れで，上昇流域から落下する降水粒子が後面から流入する気流に入り，融解と蒸発で空気が冷えるのでダウンドラフトが強まる．下層に広がるダウンドラフトは積乱雲に吹き込む暖湿気流を上昇させる働きをする．風の鉛直シアーがあると，アップドラフトとダウンドラフトの配置がアップドラフトの維持に好都合となり，複数のセルが共存して長続きするマルチセル型が生じる．

6.4.4 竜巻とダウンバースト

ダウンドラフトが特に強いと地表付近で冷気が激しい突風前線として周囲に広がる狭い領域が生ずる．これをダウンバーストと呼ぶ．ダウンバーストは航空機の離着陸に非常に危険な現象で，気象庁ではこの監視のために航空用ドップラーレーダーを設置している．

竜巻は最大風速が中心からおおむね100 m以内にある非常に水平規模の小さい渦で，気圧傾度力と遠心力がほぼバランスして旋衡風の関係が成立する．過去の統計によれば，日本では渦が時計まわりの竜巻が十数％存在している．

竜巻は渦度（の鉛直成分）が$10^{-2}\,s^{-1}$以上のメソサイクロンを伴うスーパーセルと呼ばれる積乱雲からしばしば発生する．気象庁はスーパーセルを探知して竜巻の発生を監視する目的でドップラーレーダーを設置している．

竜巻は収束する空気が断熱膨張して上昇するので，水蒸気の凝結で漏斗雲が生じる．

竜巻は回転しつつ上昇する気流で被害が生じる．一方ダウンバーストの場合は，下降して四方に放射状に広がる突風で被害が生じる．

6.5 海陸風，斜面風，山谷風

海陸の熱的特性の差による温度差や山岳による力学的強制で生ずるメソスケール現象は強制循環と呼ばれる．熱的強制で生ずる循環の典型例が海陸風である．山岳の力学的強制で生ずる現象として山岳波（より一般的に山越え気流）があり，山岳斜面の加熱・冷却の影響で生ずる現象に斜面風，山谷風がある．

6.5.1 海陸風

海陸風は海陸の表面の温度差で水平方向の気圧差が生じることで起こる循環である．海面温度の日変化は海水の熱容量が陸面に比して大きいこと，海洋では鉛直方向の混合により熱が厚い層に分配されることにより，陸面温度の日変化に比してはるかに小さい．

海陸風は一般に，海風の方が陸風より風速が強くかつ厚さも大きい．

海陸風は局地的な背の低い循環で，地表面付近の海風あるいは陸風の上には反対方向に流れる反流が存在する．

6.5.2 斜面風と山谷風

熱的強制により生ずる局地風には海陸風のほかに斜面風と山谷風がある．山の斜面に接する空気が斜面との熱交換により，同じ高度の周辺の空気より暖かく（日中）あるいは冷たく（夜間）なり，浮力により斜面を上昇あるいは下降する．これを斜面風と呼んでいる．

斜面風の反流あるいは地表面との熱交換で山岳の谷間の空気と同一高度の平野部の空気との間に気温差（気圧差）が生じ，谷間と平野部との間に山谷風と呼ばれる循環が生ずる．山谷風は日中は平野部から谷間へ（谷風），夜間は谷間から平野部に向かって吹く（山風）．

〈初心者の方々へのメッセージ〉

気象予報士試験の学科一般知識の「気象現象」では大気大循環規模から境界層の乱流まで広い範囲から出題されている．試験では実事例の解釈よりも，現象についての基本的知識が問われている．それぞれの現象の構造的特徴，発生要因，運動エネルギーの生成，熱エネルギー輸送に果たす役割などの基本的知識を整理しておくことが重要である．

現象の説明は個々についてなされているが大・中・小規模のそれぞれの現象が独立な存在ではなく，相互に関連して複合的に存在している．メソ的現象の発生に好都合な大規模場（環境）の特徴を把握することが，メソ現象の理解に重要である．

初歩的学習段階の人でここの説明だけでは不十分と感じられる場合は参考書などで以下のように補っていただきたい．

（1）ここにあげられている各現象について模式図や典型的実例で構造を把握する．（例えば，温帯低気圧や台風，寒冷渦などの鉛直構造）

（2）発生（存在，維持）原因とライフサイ

ルを理解する．(積乱雲，海陸風，傾圧不安定波（温帯低気圧），熱帯低気圧，ロスビー波など)

(3) 現象の運動エネルギー生成の機構を理解する．構造，存在要因，エネルギーの生成は独立でなく一つのつながりとしての理解を心がけること．(温帯低気圧，熱帯低気圧，積乱雲など)

(4) さまざまな現象が相互に影響しあって複合的に存在していることを実例で理解する．特に鉛直不安定で起こる積乱雲と大きなスケールの場（環境場）との相互作用について理解を深めること．積乱雲のライフサイクルには降水過程が重要な役割を果たしている．また降水の蒸発により強化される積乱雲からの下降流と環境場の風の鉛直シアなどとの相互影響により，積乱雲のさまざまな集合形態や集団としてのライフサイクルが生ずる．この仕組みをよく学習するとメソ気象についての理解がおおいに進む．

【例題 6.1】 成層圏の気象（平成 16 年度第 1 回 学科一般知識　問 1 と平成 19 年第 2 回　学科一般知識　問 9 の二つの合成）

成層圏について述べた次の文 (a)〜(d) の下線部の正誤の組み合わせについて，下記の①〜⑤の中から正しいものを一つ選べ．

(a) 北半球の夏季の成層圏では数日の間に数十℃もの昇温が観測されることがある．これはプラネタリー波の上向き伝播によって引き起こされている．

(b) 夏の北半球の中・高緯度における上部成層圏では東風が卓越しており，対流圏のプラネタリー波はここに伝播できず，流れは極を中心にしたほぼ同心円となっている．

(c) 赤道域の成層圏では西風と東風が約 2 年周期で交替している．風系の交替は上層から始まり，時間の経過と共に下層に及んでゆく．

(d) 成層圏のオゾンは低緯度の成層圏で最も多く生成され，成層圏内の循環によって中・高緯度へ輸送される．

	(a)	(b)	(c)	(d)
①	正	正	正	正
②	正	誤	正	誤
③	正	誤	誤	正
④	誤	誤	誤	正
⑤	誤	正	正	正

【例題 6.2-1】 大規模現象（平成 18 年度第 2 回 学科一般知識　問 10）

大気の大循環について述べた次の文 (a)〜(c) の下線部の正誤の組み合わせとして正しいものを，下記の①〜⑤の中から一つ選べ．

(a) 大規模な風系が季節によって変わり，雨季・乾季の区別があるような領域はモンスーン地帯と呼ばれる．モンスーンを引き起こす主な要因は，太陽高度の季節変化に伴って生じる海陸の熱的コントラストである．

(b) 低緯度域における年平均の循環をみると，東西に平均した子午面内の循環で顕著なのは赤道付近で上昇し緯度 30 度付近で下降するハドレー循環であり，南北両半球でほぼ対称な形をしている．

(c) エルニーニョ現象とは，太平洋赤道域の中央部から南米のペルー沿岸にかけての広い海域で海面水温が平年に比べて高くなり，その状態が半年から 1 年半程度続く，数年に一度起こる現象であり，大気と海洋の相互作用によって生じる．

	(a)	(b)	(c)
①	正	正	正
②	正	正	誤
③	正	誤	正
④	誤	正	正
⑤	誤	誤	誤

【例題 6.2-2】 エネルギーと水蒸気の収支（平成 17 年度第 1 回　学科一般知識　問 11）

地球上の各緯度帯でみた年平均の水蒸気収支と降水量との関係について述べた次の文 (a)〜(c) の下線部の正誤の組み合わせとして正しいものを，下記の①〜⑤の中から一つ選べ．

(a) 太平洋の北緯 5 度から 10 度付近に見られる熱帯収束帯（ITCZ）は，東西方向に延びる降水量の多い地帯であり，ここで降る雨はほとんど ITCZ の中で蒸発した水蒸気によってまかなわれている．

(b) 北緯 20 度から 30 度にかけては亜熱帯高圧帯と呼ばれる高圧部が地球を取り巻いている．ここは下降流に当たるため，全体として蒸発量は降水量より少ない．

(c) 北緯 30 度から 60 度にかけての緯度帯では，温帯低気圧などの活動に伴う多くの降水があり，

全体として降水量が蒸発量より多い.

	(a)	(b)	(c)
①	正	正	誤
②	正	誤	正
③	誤	正	正
④	誤	正	誤
⑤	誤	誤	正

【例題 6.3】 台風と温帯低気圧（平成 17 年度第 2 回 学科専門 問 7)（平成 15 年度第 1 回 学科一般 問 10, 平成 18 年度第 2 回 学科一般 問 6)（平成 15 年度第 1 回 学科一般 問 10 を参考に作成）

温帯低気圧と台風について述べた次の文（a)〜(d) の下線部の正誤の組み合わせとして正しいものを, 下記の ① ないし ⑤ の中から一つ選べ.

(a) 台風は水蒸気の凝結により放出される潜熱をエネルギー源としており, 上陸した後に急速に衰えるのは水蒸気の供給が減少し, 陸地の摩擦によりエネルギーが失われるからである.

(b) 温帯低気圧は水蒸気の凝結を伴わなくても水平温度傾度が大きければ発達しうる.

(c) 大気境界層内の摩擦収束により, 台風の中心部に向かって水蒸気が運ばれることが, 台風の発達・推持に本質的に重要である.

(d) 温帯低気圧が発達しているときには, 上層の気圧の谷は一般に地上低気圧の中心の西側にある.

	(a)	(b)	(c)	(d)
①	正	正	正	正
②	正	誤	正	誤
③	誤	正	誤	正
④	誤	誤	正	正
⑤	誤	誤	誤	誤

【例題 6.4-1】 積乱雲（平年 18 年度第 2 回 学科一般知識 問 8, 平成 18 年第 2 回 学科一般知識 問 8 を合成, 一部変更）

積乱雲について述べた次の文章の下線部（a)〜(d) の正誤の組み合わせとして正しいものを, 下記の①〜⑤の中から一つ選べ.

風の鉛直シアーの弱い場に出現する孤立型の積乱雲は (a) 発生から消滅までが一般に 30 分から 60 分程度である.

風の鉛直シアーが強い場で一般場の風向が一定で風速が高さと共に増加しているときには, (b) 積乱雲はほぼ大気上層の風で移動する. 大気下層の進行方向前面では積乱雲からの下降流によって生じる気流と周囲の気流との間で収束が起こり, 新たな対流雲が発生・発達して積乱雲に成長し世代交代する. この結果複数の積乱雲で構成される系が生成され, 系全体としては孤立型の積乱雲より長寿命となる.

積乱雲内を落下する降水粒子は摩擦で空気を引きずり下降流をつくる. 落下途中に乾燥層があると, (c) 降水粒子の昇華・蒸発により熱を奪われ, 冷えて重くなり下降流が強まる. 霰や雹が融解すると空気は融解熱を奪われて下降流がさらに強くなる. 雲底を離れた降水粒子が蒸発すると下降流は一段と強められる. このようにしてできた (d) 強い下降流が一気に降りてきて地表付近で広がる現象をダウンバーストとよんでいる.

	(a)	(b)	(c)	(d)
①	正	正	正	正
②	正	正	正	誤
③	正	誤	正	正
④	誤	正	正	正
⑤	誤	誤	誤	誤

【例題 6.4-2】 竜巻（平成 14 年度第 1 回 学科専門知識 問 9 を一部（a と d）修正）

竜巻について述べた次の文章（a)〜(d) の正誤について, 下記の①〜⑤の中から正しいものを一つ選べ.

(a) 竜巻は, 鉛直渦度が非常に強いメソサイクロンがあってスーパーセルと呼ばれる積乱雲からしばしば発生する.

(b) 竜巻の回転方向を決めるのに, コリオリ力が主要な役割を果たしている.

(c) 竜巻の漏斗雲は竜巻の渦に吹き込む空気が断熱膨張して水蒸気が凝結することで形成される.

(d) 竜巻は日本では暖候期に太平洋側の沿岸部で特に多く観測されるが, 日本海側では冬にも多く観測される.

① (a) のみ誤り
② (b) のみ誤り
③ (c) のみ誤り
④ (d) のみ誤り
⑤ するで正しい

【例題 6.5】 海陸風（平成 14 年度第 2 回 学科一般知識 問 11（(b) の設問を追加))

日本の夏期における海陸風に関して述べた次の文

章の下線部（a）〜（d）の正誤の組み合わせについて，下記の①〜⑤のなかから正しいものを一つ選べ．

　海陸風のうち，地表近くで日中に海から陸へ向かって吹く風を海風，夜間に陸から海へ向かって吹く風を陸風という．海陸風は，陸上の気温の日変化が海上のそれに比べ (a) <u>大きい</u>ために生じる．これは海水の熱容量が陸面の熱容量より大きいことが (b) <u>主たる理由</u>である．海陸風が吹いているとき，その上空では反流といわれる地表付近と逆向きの風が吹いており，鉛直面内で風の循環が形成されている．

　一般に，海陸風の最大風速は，海風より陸風の方が (c) <u>大きい</u>．また一般に，海陸風の厚さは，海風より陸風の方が (d) <u>厚い</u>．日中，陸地表面の温度が海面の温度より高く，海風が吹いているとき，地表付近の同一高度における気圧を比較すると，陸上の方が海上に比べて (e) <u>高い</u>．

	(a)	(b)	(c)	(d)	(e)
①	正	正	正	誤	誤
②	正	誤	誤	誤	正
③	正	誤	誤	誤	誤
④	誤	正	正	正	正
⑤	誤	誤	誤	正	正

（解答）

例題 6.1　⑤
例題 6.2-1　①
例題 6.2-2　⑤
例題 6.3　①
例題 6.4-1　③
例題 6.4-2　②
例題 6.5　③

（山岸米二郎）

7. 気候と環境

7.1 気候システム

　気候とは，時々刻々変化する大気の状況を，ある期間ある空間について観測した気象データの形で捉えたとき，そのデータの，平均値，分散，変化傾向，変動周期，それらの空間分布などで表現したものである．その捉え方はさまざまで，気温や降水量など気象要素の長期の平均で気候を表現する場合もあるし，またその平均からの偏りで気候の変化を表現する場合などがある．ある地点の天気もしくは気候が，平年並あるいは平年より暑いなどと表現される場合には，平年値は，10年ごとにその直前の30年間の平均をとって更新する平均値のことである．たとえば，西暦2000年以降に使用している平年値は，1971〜2000年の平均である．

　近年，こうした大気の平均的な様相である気候を変動するものとして捉え，気候の変動の実態把握，変動メカニズムの解明，気候の将来予測といった方面の研究が進展している．その成果をもとに，月平均値や年平均値が年々どう変わっているか，今年1月の月平均気温は平年に比べてひどく低かったのはなぜか，来年1月の月平均気温は平年より高いのか低いのかといった実用面での情報ニーズに応えていく努力がなされている．

　気候を変動させる要因には自然的要因と人為的要因がある．自然的要因には，気候系自身に内在する変動要因のほか，火山噴火，太陽活動の変化などの外的要因が考えられる．人為的要因には，化石燃料の消費，森林破壊や砂漠化などが考えられている．化石燃料の消費では，二酸化炭素など温室効果気体の排出は温暖化を進め，一方，対流圏への硫酸エーロゾルの排出は，太陽放射の反射と雲の光学的性質の変化を通して地球を冷やす効果をもつと考えられている．焼き畑農業や森林伐採などによる森林破壊は，大気と地表面とのエネルギーや水蒸気の交換に影響を与え，気候変動の要因の一つになりうる．また，森林は炭素循環に深くかかわっているので，森林の減少は，大気の二酸化炭素濃度に影響を与え，ひいては気候にも影響を与えうる．半乾燥地帯などにおける過剰放牧などに起因する砂漠化は，地表面のアルベドを増大させることにより地表面の熱収支を変化させ，気候に影響を及ぼしうる．人間活動により放出される熱エネルギーは，直接大気を暖め温暖化をもたらすと考えるかもしれないが，現在放出されているエネルギーは，地表面-大気系が吸収する太陽放射エネルギーの0.01%のレベルであり，その直接の影響は人口の密集した都市域等に限られるだろう．

7.1.1 気候システム

　気候は本来，大気の様相そのものを指すが，海洋や陸面の状況の変化の影響を受けて気候が変化するとともに，気候の変化が陸面や海面の変化を引き起こすことの重要性に対する認識が進み，大気圏と相互作用のある海洋，陸面，雪氷，植生などさまざまな要素を統合した気候システム（気候系ともいう）として気候を捉える考えが定着してきた．

　海洋は地球の表面積の約7割を占めており，大気と海洋は運動量，熱エネルギー，水蒸気量といった物理量を相互に交換している．これらの物理量は気象擾乱の発生や発達などを通して大気の運動に影響を与え，さまざまな物理量の分布に寄与する．このように大気の大循環に及ぼす海洋の影響は大きく，長い時間スケールの気候変動を扱う際には，大気と海洋を一つのシステムとして考慮することが不可欠である．大気と海洋の相互作用の顕著な例として，エンソ（ENSO，エルニーニョ・南方振動）がある．また，大西洋を北上するメキシコ湾流が高緯度の欧州を温暖に維持している仕組みもまた，大気-海洋の相互作用の重要な例である．この二つの例については，後段でやや詳しく説明する．

　太陽放射の地球への入射量と，地球によるその反射量との比をアルベドという．反射は，地表面，雲，空気分子，エーロゾルなどで起き，それらを合わせた効果により，入射する太陽放射量の約30%が反射される．アルベドの変化を介した相互作用として，雪氷圏との相互作用および陸面・植生との相互作用がある．

　気候が寒冷化して，たとえば，森林，草地，砂漠，裸地などの地球表面が雪でおおわれるようになると，反射率が新雪では79〜95%，古い雪では25〜75%と

以前の表面状態の反射率よりも著しく高くなる．このため，日射エネルギーの吸収は以前よりも小さくなり，寒冷化が一段と進む．これが雪氷圏と大気の相互作用の一例である．別の例では，北極の海氷の減少が，北極海のアルベドを減少させ，北極海の太陽エネルギー吸収の増加を生み，北極の気候ひいては世界の気候を変化させる．また別の例では，ユーラシア大陸上の積雪量の増大は，翌年春の融雪遅れを通じて東南アジアの夏のモンスーンに影響を及ぼす．

陸面・植生との相互作用は，植物の種類や量による蒸発量の相違，植生と裸地のアルベドの相違を通じて生まれ，たとえば，多数の飢餓難民を生んだサヘル（サハラ砂漠の南側の半乾燥地帯）における旱ばつは，放牧の増大により草原が減少し，このためアルベドが増した地域の冷源作用による下降気流の強化が降水量の減少を引き起こしたためと考えられている．

このように，太陽放射をエネルギー源として駆動される気候は，大気，海洋，陸面，雪氷圏，生物圏など，いくつかのサブシステムを統合したシステムとして構成され，サブシステム間の複雑な相互作用により変動する．それぞれのサブシステムで，平衡状態から強制的にずらせたときにもとの状態に戻るに要する時間を緩和時間と呼ぶが，それぞれのサブシステムは互いに大きく異なる緩和時間をもち，その代表的な大きさは，大気サブシステムの場合は1か月程度，海洋表層サブシステム（深さ数百mまで）の場合は1か月～数十年，深層まで考慮した海洋深層サブシステムの場合は数千年，南極やグリーンランドの氷床サブシステムの緩和時間は数千年から万年のスケールである．そして，こうした異なる緩和時間をもつサブシステムが相互に作用し合って気候システムの変動を引き起こすため，気候の変動にはいろいろの時間スケールの変動が複雑に絡み合うことになる．

7.1.2 気候モデル

千年から万年のスケールの過去の気候変動すなわち古気候変動の解明や，温室効果気体の増加による百年程度将来の気候を予測するために，数値気候モデルを利用した研究が行われている．数値気候モデルは，ある時点での大気状態すなわち初期状態から出発して将来（百年後，千年後など）の気象状態を計算するもので，日々の天気予報に活用されている数値天気予報モデル（7日先までを予測）と共通部分が多い．ただし，日々の天気予報の対象とする時間スケールは，他のサブシステムの時間スケールよりはるかに短い範囲に限定されているため，実質上は他のサブシステムとの相互作用を考慮する必要がないのに対し，気候モデルでは相互作用を考慮することが不可欠である．たとえば，1年以上の時間スケールで大気の変動を考える場合には，海洋の変動が重要な影響をもつので，大気と海洋の相互作用を表現できる「大気海洋結合モデル」が開発されている．数年の時間スケールで繰り返すエルニーニョの予測では，海面水温が変化しそれが大気に大きな変動を起こし，その大気の変動が再び海洋の変動を起こす様子がモデルで再現できるよう工夫される．一方，海氷の広がりの予測では，海氷の広がりが海面近くの温度や風に影響を与え，それがまた，海氷の広がりに影響を与えるといった相互作用がモデルのなかに組み込まれる．植生分布など地表面の状態の予測には，植生分布の変化が，アルベド，地表面蒸発量，土壌水分などの変化を生み，それらが降水量の分布に影響を及ぼす効果がモデルのなかで表現される．

モデルのなかでの水は，水蒸気，雲，降水，潜熱とさまざまな姿で現れ，天気予報モデルにおいても，水の扱いにはなお多くの改善が求められるところであるが，気候モデルにおいても重要な問題を多く含んでいる．温室効果等による温暖化により，飽和水蒸気圧は大きくなる．その影響の表れ方としては，蒸発が増え，水蒸気量が増し，降水が増えるといった可能性と，気温が上昇しても蒸発が増えず空気中の水蒸気量が変わらなければ相対湿度が下がって乾燥する可能性とがある．つまり，温暖化の結果，水蒸気蒸発量の分布とその輸送がどうなるかにより，降水量が増えるところや乾燥するところができる．そうした水蒸気量や相対湿度の変化によって雲のでき方も変わってくる．雲は，日射を反射して地球が吸収する太陽放射を減らすので寒冷化に寄与する．一方，雲は地表から赤外放射が宇宙空間に放出されるのをさえぎるので温暖化に寄与する．この相反する作用の正味の効果は，雲の種類によって異なっており，たとえば，上層の巻雲は下層雲に比べ温暖化の作用が大きい．気候モデルでは，長期間の予測計算に対して，こうした水の挙動がより現実に沿った表現ができるよう改良が進められている．

7.1.3 エルニーニョ

1973年にわが国で大豆価格が高騰したのは，熱帯太平洋の水温変動がアンチョビ（カタクチイワシ）の不漁を招き，家畜飼料の代替蛋白源として世界の大豆需要が高まったためといわれている．この水温変動は，エルニーニョ（El Nino）現像と呼ばれる数年に

一度起こる海洋現象であるが，南方振動，ウォーカー循環と呼ばれる大気現象と互いに連動する現象，あるいは仕組みを共有する現象で，大気海洋相互作用の重要な一例である．

　nino はスペイン語で「子供」を意味し，定冠詞（el）をつけ，それぞれ頭文字を大文字で書いたエルニーニョ（El Nino）は「神の子キリスト」を意味する．南米のペルーやエクアドルの沖の海域には，沿岸湧昇による栄養豊富な低温の海水が表面を満たす海域があり，プランクトンが多いことからアンチョビの多い漁場となっている．この海域では，毎年12月ごろに深海からの湧昇が衰え，翌春の湧昇が再び活発化する時期まで休漁となる．土地の漁師はクリスマスの月に始まるこの季節的な海洋現象をエルニーニョと呼んでいた．そうした季節的な変化が崩れ，3月になっても沿岸湧昇が強化せず，アンチョビ漁に打撃を与える年があり，その詳しい調査の結果，数年に一度現れる海水温季節変化の変調は太平洋の赤道海域全体に及ぶ大規模な現象であることが判明した．このことから，毎年起きる南米沖の季節的な海洋変動のエルニーニョと区別するため，数年に1回の大規模な海洋変動を「エルニーニョ現象」と呼ぶことが多い．しかし，以下では簡単のため「エルニーニョ現象」のことを単にエルニーニョで表す．

　図7.1の上図は太平洋の表面水温の平均的な分布を示す．西半分が高温（28℃以上），東半分が低温（26℃以下）といった様子が明瞭にみられる．南米沿岸には北向きのフンボルト海流が流れている．南半球ではコリオリ力は運動方向直角左側に働くので，海流は西向きの力を受け沿岸から離れる結果，沿岸湧昇流が発生する．また，赤道太平洋には赤道を挟んで西向きに流れる赤道海流があり，これにコリオリ力が赤道を境にそれぞれ高緯度方向に働くため，表面流は南北に発散して下層の海水が上昇し，赤道湧昇流となる．このように，南米のエクアドルやペルーの沿岸では沿岸湧昇と寒流の効果による22℃以下の低温，東太平洋の赤道海域は赤道湧昇の効果から南北両側の海域より低温となっている．

　エルニーニョの年には東太平洋赤道域が高温になる（図7.1の下図）．エルニーニョを科学的に扱うには明確な定義が必要である．気象庁の定義では，太平洋東部の赤道に沿った矩形の海域 $5°N〜5°S$，$150〜90°W$ をエルニーニョ監視海域と定め（2006年3月に改定した定義による），その海域で平均した海面水温の基準値（その年の前年までの30年の平均）との差を

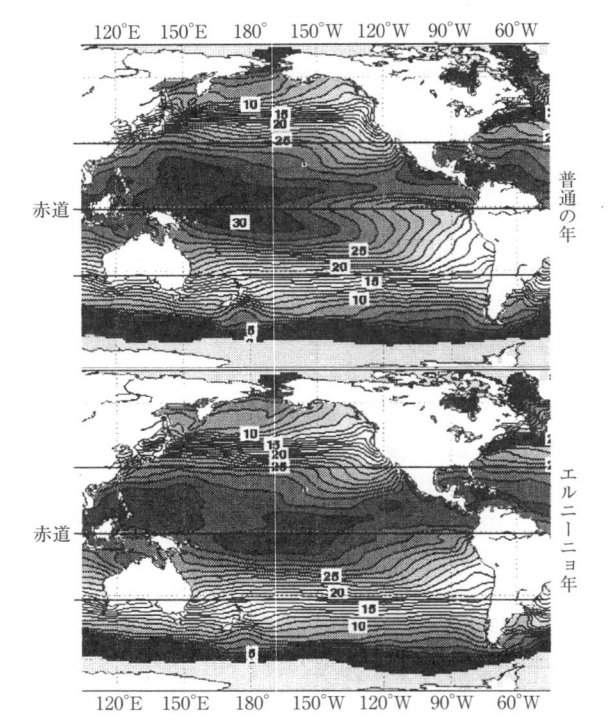

図7.1 月平均海水温分布図（気象庁ホームページより改変）
上図はエルニーニョでもラニーニャでもない普通の年（2004年10月），下図はエルニーニョ最盛期（1997年10月）．

エルニーニョの強さの指標とし，指標の5か月移動平均値が6か月以上連続して，$+0.5℃$ 以上になる状態をエルニーニョ，$-0.5℃$ 以下になる状態をラニーニャ（La Nina，女の子の意味）としている．

　太平洋の赤道域における大気現象として南方振動（Southern Oscillation）が知られていた．南方振動は，オーストラリアのダーウィン（$12.4°S$，$130.9°E$）と 8000 km 以上離れた南太平洋のタヒチ島（$17.5°S$，$149.5°W$）で地上気圧が互いに逆相関で変化する現象である．気象庁では，それぞれの地点の月平均海面気圧の平年差を標準偏差で割ったものを求め，それらのタヒチの値からダーウィンの値を引いた差をさらに差の標準偏差で割って算出した南方振動指数として気候調査に使用している．赤道上の大気には，図7.3上図の大気部分に示すような東西鉛直断面内の循環がある．この循環は南方振動の発見者ウォーカーに因んで，ウォーカー循環と呼ばれる．ウォーカー循環はインドネシア近海に対流の中心があるとき（上図）には強く，対流の中心が東に寄って太平洋中央部にあるとき（下図）弱まる，といった不規則な周期変動をする．南方振動は，このような循環の変化すなわち対流中心の移

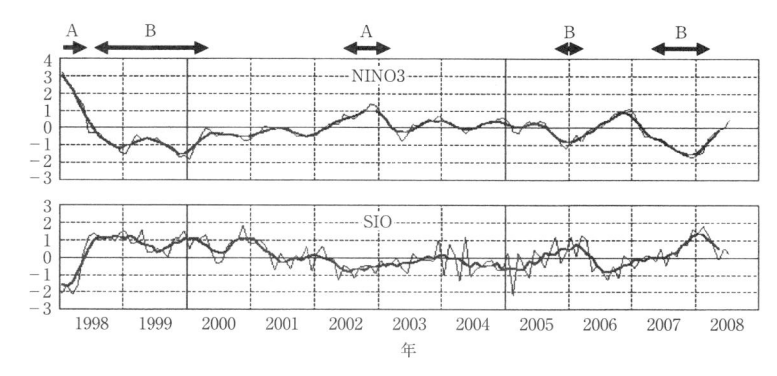

第1部 予報業務に関する一般知識〔7. 気候と環境〕

図7.2 エルニーニョの強さの指数と南方振動指数の対応関係（気象庁ホームページより改変）．上図はエルニーニョ監視海域（NINO3）の月平均海面水温の基準値との差（℃）．下図は南方振動指数（SIO）の推移（1998年1月〜2007年3月）．折線は月平均値，滑らかな太線は5か月移動平均値を示す．上端の矢印の範囲は，Aがエルニーニョ現象の発生期間を，Bがラニーニャ現象の発生期間を示している．

動が地上気圧（海面気圧）に現れたものである．この南方振動すなわちウォーカー循環の強弱はエルニーニョと連動している．

図7.2 はエルニーニョの強さの指数と南方振動指数の対応関係を示す．エルニーニョのときは南方振動指数が負で大きい値（ダーウィンでは気圧が高くタヒチでは気圧が低い，ウォーカー循環が弱い），また，ラニーニャのときは南方振動指数が正の大きい値（ウォーカー循環が強い）という対応が明瞭にみられる．実は，エルニーニョと南方振動は大気海洋相互作用のもとでメカニズムを共有する海洋現象と大気現象であるためにこのような対応関係がみられるのである．このことから，エルニーニョと南方振動をひとまとめにした現象としてエンソ（ENSO：El Nino-Southern Oscillation の略）と呼ぶことがある．エンソの海洋現象がエルニーニョとラニーニャの交替現象であり，大気現象がウォーカー循環の強弱や南方振動などである．エルニーニョや南方振動は異常現象というよりは，数年おきに繰り返す比較的頻繁にみられる現象である．

図7.3 はエンソにおける大気および海洋の変動の様子を表す模式図である．図7.3の上図はエルニーニョでもラニーニャでもない通常の状態を表す．通常，西太平洋の赤道海域は海面水温が地球上で最も高い海域となっている．このため，この海域の上にある空気は暖められ，下層は周辺海域に比べ低気圧になっている．この低気圧に向かって東から風が吹き，低気圧で上昇した空気は対流圏上層で東に向かい，水温の低い東太平洋で沈降する．この循環が赤道上で東西鉛直断面内にみられるウォーカー循環である．海洋内部をみ

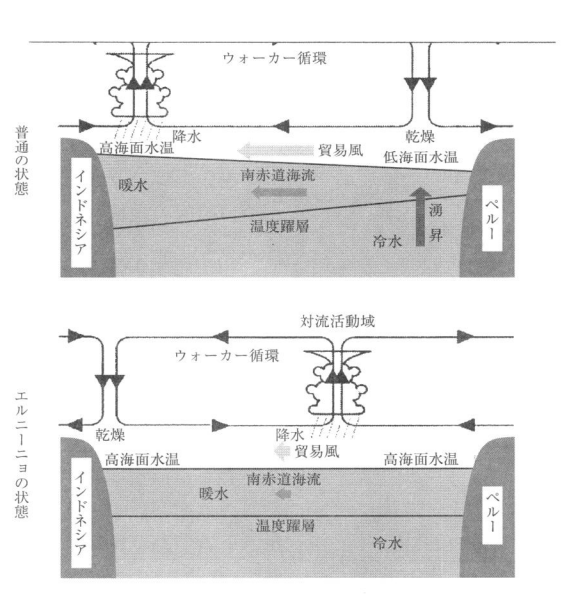

図7.3 赤道における大気，海洋の（上）平常時と（下）エルニーニョ現象時の模式図（気象庁：『異常気象レポート2005』）

ると，日射で暖められて高温になった海面近くの海水溜まりの下には，低温の海水がある．上の暖水と下の冷水の間には大きな水温差を示す層が明瞭で，これを温度躍層（水温躍層）という．通常，温度躍層は東太平洋では浅く（数十m），西太平洋では深い（150〜200m）．これは，西向きに吹く貿易風によって暖水が吹き寄せられ西太平洋に暖水が溜まる効果の表れである．図7.3の下図はエルニーニョの状態を表す．エルニーニョのとき，海においては，高温の海水が東に移る．それに対応して，大気下層の低気圧すなわち対流活動の活発な部分は東に移り，ダーウィンの気圧は

上昇しタヒチの気圧は低下する．海水温が高温で対流活動の活発なその海域に向けて西部太平洋から西風が吹き（あるいはその海域より西側で貿易風が弱まり），ウォーカー循環は弱まる．ラニーニャの状態は図7.3の上図の様子をさらに強調したものになる．ラニーニャのとき海洋の側では，高温の海水は通常よりも一段と強く西に吹き寄せられ，西太平洋の温度躍層が深まる．大気の側では対流活動は西側で強く，タヒチの気圧は上昇しダーウィンの気圧は低下し，ウォーカー循環は強まる．

エルニーニョはエンソの海洋現象として，アンチョビ漁に大きな被害をもたらすばかりでなく，エンソの大気現象を通じて低緯度地域の気象に直接影響を及ぼす．すなわち，エルニーニョが発生すると，低緯度太平洋の西部では少雨傾向，中央部で多雨傾向，東部で高温傾向といった影響が現れる．1997年の後半，東南アジアの広い範囲が煙害に悩まされたインドネシア森林火災はエルニーニョによる旱ばつの影響といわれている．エンソが熱帯域を舞台にした大気海洋相互作用であるから低緯度の気象に大きな影響を及ぼすことは理解しやすいが，さらに，中高緯度の地域にも影響がみられる．そのメカニズムは，エルニーニョのとき中部太平洋での対流活動の変化のシグナルは，大気中のロスビー波を介して中・高緯度に伝播し，ハワイ付近の高気圧，アリューシャン付近の低気圧，さらに下流のカナダ付近で高気圧，米国南東部の大西洋岸の低気圧にそれぞれ影響を与え，それが偏西風の蛇行に影響を与え，中・高緯度の気象に影響を与えると考えられているが，まだ未解明な部分が多い．エルニーニョのとき日本では一般に暖冬・冷夏になる傾向といわれるが，地域に差があり，また，その確率はあまり高くはない（図7.4）．こうした例のように，ある場所で起こった変化が遠隔地に伝達される現象を気象学ではテレコネクションと呼んでいる．

7.2 気候の変動

過去の気候変動の記録は，測器による定量的な観測データは100年を超えるときわめて乏しくなる．それ以前にさかのぼる気候の変動は，史実からの情報があり，さらに数千年以前については，樹木やサンゴの年輪，化石，氷河の堆積物や氷河域の変化などを用いて調べられる．近年，湖底や海底の沈殿物の掘削および氷床の掘削で採取した試料（コア試料という）から過去の気候を調べる研究が活発化している．こうしたコア試料の解析には，1980年代になって急速に進歩した同位体分析の技術が活用されている．

年代決定には，炭素などの放射性同位体比が用いられる．自然界で多量に存在する ^{12}C は安定元素であり放射性崩壊はしない．一方，自然界に微量であるが存在する ^{14}C は放射性崩壊により安定な ^{12}C に変身する．この放射性の ^{14}C は自然界では大気中の窒素（原子量は14）と宇宙線の核反応で生成される．^{14}C の生成と崩壊は平衡しているため，自然界全体の ^{14}C の ^{12}C に対する存在比（[$^{14}C/^{12}C$] 同位体比と呼ぶ）は常に一定している．生物は生きている間は，外界と同じ同位体比で炭素を体内に固定するが，死んだ後は取り込みが停止し，^{14}C は放射性崩壊により一定の速さで減少を続け，したがって同位体も減少を続ける．したがって生物死骸の同位体比から死後の経過時間を知ることができる．

温度決定には酸素の安定同位体比が用いられる．酸素原子には，$^{16}O, ^{17}O, ^{18}O$ の安定同位体が，自然界全体でみると，それぞれ存在比 99.759%，0.037%，0.204% を一定に保って存在する．ただし，水の相変化に際して，軽い ^{16}O をもつ H_2O は，重い ^{18}O の H_2O より蒸発しやすいため，局所的，一時的に偏りが生じ，同位体比が変化する．氷期は，蒸発により軽い酸素の濃縮した水が氷として陸上に蓄積され，海洋には重い酸素が濃縮している時代であり，逆に，間氷期は海洋の ^{18}O は多くない．さらに，生物への酸素の取り込みは温度が低いと重い酸素が濃縮されて取り込まれる．したがって，海底堆積物中に生物起源 ^{18}O が多ければ寒冷期，少なければ温暖期と判断される．また，氷期

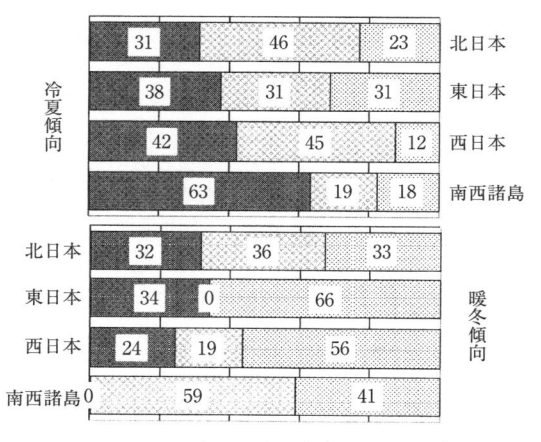

図 7.4 エルニーニョ現象発生時の夏（上図，6～8月）および冬（下図，12～2月）の気温の特徴（気象庁ホームページの図を改変）統計期間：1971～2004年．棒グラフ上の数字は出現率を示す．

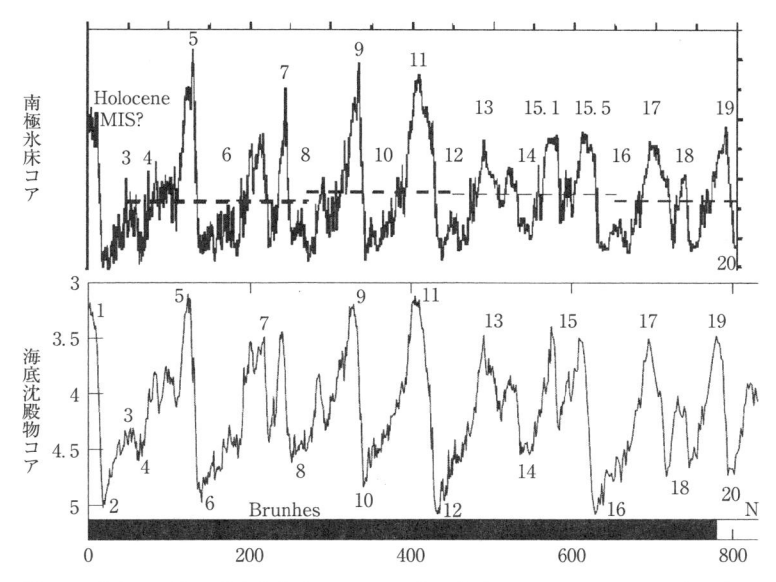

図 7.5 過去 80 万年の温度変動（Lüthi, *et al.*（2008）と Lisiecki and Raymo（2005）から合成）
上図は南極ドーム C コアの水素同位体比から求めた温度記録，下図は海底沈殿物コアの底生有孔虫の殻の酸素同位体比から求めた温度記録（大西洋を中心に世界の海域から得られた多地点の記録を平均）．上下の図とも，グラフは上方が高温，下方が低温に対応．図中番号は 2 種のコア試料における同位体比変動の対応点の通し番号．

は大気中の水蒸気は重い酸素の濃縮した海洋から蒸発したものであるから，間氷期に比べ重い酸素が濃縮している．さらに，降水や雪のなかの酸素同位体比はその場の気温に左右され，気温が低いほど ^{18}O 比は大きい．したがって，氷床中の ^{18}O が多ければ寒冷期，少なければ温暖期と判断される．同様の考えで水素の同位体比が温度決定に使用されることもある．

図 7.5 の上図は，南極氷床コアから求めた過去 80 万年の温度記録である．同じく下図は海底沈殿物コアから求めた同じ期間の温度記録である．上下の図は，場所もコア試料の種類もまったく異なるにもかかわらず，両者よく一致していることがわかる．これらの資料を詳しく解析した結果，過去の地球の気候は過去 80 万年の間は約 10 万年の周期で氷期と間氷期を繰り返しており，それらに約 4.1 万年，2.3 万年の周期の気候変動が重なって起きている．

7.2.1 ミランコビッチの仮説

1 万年を超える時間スケールで起きる気候の変動については地球軌道要素の変化が原因とするミランコビッチの仮説がある．1920～1930 年代にセルビアの天文学者ミランコビッチによって提唱された．地球は傾斜した軸で自転しながら太陽のまわりを楕円軌道で公転している．こうした地球の運動は他の惑星の引力の影響を受けて長い周期で変動するが，その結果現れる，地球の自転軸（地軸）の傾きの変化，地球の歳差（コマの首振り）運動，公転軌道の離心率（楕円軌道が円からずれている度合い，真円の場合には離心率はゼロ）の変化が，地球の受け取る太陽エネルギーの総量や緯度分布の変化を生み，気候に影響を与えるとの説である．地軸の傾斜角は 22.1° と 24.5° の間を約 4 万年周期で変化する．傾斜角が大きくなると，日射の季節差は大きくなるが，高・低緯度の差は小さくなる．地球は歳差運動，すなわち自転軸がコマの首振り運動のような回転（約 2.6 万年周期）をしているため，約 1.3 万年ごとに季節が逆転する．すなわち，公転軌道で春分，秋分，冬至などの位置が年々少しずつずれていく．そのため地球と太陽との距離の近い（遠い）季節がずれていく．現在は冬至の頃一番近い．今から 1.3 万年前には冬至の頃に太陽から最も遠かった．公転軌道の離心率は，約 10 万年と 40 万年の周期で変動する．しかし，これによる地球大気上端に入射する年間日射量の変化は最大でも現在の 0.17% 程度であるため，離心率の変化が単独で気候を変えることはないと考えられている．

7.2.2 ヤンガードリアス

地球の軌道要素のほかに，過去の気候変動の要因として，海洋変動，太陽活動，火山噴火などがある．約1.8万年前の最終氷期ピークから現在に続く間氷期への温暖化の過程で約1.2万年前に約1000年間続いた寒の戻り（ヤンガードリアスと呼ぶ）があったが，その原因として，海洋変動が考えられている．

世界の海洋をめぐる海水の循環には大きく分けて，表層海流と深層循環の2種類がある．深さ数百mまでの表層の海流は，大気の大循環によって駆動される風成循環である．深層循環は，コンベアベルトと呼ばれる全球の海洋を約2000年かけて巡る循環で，海水の温度と塩分濃度で決まる密度の差によって駆動される熱塩循環である（図7.6）．ノルウェーやグリーンランド沖の北大西洋では，蒸発により塩分濃度が増し，冷気との接触で温度が低下し，これら二つの効果により比重の大きくなった海水が沈降している海域がある．沈降海水は海底に達し深層水となり，大西洋を南下し赤道を越えて南極海で，南極海起源の沈降海水と合流して，東向きに流れる深層流として太平洋に達し，そこで北に向きを変えて北上し赤道を越え北太平洋で浮上し表層流として南下し，インド洋を経て，高温の表層流として大西洋を北上し循環を閉じる．

最終氷期の後，ヤンガードリアス期までの期間は暖かな間氷期に向かう温暖化の時期である．この時期，氷河は融解し淡水が北大西洋に注ぐ．この淡水が深層海流の基点の海域の表層塩分濃度を低下させ，これにより熱塩循環が弱まり，深層循環を介して北大西洋で暖流の北上が弱まり，欧州は寒冷化し，その影響がヤンガードリアス期としてさまざまな古気候記録に残されたものと考えられている．氷期中にみられる万年規模の激しい温度変動も，熱塩循環の変動が関係している可能性が考えられている．

7.2.3 縄文海進

今から約6000～8000年前には気温が現在より2～3℃高かった時期があり，気候温暖期などと呼ばれている．気温の高い時期は，陸上に氷が少なくそのため海面水位の高い時期であり，気候温暖期には現在より海面水位が数m高かった．この時期はわが国の縄文時代に重なる．本州各地に残されている縄文集落跡の貝塚が現在の海岸線よりはるか内陸に分布しているのは，その時代の海面水位が高いため海岸線が現在より内陸に侵入していたことの証である．このことを縄文海進と呼ぶ．

7.2.4 マウンダー極小期と小氷期

数世紀前の1400～1650年の期間は，現在では結氷しないバルト海や英国のテムズ川，オランダの運河などが毎年凍結した寒冷な期間であり，小氷期と呼ばれている．この時期は，太陽の黒点数が極端に少ないマウンダー極小期にあたっていた．太陽黒点の数は，11年周期で変動するが，これに伴う太陽エネルギーの変化は0.1%程度である．つまり，黒点が少ない時期は，太陽から地球の受け取るエネルギーは減少するが，その変化はきわめてわずかであり，黒点数が少ないとなぜ寒冷な気候になるのかは未解明である．

7.2.5 火山噴火

火山の噴火が数年程度の短期的な気候の変化をもたらす場合がある．火山の爆発により，大規模な火山噴火が起こると，火山性ガス（水蒸気，二酸化硫黄，硫化水素など）やエーロゾル（火山灰，塵，固体粒子，硫酸塩粒子など）が大気中に多量に放出され，これらの噴出物は成層圏内に及ぶ場合がある．火山灰は日射を遮蔽し気温を下げる効果（日傘効果）があるが，成層圏まで上がっても，数か月の短期間に落下しその影響はきわめて短期的である．火山ガスが成層圏に放出された場合には，二酸化硫黄（亜硫酸ガス，SO_2）は成層圏内で拡散しながら化学反応により硫酸に変化し微小な硫酸液滴のエーロゾルとして，全球的に広がる．微小な硫酸液滴は落下速度が遅く，長時間成層圏内に滞留する．1年程度滞留するものは大気の大循環

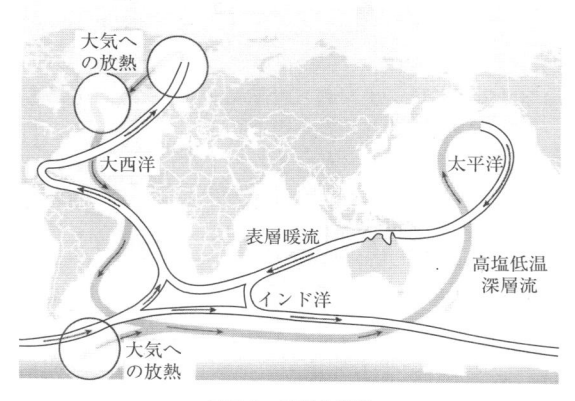

図7.6 海洋大循環
円で囲んだ場所は大気への放熱と海洋の沈み込みが活発な海域．太平洋は塩分が少ないので，大西洋のような沈み込みが発生しない．(Broecker, 1995：http://darwin.nap.edu/books/0309074347/html/233.html)

によって運ばれ，地球の半球規模に広がる．2年程度滞留するものは全球規模に広がる．このように長時間滞留する硫酸エーロゾルによって，日射はミー散乱を受け，地表に達する散乱日射量は噴火直後を除けば増加するが，直達日射量は減少する．過去の火山の大噴火の際，直達日射量の20〜30%の減少が観測されている．これにより，全天日射量（散乱日射＋直達日射）は減少し，地表の気温は低下する．1991年6月に噴火したフィリピンのピナツボ火山の影響は1992年の全球平均気温の低下の形で現れ，全球的な影響は1994年まで残った．

7.3 地球温暖化

7.3.1 温室効果

大気の温室効果とは，日射（短波放射）は吸収しないで通過させ，地表面からの赤外放射（長波放射）の一部を吸収し，逆に大気から地表面に向かっても赤外放射を射出して地表面を暖める大気の働きを指す．

絶対温度 T の黒体から射出される放射エネルギーの波長別の強さはプランクの法則によって示される．太陽は表面温度約6000 Kの黒体に相当する放射を出しており，波長の短い方から約 $0.3\,\mu m$ 以下の紫外光，約 $0.3 \sim 0.8\,\mu m$ の可視光，約 $0.8\,\mu m$ 以上の赤外光からなる．太陽放射の全エネルギーのうち，紫外光はわずか7%程度であり，残りの大部分は可視光と赤外光にほぼ半分ずつ分布している．放射エネルギーの最大は，波長約 $0.5\,\mu m$ を中心とする可視光の波長帯に集まっており，太陽放射は短波放射とも呼ばれる．太陽放射は地球大気に入射すると，大気中の種々の吸収物質に特有の波長帯で吸収されるため，地表面に到達するまでにスペクトル分布はかなり変形される．大気中の窒素は波長の非常に短い紫外光を吸収するが，もともと太陽放射の中にこの波長域はわずかしか含まれていない．酸素は窒素よりも少し広い波長の範囲の紫外光を吸収し大気のかなり高いところで分解されイオン化する．こうして，高度100 kmに達するころには $0.12\,\mu m$ 程度以下の紫外光はすべて吸収されてしまう．さらに中間圏半ばまでくると空気密度が大きくなり，紫外光の吸収により酸素分子が原子に分解し，また，それらの結合によるオゾンの生成反応で波長が約 $0.3\,\mu m$ 以下の紫外光が吸収される．$0.3\,\mu m$ より長い波長の太陽放射は対流圏にある水蒸気，二酸化炭素（炭酸ガス，CO_2）によって可視部および赤外部でいくらかの吸収を受けるもののほとんど吸収されないといってよく，実質上地球大気は太陽放射に対しては透明であるといえる．

地球は宇宙空間からみると，絶対温度255 Kの黒体に相当する放射を射出している．この放射エネルギーの最大強度は約 $11\,\mu m$ を中心とする赤外光の波長帯にある．これを地球放射といい，太陽放射に比べて長波長の放射を出すため，長波放射とも呼ばれる．大気には赤外光を顕著に吸収する成分として，水蒸気，二酸化炭素，オゾンなどがある．放射の観点から「大気の窓」と呼ばれる約 $8 \sim 13\,\mu m$ の波長帯では，$9.6\,\mu m$ 付近のオゾンによる強い吸収以外は地球放射に対して透明で，この波長帯を通して地球放射のエネルギーは宇宙空間へ失われる．しかし，波長 $14\,\mu m$ 以上では，二酸化炭素，水蒸気による強い吸収があり，地球大気は地球放射に対して窓領域を除いて不透明である．

太陽からの短波放射は，それに対して透明な大気を透過して，地球の表面を加熱する．加熱された地表面からの長波放射は，それに対して不透明な大気に吸収される．大気からは，上向きに，太陽からの放射と釣り合った放射が宇宙空間に射出され，地球と大気の全体として，放射平衡が保たれている．また，大気からの下向きの放射が地表面に達するので，地表面は大気からの放射と太陽からの放射の両方が到達して加熱されることになり，大気がない場合と比べて地表面温度が上昇する．これを大気の温室効果という．

放射平衡時の地球の温度を簡単な方法で見積もり，実際の平均気温と比較して，地球大気の温室効果の程度をみてみよう．図7.7は地球が，太陽放射を地球の断面積で受け取り，地球放射を地球の表面積で射出していることを示す．地球の半径を r_E とすると，地球の断面積は πr_E^2，表面積は $4\pi r_E^2$ である．地球が吸収する太陽放射は，太陽定数を S_0，地球の平均ア

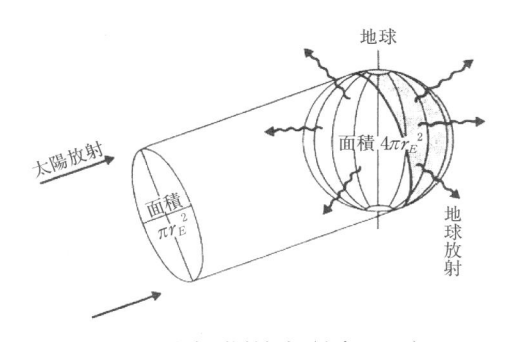

図7.7 地球の放射収支（小倉，2003）
地球は太陽放射を地球の断面積で受け取り，地球放射を地球の表面積で放出し，全体としてエネルギー収支ゼロの平衡状態にある．

ルベドを A とすると，$S_0(1-A)\pi r_E^2$ で表される．一方，地球放射により地球が失うエネルギーは，地球放射強度を I_E とすると $4\pi r_E^2 I_E$ である．放射平衡なら，$4\pi r_E^2 I_E = S_0(1-A)\pi r_E^2$ より，$I_E = S_0(1-A)/4$ となる．I_E は地球-大気系が表面 $1\,m^2$ 当たりに単位時間に放出するエネルギーを表すとともに，放射平衡にあるため，大気上端 $1\,m^2$ の面で単位時間に受け取る太陽放射エネルギー量を意味している．

地球の放射平衡温度を T_E とし，地球を黒体と仮定すると，ステファン-ボルツマンの法則から，$I_E = \sigma T_E^4$ であるから，$T_E^4 = S_0(1-A)/4\sigma$，ゆえに，$T_E = [S_0(1-A)/(4\sigma)]^{1/4}$ である．ここで，$S_0 = 1.37 \times 10^3\,W \cdot m^{-2}$，$A = 0.3$，$\sigma = 5.67 \times 10^{-8}\,W \cdot m^{-2} \cdot K^{-4}$ といった数値を代入して $T_E = [1.37 \times 10^3(1-0.3)/(4 \times 5.67 \times 10^{-8})]^{1/4}$ から，地球の放射平衡温度 $T_E = 255\,K\,(-18℃)$ を得る．これは観測に基づく地球の表面温度 $15℃\,(288\,K)$ に比べかなり低い．現状の大気の温室効果により大気のない場合の放射平衡温度より $33°$ 高い現状の気温が維持されていることを意味する．

もう少し複雑にして，大気と地表の温度を変数に組み入れたモデルを用いて大気の温室効果を評価してみよう（図7.8）．地球-大気系の表面 $1\,m^2$ 当たり単位時間に入射する太陽放射エネルギーを $I_E = S_0(1-A)/4$ とし，大気は均質な単一の層で代表させる．また，大気は短波放射に対して透明（完全透過），長波放射に対しては不透明（完全吸収）と仮定する．地表面，大気自体および大気上端における放射収支は，それぞれ次のように表される．大気上端では入射する太陽放射エネルギー I_E と大気から宇宙に放出される放射エネルギー I は等しく，$I = I_E$ である．大気自体の熱収支は，地表から受け取るエネルギー I_G が大気から宇宙および地表に向けてそれぞれ I の強度で放射されるエネルギーの合計 $2I$ に等しく，$2I = I_G$ である．地表面では，太陽放射 I_E と大気からの下向き放射 I の合計が地表から出ていく放射に等しく，$I_G = I_E + I$ である．この連立方程式を整理すると，$I_G = 2I_E$ を得る．すなわち，大気の存在により，地表面の受ける放射量は太陽放射の2倍になる．地表面の温度を T_G，大気の温度を T_A とすると；ステファン-ボルツマンの法則により，$I_G = \sigma T_G^4$，$I = \sigma T_A^4$ であるから，$T_G = 2^{1/4}\,T_A \fallingdotseq 1.2\,T_A$ である．ここで，$T_G - T_A$ が温室効果による地表面の昇温である．前の例のように，$I = I_E = S_0(1-A)/4$ の数値を入れて，$T_A = 255\,K\,(-18℃)$ であるから，$T_G = 306\,K\,(33℃)$ で，温室効果による昇温量は $51℃$ になる．先の $33℃$ と比べて温室効果による昇温が大きい．短波放射に対して大気を透明としていたところを，たとえば1割とやや多い吸収を仮定しても，その差は若干小さくなるものの $44℃$ である．つまり，現実の大気の吸収効果も重要であるが，$51℃$ と $33℃$ の開きの大部分は対流による熱交換を考慮していないことによる．さらに精密な評価は，大気を多層に分け，各層における反射と波長別の吸収を現実の大気に即して与え，対流による熱交換を考慮することで得ることができる．

最後に，二酸化炭素など温室効果気体は対流圏や成層圏を含め大気全体でほぼ一様に増えていくので，対流圏の温度を上げる一方，成層圏の温度を下げる効果があることを注意しておく．対流圏で増加する二酸化炭素は大気から地表への赤外放射を増加させ地表温度を上げ，ひいては対流圏の温度を上げる．一方，成層圏で増加する二酸化炭素は，大気から宇宙への赤外放射を増加させ成層圏大気の放射冷却を促進するので，成層圏の温度を下げる．

7.3.2 温室効果気体

日射を透過し，赤外放射を吸収し再び放射する気体を，大気の温室効果を担う成分という意味で，温室効果気体または温室効果ガスという．大気の組成は窒素，酸素，アルゴンで組成の 99.93% を占めるが，残りの 0.07% を構成する微量気体の中に温室効果気体が含まれている．大気中に存在する主な温室効果気体は，水蒸気（H_2O），二酸化炭素（CO_2，炭酸ガス），メタン（CH_4），一酸化二窒素（N_2O，亜酸化窒素），フロン類（クロロフルオロカーボン類，CFCs）などがある．大気中の温室効果気体には，人為要因により発生するものと，自然要因により発生するものとがある．人為的には，農業や工業あるいは日常生活など，人間の活動に伴い大気中に放出される．フロンは自然界に発生源のない人為排出成分である．上記の気体でフロン以外は，自然発生源と人為発生源の両方をもつが，水蒸気以外でみられる大気濃度の長期的な増加傾向の原因は，人為的な排出である．温室効果気体のな

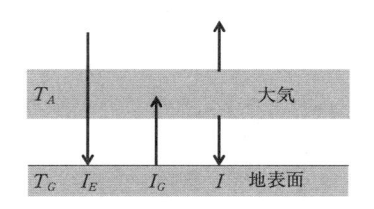

図7.8 地表と大気の放射収支

かには，場所による違いが大きく，また，同一地点でも時間的な変動が大きいものがある．発生源の地理的分布や発生過程が昼夜など時間によって異なるためである．

大気の組成中で現状の温室効果に大きく寄与している気体は，水蒸気と二酸化炭素である．特に，水蒸気の寄与が大きく，水蒸気は現在の地球の気候形成に大きくかかわっている．大気中の水蒸気量には自然の発生源からの寄与が大きく，現状で場所的・時間的に変動がきわめて大きい．加えて，大気中の水蒸気量は上限が気温により限定されている．このため，人為的な水蒸気の排出で，大気中の水蒸気量が増加し続けることはない．したがって，近年の「地球温暖化問題」においては水蒸気の人為的排出は議論の対象とはされていない．上記の温室効果気体のうち水蒸気以外は，人為排出が問題として議論の対象になっており，温室効果全体への寄与の大きさから二酸化炭素排出の削減が国際的な議論の中心を占めている．

メタンは1分子当たり二酸化炭素の20倍以上の温室効果をもつといわれるが，現在の濃度では温室効果全体に占める寄与は多くない．発生源は，湿地帯や水田での有機物の発酵，家畜を含む動物の腸内発酵，天然ガスの採掘などがあり，大気中のメタン濃度は人間活動の活発化に伴い年々増加してきた．近年，家畜の頭数が劇的に増加，現状で年間の全メタンの15%を家畜が放出している．地球全体の大気についての平均的な濃度は，産業革命前（18世紀中ごろ）の700 ppb（ppb＝10^{-9}）が近年は1770 ppbを超え，2.5倍以上に増えている．

一酸化二窒素の温室効果は1分子当たり二酸化炭素の約200倍といわれる．海洋からの放出，土壌中の微生物活動に伴い自然に発生するが，化石燃料燃焼，バイオマス燃焼，窒素肥料，農耕牧畜，土地利用変化，汚水など人為的発生源もある．産業革命以前には276 ppb前後であったが，現在は約318 ppbになっている．

フロンの温室効果は1分子当たり二酸化炭素の数千倍と他の温室効果気体に比べて圧倒的に大きいが，現在のところ大気中の量は二酸化炭素に比べてはるかに微量である．フロンは本来自然界には存在しなかった人造の化合物である．1960年代以降，使用が拡大し，大気中の濃度が増大してきたが，現在はオゾン層破壊物質として生産と使用が禁止されている．しかし，大気中での消滅速度がきわめて遅いので，禁止後も濃度減少はきわめてわずかである．フロンの代替品として

オゾン層に安全なハイドロフルオロカーボン類（HFC類）などの成分の使用が増えており，大気濃度が増加している．これらはフロンと同様に1分子当たりの温室効果がきわめて大きいので，大気中の濃度増加は地球温暖化を加速する．

7.3.3 二酸化炭素

二酸化炭素は，石油や石炭など化石燃料の燃焼に伴い排出され，海洋や森林により吸収され，排出総量の約半分が大気に残留し，大気中の二酸化炭素の濃度を増加させる．地球全体の大気についての平均的な濃度（モル濃度，あるいはモル比）は，産業革命前（18世紀中ごろ）の約280 ppm（ppm＝10^{-6}）が近年では約380 ppmと35%以上となって，なお増加を続けている（図7.9）．20世紀後半の増加が著しい．

大気中の二酸化炭素濃度は季節変化をしており，その振幅は一般に赤道付近よりも北半球中高緯度の方が大きく，また夏に濃度が最低になる．岩手県綾里で観測した二酸化炭素濃度でみると，4月に最大，8月に最小を示している．またその変動幅は10 ppmを超えるが，これはハワイのマウナロアでの観測値の変動幅，約5 ppmよりかなり大きい．南半球の観測点では変動幅はさらに小さく，1～2 ppm程度である．このような季節変化がみられるのは，樹木や草など植物が春から夏にかけて大気中の二酸化炭素を吸収して酸素を吐き出す光合成作用を活発に行い，冬には落葉や枯れ草などが腐食により分解して二酸化炭素を吐き出すからである．このような季節変化は，常夏の赤道地方よりも植物の生育が季節に支配される中高緯度で大

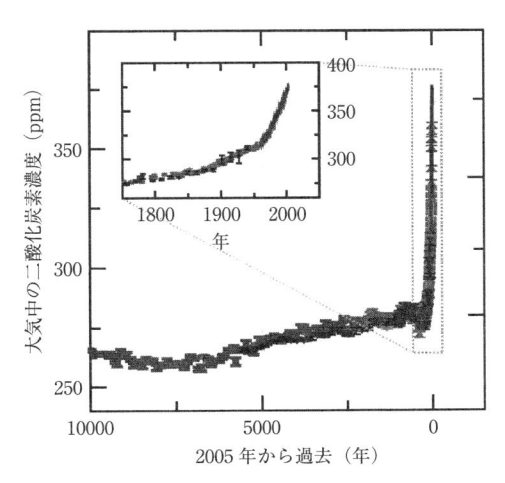

図7.9 過去1万年の大気二酸化炭素濃度（IPCC第4次報告書）

きく，特に，森林の多い北半球で濃度の季節変化が大きい．

冷えた炭酸飲料は泡が出にくいことから類推される通り，海水は温度が低いほど二酸化炭素を多く含むことができる．海水が暖まると，海水に含まれていた二酸化炭素の一部が吐き出される．これは，夏に大気中の二酸化炭素濃度が低くなることと相反する傾向であり，海水温の季節変化は二酸化炭素の季節変化の原因ではない．

大気中の二酸化炭素濃度は場所によって振幅と位相の異なる季節変化を伴いながら，極域を含む地球大気全体で増加を続けている．季節変化を除いた大気中の二酸化炭素の平均的な増加率は年当たり約1～2 ppmで，場所による違いがない．人間活動により大気中に放出される二酸化炭素の量は北半球で多く，南半球では少ない．しかし，人間活動のほとんどない南極域でも北半球と同様の増加が認められる．これは，二酸化炭素が大気の大循環によって地球全体に拡散している証である．

大気中の二酸化炭素濃度が年率1～2 ppmで増加する場合，地球大気全体で年間およそ2～4 Gt（ギガトン）の炭素増加に相当し，化石燃料の消費量などからみた年間の炭素排出量約7 Gtのほぼ半分に相当している．詳しい算定は以下の通りである．大気中に$1 m^2$の底面積をもつ気柱を考えると，その気柱のなかには，地上で1000 hPaの気圧を与える重量の空気が存在する．これを水柱に換算すると，高さ10 m，重量にして10^7 gである．地球の表面積は約$5.1 \times 10^{14} m^2$であるから，大気の全重量Mは，$M = 5.1 \times 10^{14} \times 10^7 g = 5.1 \times 10^{18}$ kgとなる．乾燥空気は窒素，酸素，アルゴンを主に，その他の微量成分を含む混合気体であるが，その割合が一定しているので分子量約29の単一成分気体として扱われる．大気の全体積をVとすると，空気の容量モル濃度は$(M/29) \times (1/V)$である．また，大気中の炭素（分子量12）の年間増加量をm kgとするとその容量モル濃度は$(m/12) \times (1/V)$で表される．二酸化炭素は1分子に炭素1原子であるから，大気中の二酸化炭素の年間増加量はモル濃度2 ppmであることは，炭素濃度についても年増加量はモル濃度で$2 ppm = 2 \times 10^{-6}$であることを意味する．これは$(M/29) \times (1/V)$の値を1とすると$(m/12) \times (1/V)$の値が2×10^{-6}になることを意味する．すなわち，$(m/12) = 2 \times 10^{-6} \times (M/29)$で，整理して，$m = 2 \times 10^{-6} \times (12/29) \times M$である．したがって，炭素の年間増加量を重量で表すと，$m = 2 \times 10^{-6} \times (12/29) \times 5.1 \times 10^{18}$ kg $= (12/29) \times 2 \times 5.1 \times 10^9$ t $= (12/29) \times 2 \times 5.1$ Gt $\fallingdotseq 4$ Gtである．つまり，1～2 ppmの二酸化炭素濃度の増加は，全球的な大気中の炭素総量の増加2～4 Gtに相当し，年間排出量約7 Gtと比較すると，大気中に排出された炭素の約半分が大気に残留することになる．

7.3.4　地球温暖化
＜気温上昇＞

図7.10は最近約100年間の気温の推移を示す．上の図は全球平均した年平均地上気温を平年差（1971～2000年の平均からの差）の形で示す．下の図は，日本の気象官署のうち都市化による環境の変化が比較的少なく長期間継続して観測が行われている17地点を選び，年平均地上気温の平年差（1971～2000年の平均からの差）を求め，17官署を平均して示す．上下とも，棒グラフは各年の値で，折れ線は各年の値の5年移動平均を，直線は長期傾向を示す．上下両図とも，大勢として，19世紀末から1940年ごろまで上昇，その後下向傾向，1970年ごろから再び上昇に転じている．後述の「気候変動に関する政府間パネル（IPCC）」における総合的な評価で，現在広く認識されている世界の平均気温の長期変化の特徴は以下の5点にまとめられる．

- 全球平均気温は変動しながらも，100年に約0.6℃の上昇．
- 昇温は全球で一様ではなく，気温が下がった地域もある．
- 1970年代半ばから現在までの上昇が顕著．
- 1990年代には過去1世紀の範囲で最も暖かい年の上位に属する年がいくつもある．
- 1992年は1991年6月に起きたフィリピンのピナツボ火山の噴火の影響で全球平均気温が1990年代で最低であった．

＜海面上昇＞

過去に起きた縄文海進のように，温暖化に伴って海面水位の上昇が懸念されている．過去100年間程度の海面水位の変化を記録したデータとして検潮記録がある．ただし，この種のデータは沿岸を土台に観測した水位記録で，海と陸の相対的な高さの記録であるため，地盤沈下・地殻変動の影響の正確な把握が不可欠である．一方，1990年代に入って，地殻変動などの影響を受けない，衛星による水位の精密な観測が可能となったが，これについてはまだデータ期間が短い．また，地域によっては海流の変動によっても潮位

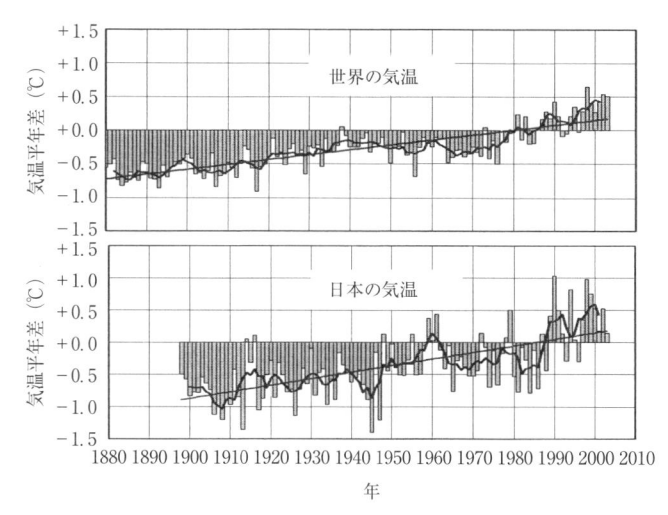

図 7.10 世界と日本の年平均地上気温の平年差の経年変化
上図は世界の陸上データ（1880～2003 年），下図は日本のデータ（1898～2003 年）．棒グラフは各年の値，曲線は各年の値の 5 年移動平均，直線は長期変化傾向を示す．（気象庁資料）

変化が起きるので，温暖化による影響との区別が重要である．そうした点を考慮して調査した結果，最近の100年間で全球平均の水位上昇は約20cm以下と推定されており，ただし，全球一様の上昇ではなく地域差がある．水位上昇の理由は，水温上昇による海水体積膨脹の寄与が最大，ついで低緯度の山岳氷河の融解などが寄与している．南極やグリーンランドの氷床の融解の寄与は不確実で，精密なデータの入手可能な最近10年に限ると全体の水位上昇への寄与は1割程度と評価されている．現在のところ日本付近では，温暖化に伴う海面水位の上昇はみられない．

7.3.5 温暖化の現状認識

今日の地球温暖化問題とは，人間活動により放出される二酸化炭素などの温室効果気体の増加に起因して生じる気候の温暖化にかかわる諸問題をいう．大気には内在的な不安定があり，10年以上の長い時間スケールでも不規則な変動が起こっており，その変動の幅は非常に大きい．したがって，二酸化炭素などの温室効果気体やその他の要因による温暖化の影響を観測データから確認するのはきわめて困難な科学的認識作業である．温暖化の問題は，国際政治の重要課題となっており，温暖化に対する科学的認識にも国際的コンセンサスが重視される．このため，地球温暖化問題に関する最新の科学的知見をとりまとめる役割をもつ組織として，「気候変動に関する政府間パネル（IPCC：Intergovernmental Panel on Climate Change）」が，国連の専門機関である世界気象機関（WMO）と国連環境計画（UNEP）との共同で1988年に設立された．このIPCCの活動により，1990年に第1次評価報告書，1995年に第2次評価報告書，2001年第3次評価報告書，2007年に第4次評価報告書が公表されている．これらの報告書は地球規模の気候変動を議論するとき，その時点で最も信頼すべき文献とされ，それに依拠して国際政治の各種会合がもたれ，温暖化防止に向けた条約，議定書が締結されている．IPCCにおける温暖化の現状についての最も中心的な科学認識を，各報告書でみると，以下の通りである．

第1次報告書（1990年）「観測された気温上昇は気候モデルによる結果と矛盾しないが自然要因に起因する可能性もある．」

第2次報告書（1995年）「識別可能な人為的影響が全球の気候に現れていることが示唆される．」

第3次報告書（2001年）「近年得られた，より確かな事実によると，最近50年間に観測された温暖化のほとんどは，人間活動に起因するものである．」

第4次報告書（2007年）「気候システムの温暖化には疑う余地がない．このことは，大気や海洋の世界平均温度の上昇，雪氷の広範囲な融解，世界平均海面の水位上昇が観測されていることからいまや明白である．」

このように，第1次報告書では不確実性のため明瞭な表現はできないながらも地球温暖化問題を最初に提起し，その後，次数を重ねるごとにふみ込んだ見解を示してきたことがわかる．そして最新の第4次報告書では，IPCC発足から20年近い年月の間に進展した科学的成果をふまえ，人間活動に伴って大気に排出され，大気中濃度が増加を続ける温室効果気体の影響で，温暖化が起きていることをほぼ断定した形になっている．

7.4 オゾン層とオゾンホール

7.4.1 オゾン層問題

オゾンは酸素原子3個が結合した物質で，酸素原子2個からなる酸素分子の同素体である．常温では気体であり，酸化力が強く，生体には有害な成分である．大気下層では，光化学スモッグを構成するオキシダントの主要物質として汚染大気中に発生し，人によって個人差はあるが，大気中の濃度が0.06 ppmでヒトは匂いを感じ，0.08 ppm以上になると目の痛みや頭痛を感じるといわれている．地上近くではオゾン量は少なく，約0.05 ppm前後がふつうである．地上にあると，生体に有害なオゾンが，成層圏には多いところで5 ppm以上の量で地球を包むように層をなして存在している．これをオゾン層という．

地球大気に入射する太陽光には，生物に有害なB領域の紫外光（UVB，波長290〜315 nm）が含まれている．UVBのほとんどはオゾン層に吸収され地上にはきわめてわずかの量しか到達しないので，オゾン層は地球の生物を有害な紫外光から守っているといえる．

7.4.2 オゾン層の仕組み

大気中のオゾンは，紫外光の光化学反応により酸素分子から発生する．この反応によるオゾンの主な発生域は紫外光の多い赤道上の成層圏である．発生したオゾンは，成層圏内の地球規模の風によって冬半球の高緯度成層圏へと輸送される．このようにして地球を包むオゾン層は，成層圏の中ほどでオゾン数密度は最大となり，オゾンによる太陽紫外光の吸収により高度約50 kmでピークとなる成層圏内の温度分布がつくられている．

オゾン層の仕組みをごく単純化すると次のようになる（図7.11）．太陽光の中のC領域紫外光（UVC）が空気中の酸素分子（O_2）に当たると，1個の酸素分子が2個の酸素原子（O）に分離する．このようにしてできた酸素原子の1個が周囲にある酸素分子1個と反応してオゾン分子（O_3）1個をつくる．一方，オゾンは別の光化学反応により消滅する．すなわち，オゾンは太陽光の中のB領域紫外光（UVB）を吸収して酸素原子と酸素分子に戻り，さらに酸素原子はオゾンと反応してそれぞれが酸素分子になる．成層圏内では太陽光の存在の下でこのようなオゾンの発生と消滅が継続して起きており，そのバランスのもとでオゾン層内のオゾンを維持している．

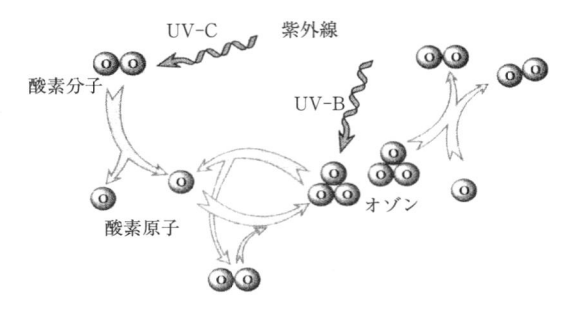

図7.11 オゾンの生成・消滅メカニズム
（気象庁：『異常気象レポート2005』）

純酸素理論と呼ばれるこの考えは1930年にチャップマンにより提唱され，オゾン層の仕組みの基本部分をほぼ説明しているが，定量的にはいろいろ不都合がある．たとえば，純酸素理論で算出したオゾン量は，高度約20 kmより上で実測より過大になる．この不都合は，自然の大気中に微量に存在する窒素酸化物の効果を考慮することにより解消できることが1970年にクルッツェンにより示された．この窒素酸化物を登場させたことにより，オゾン層の化学理論はほぼ確立したといえるが，同時に，そのころ浮上した超音速旅客機SSTの成層圏飛行計画と関連して，SSTの排気に含まれる窒素酸化物による「オゾン層破壊」の懸念が社会に広がるきっかけともなった．このSST問題については，世界の専門家が参加して行った総合調査により，当時計画中の規模ではSST飛行がオゾン層に与える影響はきわめて小さいとの報告が1974年にまとめられた．

そうしたオゾン層への関心が高まっている時期に，ラブロックが1973年の論文で，天然に発生源をもたないフロンが南北両半球の広い範囲で大気中に検出され，観測データから評価した大気中のフロンの総量はそれまで世界で排出された量と概略一致することを指摘した．この論文をみたモリナとローランドは，フロンの大気中での化学的挙動につき検討し，大気下層で

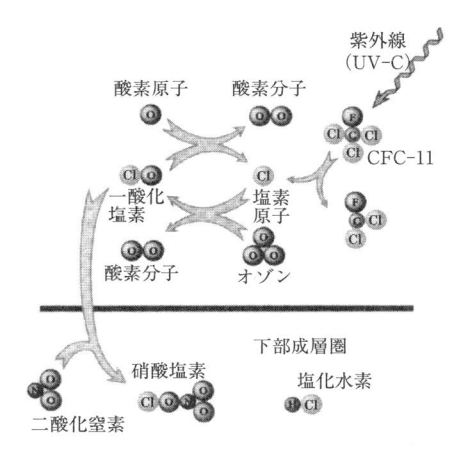

図7.12 上部成層圏におけるオゾン破壊のメカニズム
（気象庁:『異常気象レポート2005』）

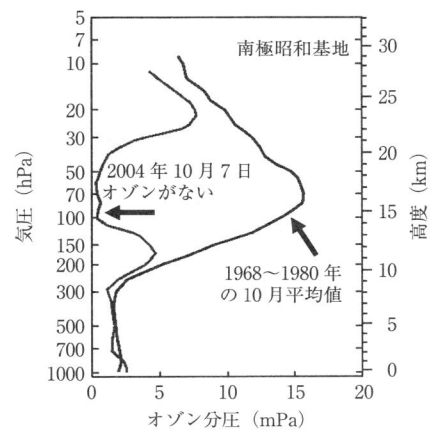

図7.13 オゾン分圧の鉛直分布

は分解されないフロンは大気中に蓄積するとともに成層圏の上部まで拡散していき，そこで波長の短い紫外光を受けて光解離し，それによりフロンから遊離した塩素原子がオゾンを消失させることを指摘した（図7.12）．この考えを組み込んだ数値モデルにより，高度30 kmより上空でオゾンが減少し，50～100年後にはオゾン層全体で10～20％のオゾン消失が見込まれることがわかった．クルッツェン，モリナ，ローランドはこうしたオゾン層の研究とその社会貢献が評価されて，1995年のノーベル化学賞を受賞した．

モリナとローランドの論文はオゾン層保護のためのフロン規制に関する論争の火ぶたを切ったことになるが，賛否両論ある中で国際世論を規制の方向に大きくふみ出させたのは，南極のオゾンホールの発見とその仕組みの解明であった．

7.4.3 オゾンホール

オゾンホールは南極上空のオゾン層に大きな穴が開いたようにオゾンが消失する現象で，季節的な現象であり，主に晩冬から春（8～11月）にかけて現れる．最大のオゾン消失は10月に現れ，オゾン量は通常1/3にまで減少することもある．南極における10月のオゾンの鉛直分布は，1968～1980年の平均ではオゾン層が明瞭に確認できるが，たとえば2004年10月7日に観測されたオゾンホール出現時のオゾン鉛直分布の典型例では高度14～18 kmでオゾンの消失が大きい（図7.13）．南極のオゾンホールで起きているオゾン消失のこうした特徴は，先にモリナとローランドの提唱した考えに基づくオゾン層破壊の予測をはるかに上回るもので，またオゾン消失の起きる高度範囲も全く異なっている．

気体成分同士の化学反応を均質系反応という．均質系では進行しない反応が固体や液体の表面を介すると容易に進行する場合があり，これを不均質系反応という．南極のオゾンホールにおいて，不均質系反応が不可欠な役割を果たしていることを最初に指摘し科学的に証明したのがソロモンであった．南極の成層圏は，冬季は太陽光のない闇の世界で−90℃にも達する低温になり，成層圏内に微量に存在する水，硝酸，硫酸などからできた微細な氷晶からなる極成層圏雲（PSC）をオゾン層内に発生させることが衛星観測から知られていた．ソロモンは1986年の論文で，このPSCの氷晶表面での不均質系反応により，フロンを起源とするものの成層圏でオゾン破壊作用をもたない成分として蓄積していた塩化水素（HCl）と硝酸塩素（$ClONO_2$）から塩素ガス（Cl_2）が製造されること，この塩素ガスは春になって戻ってきた太陽光に照らされると光解離し，オゾン破壊作用をもつ一酸化塩素（ClO）に変換されること，いわゆるPSCによる塩素活性化を最初に指摘し，モデルシミュレーションによりその重要性を具体的に示した．

オゾンホールは現在のところ，南極に限った現象である．北半球では地表面の地形が南半球に比べ複雑なため，成層圏の気流が複雑になり（低緯度からの熱の輸送が活発になり），そのため冬季に北極の成層圏の温度が南極ほど低下しない．このことが，北極で南極ほどのオゾン破壊が起きない主要な理由である．

7.5 酸性雨

7.5.1 酸性沈着

酸性雨とは，大気中の汚染物質を吸収して酸性化した降水を指す．雨，雪，雹，霧など広くすべての形の酸性降水がこれにあたる．大気汚染物質である二酸化硫黄や窒素酸化物などが大気中で雲や雨に吸収されると，硫酸や硝酸となり雨を酸性化する．そうした雨が地上に酸をもたらし，高濃度になれば森林や湖沼など自然環境に被害をもたらす．

ただし，被害をもたらす酸性物質は降水に含まれて降下するもののみではない．酸性化した降水や霧によるもののほかに，エーロゾルや気体などの形で地表（水面を含む）もしくは地物に沈着する酸性物質も含め全体を総称して酸性沈着という．その場合，酸性の降水は湿性沈着，その他を乾性沈着という．しかし，一般には酸性雨で，湿性と乾性を含む酸性沈着全体を指す用語として使用することもある．ここでも，特に断らない限り，酸性雨は酸性沈着全体を指すものとする．

酸性の指標にはpH（ピーエッチまたはペーハー）を使用する．pは力または濃度を意味するドイツ語potenzから，Hは水素イオンhydrogenからとったものである．溶液1l中の水素イオンのモル数の常用対数をとって，負号を除いた数値である．強酸相当の0から，強アルカリ相当の14までの値をとり，7が中性を意味する．pH7は1lの溶液中に10^{-7}molの水素イオンが溶けていることを意味する．1molに含まれる水素イオンの数はアボガドロ数6×10^{23}であることを考慮すると，pH7は1lの溶液中に6×10^{16}個の水素イオンが溶けていることを意味する．そして，指標1の変化は水素イオンの個数の10倍の変化，すなわち，酸性化能力に10倍の変化を意味する．したがって，pH6の雨に比べ，pH5の雨は10倍酸性が強く，pH4では100倍，pH3では1000倍，酸性が強いことになる．

雨水のpHが7以下を示せば，酸性化されていて，汚染が問題と考えるだろうか．実はそう簡単ではない．雨水は大気汚染の顕著でない地域でも大気中の二酸化炭素が溶け込みpH5.6のやや酸性に偏る．したがって，通常はpH5.6以下の降水を酸性雨と呼ぶ．ただし，地域によっては汚染の影響以外の自然の要因により雨水のpHが5.6以下または以上になる場合がある．したがって，人為的な大気汚染に由来する酸性化の度合いを知る目的のためには，地域の自然の特性を考慮して酸性雨の基準pHに5.6以外の数値を採用する方がよい場合もある．

酸性雨の正体は，二酸化硫黄や二酸化窒素が空気中もしくは雲粒や雨粒の中で酸化して生じる硫酸や硝酸が主要な成分である．有機酸も雨水の酸性に重要な成分である．

酸性雨被害は，欧州や北米で顕著な事例がみられ，水の酸性化で生物に有害な金属イオンの水中濃度が増加して藻以外の生物が生存できなくなってしまった湖沼や河川，一帯の樹木が立ち枯れた森林，酸のために侵食され崩壊の危機にさらされている大理石製の文化遺産などの被害が報告されている．

7.5.2 酸性雨への取り組みの歴史

ここで酸性雨問題の歴史を振り返ってみよう．酸性雨（acid rain）の用語を最初の使用したのは，1872年，英国マンチェスターの薬剤師スミス（R. A. Smith）で，工業都市で酸性雨が降ることを指摘，最初は原因と結果が近接する局地的な問題として登場した．1950年代になって，電力需要や自動車使用の増大により，酸性汚染物質の大気への排出が激増した．その排出は北半球の特に欧州や北米に集中し，そのような地域で降水の酸性が強まった．そして1960年代の末には，スカンジナビアに降る酸性雨の原因が英国や中部ヨーロッパから国境を越えてくる汚染であるとの説が発表され，1970年代になると，魚の数や樹木の異変など，森林・湖沼における被害をもたらす汚染が他国からの輸送と判明，酸性雨は国際問題化していった．このため，1972年にストックホルムで開催された，「国連人間環境会議」の宣言において越境汚染の抑制義務が明示され，「70年代末までに汚染物質の越境長距離輸送の原因と結果を特定する国際活動に着手する」こととなった．これに基づき，1979年に欧州諸国により問題解決の枠組みを定めた「長距離越境大気汚染条約」が締結され，その実施の具体策を定めた「ヘルシンキ議定書」が1985年に締結され，「遅くとも1993年までに欧州各国およびカナダの硫黄酸化物の排出量について，1980年比で最低30%減少させる」ことが約束された．窒素酸化物については，1988年の「ソフィア議定書」において「1994年までに欧米各国の窒素酸化物の排出量を1987年の水準に凍結する」ことが約束された．北米では1991年に米国とカナダの間で，酸性雨被害防止のための二国間協定が調印された．1970年代に先進国の越境環境問題として登場し，

欧州や北米で研究が活発化すると同時に，報道テーマとしてスポットを浴びた酸性雨問題は，1980年代の中ごろから途上国でも問題化し始めた．

1980年代から1990年代を通して実施された削減努力により，多くの国で二酸化硫黄の削減は成果をみせたが，窒素酸化物については技術的な困難から削減の成果はみられないで今日に至っている．21世紀に入って，報道の関心は地球温暖化など他の地球規模の環境問題に移ったようにもみえるが，酸性雨問題は21世紀の環境問題としてもその取り組みの重要性は継続しており，特にアジア地域においてはこれからが本番で，さらなる取り組みが望まれる課題である．

7.5.3 モニタリング

酸性雨は汚染源域から被害地域に大気の流れを通じて輸送されてきた汚染物質が原因となるため，関係国が複数にまたがるのが通例である．そのため，防止や監視には国際協力が不可欠である．酸性雨問題は，汚染の排出から被害発生までの一連の過程を総合的に捉えることが重要である．その一連の過程は大まかには以下のようにまとめられる．

- 雨を酸性化する酸の先駆物質である二酸化硫黄等の人為的な汚染物質の排出
- 大気汚染物質の長距離輸送
- 長距離輸送中の汚染物質の化学変化
- 汚染物質の雲および降水への取り込み
- 降水による，または，よらない地物および地表への沈着
- 地表への沈着後の諸過程
- 生態系などへの影響

酸性雨の実態解明には，上記の一連の過程の各節目での調査・観測が必要である．つまり，酸性雨の観測は，単に雨水のpHを測れば済むような，単純なものではない．実際，酸性雨に関するモニタリングでは，降水のpHを測定することに加え，気体状および粒子状大気汚染物質の化学分析，降水の化学成分の分析，陸水，土壌，植生の観測といった総合的なモニタリングが行われている．

モニタリングについて，アジアでの最近の動きとして，2001年にUNEPの計画として「東アジア酸性雨モニタリングネットワーク（EANET）」が開始され，現在，中国，インドネシア，日本，マレーシア，モンゴル，フィリピン，韓国，ロシア，タイ，ベトナム，カンボジア，ラオスが参加して実施されている．

日本では環境庁が，1983年から5か年計画で「第一次酸性雨対策調査」を実施し，その結果を受けて，1988年から5か年計画で「第二次酸性雨対策調査」により，酸性雨の実態調査，大気，陸水，土壌，植生の総合的モニタリングなどを実施してきた．2002年以降は，それまで18年間にわたる「酸性雨対策調査」の活動成果をふまえつつ，EANETと密接に連携する環境省の新たなプログラムとして「酸性雨長期モニタリング計画」が推進されている．

7.5.4 酸性雨関係諸量

観測できる量として，降水量P，大気中の物質濃度C，湿性沈着量Wを用いて，洗浄比を$K=W/PC$のように定義することができる．洗浄比はその地域の大気の浄化能力の目安を与え，大気中の酸性物質の大気からの除去過程を評価するうえで重要なパラメータである．各物質の洗浄比Kは気象条件，たとえば暖候季と寒候季の雲や降水の違いとも関係するので，その着目成分ごとの相違は，雨水に取り込まれるメカニズムの洞察を与える．

乾性沈着量Dが観測されると，乾性沈着速度を$V_d=D/C$のように定義することができる．沈着速度は，着目成分により異なるほか，気象条件や地表面状態により異なる．これまでの観測結果を整理して，成分や気象の相違にかかわらず大まかな見積もりとして，海面や湖沼面5×10^{-3} m·s^{-1}，都市域2×10^{-3} m·s^{-1}，農地・森林・牧草地2×10^{-4} m·s^{-1}，といった数値が得られており，これらの数値を用いて，大気濃度から乾性沈着量を推定する場合がある．

対象とする地域の大気の厚さをHとすると，大気中の酸性物質の平均滞留時間は，$\tau=H/(V_d+PK)$で与えられる．酸性沈着についてこれまで評価された結果から，成分によって異なるが，およそ数日のオーダーとみられ，対流圏内の水循環の平均時間約10日より小さい．これは，硫酸や硝酸など水への溶解度の大きい物質の特徴といえる．

7.5.5 日本の酸性雨

2004年に公表された「酸性雨対策調査総合取りまとめ報告書」では，環境省が実施した第一次から第四次までの酸性雨対策調査（1983～2000年度）と2001年度および2002年度の酸性雨調査をあわせた計20年間の調査結果が示されている．その結果に基づき，わが国の降水の現状をみると，降水のpHは地点別全期間（20年間）の平均値は伊自良湖の4.49から宇部5.85の範囲にあり，全平均値は4.77であった．植物

に対して急性被害が懸念される pH 3 未満の降水は観測されなかった．植生，土壌・陸水モニタリングの結果によれば，現時点では，酸性雨に起因する植生衰退，生態系被害，土壌の酸性化は見いだされなかった．シミュレーションにより，日本の年間硫黄酸化物沈着量のうち，10〜30% 程度が中国由来の硫黄酸化物であると評価された．

〈初心者の方々へのメッセージ〉

近年，社会の最大関心事の一つに地球環境問題がある．気象予報士の活動分野は地球環境問題に近接しており，こうした分野にも気象予報士の技術的活動が広がっていくことが望まれる．ここでは，気象とのかかわりを念頭に，地球環境問題のうち，気候変動，地球温暖化，オゾン層破壊，酸性雨について学ぶ．これらに共通する背景として重要な概念である気候システムについての解説から始めている．なお過去の予報士試験の一般知識（気候変動）ではオゾン層と酸性雨の出題はないが，一般知識（降水過程）の問題として雨の酸性が，また，一般知識（大気の構造）の問題としてオゾン層が出題されている．

【例題 7.1】（気候システム）（平成 6 年度第 1 回 学科一般知識　問 10）

気候系と気候変動の要因に関する次の文章で，空欄 A〜E を埋める（1）〜（5）の語句の組み合わせのうち，正しいものを一つ選べ．

気候は，大気圏と海洋・陸地・雪氷・生物圏等とのあいだで，（A）をエネルギー源として，複雑な相互作用を持つシステム（気候系と呼ばれる）により形成され，変動している．気候を変動させる要因には（B）と（C）とがある．（B）には，気候系自身に内在する変動要因の他，（D）による成層圏エーロゾルの増大，太陽活動の変化等の外的要因がある．（C）には，二酸化炭素等の（E）の排出による放射収支の変化，エーロゾルの排出による太陽放射の反射と雲の光学的性質の変化，森林破壊や砂漠化等による土地被覆の変化等がある．

	A	B	C	D	E
(1)	太陽放射	人為的要因	自然的要因	火山噴火	温室効果気体
(2)	地球放射	人為的要因	自然的要因	オゾン層破壊	温室効果気体
(3)	地球放射	自然的要因	人為的要因	火山噴火	大気汚染物質
(4)	太陽放射	自然的要因	人為的要因	火山噴火	温室効果気体
(5)	地球放射	自然的要因	人為的要因	オゾン層破壊	大気汚染物質

（ヒント）　気候変動要因についての理解を問う設問である．変動要因は自然要因と人為要因に大別でき，自然要因には，エルニーニョなど気候系自身に内在する要因と火山噴火など，気候系の外からの要因がある．人為要因は二酸化炭素など温室効果気体の排出，エーロゾルの排出，森林破壊などがある．

（解答）　（4）

【例題 7.2】（気候変動）（平成 15 年度第 2 回　学科一般知識　問 11）

火山噴火と日射の関係について述べた次の文章の下線部（a）〜（c）の正誤の組み合わせについて，下記の（1）〜（5）の中から正しいものを一つ選べ．

大規模な噴火が起こると大量の火山灰や亜硫酸ガス・水蒸気などの火山ガスが大気中に放出される．火山灰は（a）日射を遮蔽して地上の気温を低下させる効果があるが，比較的短い期間で落下する．また，火山ガスが成層圏に放出された場合には，亜硫酸ガスは微小な硫酸エーロゾルとなり，（b）数か月以上の長期間にわたり成層圏中に滞留し，これに伴い地上で観測される日射のうち（c）散乱日射量は減少し，直達日射量は増加する．

	(a)	(b)	(c)
(1)	正	正	誤
(2)	正	誤	正
(3)	正	誤	誤
(4)	誤	正	誤
(5)	誤	誤	正

（ヒント）　火山噴火が気候に影響を及ぼす基礎過程に関する設問である．噴火に伴い亜硫酸ガス（二酸化硫黄）が大量に成層圏に運ばれたとき，成層圏で硫酸エーロゾルが増加し，数か月以上，時には数年にわたって，地表に達する散乱日射を増加させ，直達日射を減少させ，気候を寒冷化させる．

（解答）　（1）

【例題 7.3】（温暖化）(平成 10 年度第 2 回　学科一般知識　問 11)

温室効果気体について述べた次の文章の下線部 (a)～(d) の正誤に関する (1)～(5) の記述のうち，正しいものを一つ選べ．

大気には，地球表面から発した (a) 赤外放射を吸収してそこでの大気の温度に対応した赤外放射を行う性質を持った気体が含まれている．地球表面の温度は，太陽放射に加えて，大気の赤外放射を受けとることにより，これらの気体がない場合の放射平衡温度より高くなる．これらの気体を温室効果気体という．温室効果気体の一つである二酸化炭素の濃度の年々の増加率を，ハワイ島のマウナロアと南極とで比較すると (b) ほぼ同じくらいである．温室効果気体には，(c) その量の場所によるちがいが大きく，同一地点での時間的変動の大きいものがあり，(d) もともと自然界には存在しなかったものもある．

(1)　(a) のみ誤り
(2)　(b) のみ誤り
(3)　(c) のみ誤り
(4)　(d) のみ誤り
(5)　すべて正しい

（ヒント）　(a) は温室効果の理解を問うものである．地球表面は日射と大気からの放射を受けて昇温し，自らの赤外放射により冷却し，その均衡によりある温度を維持している．大気中の温室効果気体が増加すると，大気からの放射量が増えるため，地表面温度は高い方にシフトする．(b)(c)(d) は温室効果気体の知識を問うものである．温室効果気体は局所的な発生や吸収のある近くでは時間変動，空間変動が大きいが，それらを平滑化してみると，地球上いたるところで，同様に増加している．重要な温室効果気体のなかには人造物質のフロンなど天然には存在しないものもある．

（解答）　(5)

【例題 7.4】（オゾン層）(平成 17 年度第 1 回　学科一般知識　問 1)

オゾンおよびオゾンホールについて述べた次の文 (a)～(d) の下線部の正誤の組み合わせとして正しいものを，下記の (1)～(5) の中から一つ選べ．
(a)　大気中のオゾンは，酸素分子が太陽放射の紫外光で光解離することによって生じる酸素原子を元にして生成され，高度 50 km 付近でオゾン数密度が最大となっている．
(b)　オゾンは太陽放射の紫外光を吸収することによって大気を暖め，高度 50 km 付近にある成層圏界面の高温をつくっている．
(c)　オゾンホールは，主としてクロロフルオロカーボン（フロンガス）を起源とする塩素ガスが光解離によって塩素原子となり，それが触媒となって極域上空のオゾン層のオゾンを減少させる現象である．
(d)　南極域上空のオゾンホールは，日射が最も強い盛夏期に最も拡大する．

	(a)	(b)	(c)	(d)
(1)	正	誤	正	誤
(2)	正	正	誤	誤
(3)	誤	誤	正	正
(4)	誤	正	正	誤
(5)	誤	正	誤	正

（ヒント）　(a)(b) はオゾン層と成層圏の成因の理解を問う設問である．成層圏の温度が鉛直上方に増加し高度 50 km で極大を示すのは，オゾン層の紫外光 (UVB) 吸収に伴う加熱の結果である．つまり，オゾン層は成層圏内に存在し，オゾン数密度は成層圏の中ほどで最大になるのであって，成層圏の上限である高度 50 km にあるのではない．(c)(d) はオゾンホールの理解を問う設問である．フロン起源の塩素の大部分は成層圏で，通常，オゾン破壊の効果のない物質として保持されているが，それらが，南極の冬季の成層圏に現れる極渦の内部で特殊な化学反応により塩素ガスに変換される．春季に太陽光が南極の成層圏に戻ってくると極渦内にたまった塩素ガスが光解離してできた多量の塩素原子によりオゾン減少が始まり，オゾンホールが現れ，春季を通して拡大する．夏になると極渦が崩壊しオゾンホールは解消する．

（解答）　(4)

【例題 7.5】（酸性雨）(平成 10 年度第 1 回　学科一般知識　問 11)

酸性雨に関する次の文章の下線部 (a)～(d) の正誤の組み合わせ (1)～(5) のうち，正しいものを一つ選べ．ただし，ここで「酸性雨」とは酸性化した降水現象のみを指している．

大気中の水は，二酸化炭素が溶け込むことにより (a) 弱アルカリ性となっている．これに人間活動に伴って放出される汚染物質である (b) 硫黄酸化物等が加わって作られるのが酸性雨である．酸性雨は，(c)

雲粒の形成過程，(d) 雨滴の落下過程等で形成されていると考えられている．人間活動に伴って放出される汚染物質は，移流によって長距離輸送され，汚染源から離れた隣国での酸性雨の形成に関与しており，酸性雨は，国際的な問題となっている．

	(a)	(b)	(c)	(d)
(1)	誤	正	正	正
(2)	正	誤	正	誤
(3)	誤	誤	正	正
(4)	誤	正	誤	正
(5)	正	正	誤	誤

(ヒント) 降水は大気汚染のない場合でも，大気中の二酸化炭素が溶解してpHは5.6～5.7になっており，やや酸性である．酸性雨はこれに，人間活動により放出される硫黄酸化物などの汚染物質が溶け込んでできる，pH 5.6よりも低い値の降水である．雨粒のもとになる雲粒の生成時に，エーロゾルの硫酸粒子など凝結核として雲粒に溶け込み，また二酸化硫黄などのガス状物質が水蒸気の流れとともに雲粒に溶け，酸性の雲粒が形成される．酸性雲粒から併合成長して酸性の降水粒子ができるが，降水粒子は落下中にエーロゾルやガス状の酸性物質を捕捉・吸収し酸性度を増す．

(解答) (1)

(伊藤朋之)

8. 気象業務法その他の気象業務に関する法規

本章では,「気象業務法」を『法』,「気象業務法施行令」を『令』,「気象業務法施行規則」を『規則』,「気象庁予報警報規程」を『規程』,「災害対策基本法」を『災対法』として示す.

8.1 予報業務の許可

8.1.1 予報とは
予報とは,観測の成果に基づく,① 現象の予想の,② 発表をいう(法第2条第6項).
① テレビなどで,気象庁が発表した予報を解説することは,現象の予想にはあたらない.
② 予想した結果を一般の人に知れ渡るようにすることが発表であり,たとえば,学校の先生が行事の中止を決定するために現象の予測を行っても「自家用の予報」となり,発表にはあたらない.

8.1.2 予報業務の許可
① 気象庁以外の者が気象,地象,津波,高潮,波浪,洪水の ② 予報の業務(=予報業務)を行うには,③ 気象庁長官の許可が必要である(法第17条第1項).
① 気象庁以外の者には,地方公共団体などの公的団体も含む.
② 業務とは,反復,継続して行われることであり,たとえば,研究発表の場でたまたま1回だけ予想を発表することは予報業務にはあたらない.
③ 許可を受けないで予報業務を行った者は,50万円以下の罰金に処せられる(法第46条第2号).

8.1.3 予報業務の許可の手続き
(1) **許可の申請** 予報業務の許可の申請は,予報業務の目的,範囲などを記載した予報業務許可申請書を気象庁長官に提出して行う(規則第10条).
(2) **許可の基準** 気象庁長官は,申請された予報業務にかかわる以下の要件を満たしていると認めるときは,申請者(法人についてはその役員)が欠格事由に該当する場合を除き許可をする(法第18条第1,2項,規則第10条の2).
① 観測その他の予報資料の収集の施設および要員を有すること.
② 予報資料の解析の施設および要員を有すること.
③ 目的および範囲にかかわる気象庁の警報事項を迅速に受けることができる施設および要員を有すること.
④ 予報業務を行う事業所に必要数の気象予報士を置いていること(地震動および火山現象の予報の業務のみを行おうとする場合を除く).
⑤ 地震動または火山現象の予報の業務を行おうとする場合は,現象の予想の方法が国土交通省令で定める技術上の基準に適合すること.
(3) **許可** 許可は予報業務の目的および範囲を定めてなされる(法第17条第2項).また,許可にあたっては,必要な範囲の条件がつけられることがある(法第40条の2).

8.1.4 予報業務の変更,休・廃止
(1) **予報業務の目的・範囲の変更** ① 許可を受けた予報業務の目的または範囲を変更しようとするときは,② 気象庁長官の認可を受けなければならない(法第19条第1項).
① 変更の認可の申請は,変更しようとする事項,その理由などを記載した予報業務変更認可申請書を気象庁長官に提出して行う(規則第11条).
② 変更の認可の審査基準は,許可の基準(法第18条)が準用される(法第19条第2項).認可にあたっても,必要な範囲の条件がつけられることがある(法第40条の2).また,変更の認可を受けないで予報業務の目的または範囲を変更した者は,50万円以下の罰金に処せられる(法第46条第3号).
(2) **予報業務の休・廃止** 予報業務の許可を受けた者が,その全部または一部を休止し,または廃止したときは,① その日から30日以内に,② その旨を気象庁長官に届けなければならない(法第22条).
① 許可,変更の認可の場合の事前の申請とは異なり,事後の届け出である.
② 休止(廃止)の届け出は,予報業務休止(廃止)届出書を気象庁長官に提出して行う(規則第12条).また,届け出を怠ったり,虚偽の届け出を

したりした者は，20万円以下の過料に処される（法第50条）．

8.1.5 許可を受けた者の義務
(1) 気象予報士の設置　予報業務の許可を受けた者（地震動または火山現象の予報の業務のみの許可を受けた者を除く）は，予報業務を行う事業所ごとに，① 国土交通省令で定めるところにより，② 気象予報士を置かなければならない（法第19条の2）．

① 1日当たりの現象の予想を行う時間に応じ，8時間以下の場合は2人以上，8時間を超え16時間以下の場合は3人以上，16時間を超える場合は4人以上の専任の気象予報士を置くことが必要である（1週間当たりの現象の予想を行う日数などを考慮して1人を減ずる場合がある）（規則第11条の2第1項）．また，所要数を欠くこととなったときは，2週間以内に所要数を設置しなければならない（専任の気象予報士が1人もいない場合は，予報業務を行ってはならない）（規則第11条の2第2項）．

② 気象庁長官の登録を受けた者でなければならない（法第24条の20）．

(2) 気象予報士による現象の予想　予報業務の許可を受けた者（地震動または火山現象の予報の業務のみの許可を受けた者を除く）は，予報業務のうち現象の予想については，気象予報士に行わせなければならない（法第19条の3）．なお，気象予報士以外の者に現象の予想を行わせた者は，50万円以下の罰金に処せられる（法第46条第4号）．

(3) 警報の伝達　予報業務の許可を受けた者は，許可を受けた予報業務の目的および範囲にかかわる気象庁の警報事項を予報業務の利用者に迅速に伝達するように努めなければならない（法第20条）．

(4) 業務実施の記録　予報業務の許可を受けた者は，予報業務を行った場合は，事業所ごとに次の事項を記録し，2年間保存しなければならない（規則第12条の2）．
ア）予報事項の内容および発表の時刻
イ）予報事項（地震動および火山現象の予報事項を除く）にかかわる現象の予想を行った気象予報士の氏名
ウ）気象庁の警報事項の利用者への伝達状況（許可を受けた予報業務の目的や範囲にかかわるものに限る）

(5) 変更事項の報告　予報業務の許可を受けた者は，予報業務許可申請書に記載した予報業務の目的と範囲以外の部分（目的または範囲を変更しようとするときは，気象庁長官の認可が必要）および予報業務許可申請書に添付した一部の書類の記載事項に変更があった場合，また業務改善命令による措置を行った場合には，遅滞なくその旨を記載した報告書を，気象庁長官に提出しなければならない（規則第50条第1項第4〜7号）．

(6) 気象庁長官の求めによる報告と検査の受忍
予報業務の許可を受けた者は，気象庁長官から予報業務に関して報告を求められた場合には，① 求められた事項を報告しなければならない（法第41条第1項）．また，気象庁長官の指示により気象庁の職員が事業所へ立ち入り，検査や関係者への質問を行う場合には，② これに応じなければならない（法第41条第4項）．

① 報告をしない者，あるいは虚偽の報告をした者は，30万円以下の罰金に処せられる（法第47条第3号）．
② 検査を拒んだり妨げたりした者，質問に答えない，あるいは虚偽の陳述をした者は，30万円以下の罰金に処せられる（法第47条第4号）．

(7) 許可基準等の遵守　予報業務の許可を受けた者は，許可の基準や許可・認可に付された条件，その他気象業務法やこれに基づく命令などを遵守しなければならない．これらに違反したときは，予報業務の適正な運営を確保するため，罰則規定の有無にかかわらず，業務改善命令（法第20条の2）や期間を定めた業務停止命令を受けたり，許可が取り消されたりする（法第21条）．

8.2 観測に関する遵守事項

8.2.1 技術基準に従った観測の実施
気象庁以外の政府機関，地方公共団体が気象の観測を行う場合には，研究や教育のための観測などを除き国土交通省令で定める技術上の基準に従って行わなければならない（法第6条第1項）．また，政府機関および地方公共団体以外の者が気象の観測を行う場合でも，その成果の発表や災害の防止に利用するための観測については，国土交通省令で定める技術基準に従って行わなければならない（法第6条第2項）．

8.2.2 観測施設の設置・廃止の届出
8.2.1により技術基準に従って気象の観測を行わなければならない者が，その施設を設置・廃止したとき

は，その旨を気象庁長官に届け出なければならない（法第6条第3項）．観測施設の設置の届け出をしようとする者は，設置の日から30日以内に気象観測施設設置届出書を，また観測施設の廃止の届け出をしようとする者は，廃止の日から30日以内に気象観測施設廃止届出書を，その施設の所在地を管轄区域とする管区気象台長，沖縄気象台長，海洋気象台長または地方気象台長に提出しなければならない（規則第2条第1, 2項）．

8.2.3 観測成果の報告
8.2.2により観測施設設置の届け出をした者は，気象庁長官から観測成果の報告を求められた場合は，報告しなければならない（法第6条第4項）．

8.2.4 検定合格測器の使用
8.2.1により技術基準に従って気象の観測を行わなければならない者が用いる気象測器，法第7条第1項の規定により船舶に備え付ける気象測器，予報業務の許可を受けた者が当該予報業務のための観測に用いる気象機器で，① 別途定める気象測器は，② 登録検定機関（法第32条の3，法第32条の4）が行う検定に合格したものでなければ使用してはならない（法第9条）．

① 別途定める気象測器は，温度計，気圧計，湿度計，風速計，日射計，雨量計，雪量計である（法別表）．

② これに違反した者は，50万円以下の罰金に処せられる（法第46条第1号）．

8.2.5 気象庁長官の求めによる検査の受忍
8.2.1により技術基準に従って気象の観測を行わなければならない者は，気象庁長官の指示により気象庁の職員が事業所または観測を行う場所へ立ち入り，検査や関係者への質問を行う場合には，これに応じなければならない（法第41条第4項）．なお，検査を拒んだり妨げたりした者，質問に答えない，あるいは虚偽の陳述をした者は，30万円以下の罰金に処せられる（法第47条第4号）．

8.3 気象予報士

8.3.1 気象予報士とは
(1) **気象予報士の制度**　予報業務の中でも現象の予想は，自然科学的知識や技能を駆使して行われるものであり，予報業務の成果は予想を担当する者の資質に大きく左右される．このため，予想を担当する者の知識や技能の水準を確保し，予報の質を人的な面から担保するための資格制度として，「気象予報士」の制度が設けられている．

気象予報士になるためには，気象予報士として必要な知識および技能を認定する「気象予報士試験」に合格し（法第24条の2第1項），気象庁長官の登録を受けなければならない（法第24条の20）．

(2) **気象予報士の業務範囲**　予報業務の許可を受けた者（地震動または火山現象の予報の業務のみの許可を受けた者を除く）は，① 当該予報業務のうち現象の予想については，② 気象予報士に行わせなければならない（法第19条の3）．

① 気象予報士が現象の予想を行うにあたって，気象予報士以外の者を補助者として用いることは可能である．

② 気象予報士でない者に現象の予想を行わせた者は，50万円以下の罰金に処せられる（法第46条第4号）（現象の予想をした者ではなく，行わせた者が罰せられる）．なお，気象予報士は，予報業務において現象の予想を行うことができることにとどまり，自ら予報業務を行うためには，法第17条の予報業務の許可が必要である．

8.3.2 気象予報士資格の取得
(1) **気象予報士試験**　気象予報士になろうとする者は，① 気象庁長官（試験事務を行う機関が指定された場合は指定試験機関）の行う気象予報士試験に，② 合格しなければならない（法第24条の2第1項）．また，気象庁長官または指定試験期間は，不正な手段によって試験を受け，または受けようとした者に対しては，③ 試験の合格の決定を取り消し，またはその試験を停止することができる（法第24条の18第1, 2項）．

① 平成6年5月に（財）気象業務支援センターが指定試験期間として指定されている（規則第32条第1項）．なお，試験は気象予報士の業務に必要な知識，技能について，学科試験と実技試験とにより行われる（法第24条の2第2項，規則第14条第1項，第15条）．また，試験を受けようとする者は，気象予報士試験受験申請書を気象庁長官（指定試験機関が試験を行う場合は指定試験機関）に提出しなければならない（規則第16条第1, 2項）．

② 試験に合格した者には，気象庁長官から気象予報士試験合格証明書が交付され（規則第17条第1項），気象予報士となる資格を有する（法第24条の4）．

③ 合格を取り消された者が気象予報士の登録を受けていたときは，登録も抹消される（法第24条の25第1項第4号）．また，気象庁長官は，合格取り消し等の処分を受けた者に対し，情状により2年以内の期間を定めて受験を禁止することがある（法第24条の18第3項）．

(2) 学科試験の一部免除 ア）学科試験のみに合格した者については，申請により，その通知がなされた日から1年以内に行われる学科試験が免除される（規則第18条）．

イ）学科試験の全部の科目について試験を受け，その一部の科目について合格点を得た者については，申請により，その通知がなされた日から1年以内に行われる学科試験に限り，当該合格点を得た科目にかかわる学科試験が免除される（規則第19条）．

ウ）予報業務などの国土交通省令で定める業務経歴または資格を有する者については，申請により，試験のうち学科試験の全部または一部が免除される（法第24条の3，規則第20条第1項）．

8.3.3 気象予報士の登録等

(1) 気象予報士の登録 気象予報士試験に合格し気象予報士となる資格を有する者（法第24条の4）が，気象予報士となるためには，① 気象庁長官の登録を受けなければならない（法第24条の20）．ただし，② 登録の欠格事由に該当する者は登録を受けることができない（法第24条の21）．

① 登録の申請は，気象予報士登録申請書（気象予報士試験合格証明書の写しなどを添付）を気象庁長官に提出して行う（法第24条の22，規則第33条）．申請時期については制約がなく，いつでも登録の申請ができる．

気象庁長官は，気象予報士登録申請書の提出があったときは，申請者が欠格事由に該当する場合を除き，気象予報士名簿に登録年月日，登録番号，氏名，生年月日，住所などを登録し（法第24条の23，規則第34条），申請者に登録された旨，登録年月日，登録番号を遅滞なく通知する（規則第35条）．

② 気象業務法の規定により罰金以上の刑に処せられ，その執行を終わり，またはその執行を受けることのなくなった日から2年を経過しない者（法第24条の21第1号），気象業務法第24条の25第1項第3号の規定による登録抹消の処分を受け，その処分の日から2年を経過しない者（法第24条の21第2号）が該当する．

(2) 登録事項の変更 気象予報士は，気象予報士名簿に登録を受けた事項に変更があったときは，遅滞なく，その旨を気象予報士登録事項変更届出書により，気象庁長官に届け出なければならない（法第24条の24，規則第36条）．

(3) 登録の抹消 気象予報士の登録を受けた者は，いつでも，気象予報士登録抹消申請書を気象庁長官に提出し，登録の抹消を申請することができ，気象庁長官は申請があった場合は，登録を抹消しなければならない（法第24条の25第1項，規則第37条）．また，気象庁長官は，気象予報士が次の登録の抹消事由に該当することとなった場合は，当該気象予報士にかかわる登録を抹消しなければならない（法第24条の25第1項）．

① 気象予報士が死亡したとき
② 気象業務法の規定により罰金以上の刑に処せられたとき
③ 偽りその他不正な手段により気象予報士の登録を受けたことが判明したとき
④ 不正な手段で試験を受けたため，試験の合格の決定を取り消されたとき

なお，①に該当することとなったときは相続人が，②に該当することとなったときは当該気象予報士が，遅滞なく，その旨を気象予報士登録抹消事由届出書により，気象庁長官に届け出なければならない（法第24条の25第2項，規則第38条）．気象庁長官は，気象予報士の登録の抹消をしたときは，気象予報士であった者または相続人にその旨を通知しなければならない（規則第39条第1項）．

8.4 警報・注意報

8.4.1 警報・注意報の定義

「警報」とは，重大な災害の起こるおそれのある旨を警告して行う予報をいう（法第2条第7項）．一方，「注意報」は，警報を行うほどではないが，災害が起こるおそれがある場合にその旨を注意して行う予報である．気象業務法の規定では，「注意報」ではなく「予報」として扱われているが，同法施行令第4条などの

法令において「注意報」として規定されている.

8.4.2 警報・注意報の種類

(1) **一般の利用に適合する警報・注意報** 気象庁が行う一般の利用に適合する警報・注意報は表 8.1 の通りである（法第 13 条第 1 項，令第 4 条，規程第 11 条）．

(2) **航空機および船舶の利用に適合する警報** 気象庁が行う航空機および船舶の利用に適合する警報は，飛行場警報，空域警報，海上警報である．ただし，空域警報については，空域気象情報である「シグメット（SIGMET）情報」として発表されている（法第 14 条第 1 項，令第 5 条，規程第 16 条）．

(3) **水防活動の利用に適合する警報・注意報** 気象庁が行う気象，高潮および洪水についての水防活動の利用に適合する警報・注意報は，水防活動用気象警報・注意報（大雨警報・注意報），水防活動用高潮警報・注意報（高潮警報・注意報），水防活動用洪水警報・注意報（洪水警報・注意報）である．なお，これらの警報・注意報は（　）内に示された一般利用のための気象警報・注意報で代えることとされている（法 14 条の 2 第 1 項，令第 6 条，規程第 20 条）．

(4) **指定河川洪水警報・注意報** 気象庁は，水防法第 10 条第 2 項の規定により指定された河川（2 以上の都府県の区域にわたる河川その他の流域面積が大きい河川で洪水により国民経済上重大な損害を生ずるおそれのあるもの）については国土交通大臣と共同して，当該河川の水位または流量（はん濫した後においては，水位もしくは流量またははん濫により浸水する区域およびその水深）を示して洪水警報・注意報を行う（法第 14 条の 2 第 2 項）．また気象庁は，水防法第 11 条第 1 項の規定により指定された河川（国土交通大臣が指定した河川以外の流域面積が大きい河川で洪水により相当な損害を生ずるおそれのあるもの）については都道府県知事と共同して，水位または流量を示して洪水警報・注意報を行う（法第 14 条の 2 第 3 項）．

指定河川洪水警報・注意報の標題には，はん濫注意情報，はん濫警戒情報，はん濫危険情報，はん濫発生情報の 4 種類があり，河川名を付して発表される．はん濫注意情報が洪水注意報に相当し，はん濫警戒情報，はん濫危険情報，はん濫発生情報が洪水警報に相当する．

表 8.1　一般の利用に適合する警報・注意報

種類	内容	実施方法（単独または組合せ）
気象警報	暴風雨，暴風雪，大雨，大雪等に関する警報	暴風警報，暴風雪警報，大雨警報，大雪警報
気象注意報	風雨，風雪，強風，大雨，大雪等によって災害が起こるおそれがある場合に，その旨を注意して行う予報	風雨注意報，強風注意報，大雨注意報，大雪注意報，雷注意報，霜注意報，濃霧注意報，乾燥注意報，雪崩注意報，着氷注意報，着雪注意報，融雪注意報，低温注意報
地震動警報	地震動に関する警報	緊急地震速報（警報）または緊急地震速報
地震動注意報	地震動によって災害が起こるおそれがある場合に，その旨を注意して行う予報	地震動速報（予報）
火山現象警報	噴火，降灰等に関する警報	噴火警報
火山現象注意報	噴火，降灰等によって災害が起こるおそれがある場合に，その旨を注意して行う予報	噴火予報
地面現象警報	大雨，大雪等による山崩れ，地滑り等の地面現象に関する警報	気象警報に含めて行う
地面現象注意報	大雨，大雪等による山崩れ，地滑り等によって災害が起こるおそれがある場合に，その旨を注意して行う予報	気象注意報に含めて行う
津波警報	津波に関する警報	津波警報
津波注意報	津波によって災害が起こるおそれがある場合に，その旨を注意して行う予報	津波注意報
高潮警報	台風等による海面の異常上昇に関する警報	高潮警報
高潮注意報	台風等による海面の異常上昇の有無および程度について一般の注意を喚起するために行う予報	高潮注意報
波浪警報	風浪，うねり等に関する警報	波浪警報
波浪注意報	風浪，うねり等によって災害が起こるおそれがある場合に，その旨を注意して行う予報	波浪注意報
浸水警報	浸水に関する警報	気象警報に含めて行う
浸水注意報	浸水によって災害が起こるおそれがある場合に，その旨を注意して行う予報	気象注意報に含めて行う
洪水警報	洪水に関する警報	洪水警報
洪水注意報	洪水によって災害が起こるおそれがある場合に，その旨を注意して行う予報	洪水注意報

8.4.3 一般の利用に適合する警報・注意報の実施

(1) 対象区域 警報・注意報（津波警報・注意報を除く）は，府県予報区を対象に，あるいは必要に応じ，都道府県をいくつかに分けた一次細分区域または二次細分区域に限定して行われる（令第4条，規則第8条，規程第12条第2項）．

(2) 実施基準 警報，注意報のそれぞれの種類ごとおよび対象区域ごとに災害と雨量などの関係に基づいて，あらかじめ実施基準が定められている．この実施基準に達する現象が予測される場合に，警報，注意報が行われる．

（注）これまで，大雨警報・注意報の実施基準は1時間雨量，3時間雨量および24時間雨量であったが，24時間雨量に代えて，土壌中に貯まっている雨の量に基づき，降雨による土砂災害発生の危険性を示す指標である「土壌雨量指数」が導入された．また，洪水警報・注意報の実施基準についても，1時間雨量，3時間雨量および24時間雨量であったが，24時間雨量に代えて，流域の雨の量に基づく指標である「流域雨量指数」が導入された．

(3) 実施・解除・切り替え 警報・注意報は，災害が起こるおそれのある現象が予想される場合に随時行われる．警報，注意報が行われると，その効力は，それが解除されるか，または（地震動，火山現象および津波に関するものを除き）新たな警報，注意報が行われる（切り替え）まで継続する（規程第3条第2～6，8項）．

8.4.4 警報・注意報の周知

(1) 気象庁による措置 気象庁が予報（注意報），警報を行う場合は，自ら予報事項，警報事項の周知の措置をとるほか，報道機関の協力を求めて公衆への周知に努めることとされている（法第13条第3項）．気象庁自らが行う措置としては，予報事項，警報事項の掲示などのほか，「気象庁船舶気象無線通報」などの無線通信による資料の発表（法第25条，規則第46条）が行われている．

(2) 警報通知のための体制 警報については，(1)の措置のほかに，その種類に応じ特別の通知体制が確立され，的確，迅速な周知が図られている（法第15条，令第7条）．その詳細を図8.1に示す．

(3) 予報業務を行う者による警報の伝達 予報業務の許可を受けた者は，その業務の目的および範囲にかかわる気象庁の警報事項を，その予報業務の利用者に迅速に伝達するよう努めなければならない（法第20条）．

8.4.5 警報の実施制限と例外

(1) 警報の実施制限 気象庁以外の者は，原則として気象，地震動，火山現象，津波，高潮，波浪お

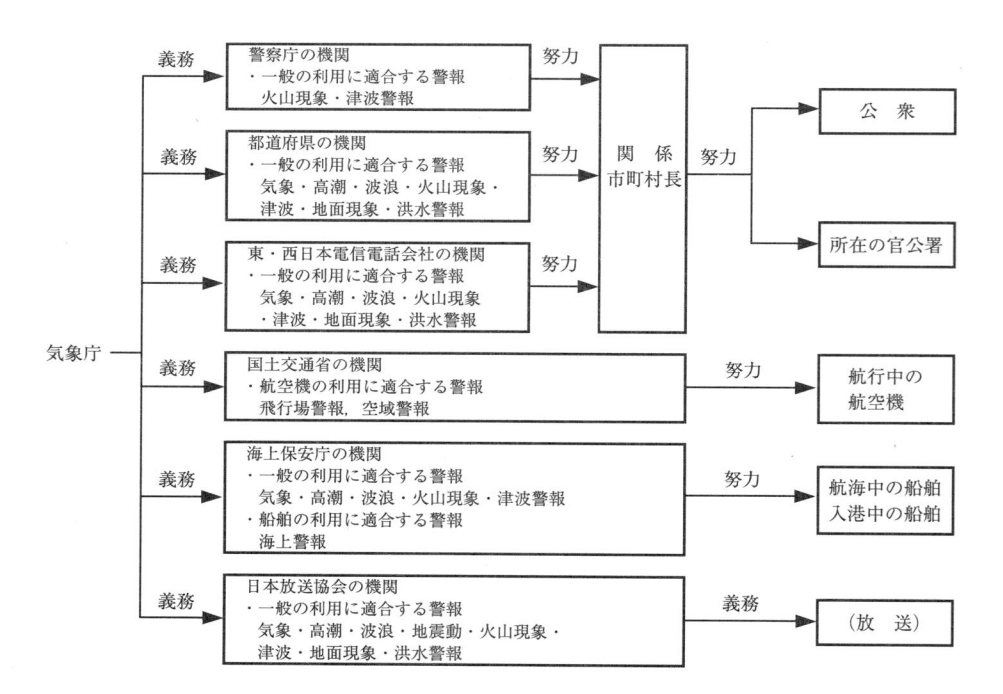

図8.1 警報通知のための体制

よび洪水の警報をしてはならない（法第23条）．なお，これに違反して警報を行った者は，50万円以下の罰金に処せられる（法第46条第6号）．

(2) 気象庁以外の者の行うことができる警報
次の場合には，気象庁以外の者も例外的に警報を行うことができる（法第23条，令第8条）．
① 津波に関する気象庁の警報事項を適時に受けることができない辺すう（陬）の地の市町村の長が津波警報をする場合
② 災害により津波に関する気象庁の警報事項を適時に受けることができなくなった地の市町村の長が津波警報をする場合

8.4.6 気象情報

(1) 気象情報とは 気象庁は，警報・注意報に先立って注意を呼びかけたり，警報・注意報を補完したりするために「気象情報」を発表している．気象情報は，全国を対象とする「全般気象情報」，全国を11の区域に分けた「地方気象情報」，府県予報区を対象とした「府県気象情報」の3種類に分けられ，警報・注意報に準じた通知体制がとられている．

(2) 気象情報の役割による分類と具体例 気象情報のもつ主な役割と具体例は，以下の通りである．
① 警報や注意報に先立つ注意の喚起：24時間から2～3日先に災害に結びつくような激しい現象が発生する可能性があるときに，警報や注意報に先立って現象を予告し，注意を呼びかけるための気象情報がある．「大雨に関する気象情報」は，大雨の可能性が高くなると予想されるときに，大雨警報・注意報に先立って発表される．
② 警報や注意報の補完：警報や注意報を発表している間に，現象の推移や観測成果，防災上の注意事項を具体的に知らせるための気象情報がある．「竜巻注意情報」は，雷注意報を補完するもので，いままさに，竜巻やダウンバーストなどの激しい突風が発生しやすい気象状況であることを速報する気象情報である．
③ 記録的な短時間の大雨を観測した際のより一層の警戒の呼びかけ：大雨警報の発表中に，数年に一度しか起こらないような1時間に100 mm前後の猛烈な雨が観測された場合に，より一層の警戒を呼びかけるために「記録的短時間大雨情報」が発表される．記録的短時間大雨情報は，大雨警報に代わるものではなく，それを補完するものである．

④ 社会的な影響が大きい天候についての解説：長雨，小雨，低温など，平年から大きくかけ離れた気象状況が数日間以上続き，社会的な影響が大きいと予想されるときに解説するための気象情報がある．「異常天候早期警戒情報」は，おおむね1週間から2週間先を対象として，極端に高いもしくは極端に低い気温が予想された場合に発表され，その出現確率とともに影響に対する注意を呼びかける気象情報である．

8.4.7 消防法の火災警報

(1) 気象状況の通知 気象庁長官，管区気象台長などの気象官署の長は，気象の状況が火災の予防上危険であると認めるときは，その状況を直ちにその地を管轄する都道府県知事に通報することとされている（消防法第22条第1項）．また，都道府県知事は気象官署の長から通報を受けたときは，直ちにこれを市町村長に通報しなければならない（消防法第22条第2項）．

(2) 火災警報 市町村長は，都道府県知事から通報を受けたとき，または気象の状況が火災の予防上危険であると認めるときは，火災に関する警報を発することができる（消防法第22条第3項）．

8.5 気象業務法における罰則

8.5.1 罰則の分類

表8.2は，気象業務法によって定められた罰則を，罰則の内容ごとに分類したものである．
なお，法第44，46，47条に規定される違反行為については，行為者が罰せられるだけではなく，法人または使用者にも罰金刑が科される（法第49条）．

8.5.2 遵守義務と行政処分

予報業務の許可を受けた者は，許可の基準や許可・認可に付された条件，気象業務法やこれに基づく命令などを遵守する義務がある．これらに違反したときは，罰則規定の有無にかかわらず，業務改善命令（法第20条の2）や業務停止命令あるいは許可の取り消し（法第21条）などの行政処分が科されることがある．

8.6 災害対策基本法

8.6.1 国，都道府県および市町村の責務

(1) 国の責務 国は，組織・機能のすべてをあ

表 8.2 気象業務法における罰則

罰則の内容	罰則の規定	対象となる条文	罰則の対象
3年以下の懲役，100万円以下の罰金，または併科	法第44条	気象測器等の保全（法第37条）	規定に違反した者
50万円以下の罰金	法第46条第1号	観測に使用する気象測器（法第9条）	規定に違反した者
	第2号	予報業務の許可（法第17条第1項）	許可を受けないで予報業務を行った者
	第3号	変更認可（法第19条）	認可を受けないで予報業務の目的または範囲を変更した者
	第4号	気象予報士に行わせなければならない業務（法第19条の3）	気象予報士以外の者に現象の予想を行わせた者
	第5号	許可の取り消し等（法第21条）	規定による業務の停止の命令に違反した者
	第6号	警報の制限（法第23条）	警報をした者
	第7号	無線通信による発表の業務（法第26条第1項）	許可を受けないで気象の観測の成果を発表する業務を行った者
30万円以下の罰金	法第47条第1号	業務改善命令（法第20条の2）	規定による命令に違反した者
	第2号	土地または水面への立ち入り（法第38条第1項）	規定による立ち入りを拒み，または妨げた者
	第3号	気象庁長官への報告（法第41条第1,3項）	規定による報告をせず，または虚偽の報告をした者
	第4号	気象庁職員の観測場所への立ち入り検査等（法第41条第4項）	規定による検査を拒み，妨げ，忌避し，質問に対し陳述をせず，または虚偽の陳述をした者
		気象庁職員の事業所への立ち入り検査等（法第41条第4項）	
20万円以下の過料	法第50条第1項	予報業務の休廃止（法第22条）	規定による届け出をせず，または虚偽の届け出をした者

げて防災に関し万全の措置を講ずる責務を有し，その責務遂行のために，災害予防，災害応急対策，災害復旧の基本となるべき計画を作成し，法令に基づきこれを実施するとともに，地方公共団体，指定公共機関，指定地方公共機関などが処理する防災に関する事務・業務の実施の推進と総合調整を行い，災害にかかわる経費負担の適正化を図らなければならない（災対法第3条第1,2項）．

(2) **都道府県の責務** 都道府県は，関係機関・他の地方公共団体の協力を得て，当該都道府県の地域にかかわる防災に関する計画を作成し，法令に基づきこれを実施するとともに，その区域内の市町村，指定地方公共機関が処理する防災に関する事務・業務の実施を助け，かつ，その総合調整を行わなければならない（災対法第4条第1項）．

(3) **市町村の責務** 市町村は，関係機関・他の地方公共団体の協力を得て，当該市町村の地域にかかわる防災に関する計画を作成し，法令に基づきこれを実施しなければならない（災対法第5条第1項）．

8.6.2 予報・警報の伝達等

(1) **都道府県知事の予報・警報の通知等** 都道府県知事は，気象庁などの国の機関から災害に関する予報，警報の通知を受けたとき，または自ら災害に関する警報をしたときは，法令または地域防災計画の定めるところにより，予想される災害の事態，とるべき措置について，関係指定地方行政機関の長，市町村長などに通知または要請するものとされている（災対法第55条）．

なお，都道府県知事が自ら行う災害に関する警報には，国土交通大臣が指定した河川等を除く河川等に対する水防警報（水防法第16条第1項）がある（水防法第11条および法第14条の2第3項に規定される指定河川洪水警報・注意報と混同しがちなので注意すること）．

(2) **市町村長の予報・警報の伝達等** 市町村長は，予報，警報の通知を受けたとき，災害に関する予報，警報を知ったとき，自ら災害に関する警報をしたとき，知事からの通知を受けたときは，地域防災計画の定めるところにより，予報，警報，通知事項を関係

機関，住民などに伝達する．この場合，必要と認めるときは，住民，関係団体に対し，予想される災害の事態およびこれに対してとるべき措置について，必要な通知または警告をすることができるとされている（災対法第56条）．

なお，市町村長が自ら行う災害に関する警報には，例外的に行う津波警報（法第23条，令第8条）や火災警報（消防法第22条第3項）がある．

8.6.3　事前措置および避難

(1) **消防機関等の出動**　市町村長は，災害が発生するおそれがあるときは，法令または市町村地域防災計画の定めにより，消防機関，水防団に出動の準備や出動を命じ，また，警察官，海上保安官の出動などを要請しなければならない（災対法第58条）．

(2) **設備，物件の除去等**　市町村長は，災害が発生するおそれがあるときは，災害が発生した場合に災害を拡大させるおそれのある設備，物件の除去などをその所有者などに指示する（警察署長などに要求して行う場合もある）ことができるとされている（災対法第59条）．

(3) **避難の勧告，指示**　市町村長は，災害が発生し，または発生するおそれがある場合に，人の生命，身体を災害から保護するなど特に必要があると認めるときは，居住者などに避難のための立ち退きを勧告し，急を要するときは避難のための立ち退きを指示することができるとされている（災対法第60条第1項）．

また，警察官，海上保安官は，市町村長が避難のための立ち退きを指示することができないと認めるとき，または市町村長から要求があったときは，避難のための立ち退きを指示することができるとされている（災対法第61条第1項）．

8.6.4　応急措置

警戒区域の設定：市町村長は，災害が発生し，またはまさに発生しようとしている場合に，人の生命，身体に対する危険を防止するために特に必要があると認めるときは，警戒区域を設定し，災害応急対策に従事する者以外に対して当該区域への立ち入りを制限，禁止，または当該区域からの退去を命ずることができるとされている（災対法第63条第1項）．

〈初心者の方々へのメッセージ〉

1. 気象業務法/災害対策基本法の目的規定

多くの法律は，第1条にその法律の目的を簡潔に表現した目的規定が書かれており，その解釈運用の指針を与えている．一般的に，直接的目的，より高次の目的，目的達成の手段，さらには立法の動機などから構成されている．

気象業務法および災害対策基本法の目的規定である第1条は頻出問題であり，出題形式としては，直接的目的，より高次の目的そして目的達成の手段についての穴埋め形式となっている．

この目的規定についての問題は，常識と照らし合わせて消去法で対応するなど，冷静に考えれば比較的簡単に正解にたどりつけると思われるが，試験時間の有効活用とケアレスミス防止の観点から，条文の暗記（第1条については）をお勧めしたい．

2. 気象予報士試験に出題される法令一覧

これまで実際に出題された法令，また目を通しておくべき法令の一覧を以下に示す．

・気象業務法
・気象業務法施行令
・気象業務法施行規則
・気象庁予報警報規程
・災害対策基本法
・水防法（第3章　水防活動）
・消防法（第5章　火災の警戒）

3. 最近の出題傾向

比較的新しい資格と位置づけられてきた「気象予報士」も，その制度の導入から15年以上が経過しており，気象予報士試験では"問題の品切れ感"に起因すると思われる問題の難解化が進んでいるようである．特に，法令関係では，気象業務法施行規則や気象庁予報警報規程までをもよく理解していないと答えられないような問題や，これまでに出題されていない条文を異なる分野から寄せ集めて正誤を問う問題（第26回試験一般問12など）が出現している．

対策としては，条文を読み進めているときに，これまでに出題されていない分野の内容であると感じても軽視せずにきちんと把握するように心がけていくこと，さらには，条文に「国土交通省令で定めるところにより…」のような表現がでてき

たら，必ずその引用先である"気象業務法施行規則"の条文を確認すること（例：法19条の2→規則第11条の2）などをお勧めしたい．
　また，第30回試験には，「気象業務法における用語の定義」が出題され（一般問12），基本の大切さを改めて感じさせられた．

4. 法令が得意になればとても有利になる!?
　過去に出題された問題を見てわかるように，15問中の4問が法令関係である．また，学科試験（一般知識）の合格基準は15問中正解が11以上である．このことから，法令関係を避けては通れないことは明白である．
　ここで，とかく"理系"とか"技術屋"などのレッテルを自分自身に貼っている人たちに多い法令関係に対する「苦手意識」をぜひ払拭して欲しいのである．たしかに，気象予報士の責務である現象の予想と法令とは縁遠いように感じるかもしれないが，気象予報士に限らずどんな資格であっても，社会で活躍するためにはいろいろな規範を理解していることが必要であり，だからこそ法令関係が4問（も?）出題されているのである．
　法令関係の範囲は広いようでほぼ限られている．「これら4問が完璧に解答できれば，残りの11問中4問もまちがっても大丈夫なんだ！」と前向きに取り組もう．

【例題 8.1】（平成20年度第1回　学科一般知識 問13）
気象業務法に基づき予報業務の許可（ただし，地震動または火山現象の予報業務のみの許可を除く）を受けた者が行わなければならない事項に関して述べた次の文（a）〜（d）の正誤について，下記の①〜⑤の中から正しいものを一つ選べ．
（a）　予報業務の目的および範囲を変更しようとするときは，その30日前までに，気象庁長官に届け出なければならない．
（b）　予報業務の全部または一部を廃止したときは，廃止した日から30日以内に，気象庁長官に届け出なければならない．
（c）　予報業務の許可を受けていた者がその名称を変更したときは，予報業務の目的および範囲に変更がなければ，名称の変更について気象庁長官に報告書を提出する必要はない．
（d）　予報業務に用いる現象の予想の方法の変更を行うときは，あらかじめ気象庁長官の認可を受けなければならない．
① （a）のみ正しい　② （b）のみ正しい
③ （c）のみ正しい　④ （d）のみ正しい
⑤ すべて誤り

（ヒント）（a）目的または範囲を変更しようとするときは，気象庁長官の認可を受けなければならない（法第19条第1項）．（b）法第22条の通りで正しい．（c）名称に変更があった場合，気象庁長官に報告書を提出しなければならない（規則第50条第1項第4号）．（d）現象の予想の方法に変更があった場合，気象庁長官に報告書を提出しなければならない（規則第50条第1項第6号）．
　（解答）　②

【例題 8.2】（平成15年度第1回　学科一般知識 問12）
気象観測について述べた次の文章（a）〜（d）の正誤について，下記の①〜⑤の中から正しいものを一つ選べ．
（a）　学会に発表する論文に掲載するデータを得るため国立大学が風速観測施設を国内に設置する場合は，気象庁長官に届け出なければならない．
（b）　河川管理者が流域住民に洪水の発生を通知する目安とするため河川に水位観測施設を設置する場合，気象庁長官に届け出る必要はない．
（c）　船舶から気象庁長官に対してその成果の報告を行わなければならない気象の観測に用いる気象測器は，検定に合格したものでなければならない．
（d）　気象庁長官は，気象観測の施設の設置の届け出をした者に対し，観測の成果の報告を求めることができる．
① （a）のみ誤り　② （b）のみ誤り
③ （c）のみ誤り　④ （d）のみ誤り
⑤ すべて正しい

（ヒント）（a）国立大学は政府機関であるが，研究のために行う気象の観測は国土交通省令で定める技術上の基準に従わなくてもよい（法第6条第1項）．したがって，観測施設を設置しても気象庁長官に届け出る必要はない（法第6条第3項）．（b）水位観測施設は気象観測施設ではないので，法第6条の対象には

ならない．(c) 法第9条の通りで正しい．(d) 法第6条第4項の通りで正しい．

(解答) ①

【例題8.3】(平成19年度第2回　学科一般知識　問14)

気象予報士に関して述べた次の文(a)〜(d)の正誤の組み合わせとして正しいものを，下記の①〜⑤の中から一つ選べ．

(a) 気象予報士となるには気象予報士試験に合格した後，国土交通大臣の登録を受けなければならない．
(b) 気象予報士試験に合格した日から3年が経過した場合には，気象予報士の登録の申請をすることはできない．
(c) 気象予報士が気象業務法の規定により罰金以上の刑に処せられたときは，その気象予報士の登録は抹消される．
(d) 気象予報士でない者が気象庁長官から予報業務の許可を受けた事業者から命ぜられ現象の予想を行い，その事業者が気象業務法により罰則の適用を受けた場合，現象の予想を行った者はその後2年間気象予報士試験を受験することができない．

	(a)	(b)	(c)	(d)		(a)	(b)	(c)	(d)
①	正	正	誤	正	②	正	誤	誤	正
③	誤	正	正	誤	④	誤	誤	正	誤
⑤	誤	正	誤	誤					

(ヒント) (a) 気象予報士となる資格を有する者が気象予報士となるには，気象庁長官の登録を受けなければならない(法第24条の20)．(b) 法第24条の21の欠格事由に合格後の期間は規定されていないので，期限なく登録を受けられる．(c) 法第24条の25第1項第2号の通りで正しい．(d) この場合，現象の予想を行った者に対しての罰則の規定はなく，また登録の欠格事由にも該当しない．

(解答) ④

【例題8.4】(平成19年度第1回　学科一般知識　問14)

災害の防止・軽減のために出される情報や指示等について述べた次の文(a)〜(d)の正誤について，下記の①〜⑤の中から正しいものを一つ選べ．

(a) 国土交通大臣は，二以上の都府県の区域にわたる河川その他の流域面積の大きい河川で洪水により国民経済上重大な損害を生ずるおそれがあるものとして指定した河川について，気象庁長官と共同して，洪水のおそれがあると認められるときは当該河川の状況を関係都道府県知事に通知することとされている．
(b) 日本放送協会の機関は，気象庁から気象，津波，波浪および洪水の警報の事項を通知されたときには，通知された事項の放送に努めるものとされている．
(c) 都道府県知事は，法令の規定により，気象庁から災害に関する警報の通知を受けたときには，法令または地域防災計画の定めるところにより予想される災害の事態およびこれに対しとるべき措置について，市町村長等の関係者に対して，必要な通知または要請をすることとされている．
(d) 市町村長は，災害が発生し，または発生するおそれのある場合において，急を要すると認めるとき，地域の居住者，滞在者等に対して避難のための立退きを指示することができるとされている．

① (a)のみ誤り　　② (b)のみ誤り
③ (c)のみ誤り　　④ (d)のみ誤り
⑤ すべて正しい

(ヒント) (a) 水防法第10条第2項の通りで正しい．これは，法第14条の2第2項に規定される指定河川洪水警報，注意報に該当する．(b) この場合，日本放送協会の機関は，放送をする義務がある(法第15条第6項)．(c) 災対法第55条の通りで正しい．(d) 災対法第60条第1項の通りで正しい．

(解答) ②

【例題8.5】(平成19年度第1回　学科一般知識　問13を一部改変)

気象業務法に基づき予報業務の許可を受けている者(以下「予報業務許可事業者」という)に罰則が適用される事例について述べた次の文(a)〜(d)の正誤について，下記の①〜⑤の中から正しいものを一つ選べ．

(a) 気象庁長官による予報業務の改善命令を受けた予報業務許可事業者が，改善命令に違反した．
(b) 予報業務許可事業者(地震動または火山現象の予報の業務のみの許可を受けた者を除く)が，予報業務のうち現象の予想を気象予報士以外の

者に行わせた．
(c) 予報業務許可事業者が，気象庁の警報事項を予報業務の利用者に伝えることを怠った．
(d) 予報業務許可事業者が，予報業務に用いる気温の観測を，登録検定機関が行う検定に合格していない温度計を使用して行った．

① (a) のみ誤り　　② (b) のみ誤り
③ (c) のみ誤り　　④ (d) のみ誤り
⑤ すべて正しい

(ヒント) (a) 業務改善命令（法第20条の2）に違反した者は，30万円以下の罰金に処せられる（法第47条第1号）．(b) 法第19条の3の規定に違反して気象予報士以外の者に現象の予想を行わせた者は，50万円以下の罰金に処せられる（法第46条第4号）．(c) 気象庁の警報事項の利用者への伝達（法第20条）は，努力義務であり罰則の適用はない．(d) 法第9条の規定に違反して検定に合格していない気象測器を使用した者は，50万円以下の罰金に処せられる（法第46条第1号）．

(解答) ③

【例題 8.6】（平成19年度第2回　学科一般知識問15）
災害対策基本法における避難の指示について述べた次の文章の空欄 (a)～(d) に入る語句の組み合わせとして正しいものを，下記の①～⑤の中から一つ選べ．

(a) が避難のための立退きを指示することができないと認めるとき，または (a) から要求があったときは，(b) または (c) は，必要と認める地域の居住者，滞在者その他の者に対し，避難のための立退きを指示することができる．(a)，(b) または (c) は立退きを勧告し，または指示する場合において，必要があると認めるときは，その (d) を指示することができる．

	(a)	(b)	(c)	(d)
①	都道府県知事	警察官	消防団	避難の方法
②	都道府県知事	市町村長	海上保安官	避難の方法
③	都道府県知事	市町村長	警察官	立退き先
④	市町村長	警察官	消防団	立退き先
⑤	市町村長	警察官	海上保安官	立退き先

(ヒント) 市町村長が避難のための立退きを指示することができないと認めるとき，または市町村長から要求があったときは，警察官または海上保安官が避難のための立退きを指示することができる（災対法第61条第1項前段）．なお，市町村長は立退き先を指示することができるとされているが（災対法第60条第2項），警察官または海上保安官が立退きを指示する場合も立退き先を指示することができる（災対法第61条第1項後段）．

(解答) ⑤

(稲葉弘樹)

■ 参考文献

第Ⅰ編第1部

1章
日本気象学会編：気象科学事典，東京書籍（1998）．

2章
新田　尚：気象予報士試験 標準テキスト（学科編），オーム社（2009）．
Browning, K. A. *et al.*: Structure of an evolving hailstorm, Part V, Synthesis and implications for hail growth and hail suppression, *Mon. Wea. Rev.*, **104**, 602-610 (1976).
Sellers, W. D.: Physical Climatology. University of Chicago Press, Chicago, Illinois (1965).

3章
小倉義光：一般気象学（第2版），東京大学出版会（2003）．
水野　量：雲と雨の気象学（応用気象学シリーズ3），朝倉書店（2000）．
（財）気象業務支援センター：気象予報士試験「問題と正解」，平成6年度第1回から平成19年度第2回までシリーズ．
新田　尚ほか編：気象ハンドブック（第3版），朝倉書店（2000）．
Ahrens, C. D.: Meteorology Today, 8th Edition. 翻訳：最新気象百科，丸善，p.581（2007）．

4章
二宮洸三：気象予報の物理学，オーム社（1998）．
二宮洸三：図解 気象の基礎知識，オーム社（2002）．

5章
二宮洸三：気象予報の物理学，オーム社（1998）．

二宮洸三：気象がわかる数と式，オーム社（2000）．

6章
新田　尚：気象予報士試験 標準テキスト「学科編」，オーム社（2009）．
Browning, K. A. *et al.*: Structure of an evolving hailstorm, Part V, Synthesis and implications for hail growth and hail suppression, *Mon. Wea. Rev.*, **104**, 602-610 (1976).
Sellers, W. D.: Physical Climatology. University of Chicago Press, Chicago, Illinois (1965).

7章
気象庁：異常気象 2005．
（財）気象業務支援センター：気象予報士試験「問題と正解」，平成6年度第1回から平成19年度第2回までシリーズ．
小倉義光：一般気象学（第2版），東京大学出版会（2003）．
吉野正敏監修：日本の気候Ⅱ—気候気象の災害・影響・利用を探る—，二宮書店（2004）．
Lisiecki, L. E. and Raymo, M. E. A.: Pliocene-Pleistocene stack of 57 globally distributed benthic d18O records. Paleoceanography 20, PA1003, doi:10.1029/2005PA001153 (2005).
Lüthi, D. *et al.*: High-resolution carbon dioxide concentration record 650,000-800,000 years before present. *Nature*, **453**, 379-382 (2008).

8章
新田　尚：気象予報士試験 標準テキスト「学科編」，オーム社（2009）．

第2部　予報業務に関する専門知識

1. 観測の成果の利用

1.1　地上気象観測

1.1.1　気圧・風・気温の観測

(1)　**気　圧**　気圧とは，対象地点にある単位面積にかかる気柱の重さである．水銀柱の高さ $h=0.760$ m（標準重力加速度 $g=9.80665$ m·s^{-2}，0℃の水銀の密度 $\rho_0=13.5951$ kg·m^{-3} として）に相当する気圧を1気圧として，1気圧 $=\rho_0 gh=1013.25$ hPa である．これを「標準気圧」といい，平均的な海面上の気圧に相当する．総観規模擾乱では，気圧の変動幅は，通常はたかだか水平方向（数千 km）に 50 hPa 位であるのに対して，鉛直方向には対流圏中層（高度ほぼ 5 km 程度）で地上気圧の半分と，気圧については鉛直方向の変動が卓越している．これが，総観規模擾乱で静力学平衡が近似的に成り立つ観測上の根拠になっている．

気象庁における気圧の観測は，以前は水銀気圧計を用いていたが，現在は観測室内に置いた「電気式気圧計」によっている．これは，気圧によって変化する電極間の静電容量の変化を気圧に変換して表示するようになっている．観測所における気圧の読み取り値は「現地気圧」といい，前述のように観測所の高度に大きく依存する．他の観測所での気圧と比較するために海面上（共通の基準面）の値に変換しなければならない．これを「海面更正」という．これは観測所の海面からの高さ（H）としたとき，海面と観測所の間に仮想的な気柱を考えてその重さを加えるもので，観測所での気温を t_H とすると仮想的な気柱の平均気温（t）は，$t=t_H+0.005H/2$ で計算する（この場合，気温減率は 0.5℃/100 m で固定し水蒸気の影響は含まない）．この平均気温をベースとして仮定した水蒸気圧による補正を加えて海面上の気圧を算出する．通報される気圧はこの「海面気圧」である．

(2)　**風向，風速**　風は空気の流れである．三次元空間を運動するので上下左右いかなる方向へも移動するが，一般的には水平方向の成分をもって「風」と称している．鉛直方向への空気の移動は鉛直流（上昇流・下降流）である．したがって風の観測は，気象庁では水平方向のみに可動する（鉛直回転軸を有する）「風車型風向風速計」を用いている（図1.1）．

「風向」は北を 0° として，時計まわりに 360° で観測する．用途により 36 方位あるいは 16 方位や 8 方位に直して報じられる．風速が 0.2 m·s^{-1} 以下の場合には「静穏」として，風向は報じられない．「風速」は一定時間に空気が進む距離（これを風程という）を，その時間で割った値であり，「平均風速」とは，観測時刻の10分前からの風程を 10×60 秒で割った値となる．ただし，航空気象においては2分間平均を用いるので注意が必要である．機器としては0.25秒ごとに風速の値が更新されており，この値の3秒間の平均を以って「瞬間風速」と定義している（2007年12月に変更）．なお「日平均風速」は，24時間の風程を用いた平均風速である（各正時の観測値の平均ではない）．

風は地物の影響を顕著に受ける．地上気象観測指針では地上10 mの高さで観測することを推奨している

図1.1　風車型風向風速計の感部（気象庁（東京管区気象台）ホームページ）

が，昨今の都市化や高層化の影響を大きく受け，周辺の建物の影響を極力避けるため数十 m 以上の高高度に風向風速計があることが珍しくない．利用にあたっては，測器の環境を考慮することが必要である．

(3) **気温** 気温は空気の温度であり，当然に日射や人工熱源等の直接の影響を排除しなければならない．このため気温の観測は，芝生でおおった露場において，通風筒の内部で測定するなど注意が必要である．また，感部は原則として地上から 1.5 m のところに設置している．温度計は「電気式温度計（白金抵抗）」を用いている．この温度計では，経年変化も少なく遠隔測定も容易である．観測は 0.1℃ 単位で行われ，通報においてはセ氏（℃）で行われるが，「温位」などの場合は，絶対温度（ケルビン温度：K）を用いる．$t(℃) = T(K) - 273.15$ で換算する．

1.1.2 降水，雲，大気現象，その他の観測

(1) **降水** 「降水」とは，大気中の水蒸気の相変化により，液体・固体の状態で地表・海面に落下到達するものをいう．雨・霧雨・雪・雹・あられ・みぞれ・凍雨などを「降水粒子」ともいう．これに対して，雲・霧・もや・露・霜・霧氷なども水蒸気の相変化による大気中の生成物ではあるが，地上・海面に落下到達するものではないので降水の対象にはならない．

降水の観測は，通常「雨量計」を用い，現在は「転倒ます型雨量計」が一般である．一転倒 0.5 mm に相当し，転倒の回数で雨量を算定する．降雪地域では，雪の場合の降水量を測るために「溢水式雨雪量計」が用いられる．これは温水に雪を受けて溶かし，それによって水位が上がって溢れた水量を転倒ますで計測して降水量とする．

似た概念の降水の区別は明確にしておく必要がある．

雨・霧雨：降水粒子の直径が 0.5 mm 以上を「雨」，0.5 mm 未満を「霧雨」という．

雹・あられ：いずれも対流性の雲から落下する粒子の直径 5 mm 以上を雹，2〜5 mm 程度の固体粒子をあられと称している．落下中に雲粒を補捉しつつ発達するが，冬季は対流雲の雲頂高度が低いので十分に発達せず，「あられ」となることが多い．夏季の場合は背の高い積乱雲の発達により，十分に発達した固体粒子となり「雹」となることが一般的である．

みぞれ：「みぞれ」は雪が融け切れずに地上に達し，雨と雪が混在した形で降る降水現象である．気象統計上は「雪日数」に組み込まれる．

(2) **湿度** 湿度は，その空気に含まれる水蒸気量を表現する指標である．気象業務でよく用いられる相対湿度は，対象とする地点の水蒸気圧とそこの気温での飽和水蒸気圧の比（百分率）で定義される．この観測には遠隔測定や連続記録取得などに有利な「電気式湿度計」が用いられている．これは，高分子フィルムの静電容量が湿度によって変化することからそれを測定するものである．

このほか，湿度に関係する指標としては，比湿・混合比(注)・露点温度（その時点での気温を下げていって飽和して露を結ぶ気温．水蒸気量が多いほど気温に近づく）がある．なお，実効湿度（過去の湿りの状態に重みをつけて現状の乾燥状態を表す．火災発生件数とも関係し防災上の指標となる）という指標もある．

（注）水蒸気を含む空気の質量と水蒸気の質量との比を「比湿」といい，空気から水蒸気を除いた乾燥空気の質量と水蒸気の質量の比を「混合比」という．

(3) **日照** 日照は太陽からの直達日射（散乱光を含まない）の一定量（$120\,W\cdot m^{-2}$）を超えたときを日照ありと定義する．これはほぼ太陽による影が映ずる程度の日射量にあたる．その時間を測定して「日照時間」として利用する．これを観測する日照計は現在「太陽追尾式日照計」（図 1.2）や「回転式日照計」，「太陽電池式日照計」（主に AMeDAS で使用）が主として用いられている．

(4) **積雪深** 「積雪深」は定まった時刻に降り積もっている固体降水粒子の深さをいう．これは超音波式（または光学式）積雪計により，一定時間ごとに観測が行われている．ただし，積雪深は風による吹き溜まりや地物の影響を強く受けるため局地性が大きく，極力代表性を確保することが努力されているが，それ

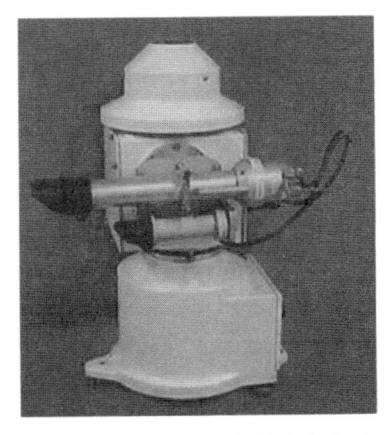

図 1.2 太陽追尾式日照計（気象庁（東京管区気象台）ホームページ）

(5) **目視観測（雲，大気現象など）** 上述の各項目はなんらかの測器によって遠隔測定や自動的なデータ伝送が可能な観測項目であるが，観測者の目視によって観測が行われている項目について概観しておく．なお，観測者の位置によって視界は変化するが，可能な限り視野の開かれた場所で観測することが求められている．

雲の観測は，「雲量」，「雲形」が重要である．雲量は全天に対して雲におおわれている部分の割合をもって雲量として報ずる．ただ，視野の縁辺に近い空の部分は斜めにみていることもあり，量の判断に注意が必要である．また，雲量の統計的な発現頻度をみると中間の雲量が少なく，雲量0や10に偏っていていわば鍋底型の分布をしていることが特徴である．雲形はいわゆる「十種雲形」によって存在する雲の型を決める．また，これらは上層雲・中層雲・下層雲に分けられ，それぞれの高度での雲量も観測する．重要なのは，「対流雲」か「層状雲」かであって，これによって降水の型も決められる．予報上もこの区別は大切である．

「大気現象」として観測通報される項目は多岐にわたるが，予報上は降水の強さ・雷電の有無・視程障害（霧・もや・黄砂・煙霧・降灰）などが重要である．ここでも，似た概念の区別は確認しておきたい．

霧・もや・煙霧：いずれも大気中に浮遊して視程を妨げる現象であるが，「霧・もや」はいずれも微小な水滴または吸湿性の粒子が大気中に浮遊しているものだが，そのうち視程が1km未満の場合を「霧」，1km以上の場合を「もや」として区別している．「煙霧」は塵埃や人工燃焼生成物などを核とした微粒子が大気中に浮遊し，視程が1km未満になっている場合をいう．

霜・霜柱：「霜」は空気中の水蒸気が0℃以下に冷却された地物に触れて昇華によって結晶したもので，「霜柱」は土壌中の水分が毛管現象で地表に上がり凍結したもので，全く異なる成因による．

1.1.3 観測システムとデータの予報への利用

国際的な観測データの交換にあずかっているわが国の気象機関は気象庁である．当然，予報士試験においても気象庁の観測システムを前提に出題されている．したがって，ここでは気象庁の観測システムとそのデータの利用について記述する．一部には地上観測に留まらず，高層・レーダー観測にも言及する部分がある．

(1) **観測網** 予報に利用される観測データは，1か所でのみ観測しても利用できない．そのためには対象とする地域をおおうように観測地点を配置して，特徴的な擾乱を把握する必要がある．現在の気象庁における観測網は表1.1に示す．

気象官署（日本では約110カ所）では前節で述べたさまざまな項目について観測を行っており，その結果を6時間ごと1日4回国際的に定められた通報式に則って観測データの国際交換を行っている．これが高層観測データなどと合わせて総観規模の擾乱を解析するための全球的な基本資料となっている．ただし，この観測点は陸上に限られるため，全球的な客観解析のためには衛星観測データ，航空機による観測データなども用いてデータ同化により解析が行われている．

高層観測は日本では16地点で実施されており，これは1日2回（00UTC, 12UTC）行われて，その結果は世界中に通報されている．水平方向には約300km間隔で観測点が配置されている．鉛直方向には地上から高度約30kmまでを観測し，項目は気圧，気温，湿度，風向・風速である．地上観測結果と合わせて総観規模擾乱の把握に有効であるが，その他子午線に沿った鉛直断面図解析などでジェット気流や圏界面高度などの情報を把握することができる．

地域気象観測システム（AMeDAS）は日本全国を

表1.1 気象庁の観測網

観測の種類	観測システムと規模（全国の観測地点数）	観測項目
地上気象観測	地域気象観測システム（AMeDAS）：約1300地点（この中には気象官署も含まれる）（観測密度）雨　量：約17km間隔　　　　　　　　　その他：約21km間隔	四要素（降水量，風向・風速，気温，日照）
		降水量のみ
		積雪深（降雪地域のみ）
気象レーダー観測	20地点（うち，ドップラーレーダー11地点）	降水エコー（ドップラーは三次元の風系ほか）
高層気象観測	レーウィンゾンデ10地点，GPSゾンデ6地点（以上の観測密度）約300km間隔	気圧，気温，風向・風速，湿度
	ウィンドプロファイラ31地点	鉛直方向の風向・風速分布

*「AMeDAS」の観測地点数は，最近の業務改善に伴い年々変化するので概数で示した．

カバーし，約 1300 か所に展開され，その観測密度は表 1.1 に示す通りである．運用上は 1 時間ごとにデータ（10 分ごとの値）が集信され，正時の値が報じられる．ただし，雨量は前 1 時間量，風速は前 10 分間の平均風速である．これにより，メソαスケール程度の擾乱による変動には追随できるものと考えられるが，システムとしては一定の基準値を超えた場合には自動的に 10 分値を報ずるようになっている．これによって迅速に防災対応に着手するためのトリガーの役割を果たしている．これをさらに改善して「最大瞬間風速」や「最大 10 分間降水量」などを計測できる「アメダス等統合処理システム（新アメダス）」が 2008 年 3 月に運用開始となった．

（2）データの予報への利用 観測データは予報の基盤的データであるが，そのデータが何を表しているのかを時間的・空間的なサンプリング間隔を考慮したうえで，十分理解して用いなければならない．各観測システムのカバーしている範囲を図 1.3 に示す．前項で示した観測網は固定されており，それぞれに応じたデータを用いて予報に利用する必要がある．通常，観測点間隔の 5～6 倍程度の波長の擾乱が表現可能とされており，この観点でみると，「総観規模擾乱」であれば 300 km 間隔で配置され，12 時間間隔で観測される高層（ゾンデ）観測データで十分表現可能であるが，100 km オーダーの大きさの「メソスケール擾乱」については，そのスケールおよびライフタイムの観点から高層観測網だけでは把握できないことが明らかである．数値予報においては，観測密度も観測時刻も異なるさまざまなデータを利用して「データ同化」を行い必要なスケールの擾乱を抽出することが一般的である．その一方で，数値予報モデルによる解析結果を活用してウィンドプロファイラのような単一の連続的な観測データを用いて，よりスケールの小さい擾乱を抽出することも可能である．

1.2 レーダー観測

1.2.1 レーダーとそのデータの特徴

気象レーダーは，マイクロ波（そのなかでも波長がおおむね 1～10 cm のセンチ波）と呼ばれる電磁波を降水粒子に当て，散乱されて発信源に戻ってくる電磁波の強さを戻ってくる時間とともに測定し，降水粒子の大きさおよび距離を算出するものである．気象庁の気象レーダーは通常，波長 5.7 cm の電磁波を利用し，「レイリー散乱」(注)を利用することで，対象とする降水粒子の大きさ（降水強度に関係する）や分布を知ることができる．降水強度（R）と受信電力に比例するレーダー反射因子（Z）を用いて，統計的に $Z = BR^\beta$（B および β は定数）という関係が知られており，これによって対象とする降水強度を算定することができる．

（注）レイリー散乱：発信される電磁波の波長が，対象となる粒子（原則として球形）の大きさよりも十分大きい場合（おおむね 10 倍以上）の散乱をレイリー（Rayleigh）散乱という．その散乱は対象となる粒子の直径の 6 乗に比例して減衰する．したがって気象レーダーでは波長 5.7 cm に対して，標準的な 1 mm 程度の直径をもつ雨滴であれば，このレイリー散乱で取り扱えることとなる．ただし，電磁波の減衰は粒子の大きさにきわめて敏感であるので，雨滴より小さい霧粒や雲粒はレーダーで捉えることができない．

気象庁が展開しているレーダーは，表 1.1 に示されたように全国 20 地点であり，うち 11 地点にはドップラー機能がついている．

（1）レーダー画像と天気システム

降水エコーは，伴う天気システムによってそれぞれ特徴的な形態を示す．予報上は対流性エコーか層状エコーかの区別が大切である．強い対流性エコーの場合は積乱雲群が対応し，寒冷前線などのより大きい天気システムのなかではエコー強度の強い部分がいくつかの団塊状に分布しているなど階層的な構造がみられる．層状エコーは比較的弱いエコー強度の領域がほぼ一様に広く分布している．乱層雲や層積雲など層状の雲からの降水に対応している．エコー強度の強い部分と弱い部分は異なる高度の風に流されるため，移動方向が異なる場合がある．

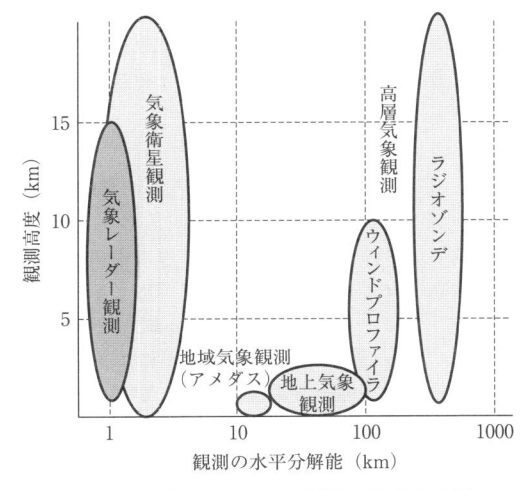

図 1.3 気象観測システムの全体像（気象庁提供）

このほかの特徴的なエコーについて以下に述べる.

○ **渦状エコーと線状（ライン状）エコー**　規模の大小を問わず，渦状エコーの中心付近には何らかの擾乱が対応している．特に台風などではスパイラル状の規模の大きい渦状エコーが顕著で，中心の推定などに有用である．ライン状の場合は前線あるいはシアーラインと一致し，強い対流性擾乱を伴っている場合がある.

○ **フックエコー**　規模の大きな積乱雲に伴うエコーの一部に，鉤状の形状がみられることがある．竜巻の発生に伴う特有の形状であることから注目されてきたが，近年のドップラーレーダー（後述）の整備により，三次元的な風系の観測も容易になり，より的確に竜巻の把握ができるようになった.

○ **ブライトバンド**　降水粒子は気温の低い上層で氷晶から雪片に成長し，落下しつつ気温の0℃層に入ると，融解しながらやがて雨滴となる．この融解の際は，まず雪片の表面が融けて水膜をつくり，このため，レーダー反射因子の増大を招く．このことから，雪片の融解層（気温の0℃高度付近）ではエコー強度が著しく増大したようにみえる．これは鉛直断面を表示するRHI（range height indicator）表示でみるとより明瞭に理解できる.

(2) **非降水エコー（降水とは異なる原因によるエコー）**

○ **シークラッター**　レーダーの射出する電波は，地球がほぼ球形であるためレーダーサイトからある程度遠方で海面に近づく．この際，波浪が高いとレーダービームの一部にかかり，そこで散乱された部分が検出されることがある．画面上ではサイトから一定距離の海洋上に弧状のエコーがみられる．時間による移動などの変動がないことからも理解できるが，降水とは関係のないエコーである.

○ **エンゼルエコー**　大気の屈折率に顕著な乱れがあると，散乱によってエコーが表示される．これはレーダー観測にとっては雑音の類だが，後述の「ウィンドプロファイラ」の原理に応用されている．このほか，鳥や昆虫の集団が飛んでいる場合にも現れることがある．また，軍用機がその存在を惑わすために撒くチャフという電波を反射させる物質も明瞭にレーダーで表示される．このような非降水物質によるエコーを「エンゼルエコー」という．なお，山岳などの地形によって反射されるエコーについては，場所が固定されているのであらかじめそれを除去することができる.

1.2.2　レーダーのプロダクトとその予報への利用

気象レーダーのデータは，おおむ半径300km以内の降水エコーについて，「エコー強度」および「エコー頂高度」についての情報を含んでいる．面的な分布の把握が可能であることから単一サイトでも実況監視に有用である．得られるデータはデジタルデータであるため全国監視や均一な精度のデータを得るために全国20サイトのエコーデータの合成が行われている．元データは，エコー強度については1kmメッシュ，エコー頂高度については2.5kmメッシュであり，5分ごとに集信されて，これによって全国合成される．その結果のプロダクトとして，「レーダーエコー合成図」が公表されている．なお，エコー強度およびエコー頂高度いずれについてもGPV形式で必要な機関へ配信されており，より有効な利用が図られるようになっている．この全国合成によって，日本全域をカバーする降水域の実況監視が容易となり，次に述べる「降水ナウキャスト」の初期値とすることができるようになった.

レーダーは雷雨や局地的な擾乱に伴う強雨の実況監視には非常に有効な手段となりうる．これはこのような擾乱のライフタイムが短く，これに対してレーダーのサンプリング間隔が5分と，ほぼリアルタイムで変動を監視できるからである．一方，北東気流による低い雲からの霧雨や夏季に太平洋岸に侵入する海霧は多少粒径が大きくても，レーダー合成図には反映されない.

さらにアメダス等の地上雨量計のデータと比較することにより，「雨量換算係数」を求め，レーダーデータの地形による減衰などを補完した「解析雨量」のプロダクトが提供されている．これを初期値として「降水短時間予報」も発表されるようになった.

解析雨量，降水短時間予報および降水ナウキャストについては，第Ⅰ編第2部6章「降水短時間予報・降水ナウキャスト」を参照されたい.

1.2.3　ドップラーレーダーとそのデータの特徴

最近，その展開が顕著である「ドップラーレーダー」は，従来の一般レーダーにおけるエコー強度やエコー頂高度などの基本的なデータに加えて，降水粒子の「ドップラー速度」を測定する機能を備えている．「ドップラー速度」は，降水粒子による散乱波が粒子の運動によって周波数偏移を生じることを利用したもので，いわゆるドップラー効果の活用である．観測できるのは，レーダーサイトに原点をもつ極座標で考えると，粒子の運動（風）の動径成分である．した

がって実際の風系に置き換えるためには，単独のドップラーレーダーによる場合は，ある程度の仮定の下に推定しなくてはならない．たとえば，水平風がほぼ一様と考えられる場合は，VAD（velocity azimuth display）法を用いて推定するとか，一様とはいえない場合には，ほぼ一様と考えられる方位を区切って推定する VVP（velocity volume processing）法などがある．このように，実際の風ベクトルそのものの厳密な再現性にはまだ課題があるが，実用的には，その速度分布を解析することにより，シアライン，ダウンバースト，ガストフロント，メソサイクロンなどの検出に有用である．これらの現象については後述する．また，降水粒子が気流に乗って運動することが前提であり，降水域以外の場所での風系の観測は行うことができない．

図 1.4（カラー口絵 1 参照） ドップラーレーダーで観測される渦のパターン
レーダーサイトから見て，近づく速度（青）と遠ざかる速度（赤）が対になって見える．（気象庁提供）

1.2.4 ドップラーレーダーのプロダクトとその予報への利用

ドップラーレーダーは，いくつかの制約はあるものの基本的にリアルタイムで「風の三次元分布」が得られることに特徴があり，このため過去においては空港周辺の風の場の把握が重要である航空気象分野での利用が中心であった．しかし，最近は突風・竜巻など顕著現象への有効利用が求められるようになり，その利用範囲は拡大している．ただ，その観測結果の解析については対象がメソスケールの現象に重点があるため，そのライフタイムの観点からいずれの対象についても自動解析，自動出力による迅速さが求められ，今のところエコー強度分布図のような予報者の解釈に任せるようなプロダクトはない．生のドップラー速度分布図をみても解釈には相当の熟練と知識が要求される．予報士試験においても，ドップラーレーダーの原理以外は，解析済みの風分布図を提示して設問に答える形式が中心となろう．

次に，ドップラーレーダーが有効性を示すメソスケールの擾乱について記述しておく．

（1） シアライン 風ベクトルの急変領域の検出には，ドップラーレーダーはきわめて有効な観測機器である．前線のようにそれを境に風向が急変する気象システムは格好の対象である．特にエコー強度分布だけでは見いだしにくい，規模の小さい（そのため強度が大きく顕著な）シアラインは線状に伸びた風ベクトルの急変域で，局地性が強い．ドップラー速度の線状に伸びた急変域の形で表現される．航空気象分野では空港周辺での風のシアの存在が安全運行上重要である

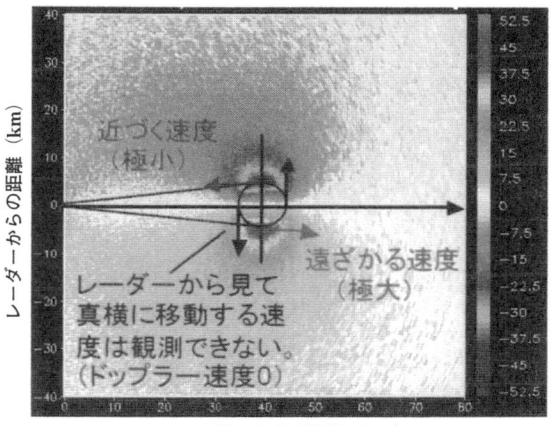

ので鉛直方向のシアも含めて観測の対象となっている．

（2） 雷雨に関連するメススケール現象 雷雨は，孤立あるいは集団で組織化して発達する積乱雲を母体とするメソ対流システムである．組織化された雷雨は数十 km の規模をもつメソ β スケールの対流系であるが，これよりさらに規模の小さい対流現象を伴い，直接災害をもたらすような顕著現象を含んでいる．詳細は 3.2.3 項を参照されたい．ただ，雷雨に伴うダウンバースト，ガストフロントについては航空気象分野で従来からドップラーレーダーの主要な観測対象となっていてさまざまな知見が蓄積されている．これらの特徴は観測したデータを元に迅速に情報を自動的に発信することであって，一般気象での観測データの取り扱いとは異なっている．しかしながら，近年竜巻を含む突風対策の重要性が高まり，ドップラーレーダーによるメソサイクロンの検出など一般気象分野でも急速にドップラーレーダーの役割が高まっている（図 1.4；カラー口絵 1 参照）．

1.3 高層観測

1.3.1 ゾンデによる観測とプロダクト

大気中層以上の観測は，従来「レーウィンゾンデ」による観測が長く行われてきた．静電容量変化型空盒気圧計・サーミスタ温度計・電気式湿度計と無線送信機からなる本体をゴム製気球に吊して放球し，おおむね高度 30 km 位までの大気を観測する．観測項目は，

気圧・気温・湿度のほか風向・風速である．

　風については，自動追跡型方向探知機により，ゾンデの位置（仰角・方位角）を測定し，気圧・気温の測定値も利用して高度・水平位置を計算する．この軌跡によって風向・風速を計算する．最近は，探知機を用いず GPS（全球測位システム）受信器を搭載した「GPS ゾンデ」も用いられている．この場合，観測所の受信システム以外の地上設備が不要になるので，離島や船舶での観測に有利である．現在，表 1.1 に示されたように，全国でレーウィンゾンデ観測は 10 地点，GPS ゾンデ観測は 6 地点で実施され，観測密度はおおむね 300 km 間隔である．

　レーウィンゾンデの高度については，二層間の気圧差がそれに挟まれる気柱の重さに相当することを利用し，静力学平衡に基づく「測高公式」によって計算される．気柱の第一層の高度と気圧を h_1, p_1，第二層の高度と気圧を h_2, p_2 とする．また二層間の平均気温を T，空気の気体定数を R，重力加速度を g とすると，測高公式は，

$$h_2 - h_1 = RT/g \ln(p_1/p_2)$$

で表される．ここで，ln は自然対数である．

　こうして，気圧を高度に変換できるが，ここには水蒸気の効果は含まれていない．雲中など水蒸気の多い場合は，T を仮温度 T_V にして計算すればよい．比湿を q とすると，$T_V = T(1 + 0.608q)$ で与えられる．

　データとその利用：高層気象観測は，国際的な観測網の一端を担っているもので，毎日 09JST（00UTC）と 21JST（12UTC）の定時に観測が行われる．これによって，全球的な高層大気の状態が把握でき，各種の高層天気図，高層断面図などのプロダクトを日常的に得ることができる．ゾンデ観測は陸上で比較的密に行われるが，海上では離島や船舶によるものに限られ，観測点密度は粗い．高層解析図は，現在は数値予報モデルを用いて衛星を含む各種のデータを「データ同化」の手法で取り入れ，より正確な解析図を得ることができるようになった．

　ゾンデ観測の結果は，面的なプロダクトだけでなく，放球された地点での各種要素の鉛直プロファイル，すなわち「状態曲線」を与える．また，「エマグラム」など「各種断熱図」のベースとなるデータでもある．この「断熱図」によって静力学的な鉛直安定度，CAPE/CIN などの熱力学的エネルギー計算などが行われる．このように観測点上空の大気構造の把握に有用なデータということができる．

1.3.2　ウィンドプロファイラとそのデータの特徴

　高層の風を観測するゾンデ観測は，観測密度（空間・時間とも）に限界があって，顕著現象をもたらすメソスケールの擾乱の把握には不十分である．したがって，別途これに対応できる観測システムの整備が要請され，ウィンドプロファイラの導入が行われた．基本的にはドップラーレーダーと同様であるが，次のような特徴を有する．

　（1）　射出する電磁波のビームを鉛直方向とそこから 10°傾けた直交する 4 方向へ向けた五つのビームで構成する．これにより鉛直方向の風の分布（profile）を取得する．

　（2）　射出される電磁波の波長は数十 cm（周波数 1 GHz の UHF 帯）でレーダーの数 cm と比べると 1 桁長い．気象庁の運用しているプロファイラは 1.3 GHz である．

　（3）　波長が長いことで，降水粒子だけでなく空気の乱れによる屈折率の変化に対応し，その散乱波を利用しているので，天候にかかわらず観測が可能である．

　（4）　鉛直方向の観測可能高度は，平均的には 5.5 km ほどであり，乾燥していると 4 km 前後まで落ちることがある．逆に湿っている場合には比較的高い高度までデータが得られる可能性がある．降水のある場合には，8 km 位までも可能である．

　（5）　気象庁ではこのプロファイラを全国 31 か所に展開し，10 分間ごとに観測したデータを 1 時間ごとにまとめて公表している．これによる観測密度は，おおむね 120 km 間隔（25 か所について計測）となり，データが対流圏の中・下層に限定されるもののメソ α スケールの擾乱に十分対応できるデータとなっている．

　（6）　配置は，擾乱の発達に重要な湿潤気流の風上で観測できることが効果的であることから，西南日本の沿岸部に多く配置されている．

　これらの特徴をふまえて得られたデータの予報への利用が行われている．

1.3.3　ウィンドプロファイラのプロダクトとその予報への利用

　ウィンドプロファイラのデータは，観測点の直上の対流圏中・下層の風（鉛直流を含む）の分布を 10 分単位で示している．これがメソ α スケールの擾乱の表現に適当な観測密度であることはすでに述べたが，予報へ利用するためには迅速に把握できるものでなければならない．その一つの表現として「時間・高度断面図」がある．

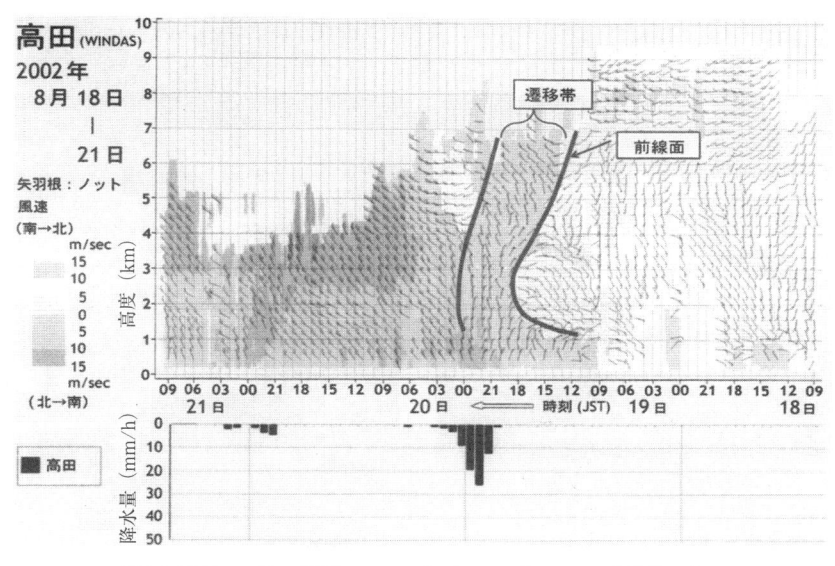

図 1.5（カラー口絵 2 参照） ウィンドプロファイラによる前線帯の表現
（気象庁提供）

(1) 時間・高度断面図 一観測点ごとに縦軸に高度をとり，横軸に時間をとった断面図が提供されている．内容は各時刻の風向・風速および鉛直流の高度分布が表示され，おおむね6時間分の変動がみられるようになっている．これによって，ウィンドプロファイラ単独でも前線，温度移流，寒気滞留などを解析することができる．前線・シアラインなどは風ベクトルの組織的な急変部を追跡することで上層までの前線面が解析される．温度移流については，温度風が成り立つと仮定すれば，定性的には上空へ向かって風向が時計まわりに変化していれば「暖気移流」，反時計まわりであれば「寒気移流」と判断される．移流の強さについては考えている層の中間の風速で見当がつくが，詳細には風のデータを元に移流量を計算する必要がある．この図で特に注意しなければならないのは，時間軸の取り方である．気象庁のWebページに記載されているのは左から右に時間が進むようになっているが，一般的にはこのような断面図は右から左に時間が進むように描かれる．これは日本が主として偏西風帯に属し，擾乱が西から東へと移動することが多く，通常の地図のように南が下（南側から見る形になる）になると擾乱が左から右へ動く．したがって時間の古い方が先行するように描いた方がみやすい．ただ，これはある種の習慣であるので，試験などではそのつど確認することが望ましい．これは前線の表現などで寒冷前線か温暖前線かを誤認する場合があるからである

（図1.5；カラー口絵2参照）．

(2) その他 ウィンドプロファイラの利用は，上記のような図表示だけとは限らない．重要な利用先は数値予報へのデータ提供である．先に述べたようにこのデータの有する特徴から，特にメソ数値予報モデルの初期値に対するデータとしての役割が大きい．

また，試験の過去問題では，擾乱の鉛直構造とからんで出題頻度が高い．擾乱の構造については第Ⅰ編第2部第3章で述べるが，各種擾乱の三次元的な構造について，十分理解しておくことが望ましい．

〈初心者の方々へのメッセージ〉

大気の現状を把握するための観測技術は，きわめて多種多様である．しかしそのデータは，あらゆる予報技術の根幹であって，観測データなしにどのような予報もありえない．したがって，それぞれの観測手法についての十分な理解が求められるが，初めからすべての観測技術に精通しているはずもなく，気象予報士試験のために必要以上の時間をとることもむずかしいであろう．そこで，予報技術の立場から観測技術を概観するための着眼点を簡単にまとめておきたい．詳細は関連する本章の記述を参照して欲しい．特に上記の各節に示している「予報への利用」の項目は試験の内容

とも密接に関連していることに留意していただきたい．

① 観測データの意味する事柄（図1.3参照）

観測データはこれを収集・解析することにより，現在どこで何が起きているのかを把握することにある．したがって，そのデータが何を表しているかを常に考えておかねばならない．具体的にはそのデータを得た観測機器の性能の限界（観測の時間間隔，観測機器の配置，観測手法など），また単一の観測機器ではなく，それらで構成された観測網から得られるデータもその配置の状況などが，そこから把握できる擾乱のスケールを定める重要な要因になる．データの限界を超えた細かい解析は無意味なだけでなく誤った予報へ導く要因になるので注意が必要である．

② 観測手段の高度化（1.3節参照）

かつては，地上気象観測，高層観測，レーダー観測などで観測者が直接データの取得に関与していたが，IT技術や伝送システムの発達でこれらの観測にもその多くはデジタル化等の技術向上が図られ，今では遠隔で随時観測データが得られるようになってきた．また，さらに1970年代以降，アメダス，静止気象衛星，ドップラーレーダー，ウィンドプロファイラなど新しい観測手段が登場してきている．現在の予報技術はこれらのシステムを存分に活用しており，そこから得られるデータの特性も十分理解しておく必要がある．したがって，試験においても次々とこれらの新しいシステムに関する設問が現れてきた．最近は，ウィンドプロファイラのデータの利用などの設問が多く出ており，これらの傾向にも留意しておくべきである．

③ データの表現方法

観測データを予報に利用するためには，種々の解析方法や表現方法がある．天気図は基本的な図であり，そこに描写された観測データはきわめて多種である．補助図にも各種時間-高度断面図やエマグラムなどがあり，予報利用への道筋をつけている．こうした図表現にも馴れておきたい．

【例題と解説】

下記の問題は，各項目の正誤を問う問題になっているが，実際の予報士試験では，5種類の正誤の組み合わせから，適切な組み合わせを答える問題となっている．しかし，基本はそれぞれの事項の正しい知識が問われるわけであるから，下記のような各項の正誤を判断する訓練が必要である．

【例題1.1】

次に示す各項の文章の正誤について答えよ．

① 気圧の海面更正を行うときには，海面から観測点までの仮想の気柱の重さを加える．このとき，気柱の平均気温は観測点で観測した気温を海面まで一定として計算する．

② 風速計からの計測値は0.25秒ごとに更新される．日最大瞬間風速はこのうちの1日間における最大値である．

③ 黄砂は主に中国大陸内陸部の砂漠地帯や黄土地帯などから強風によって吹き上げられた土壌粒子が偏西風や東進する擾乱によって風下に運ばれ，日照を阻害したり，はなはだしいときは視程障害も引き起こす現象である．

④ 霧と霧雨の違いは降水粒子の大きさによっており，半径0.1mm以上を霧雨，0.1mm未満を霧という．

⑤ 積雪計（または積雪深計）の設置してある観測点においては，降雪量（降雪の深さ）は毎時積雪深の差を合計したものである．

⑥ 雨量計は，周囲にある建物・樹木などの影響を避けるため，少なくともそれらの遮蔽物から10m以上離れた場所に設置することが望ましい．

⑦ 気象庁のレーダーでは，エコー強度は1kmメッシュで5分に1回集信され，さらに1時間に1回全国合成図が作成される．これにより，雷雨などの監視を十分行うことができる．

⑧ ドップラーレーダーは，突風対策に効果的な観測システムであり，竜巻を直接観測してその動向をリアルタイムで追跡することができる．

⑨ ウィンドプロファイラの出す電磁波の波長は，気象レーダーの電磁波よりも短いので，雲粒や霧なども観測することができる．

⑩ ウィンドプロファイラの観測は10分間隔で行われ，時系列で並べることで中層以下の風の構造についてレーウィンゾンデ観測よりも速やかに把握することができる．

（解説）

① 「観測した気温を海面まで一定とする」という記述が間違い．1.1.1項で示したように，仮想の

気柱の重さを推定するので，気柱の平均気温は0.5℃/100 mの気温減率で気柱の中間まで下ろしたときの気温を用いる．これをベースとして，静力学の式の空気密度（ρ）に適用して気柱の重さを算出し，海面における気圧を求める．

② 1.1.1項に記述したように，現在の瞬間風速の求め方は0.25秒ごとに得られるデータを12個分（3秒間分）平均したものを用いる．したがって0.25秒の計測値をそのまま用いるとした記述は誤り．

③ 記述通りでよい．主に中国内陸の砂漠や黄土地帯の土壌と考えられるが，さらに奥地の中央アジア付近の砂漠地帯が起源のものもあるという調査もある．

④ 「霧雨」は降水の一種で，粒径が0.5 mm未満をいう．「霧」は降水ではなく，視程障害現象であって，視程が1 km未満のものをいう．したがって粒径で分類するのは誤りである．

⑤ 記述通りでよい．従来は観測者が雪板を用いて定められた時刻にその上に積もった雪の深さを測ったが，積雪深計のような機器の導入に伴って，高い頻度の観測が容易になったため，積雪の1時間値の差をとり，それを積算することで降雪量とすることとなった．

⑥ 記述通りでよい．周囲の樹木や建物から，その高さの2〜4倍離すことが望ましいとされるが，それができない場合は，10 m以上離すよう求められている．これは，そのような遮蔽物による風の乱れなどで雨量計の捕捉率が変化するのを避ける意味がある．

⑦ 全国合成図の作成は観測と同時に行われ，1時間に1回ではなく合成図も5分に1回という頻度で得られる．1.2.2項参照．したがって，この記述は誤り．

⑧ ドップラーレーダーは突風予測に有効な観測システムであるが，竜巻そのものを観測するのではなく，竜巻の発生要因となるメソサイクロンなどのより大きなスケールの現象を把握するのに用いられる．したがって，この記述は誤りである．

⑨ 気象庁レーダーは，波長5.7 cmの電磁波を用いており，一方，ウィンドプロファイラの発する電磁波の波長は22 cm（周波数1.3 GHz）を用いている．すなわち波長はレーダーよりウィンドプロファイラの方が長い．したがって，雲粒や霧を観測することはできない．大気の乱れや降水粒子のドップラー速度を観測している．この記述は誤り．

⑩ レーウィンゾンデの観測は1日2回，12時間ごとの観測である．観測地点の間隔も平均300 km程度と粗い．これに対して，ウィンドプロファイラは10分ごとにデータが得られ，中層以下に限られることが多いが，はるかに密な鉛直方向の風系を把握できる．この記述は正しい．

（解答）
① 誤，② 誤，③ 正，④ 誤，⑤ 正，⑥ 正，⑦ 誤，⑧ 誤，⑨ 誤，⑩ 正

（足立 崇）

1.4 気象衛星

1.4.1 各種気象衛星画像の特徴

(1) 可視画像（VIS） 可視画像は宇宙からモノクロ写真で地球を見るのと同じで，雲や地球表面で反射された太陽光の強弱（アルベド：反射率）を示すもので，波長0.55〜0.90 μmの波長帯で観測している．太陽光の射す昼間のみの観測に限られ，夜間は観測できない．雲の反射率はその厚さにより変化し，反射率が大きいほど白く写る．したがって，厚い雲ほど太陽の反射率が強いので白く写る．太陽高度によって輝度（雲の濃淡）に違いが生じ，朝夕や高緯度地方では，太陽光が斜めに当たるので，反射率も小さく暗く見える．同じ雲を見ても季節・時刻・緯度に応じて濃淡が変わるので，反射率は量的に一定ではない．可視画像の空間分解能は，衛星直下点で1 km，日本付近では約1.55 kmで，赤外画像の空間分解能に比べて4倍で，雲画像解析には優れている．

(2) 赤外画像（IR） 赤外画像は地球表面や雲頂からの放射を大気の窓領域にあたる10.3〜11.3 μmの波長帯の放射量を測定し，温度に換算して示したものである．放射量（I）を測定することにより，ステファン-ボルツマンの法則：$I^* = \sigma T^4$（I^*：黒体放射量，σ：ステファン-ボルツマン定数で，$\sigma = 5.67 \times 10^{-8}$ W・m^{-2}・K^{-4}）から物体（雲頂）の絶対温度（T）を推定することができる．すなわち，$T = \sqrt[4]{I^*/\sigma}$から求められる温度で，相当黒体温度（T_{BB}）または輝度温度と呼んでいる．一般に，対流圏では高度が高いほど温度が低くなる高度と温度の関係から，雲頂の温度（T_{BB}）は，雲頂の高度に換算することができる．温度の高い（高度の低い）雲を黒く（暗く），温度の低い（高度の高い）雲を白く（明るく）表現している．昼夜に関係なく観測できるが，分解能は衛星直下点で4 km，日本

付近では約 6 km で可視画像より劣る．地表面温度との差が小さい霧や層雲の識別はむずかしい．また，雲が薄い（射出率が小さい）場合や断片的な雲の場合には，下層にある雲や地表面からの放射が加わるために，測定された雲頂の高度は本来の高度より低めとなる．

(3) 水蒸気画像（WV） 水蒸気画像は赤外画像同様，地球表面や雲からの放射量を測定するが，水蒸気によって放射が吸収されやすい 6.5～7.0 μm の波長帯での放射量を測定している．したがって，観測される放射量は衛星と地球表面・雲との間にある水蒸気量によるが，対流圏下層は水蒸気が多いため放射は吸収されるので，中・上層での水蒸気量の多寡による．つまり，中・上層が乾燥していると，水蒸気の吸収が少ないので，下層からの放射量を測定するので放射量が大きく，画像では黒い（暗い）．中・上層が湿潤であると，水蒸気の吸収が多いので，下層からの放射は届かず中・上層の放射量を測定するので放射量が小さく，画像では白い（明るい）．したがって，中・上層雲がなくても，中・上層で水蒸気が多い領域では白く見え，水蒸気が少ない領域では黒く見える．特に，黒く（暗く）見える領域（相当黒体温度 $T_{BB} \geq -20°C$）を暗域と呼び，暗域では対流圏中・上層が乾燥している．逆に，白く（明るく）見える領域を明域と呼び，明域は中・上層雲があるか中・上層が湿っていることを示す．水蒸気画像では中・上層の水蒸気の分布がわかるので，画像の明暗のパターンや動きから中・上層の大気の流れを知ることができ，上層の気圧の谷，ジェット気流，ドライサージ（乾燥空気の侵入），上層渦などを把握するのに有用な画像である．

(4) 3.8 μm 画像 3.8 μm の波長領域は地球表面や雲からの放射と太陽光の反射の両方が観測できる．昼間は可視画像に近く，夜間は赤外画像に近い．昼間は雪氷域の識別，活発な対流雲域の検出に，夜間は霧や下層雲，海面水温の観測に有効である．

1.4.2 雲形の判別

雲形の判別は，可視画像と赤外画像を組み合わせて行うので，可視画像の取得できない夜間は，困難な場合がある．図 1.6 は可視画像による雲の反射率と赤外画像による雲頂温度（高度）の組み合わせによる雲形の判別ダイヤグラムで，雲底をみる地上気象観測での雲形（10 種）と雲頂を見る気象衛星画像から識別する雲形とは異なる（表 1.2）．可視画像のある昼間は

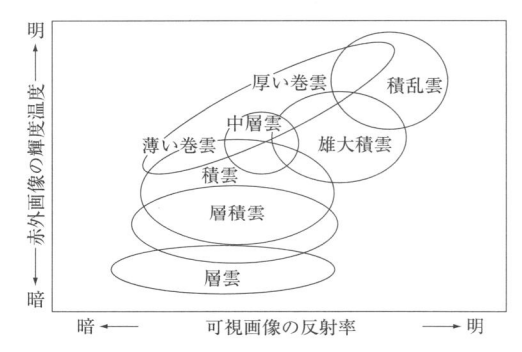

図 1.6 雲形判別ダイヤグラム（気象庁提供）

表 1.2 気象衛星画像上での各種雲形の見え方

衛星画像での雲形	地上観測での雲形（10 種）	衛星画像上の特徴	
		赤外画像	可視画像
上層雲	巻雲 巻層雲 巻積雲	白 筋状：巻雲 帯状：巻雲 層状：上層雲	灰～明灰 すじ状：巻雲 帯状：巻雲 層状：滑らか：上層雲 薄い上層雲は中・下層雲が透けて見えることがある
中層雲	高積雲 高層雲 乱層雲	灰～明灰 層状	灰～白 層状でほぼ平坦
層積雲	層積雲	暗灰～灰 房状，層状・集団	灰 房状・セル状集団
霧，層雲	層雲	暗灰～黒 層状	灰 層状，平坦で滑らか，境界が明瞭
積雲	積雲	暗灰～明灰 粒状，線状	暗灰～白 粒状，線状，セル状集団
積乱雲	積乱雲	白 団塊状，帯状	白 団塊状，線状，帯状，凸凹，影が見えることがある

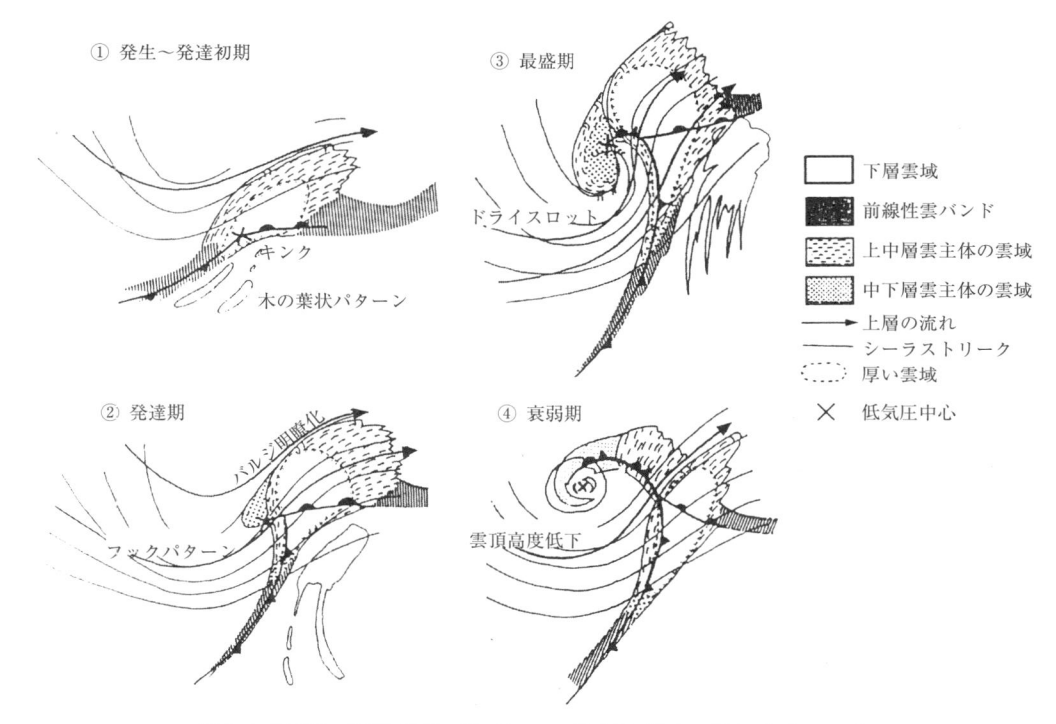

図 1.7 通常型の低気圧発達の雲パターンの模式図（鈴木・藤田・江上，1997）

霧や雪氷の判別も可能である．波長の異なる二つの赤外画像の階調差（差分画像）からは火山噴火に伴う灰雲，黄砂，霧や下層雲の確認が可能である．

1.4.3　気象擾乱に伴う雲パターンの特徴

(1)　温帯低気圧　典型的な低気圧の発達に伴う雲パターンの各段階での上層トラフ・ジェット気流と地上低気圧との対応関係は概要以下のようになる（図1.7）．

① 発生期～発達初期：前線波動に伴い，ほぼ東西に伸びた中・下層雲の雲域が形成され雲域の南縁にキンクがみられるリーフ（木の葉状）パターンとなり，次第に雲域が増大し極側に膨らんだ高気圧性曲率をもつ雲域（バルジ）に成長し，これに上層トラフが接近し上層雲が重なると低気圧が発生し発達を始める．

② 発達期：上層トラフが深まり，低気圧の発達に伴って雲域全体としてＳ字型となり，バルジの北縁は高気圧性曲率を増すとともに，雲域の西縁で低気圧性曲率に変わる変曲点付近に低気圧の中心が位置する．暖気移流が強いと暖域内や前線付近の対流雲が発達する．

③ 最盛期：高気圧性曲率は一層増大して暖気が低気圧の後面にまで回り込み，後面から中心に乾燥した寒気が移流しドライスロットが形成され閉塞が進む．上層トラフの深まりとともにジェット気流も南下し，ジェット軸は閉塞点付近を通る．

④ 衰弱期：低気圧中心から閉塞前線が離れ，低気圧中心付近の雲域の雲頂高度が下がり対流活動が弱まる．

(2)　寒冷低気圧（寒冷渦）　切離された低気圧で，水蒸気画像では上層渦としてみられ，上層に寒気のある中心付近と寒冷低気圧前面で下層に暖湿気流が

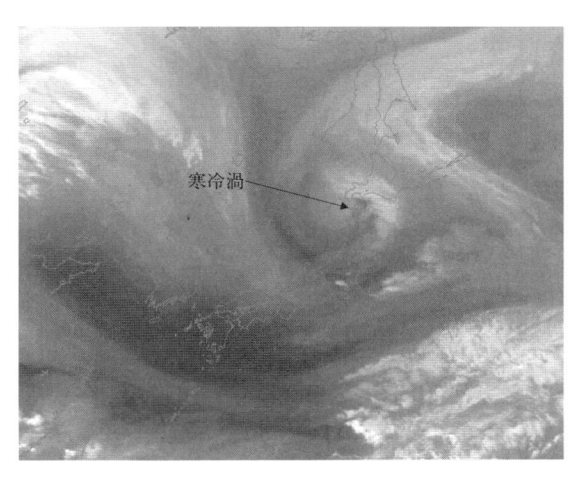

図 1.8　寒冷渦に伴う雲域（水蒸気画像）

図 1.9　ポーラーローに伴う雲渦（赤外画像）

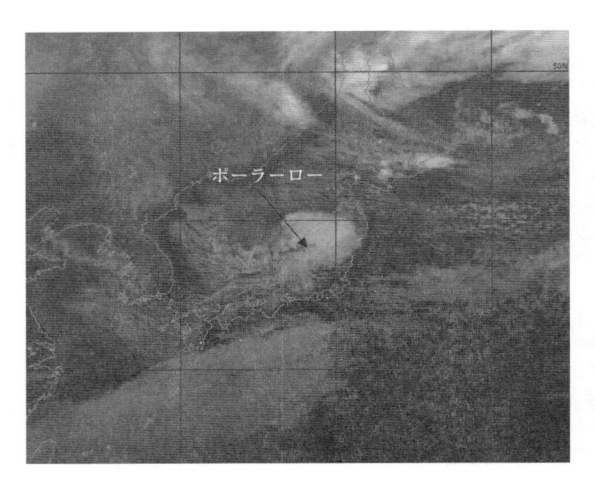

図 1.10　ポーラーローに伴うコンマ雲（赤外画像）

図 A：9 月 21 日 8 時　998 hPa
図 B：9 月 22 日 12 時　980 hPa 
図 C：9 月 23 日 9 時　970 hPa 
図 D：9 月 24 日 10 時　945 hPa 
図 E：9 月 25 日 9 時　940 hPa
図 F：9 月 28 日 9 時　960 hPa
図 G：9 月 29 日 12 時　975 hPa
図 H：9 月 30 日 9 時　996 hPa 

図 1.11　台風（可視画像）

流入する東～南東象限では発達した対流雲がみられる（図 1.8）．

(3)　**ポーラーロー（寒帯気団内低気圧）**　寒候期に寒帯前線ジェット気流の極（北）側の寒気内の海上で形成されるポーラーローは，雲渦またはコンマ雲としてみられる．

① 雲渦：寒冷渦または寒冷トラフの南下に伴って形成される（図 1.9）．

② コンマ雲：寒気内の第二の傾圧帯に形成される（図 1.10）．

(4)　**台風**　台風の強さは，通常，ドボラック法という可視画像による台風の中心付近の雲域の特徴（CF）とそれを取り巻く雲バンドの特徴（BF）に基づく雲パターンの変化から推定する方法と赤外画像による台風の眼と中心付近の対流雲域（CDO：central dense overcast）の雲頂温度および雲パターンから推定する方法がある．図 1.11 に示すような台風の発生・発達・衰弱に応じて特徴のある雲パターンを呈する．

(5)　**北東気流**（図 1.12）　オホーツク海高気圧や北偏した高気圧から吹き出す北東風に伴って関東・東北地方の太平洋側とその沿岸海上で，海上では霧，陸上では層雲または層積雲などの下層雲が形成される．北東気流時に発生する雲の雲頂高度は通常 1000 m 程度であり，標高 1500 m 以上の山々が連なる東北や中部地方の脊梁山脈を越えることができず，陸地にかかる雲の風下側の輪郭は脊梁山脈の山腹の等高線に沿った形になる．

第2部　予報業務に関する専門知識〔1. 観測の成果の利用〕

(6) 梅雨前線（図1.13(a)）　梅雨前線に伴う雲パターンは，温度傾度が比較的明瞭な東日本以東は中層雲が主体の雲域であるが，温度傾度がなく相当温位傾度が明瞭な西日本から大陸にかけては対流雲よりなる雲域となることが多い．

1.4.4　主な雲パターンの特徴

(1) バルジ（図1.14）　低気圧の発達に伴って形成される極側（北側）への凸状の膨らみ（高気圧性曲率）をもつ上・中層雲よりなる雲域で，気圧の谷～尾根の上層での発散場に形成され，南からの暖気移流により雲域は極側への膨らみを増すことから，高気圧性曲率の増大は低気圧の発達の兆候を示す．バルジの北縁にはジェット気流を示唆するシーラスストリークがみられることが多い．

(2) シーラスストリーク（図1.14）　シーラスストリークはすじ状の巻雲で，上層の流れにほぼ平行しているので，上層のトラフやリッジの位置や上層の流れを知ることができる．単独に現れることもあるが，低気圧に伴う雲域の北縁に沿って現れることが多い．ジェット気流軸の1度程度赤道側（南側）にみられるシーラスストリークは特に「ジェット巻雲」とも呼ばれている．

図1.12　北東気流（可視画像）

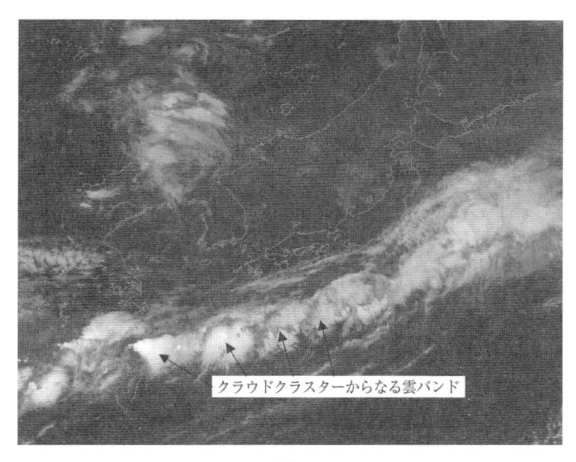

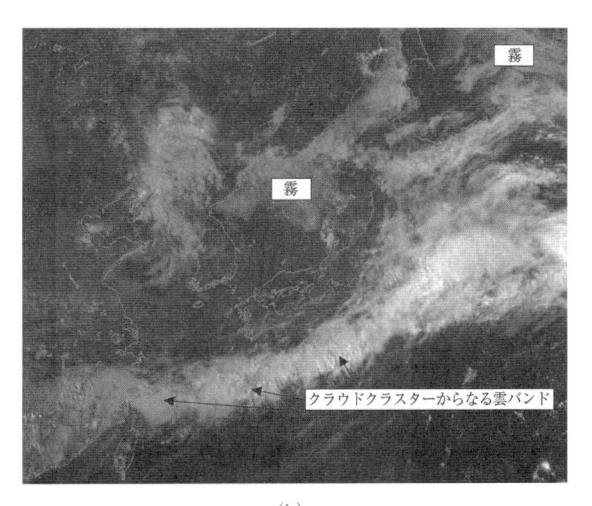

図1.13　梅雨前線
(a) 赤外画像，(b) 可視画像

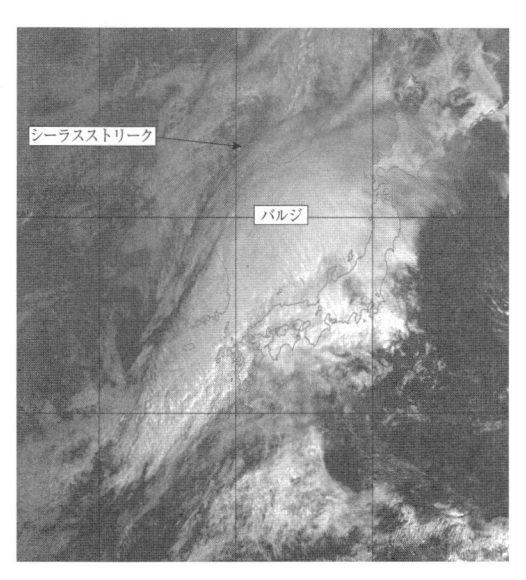

図1.14　バルジ（可視画像），シーラスストリーク（可視画像）

(3) トランスバースライン（図1.15）　上層の流れに対してほぼ直交する波状の巻雲の雲列で，雲列の北端付近にジェット気流軸が対応している．雲列

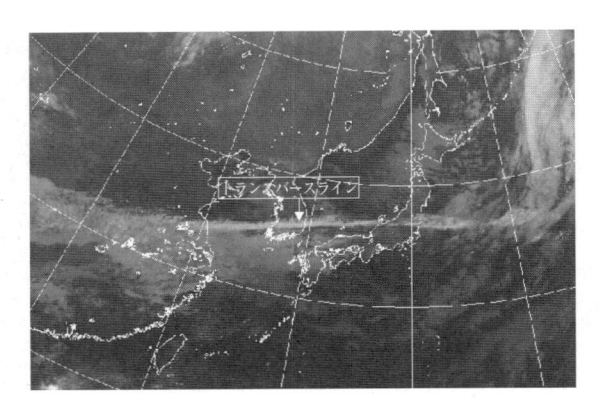

図 1.15　トランスバースライン（赤外画像）

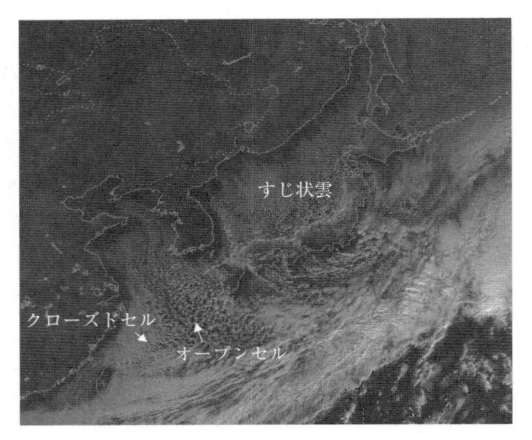

図 1.16　筋状雲，オープンセル，クローズドセル（可視画像）

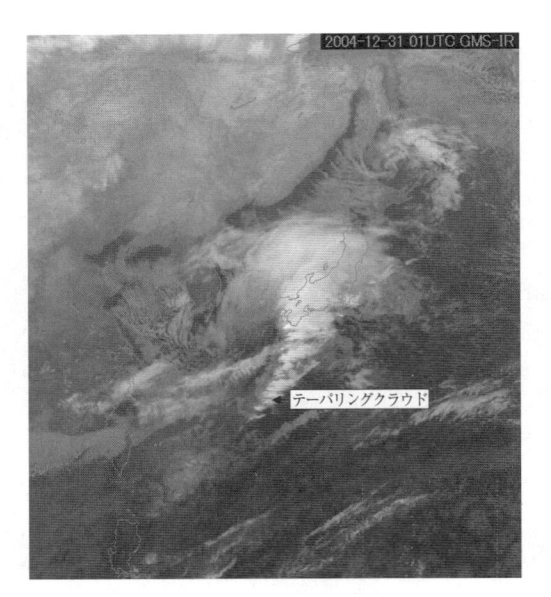

図 1.17　テーパリングクラウド（赤外画像）

は水平シアおよび鉛直シアによって生じ，晴天乱気流（CAT）を伴うことがある．

(4)　**雲　列**　一つひとつの対流雲が線状に結合した幅の狭い雲の列で，線の幅が緯度1度（約100 km）未満のものをいう．

(5)　**筋状雲**（図 1.16）　寒気移流場にみられる筋状の積雲列で，上層風と下層風とのシアベクトルの方向に列状に並んでみえる．冬型の気圧配置が強まったときに日本海や黄海・東シナ海などでみられる．寒気の吹き出しが南下すると，日本列島を越えて太平洋上でも形成される．日本海では，雲列の風上端と大陸との離岸距離が狭い場合には寒気移流が強く，離岸距離が広がってくると寒気移流が弱まってきたことを示す．

(6)　**雲バンド**（図 1.13）　連続的な対流雲で，少なくとも長さと幅の比が4:1で，幅は緯度1度（約100 km）以上のものをいう．代表的なものに，①冬の日本海にみられる日本海寒帯気団収束帯（JPCZ）により形成される帯状対流雲，②梅雨前線上に形成される雲バンド，③太平洋高気圧の縁辺に沿う暖湿気流に伴って形成される雲バンドなどがある．

(7)　**クラウドクラスター**（図 1.13）　積乱雲（一部発達した積雲）の塊・群で，団塊状，バンド状を呈する．梅雨前線に伴う集中豪雨はクラウドクラスターによってもたらされる場合が多い．

(8)　**テーパリングクラウド**（図 1.17）　雲域の風上側で積雲が発生・発達し，（無毛）積雲となって明瞭な縁をもち，風下側で taper（ろうそく）状（毛筆の穂先状）に広がった（多毛）積乱雲よりなる雲域で，形が人参にも似ていることから「人参状雲」ともいう．ライフタイムは10時間未満で，短時間強雨・雷雨・強風・突風などの顕著現象を伴う．低気圧中心付近や前線の暖気側の暖湿気流の強いところや相当温位傾度の大きいところで上層発散場に現れやすい．

(9)　**オープンセル**（図 1.16）　寒気場内に発生する蜂の巣状（周辺にだけ雲があり，中心部にはない）の積雲（一部積乱雲）域で，一般に鉛直シアが小さい場で，大気と海面水温との差が大きい（寒気が強い）ときにみられる．

(10)　**クローズドセル**（図 1.16）　寒気場内に発生する房状（オープンセルとは反対に中心付近にだけ雲があり，周辺部にはない）の層積雲域で，一般に鉛直シアが小さい場で，大気と海面水温との差が小さい（寒気が弱まった）ときにみられる．

図 1.18 黄砂（3.8 μm－赤外 1 の差分画像）

(11) 霧または層雲（図 1.13(b)）　表面が平坦で一様で，可視画像では白または灰色にみえるが，赤外画像では黒〜暗灰で識別がむずかしい．境界は鋭く明瞭で，海岸線・山の稜線などの輪郭を表すことが多い．霧と層雲の違いは衛星画像では識別できない．

(12) 黄砂（図 1.18）　濃密な黄砂は可視画像では明灰色で比較的明瞭な境界をもっているが，中国の砂漠地帯で発生した黄砂が日本付近に到達するころには，拡散して薄くなるので識別がむずかしくなることが多い．差分画像（3.8 μm－赤外 1）でみると判別しやすい．

（注）赤外 1：10.3〜11.3 μm 画像.

〈初心者の方々へのメッセージ〉

　気象衛星観測に基づく雲画像の解釈は，レントゲン写真をみて医師が病気を診断するのと似ており，画像をみる目が肥えてくる必要があり，そのためには多くの画像に接し，雲形の識別や雲パターンの特徴を把握する能力のレベルアップを図る必要がある．雲がどのような気象状況のもとで発生・発達しているのか，雲パターンは気象擾乱とどのように関連して形成され変化していくのかを，各種天気図・解析図・予想図を参照し気象概況の把握と予想を試みるようにするとよいと思う．気象庁のホームページその他の Web 上で常日頃，衛星画像に慣れ親しんでいくことをお勧めしたい．

【例題 1.2】（平成 20 年度第 2 回　専門知識　問 4）
　気象衛星ひまわり 6 号による観測とその利用に関して述べた次の文章の下線部 (a)〜(d) の正誤について，下記の①〜⑤の中から正しいものを一つ選べ．

　ひまわり 6 号は，大気による放射・吸収の少ない波長帯の一つである 10〜12 μm 帯の観測から (a) 雲頂や地表面の温度などを測定している．この波長帯を二つに分けて処理すると，大気中に放出された物質の放射・吸収特性がわずかに異なることから (b) 黄砂や火山灰の監視が可能となる．また，3.5〜4 μm の波長帯の観測では，水滴や氷粒子を含む雲と海面との放射特性が大きく異なる性質を利用して (c) 10〜12 μm 帯だけでは難しい夜間の下層雲域や霧域の監視を行っている．

　これらに対して，大気中の水蒸気による放射・吸収の影響を強く受ける 6.5〜7 μm の波長帯の観測では (d) 大気の中・上層に含まれている水蒸気の多寡を把握することができる．

① (a) のみ誤り
② (b) のみ誤り
③ (c) のみ誤り
④ (d) のみ誤り
⑤ すべて正しい

（ヒント）
(a) 赤外画像は，雲頂や地表面からの放射量を測定し，輝度温度に変換して画像化したもの．
(b) 赤外差分画像（10.3〜11.3 μm（赤外 1 画像），11.5〜12.5 μm（赤外 2 画像）の二つの画像の差分）は，下層雲の識別，薄い上層雲の識別，黄砂や火山灰の識別に利用される．
(c) 3.8 μm 画像は，昼間の雪氷域の識別，活発な対流雲域の検出，夜間の下層雲域や霧域の識別に利用される．
(d) 水蒸気画像は，大気の中・上層に含まれる水蒸気の多寡から，中・上層の大気の流れ，気圧の谷，ジェット気流，寒気侵入，上層渦を把握することができる．

（解答）　⑤

【例題 1.3】（平成 20 年度第 1 回　専門知識　問 4）
　次頁の図は，それぞれある年の 4 月 XX 日 12 時（03UTC）の気象衛星ひまわりの可視・赤外および水蒸気画像である．これらを用いた雲の判別などに関して述べた次の文章の下線部 (a)〜(d) の正誤について，

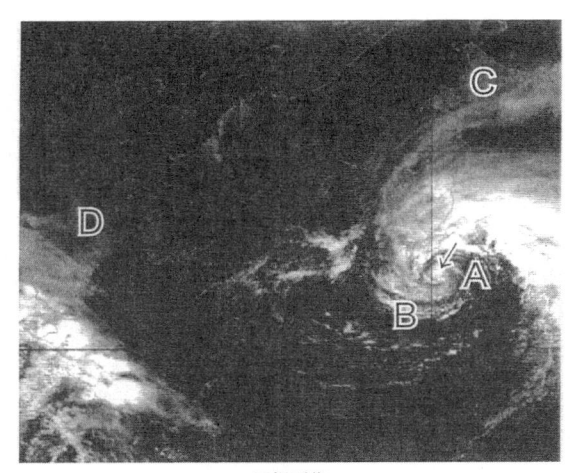

可視画像

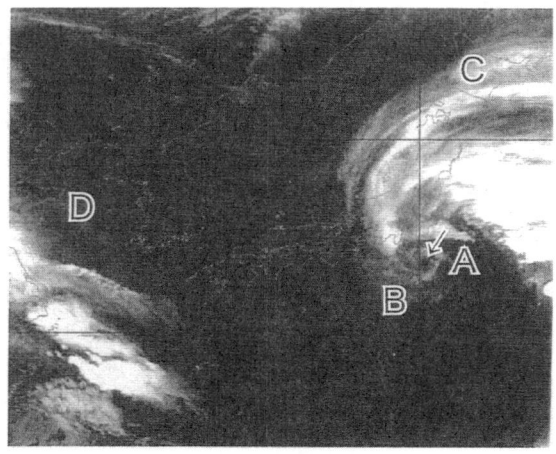

赤外画像

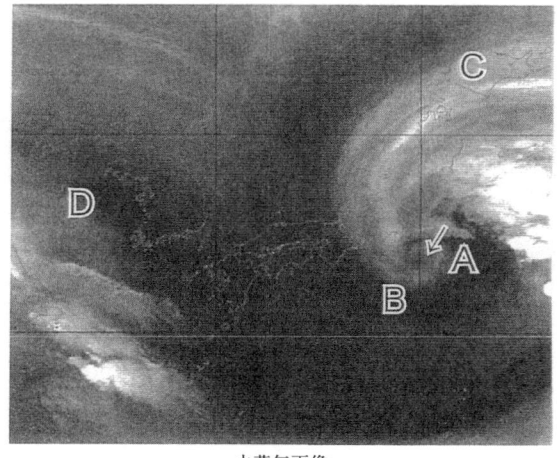

水蒸気画像

下記の①〜⑤の中から正しいものを一つ選べ．

可視画像と赤外画像において，矢印の先端付近では雲の渦が明瞭であり，この付近に地上低気圧の中心がある．水蒸気画像では，B付近には (a) ドライスロットを示唆する暗域があり，それがA付近まで巻き込まれている．これは最盛期の低気圧で見られる特徴の一つである．

水蒸気画像で暗域であるB付近は，可視画像で白く，赤外画像で灰色であることから，この雲域は (b) 中・下層雲であると判別できる．

赤外画像で白く輝いているC付近は，可視画像では薄いベール状に見えることから，この雲域は (c) 上層雲であると判別できる．

可視画像で雲域が白灰色に見えるD付近は，赤外画像ではその雲域の周辺の海面の領域とほとんど識別できないことから，この海域には (d) 霧または層雲が広がっていると判別できる．

① (a) のみ誤り
② (b) のみ誤り
③ (c) のみ誤り
④ (d) のみ誤り
⑤ すべて正しい

(ヒント) 最盛期の低気圧にみられる可視・赤外・水蒸気画像での特徴について問う問題である．
(a) ドライスロットは低気圧の中心付近に巻き込む溝状の乾燥域で，水蒸気画像では暗域となる．
(b) 水蒸気画像での暗域は上・中層が乾燥している領域で，この雲域の上層は乾燥空気なので，雲は中・下層雲のみとなる．
(c) 赤外画像で白いので雲頂温度（高度）が低く（高く），可視画像で灰色なので反射率が小さい薄い雲で，ベール状にみえるので，上層雲となる．
(d) 赤外画像では海面領域との識別はほとんどできず，可視画像では灰色で表面は滑らかで縁辺が明瞭で海岸線に接していることから，霧または層雲と判別できる．(a)〜(d) すべて正しく，

(解答) ⑤

【例題 1.4】 （平成17年度第2回　専門知識　問3）
次頁の画像は，転向して日本の南海上を北東に進みながら温帯低気圧に変わりつつある台風についての気象衛星の赤外，可視，および水蒸気画像で，いずれも12時（03UTC）の画像である．図中の矢印Aの先端付近，BおよびC付近の雲域の特徴を述べた次の文

(a)〜(c)の正誤の組み合わせとして正しいものを，下記の①〜⑤の中から一つ選べ．

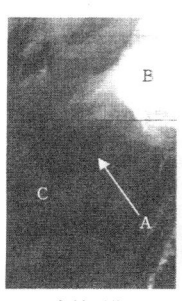

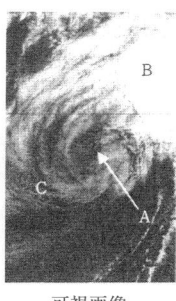

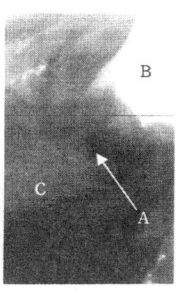

赤外画像　可視画像　水蒸気画像

(a) 水蒸気画像では，矢印Aの先にあたる台風の中心付近が暗域になっており，対流圏中層・上層が乾燥し，雲頂の高い積乱雲がないことを示唆している．
(b) Bの厚い雲域は，上空のより強い偏西風によって，今後矢印Aの先の台風の中心付近から離れていく．
(c) C付近の雲域は積雲または層積雲であり，台風の中心の西側における対流圏下層の寒気移流を示唆している．

	(a)	(b)	(c)
①	正	正	正
②	正	正	誤
③	正	誤	誤
④	誤	正	正
⑤	誤	誤	正

（ヒント）　温帯低気圧に変わりつつある台風の可視・赤外・水蒸気画像での特徴について問う問題である．

(a) 水蒸気画像での暗域は上・中層が乾燥した領域なので，上・中層に乾燥空気が流入し，雲頂高度の高い積乱雲は存在していない．
(b) 台風の温帯低気圧化に伴い台風中心から離れた北東方向にみられる可視・赤外画像ともに白く団塊状をなす積乱雲域．
(c) 台風中心の南西側にある雲域で，赤外画像でははほとんどわからず，可視画像では灰色ですじ状・粒状で雲頂温度（高度）の高い（低い）積雲または層積雲で，台風の西側にある下層の寒気が暖かい海面に流入し不安定となって生じた．

(解答) ①

（長谷川隆司）

2. 数値予報

2.1 数値予報の原理と手順

　数値予報は，運動方程式，熱力学方程式など大気の変動を記述する方程式（予報方程式）を，時間的数値積分法によって時間のステップをふみ，大気の将来の状態を予測するものである．こんにちの天気予報技術の中核をなす技術で，日進月歩に進歩している．

　その手順は，図2.1に示したように，
初期値（の作成）→ 大気モデルを用いた時間的数値積分（時間のステップの繰り返し）→ 予測値（の出力と応用処理）
となっている．

2.2 数値予報モデル

　現実の大気は複雑な構造をしているが，それを簡単化して基本的な要素だけからなるモデル大気をつくり，三次元の格子点網でおおう（図2.2）．そして大気中の主要な物理過程を取り入れる（図2.3）．

　大気運動（大気擾乱）には，さまざまな時間・空間スケールがあるが，大別すると次の三つのグループに分類される．

（1）大規模（総観規模）運動（擾乱）

　代表的な水平規模（大まかには波長）：1000 km 以上のオーダー，時間規模（周期）：1日以上．

（2）中規模（メソスケール）運動（擾乱）

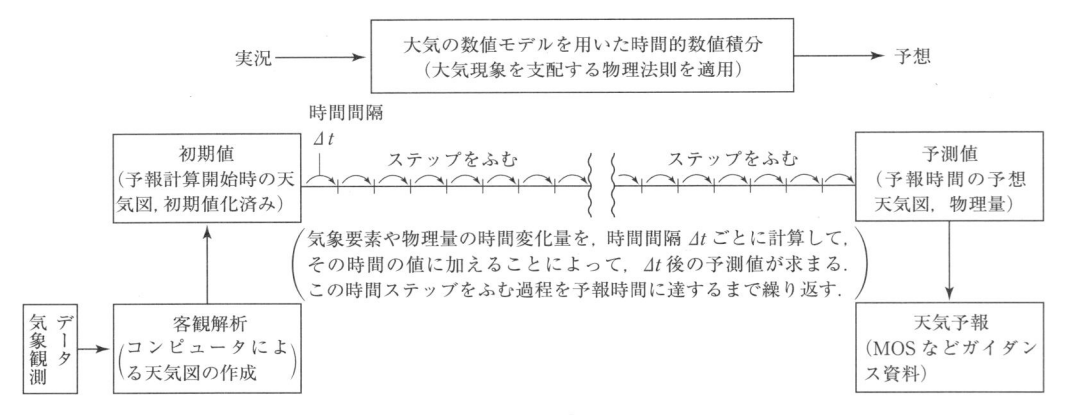

図2.1 数値予報の手順と資料作成の流れ

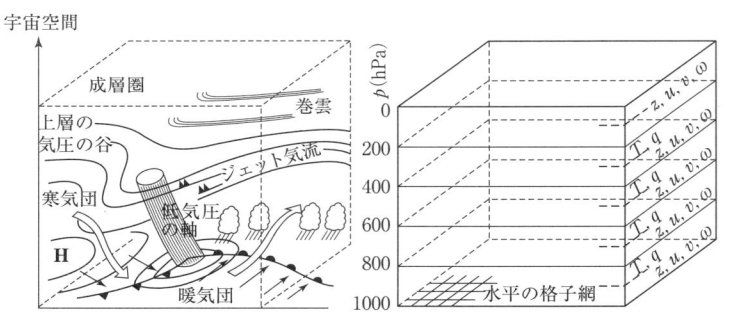

図2.2 数値予報業務に用いられる，大気の数値モデル
三次元空間にはてしなく広がった実際の大気を，有限な大気成層からなるモデル大気で近似する．主として対流圏と成層圏が対象．（『気象ハンドブック』1983）

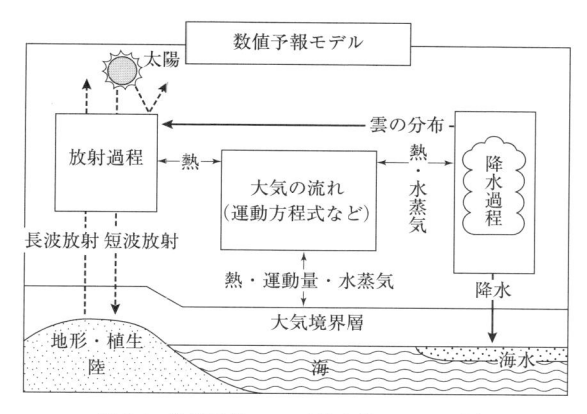

図 2.3 数値予報モデルが取り扱っている過程

それぞれ，100 km のオーダー，1 時間のオーダー．
(3) 小規模（対流スケール）運動（擾乱）
それぞれ，10 km のオーダー，1 分のオーダー．
気象庁の業務用数値予報モデルは，上記各グループに対応して (1) を対象とした格子間隔 20 km の全球モデル（全地球を予報領域とする）(20 km GSM) で，全地球およびアジア地域を予報，(2) を対象とした格子間隔 5 km のメソ数値予報モデル (MSM) で日本領域を予報している．(3) を対象とした対流モデルは将来の課題．台風進路予報は全球モデルで行う．また，後述のアンサンブル予報では，上記モデルの低解像度モデルが用いられる（表 2.1，図 2.4）．

2.3 予報（支配）方程式

数値予報では，大気モデルの三次元各格子点上において気象要素（大気の物理量）：風向・風速，気圧，気温（温位），水蒸気量を与えて気象状態を表し，それらを予報変数として次の予報（支配）方程式を用いて数値的に時間積分を操り返して将来の気象状態を求めていく．(*：物理過程)

(1) 運動方程式：ニュートンの力学法則の流体力学版
(1)-1 水平方向の運動方程式：

水平速度の時間変化 = 水平速度の移流効果
 + 地球自転の影響（コリオリ効果）（みかけの力）（コリオリ力，転向力）
 + 水平の気圧傾度力（実体の力）
 + 摩擦力（実体の力）*   (2.1)

(1)-2 鉛直方向の運動方程式：非静力学状態および静力学平衡（鉛直座標：z 系または p 系）一般的な非静力学状態の式

鉛直速度の時間変化 = 鉛直速度の移流効果
 + 鉛直の気圧傾度力（外力）
 + 重力（外力）
 + 摩擦・拡散効果（外力）*（摩擦力）   (2.2)

表 2.1 業務用数値予報モデルとアンサンブル予報モデル（気象庁提供）(2009 年 10 月現在)

モデル	水平解像度	鉛直層数	力学過程	予報領域	運用回数	先行時間	メンバー数
全球モデル (GSM)	約 20 km	60 層（σ-p ハイブリット）	静力学近似	全 球	4 回/日	84 時間（3 回/日）216 時間（1 回/日）	1
メソ数値予報モデル (MSM)	5 km	50 層（地表地形-高度ハイブリット）	非静力学	日本付近	8 回/日	15 時間（4 回/日）33 時間（4 回/日）	1
週間アンサンブル予報モデル	約 60 km	60 層（σ-p ハイブリット）	静力学近似	全 球	1 回/日	216 時間	51
台風アンサンブル予報モデル	約 60 km	60 層（σ-p ハイブリット）	静力学近似	全球だが初期摂動作成は中緯度と熱帯擾乱周辺域	4 回/日	132 時間	11
1 か月アンサンブル予報モデル	約 110 km	60 層（σ-p ハイブリット）	静力学近似	全 球	1 回/日	34 日	50
3 か月，暖・寒候期アンサンブル予報モデル	約 180 km	40 層（σ-p ハイブリット）	静力学近似	全 球	1 回/日	120 日（3 か月予報）210 日（暖・寒候期予報）	51

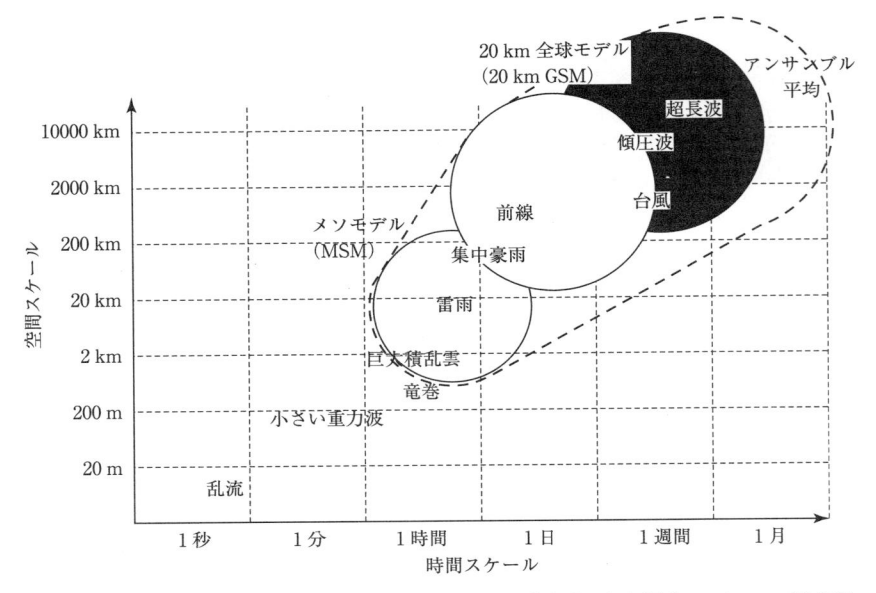

図 2.4 気象庁の現在の各業務用数値予報モデルが予報対象とする気象擾乱のスケール（気象庁資料を一部改変）

（メソモデル・対流モデルでは，この式が用いられる（非静力学モデル））．
静力学の式（静力学平衡）：
　上式で，大規模（総観規模）運動で卓越する二つの項が釣り合っている場合である．

$$0 = \boxed{鉛直の気圧傾度力} + \boxed{重力} \qquad (2.3)$$

（2）連続の式：質量保存の法則

$$\boxed{空気密度\rho の時間変化} = \boxed{空気密度の移流効果}$$
$$+ \boxed{収束・発散による空気密度の変化} \qquad (2.4)$$

（3）熱力学方程式：熱エネルギー保存の法則（熱力学第一法則）

$$\boxed{温位\theta の時間変化} = \boxed{温位の移流効果}$$
$$+ \boxed{非断熱過程に伴う加熱・冷却}^* \qquad (2.5)$$

（4）水蒸気の輸送方程式：水蒸気保存の法則

$$\boxed{比湿 q の時間変化} = \boxed{比湿の移流効果}$$
$$+ \boxed{非断熱過程に伴う加湿・減湿（蒸発・降水）}^*$$
$$(2.6)$$

（5）気体の状態方程式：ボイル-シャルルの法則

$$\boxed{気圧} = \boxed{空気密度} \times \boxed{気体定数} \times \boxed{気温（絶対温度）}$$
$$(2.7)$$

上記の方程式の数式表現については，章末の例題で確かめることにする．

　業務用数値予報モデルでは，2.2 節の 20 km 全球モデルは (1)-1 の水平運動方程式（これをプリミティブ方程式という）(2.1)+(1)-2 の静力学の式 (2.3) の組み合わせで，プリミティブモデルと呼ばれており，メソ数値予報モデルは (1)-1 の (2.1)+(1)-2 の一般的非静力学の式 (2.2) の組み合わせで非静力学モデルと呼ばれている．

2.4 物 理 過 程

　数値モデルに含まれる物理過程は，予報方程式の中で表現されているが，具体的には大気境界層を通じての摩擦や熱交換，放射，水蒸気の凝結・雨滴の蒸発，山岳の影響などがある（図 2.3, 2.5）．大気乱流による熱・水蒸気・運動量の鉛直輸送や積雲対流内の凝結熱の放出の集団効果は，数値モデルの格子網の解像度以下（サブグリッドスケール）の現象の影響による物理過程なので，格子網上の気象要素でその効果を表現するというパラメタリゼーションの技法で取り入れている（図 2.6）．

2.5 数 値 計 算

　数値予報では，偏微分で表されている予報方程式を差分で置き換えた方程式を用いる．たとえば，物理量 A の x 方向の偏微分 $\partial A/\partial x$ は，差分 $(A_{i+1} - A_{i-1})/$

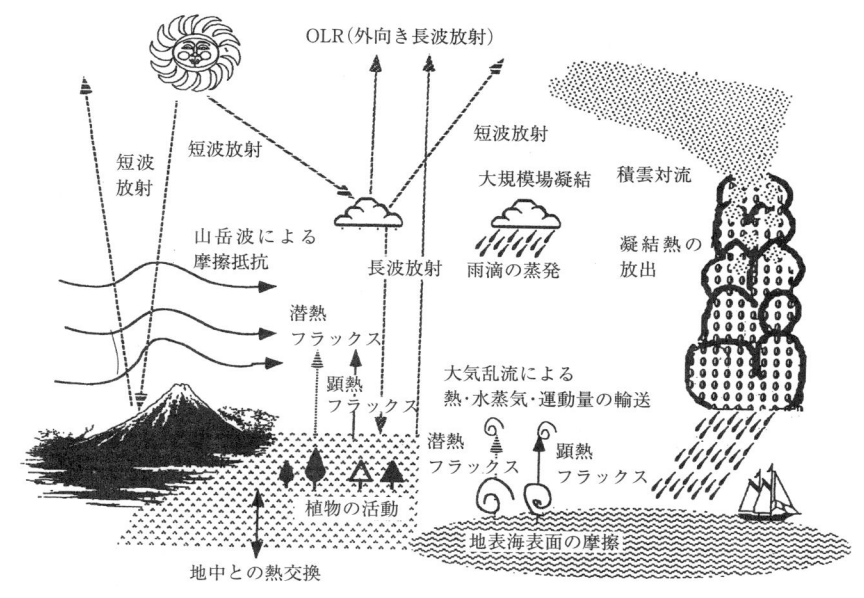

第2部 予報業務に関する専門知識〔2. 数値予報〕

図 2.5 数値モデルの物理過程（気象庁資料による）

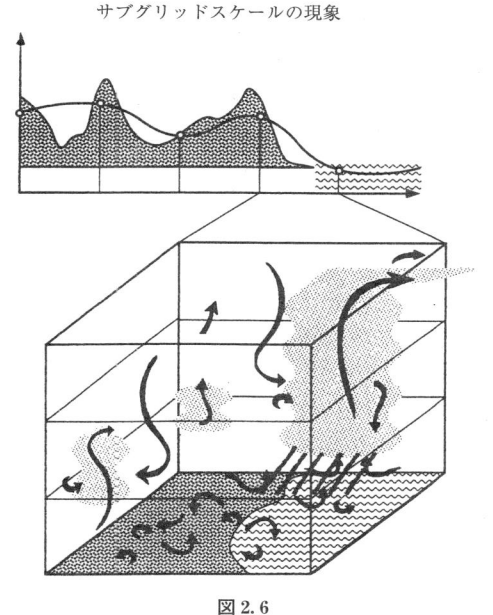

図 2.6
数値モデルで解像可能な最小単位（格子：グリッド）の領域の中にも，より小さなスケールの（サブグリッドスケールの）現象がいろいろある．それらが解像可能な現象に影響を及ぼすなら，その効果をグリッドスケールの物理量で表すことが必要になる（パラメタリゼーション）．（気象庁資料による）

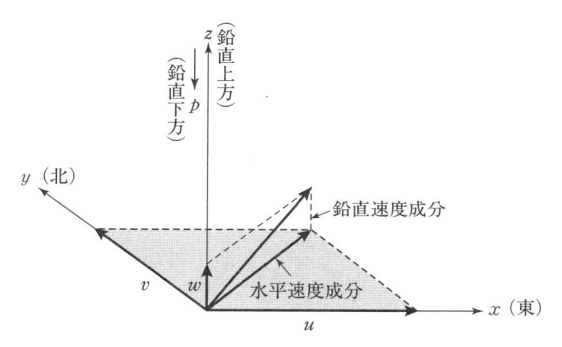

図 2.7 地球表面に固定した直交座標系（数式表現に使用，鉛直座標は高度座標（z系）または気圧座標（p系））

$2\Delta x$ で近似される．ここに，i は x 方向の格子点を表す記号で，この場合中央差分を用いた．なお，速度に関する直交座標系（図 2.7）を参照されたい．スペクトルモデルでは，格子点法の代わりにスペクトル法（三角関数などの調和関数の複数の重ね合わせで大気を表現）が用いられるが，いずれの方法でも，この有限個の値のとり方でモデルの空間分解能が決まる．時間に関しても微小時間ごとの時間積分を繰り返して，目的とする将来の気象状態を求める．この場合，空間の格子間隔と時間ステップの間隔のとり方には注意を要する．数値予報の予報方程式は，移流項のような非線形の項と気圧傾度力やコリオリ力のような線形項がある．数値予報の業務化以来最近までは，移流項の差分表示にはオイラー法[注1]が用いられ，この場合には空間の格子間隔と時間ステップの間隔の間には計算安定性のための CFL 条件（クーラン–フリードリッヒ–ルーイーの条件）があるので，この条件を満足するよ

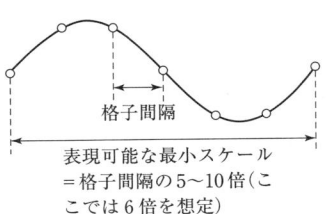

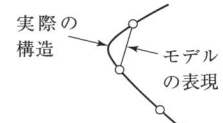

図2.8 (気象庁提供)

(a) 格子間隔とそれで決まる表現性能
(b) 数値予報モデルの鉛直解像度と表現可能な鉛直構造

うな格子間隔と時間間隔を選ぶことが要求された．その後，気象庁の業務用数値予報モデルのひとつである全球モデル（20 km GSM）では，空間差分としてはスペクトル法だが移流項にセミラグランジュ法(注2)が採用され，CFL 条件の制約は受けなくなった．しかし，気圧傾度力やコリオリ力などの線形項の扱い方による計算安定性の問題があるため，格子間隔と時間間隔の選び方には十分配慮して，計算不安定が起こらないようにする必要がある（気象庁のもうひとつの業務用モデルのメソ数値予報モデル（MSM）は非静力学モデルで，空間差分に格子法が採用され，移流項の表現や時間積分法でも全球モデルと大きく異なる方式が用いられていて，事情はいっそう複雑である）．

気象擾乱（波動）を格子法で表現する場合，格子間隔の5～10倍が表現可能な最小スケールである（図2.8 (a)）．鉛直方向についても，層のとり方による表現可能性の問題がある（図2.8 (b)）．また，大気底層が接する地形（山岳など）についても，その上を越える風の表現に関して，エンベロープマウンテンを用いて精度を上げている（図2.9）．

(注1) ある物理量 A の時間変化に関する移流の式を
$$\frac{\partial A}{\partial t} = -u \frac{\partial A}{\partial x}$$
と表す．上式の差分表現の最も簡単な場合のひとつ（図2.10）
$$\frac{A_i^{n+1} - A_i^{n-1}}{\Delta T} = -u_i^n \frac{A_{i+1}^n - A_{i-1}^n}{2\Delta X}$$
の差分法をオイラー法という．この場合，ΔX と ΔT の間で計算が安定であるための条件
$$\Delta T \leq \Delta X / c$$
が CFL 条件で，ΔX の大きさを決めたときの ΔT の上限を決める．ここに c は，対象としている移動する現象の移動速度（位相速度）である．

(注2) セミラグランジュ法では，移動速度が c（単位：m・s^{-1}）のとき，ある点の空気塊は10分前には $0.6c$ km 上流にいたことになり，その空気塊のもつ物理量を保存しながら，途中で数値予報モデルの物理過程による変化を受けながら次の格子点にやってくる，という考え方で

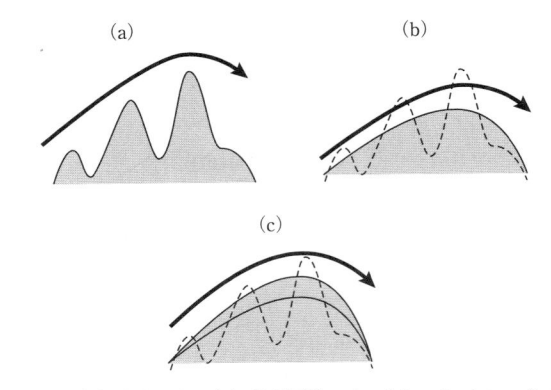

図2.9 (a) 実際の山，(b) 格子平均の山，(c) エンベロープマウンテンとそれを越える風の模式図（気象庁資料による）

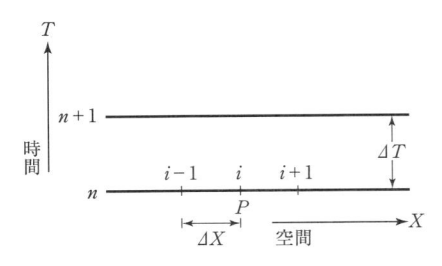

図2.10 時間差分と空間差分

時間積分を行う．したがって，対象とする現象の移動が単に格子間隔にかかわらなくなるため，セミラグランジュ法では CFL 条件の制約を免れ，仮に水平の格子間隔 ΔX を半分（水平分解能を2倍）にしても ΔT を半分にする必要はなく，計算時間が節約できる．ただし，計算精度上の配慮が別途必要となる．なお，線形項の問題は依然残っている．

2.6 初期値の作成と客観解析

2.1節で説明したように，数値予報の手順は大別して初期値を準備する客観解析の部分と予測計算の部分からなる．

数値予報の初期値には，地上気象観測，高層気象観測といった定時観測データとウィンドプロファイラ観測，飛行機観測，気象衛星観測といった非定時観測データが用いられているが，その作成には データ処理 → 客観解析 → 初期値化（イニシャリゼーション） の過程を経過する．

データ処理では電文解読，品質管理（通信時の誤差やデータの観測誤差のチェック，修正，削除）などが行われる．この過程を通過できた観測データを用いて，三次元の格子点網の各格子点上の気象要素の値を

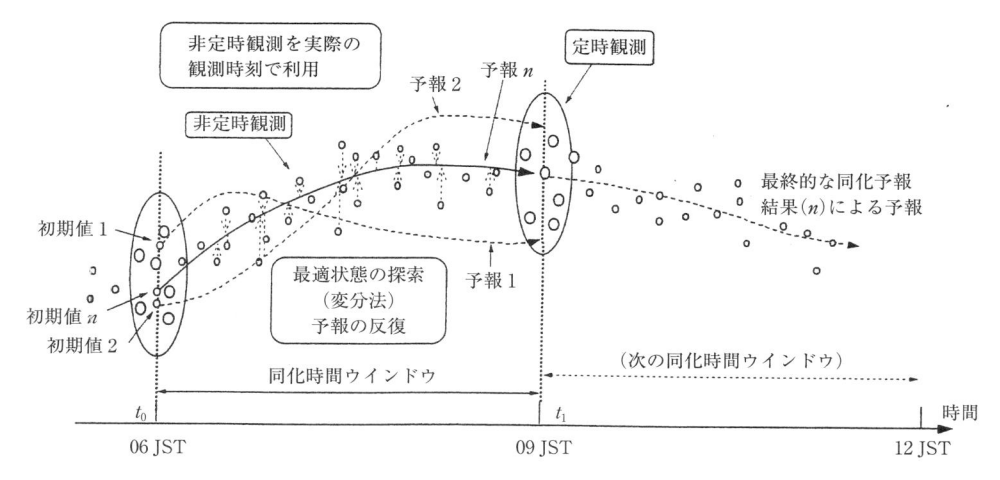

図 2.11(a) 四次元変分法による四次元連続データ同化の概念図（気象庁提供）

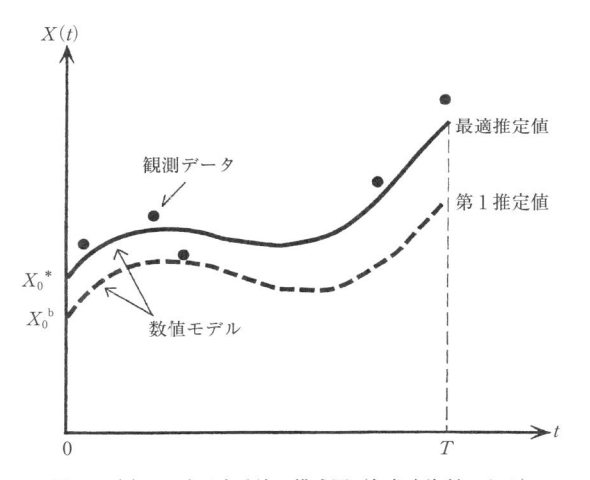

図 2.11(b) 四次元変分法の模式図（気象庁資料による）

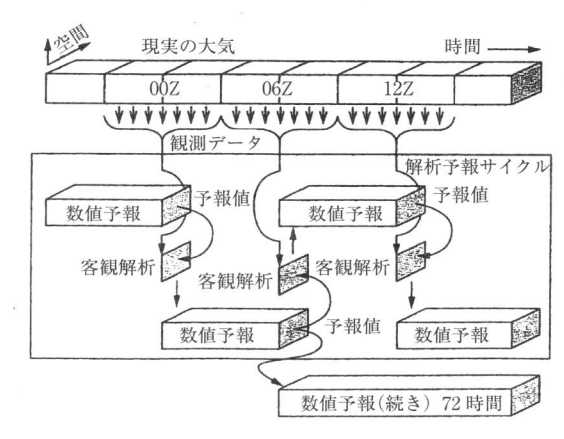

図 2.12 解析予想サイクル（気象庁資料による）

求めるのが客観解析である．客観解析にはいくつかの方法があるが，現在に至る経緯は

(1) 補正法（数値予報開始時）
(2) 最適内挿法（数値予報の業務化が本格化した時期）
(3) 三次元変分法（21世紀に入って本格化）
(4) 四次元変分法（最新の数値予報の解析システム）

気象庁の業務用数値予報モデルでは，四次元変分法が用いられている．「変分法」は，ある気象場の物理量（この場合に観測データと第一推定値の差）の総合計を最小にする分布を求める数学的方法である．「四次元」の場合，図 2.11(a) に示した同化時間ウインドウの区間で，時間に関する前方と後方の積分を行い．観測時刻についてリアルタイムにデータを導入して変分法を施す．いいかえれば，モデル大気の時間発展を現実大気の時間発展に区分的にフィッティングすることによって，現実大気の状態を推定するのである（図 2.11(b)）．それを実行するものが解析予報サイクルで，図 2.12 に示すように観測データ（定時も非定時も）をそれぞれの観測時刻に取り入れながら，6時間予報 → 第一推定値 → 観測データで修正 → 初期値作成 → 数値予報継続 を行うわけである．

観測データはいわば現実大気の時間発展を表現しているわけだから，客観解析による初期値とモデル大気の物理法則とは必ずしも十分整合しておらず，ずれの部分は雑音（ノイズ）となって予測値を乱すおそれがある．そこで初期値化（イニシャリゼーション）とい

う過程が設けられ，数値予報の予測計算に入る前に初期値とモデル大気の物理法則をなじませる．上記の四次元変分法は，解析予報サイクルを繰り返すことによって，この初期値化も行っているわけである．

2.7 アンサンブル予報

アンサンブル予報とは，少しずつ異なる多数の初期値を用意して予報を行い，多数の予想結果を統計的に処理して，有効な情報を引き出す予報法である．その原理からみていこう．

数値予報では，2.3節の予報（支配）方程式を数値的に解いて（つまり時間積分して）将来の気象状態を求めるわけであるが，初期条件（初期値），地表面や大気上限の物理的境界条件などを与えると解が求まるという「決定論」の世界である．ところが，用いる方程式が「非線形」であるために，たとえば初期条件がわずかに異なれば，予測値が大きく異なるという初期値依存性がある．このことはE. N. ローレンツによって発見され，初期値のわずかな違いによって予測値が大きく分散する状況を「決定論的カオス」と呼んでいる．それは用いる数値予報モデルが異なっても，境界値や物理過程の外力が異なっても同様に生じるわけで，モデル依存性，境界値依存性，外力依存性などとなる．

ローレンツが示したストレンジアトラクターという，位相空間でみた非線形方程式の解の存在形態を示す図がある．それはちょうど「蝶」のような形をしていることから，たとえば初期値がわずかに異なるだけで予測値が大きく異なる現象は「バタフライ効果」と呼ばれるようになった．この効果は，数値予報の「予測可能性」を支配するものである．

図2.13は，このアトラクター上で，初期値が位置する場所によってその後の非線形方程式の解がどのように展開するかを示したものである．(a)の場合は，解がスムーズに展開し，初期値のわずかな違いも予測値を大きく違えないので，良い予測といえる．(b)の場合は初期値のわずかな違いが次第に拡大して予測値も大きな幅で違ってくるので，悪い予測となる．(c)の場合は，解が展開できず不定となり，極端な場合予測不可能となる．初期値には，一般に観測誤差や観測点の密度が格子点の密度に比べて粗であるための誤差，解析誤差など，必ず誤差が含まれているので，初期値が存在する位相空間内のアトラクター上の位置によって予測誤差が異なることとなり，その意味で「予

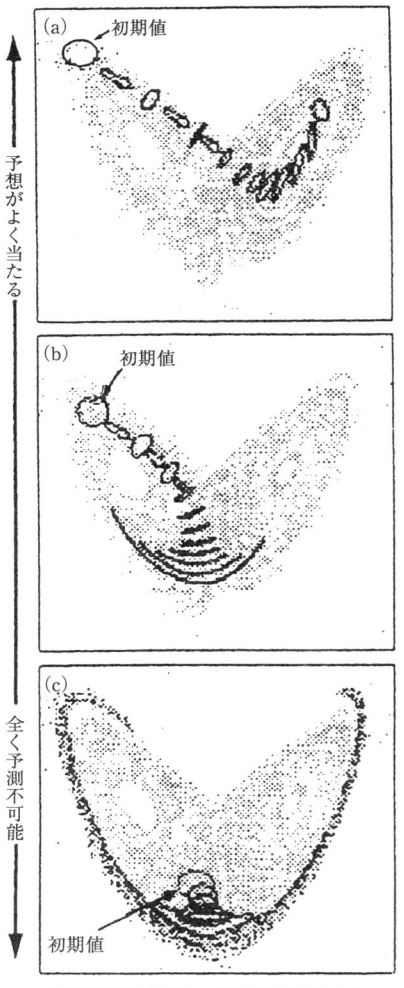

初期誤差拡大率は，時間的に変動する．
図 2.13 予測誤差の予測
(a) 予測が良い場合，(b) 予測が悪い場合，(c) 全く予測できない場合（向川 均（1995）およびブイツァ（2000）による）

測誤差の予測」ができることになる．

アンサンブル予測では，最初に述べたように少しずつ異なる多数の初期値からスタートするわけで，初期値のわずかに違う予想結果が得られ，その一つひとつをメンバーと呼ぶ．そして全メンバー（たとえば51個）の平均をアンサンブル平均といい，個別の数値予報より誤差が打ち消された分，精度の良い予想結果とみなされる．全メンバーの中で，予想結果が類似しているもの同士を集めてグループに分けたものをクラスターという．それぞれのクラスターを構成するメンバーの平均をそれぞれクラスター平均という．また，センタークラスターはアンサンブル平均に近い順に選

んだ六つのメンバーから構成され，それらのメンバーの平均をセンタークラスター平均という．

図2.14は，良い予報例（a）と悪い予報例（b）のアンサンブル予報を示したもので，良い場合は悪い場合に比べてメンバー間のばらつき（これをスプレッドという）が小さい．このように，スプレッドが小さいと予測精度が良い（スキルがある）という関係を，「スプレッド－スキルの関係」という．

図2.15は，実際のアンサンブル予報による192時間予報の事例で，(a)の場合はメンバー間のばらつきが小さく，当初から終わりまで各メンバーはかなり接近して展開している．それに対して(b)の場合はメンバー間のばらつきが時間とともに拡大している．こ

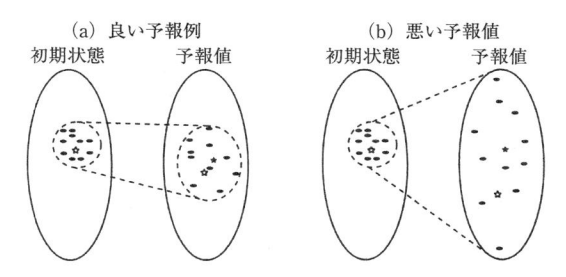

(a) 良い予報例　　　(b) 悪い予報値
初期状態　予報値　　初期状態　予報値

☆：真の値（初期値と予想時間に対応する値），★：アンサンブル平均値，●：アンサンブルメンバーの値（初期値と予報値），その予報値のばらつきがスプレッド

図 2.14 アンサンブル予報の概略図（気象庁資料による）

(a) 2008年2月8日12UTC

500 hPa 特定高度線．降水量予想頻度分布（％）およびスプレッド

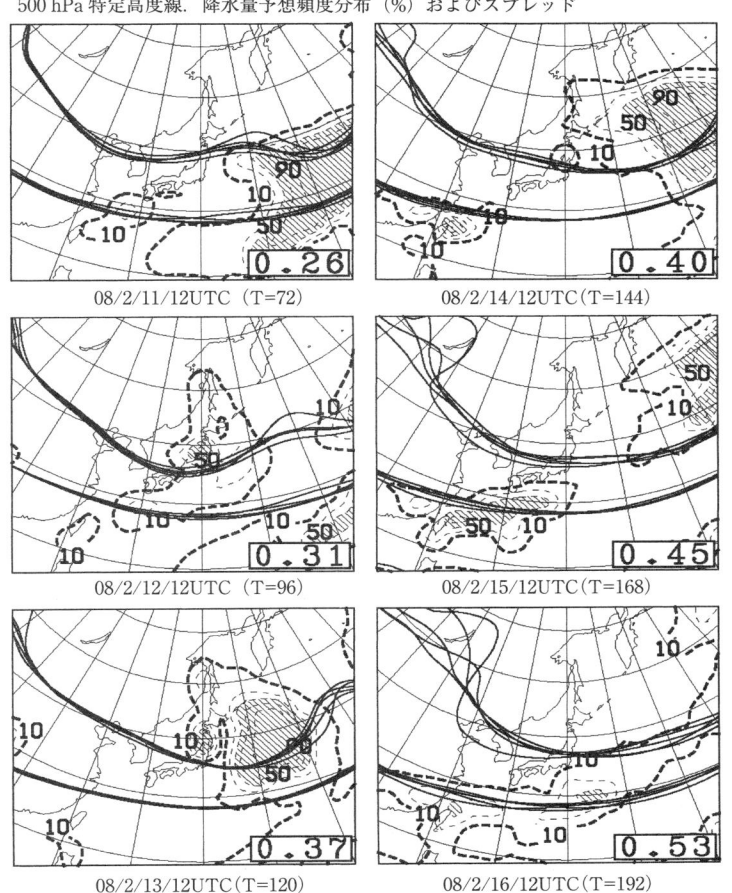

08/2/11/12UTC（T=72）　0.26
08/2/14/12UTC（T=144）　0.40
08/2/12/12UTC（T=96）　0.31
08/2/15/12UTC（T=168）　0.45
08/2/13/12UTC（T=120）　0.37
08/2/16/12UTC（T=192）　0.53

図 2.15 アンサンブル予報の事例
(a) 2008年2月8日12UTC，(b) 2007年9月24日12UTC（気象庁提供，酒井重典氏の資料による）

(b) 2007年9月24日12UTC

500 hPa 特定高度線, 降水量予想頻度分布（％）およびスプレッド

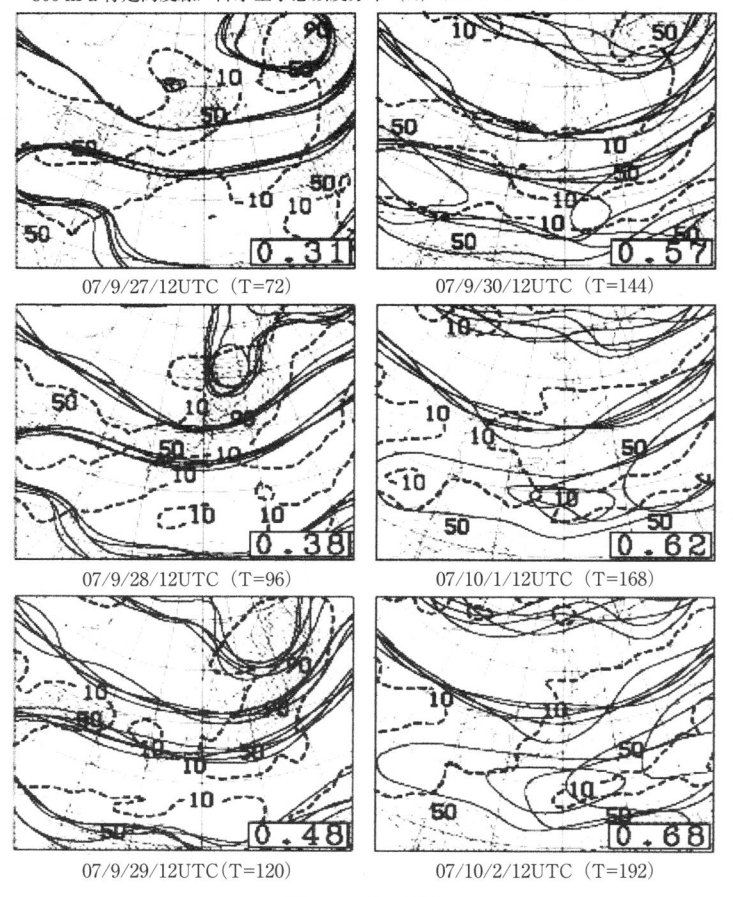

07/9/27/12UTC（T=72）　0.31
07/9/28/12UTC（T=96）　0.38
07/9/29/12UTC（T=120）　0.48
07/9/30/12UTC（T=144）　0.57
07/10/1/12UTC（T=168）　0.62
07/10/2/12UTC（T=192）　0.68

図 2.15　（つづき）

のことは，スプレッドの値によく示されている．すなわち，(a) では 0.26 → 0.53 となり，(b) では 0.31 → 0.68 となっていて，(a) の 192 時間目と (b) の 132 時間目あたりが等しくなっている．

　このように，スプレッド - スキルの関係からアンサンブル予報の信頼度が評価され，またスプレッドが予測の確率を表すことになる．

　気象庁では現在アンサンブル予報の拡大・高度化のための技術開発に取り組んでおり，すでに週間アンサンブル予報，季節予報におけるアンサンブル予報，台風アンサンブル予報による台風進路 5 日予報が業務化している．いずれも全球モデルの解像度を低くしたモデルを用いている．

　今後，メソ数値予報モデルを用いたアンサンブル予報も実用化されよう．そしてメソアンサンブル予報によるメソ数値予報の予報期間の延長などが計画されている．

2.8　アプリケーション

　2006 年 3 月から始まった第 8 世代数値解析予報システムの技術開発は順調に進行しており，すでに図 2.4 にみたような各業務用数値予報モデルが業務化されてより一層の改善のための努力が続行されるとともに，アンサンブル予報の拡大・高度化がはかられている．それに伴って，数値予報の出力された結果に基づく応用処理（アプリケーション）も盛んに行われている．

　こうした現在進行中の開発・改善努力は，そのまま気象予報士試験にすべて出題されるわけではないが，

第 2 部　予報業務に関する専門知識〔2. 数値予報〕

最近の出題傾向をみると気象庁内で十分業務化されて予報技術として定着しはじめた技能・資料や用語は，かなり専門的なものまで出題されている．それに対しては，一歩一歩ステップアップしながら学習し，過去問や例題を解いていくのが一番の近道である．

アプリケーションを例示すると次の通りである．
(1) MSM 最大降水量ガイダンス
(2) MSM 最大風速ガイダンス
(3) 航空気象予報（国内航空悪天 GPV（格子点値），積乱雲量，乱気流指数，TAF-S 視程ガイダンス，TAF-S 雲ガイダンス，TAF-S 最大風速ガイダンス，航空気温ガイダンスなど）
(4) 毎時大気解析
(5) ガイダンス一般
(6) お天気マップ

2.9　「数値予報」試験問題の出題傾向

「数値予報」は，主として学科専門知識において 3～4 題出題されている．それらは数値予報技術全般にわたっており，上に説明した数値予報の全項目から出題されている．すなわち，
(1) 数値予報の原理と数値予報モデル
(2) 予報方程式とその特性
(3) 物理過程
(4) 数値計算
(5) 数値予報結果や予想図の特性
(6) 初期値の作成と客観解析
(7) アンサンブル予報
(8) 天気予報ガイダンス
(9) 配信情報とアプリケーション

具体的な設問の内容については，実際に過去問を自分で解いてみるのが最も有効な理解のための近道である．後の例題では，上述の出題傾向を代表するような設問をピックアップしてあるので自分の力を試していただきたい．

〈初心者の方々へのメッセージ〉

「数値予報」学習のポイント

本書の刊行目的については冒頭に説明した通りであるが，勉強を始めて比較的日の浅い読者は少し敷居が高いと感じておられるかもしれない．特に数値予報は，理論的背景が大きいために一層近

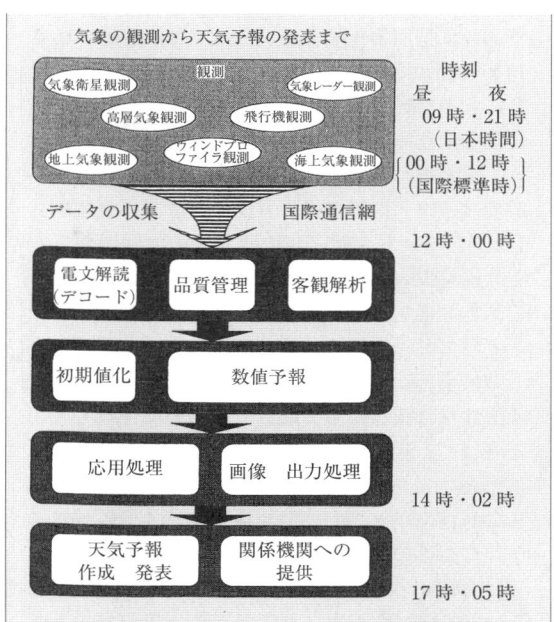

図 2.16　数値予報のデータの流れ（気象庁資料による）
　　　　　時刻はおおよその目安である．

寄りにくいといった印象をもっておられるかもしれない．しかし，過去問をみても学科・実技を通して数値予報の知識は，直接間接に現れており，そのことが予報技術における中核としてのその存在感を示しているといえる．

限られた紙幅ではあるが，以下数値予報を理解するうえでのポイントを示す．まず，予報技術の全体の流れの中での，数値予報の位置づけを図 2.16 でしっかりとおさえてほしい．次に，本章のサブ項目に従って，数値予報の知識を構成する要素を点検したい．

数値予報は一種の数値シミュレーションで，大気モデルを用いて現実の気象状態の変化をシミュレートするものである．それが時間のステップを繰り返すことによって予報時間に到着していくわけである．

この大気の数値予報モデルでは，現実大気の基本的構造を簡単化して，空間は三次元の格子点網でおおって，各格子点上に気象要素を位置づける．そして大気運動を支配する予報方程式を差分表示などして数値計算し，時間ステップごとの各気象要素の時間変化量を求めていく．手順としては，観測データを品質管理した後，各格子点上の気象要素を求める客観解析を経て，モデル大気に適す

るように初期値化を行う（最近では，客観解析と初期値化が同時に行われている）．そして予測計算に入るわけだが，大気モデルでは少しでも現実の気象変化に近づけるために，物理過程の定式化に工夫が重ねられる．なかでも，格子点網の最小解像度（格子間隔の5～10倍）以下の気象擾乱（サブグリッドスケールの擾乱）の集団効果（たとえば積雲対流による凝結熱の放出）を格子点値の気象要素で表現する技術はパラメタリゼーションと呼ばれ，重要である．

　数値予報に用いる予報方程式は非線形と呼ばれる厄介な性質をもっており，予測の誤差がカオスと呼ばれる現象で拡大する．それを少しでも抑えようと，アンサンブル予報が考え出された．カオスの特性のひとつが初期値依存性で，仮に数値モデルなど他の条件が完全だとしても（そういうことは実際に存在しないが），どうしても避けられない初期値に含まれている誤差が，予測計算とともに拡大しがちである．そこで，むしろ少しずつ異なる初期値を多数用意して，多数の予測結果を平均する（アンサンブル平均）ことによって個々の予報に含まれる誤差が打ち消し合うことを期待する．予測結果のばらつきが確率予報にもなり，またばらつきの大小で予測結果の信頼度を示すことになる．

【例題 2.1】

　数値予報の原理，モデル，客観解析，資料（プロダクト（格子点値（GPV）を含む））に関する次の文章の正誤について答えよ．

　(1)　鉛直 p 速度は空気塊の気圧の時間変化率を表し，正の値は上昇流を表す．

　(2)　相当温位は数値予報モデルの予報変数ではないので，気圧・温度および比湿から計算して求めている．

　(3)　数値予報モデルでは，格子間隔の2倍程度以上の波長をもつ現象を精度良く表現することが可能である．

　(4)　静力学平衡を仮定したプリミティブ方程式には解として重力波を含んでいる．このため，数値予報の時間積分では，その波の位相速度と格子間隔に応じた時間刻み幅（時間間隔）を設定するなどの工夫をしている．

　(5)　計算領域などの他の条件を変えずに数値予報モデルの水平分解能を2倍にするためには2倍の計算量を必要とする．

　(6)　数値予報モデルの中で，格子間隔より小さいスケール（サブグリッドスケール）の運動による効果を，格子点の物理量を用いて表現することをイニシャリゼーションと呼ぶ．

　(7)　入電した観測データは，客観解析の第一推定値となる数値予報モデルの予報値と比較され，その差が定められた基準より大きい場合は，解析には用いられない．

　(8)　客観解析は，第一推定値である数値予報モデルの予報値を観測データによって修正する処理であり，予報値と観測値のそれぞれに見込まれる誤差の大きさを考慮して格子点ごとに最適な値を求めている．

　(9)　客観解析の結果は数値予報の初期値に使われるとともに，実況監視にも用いられる．

　(10)　客観解析に用いられている四次元変分法では，解析時刻の前後数時間の観測データがすべてその解析時刻に観測されたものとして用いられる．

　(11)　解析のための第一推定値として予報値を用いるため，初期値化は必要ない．

　(12)　観測データの密度が高い領域では解析値の精度は一層向上し，粗いところでは一層悪化していく．

　(13)　数値予報モデルの予測誤差の成長の仕方が季節的な気象状況によって異なるため，解析値の精度は年間を通じて一様にはならない．

　(14)　数値予報モデルの各格子点における予想値は，その格子点を中心とする1格子間隔程度の範囲の平均値を表している．

　(15)　数値予報の地上予想図などに示されている降水量は，予想時刻における降水強度の予想値を表している．

　(16)　数値予報モデルの水平分解能の制約から表現されない局地的な地形や海陸分布を考慮して，数値予報の結果を修正することは有効である．

　(17)　海陸の分布や陸地の形状・標高など，数値予報モデルに取り込まれているものと実際とが異なるため，系統的な誤差が生じるが，それを取り除くことを目的として数値予報結果と観測値の統計的関係から「天気予報ガイダンス」が作成されている．

　(18)　解析雨量のデータは，数値予報モデルの予報変数に関係づけることが困難なので，客観解析には利用していない．

　(19)　数値予報プロダクトの海面気圧は，数値予報

モデルにおける地表面気圧の予測値を海抜0mに高度補正した値である.

（20） 気象庁が配信している数値予報格子点情報（地上GPV，上層GPV）について，① 降水量はモデルの格子の数倍程度の範囲で平滑化されている，② 地上気温は現実の地形と，モデルの地形の高度の差を考慮して補正されている，③ 等圧面高度は数値予報の結果に含まれる系統誤差を考慮して補正されている．

（ヒント）
（1） 鉛直座標系として気圧座標（p系）を用いた場合の鉛直p速度の符号について，上昇流と下降流の気圧がどう変わるかを考える．
（2） 予報方程式をチェックする．
（3） 2.5節と図2.8を復習しよう．
（4），（5） 数値積分を行うときの，移流項の差分表示に関して水平格子間隔と時間間隔の間には，計算安定性にかかわる問題がある．これはかなり専門的な数値解析の知識が前提となっているので表面的な結論だけいうと，移流計算スキームとして現在セミラグランジュ法が用いられており，従前のオイラー法（計算安定性に関して厳しい制約がある）より水平格子間隔と時間刻み幅（時間間隔）の関係がゆるやかであり，長い時間刻み幅を用いることができる．その場合でも，重力波の位相速度に応じた両者の関係が考慮されるなどの工夫がなされている．よって水平分解能を2倍にする場合，セミラグランジュ法では水平の格子点数の増加（二次元なので2倍×2＝4倍）のみ考えればよい．
（6） 2.4節参照．
（7） 品質管理した後でも，入電した観測データには，① 観測誤差（偶然誤差と系統誤差），② 人為的ミス等による誤差が含まれている可能性があるので，第一推定値（予報値）との差が基準より大きい場合は誤データとみなす．
（8） 客観解析の定義．
（9） 実技試験問題で「解析図」が資料として用いられていることからも，実況監視に用いられていることがわかる．
（10） 2.6節の説明および図2.11参照．
（11） 2.6節を復習しよう．
（12） 一見もっともらしいが，解析予報サイクルを通じて観測データの密度の高い領域で得られた精度の高い第一推定値（数値予報結果）がその下流（風下）

のデータの粗い領域の解析に使われるので，粗な領域でも一方的に精度が悪化することはない．また逆に密度が高い領域で一方的に精度が向上するともいえない．
（13） 季節変化は数値予報の精度にも影響 → 解析予報サイクルを通じて解析値にも影響 → 解析値の精度も年間を通じて一様でない．
（14） 数値予報プロダクトの格子点値（GPV）は，格子点に対応する地点の値をピンポイントで表しているのではなく，その格子点付近の空間の代表的な値を表している．
（15） 数値予報プロダクトの降水量は，約束事として予報時刻までの一定時間（予報時刻の前3時間や前12時間など）の積算降水量を表している．約束事は予想図の説明に明記されている．
（16），（17） 自明のこととともいえるが，具体的には地形図などを用いた主観的判断と天気予報ガイダンスによる客観的判断がある．
（18） 降水量の解析に利用．
（19） 数値予報モデルによる地表面気圧の予測値は「現地気圧」に相当するので，利用上の便宜のため海抜0mの高度補正を実施している．その方法は，気温と湿度の鉛直分布が平均的状態にあると仮定して，測高公式を用いる「海面更正」である．
（20） これらのGPVは，適当な時間間隔，必要な高度，要素について，それぞれそのまま利用することが目的なので，数値予報結果をそのまま格子点の値に編集したもので，平滑化や補正は加えられていない値である．数値予報プロダクトについて，図形式のものとの違いの約束事として知っておきたい．
（解答）
（1）誤，（2）正，（3）誤，（4）正，（5）誤，（6）誤，（7）正，（8）正，（9）正，（10）誤，（11）誤，（12）誤，（13）正，（14）正，（15）誤，（16）正，（17）正，（18）誤，（19）正，（20）① 誤，② 誤，③ 誤

【例題2.2】（平成19年度第1回　学科専門知識　問6）

気象庁のメソ数値予報モデルは静力学（静水圧）近似を用いない運動方程式に基づく非静力学モデルである．非静力学モデルについて述べた次の文（a）〜（d）の正誤の組み合わせとして正しいものを，下記の①〜⑤の中から一つ選べ．

（a） 非静力学モデルでは，鉛直方向の速度についても運動方程式に基づいて予測計算を行う．

(b) 水平の格子間隔が5kmであるメソ数値予報モデルで非静力学方程式を用いている理由として，モデルで取り扱うことになる小さな水平スケールの現象においては，静力学近似のもとでは取り込まれていない非静力学効果が重要となることが挙げられる．
(c) 大気の圧縮性も考慮した非静力学方程式には，静力学近似を用いた運動方程式では現れない重力波の解が現れる．
(d) 非静力学モデルを使えば積雲対流や境界層の乱流も正しく表現できるようになるので，格子間隔にかかわりなく，これらの過程のパラメタリゼーションは不要になる．

	(a)	(b)	(c)	(d)
①	正	正	正	正
②	正	正	誤	誤
③	正	誤	正	誤
④	誤	誤	正	正
⑤	誤	誤	誤	誤

（ヒント）(a)，(b) 非静力学モデルの定義のようなもの．(c) 解は音波．(d) 現状では水平分解能に依然限界があるため，パラメタリゼーションは欠かせない．

（解答）②

【例題2.3】（平成13年度第1回　学科専門知識　問4）

数値予報モデルで用いられる運動方程式の東西方向の成分は次の通りである．

$$\frac{\partial u}{\partial t} + u\frac{\partial u}{\partial x} + v\frac{\partial u}{\partial y} + \omega\frac{\partial u}{\partial p} = fv - \frac{\partial \phi}{\partial x} + F$$
(i)　(ii)　(iii)　(iv)　(v)　(vi)　(vii)

ここで，u は風速の東西成分を表し，(i) はある固定点で見た u の時間変化率，(ii)，(iii) は水平移流，(iv) は鉛直移流，(v) はコリオリ力，(vi) は気圧傾度力，(vii) は摩擦力を表す項である．これについて述べた次の文章 (a)〜(d) の正誤について，下記の①〜⑤の中から正しいものを一つ選べ．

(a) 地衡風とは (v) と (vi) が釣り合った状態で吹く風のことである．
(b) 総観規模の現象では，(iv) の鉛直移流の大きさは (v)，(vi) の項の大きさに比べてオーダー（桁）が小さい．
(c) 海面は陸面に比べると滑らかなので，海上では (vii) の摩擦力は考慮しない．
(d) 流れの場が定常で一様な場合，地表面近くでは (v)，(vi)，(vii) の三つの項が釣り合っている．このため風は等圧線を横切って低圧側に流れこむ．

① (a)のみ誤り，② (b)のみ誤り，③ (c)のみ誤り，④ (d)のみ誤り，⑤ すべて正しい

（ヒント）(a) 地衡風の定義．(b) 総観規模現象のスケール解析の結果，水平運動が卓越．(c) 海上の摩擦力は陸上より小さくても無視できるほど小さいわけではない．(d) 摩擦力を考慮した地衡風平衡を復習したい．

（解答）③

（注）2.3節の式 (2.1) の数式表現の問題．数式ということで敬遠しないこと．気象予報士として乗り越えるべき壁である．

【例題2.4】（平成12年度第2回　学科専門知識　問4）

大気の運動方程式のうち，鉛直方向の運動方程式は次のように表される．

$$\frac{dw}{dt} = -\frac{1}{\rho}\frac{\partial p}{\partial z} - g + F$$
(i)　　(ii)　　(iii)(iv)

これは，鉛直速度の時間変化 (i) = 気圧傾度力 (ii) + 重力加速度 (iii) + その他摩擦力 (iv) を意味している．この式について述べた次の文章 (a)〜(c) の正誤について，下記の①〜⑤の中から正しいものを一つ選べ．

(a) 静水圧平衡（静力学平衡ともいう）を仮定するということは，(ii) と (iii) が釣り合っており，他の項が無視できると仮定することである．
(b) 静水圧平衡を仮定する場合は，鉛直速度はこの式では求めることができないので，連続の式を用いて求める．
(c) 運動の水平スケールと鉛直スケールが同程度になる積雲などでは，(i) の項を無視することができない場合がある．そうした運動を表現するような細かい格子の数値モデルでは，この式を省略なしで用いることが必要となる．

① (a)のみ誤り，② (b)のみ誤り，③ (c)のみ誤り，④ すべて誤り，⑤ すべて正しい

（ヒント）(a) 静水圧平衡の定義．(b) プリミティ

ブモデルの場合の鉛直速度の求め方，(c) この文章は非静力モデルの定義．
(解答) ⑤

(注) 2.3節の式(2.2)の数式表現．暗記するより慣れることが，数式表現に対する最も近道である．

【例題2.5】（平成13年度第2回 学科専門知識 問4）

次の式は大気中の温位の時刻変化を表すもので，(a)は空間内のある固定点での温位の時間変化，(b)〜(d)は移流の効果である．なお，θ は温位を，u, v, w はそれぞれ東西，南北，鉛直方向の速度成分を，F は加熱・冷却の効果を表す．

このうち F に含まれる熱の効果を示した次の(ア)〜(エ)の正誤について，下記の①〜⑤の中から正しものを一つ選べ．

$$\underbrace{\frac{\partial \theta}{\partial t}}_{(a)} + \underbrace{u\frac{\partial \theta}{\partial x}}_{(b)} + \underbrace{v\frac{\partial \theta}{\partial y}}_{(c)} + \underbrace{\omega\frac{\partial \theta}{\partial z}}_{(d)} = \underbrace{F}_{(e)}$$

(ア) 断熱圧縮による昇温
(イ) 赤外放射による加熱や冷却
(ウ) 水蒸気の凝結による加熱
(エ) 太陽放射による加熱
① (ア)のみ誤り，② (イ)のみ誤り，③ (ウ)のみ誤り，④ (エ)のみ誤り，⑤ すべて正しい

(ヒント) 2.3節の式(2.5)の数式表現の形を借りて，非断熱過程に伴う加熱・冷却の物理的内容を問うているので，それに従って判断する．
(解答) ①

【例題2.6】（平成19年度第2回 学科専門知識 問6）

気象庁で運用されているアンサンブル予報は，現実的な誤差の範囲内で少しずつ異なる多数の初期値を用意して数値予報を行い（一つ一つをメンバーと呼ぶ），多数の予報結果を統計的に処理して有効な情報を引き出す予測法である．

次頁の図1(カラー口絵3参照) (ア)〜(ウ)は，それぞれ初期時刻が同じ事例について異なる三つの予報時刻における500 hPa面の特定高度線（5400 m, 5700 m, 5880 m）の予測結果（全メンバー）を重ねて描いたものである．また，図(エ)と(オ)は，それぞれ初期時刻の異なる二つの事例について初期時刻から同じ時間が経過した予報時刻における500 hPa面の特定高度線（5400 m）の予測結果（全メンバー）を重ねて描いたものである．これらの図について述べた次の文(a)〜(c)の正誤の組み合わせとして正しいものを，下記の①〜⑤の中から一つ選べ．

(a) 初期時刻に与えられた初期値のばらつきが大きいにもかかわらず，時間の経過とともに計算が安定して予測誤差が縮小するので，(ア)〜(ウ)を予報時刻の早い順に並べると(イ)→(ウ)→(ア)の順である．
(b) (ア)〜(ウ)では5400 mより5700 mの等高度線のばらつきの方が小さいので，後者の方が等高度線の位置や走向などの予測の信頼度が高い．
(c) 初期時刻の異なる二つの事例について初期時刻から同じ時間が経過した予報時刻の結果を示した(エ)と(オ)を比べると，特定高度線を多様に予測している(エ)の方が等高度線の位置や走向などの予測の信頼度が高い．

	(a)	(b)	(c)
①	正	誤	正
②	正	正	誤
③	誤	正	正
④	誤	正	誤
⑤	誤	誤	正

(ヒント) (a) 2.7節の図2.14参照．アンサンブル予報の初期値のばらつきは小さく，スプレッドの一般的傾向を知っておきたい．この場合，正解は(ア)→(ウ)→(イ)の順になる．(b) スプレッド-スキルの関係で判断．(c) 同様に，信頼度も評価される．
(解答) ④

【例題2.7】（平成19年度第1回 学科専門知識 問12）

気象庁は数値予報の予測を基にカルマンフィルターの手法を用いて，降水量ガイダンスや気温ガイダンスを作成して，天気予報の基礎資料として利用している．これらのガイダンスについて述べた次の文(a)〜(d)の正誤の組み合わせとして正しいものを，下記の①〜⑤の中から一つ選べ．

(a) 過去の予報や観測データを長期間にわたって集めて事前に学習させる必要がないために，数値予報モデルの改良・更新にすばやく対応ができる利点がある．

(ア)　　　　　　　　　　　　　　　(イ)

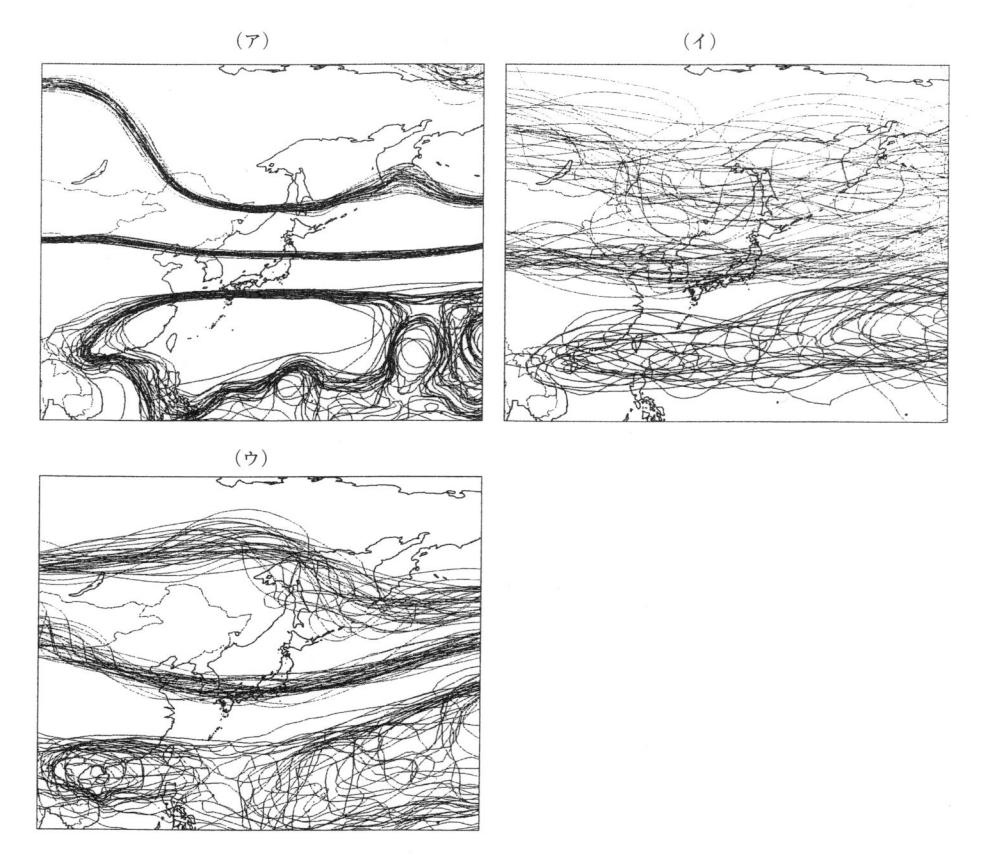

(ウ)

(ア)〜(ウ)：500 hPa の特定高度線（赤線：5400 m，緑線：5700 m，青線：5880 m）の予測結果（全メンバー）

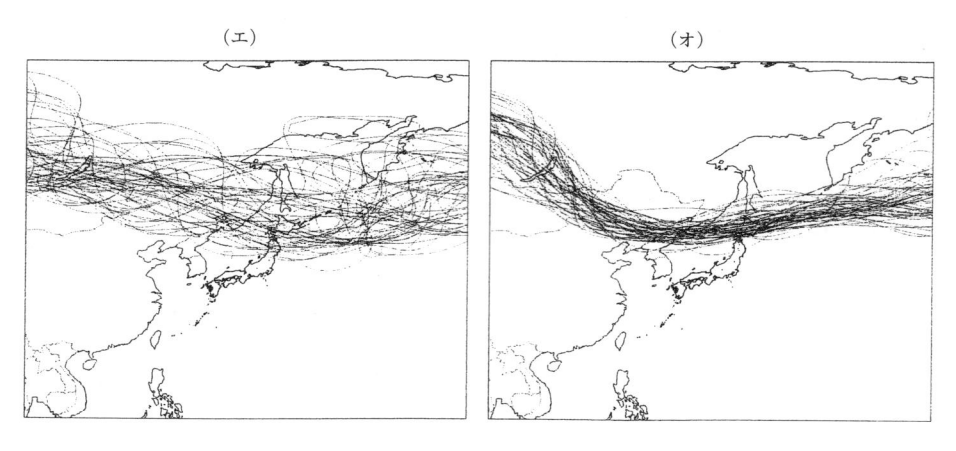

(エ)　　　　　　　　　　　　　　　(オ)

(エ)と(オ)：500 hPa の特定高度線（赤線：5400 m）の予測結果（全メンバー）

図 1　（カラー口絵 3 参照）

(b) 予報誤差を小さくするように予測式の係数を修正していくが，予報誤差の急激な変化には対応できないため，気温が高い状態が続いている直後に急に低い状態になると，しばらくの間，誤差の大きな気温の予測値を出力し続ける場合がある．

(c) 集中豪雨などで極端に大きい降水量となると，その値がガイダンスに取り込まれて予測係数を

大きく修正しすぎてしまい，しばらくの間，過大な降水量の予測値を出力し続ける場合がある．
(d) 数値予報モデルで予想された降水域の位置が実際の位置から外れていたとしても，それを適切な位置に修正して誤差を大幅に減らすことができる．

	(a)	(b)	(c)	(d)
①	正	正	正	誤
②	正	正	誤	正
③	誤	正	正	誤
④	誤	誤	正	正
⑤	誤	誤	誤	正

(**ヒント**) (a) カルマンフィルターの手法の特徴を復習．(b)，(c) も同様で，メリットが逆に誤差を大きくする欠点ともなる．(d) ガイダンスは，系統的な誤差の補正にはきわめて有効であるが，その原理からランダムに発生する誤差（非系統的誤差）の補正ができない．

(**解答**) ①

(新田　尚)

3. 短期予報，中期予報（週間予報）

3.1 擾乱とそれに伴う天気

擾乱の成因・発達の仕組みなどは，第1部に詳しいので参照されたい．ここでは予報上重要なポイントについてのみ記述・整理しておく．

3.1.1 温帯低気圧と前線

偏西風帯に位置する日本では，総観規模の温帯低気圧と寒帯前線システムにかかわる天気変化が卓越している．このスケールの擾乱の予報は数値予報の最も得意とするスケールであって，基本的に数値予報のプロダクトを正確に読み取る能力が求められる．ただその背景として擾乱の構造やそれに特有の天気変化について理解しておくことが大切となる．

(1) 構造の特徴

○ 温帯低気圧は，「偏西風波動擾乱」の一つであり，太陽放射（加熱）と地球放射（冷却）の差として形成される南北の温度差を解消すべく発生・発達する（傾圧不安定）総観規模の擾乱である．低気圧中心と上層のトラフ軸（正渦度の極大域）を結ぶ鉛直の方向の軸（気圧の谷の軸）は発生から発達期までは上空へ向かって西に傾く構造となる．この傾きは発達に従い次第に鉛直に立ってくる．

○ 「上層トラフ」の前面（東側）では暖気移流場となっており，上昇流，後面（西側）では寒気移流場で下降流が卓越する．また，500 hPa面を非発散高度とみなすと，上昇流の強さは500 hPa面の正渦度移流に依存し，その上昇流（負の鉛直 p 速度）の強さは700 hPa面で判断することとなる．

○ 上層では「寒帯前線帯」に対応する傾圧帯が圏界面に達し，その南縁である「寒帯圏界面」と「中緯度圏界面」の境に「ジェット気流（この場合ポーラーフロントジェット気流）」が存在する．このジェット気流は，蛇行するなど変動が大きく，冬季は夏季より前線の温度傾度が強まることにより風速が強まる．

○ 傾圧性擾乱の特徴として偏西風波動の発達に伴って，暖気の北上，寒気の南下が顕著となり，その気団の境界で気温勾配が強化され，幅をもった前線帯が形成される．地上前線は，その前線帯の地上と交わる暖気側の交線をもって前線とする．

○ 波動が発達して振幅を増すと，前線上に地上低気圧が発生し，その東側には「温暖前線」，西側には「寒冷前線」を伴うようになる．地上低気圧は上層の気圧の谷の東に位置しており，さらに発達を続ける．この構造では低気圧の前面で暖気移流，後面で寒気移流となっている．擾乱の最盛期になると後面の寒気が前面の暖気に追いついて，そこに「閉塞前線」が形成される．

(2) 付随する日本付近の天気

○ 温帯低気圧に係る着目すべき天気は，中心付近の上昇流に伴う降水域，前線の上昇流による降水，特に寒冷前線付近の強い上昇流による雷雨・突風・雹などの顕著現象である．一方，低気圧の東側は，南から北に向かう暖湿流の上昇域になっており，下層の暖湿流の先端部では不安定性降水が卓越する．

○ 降水その他の顕著現象は，低気圧の相対的な位置関係のみで定まるものではなく，地形・地物などの環境にも依存する．低気圧に伴う日本付近の天気変化は，そのコースに特有の現象をもたらす．

○ 朝鮮半島方面から日本海を北東進する低気圧は，中国東北区や沿海州などに中心をもつ上層の寒冷低気圧の縁辺のトラフに関連して発達する．これを「日本海低気圧」といい，特に，その後面に寒気が大規模に南下する場合は，中心気圧が24時間に20 hPa以上も下がって急速に発達する場合がある．冬季から春季に多く，日本列島を過ぎてオホーツク海や北太平洋で数千 kmのスケールの暴風域をもったりする．

○ 発達する「日本海低気圧」は，南西諸島を除いて全国的な天気の急変をもたらし，特に寒冷前線付近では激しい雷雨・雹・突風の可能性が高い．それ以外でも急な天候の変化と北日本では暴風となることが多い．加えて日本海側の沿岸では脊梁山脈を越えてくる強風がフェーン現象をもたらし，低気圧の暖域において異常な高温・乾燥をも

たらし，山林火災や融雪洪水・なだれなどの災害の発生につながることがある．さらに，寒冷前線通過後は気温の急降下により山岳遭難も目立つ．
○ 東シナ海から日本の太平洋岸沿いに東進する低気圧は，「南岸低気圧」といい，太平洋側の地方に特有の悪天をもたらす．西日本から東日本にかけて冬季においても降雪の少ない地方に，降雪をもたらし，特に関東地方には東海上からの冷湿な気塊を引き込み，大雪をもたらす．湿雪のため電線着雪や低気圧が発達する場合には強風も伴って，送電鉄塔の倒壊など大規模な災害になったりする．
○ 「南岸低気圧」の場合は，降水時に雨になるか雪になるかという「雨雪判別」が予報上の重要なポイントになる．上空の成長した雪片が気温の0℃層に達したとき，融解しきれずに地上に落下したときに雪となる．一般的に850 hPa面での気温が-3～-6℃程度以下，地上気温では2～3℃程度以下の寒気流入があると雪（みぞれを含む）と判別される．ただし，細かくは湿度も勘案しなければならない．

3.1.2 台風

「台風」は，熱帯や亜熱帯の海上に発生する「熱帯低気圧」の発達したものである．中心付近の最大平均風速が$17\,\mathrm{m\cdot s^{-1}}$（34 kt）以上に強まった赤道以北の東経100～180度に存在する熱帯低気圧を「台風」と称する．通常，熱帯収束帯（ITCZ）の雲クラスターが発達して台風になるとされるが，まれに亜熱帯において上層の寒気渦に関係した下層の偏東風擾乱が発達して台風になる場合もある．おおむね北緯10～20度付近の海面水温が26～27℃くらいの海域で発生しやすい．

(1) 台風の構造の特徴

○ 域内の気温分布はほぼ同心円状で前線をもたない．中心に向かう積乱雲の「スパイラルバンド」が顕著である．気圧や風速分布は軸対象でほぼ円形の等圧線をもつ．
○ 発達すると中心に「眼」が形成され，そのまわりの「壁雲」が対流圏上層に達する（時に成層圏下部に貫入する）．中心の対流圏上層には「暖気核」が形成される．圏界面では下層から上昇してきた気流は高気圧性の吹き出しとなって周囲に広がる．
○ 台風が北上して偏西風帯に入ると雲の分布は非対称となり，眼は崩れて形状が定かではなくなる．後面に寒気が入って前線が形成される．この過程を「温帯低気圧化」という．この際，後面の寒気流入が顕著であると，中心気圧が再度深まる「再発達」という現象も起こることがある．
○ 前述のように，台風の勢力維持には海面からの熱および水蒸気補給が必要であるので，海面水温が低下した場所では発達しない．逆に海面水温が高温に維持されているとかなり北上しても引き続き発達する．なお，台風の暴風により海洋上層部がかき乱されて下層の冷たい海水が湧昇し，通過後は海面水温の低下する現象がみられる．

上記を整理し，温帯低気圧との相違を表3.1に示した．

表3.1 熱帯低気圧（台風）と温帯低気圧の特徴

	熱帯低気圧	温帯低気圧
発生の原動力	熱帯収束帯または偏東風波動 海面からの水蒸気→凝結熱	偏西風波動
発生場所	熱帯（南北緯度5度以内を除く）または亜熱帯の海上 表面海水温26～27℃以上	温帯（おおむね緯度30～40度） 海上に限らない．
構造	中心に暖気核をもつ同心円状 眼をもつ	前線を伴う 前面に暖気，後面に寒気
発生季節	主として夏季	1年を通して発生

*台風の構造は，陸地に接近・上陸とともに急速に変形する（摩擦の影響）．

(2) 台風に伴う天気

○ 台風は大気が熱帯の海からの熱および水蒸気補給を受け，条件付不安定の大気中で積乱雲群の組織化と大規模な潜熱放出などで維持されている．その結果，台風はきわめて激しい擾乱の性格を有し，発達した台風は，降雨強度，風速（特に瞬間風速）は他の擾乱とは比較にならない最大級の値を示す．
○ 台風は主に太平洋高気圧の縁辺流を指向流として北上するので，日本に影響を及ぼすのは平均的には7～9月が多い．ただ，このコースは太平洋高気圧の消長に依存するので，個々にはばらつきが大きい．
○ 日本付近に到達するとおおむね台風は最盛期から衰弱期に入りつつあり，風雨ともに最大に近い勢力を示す．風速分布はおおむね軸対称ながら，台風の指向流との関係で，右半円では左半円より風速が強まるのが一般的である．さらに日本に上

陸する場合は，南から反時計まわりの風系が当たるため，南に開いた湾奥では高潮が発生しやすい．これは風による「吹き寄せ効果」と気圧の減少による「吸い上げ効果」が重なるためである．
○　降水量はもちろん多量であるが，特に風に正対する南向きや東向き斜面では地形性の降水が重畳し，非常な大雨となりやすい．このような地形性の降水量増強は常に風系と地形の関係を念頭において警戒すべき事項である．
○　さらに，海上においては，暴風による「風浪」が高まって「高波」が発生し，また台風域外まで伝播する「うねり」は台風が遠方にあるときから日本の太平洋岸に到達して災害をもたらしたりする．

3.1.3　梅雨前線

梅雨期に中国大陸から日本付近を経て日本の東海上に至る長さ数千 km の長大な帯状の雲クラスターの集合体が形成される．これに沿って，地上天気図には停滞前線として「梅雨前線」が表現される．これは温帯低気圧に伴う寒帯前線システムとは異なり，インドモンスーンや亜熱帯高気圧などにより形成される大規模な風系により維持される．そのため，梅雨前線に特有の構造があり，予報上この特徴を理解しておくことが重要である．

○　日本付近から東の梅雨前線は，太平洋高気圧の縁辺を回る気流で南方の豊富な水蒸気が前線の南側から輸送されている．気温勾配は日本付近では明瞭になってくるが，気温勾配よりも水蒸気量の勾配が顕著である場合が多い．この状況から，相当温位分布図で明瞭に解析できる場合が多い．
○　帯状の雲クラスターは一様ではなく，メソαスケールの擾乱ごとにグループ化し，さらにその中にメソβスケールの対流雲群，さらにそれはメソγスケールの対流雲で構成されるという，階層構造を成していることが特徴である．こうした構造が東西に伸び，数日間波状的に豪雨に見舞われるということがまれではない．
○　前線の南側の対流圏下層には，西南西の強風が吹いていることがあり（850 hPa で 10〜15 m・s^{-1}），これを下層ジェットといって梅雨前線の特徴的な構造の一つである．
○　南側の高温多湿な気塊の下層への流入により，対流不安定となりメソスケールの擾乱が形成されやすくなる．この擾乱の東進に伴い，前線上の各所で豪雨が発生しやすい．予報上はメソαスケールの擾乱までは予測可能であるが，細かい前線の南北振動や個々の対流雲群の予想までは困難である．このためにはレーダーなどで降水域の動向を直接観測しつつ，主として運動学的方法に依存する短時間予報などによらざるをえない．

3.1.4　寒冷低気圧（寒冷渦），寒気内小低気圧（ポーラーロー）

対流圏中・上層にかけて偏西風波動の蛇行が大きくなり，寒気を伴ったまま偏西風から切り離された状態となった規模の大きい低気圧ができる．これを寒冷低気圧（コールドロー）あるいは寒冷渦（コールドボルテックス），切離低気圧（カットオフロー）などという．

○　対流圏中層の中心付近は寒気におおわれ 500 hPa の等圧面天気図に明瞭に現れている．上層では，対流圏界面が 300 hPa 面あたりまで沈降しており，その上層の下部成層圏では周囲よりも気温の高い暖域になっている．
○　偏西風帯から切り離されたため，この寒冷低気圧の移動速度は遅くなり，持続的な場が形成される．
○　中層以上に大規模な寒気が滞留するため，成層は不安定となる．特に下層に暖湿気流が流入すると激しい対流現象が起きやすい．この状況は，寒冷低気圧の南東部で顕著であり，雷雨・突風・竜巻など天気の急変に結びつき，防災上特に留意すべき気象状況といえる．

次に，この寒冷低気圧の寒気はそれ自身波打ちながら低気圧とともに回転している．この寒気の伸張軸に沿って，気圧の谷（トラフ）が深まる．トラフは正渦度をもっているが，このような正渦度域が寒気内にまとまってメソα〜βスケールの渦状あるいはコンマ状の組織的な対流雲群が発生することがある．これを寒気内小低気圧（ポーラーロー）という．

○　地上では，発達した低気圧の後面の寒気場内に小低気圧の形で表現される．衛星の可視画像ではコンマ状の対流雲の塊のようにみえる．
○　日本付近では冬季，千島方面で低気圧が発達すると後面の日本海で顕在化し，これが移動する過程で，東北から北海道の日本海側の地方に局地的な豪雪や突風をもたらす．

3.1.5 高気圧

(1) 規模の大きい高気圧　日本付近の高気圧のなかでも特に規模の大きいのは「亜熱帯高気圧」，「シベリア高気圧」である．いずれも1万kmほどの規模をもち，月単位のライフタイムをもつ準定常的な高気圧である．したがって，短期予報よりも週間予報または長期予報の対象ということができる．さらに，夏季の対流圏上層に卓越する「チベット高気圧」は日本の梅雨に関連するアジアモンスーンのオンセット（開始）や亜熱帯ジェット気流の動向と関連している．これよりやや規模が小さいが，偏西風の蛇行が大きくなって高気圧性循環が取り残された「ブロッキング高気圧」も寿命が長く，時に1カ月に及ぶこともある．

- 「亜熱帯高気圧」は，南北の大循環の構成要素の一つであるハドレー循環（熱帯で上昇し20～30度付近で下降する，直接循環）に起因する高気圧で，背の高い温暖高気圧である．夏季には北偏しつつ拡大し，日本の夏季の天候を支配する．西縁では南から湿潤な暖気を日本付近に送り込み梅雨前線の消長や台風のコースに関与している．

- 「シベリア高気圧」は，ユーラシア大陸内陸部で発達する寒冷高気圧である．いわば背の低い高気圧であるが，上層の偏西風の蛇行によるリッジの負渦度の涵養も受けていて，その変動に応じて高気圧の消長もみられる．

- 「チベット高気圧」は，夏季にチベット高原付近（正確にはインド亜大陸北部）を中心とする東西1万数千kmに及ぶ大規模な上層高気圧である．高度断面でみると400 hPa付近から熱帯圏界面に及んでおり，循環の中心は150 hPa付近である．梅雨期から夏季の大規模な循環場を支配する一つの要因となっている．成因はチベット高原による加熱とされてきたが，モンスーンの対流活動の潜熱加熱も含めて定常ロスビー波による力学的原因もあるとされている．この高気圧の出現とともにそれまでヒマラヤの南側を流れていた亜熱帯ジェット気流は高気圧の北縁を回るように迂回する．

- 「ブロッキング高気圧」については偏西風の蛇行が大きくなって分流しリッジが分離されたところに大気の全層にわたって背の高い暖かい高気圧性循環が形成される．このため，偏西風帯の擾乱の東進がブロックされ持続的な天候になる．その発生を予測することはむずかしいが，ブロッキング高気圧ができる頻度の高い地域がいくつかある．日本付近の天候に影響を及ぼすものにはアリューシャンから東シベリアにかけてのものやアムール川から東シベリアに伸びるものなどが知られている．

(2) 総観規模の高気圧　前述の二つの高気圧よりもやや規模が小さいが，日本の天候に影響を与える高気圧に「オホーツク海高気圧」と「移動性高気圧」がある．前者は夏季に顕著で停滞性であるが，後者は春季や秋季に卓越して周期的な天気の変化をもたらす．

- 「オホーツク海高気圧」は，梅雨期からオホーツク海で顕著となる．対流圏下層では冷湿な気塊におおわれているが，中層以上では偏西風蛇行が大きくなって，いわゆる「ブロッキング高気圧」の形態になっている．したがって移動は顕著ではなく，数週間程度も持続的にオホーツク海に停滞することがある．高気圧から親潮海域に沿って気圧の尾根を延ばし，東北地方の太平洋側に冷湿な東よりの気流を吹きつけ冷害の原因になったりする．これを「やませ」という．

- 「移動性高気圧」は，中国大陸から東進してくる．温帯低気圧と対を成すように移動して，日本付近の天気が1週間程度の周期変化になる．偏西風のリッジに対応しており，蛇行の小さい，比較的ゾーナルな（偏西風の東西成分が卓越する）場で明瞭である．日本の天気は，一般に下降流により安定した晴天になるが，北偏した高気圧の南縁では東海上からの北東気流により冷涼で曇天または霧雨の天気となったりする．また，高気圧の後面（西側）は南からの湿潤気流が入りやすく，次の気圧の谷（もしくは低気圧）の影響下に入る．なお，高気圧におおわれた場合，夜間の放射冷却で早霜，遅霜などの被害が現れやすい．

3.2　現象の予報

ここでは，特定の現象ごとに予報の際の特有の着眼点を中心に記述する．

3.2.1　風

風の予測については，擾乱に伴う一般風，地形・地物（熱源の局在を含む）による局地風など対象によってその手法は異なる．一般風は，擾乱の予測とともに，数値予報プロダクトの正確な読み取りと予報ガイダンスの適正な利用により予測するもので，「数値予

報」や「ガイダンス」についての理解が重要である．

局地風
○ 地形に起因する局地風は，地形の凹凸による一般風の乱れであり，特に風速が強化される場所は固定している．これらは「おろし」，「だし」などの名称で地域的によく知られているが，個々に現象の発生する季節，風向など気象的要因を把握しておけば予測は容易である．一般的には，総観場の一般風が山脈に直交するような場合に発生しやすいとされる．なお，場所が固定しており，住民の過去からの知見も多いので，防災上は問題になることは少ない．

○ 地物（都市の建物，植生など）による局地的な風は，一般風を減速させる摩擦効果が大きく，災害をもたらす強風の発生は少ない．ただ，昨今のように都市部で高層ビルが林立してくるといわゆる「ビル風」として時に突風が吹くことがある．これも風向・風速によって個々に定まるもので，都市部の防災を考えたときにあらかじめ調査が必要であろう．ただし，これはミクロスケールの乱れであって地上に固定された建物などが強制条件となるので，気象条件から一般的な予測を行うことは現状ではむずかしい．

なお，第Ⅰ編第2部1章でも述べたが，「平均風速」や「瞬間風速」の測定法は，各国や利用分野で異なる場合があり，国内の一般気象分野では，「10分間平均風速」と「瞬間風速」は3秒間平均をとっている．航空気象分野では2分間平均風速を用いたり，アメリカ合衆国では1分間平均風速とするなどまちまちであるので，比較には十分注意が必要である．また，瞬間風速と平均風速の比を「突風率」といい，1.5～3程度の値をとる．ただし，何もない平面上の突風率は1.4程度とされる．気象庁では台風の瞬間風速の予測について1.4を基本として実況を加味して発表している．

3.2.2 降雨，降雪，霧

「降雨」，「降雪」は大気中の水蒸気が凝結または昇華によって雨滴や氷晶ができ，それが成長して落下，地表（地上や海面）に到達したものをひとまとめに「降水」といっている．一方，「霧」は層雲の底が地表に達したものともいえる．気象観測の大気現象としての霧は水平方向の視程が1km未満と定義されている．

(1) 降水
○ 水蒸気が凝結して雲粒となり，さらにそれが成長して雪片や雨滴になる過程は非常に複雑で単純な一つの過程のみではない．ただし，基本は大気中の上昇気流の断熱膨張による水蒸気を含む気塊の冷却である．予報上は，水蒸気量・気温・上昇流が降水を評価する要素になるが，なかでも上昇流の強さや領域の把握が重要である．

○ 温帯低気圧などの総観規模スケールの擾乱に伴う上昇流は，第1近似としてはいわゆる ω 方程式で推定でき，1～10 cm·s^{-1} 程度である．積乱雲など規模の小さいかつ鉛直に発達した対流雲では，上昇流はおおむね鉛直安定度に依存し，10 m·s^{-1} 程度で最大では数十 m·s^{-1} に達する場合もある．しかし雷雲内部は降水粒子による下降気流の卓越しているところもあり，複雑な気流になっているので簡単な見積もりはむずかしい．実用的には，レーダーエコーの強度やエコー頂高度などを指標とした統計的な見積もり（Z-R関係など；これは降水強度を直接評価することになる）が有効である．

○ また上昇流は山越えなど地形によっても引き起こされる．地形は固定されているのでそれぞれの地方で風系によって降水の増強・減衰される傾向を把握しておかねばならない．

○ 大雨については，基本的に大気の鉛直不安定度の強まり，組織的な積乱雲群によって同じ地域での滞留が条件となる．きわめて局地的な雷雲が集中豪雨をもたらすこともある．最近頻発している時間雨量100 mmを超えるような集中豪雨は下層への暖湿気流の流入と上層寒冷渦の通過のようなポテンシャルの高い場で，積乱雲が線状に並んで同じ地域へ次々と新たな対流セルを送り出すようなパターンで発生している．

○ 雪は，日本の日本海側で顕著であり，この地方の冬季の積雪深は世界的にも有数の豪雪地帯となっている．これは冬季の大陸東岸からの強い寒気の流入と，対馬暖流の存在とが密接に関係している．さらに大陸東岸の地形の影響で，日本海には収束ゾーンに伴って雲帯ができやすく，これが日本列島に当たるところで大雪を降らせる．この収束雲をJPCZ（日本海寒帯気団収束帯）という．

○ 太平洋側の降雪はそれほど頻度が高くはないが，雪馴れのしていない地方であるため，降れば重大な災害になるおそれがある．これは，前述した「南岸低気圧」の通過に伴う特徴的な現象である．

(2) 雨雪判別 冬季の降水の予報は，降水の有

無，降水量のほかに雨になるか雪になるかの「雨雪判別」が重要である．日本付近の冬季の雨は，上層で発生・成長した雪片が落下中に気温0℃付近の融解層を通過して融け，雨滴となって地表に達する，いわゆる「冷たい雨」である．地表の気温が0℃以下であれば融けることなく，雪として地表に達するが，地表がプラスの気温の場合は，融解層の高さ（地表の気温を指標として）で雪片が融けきるか，融けきらずに地表に達するかが決まる．雪片が融けて蒸発するとき，潜熱を吸収して気温を低下させるので，湿度にも依存するが，地表の気温が+6℃以下の場合に雪となる可能性がでてくるが，おおむね+2〜+4℃位が雨雪の判別境界値と考えてよい．気温ベースを判断する850 hPa面に延ばすと-3〜-6℃程度となろう．予報士試験では，たいがいは雨雪判別のダイアグラム（850 hPa面の気温が-8℃以上の場合に適用する．-8℃以下の場合は雪と判断）を用いて出題される傾向にある．

(3) 霧
○ 直径が数十 μm 以下の水滴が大気中に浮遊している状態である．粒径は小さいが数密度が高いので光の散乱・反射などで視程が落ちる．

○ 霧の発生には水蒸気の過飽和状態が必要で水蒸気を含む気塊の気温低下，水蒸気補給があれば，霧の発生条件を満たす可能性がある．気温低下によるものには「放射霧」，「移流霧」，「滑昇霧」などがある．水蒸気補給（水蒸気圧の増加）については「蒸発霧」がある．「放射霧」，「蒸発霧」は明け方の気温の低い時期に発生しても，日中の太陽放射で温められればすぐ解消してしまうが，「移流霧」，「滑昇霧」は海霧や山岳の霧のようにその場が霧の発生に適した条件をもつものが多く，そうした場の条件が解消するまで持続する．

3.2.3 雷雨と雷雨に伴う突風
雷雨は，積乱雲もしくは組織的な積乱雲群による顕著な嵐（storm）である．雷雨による放電・落雷・雹（ひょう）・ダウンバースト・ガストフロント・竜巻・低層ウィンドシアなどが伴う．雷雨の予測は，積乱雲の発達およびその組織化の有無がポイントであるが，個々の積乱雲はせいぜい10 km未満（メソγスケール），組織化しても100 km（メソβスケール）程度で，現在のメソ数値予報でも直接の予報はむずかしい．ただし，成層状態や風系（特に鉛直構造）のデータは得られるので，ポテンシャル的には事前の予測がある程度可能である．

(1) 雷雨の構造
○ 形態としては，「単一セル型」，「多重セル型」，「スーパーセル型」に大別できる．「単一セル」は1個の発達した積乱雲であり，鉛直ウィンドシアは小さい．このときは鉛直に発達し，降水粒子が成長して落下を始めると上昇流を抑制する方向に働くので寿命は短い．「多重セル」は，複数の対流セルで構成され，それぞれが異なる発達段階にある．組織的になると移動方向の風上側に新たなセルをつくり次々と成長するので，全体としては寿命が長くなる．「スーパーセル」は，単一のセルであるが，回転する上昇流をもち，強いウィンドシアの下で効率的な風系により上昇流・下降流が共存し，長い寿命を保つ．この回転する上昇流を「メソサイクロン」という．

○ 予報上，上記の構造的な分類を直接判別することはできない．発生してレーダーなどで観測して判別するだけである．ただし，雷雨の構造的な要素は上昇流を維持する鉛直不安定の程度と鉛直ウィンドシアである．これらの指標に着目すればよい．

○ 発達した積乱雲では降水粒子の成長とともにその落下によって積乱雲内部に下降流を引き起こす．これが地上付近で発散し，冷気を伴った「ガストフロント（突風前線）」を形成する．雷雲に先行してアーク状の雲を伴いながら進行することがある．これは雷雲周辺の暖湿流を強制上昇させて，組織的な雷雲システムを構成することに寄与している．衛星画像でアーク状の雲がみえたりする．

○ 「ダウンバースト」は，雲内の降水粒子の落下による下降流の発生と，積乱雲の中層にみられる周囲からの乾燥空気の引き込み（エントレイメント）で降水粒子が蒸発し，冷却により下降流の強化が起こる．これが地上に達したものが「ダウンバースト（下降噴流）」である．航空機の離着陸の際にきわめて危険であるので，従来から空港気象ドップラーレーダーを利用して，ただちに管制機関や運行機関に情報が発せられるようになっている．

(2) 突風
ここでいう「突風」は，積乱雲に伴い発生する顕著な突風（竜巻，ダウンバーストおよび強いガストフロントによる突風）である．積乱雲など強い擾乱による突風は防災の側面から特に重要視され，近年その予測手法の開発が行われている．その基

本的な指標などについては，今後の予報士試験においても出題頻度が高まると思われる．現在その予測技術は，気象庁で開発途上であるので，ここでは簡単にその要点を整理しておく．

○ 竜巻はスーパーセル型のものに伴うことが知られ，このスーパーセルを親雲とし，それに伴ってその内部で上昇しながら回転する「メソサイクロン」に着目してこの検出をめざす．

○ 「メソサイクロン」の検出にあたっては，ドップラーレーダーが適当であるが，ドップラー速度のパターン認識のみでは不十分であり，そのほか大気の安定度，鉛直シアに関係する「突風関連指数（CAPE, EHI など）」を併用して，突風発生のポテンシャルを把握する．ここで CAPE (convective available potential energy) は鉛直安定度の指標であり，下層に暖湿気が流入すると高い値をもつ．また，EHI (energy helicity index) は，「CAPE」を含み，それに加えて鉛直ウィンドシアに関する指標との複合的な指標である．これらはメソ数値予報モデルによるデータから計算される（下記手順を参照）．

○ 当面，これらのデータを利用して 2008 年 3 月から雷注意報の補完として突風の予測に関する「竜巻注意情報」が発表されるようになった．これは突風の起きそうな発達した積乱雲を観測してから発表されるもので，有効時間は 1 時間とされている．

○ 気象庁では，今後このようなドップラーレーダーデータや突風関連指数を用いて突風予測技術を確立し，2010 年度には「突風等短時間予測情報（仮称）」を発表する予定とのことである．

現在，運用中の「竜巻注意情報」は，2007 年度で全国の気象ドップラーレーダー網が整備されたのをベースにして，次のような手順で発表されている．

(1) ① 気象レーダーによるエコー強度およびエコー頂高度の観測
    ② メソ数値予報モデルによる「突風関連指数」の算出
(2) (1) の 2 要素により 10 km メッシュで「突風危険指数」を算出
(3) ① 「突風危険指数」が突風発生の閾値を超えているか，② メソサイクロンが観測されたか，という判断基準に基づいて，「竜巻注意情報」が発表されている（見逃しを防ぐため，時間的・空間的な広がりを調整している）．
(4) 「竜巻注意情報」の有効期間は 1 時間であって，その後もポテンシャルが高ければ改めて発表される．

さらに将来的な「突風等短時間予測情報」の発表に向けて，突風危険指数の精度向上のため開発を進めている．

3.3 天気予報ガイダンスの利用

数値予報の出力から特定地点（領域）の量的予報あるいは天気カテゴリーを予報する場合は「天気予報ガイダンス」を利用することになる．いわば，擾乱を含む場の予想と最終的な対象とする地点（領域）の予報を結びつけるツールであって，一連の予報作業上での「天気翻訳」の部分に当たる．それを人間の予報官の経験のみに依存するのではなく，統計処理できる部分はそれに委ね，客観性と迅速性を求めたものである．これによって，数値予報モデルの系統的誤差を除去し

表 3.2 天気予報ガイダンスの種類（一部）

	種別	内容	対象領域	予測手法
G S M	降水確率	3, 6 時間降水確率	20 km 格子	KLM
	降水量	3, 6, 24 時間平均降水量		KLM, FBC
	最大降水量	3, 24 時間平均降水量 1, 3, 24 時間最大降水量	二次細分区域	NRN
	気温	毎時時系列，最高・最低気温	AMeDAS 地点ごと	KLM
	風	毎 3 時間時系列風		KLM, FBC
	最大風速	毎 3 時間最大風		KLM, FBC
	天気	毎 3 時間天気カテゴリ (5)	20 km 格子	NRN
	大雨確率	3 時間内に基準以上の雨が降る確率	二次細分区域	NRN
	発雷確率	3 時間内の発雷確率		NRN（学習なし）
上記の他，日照率，最小湿度他がある．週間予報向けについては，3.6 節で記述．					
M S M	降水確率	3, 6 時間降水確率	20km 格子	KLM
	降水量	3, 24 時間平均降水量		KLM, FBC
	最大降水量	3, 24 時間平均降水量 1, 3, 24 時間最大降水量	二次細分区域	NRN
	気温	毎時時系列，最高・最低気温	AMeDAS 地点ごと	KLM
	最大風速	毎 3 時間最大風		KLM, FBC
上記の他，航空気象予報向けなどのガイダンスがある．					

ここで，GSM は「高解像度全球数値予報モデル」，MSM は「メソ数値予報モデル」を意味する．また，手法の欄，KLM は「カルマンフィルター」，NRN は「ニューラルネットワーク」，FBC は「頻度バイアス補正」（バイアスが 1 に近くなるように現象の発現頻度に合わせて予報値を調整する）を意味する．

たり直接予報できないサブグリッドスケール（解像度以下のスケール）の予報因子にかかわる予測の支援になりうる．

具体的には，数値予報の予報値(注)を説明変数，対象とする地点（領域）の観測値を目的変数として，この対応関係を線形の予測式や非線形の予測式で求めるところにある．そのうち，線形関係をベースに作成された予測手法にカルマンフィルター（KLM），非線形関係をベースにする予測手法にニューラルネットワーク（NRN）がある．2008年度現在，それぞれの手法によるガイダンスを表3.2に示す．

（注）予報値を用いる手法は，「MOS：model output statistics」であり，予報誤差を除去できる部分があるが，重回帰式で過去の傾向を取り込むため，モデルが変わると一定期間データが蓄積されるまで利用できない．そのため，この発展形としてそのつど線形関係の係数を最適化していく（いわゆる，逐次学習機能）ことができる「カルマンフィルター」，また非線形の関係をデータの重み（これをそのつど観測値に合わせて変動させることで逐次学習機能をもつ）をつけて関係式をつくっていく「ニューラルネットワーク」がある．

(1) ガイダンスの特性

○ GSM（解像度20 km）ガイダンスは短期予報用で，おおむね予報時間は6～84時間である．一方，MSMガイダンスは防災・航空気象用で，1～33時間の範囲で予報している．

○ 数値予報出力と観測結果を統計的に結びつけるため，頻度の高い現象は精度がよいが，たまにしか出現しない現象は精度が落ちる．同様に，急激に変化する現象は追随することができず馴染むまでに時間がかかる．

○ KLM，NRNでは，逐次学習機能を有しているので数値予報モデルの変更や予報値の特性の変化によく追随できる．

3.4 解析資料の利用

3.4.1 地上および高層天気図

各種観測データを二次元の天気図に記入し，それを解析することにより必要とする擾乱の構造を表現するという手法は，H. W. ブランデス（独）が1820年に初めて天気図を作成してから2世紀近い歴史がある．現在その作成は，数値予報モデルに基づく客観解析に委ねられてはいる（前線の描出などは手解析による）が，二次元の地上あるいは特定等圧面に解析された，いわゆる「天気図形式」が予報の基礎資料になってい

表3.3　等圧面天気図の特徴

	基準高度	表示要素	解析の目標
300 hPa	9600 m	等高度線，風（観測値，**等風速線**），気温（等温線をプロット）	ジェット気流解析　寒冷低気圧・圏界面解析の一部
500 hPa	5700 m	等高度線，風（観測値），気温（観測値，等温線），湿数，**渦度**	擾乱の対流圏中層の構造　擾乱（トラフ含む）の移動
700 hPa	3000 m	等高度線，風（観測値），気温（観測値，等温線），**湿域，鉛直p速度**	擾乱の強さの判定　中・下層雲の目安
850 hPa	1500 m	等高度線，風（観測値），気温（観測値，等温線），湿数，湿域，**相当温位**	前線解析，下層ジェットの把握　高・低気圧の下層の構造

太字はその等圧面で特徴的な要素．

ることは変わらない．

短期予報用には地上天気図のほか表3.3に示すような4層の高層天気図を用いるのが一般的である．

これら天気図の範囲は，短期予報用としては，アジア領域（チベット高原～ユーラシア大陸東岸～日本列島～カムチャツカ半島に及ぶ）を対象としている．これによって偏西風帯での擾乱の移動について72時間予報までをカバーできることになる．

上記の各天気図の特徴と用途について補足する．

○ 解析の目的は，これら二次元の各層天気図から総観規模擾乱の三次元構造を導き出すことにある．同時に過去の推移を知るために天気図を時系列的に並べて調べることも必要である．これにより，擾乱の時空間構造の全体が明らかになる．

○ これらの天気図は基本的に総観規模擾乱の検出に有用であるが，このことはより狭域でのメソ擾乱を分離するためのベースにもなりうる．

○ ジェット気流解析は300 hPa面だけでなく，より圏界面に近い250 hPa面の解析や次項に述べる断面図解析が有効である．

○ 500 hPa面では，相対渦度の鉛直成分を「渦度（ζ）」として表示している．また対流圏中層にあっておおむね非発散高度に近いので絶対渦度（$\zeta + f$）はほぼ保存される．ここでfはコリオリ係数である．これにより，トラフの追跡・盛衰を把握することができる．

○ 700 hPa面では「鉛直p速度」が示されている．（−）が上昇流，（＋）が下降流を表す．この強さと分布の状態によって擾乱の強さを推し量ること

ができる．さらに湿域の分布から，曇天域などの把握ができる．また，700 hPa での気流の方向は，一般的に雲層やレーダーエコーの移動方向を示す指標となる．

○ 850 hPa 面では前線解析により前線の特徴を見いだすことに大きな目的がある．特に相当温位解析は前線解析に有効なデータを与える．また，自由大気の下限を代表するレベルと考えられ，気温予想の基礎データを与えるものでもある．

○ 地上天気図については，各観測点の直上の大気層の物理的条件に依存しており，擾乱の有無だけでなく，表示された各観測点の気圧・気温・湿度（露点温度）・天気などのデータを詳細に検討して，擾乱に伴う変動と局地的な条件による変動を分離して考えねばならない．目的に応じた解析が必要である．

3.4.2 高層断面図とジェット気流

「高層断面図」は，日本付近の東経130度および東経140度に沿う高層観測点におけるゾンデ観測のデータを用いて作成されている．

（解析範囲）各経線ごとに水平方向に北緯25～50度，鉛直方向に 900 hPa から 100 hPa まで．

（表示要素）各観測点での観測値（風・気温・湿数，圏界面高度，最大風速高度），等風速線，等温位線，等温線．

等圧面天気図が擾乱の水平の断面を表しているのに対して，高層断面図は擾乱の南北断面を表している．この主要な目的は「対流圏界面」の位置および「ジェット気流」，「前線帯」の把握にある．

(1) 対流圏界面 高層観測点における状態曲線では上空にいくほど気温が低下するが，ある点で気温減率が低下する高度がある．これを対流圏界面という．成層圏と対流圏の境に位置する．これを高層断面図で解析すると不連続な面が三つほどあることがわかる．南側から熱帯圏界面，中緯度圏界面，寒帯圏界面と名づけられ，熱帯圏界面の高さは 16～18 km，寒帯圏界面は 8～10 km と北ほど低くなっている．また，熱帯圏界面の北縁には亜熱帯ジェット気流が存在し，中緯度圏界面の北縁には寒帯前線ジェット気流が位置するなど，構造的にジェット気流との関係がある．

(2) ジェット気流 対流圏界面付近のジェット気流は「亜熱帯ジェット気流」と「寒帯前線ジェット気流」に大別され，「亜熱帯ジェット気流」は，変動が少なく平均的な断面図では明瞭に現れる．ハドレー循環の北縁に位置する．「寒帯前線ジェット気流」は下層の温度傾度の大きい寒帯前線に連なっている．蛇行も大きく変動が著しい．したがって，平均場には必ずしも明瞭に現れない．日々の 250 hPa 面・300 hPa 面の解析や断面図解析で追跡することが必要になる．断面図では等風速線によって明瞭に判別できる．冬季には日本付近で両者の合流がみられ，特に風速が増大する．このジェット気流の低緯度側に沿ってジェット巻雲がみられ，衛星画像では「巻雲ストリーク」，「トランスバースライン」を伴っている場合がある．

このほか，梅雨期に対流圏下層に局地的にみられる「下層ジェット気流」，冬季の成層圏・中間圏にみられる「極夜ジェット気流」などがある．

(3) 前線帯 前線帯は，密度の異なる気団の境界に形成され，幅 100 km 前後の遷移帯を有する．この暖気側の縁と地上や等圧面との交線が「前線」として定義されている．断面図解析で表現された「寒帯前線」は圏界面から地上付近まで連続する等温位面の集中帯として解析される．ここでは気温も急変するが傾きが等温位面とは逆なので前線帯で交差する形になる．下層では水蒸気も豊富になり，気団の差を表現するのには「相当温位」によることが妥当である．ただし，ルーチンの高層断面図では鉛直分解能の点で前線の鉛直構造の詳細まで表すものではない．

ルーチンで提供されている鉛直断面図は，「高層断面図」のほか，ウィンドプロファイラ（1.1.3項参照）の観測データによる中・下層風の時間断面図がある．予報士試験では，最近はこれを用いた擾乱の鉛直構造を問う問題が頻出している．風の鉛直プロファイルから前線による風向変化や下層の暖気移流（風が上層に向かって時計まわりに変化する），寒気移流（風が上層に向かって反時計まわりに変化する）の判断や乾燥気塊の流入（欠測域）などを大局をみて判断できる訓練が求められる．

3.4.3 エマグラム（EMAGRAM）

大気の成層状態を表す図表に「断熱図」があり，そのなかでよく用いられるのは「エマグラム：energy per unit mass diagram）」である．縦軸に $-\ln P$（気圧の自然対数の減ずる方向を+方向にとる），横軸に T（気温）で高層観測データ（気圧・気温・露点温度）をプロットすることで状態曲線が得られる．このエマグラム上では閉曲線の面積はエネルギーに比例す

るので，種々のエネルギー計算に利用される．通常，解析に都合が良いように，乾燥断熱線・湿潤断熱線・等混合比線が表示されている．これをベースに成層の安定性などの検討が行われる．

○ 対流活動のきっかけになる特定の高度として，「持ち上げ凝結高度（LCL：lifted condensation level）」，「自由対流高度（LFC：level of free convection）」，「浮力が逆転する高度（LNB：level of neutral buoyancy）」がある．何らかの強制力によって乾燥断熱線に沿って上昇させられた気塊はLCLに達して飽和となり凝結する（雲底高度に対応）．以後，湿潤断熱線に沿ってLFCに達すると気塊の気温は周辺の気温を上回るようになり，気塊を上昇させる強制力がなくなっても自らの浮力で上昇できる．それが停止するのは，再び周辺の気温より気塊の気温が低くなるLNBに達したときである（雲頂高度に対応）．

○ 状態曲線の各点で状態曲線の傾きから，気塊の安定性をみることができ，絶対不安定・条件付き不安定・絶対安定に分類できる．

○ 総観規模の幅をもった「条件付き不安定で不飽和だが，下部がより湿っていて安定な気層」が全体として持ち上げられた場合に，集団的に積雲・積乱雲が発生・発達する．これを対流不安定という．相当温位 θ_e，高度 z として，$\partial \theta_e / \partial z < 0$ がその目安である．

○ 状態曲線全体でみると，上述のLFC～LNBの状態曲線と湿潤断熱線に囲まれた領域の面積に対応するエネルギーを対流有効位置エネルギー（CAPE：convective available potential energy）といい，その下部の状態曲線と湿潤および乾燥断熱線に囲まれた領域の面積に相当するエネルギーを対流抑制（CIN：convective inhibition）という．CAPEは自ら対流を維持できるエネルギーに相当し，CINは，気塊をLFCまで持ち上げるのに必要なエネルギーに相当する．したがって，CAPE＞CINであれば対流が活発になり，CAPE＜CINの場合には対流が抑制され安定化する方向にあることがわかる．下層に湿潤な空気が流入するとCINが小さくなるので気層が不安定化することになる（図3.1）．

○ 状態曲線において，850 hPaにある気塊を500 hPaまで上昇させたときに，周囲の気温からその気塊の気温を差し引いた値をショワルターの安定指数（SSI：Showalter's stability index）と

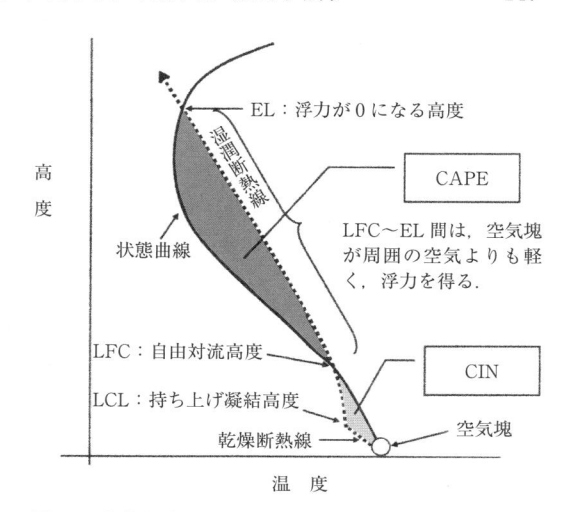

図3.1 状態曲線と対流活動（気象庁予報部：『平成19年度量的予報研修テキスト』）

いう．日本の夏季においてはSSI＜－3℃で発雷の可能性とされるが，ポイントでの値であるので予報作業上は，SSI＜＋2℃くらいが発雷に注意として実況監視のトリガーとして用いられる．

3.5 短期予報

予報初期時刻から3時間先以上48時間以内までの期間を予報するものを「短期予報」という（便宜上，72時間先までの日別予報を含む）．このなかには，「府県天気予報」，「天気分布予報」，「地域時系列予報」が含まれる．

3.5.1 短期予報の種類と内容
(1) 府県天気予報
（対象地域）府県予報区を地域ごとに細分した「一次細分区域」
（発表時間）05, 11, 17 JSTの1日3回，そのほか天気の急変に対応して随時修正
（内　　容）予報区内の代表的な風（風向8方位，風速ランク表示）
　　　　　予報期間：今日，明日，明後日
　　　　　予報区内の代表的天気変化，沿岸の有義波高
　　　　　予報期間：今日，明日，明後日
　　　　　6時間ごとの予報区内の降水確率（10%単位）
　　　　　予報期間：今日，明日
　　　　　予報地点の最高・最低気温（1℃単位）

予報期間：今日，明日
＊風速のランクは，「やや強く（10～15 m・s^{-1}）」「強く（15～20 m・s^{-1}）」「非常に強く（20 m・s^{-1} 以上）」の3ランク

(2) 天気分布予報
（対象地域）全国を20 km四方に分割したメッシュごと
（発表時間）05, 11, 17 JSTの1日3回
（内　　容）メッシュ内の代表的天気（カテゴリー表示）・メッシュ内平均気温
　　　　　　予報期間：24時間先まで
　　　　　　メッシュ内平均3時間降水量（ランク表示）
　　　　　　予報期間：24時間先まで
　　　　　　メッシュ内平均6時間降雪量（ランク表示）
　　　　　　予報期間：24時間先まで（12月～3月）
＊天気のカテゴリーは，「晴」「曇」「雨」「雪」の4カテゴリー
＊降水量のランクは，「降水なし」「1～4 mm」「5～9 mm」「10 mm以上」の4ランク
＊降雪量のランクは，「降雪量なし」「2 cm以下」「3～5 cm」「6 cm以上」の4ランク

(3) 地域時系列予報
（対象地域）府県予報区を地域ごとに細分した「一次細分区域」，気温は特定地点のみ
（発表時間）05, 11, 17 JSTの1日3回，図形式表示で発表.
　　　　　　予報時間は24時間先まで（17 JST発表のみ30時間先まで）
（内　　容）天気：3時間ごとの一次細分区域内の卓越天気（カテゴリー表示）
　　　　　　風　：3時間ごとの代表的な風向（8方位）および風速（ランク表示）
　　　　　　気温：特定地点の3時間ごとの気温（1℃単位）
＊天気のカテゴリーは，「晴」「曇」「雨」「雪」の4カテゴリー
＊風速のランクは，「0～2 m・s^{-1}」「3～5 m・s^{-1}」「6～9 m・s^{-1}」「10 m・s^{-1} 以上」の4ランク

3.5.2 短期予報支援資料の概要

短期予報に用いられる支援資料は，さまざまな形態のものが多数あるが，ここでは代表的なものを整理して表3.4および表3.5に示す．これは同時に予報士試験の主として実技で提示される資料でもあることに留意されたい．

3.5.3 予報の手順

ここでは，府県予報の手順について述べる．予

表3.4　実況および解析資料

名称	略号	表示要素	予報上の主たる用途
地上天気図	ASAS	地上・船舶実況，等圧線，高・低気圧，前線，全般海上警報	総観場の現況および過去の推移の検討，実況による顕著現象の確認
850 hPa 高層天気図 700 hPa 高層天気図	AUPQ78	高層観測点実況，等高度線，等温線，湿数≦3℃領域	（表3.3参照）
500 hPa 高層天気図 300 hPa 高層天気図	AUPQ35	高層観測点実況，等高度線，500 hPa等温線 300 hPa等風速線，等温値	（表3.3参照）
500 hPa 高度・渦度解析図 850 hPa 気温・風　および 700 hPa 上昇流解析図	AXFE578	500 hPa 等高度線，等渦度線 850 hPa 等温線，風格子点値 700 hPa 鉛直 p 速度	大気の三次元的な構造の理解と過去の推移の把握
高層断面図（東経130度）	AXJP130	130°Eに沿う観測点実況，等温線，等温位線，等風速線	(3.4.2項参照)
高層断面図（東経140度）	AXJP140	140°Eに沿う観測点実況，等温線，等温位線，等風速線	(3.4.2項参照)
解析雨量図		(6.1.1項参照)	(6.1.1項参照)
レーダー合成図		エコー強度分布，エコー頂高度 (1.2.2項参照)	(1.2.2項参照)
気象衛星画像		可視・赤外・水蒸気画像	特徴的な雲パターンの把握，水蒸気画像による中・上層の流れの把握および過去の推移
沿岸波浪実況図	AWJP	沿岸観測点実況，波高，卓越周期，卓越波向，風向・風速	波浪に関する現状認識と担当する沿岸領域の監視

表3.5 予測資料（表示要素は略号の頭のF→Aとしたときの解析図にほぼ同じ）

名　称	略　号	予報上の主たる用途
地上予想天気図（$T=24, 48$）	FSAS24, 48	総観場の予想推移の把握
地上気圧・降水量・海上風予想図および500 hPa高度・渦度予想図（$T=12, 24, 36, 48, 72$）	FXFE502, 504, 507	擾乱に関する予想の推移とともに，総観場の三次元構造の予想に関係する変動の把握
850 hPa気温・風，700 hPa上昇流予想図および500 hPa気温，700 hPa湿数予想図（$T=12, 24, 36, 48, 72$）	FXFE5782, 5784 577	擾乱の三次元構造の推移の把握．前線および地上気温の予想
850 hPa風・相当温位予想図（$T=12, 24, 36, 48$）	FXJP854	前線の予想および下層の暖湿流の予想
沿岸波浪予想図（$T=24$）	FWJP	沿岸の波浪予想および波浪注意報・警報の発表・解除のための資料
沿岸波浪数値計算予想図（$T=12, 24, 36, 48$）	FWJP04	擾乱に伴う波浪予想の推移の把握など
天気予報ガイダンス		天気翻訳のための資料（3.3節参照）

は，まず現状認識から入る．その段階では対象とする予報領域に影響を与えると思われる擾乱のすべてについて過去の動向を調べて3次元的な気象場の状況を把握する．その次の段階として予想資料に基づき，予報領域に関係するそれぞれの擾乱の今後の推移を把握する．その擾乱と結果として起こりうる天気の推移を予報文に組み立てることになる．こうした予測のシナリオについては，その後の実況を監視することにより，シナリオの変更の必要性を常に検討し，必要があれば予報を修正しなければならない．特に重要なことは災害をもたらすような顕著現象の発見・予測である．次にもう少し詳しく手順に沿って記述する．

(1) 実況の把握 各種観測データ（AMeDAS実況など）とそれに基づく客観解析資料（表3.4など）をもとに実況の把握を行う（擾乱の過去の推移の把握も含む）．大気の階層構造や擾乱のスケールに応じて大規模な場から局地的な擾乱までをみきわめ，それぞれの三次元構造を理解することが必要である（大規模な場からより小さい場へとみていく）．

* 地上および各層の高層天気図を用いて，日本および風上に当たる中国大陸の総観場の状況を中心に把握する．このとき地上の擾乱と上層の偏西風波動の状況（トラフ・リッジ，上層低気圧の動向，高気圧の消長など）との関連をみきわめ，三次元構造の明確な擾乱の抽出に努める．
* 抽出した主たる擾乱の過去の推移，構造の変化を過去の地上および高層天気図から把握する．
* 観測実況等を利用して擾乱の中の現象（特に，顕著な対流現象などの着目すべき天気現象）をチェックする．
* 現時点で上記の現象をもたらすと考えられる原因およびメソスケール以下の擾乱との関連を考察しておく．

(2) 予想資料の解釈 総観場から始めてメソスケールの擾乱までを，数値予報資料（GSMおよびMSM）他の各種予想資料（表3.5など）を解釈・咀嚼して，擾乱の今後の動向を予想する．

* 解析資料などに基づき，抽出した擾乱について予想資料との対応付けを行い，予報対象領域に影響を及ぼすか否かを判断する．以下は影響する擾乱のみに着目すればよい．
* 抽出した擾乱の予想について，予報期間内の動向を把握し，その確からしさについて確認する．確からしさについては，過去の予想資料でどう表現されていて，それが予想通りであったか，またしっかりした構造をもったまま推移するかなどで判断することになる．不確かな部分については予報文作成にあたって考慮されることとなる．

(3) 天気翻訳 擾乱の予想に基づき，ガイダンス・概念モデルなどを援用しながら対象地域に起こりうる天気（量的気象要素を含む）を予想する．

* 場あるいは擾乱の予想（予報期間内の動向）に基づき，予報の対象領域での具体的な天気の予想と量的予想（降水量，風，気温など）を行う．この手段にはガイダンスが有用である．
* 予報期間内および領域内で，起こりうる顕著現象を把握する．これには実況把握の段階でチェックしたすでに発生している擾乱内の顕著現象の解釈や，概念モデルなどによる統計的な知見の活用も有用である．

(4) 防災事項の抽出 量的予想に基づいて災害ポテンシャルを判断し，防災気象情報の検討を行う．

* 量的予想については一定の閾値を設け，これを超えるものについて関連する気象場の状態を把握する．そして今後の推移について予想資料から判断し量的予想の最大値と継続時間から判断して災害に結びつく可能性が高いものを抽出する．
* これまでの予測シナリオのなかで，局地的な擾乱（主として地形性のもの）に対してチェックをして災害ポテンシャルが高いものに対しては量的予想に修正が必要か否かをチェックする．

(5) 天気予報および防災気象情報の作成 これまでの検討結果に基づき，対象期間・領域に対する天気予報および防災気象情報を作成する．特に注意報・警報などの防災気象情報については，防災機関や住民がそれに対処できるだけのリードタイムを確保しなければならない（防災気象情報の発表は気象庁の専管事項なので，試験には出題されないが，気象予報士としてはその内容，仕組みなどを十分熟知する必要がある）．

(6) 実況監視と予報の修正 予報や情報の発表後は，これまでの一連の予想に基づく予報のシナリオを確認し，その後随時入る新たな観測資料を中心に，シナリオ変更の必要性の有無を検討するための「実況監視」の作業に入る．必要があれば(1)に戻って，予報の修正を行う．

以上が，予報作成の流れであるが，重要なことは予報期間における各種擾乱の動向について可能な限り正確なシナリオを作成することである．そこにこれまでの知見を総動員して各種資料を解釈する能力が求められている．正確といってもここでは与えられた資料に基づくので，そのシナリオと異なる新たな資料が提示されたときは，ただちにそれを解釈して，シナリオを修正するかどうかの判断を行う必要がある．防災という面を考えれば，常に実況を監視し，新たな資料を解釈し，必要があれば予報を修正しなければならない．

3.5.4 予報用語

予報で用いられる用語は，予報作成者と利用者との間に共通した概念でなければならない．そのため用語については，かなり多量の用語集が公開されている．これらの概念は時に応じて変化するので，必要に応じて修正されている（2007年4月に大幅な改正が行われた）．

これらは予報士に義務を負わせるものではないが，予報の利用者へ正確な概念を伝えるという趣旨からは，その内容について理解しておくべきである．当然，予報士試験においては，これに準拠して出題される．誤解を招きやすい用語，試験の解答のために知っておくべき用語を中心に，ごく一部であるが，下記に列挙する．なお，詳細については，気象庁のホームページに公開されているのでそれを参照して欲しい．

○ 府県予報における時間細分

時刻（JST）	名称		
00時→03時	未明	午前中↓	
03時→06時	明け方		
06時→09時	朝		日中↓
09時→12時	昼前		
12時→15時	昼過ぎ	午後↓	
15時→18時	夕方		
18時→21時	夜のはじめ頃		夜↓
21時→00時	夜遅く		

「**一時**」　現象が連続的（現象の切れ間はおよそ1時間未満）に起こり，発現期間が予報期間の1/4未満のとき．

「**時々**」　現象が断続的（現象の切れ間はおよそ1時間以上）に起こり，発現期間の合計が予報期間の1/2未満のとき．

「**今日**」　05, 11 JST発表の場合で，発表時刻から24 JSTまでをいう．

「**今夜**」　17 JST発表の場合で，発表時刻から24 JSTまでをいう．

「**沿岸の海域**」　海岸線からおおむね20海里（約37 km）以内の水域．
　→　海岸線をもつ予報区では，これも含まれる．

「**リッジ**」　気圧の尾根（「気圧の峰」は用いない）
「**トラフ**」　気圧の谷
「**台風並みに発達した低気圧**」　用いない（猛烈な風を伴う発達した低気圧のように言い換える）．

「**爆弾低気圧**」　用いない（急速に発達する低気圧のように言い換える）．

「**予報円**」　台風や低気圧の中心が予報円に入る確率はおよそ70%

「**前線を刺激する**」　用いない．

「**ほとんど停滞**」　速度が5 kt（9 km/h）以下で移動方向が明らかでないこと．

「**有義波高**」　一定時間に観測される波のうち，高い方から1/3の個数までの波を平均した波高．
　→　これより高い波高をもつ波もあり，統計的には0.1%の割合で有義波高の2倍に及ぶ波高の波もありうるとされる．

3.6 中期予報

中期予報とは，予報期間が48時間を超え7日以内までのものをいう．これに相当する天気予報は，現在「週間天気予報」として翌日から7日先までの日別予報が毎日発表されている．その内容と，基本になる支援資料の概要，特に週間アンサンブル予報について概要を整理しておく．

3.6.1 週間天気予報の種類と内容

【全般週間天気予報】 全国的な概況を毎日11時（JST）頃に発表．
【地方週間天気予報】 各地方ごとの概況を毎日11，17時頃の2回発表．
【府県週間天気予報】
（発表時間） 各府県の一日ごとの予報を毎日11，17時頃の2回発表．
（内　容） 天気，最高・最低気温（1℃単位，2日目以降は誤差幅を表示），降水確率（10％単位），予報の信頼度（3日目以降についてランク表示），その期間の降水量合計および最高・最低気温の平年値．
＊最高・最低気温の誤差幅については，3.6.2項を参照
＊降水確率については，明日予報までは6時間毎の1日4分割で表示してある．
（注）信頼度について
「信頼度」は降水の有無の予報について，①予報の適中しやすさ，②予報の変わりにくさの程度を表す指標として表示され，三つのランクに分けている．
[A]（確度が高い予報）
① 適中率が明日予報並みに高い．
② 降水の有無の予報が翌日に日替わりする可能性がほとんどない．
[B]（確度がやや高い予報）
① 適中率が4日先の予報と同程度．
② 降水の有無の予報が翌日に日替わりする可能性が低い．
[C]（確度がやや低い予報）
① 適中率が信頼度Bよりも低い．
② 降水の有無の予報が翌日に日替わりする信頼度Bよりも高い．
ここで，「降水の有無」は，降水確率が50％以上を「有り」，以下を「無し」として評価している．

3.6.2 週間天気予報支援資料の概要

週間天気予報については，当然のことながら数値予報プロダクトに依存しており，現在は全球モデル（GSM）および週間アンサンブル予報モデルにより各種の支援資料を作成している．
（GSM）
　水平解像度 ほぼ20km，鉛直60層で12UTCの初期時刻の時のみ216時間予報を行っている．これにより，「週間予報支援図」や「週間予報ガイダンス」が作成されている．ただし，ガイダンスについては84時間までの明後日予報に関わる部分である．
（週間アンサンブル予報モデル）
　水平解像度 ほぼ60km，鉛直60層で初期時刻は12UTCのみで，216時間予報を行っている．これにより，「週間予報支援図（アンサンブル）」や「週間アンサンブルガイダンス」などが作成されている．アンサンブル予報の概要や用語については第Ⅰ編第2部2章を参照して欲しい．
（週間天気予報支援図）
「GSM」により作成されている支援資料である．図は3種類で，
① 北半球500hPa面の5日間平均高度と平年偏差（初期日と6日目を中心にして）
② 500hPa面の日別高度と850hPa面の日別気温（予報時間72～192時間）
③ 500hPa面の東経135度に沿った時間（4週間）～緯度（北緯20～50度）断面図
で構成されている．
（週間予報支援図（アンサンブル））
　これは「週間アンサンブル予報モデル」により作成されている支援資料である．図は4種類で，
① 500hPa高度および渦度（センタークラスター平均：予報時間72～192時間）
② 850hPa相当温位（センタークラスター平均：予報時間72～192時間）
③ 500hPa特定高度線（5クラスターの各クラスター平均）
　　降水量予想頻度分布（％）（24時間降水量が5mm以上予想されるメンバーの割合）
　　スプレッド（500hPa高度について，各メンバー間の標準偏差を年々変動の標準偏差で規格化したもの）
④ 850hPaにおける気温偏差予想（札幌・館野・

福岡・那覇の4地点について）
　←　表示内容は、クラスター平均、センタークラスター、コントロールラン、GSM のほか、全メンバーおよび 80％ のメンバーが含まれる範囲を図表で示してある．
（注）アンサンブル予報では、初期値のわずかに違う予想結果の1つ1つをメンバーといい、全メンバーの中で、予想結果が類似しているものどうしを集めてグループに分けたものをクラスターという．それぞれのクラスターを構成するメンバーの平均をクラスター平均という．また、全メンバーの平均をアンサンブル平均といい、センタークラスターはアンサンブル平均に近い順に選んだ6つのメンバーから構成され、それらのメンバーの平均をセンタークラスター平均という．

（週間アンサンブル予想図）
　これも、「週間アンサンブル予報モデル」により作成されている支援資料である．過去には GSM の予想図を元に予報官が手書きで作成していたが、アンサンブル予報モデルを用いることにより、不確定な規模の小さい擾乱で場を乱されたり、日替わりをある程度回避できる．
　内容は、海面更正気圧分布と 24 時間降水量が 5 mm 以上の範囲が図示されている．ただし、全メンバーの平均ではなく、センタークラスター平均を用いている．

（週間予報ガイダンス）
○　気温ガイダンス
　　＊　日最高気温・日最低気温
　　　→　モデルの予報値のバイアスをカルマンフィルターで予想して、それを各メンバーの予想値に加えたもののアンサンブル平均をとってガイダンス値とする．
　　＊　誤差幅
　　　→　アンサンブルメンバーの最高値と最低値の幅を1度単位で示す（ただし、4度を最大値とする）．
○　降水確率ガイダンス
　　メンバーのなかで「雨あり」を予想しているメンバーの全メンバーとの比率をもってガイダンス値としている．ただし、極端な値が頻発しないように頻度補正を行っている．

〈初心者の方々へのメッセージ〉

本章に関する気象予報士試験は、さまざまな切り口からの出題が可能であって、毎回 15 題（学科専門）のうちおおむね3題が常に出題されている．たとえば、2001 年度（平成 13 年度）以降 2008 年までに 15 回の試験が実施された（この章に関する出題数 49 題）が、設問の内訳は下記の通りである（複合したものもあるが、主たる項目で示す）．
　①　擾乱の構造やそれに伴う天気の予報：
　　17 題（35％）
　　　（台風4、梅雨前線4、温帯低気圧・前線4、寒冷低気圧4、高気圧1）
　②　ガイダンスに関する設問：12 題（24％）
　　　（カルマンフィルター4、気温3、降水量1、風1、その他3）
　③　現象の予報：8題（16％）
　④　状態曲線、天気図の解析など、その他：
　　12 題（24％）
　このことは、①に示すような擾乱の構造と天気（主として降水中心）や、③の広域の風予想、また天気翻訳の一環であるガイダンスの理解に着目すれば、多少的が絞られるであろう．したがって、本章の 3.1～3.3 節を熟読して欲しい（詳細は他の参考書またはウェブサイトなどを検索）．
　次に、最近の傾向として注意することは、新しい予報技術の登場である．
　　＊週間アンサンブル予報（3.6 節参照）
　　＊竜巻注意情報→将来は「突風等短時間予測情報」が開発される予定（3.2.3 項参照）
　このような新しい技術は、業務化されると間もなく試験の題材として使われる傾向があり、気象庁ホームページなどを通して情報を入手しておくべきである．特に注目したいのは、こうした新しい予報技術がどのようなインフラ（観測機器など）の整備と結びついているかで、これによってその予報技術の限界も明らかになるのである．
　予報関係は、非常に多岐にわたっているので、頻出する題材を中心にそこから枝葉を広げるように知識を広げていくとよいであろう．

【例題と解説】
　下記の問題は、各項目の正誤を問う問題になっているが、実際の予報士試験では、5種類の正誤の組み合わせから、適切な組み合わせを答える問題となってい

る．しかし，基本はそれぞれの事項の正しい知識が問われるわけであるから，下記のような各項の正誤を判断する訓練が必要である．

【例題 3.1】
次に示す各項の文章の正誤について答えよ．
① 日本海を北東進する低気圧が急速に発達する例がある．これは低気圧の後面に強い寒気が南下するためで，上層の寒冷低気圧の動向をみきわめることが重要である．
② 春に日本列島の太平洋岸に沿って東進する低気圧は，その前面で関東地方に南からの暖湿気を流入させ春の大雨をもたらす．
③ 台風は赤道直下では発生しない．これは ITCZ（熱帯収束帯）が赤道付近には存在しないからである．
④ 台風が温帯低気圧に変わるときは，域内の最大風速も弱まりその後も衰弱していく．
⑤ 高潮は強い低気圧による海水の吸い上げ効果と強風による吹き寄せ効果が主で，満潮でなくても高潮になる可能性がある．
⑥ 日本付近の梅雨前線は，気温の差よりも湿度の差が大きいため，気温場の解析よりも相当温位による方が明瞭に解析されることが多い．
⑦ オホーツク海高気圧は，夏季でも冷たい海面水温をもつオホーツク海に中心をもつ高気圧で，背の低い寒冷高気圧である．
⑧ 竜巻やダウンバーストなどによる突風は，原因となる擾乱が規模の大きな雷雲であり，その一部が回転しているメソサイクロン，中層から雷雲内へ流入する乾燥気塊などが大きな役割を果たしている．
⑨ 500 hPa 面での強風軸は蛇行がなければ渦度の 0 線に沿っているが，寒冷低気圧が南下して偏西風が蛇行すると，その南端では渦度の 0 線は強風軸よりも南側にシフトする．
⑩ 天気予報ガイダンスに用いられるカルマンフィルターは学習機能をもつが，数値モデルのような大規模な予報システムの変更には対応できない．
⑪ ジェット気流は対流圏界面の境界に位置するが，その対流圏界面は南ほど低くなっており，ジェット気流は各圏界面の南縁に沿って東へ流れている．
⑫ 状態曲線で気温のプロファイルが同じであれば，LCL（持ち上げ凝結高度）が高いほど，CAPE（対流有効位置エネルギー）が大きくなって対流活動のポテンシャルが高い．
⑬ 波浪は「風浪」と「うねり」に分けられ，風浪はその場の風のエネルギーを受けて発達するのに対して，うねりは遠方で発生した風浪がその場に伝播するもので波長が風浪より長い．
⑭ 週間天気予報で，アンサンブル予報を用いる目的は，期間後半の精度低下を抑制することと，確率情報の導入にある．
⑮ 週間天気予報で示される「信頼度 A〜C」の情報は，その日の天気の予報がどれだけ適中しやすいかということと予報がどれだけ変わりやすいのかということの指標である．

（解説）
① この記述は正しい．低気圧の発達には後面への寒気流入が効果的であり，それをもたらすものに，上層の寒冷渦が関係している．
② この記述は，いわゆる南岸低気圧であって，関東地方においては低気圧の前面では前線の寒気側に位置して，東よりの風が吹く．この結果，関東東海上から冷たい気塊が流入しむしろ気温を下げる働きをする．同時に関東内陸に滞留する冷気塊の影響も加わって関東地方に大雪をもたらす典型例である．したがって，この記述は誤り．
③ 台風が赤道直下では発生しないのは事実であるが，ITCZ の有無ではなく，赤道付近ではコリオリの力がないかきわめて弱いため渦が形成されない．したがって赤道から北緯 5 度付近くらいまではほとんど台風は発生しない．ITCZ は積乱雲を含む雲クラスターの集合体であり，この一部が台風に成長することが知られているが，これは季節によって赤道をまたいで南北に移動することもあるものの，赤道付近では渦が形成されないため，ここでは台風の発生はない．したがって，ここの記述は誤り．
④ いわゆる台風の温帯低気圧化のことである．台風が北上して偏西風域に達すると寒気の流入により，台風域内で気温差が明瞭となり，前線が形成される．このため熱帯低気圧の構造を失って温帯低気圧へ移行するが，勢力の衰弱化とは関係がない．むしろ強い寒気の流入で再発達することがまれではない．したがって，この記述は誤り．
⑤，⑥ この記述通りで正しい．
⑦ 冷たい高気圧ではあるが，上層ではブロッキン

グ高気圧あるいは偏西風の大きな蛇行と結びついており，「背の高い高気圧」である．したがって，梅雨期にはオホーツク海に準定常的に存在している．したがって，この記述は誤り．

⑧ この記述は正しい．3.2.3 項参照．

⑨ 渦度 0 線は高気圧性シアと低気圧性シアの境界に存在するから，当然強風軸はこれに沿うことになる．ただ，強風軸自体が曲率をもつ場合は，その曲率による渦度も加味しなければならない．結果は記述の通りとなるので，これは正しい．

⑩ カルマンフィルターの導入目的の一つは，学習機能であって初期に誤差があっても速やかに順応できるように自ら適正な係数を設定できるところにあった．この結果，数値予報モデルの改変に際しても速やかに適応できるので，記述は誤りである．

⑪ 対流圏界面の構造は 3.4.2 項に示したように，南から熱帯圏界面・中緯度圏界面・寒帯圏界面の三つに分かれていて，南ほど高度が高い．したがって，この記述は誤り．

⑫ LCL は持ち上げる気塊に含まれる水蒸気量が少ないほどより上層で凝結するために LCL の高度は高くなる．そこから湿潤断熱線に沿って上昇するので，状態曲線と交わる点もより高くなって，結果的に CAPE は小さくなる．したがって，記述のように LCL が高いとき（含まれる水蒸気量が少ないとき）に CAPE が大きくなるという記述は誤り．

⑬，⑭ 記述通りで正しい．

⑮ 信頼度は予想天気の信頼度ではなく，降水の有無の信頼度である．したがって，この記述は誤り．誤解しやすいので注意．

(解答)

① 正, ② 誤, ③ 誤, ④ 誤, ⑤ 正, ⑥ 正,
⑦ 誤, ⑧ 正, ⑨ 正, ⑩ 誤, ⑪ 誤, ⑫ 誤,
⑬ 正, ⑭ 正, ⑮ 誤

(足立　崇)

4. 長期予報（季節予報）

4.1 長期予報（季節予報）とは

長期予報（季節予報）が学科専門知識に加えられてから，問15がその関連の設問の指定席のように毎回1問出題されている．

長期予報では数か月先までの天候を予測対象としているが，天気予報（短期予報）や週間天気予報のように日々の天気を長期間にわたって的確に予測することができないため，一定期間の平均気温・降水量・日照時間が平年（ふつう30年平均）の値と比べてどの程度偏っているかを予測する．たとえば，夏の天候は，ある年には記録的な冷夏・寡照，別の年には猛暑・干天となるなど，年ごとに異なる特徴を示す．長期予報では夏の気温が平年の値に比べて高いか低いか，降水量が平年の値に比べて多いか少ないか，といった天候の平年からの偏りを予測する．こうした天候の偏りは農業をはじめ社会・経済活動に季節ごとにさまざまな影響を及ぼすため，数か月前からの予測は対策を立てるうえでも重要であり，現在数値予報技術の開発・導入，すなわちアンサンブル予報による予測精度のさらなる向上がはかられている．

（注）平年値の決め方は，たとえば2009年現在の場合，1971年〜2000年の30年平均を平年値とし，10年ごとに更新している．

長期予報では，予測対象の気象要素（たとえば平均気温）の平年値との比較を，「低い（少ない）」，「平年並」，「高い（多い）」の3階級の出現確率として表現する（図4.1）．また，三つの階級で確率の大きさが最大となる階級をカテゴリー予報として示している．三つの階級の決め方は，いずれの予報要素についても，各階級の出現率がおおむね33%となるように平年並の幅を決めておき，それより低い（少ない）場合を低い（少ない），高い（多い）場合を高い（多い）としている．なお，平年並の階級の幅は，予報対象地

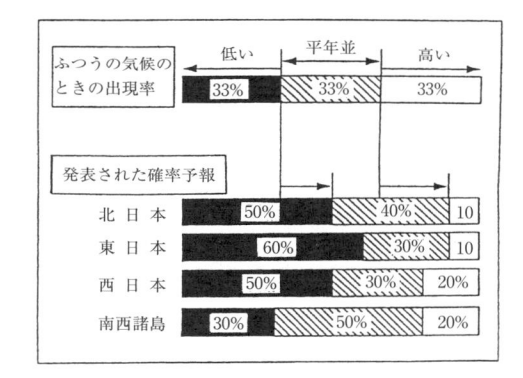

図4.1 長期予報の確率表現の例（気象庁提供）

表4.1 長期（季節）予報の種類と内容（気象庁提供）

種類	発表日時*	予報内容	確率で表現する予報要素
1か月予報	毎週金曜日14時30分	向こう1か月間の天候や，平均気温，降水量，日照時間，降雪量の平年との比較，週別（1週目，2週目，3〜4週目）の平均気温	1か月平均気温 1か月降水量 1か月日照時間 1か月降雪量** 左欄の週別の平均気温
3か月予報	毎月25日頃14時	向こう3か月間の天候や，気温，降水量などの平年との比較	3か月および月平均気温 3か月および月降水量 3か月降雪量**
暖候期予報	2月25日頃14時（3か月予報と同日）	夏の天候や，気温，降水量などの平年との比較	夏（6〜8月）の平均気温 夏（6〜8月）の降水量 梅雨の時期（6〜7月，南西諸島では5〜6月）の降水量
寒候期予報	9月25日頃14時（3か月予報と同日）	冬の天候や，気温，降水量などの平年との比較	冬（12〜2月）の平均気温 冬（12〜2月）の降水量 冬（12〜2月）の降雪量**

* 3か月予報，暖候期・寒候期予報の発表日は，曜日などの関係で変わる．
** 冬の間，日本海側の地域のみ．

域および対象期間によって異なっている．

長期予報には大別して1か月予報，3か月予報，暖候期・寒候期予報の3種類がある．詳しい内容を表4.1に示す．

長期予報の予測技術を大別すると，力学的手法と統計的手法（経験的手法）がある．従来は，後者が中心であったが，近年の数値予報技術の進展，特にアンサンブル予報（第I編第2部2章「数値予報」の2.7節参照）の発展に伴い力学的手法が飛躍的に拡大しつつある．1996年のアンサンブル数値予報に基づく1か月予報の開始に続いて，2003年3月から順次3か月予報，暖候期・寒候期予報にもアンサンブル数値予報が導入され，改善されつつ現在に至っている．

他方，伝統的な統計的予測手法は，大気の流れや海面水温などの物理的境界条件を説明変数として，気温や降水量など天候の諸要素を予測（推測）する手法である．説明変数，すなわち予報のシグナルとなるのは大気に比べてゆっくりと変化する海面水温や陸面の状態などの物理的境界条件や，北半球規模の大気変動の長周期変動，熱帯に卓越する季節内変動などである．また，気温や降水量など目的変数自体が示す長周期変動（50～100年の長期傾向（トレンド）や10～数十年の変動）も，それらを予報するうえでのシグナルとなる．これらのシグナルをもとに客観的に予測するため，近年では重回帰法や正準相関分析法など多変量解析手法が気象庁などで利用されている．

気象予報士試験の場合は，力学的手法にせよ，統計的手法にせよ，これまでもあまり専門性の高い内容の設問は出題されておらず，むしろその背景的知識に関連した知見が問われている．したがって，本章では長期予報の予測技術全般の基礎をなす気象学的知見を中心に解説し，続いて力学的手法と統計的手法のポイントや最近の情報にふれて，少し今後を先取りした解説を行う．

4.2　日本の天候に影響を与える高気圧

日本列島の地理的特徴はユーラシア大陸と太平洋の境目に位置していることであり，季節によって影響を受ける気団が異なっている．日本に影響を与える気団は，熱帯低気圧襲来時の赤道気団を除けば，それぞれ名前のつけられた高気圧と対応している．それらは比較的長い時間規模で日本の天候に影響を与えている．すなわち，太平洋高気圧（小笠原気団），オホーツク海高気圧（オホーツク海気団），シベリア高気圧（シベリア気団）が対応している．日本付近の気団の特性については表4.2を参照されたい．さらに，地上の気団とは対応しないが，夏の天候と関連の深いチベット高気圧がある．以下，それらの特徴をみていく．

4.2.1　太平洋高気圧

太平洋高気圧は亜熱帯高気圧のひとつで，通常，北太平洋に存在するものを単に「太平洋高気圧」と呼び，気象庁の予報官の間では亜熱帯高気圧の英名サブ・トロピカルハイ（sub-tropical high）を略してサブハイとも呼んでいる．

夏季に日本付近をおおう亜熱帯高気圧は，この太平洋高気圧の一部で，日本列島の南海上に副中心をもつ場合にはそれを小笠原高気圧と呼ぶことがある．後述（4.2.2項）のチベット高気圧が強まって日本付近に張り出す場合，太平洋高気圧と連なって地表から上層まで高気圧（順圧構造）となる場合も小笠原高気圧と呼ぶこともある．なお，500 hPa面でみられる高気圧性循環は，太平洋高気圧とは呼ばず，亜熱帯高気圧と呼んでいる．

図4.2にみられるように，太平洋高気圧は北半球の夏季を中心に発達し，その中心は太平洋東部に位置している．冬季は北緯10～30度に帯状に広がり，夏季は西部で北緯20～40度，東部で北緯15～50度に勢力を広げる変則おむすび型となる．日本付近が太平洋高気圧の直接の勢力下に入るのは夏季のみで，本州以北では盛夏のみとなる．冬季の場合は，エルニーニョ現象が起こったときによくみられるように，フィリピン東海上で太平洋高気圧が強まると，南西日本で季節風を弱めるという間接的な影響がある．

表4.2　日本付近の気団

名　称	種　類	発源地	現れる時期	天候の特徴
シベリア気団	大陸性寒帯気団	シベリア	秋・冬・春	低温乾燥，冬の季節風・日本海側の大雪
オホーツク海気団	海洋性寒帯気団	オホーツク海	梅雨と秋雨	涼冷多湿，やませによる冷害
揚子江気団	大陸性熱帯気団	華中	春・秋	温暖乾燥，さわやかな晴天
小笠原気団	海洋性熱帯気団	本州南東海上	春・夏・秋	高温多湿，蒸し暑い晴天

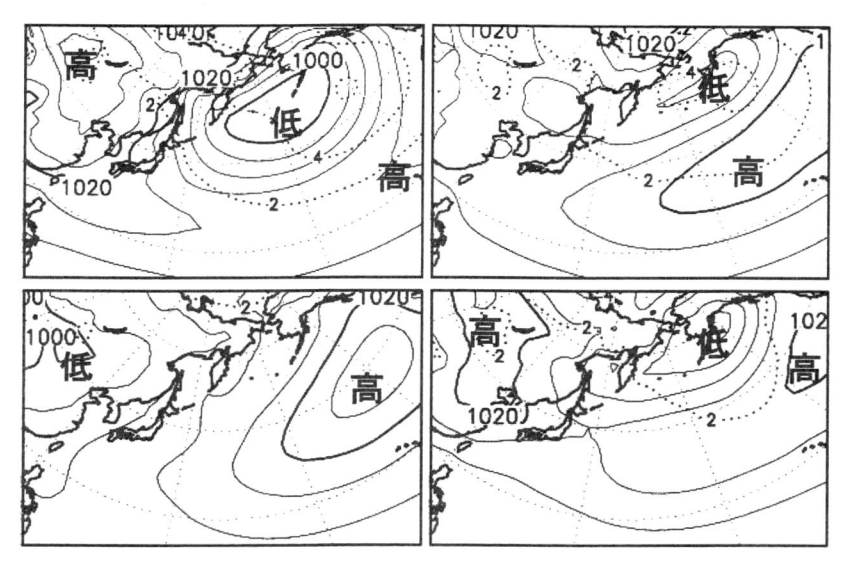

図4.2 太平洋高気圧の各季節の様子（気象庁提供）
月平均海面更正気圧平年値（実線）とその標準偏差（点線）．左上：1月，右上：4月，左下：7月，右下：10月．

4.2.2 チベット高気圧

チベット高気圧は北半球の夏季を中心にアジア南部で発達する対流圏上層にみられる高気圧であり，夏季にその中心がチベット高原付近に位置することからこのように呼ばれている．その生成は，チベット高原における直接・間接の大気加熱が原因とされてきたが，最近では夏のアジアモンスーンに伴う活発な対流活動による大気加熱に起因する定常ロスビー波（後述，4.6.4項）の応答も寄与しているといわれている．図4.3（p.158）に示すチベット高気圧の発達の様子が，その南東側に位置する活発な対流活動域の推移と連動していることからも，両者の間に密接な関係があることを推測させる．

チベット高気圧の鉛直構造は400 hPa面付近を境として，それより上層が高気圧性循環のチベット高気圧で，下層が低気圧性循環のモンスーン低気圧となっている．チベット高気圧の循環中心は，北緯30度東経75度のインド北部（ほぼニューデリーの真上あたり）に位置しており，その勢力圏は北緯15～45度，東経20～130度の広大な範囲に広がっている．鉛直方向には，150 hPa面付近に循環中心が存在しており，それより下層の対流圏の大部分はまわりと比べて高温，上層の100 hPa付近では低温となっている．また，チベット高気圧の北縁には強い偏西風（亜熱帯ジェット）が吹いており，南縁には偏東風ジェットが吹いている．チベット高気圧が日本付近に張り出すような場合（4.2.1項参照），東経130度付近の高気圧性循環が定常ロスビー波（4.6.4項参照）によって強められていることが多いといわれている．

4.2.3 オホーツク海高気圧

オホーツク海高気圧は，暖候期にオホーツク海付近に中心をもって現れる涼冷・多湿な高気圧であり，その出現時には北日本から東日本にかけて低温・寡照の天候をもたらすことが多い．夏になって暖まってくるユーラシア大陸と夏でも冷たいオホーツク海の地理的分布が背景にあり，オホーツク海高気圧の発達には上空のブロッキング現象（4.3節参照）が深くかかわっていて，数週間にわたって持続・停滞するようになる．その間，オホーツク海の影響を受け続ける．

図4.4（p.159）に旬ごとのオホーツク海高気圧の推移（平年値でみた場合）を示しているが，オホーツク海高気圧が発現するのは6月に入ってからで，6月下旬から7月上旬にかけてピークを迎えた後，次第に不明瞭となっていくが，8月上旬までは周囲よりは高気圧となっている．

オホーツク海高気圧が最盛期となる6月下旬の様子をみると，日本付近は梅雨の真っ最中の時期で西日本から東日本の東海上にかけて低圧部がくさび状に入り込んでおり，オホーツク海高気圧が明瞭となっている．500 hPa面においては東経130度にリッジ（尾根）があり，北緯50度帯の鉛直方向にみた高気圧性循環

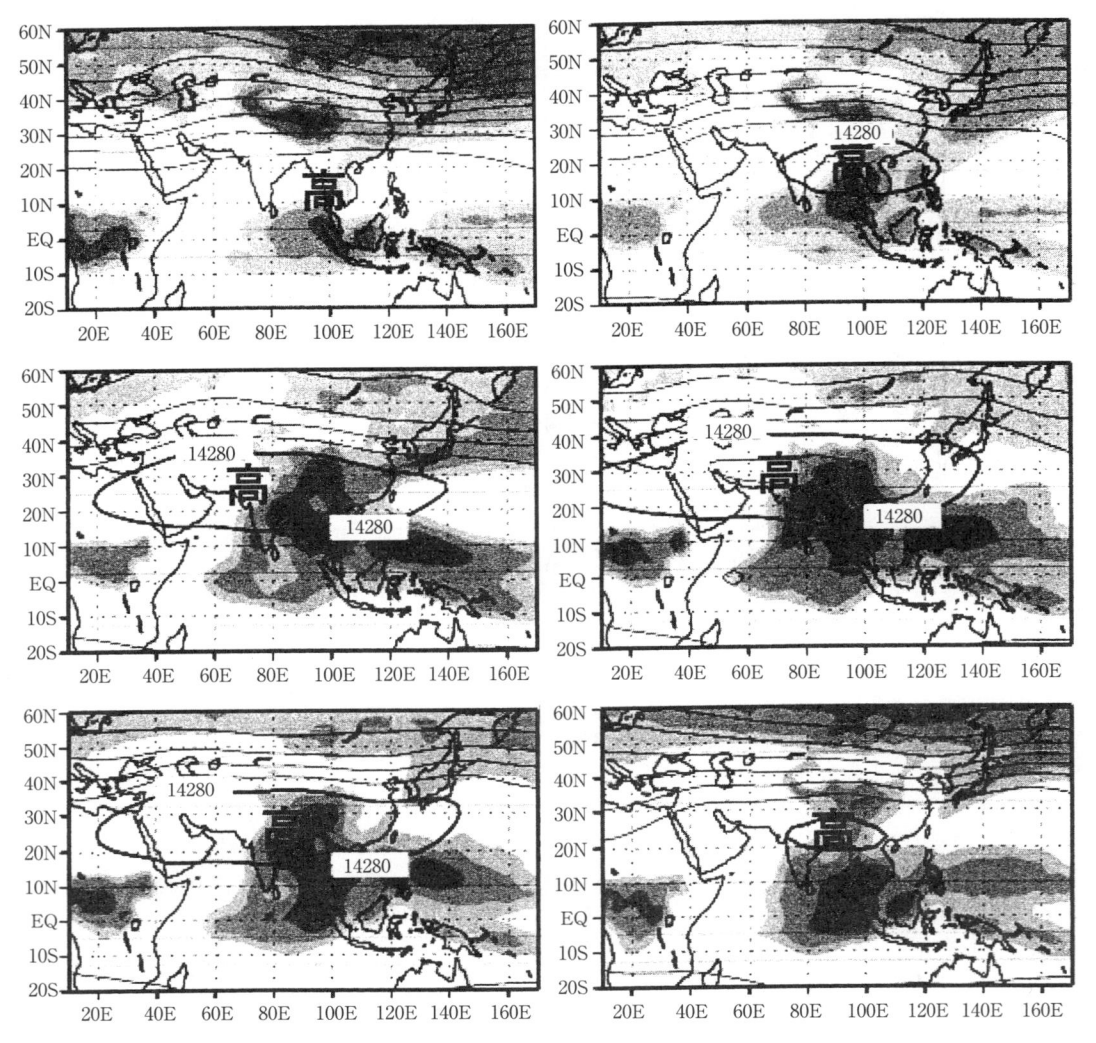

図 4.3　平年値でみたチベット高気圧の発達と対流活動の推移（気象庁提供）
左上：4月下旬，右上：5月下旬，左中：6月下旬，右中：7月下旬，左下：8月下旬，右下：9月下旬
等値線は旬平均 150 hPa 高度平年値（間隔 120 m），陰影は旬平均 OLR で 225 W・m^{-2} 以下の領域のみに付加．
OLR：外向き長波放射量．対流活動の強さの目安．

の鉛直軸は上方に向かってかなり西に傾いている（傾圧構造）ほか，緯度断面図ではオホーツク海上空は低気圧性循環となっており，高気圧性循環はごく地表付近に限られていることがわかる．また，この要因ともなっている対流圏下層の低温は，地表から 850 hPa 面くらいまではほぼ同じ気温となっている．

オホーツク海高気圧の発達過程については，初夏（5月）に起こりやすいアリューシャン方面からのブロッキング現象の西進と，梅雨期後半（7月）によくみられるヨーロッパ方面からの定常ロスビー波束の伝播（4.6.4項参照）に伴って東シベリアでブロッキング現象が形成されるものの二つのタイプがみられる（4.3節参照）．

4.2.4　シベリア高気圧

シベリア高気圧は，北半球冬季にユーラシア大陸上で発達する高気圧であり，日本付近の西高東低の冬型気圧配置を構成する主役のひとつである．図4.5（p.160）にみるように，中心はバイカル湖のすぐ南西付近にあり，1020 hPa の等圧線で囲まれた領域は，

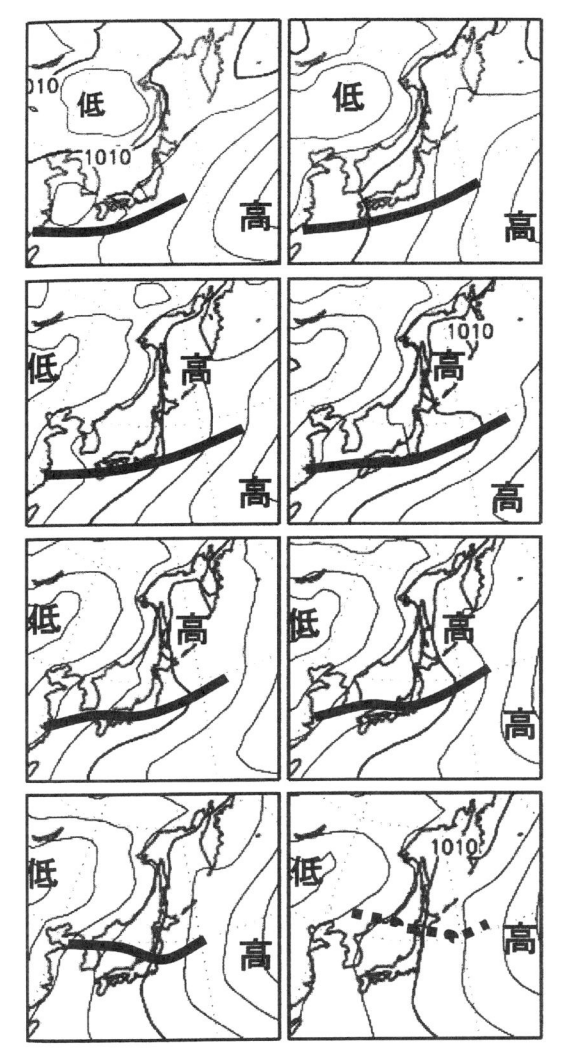

図 4.4 平年値でみたオホーツク海高気圧の推移（気象庁提供）
最上段左：5月中旬　最上段右：6月上旬
2段目左：6月中旬　2段目右：6月下旬
3段目左：7月上旬　3段目右：7月中旬
最下段左：7月下旬　最下段右：8月上旬
等高線は海面更正気圧旬平均平年値で間隔 2 hPa, 太い実線は梅雨前線を意識して低圧部を結んだもの.

東側では東シベリア〜西日本〜華南に達し，西側ではカスピ海付近までおおう広大なものである．それを時間経度断面と合わせてみると，10月後半から発達を始めたシベリア高気圧は12月には最盛期を迎え，その後翌年2月前半まではほぼ同じ勢力を保ったままの状態を続けるが，2月後半以降急速に弱まっていく．シベリア高気圧は，地表面の放射冷却を成因のひとつとして発達するため，高気圧中心付近で下層の気温が最も低いことが期待されるが，実際の気温は東シベリアが低極となっており，同じ緯度帯で比較した場合でも東経130度付近が最も低くなっている．他方，西高東低型気圧配置のもうひとつの主役のアリューシャン低気圧は，シベリア高気圧よりも遅れて11月後半から発達を始め，1月に最盛期を迎える．このため 850 hPa 面の気温が最も下がるのは，両者が最盛を迎え，気圧傾度が最大となる1月となっている．

シベリア高気圧の海面更正気圧がいったんピークとなる12月中旬における鉛直構造では，高気圧循環の鉛直軸はかなり上方に向かって西に傾いた強い傾圧構造となっており，500 hPa でのリッジ（尾根）は東経80度付近に位置している．海面更正気圧値の極大が存在する東経110〜120度では 700 hPa より下層のみが高気圧性循環となっている．一方，シベリア高気圧が西に張り出した部分（東経90度以西）では上層まで高気圧の順圧構造となっている．気温は，海面更正気圧極大域と上層低気圧が位置する東経140度付近の中間で対流圏下層を中心として低温となっている．オホーツク海高気圧の場合には，高気圧圏内の地表付近が極端な低温となっていたのに比べると，寒気の位置，鉛直構造ともに異なっており，地表面からの冷却による高気圧生成への寄与はシベリア高気圧の方が小さいようにみえる．しかし，シベリア高気圧の増幅には，対流圏上層のブロッキング現象にかかわる循環とシベリア高気圧に伴う地表付近の循環との相互作用が重要であるといわれている．

4.3 ブロッキング現象

偏西風の蛇行が大きくなると，対流圏中・上層では低緯度の高気圧性循環をもった暖かい空気が高緯度側に取り残されて停滞し，偏西風はこの領域を迂回して流れるようになる．この現象をブロッキング現象と呼んでおり，このような状態は1週間から長い場合では1か月近く続き，その間ブロッキング周辺の地域では平年から偏った天候が続くことが多い．これは異常気象のひとつである．また，ブロッキング低緯度側の低気圧が明瞭な場合を分流型（あるいは双極子型），不明瞭な場合を Ω（オメガ）型と呼んでいる．

ブロッキング頻度の分布をみると，東シベリアからアラスカにかけてと大西洋東部からロシア西部にかけてブロッキングが発生しやすく，中央シベリアでも夏季に発生がみられる．季節変化をみてみると，太平洋域は暖候期に多く（図 4.6），大西洋域では冬季後半

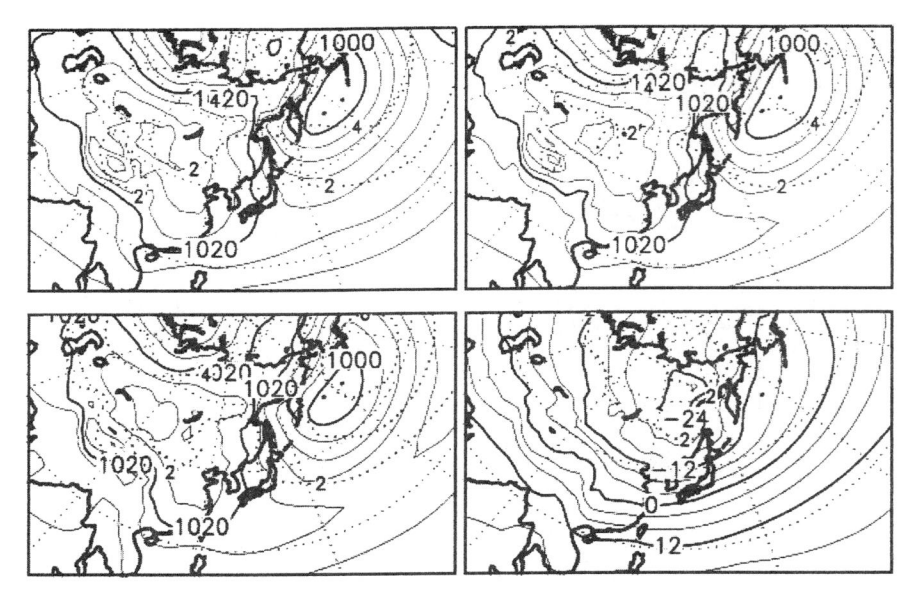

図 4.5 シベリア高気圧の様子（月平均平年値（実線）とその標準偏差（点線））（気象庁提供）
左上：12月海面更正気圧，右上：1月海面更正気圧，左下：2月海面更正気圧，右下：1月850 hPa 気温．

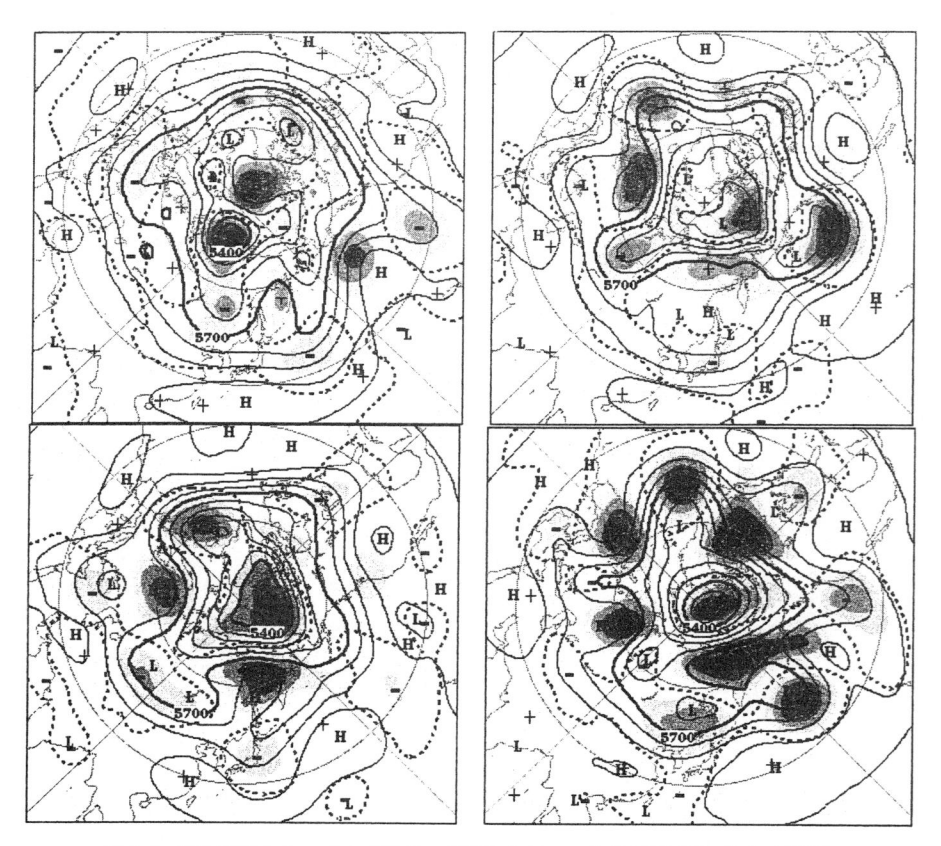

図 4.6 夏季極東域ブロッキング発展の典型例（500 hPa 高度と同偏差）（気象庁提供）
左上：2003年7月上旬，右上：2003年7月中旬，左下：2003年7月下旬，右下：2003年8月上旬
等値線は 500 hPa 高度で間隔 60 m，陰影は同偏差で間隔 60 m，太破線は偏差零線．中心記号＋−により正負を判別．

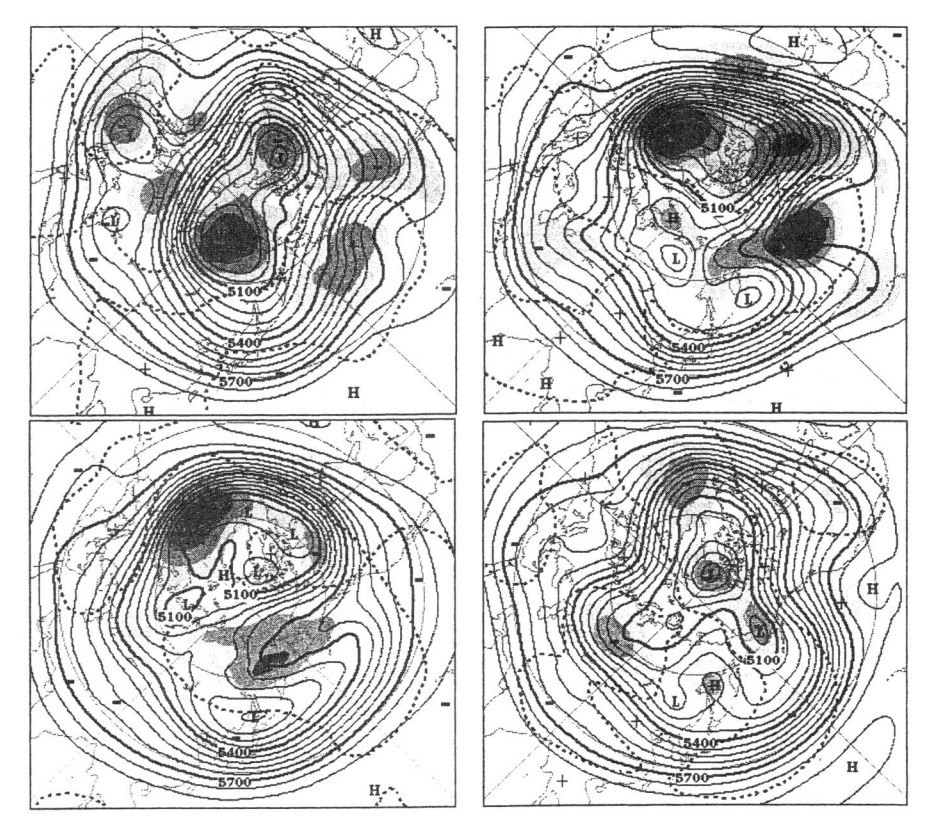

図 4.7 冬季太平洋ブロッキング発展の典型例（500 hPa 高度と同偏差）（気象庁提供）
左上：1990 年 12 月中旬，右上：1990 年 12 月下旬，左下：1991 年 1 月上旬，右下：1991 年 1 月中旬
等値線は 500 hPa 高度で間隔 60 m．陰影は同偏差で間隔 60 m，太破線は偏差零線．中心記号＋－により正負を判別．

から春にかけて多い（図 4.7）．両地域とも秋には発生が少ない．

日本の天候に直接的な影響を与える極東域のブロッキングには，「ヨーロッパからのロスビー波束の伝播により偏西風の蛇行が大きくなりブロッキングに発達するケース」と「アラスカ方面で発達したブロッキングが西進してくるケース」の二つの典型的なパターンがある．

4.4 偏西風（ジェット気流）の変動（東西指数）と日本の天候

日本はユーラシア大陸東岸の北緯 25～45 度に位置しているという地理的理由によって，熱帯気団から極気団までさまざまな気団の影響を受けつつ，特徴的な天候の季節変化がみられる．各気団や気団の影響の仕方には，それぞれ名称の付けられた特徴的な大気循環が存在し，その季節に応じた日本各地の気候を支配している．すでに 4.2 節で，日本の天候に影響を与える高気圧についてみてきた．本節では，それらの背後にある大気大循環の象徴的な現象，偏西風（ジェット気流）について，その特性をみていくことにする．さらに，偏西風の変動の指標である東西指数についてみていき，日本の天候との関係を確認する．

4.4.1 ジェット気流の特性

極を中心にして西から東に向かって吹く地球規模の帯状風を偏西風という．偏西風には中緯度の対流圏中・上層を吹くもののほか，成層圏や熱帯の上空を吹く偏西風もあるが，ここでは中緯度対流圏に注目する．図 4.8 は帯状平均した東西風および気温の季節別分布である．この図にみるように，偏西風は中緯度の南北両半球の対流圏を年間通して吹いている．このうち，対流圏上部にみられる偏西風の特に強い部分をジェット気流と呼んでいる．そのうち，高緯度側の 300 hPa 付近（上空約 9000 m）に中心をもつものを寒帯前線ジェット気流，低緯度側の 200 hPa 付近（上空

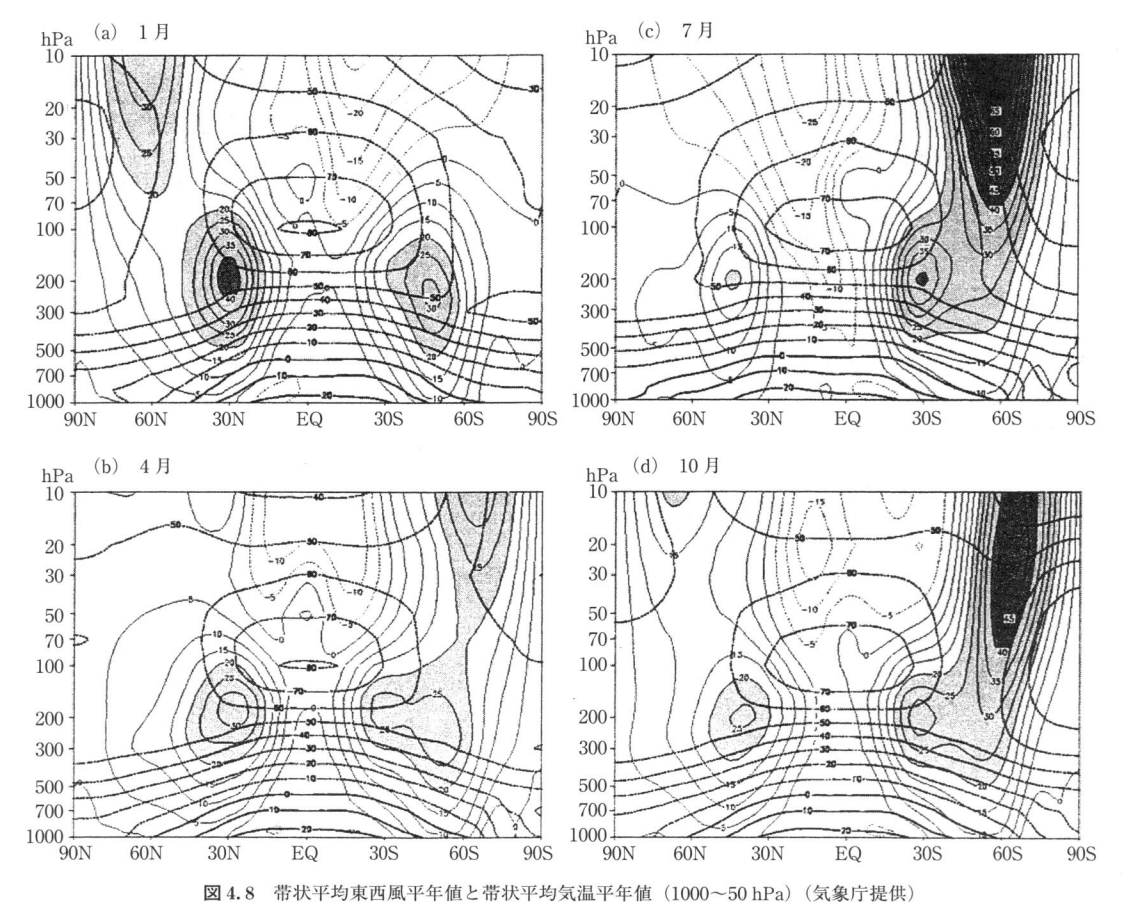

図4.8 帯状平均東西風平年値と帯状平均気温平年値（1000〜50hPa）（気象庁提供）
細線は帯状平均東西風，等値線の間隔は5 m·s^{-1}ごと．20 m·s^{-1}以上の西風領域に陰影をつけた．太線は帯状平均気温．等値線の間隔は10℃ごと．
(a) 1月，(b) 4月，(c) 7月，(d) 10月

約12000 m）に中心をもつものを亜熱帯ジェットと呼んで区別する場合がある．

寒冷前線ジェット気流は，比較的短時間に大きく蛇行したり，分流や合流を繰り返しており，しかもその位置は年により大きく異なるため，平均図（平年図）では不明瞭となる．その具体例を図4.9に示す．この図は200 hPaの風ベクトルと東西風を示しており，それぞれ7月の月平均の平年図（a），2007年7月の月平均図（b），2007年7月9日という特定日の日平均図（c）である．平年の月平均と特定の年の比較では，特定の年の月平均の方が寒帯前線ジェット気流が明瞭に示されており，さらに特定の日平均では一層寒帯前線ジェット気流が明瞭で蛇行が大きいことがわかる．

一方，亜熱帯ジェット気流は，寒帯前線ジェット気流に比べて蛇行が小さく，位置の変化が小さいために平均図でも明瞭で，図4.9(a)と(b)を比較してもわかるように，いずれの図においても亜熱帯ジェット気流が明瞭に示されている．また，ほぼ同じ緯度帯で環状に地球を取り巻いて吹いているため，図4.8の帯状平均でも明瞭に認められる．

図4.10には，これらのジェット気流を含む鉛直断面図を模式図で示す．中緯度の大気大循環と寒帯気団・熱帯気団，気候的な寒帯前線・亜熱帯前線の相互関係がわかる．

4.4.2 東西指数（ゾーナルインデックス）

中緯度偏西風帯の風速を，地衡風で近似し，500 hPa等圧面高度差で表したものを，東西指数（ゾーナルインデックス）という．東西風速をUとすると，

$$U = -(g/f_0)\partial z/\partial y \fallingdotseq -(g/f_0)\Delta z/\Delta y = (g/f_0)\Delta z^*/\Delta y$$

ここで，g：重力加速度，f_0：コリオリパラメータ（ある緯度の値として一定値），z：500 hPa等圧面高度，

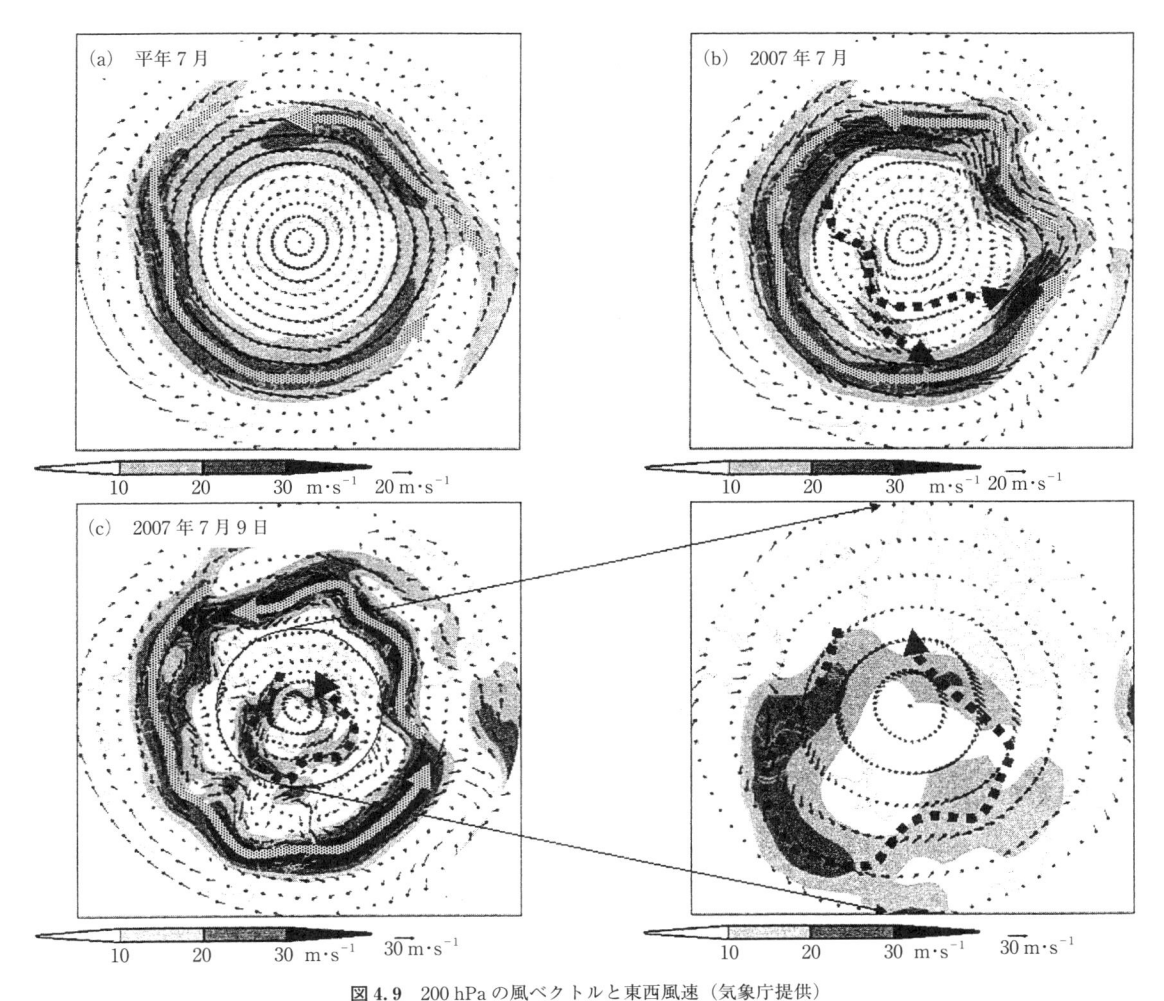

図 4.9　200 hPa の風ベクトルと東西風速（気象庁提供）
東西風速は 10 m・s^{-1} 以上の西風領域に陰影をつけた．風ベクトルのスケールは図により異なり，各図の右下に示した．点影実線は亜熱帯ジェット，破線は寒帯前線ジェットのおおよその位置を示す．
(a) 平年の7月，(b) 2007年7月，(c) 2007年7月9日．右下図は左下図の北緯60度以北を拡大したもの．

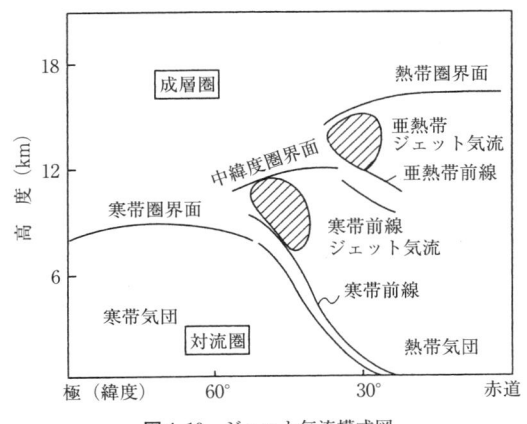

図 4.10　ジェット気流模式図
（ニューウェルほか，1972）

$\Delta z^* = -\Delta z$ である．気象庁では，極東域（90°E〜170°E 間）の帯状平均高度の，40°N と 60°N での値の数値（Δz^* に相当）（f_0 は 50°N の値）を用いている．そして，平年偏差が正（負）の場合を高（低）指数としている．偏西風帯は，蛇行を繰り返し，通常は東西流型と南北流型の間を行き来するように変動しているが，時には南北流型が極端に振幅を増してブロッキング型（図 4.11）となり，1週間以上にわたって持続する．東西指数の定義からわかるように，東西流型では偏西風の蛇行が小さく，東西指数が大きくなって高指数となり，反対に南北流型やそれが極端になるブロッキング型では蛇行も大きく，東西指数は小さくなって低指数となる（図 4.12）．この高指数と低指数の繰り

返しを，インデックスサイクルと呼んでいる．

図4.13は，高指数・低指数の例を異なる年の3月の500 hPa月平均図に示したもので，東西指数の顕著な違いがその年の全国的な天候ベースの違いとなっていることがわかる．

4.4.3 梅雨前線帯と梅雨ジェット

梅雨期とは，晩春と盛夏の間に曇天が続き雨量の多い期間（一種の雨期）のことで，日本列島のみならず，東アジア全域にわたってみられる現象（その意味でグローバルな現象）である．特に梅雨期に東アジア上に停滞する前線を「梅雨前線」と呼ぶ．そして梅雨前線は，太平洋高気圧に伴う湿潤・温暖な気団と中国大陸北部からオホーツク海にかけての乾燥・寒冷な気団との間の水蒸気の収束域に解析され，その収束域は「梅雨前線帯」と呼ばれる．梅雨前線は，「前線」といっても温位の南北勾配はそれほど大きくなく，他方相当温位（水蒸気が卓越）の顕著な南北勾配の方が明瞭で，その意味で水蒸気前線とも呼ばれている．

図4.14に梅雨型の地上気圧配置（破線）とそれに500 hPa面高度図（実線）を重ねて示している．さらに2本のジェット気流（太実線）も重ねて描いてあり，日本付近でジェット気流が大きく分流していて，日本列島を挟んで北と南の2本の流れがみられる．先に述べたブロッキング現象が起こっていることがわかる．この南のジェット気流は200 hPa付近の亜熱帯ジェットで（北は寒帯前線ジェット），図には示されていないが，その下層の600〜700 hPaには弱いながら第2のピークが存在する．これは梅雨前線上に形成される梅雨ジェット（下層ジェットとも呼ばれている）に対応している．この梅雨ジェットの成因は対流活動での潜熱加熱（水蒸気の凝結）による水平風の加速で

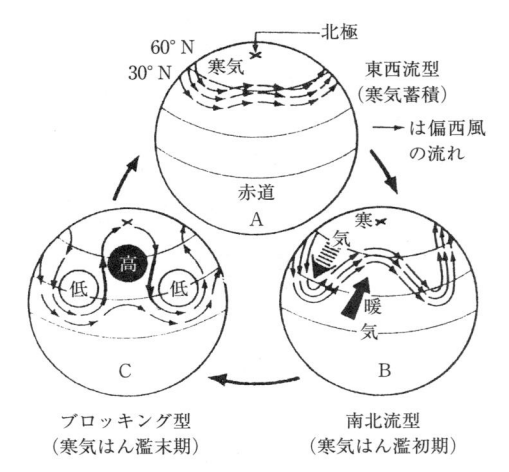

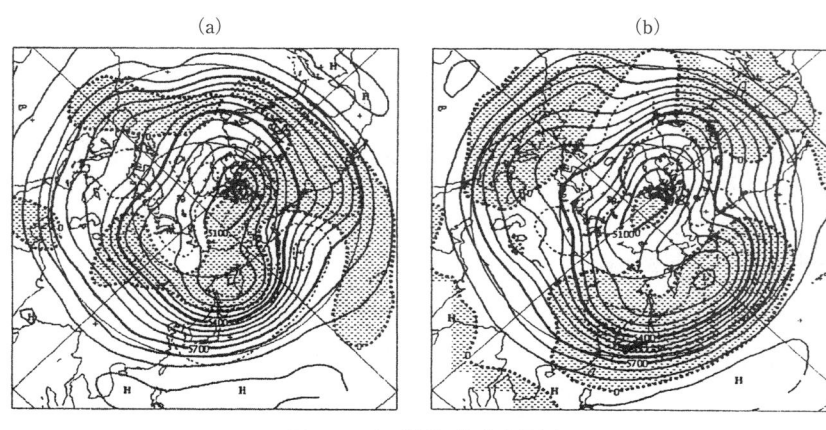

図4.11 偏西風の流れの三つのタイプと特徴的な天候（古川・酒井，2004）

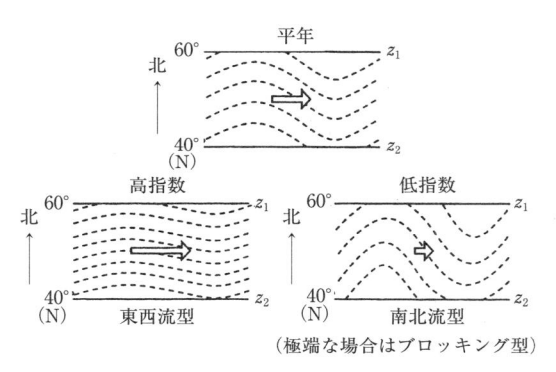

図4.12 偏西風帯の蛇行と東西指数

図4.13 東西指数（気象庁提供）
(a) 高指数の例：1991年3月，全国的に高温ベースであった．
(b) 低指数の例：1984年3月，南西諸島を除き全国的に低温ベースであった．

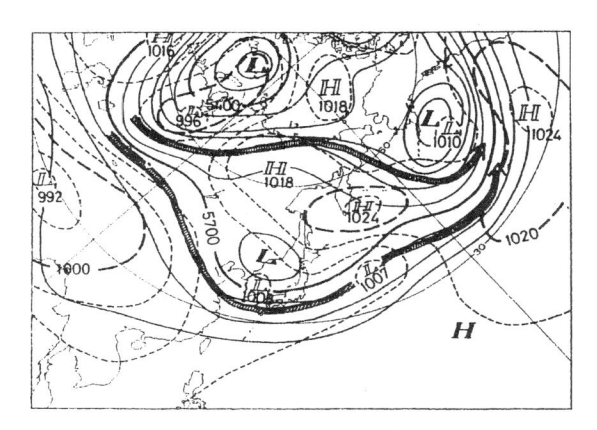

図 4.14 梅雨型天気図（1968 年 6 月 15 日〜19 日間の 5 日平均）
（1 か月予報指針，気象庁提供）

あり，顕著な対流活動が発生している期間には 700〜850 hPa に梅雨ジェットのピークがみられる．

4.4.4 西谷型，東谷型

短期予報や 1 か月予報の場合，重要な着目点は日本付近の対流圏中層以下の風系である．南西方向から風が吹けば暖かくて湿潤（高温多湿な）気流におおわれるので，曇りや雨の天気になりやすく，逆に北西方向から風が吹けば冷たくて乾いた（低温少湿な）気流におおわれるので雲が少なく晴れやすい（冬季の日本海側を除く）．一般に，南西風は気圧の谷（トラフ）の前面にみられ，北西風は後面にみられる．長期予報作業では，500 hPa 月平均天気図で中層の風を代表させ地衡風を仮定するので，等高度線の走向から気圧の谷の日本列島との相対的な位置関係がポイントになる．すなわち，500 hPa 月平均天気図上で，気圧の谷が日本列島の西に位置する場合を西谷型と呼び，日本付近は南西風の場となる（図 4.15(a)）．反対に気圧の谷が日本列島の東に位置する場合を東谷型と呼び，日本付近は北西風の場となる（図 4.15(b)）．

この気圧の谷の位置と日本の天候との関係を問う設問はしばしば試験に出題されているが，長期予報の場合は偏差図（高度場の平年偏差図）を指標とすることが多い．試験でも高度場とその偏差図を重ねた図が出題されている．日本の西側に負偏差があれば西谷型（南西風の場），東側に負偏差があれば東谷型（北西風の場）である．500 hPa 天気図の 1 週間平均図の予想図で西谷型であれば，その間日本付近はぐずついた天気が卓越することになるし，東谷型であれば，晴れやすい場となる．ただし，公式通りでなく，たとえ西側に負偏差がなくても東側が正偏差であれば，やはり相対的に西谷型で南西風の場となり，また，逆に西側が正偏差であれば東側に負偏差がなくても相対的に東谷型となり北西風の場となることがあるので注意を要する．試験問題でも，そうした変則的な点をついてくることが予想されるので，あまり暗記ばかりで公式一本槍にならず，気象状況の意味を考えるようにしたい．つまり，西谷型・東谷型は高度偏差図の東西方向の傾度に依存していると考えればよい．

4.5 日本の天候に影響する熱帯の循環

日本の天候に影響する地球規模の現象として，偏西風の流れとともに赤道付近での対流活動（積乱雲の発達の程度，つまり熱帯収束帯における凝結熱の放出に伴う熱源）や海面水温の変動などの影響がある．

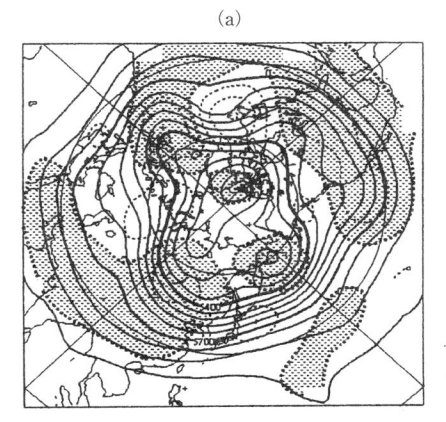

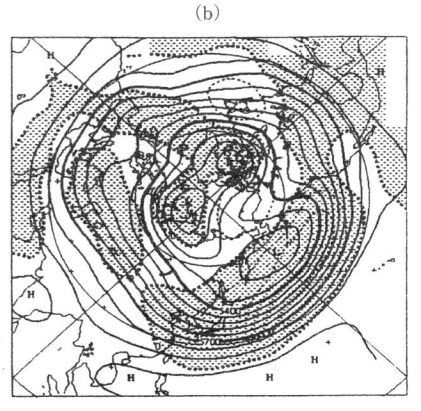

図 4.15　(a) 西谷型の例（1983 年 4 月，東・西日本では多雨であった）
(b) 東谷型の例（1993 年 4 月，東・西日本で少雨であった）（気象庁提供）

4.5.1 熱帯域の熱源と太平洋高気圧などの大気の応答

熱帯域の熱源に対する大気の応答のひとつは北半球の夏季にみられるもので，200hPa面上でユーラシア大陸南部にチベット高気圧が広がり太平洋西部にまで張り出す．他方，北半球の冬季には，上層と下層が同じ流れ（順圧構造）のロスビー波列（4.6節参照）が強い偏西風の中で北東方向にみられる．その結果，日本の天候に影響を与える太平洋高気圧が夏季に強まったり，冬季の日本付近の天候にも影響することになる．

また，インド洋ベンガル湾付近の対流活動が活発になると日本付近で梅雨前線の活動が活発になることや，冬季インドネシア付近で対流活動が活発になると季節風が吹き出すという関係などがある．さらに，後述のエルニーニョ/ラニーニャと日本の天候とも関係が深い（海面水温の影響）（4.6.2項参照）．

4.5.2 マッデン-ジュリアン振動（MJO）

これは低緯度対流圏にみられる水平規模の大きい（東西波数1），鉛直規模も大きい（～12km）変動で，ゆっくり東進し，大体30～60日の幅をもった周期（代表的に40日）をもつ．熱帯季節内変動とも呼ばれる．夏季はアジア・モンスーン域，冬季は北オーストラリア周辺を中心に卓越しているが，現象としてはこれらの地域にとどまらず地球規模の現象である．この変動に伴って，対流活動の活発な領域が地球をかけめぐって東進している．この変動が特に注目されているのは，それがエルニーニョと南方振動の深い結びつき（エンソ，ENSO）や定常ロスビー波による運動エネルギーの水平伝播（ロスビー波の分散）（いずれも後述）がもたらすテレコネクション（4.6節）と密接な関係があるからである．

そうした関係から，このMJOと呼ばれる熱帯季節内変動は，周期帯は広いながらも準周期的な変動なので季節予報に利用できる．たとえば，日本の梅雨の活発度への影響，対流集団の移動に伴って日本の盛夏期の太平洋高気圧の強さが変わり，猛暑の時期としのぎやすい時期の変動をもたらすこと，さらに北半球の冬季には対流雲集団の位置が適当なところにくることにより，それを波源として強い偏西風の中を北東方向に伝わるロスビー波列を生み出し，中緯度の大気にも影響を与えること（4.5.1項）などがあげられる．

4.6 テレコネクション

4.6.1 テレコネクションとは

テレコネクションは遠隔伝播あるいは遠隔結合とも呼ばれ，地球上で数千kmも遠く離れた地点間（あるいは領域間）で，気象や海象の変化に相互の関連がみられることをいう．たとえば，500hPa高度場の偏差パターンが広範囲にわたって互いに関連しながら正・負・正（いいかえれば高・低・高）と波列状につながることがある（4.6.4項参照）．そのような高度偏差分布をテレコネクションパターンといい，北東太平洋から北米大陸にかけてのPNAパターン（太平洋・北米パターン）（図4.16(a)）やユーラシア大陸から日本付近にかけてのEUパターン（ユーラシアパターン）などがある．PNAパターンは，エルニーニョ現象（4.6.2項）発生中に顕著にみられる．テレコネクションパターンには，内部変動と理解されるものや熱帯の海面水温変動に関連した積雲対流活動などの外力によって励起されやすいパターン（図4.16(b)）もある．

また，「4月の西シベリアにおける積雪面積が小さいと6月のオホーツク海高気圧が強まる」という調査結果も，テレコネクションの一種といえよう．

4.6.2 エルニーニョ/ラニーニャ現象

熱帯西太平洋はウォームウォータープールと呼ばれ，暖かい海水がたまっている暖水域である．これは熱帯域に吹いている貿易風の東風で太平洋東部から流れてくる海水が太陽により暖められた結果である．一方，太平洋東側では，湧昇流により下から冷たい海水が上がってくるので海面水温は低くなる．つまり，海面水温分布が西高東低となっている．

こうした平年の海面水温分布が，数年に一度崩れ，12月ごろ赤道太平洋東部のかなり広い範囲にわたって海面水温が上昇することがあり，これをエルニーニョ現象（図4.17）と呼んでいる．エルニーニョの年には，3月ごろから赤道太平洋東部を中心に海面水温が徐々に上昇を開始し，その年の12月から翌年1月にかけてのピーク時には最大2～5℃も上昇する．他方，平年の状態が一層強まって赤道太平洋東部の海面水温が平年より低くなる現象を，ラニーニャ現象（図4.18）と呼んでいる．気象庁では，太平洋赤道域の海域（エルニーニョ監視海域：北緯4度～南緯4度，西経150度～西経90度）の海面水温とその基準値

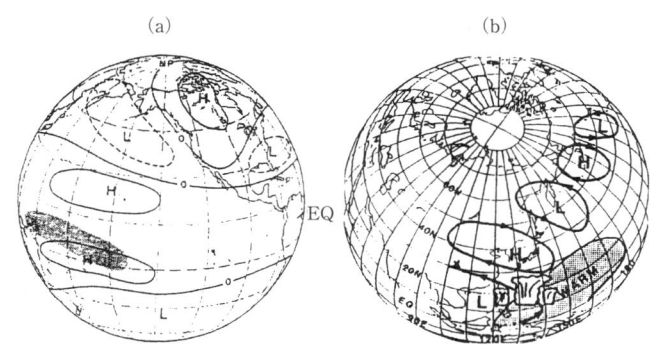

第2部　予報業務に関する専門知識〔4. 長期予報（季節予報）〕

図 4.16 テレコネクションの例
(a) PNA 型．冬季，エンソの成熟期（12-1-2月）の典型的な状態（シュクラとウォレス，1983）．上部対流圏のジオポテンシャル高度のアノマリー（地上気圧アノマリーに対応）．(b) 熱帯西部太平洋（影領域）での海面水温が高い年の夏，フィリピン沖で活発化する積乱雲の集団と大気に現れた気圧偏差の模式図（新田，1987）．H：高気圧，L：低気圧にそれぞれ対応．

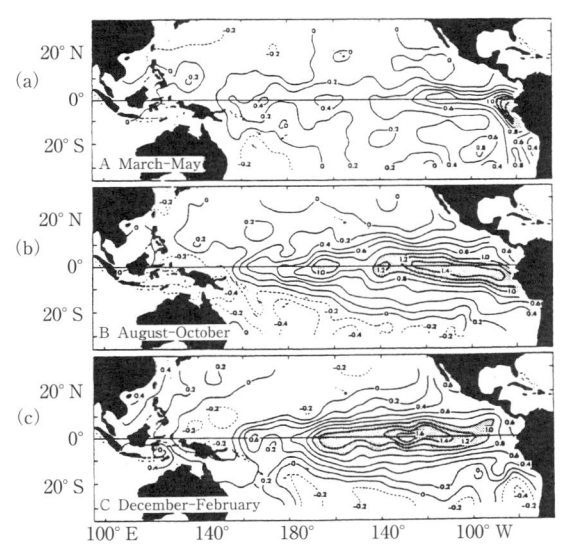

図 4.17 典型的なエルニーニョ年における海面水温の推移
(a) 3-4-5月（発生期），(b) 8-9-10月（成長期），(c) 12-1-2月（成熟期）（ケーン，1983）．

（例：1971〜2000年の30年平均値）との差の5か月移動平均値が，6か月以上続けて＋0.5℃以上となった場合をエルニーニョ現象，6か月以上続けて－0.5℃以下となった場合をラニーニャ現象としている．

一般に28℃前後を境として，高海面水温域の上空では積乱雲群が発達し，地表面では低気圧となる（図4.18）．したがって，もしエルニーニョ現象が発生すると暖水域の東進に伴って積乱雲群も東にシフトし，その結果，ふだんあまり降水がない南米ペルーの太平洋沿岸地方でも雨量が増え，極端な場合は洪水が発生する．反対に，インドネシア近海で旱ばつ傾向となる．他方ラニーニャ現象が卓越すると，平年状態が一層強まってインドネシア近海で大雨が，南米ペルー近海では少雨や干天となる．これがエルニーニョ/ラニーニャを原因とする異常気象である．テレコネクションによって，後述のように全世界にも異常気象をもたらす．

図4.19には，図4.18を詳しくみた，太平洋熱帯域の大気-海洋相互作用とそのエルニーニョ現象発生に伴う変化を模式図で示している．平年の状態では，年間を通じて海面付近を貿易風（東風）が吹いている．そして積乱雲群の中で上昇気流が生じ，ここで上昇した大気が対流圏上層で西風となって流れ，東部太平洋上空で下降して対流圏下層を東風となって再び西部太平洋に戻るという，東西方向の赤道域鉛直面内の循環（ウォーカー循環）を形成している．この循環は同時に太平洋赤道域における海面水温の東西コントラスト（西部で高温，東部で低温）によって維持されており，このような大気-海洋相互作用によって基本的な場が形成されている．

しかし，何らかの原因（たとえば，季節内振動（MJO）の通過に伴う強い西風偏差（西風バースト）など）によって貿易風が弱まると，海面付近の暖水を太平洋西部に吹き寄せていた応力が弱まる結果，海面は水平に，暖水は東方に戻ろうとする（図4.18(b)）．また太平洋東部においても湧昇が弱まるため海面水温が上昇し，太平洋赤道域の広い範囲が高温の海水でおおわれる．東西循環も著しく変化し，時には逆転する．東西循環の変化は貿易風を弱める方向に働くため，東

(a) 平年の状態

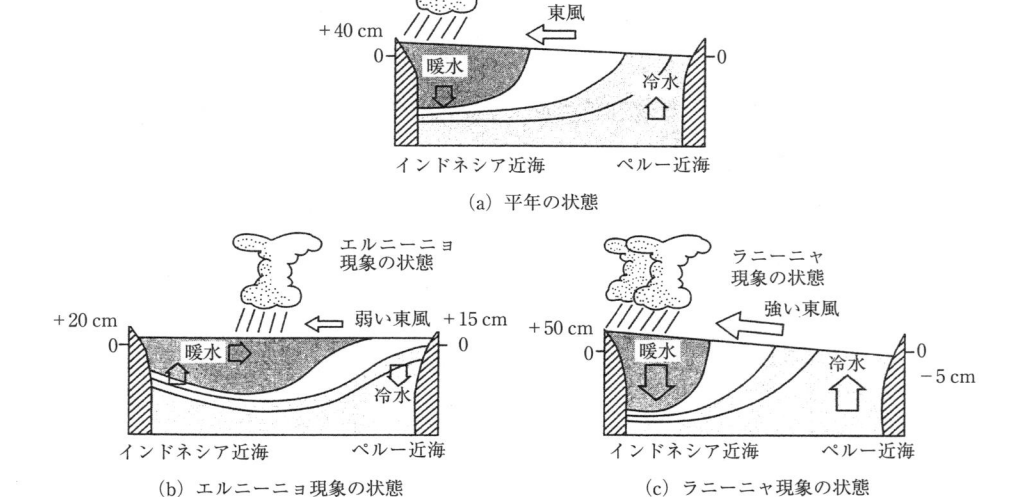

(b) エルニーニョ現象の状態

(c) ラニーニャ現象の状態

図4.18 太平洋赤道付近の大気と海洋の状態（気象庁提供）

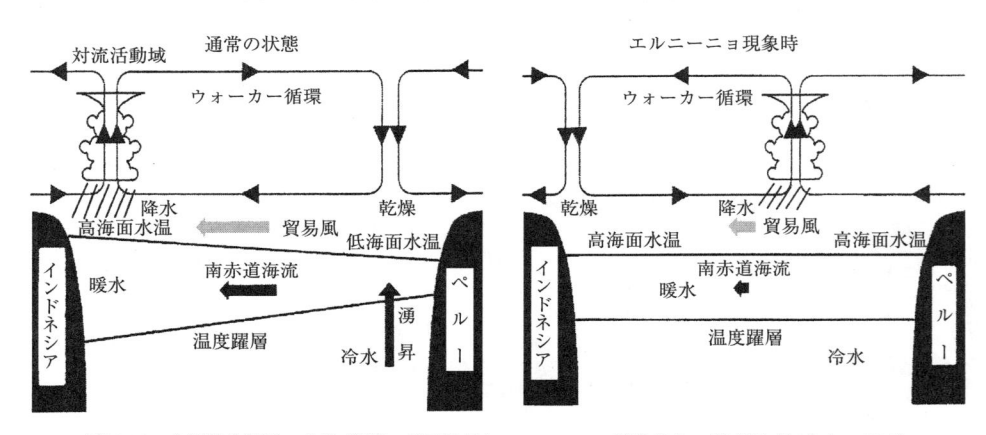

図4.19 太平洋熱帯域の大気-海洋の相互作用とエルニーニョ現象発生の模式図（気象庁，1999）

部へ広がった暖水は西部に戻らなくなり，ますます貿易風を弱めることになる．このような大気-海洋相互作用によって，エルニーニョ現象が長期間維持されることになる．

エルニーニョ現象とは逆に，ラニーニャ現象時には貿易風が通常よりも強くなるため暖水が太平洋赤道域の西側に厚くたまり，東側では冷水の湧昇が強まっている．また，インドネシア付近では対流活動が通常より活発になっている．

エルニーニョ/ラニーニャに関連する世界的規模の異常気象の例を図4.20に示す．こうした異象気象としては，たとえば，エルニーニョの年の日本の暖冬・長梅雨・冷夏，東南アジア・オーストラリア・インド・西アフリカ・南アフリカの各地の旱ばつ，チリなど南アメリカ西岸の大雨などがある（日本付近に対するさらに詳しい影響については，例題4.6参照）．また，ラニーニャの年には，夏季の熱帯太平洋西部が高水温となって，東南アジアの多雨，日本の猛暑などが発生する．こうした異常気象は必ずそれが発生するというわけではなく，別の素原因が作用すれば当然違ったものとなる．

図4.19に示した東西循環（ウォーカー循環）が，エルニーニョの影響を受けて変動する．それは，赤道西部太平洋からインド洋域の地域と，南米大陸に近い太平洋南東部地域の間の地上気圧のシーソー的振動（片方の気圧が上昇すると他方の気圧が降下するし，

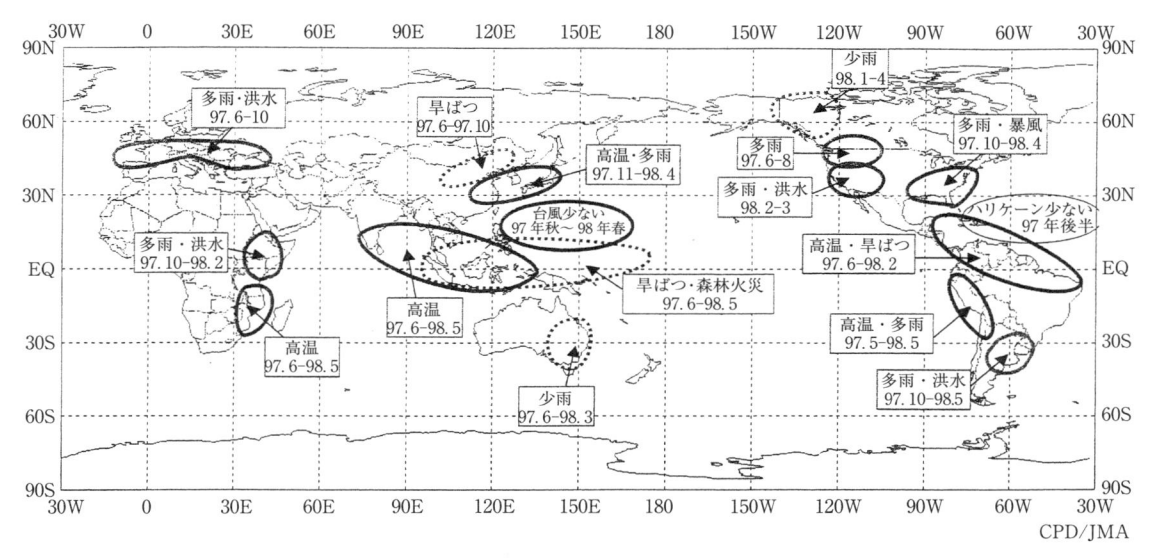

図 4.20　1997/1998 エルニーニョ現象に関連するとみられる世界の天候の特徴（気象庁, 1999）

その逆にもなる）としても捉えられる．これを南方振動（southern oscillation）と呼ぶ．そして，エルニーニョと南方振動という二つの現象のかかわりを一つにまとめて，エルニーニョ/南方振動（略してエンソ，ENSO）と呼んでいる．さらに，MJO と ENSO の深い関係も先にみたところである．

エルニーニョ現象とラニーニャ現象は交互に発生することが比較的多い．

4.6.3　北極振動（AO）

これは北緯 20 度以北の北半球域の冬季の月平均海面気圧偏差場と北極域の海面気圧の間にみられる，後者が負（正）偏差のときに前者の中緯度で環状に正（負）偏差になるという南北シーソー的な変動を北極振動という．図 4.21 は，北極振動とそれに伴う高度偏差などを示している．これをみても，1000 hPa 高度，500 hPa 高度，50 hPa 高度ではともに負の値が北極域にあり，正の値が中緯度に帯状に広がっていることがわかる．帯状平均東西風でみた場合，北極振動は地表から下部成層圏までほぼ同じ構造（順圧的構造）をもち，北緯 55 度付近と 35 度付近の間の東西風のシーソー的変動をしている．

北極振動と日本の天候との関係については，以下の点が指摘されている．すなわち，南西諸島を除き北日本を中心に冬季に相関が高い．特に北日本の 2〜4 月の 3 か月平均気温との関係は深い．また，夏の北日本を中心とする冷夏とも関係している場合がある．

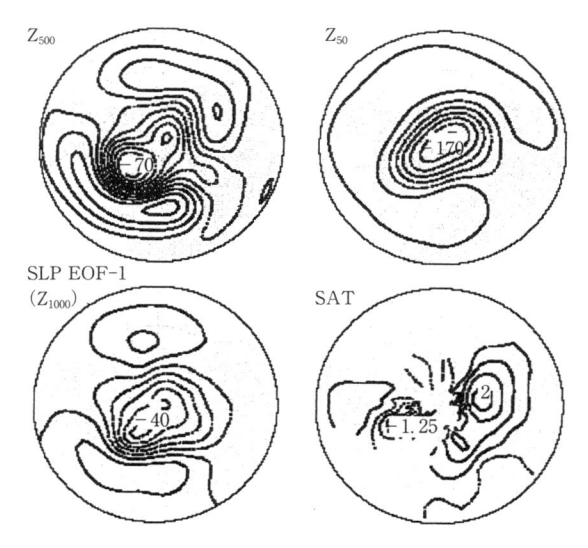

図 4.21　「北極振動」とそれに伴う高度偏差など
（左上）500 hPa 高度偏差，（右上）50 hPa 高度偏差，（左下）1000 hPa 高度偏差，（右下）地上気温偏差．
（トンプソンとウィレス, 1998）．

大西洋中緯度と北極域のシーソーパターンは北大西洋振動（NAO）と呼ばれており，北極振動はそれと太平洋・北米パターン（PNA）（第Ⅰ編第 2 部 4.6.1 項）との重ね合わせという意見もある．

4.6.4　定常ロスビー波とその影響

これまで，チベット高気圧，オホーツク高気圧，ブロッキング現象などの発生・維持に関連して「定常ロ

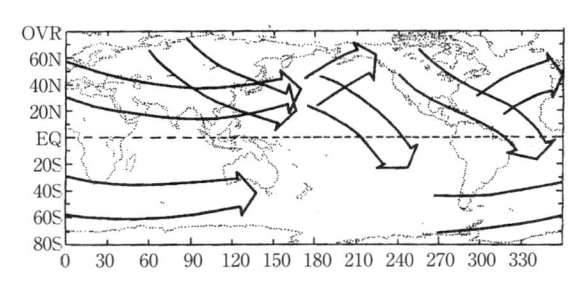

図4.22 定常ロスビー波の主な伝播経路
10〜30日周期の変動のテレコネクションに関係するもの．(ストリン，1992)

スビー波の影響」が出てきたが，これまで直接試験問題に出題されたことはない．しかし，長期予報や異常天候早期警戒情報の背景知識のひとつの基礎概念なので，ごく簡単に説明する．

ロスビー波（プラネタリー波ともいう）とは，熱源，摩擦，水平収束・発散のない大気中に存在し，コリオリ因子の緯度変化の効果によって生じる波長の長い波動（長波，超長波）である．その位相速度は西向き（すなわち西進波）だが，偏西風帯では波は東向きに流され，偏西風の風速とロスビー波の波長によって決まる位相速度との兼ね合いで適当な波長の波は停滞する．これが定常ロスビー波である．ロスビー波は，位相速度が波長に依存する分散波で，その位相が位相速度で伝わるのに対して波のかたまり（エネルギー）は分散しながら群速度で伝わる．

定常ロスビー波は，その位相速度がゼロであるが（気圧の谷や尾根がほぼ停滞するが），群速度はゼロではなく東向きである．つまり，波はほぼ定位置にあって移動しなくても，エネルギーは東向きに伝播する性質がある．たとえば，ヒマラヤなどの大規模な山岳効果や熱帯の大規模な積乱雲群の活動による凝結熱の放出効果（加熱）といった強制力によって励起された定常ロスビー波が，そのエネルギーの群速度での伝播を通して遠隔地にまで影響を与える．そして，下流に定常的な気圧の谷→尾根→谷→尾根→……といったパターンを形成することがあるが，これが「定常ロスビー波の伝播」で，テレコネクションパターンの形成に関係することが多い（図4.22）．

4.7 長期予報の方法

本章の4.1節で述べたように，長期予報に用いられる予測法には大別して，力学的手法と統計的手法（経験的手法）の二つがある．力学的手法はアンサンブル数値予報が中心であり，統計的手法は大気の流れや海面水温などの物理的境界条件に着目して物理的な考察に基づく気温や降水量など天候の諸要素の予測をしたり，統計的手法として相関法，類似法，周期法を用いたりする．

4.7.1 アンサンブル（数値）予報

長期予報（1か月予報，3か月予報，暖候期・寒候期予報）に対して，全球モデルで単独の予報を行うと，初期値の誤差が拡大（初期値敏感性）して，予報結果が大きくばらつく．これは大気運動のカオス性（決定論的カオスによる）に起因する（第I編第2部2.7節参照）．アンサンブル予報では，初期値に観測誤差に対応するわずかな誤差を人工的に加えた複数の初期値の集団（アンサンブル，個々の初期値はそのメンバー）を用意し，それぞれの初期値から単一予報の集団（アンサンブル）を計算し，それらの平均（アンサンブル平均）をもって予報値とする．個々の予報の誤差が平均をとることによって打ち消しあうと考えている（図4.23）．各メンバーの予報値のばらつき（スプレッド）が小さいときは予報値の信頼度が高いことを表している．反対にばらつきが大きいときは信頼度が低いことを表している（スプレッド-スキルの関係）．図4.23にみるように，ふつうはアンサンブル平均のまわりに各メンバーの単独予報が位置している．

アンサンブル予報の例を図4.24に示している．1か月予報ではアンサンブル平均図として50メンバーの平均値により作成した500 hPa高度・偏差，850 hPa高度・偏差，海面気圧，凝結量（降水量）の4週間平均，1週目，2週目，3〜4週目の各平均図；

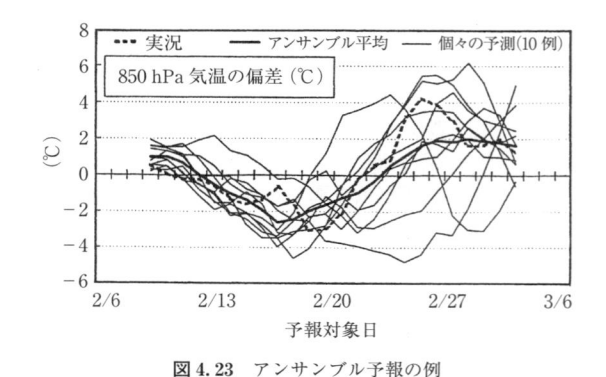

図4.23 アンサンブル予報の例
図には10例の数値予報の結果が示されているが，現在は50例の予報値（アンサンブルメンバー）による1か月予報が行われている．気温は7日間の移動平均であり，初期日から6日目までを平均した予測結果が3日目に示されている．（気象庁提供）

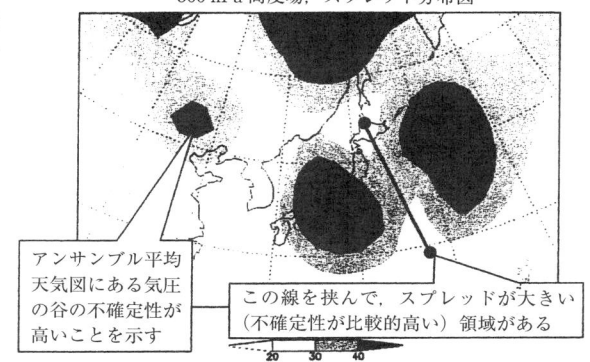

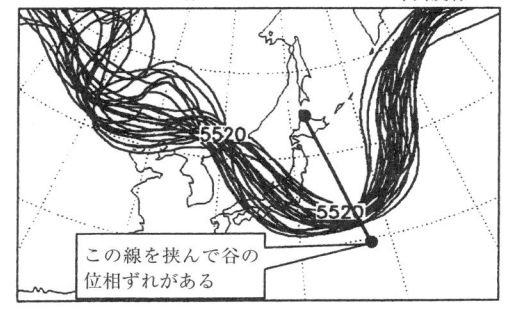

第2部　予報業務に関する専門知識〔4. 長期予報（季節予報）〕

図4.24 アンサンブル平均予報天気図（左上）とスプレッド分布図（右上），スパゲッティダイアグラム（左下，右下はそれぞれ5460 m, 5520 m を特定高度線としたもの）の例（気象庁提供）

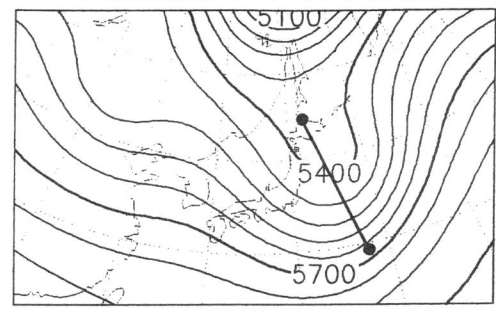

これらは，2003年4月3日12 UTC初期値の6日12 UTCを予報対象日時とした気象庁週間アンサンブル予報（メンバー数25）の500 hPa高度場の予報結果である．スプレッド空間分布図は予想の不確定性が高いところを示すが，アンサンブル平均図と照らし合わせることで，谷の有無や位相の違いなどといったばらつきの要因が推測できる．また，スパゲッティダイアグラムが示す等高度線の揃い具合は，不確定性の度合の把握と予報のシナリオの選別に役立つ．

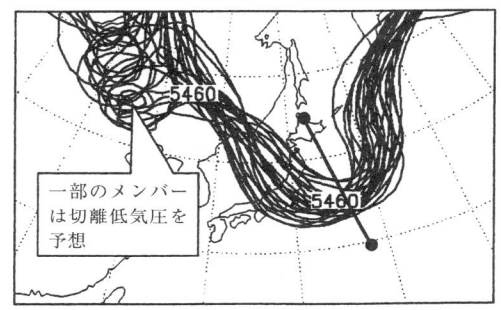

スプレッド，高偏差確率として500 hPa高度のスプレッドと高偏差確率の4週間平均，1週目，2週目，3～4週目の各平均図が作成されている．3か月予報，暖候期・寒候期予報でも同様の資料が作成されている．ただし，予報期間が長くなると，予報を始める時刻の大気の状態（初期条件）よりも，むしろ海面水温や陸面の水分，温度，積雪などの分布（物理的境界条件）が大気の予報に大きな影響を与えるようになる．同一の物理的境界条件を用いて長期間のアンサンブル予報を行うと，初期条件の違いにより各メンバー間の差はかなり大きくなるが，各メンバーのアンサンブル平均は，初期値の違いによる効果が相殺されて，物理的境界条件の影響が現れてくる．したがって，境界条件の影響を受けやすい地域・季節では大気の予測は相対的に容易であるが，逆に影響が小さい地域・季節では大気の予測はより困難であると考えられる．現在1か月予報はアンサンブル予報のみで行い，3か月予報と暖候期・寒候期予報はアンサンブル予報と統計的予測法の両者を併用している．表4.3にアンサンブル予報モデルを示す．

4.7.2 統計的手法による予報

本章の4.2節から4.6節にかけて物理的境界条件に着目して物理的な考察に基づく統計的予測手法の基本知識を説明したが，これまでの試験問題でも長期予報の背景となっているこれらの基本知識に関連した設問が多く出題されている．

さらに，統計的手法として相関法（異なる地域間の過去データにおける時系列の中で両者の相関関係を求めておき，その相関関係を予測に用いる手法），類似法（予報作業時点の近傍の気候状態（月平均図など）を過去のそれと照合してよく似た年を拾い出して，今後はその年と同じような天候経過をたどるであろうとする予測手法），周期法（ある地域の気温，気圧，高度偏差や循環指数などの直近までの一連の時系列データ中に含まれる周期を分析し，その周期性が将来も保

表 4.3 長期（季節）予報用のアンサンブル予報モデル（気象庁提供）（2009 年 10 月現在）

モデル	水平解像度	鉛直層数	予報領域	力学過程	海面水温（SST）	大気初期摂動	メンバー数	運用回数（頻度）	予報期間
1 か月アンサンブル予報モデル	約 110 km	60 層（σ-p ハイブリッド）モデルトップ 0.1 hPa	全球	静力学近似	偏差持続（アノマリ固定）	BGM/LAF	50	1 回/週	34 日
3 か月，暖候期・寒候期アンサンブル予報モデル	約 180 km	40 層（σ-p ハイブリッド）モデルトップ 0.4 hPa	全球	静力学近似	偏差持続とエルニーニョ予測の組み合わせ	SV	51	1 回/月	120 日（3 か月予報）210 日（暖候期・寒候期予報）

表 4.4 3 か月気温，降水量の「平年並」の範囲（東北地方の例）
地域平均気温の平年差（降水量平年比）が下表の範囲に入る場合が「平年並」である．

要素	対象地域	春（3〜5 月）	夏（6〜8 月）	秋（9〜11 月）	冬（12〜2 月）
平均気温（℃）	東北地方	−0.3〜0.3	−0.4〜0.3	−0.3〜0.4	−0.3〜0.4
	日本海側	−0.3〜0.3	−0.4〜0.1	−0.4〜0.4	−0.4〜0.4
	太平洋側	−0.3〜0.4	−0.5〜0.5	−0.2〜0.4	−0.2〜0.5
降水量（%）	東北地方	91〜106	82〜110	95〜107	88〜105
	日本海側	94〜107	84〜111	93〜111	92〜102
	太平洋側	89〜106	85〜112	93〜108	79〜112

持されるであろうという前提で予測する手法）を用いたりする．

3 か月予報と暖候期・寒候期予報で用いている統計的予測法は，これまで上述のように相関法，類似法，周期法などと分類していたが，これまであったいくつかの統計的予測法を，最新の多変量解析手法により整理統合して，現在では二つの予測方法として絞り込んで用いている．正順相関分析（CCA：canonical correlation analysis）による予測式と最適気候値予測（OCN：optimal correlation analysis）である．

これらの方法による予測結果は，定型的なガイダンス値として出力され，アンサンブル予報結果とともに 3 か月予報および暖候期・寒候期予報の検討材料の重要な一つとなっている．

4.7.3 長期予報の確率的表現

本章の 4.1 節および図 4.1 に示したように，長期予報（季節予報）において，気温や降水量の階級を三つに分け，各階級の発生確率を発表している．一般に予報対象期間が長くなるほど，確定的な予報は困難になる．また物理的境界条件の影響を考慮しても，数か月前から日本の天候は必ずこうなるとはいえない．天候の偏りを予想し，予想の確からしさを表現するうえで確率表現が適している．

長期予報（季節予報）では，平均気温や降水量などの予報は三つの階級（低い（少ない），平年並，高い（多い））のうち，それぞれの階級が出現する可能性の大きさを確率で表現している．また，三つの階級で確率の大きさが最大となる階級をカテゴリ予報として示している．予報で用いる三つの階級の決め方は，予報要素にかかわらず各階級の出現確率がおおむね 33% となるように，平年並の幅を決めている．それより小さい（少ない）場合を低い（少ない），高い（多い）場合を高い（多い）としている．たとえば，東北地方における季節ごとの平年並の範囲を表 4.4 に示す．なお，平年並の階級の幅は，予報対象地域および対象期間によって異なっている．

4.8 異常天候早期警戒情報

気象庁は，おおむね 1 週間先から 2 週間先を対象として，平年からの隔たりの大きな天候が発現する可能性が高まった場合に，その出現確率とともに影響に対する注意を呼びかける異常天候早期警戒情報の提供を，2008（平成 20）年 3 月から開始した．この情報は従来よりももっと早い段階で冷夏や寒気に伴う長期間（1 週間程度以上）の豪雪といった社会経済活動に大きな影響を及ぼす天候の発生する可能性について予測情報として発表し，その天候によって受けるリスクを軽減することを目的としている．

この情報は，4.7節で説明したシグナルをなるべく早く把握して予測するもので，たとえば定常ロスビー波の波列に着目する．

4.9 「長期予報」試験問題の出題傾向

第15回（平成12年度第2回）試験から始まった新しい試験科目である「長期予報」は，当初の数回は長期予報技術の背景をなす「日本付近の循環特性」についての設問が続いたが，その後傾向が変わり始めてこんにちに至っている．過去問の特徴は次の四つに分類できる．
(1) アンサンブル予報関係
(2) 東西指数（偏西風の状態）
(3) 日本付近の天候と循環場の特徴
(4) 長期予報の確率表現

これまでのところ，主として1か月予報が対象となっているが，今後3か月予報や暖候期・寒候期予報にも拡張されるものと推測される．

〈初心者の方々へのメッセージ〉

「長期予報」学習のポイント
　現在までの試験では，「長期予報」は学科専門知識問15として1問出題される状況が続いている．今後のことはわからないが，本章で説明した長期予報についての基本事項を十分学習して欲しい．長期予報はかなり間口の広い分野なので，初心者の方々はとりつきにくい印象をもっておられるかもしれない．
　長期予報の背景知識には，日本付近の天候に影響する気象状態についてのものが多いので，むしろ気象学や天気学とでもいったことを勉強すると考えられてはいかがであろうか．そのつもりで基本事項をひとつひとつ自分のものにしていって欲しい．それぞれの事項は，アンサンブル数値予報を除けば，いわゆる総観気象学的な内容が主である．定常ロスビー波に関連する事柄は理論的な事柄であるが，波の発生源から高→低→高→低の気圧配置が並ぶと考えればよい．
　最初はとりつきにくくても，繰り返し学習するとともに，たとえば第2部末の参考文献（古川ら，2004）や気象庁気候情報課の季節予報研修テキストを読んで自力で確認することが最も力をつける道である．

【例題4.1】（平成19年度第1回　学科専門知識問15）
　図1は，ある年の5月の北半球月平均500 hPa高度と同平年偏差図である．この図から現れやすい日本付近の天候と循環場の特徴について述べた次の文章の下線部(a)〜(c)の正誤の組み合わせとして正しいものを，下記の①〜⑤の中から一つ選べ．
　日本列島付近は正偏差におおわれており，(a) 全国的に気温が高い．大西洋からユーラシア大陸を経て日本列島付近にかけ，正偏差と負偏差の領域が交互に並んでいるのがみられるが，これは偏西風帯の波動によるエネルギーの伝播があることを示しており，(b) 日本付近の正偏差の維持と強化に寄与していると考えられる．また，本州付近では等高度線の間隔が狭く，中国大陸で負偏差，日本付近で正偏差であることから，(c) 高気圧におおわれることが多く，降水量は少なく，日照時間は多いと考えられる．

	(a)	(b)	(c)
①	正	正	正
②	正	正	誤
③	正	誤	正
④	誤	正	誤
⑤	誤	誤	誤

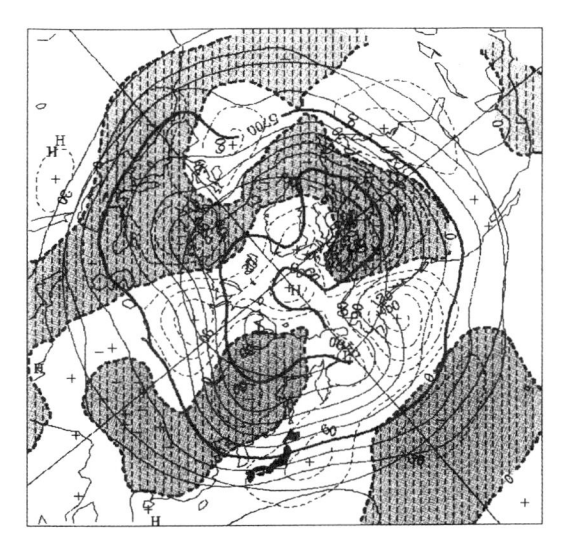

図1　北半球月平均500 hPa高度と平年偏差図（ある年の5月）実線：高度（60 m間隔），破線：平年偏差（30 m間隔で陰影部は負偏差を示す）．塗りつぶし域：日本列島の位置．

(ヒント) 北半球月平均500 hPa 高度と同平年偏差図にみる循環場の特徴から，日本付近の天候について述べた下線部の正誤が問われている．日本付近は全般的に正偏差域におおわれているので(a)は正しい．正，負の偏差域の分布が交互に波のように並んでいて，ロスビー波の伝播として日本付近の正偏差を維持・強化しているとみられるので（b）は正しい．日本付近は西谷場で，南西の流れによって高温・多湿な気流が流入して低気圧や前線の影響を受けやすいため（c）は誤り．

(解答) ②

【例題4.2】（平成18年度第2回 学科専門知識 問15）

ある年の7月の循環場の特徴と日本の天候について述べた次の文の空欄（a）〜（d）に入る語句の組み合わせとして正しいものを，次の①〜⑤の中から一つ選べ．

● 図2は対流活動の目安として用いられる月平均のOLR（外向き長波放射量）の平年からの差を示したもので，インドシナ半島から南シナ海，フィリピン付近にかけて正偏差で，対流活動が平年に比べて（a）であることを示している．この領域での対流活動が（a）であると北日本から西日本にかけて（b）となりやすい．

● 図3の月平均北半球500 hPa 高度と同偏差図において，日本の北側の高緯度帯（50〜70°N帯）で正偏差，日本付近の中緯度帯（30〜40°N帯）で負偏差となっており，偏西風は分流型の流れを形成しており，日本付近に寒気が（c）．このような場合，日本の天候は，北日本から西日本にかけては（d）の傾向となる．

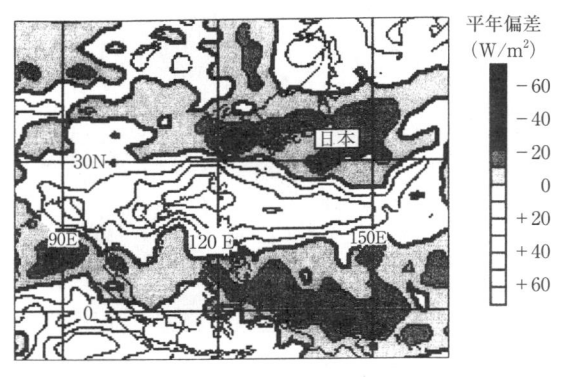

図2 月平均OLR（外向き長波放射量）平年偏差図
実線：平年偏差（10 W・m⁻² 間隔で陰影部は負偏差域を示す）．

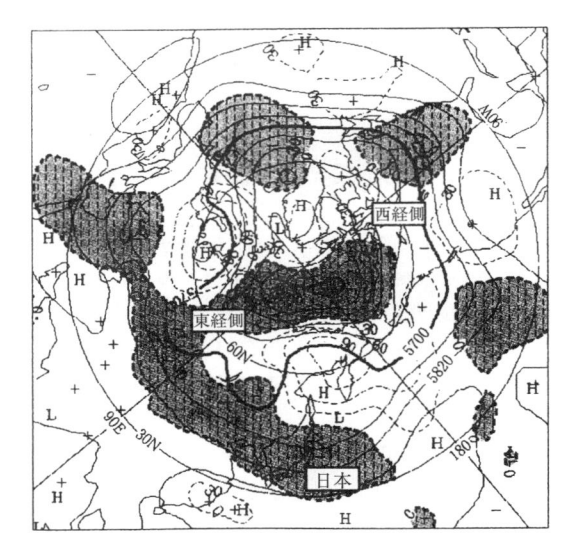

図3 月平均北半球500 hPa 高度と同偏差図
実線：高度（60 m 間隔），破線：平年偏差（30 m 間隔で陰影部は負偏差域を示す）．

	(a)	(b)	(c)	(d)
①	活発	高温	入りやすい	低温・多雨・寡照
②	活発	低温	入りにくい	低温・多雨・寡照
③	不活発	低温	入りにくい	高温・少雨・多照
④	不活発	高温	入りにくい	高温・少雨・多照
⑤	不活発	低温	入りやすい	低温・多雨・寡照

(ヒント) 図2にOLR（外向き長波放射量）という専門用語が登場したが，主に熱帯域における対流活動の強さをみる指標と割り切りたい．すなわち，OLRの符号の負正が対流活動の活発・不活発を示し，さらに北日本から東日本および西日本にかけての夏の気温が平年より高温・低温という有意な相関関係があることを知っておきたい．よって，(a)は「不活発」，(b)は「低温」．

次に，図3について日本付近の夏の天候と偏西風の流れの間に密接な関係があること，すなわち，オホーツク海付近にリッジ（気圧の尾根），西日本から東日本にかけてトラフ（気圧の谷）があると，北日本から西日本付近まで寒気が流れ込む．さらに，高度偏差図でリッジ域に正，トラフ域に負の偏差がみられ，低指数型の循環場によって持続的な強い寒気の南下が示されていて，南西諸島を除いて北海道から九州までの広い範囲に低温，多雨，日照不足といった冷夏の天候となる．よって，(c)は「入りやすい」，(d)は「低温・多雨・寡照」．

(解答) ⑤

【例題 4.3】 (平成 15 年度第 1 回　学科専門知識問 15)

東西指数とは偏西風の状態を表す指数で，気象庁の 1 か月予報では，北緯 40 度と北緯 60 度における帯状平均した 500 hPa 等圧面高度の差を用いている．極東域（東経 90 度～東経 170 度）の範囲における上記の高度差をもとに計算した東西指数について述べた次の文章 (a)～(c) の正誤の組み合わせについて，下記の①～⑤の中から正しいものを一つ選べ．

なお，高指数とは北緯 40 度と北緯 60 度の高度差が大きい場合をいい，低指数とは高度差が小さい場合をいう．

(a) 東西指数が平年より高指数のときは，極東域の偏西風が平年より強いことを意味する．
(b) 東西指数が低指数のときは偏西風の蛇行が小さく，日本付近では寒気が南下しにくく，高温になることが多い．
(c) 夏季に東西指数が低指数のときは，高指数のときに比べて北日本を中心に不順な天候になることが多い．

	(a)	(b)	(c)
①	正	正	誤
②	正	誤	正
③	正	誤	誤
④	誤	正	誤
⑤	誤	誤	正

(ヒント) 高指数はすなわち東西風速が強いことを意味するので，(a) は正しい．同様に東西指数の定義から，低指数は偏西風が南北流型となって大きく蛇行する場合だから，(b) は誤り．上をふまえて，夏季の低指数は偏西風が南北流型で大きく蛇行し，その結果日本付近が気圧の谷となって寒気が南下しやすい冷夏をもたらす．特に北日本を中心に不順な天候になることが多く，(c) は正しい．

(解答) ②

【例題 4.4】 (平成 14 年度第 2 回　学科専門知識問 15)

気象庁における 1 か月予報では，数値予報モデルによるアンサンブル予報を用いている．アンサンブル予報について述べた次の文章の下線部 (a)～(d) の正誤について，下記の①～⑤から正しいものを一つ選べ．

アンサンブル予報は，解析値に含まれる誤差程度の微小な違いのある (a) 複数の初期値をもとに，予報を行う方法である．アンサンブル予報の長所は，第一に，複数の予報があるので，気温や降水量の高い（多い）・平年並・低い（少ない）階級が出現する (b) 確率を見積もることができることである．第二に，個々の予報を平均したアンサンブル平均による予報成績は，個々の予報の予報成績の平均より統計的にみて (c) よいことである．第三に，予報全体のばらつきが (d) 大きいときに，予報の信頼性が高いと判断できることである．

① (a) のみ誤り
② (b) のみ誤り
③ (c) のみ誤り
④ (d) のみ誤り
⑤ すべて正しい

(ヒント) (a) はアンサンブル予報の原理そのものなので正しい．(b) はアンサンブル予報の複数の予報結果から，気候値の出現確率（3 階級それぞれ 33% とする）に対して，それより高い（多い），平年並，低い（少ない）可能性として三つの階級の出現確率を予測するので正しい．(c) は複数の予測結果を算術平均したアンサンブル平均の予報成績の方が，個々の予報の予報成績の平均より統計的にみてよいことが，アンサンブル予報を採用する理由なので正しい．(d) は個々の予報値のばらつき（スプレッド）が大きいときには，予報値の信頼性（スキル）が低いという，スプレッド-スキルの関係から誤り．

(解答) ④

【例題 4.5】 (平成 14 年度第 1 回　学科専門知識問 15)

気象庁の 1 か月予報における気温の予報では，平均気温の平年値からの偏りを三つの階級（「低い」，「平年並」，「高い」）に区分して，各階級が起こる可能性の確率を発表している．1 か月平均気温の予報について述べた次の文章 (a)～(d) の正誤について，下記の①～⑤の中から正しいものを一つ選べ．

(a) 平均気温の予報に用いる三つの階級は，平年値を作成した期間（30 年：現在は 1971 年から 2000 年）において，各階級の出現率が等しくなるように決めている．
(b) 異常気象の発生等により平年値と比べ平均気

温の偏りが大きいと予想される場合に限り，予報の階級を5階級に分けて，「かなり低い」や「かなり高い」階級の確率を合わせて発表する．
(c) 予報の確からしさ（信頼度）が大きい場合には，各階級には小さい確率または大きい確率を付けることが多く，確からしさが小さい場合には，各階級の確率は気候的出現率に近い30〜40%となることが多い．
(d) 平均気温が「高い」階級になる確率が70%とは，30%の確率で平均気温が「平年並」あるいは「低い」階級になる可能性があるということも意味する．

① (a) のみ誤り
② (b) のみ誤り
③ (c) のみ誤り
④ (d) のみ誤り
⑤ すべて正しい

(ヒント) (a) は気候的出現率をそれぞれ33%としているので正しい．(b) は現在の予測技術では無理なので誤り．(c) は確からしさが小さい予報では気候的出現率に近い確率分布を示しやすいので正しい．(d) はその通りなので正しい．

(解答) ②

【例題4.6】（平成20年度第1回　学科専門知識 問15）
日本の天候と関係のある現象について述べた次の文 (a)〜(c) の下線部の正誤の組み合わせとして正しいものを，下記の①〜⑤の中から一つ選べ．
(a) エルニーニョ現象の発生時には，<u>西日本と沖縄・奄美では夏と秋の気温が「平年並または低い」傾向が見られ，冬と春の気温は「平年並または高い」傾向が見られる</u>．
(b) 北半球の冬季には，500 hPa高度や地上気圧において，極を取り巻く帯状の偏差パターンが長

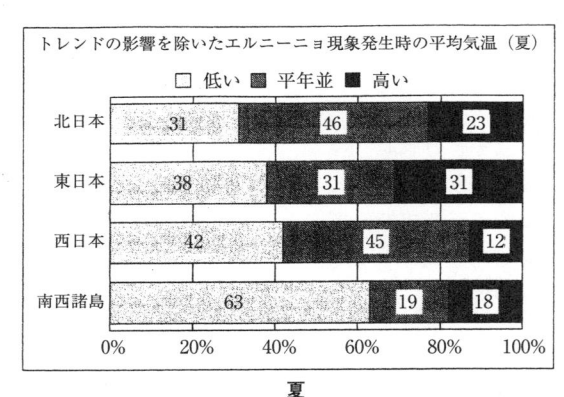

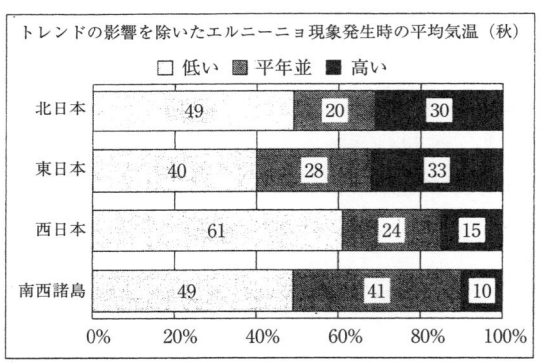

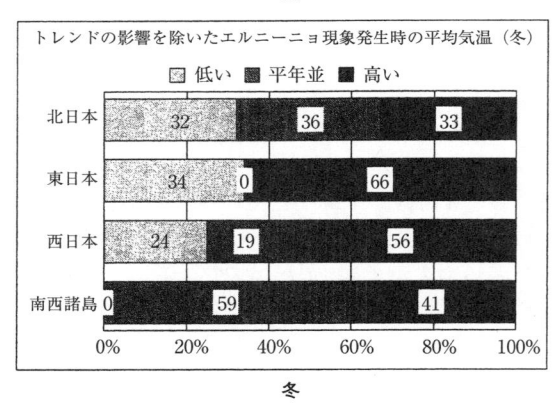

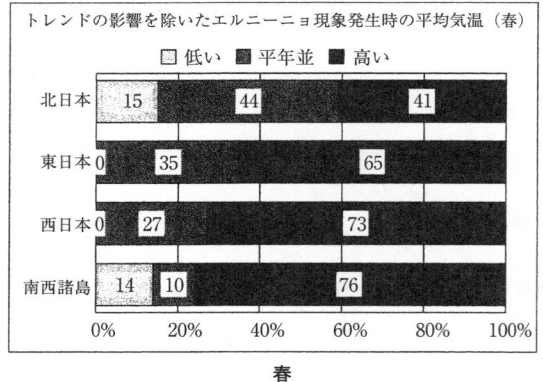

参考図　エルニーニョ現象発生時の気温の出現確率
気候変化等による長期傾向を除いた方法による，エルニーニョ現象発生時の地域別の気温出現確率を示す．上図の左は夏，右は秋，下図の左は冬，右は春の状況である．（気象庁ホームページ）

期間持続することがある．このような変動は北極振動と呼ばれ，<u>北極海付近が正偏差になる場合は，平年の状態より中緯度帯に寒気が南下しやすい</u>．
(c) 暖候期において，北日本から東日本にかけての太平洋側に低温・寡照の天候をもたらすオホーツク海高気圧は，<u>対流圏上層のチベット高気圧が日本付近に張り出している時にその勢力を増すことが多い</u>．

	(a)	(b)	(c)
①	正	正	正
②	正	正	誤
③	正	誤	正
④	誤	正	誤
⑤	誤	誤	正

（ヒント） 文（a）については，調査結果を知識として身につけているほかなく，前頁の参考図を理解しておきたい．これによると西日本と沖縄・奄美では，夏と秋の気温が「平年並または低い傾向」，冬と春の気温は「平年並ないし高い傾向」となっているので，文（a）は正しい．文（b）の北極振動とは，北極と北半球中緯度地域の海面気圧の平年偏差が逆の傾向で変動する（シーソー的変動）現象のことで，冬季に顕著に現れる．北極海付近が正偏差だと中緯度帯は負偏差となって寒気が南下するので文（b）は正しい．文（c）のオホーツク海高気圧は問題文前半の通りで，他方チベット高気圧は盛夏期に北緯30度線にほぼ沿って日本付近に伸びて張り出し暑い夏をもたらす傾向があるので，文（c）は誤りである．

(解答) ②

（新田　尚）

5. 局地予報

外力の作用によって生じる強制モード現象の海陸風，山谷風，おろしと大気内部の不安定に起因する自由モード現象の積雲・積乱雲および都市気候について述べる．

5.1 海陸風

海陸風は晴天時海岸地方で吹く昼夜で風向が変わる局地風で，日中は海から陸に向かって海風が吹き，夜間は陸から海に向かって陸風が吹く．この風の日変化は，海と陸の熱容量の差および海水の混合によって，それに接する大気境界層内の気温に差が生じることによる．陸地は熱容量が小さいため熱しやすく冷めやすく，日中は太陽放射を受けて陸面温度が上がるが，夜間は長波（赤外）放射によって陸面温度が下がり，日変化は非常に大きくなり，20℃を超えることもある．海水は熱容量が大きく，また海洋表層は下方の海水と混合されるので，受熱量に伴う海面の温度変化は陸地面の温度変化よりはるかに小さい．海洋は熱しにくく冷めにくく，海面温度の日変化は大きくても1℃程度である．したがって，日中の陸面温度は海面温度よりかなり高くなり，逆に夜間の海面温度は陸面温度より高くなる．海面・陸面から顕熱が輸送され大気境界層内の気温に高低差が生じ，気温の水平勾配ができると，海陸の気圧差により空気の流れ（風）が引き起こされる．日中は気圧の高い海から気圧の低い陸に向かって海風が吹き，夜間は気圧の高い陸から気圧の低い海に向かって陸風が吹く．海風は日の出後3～4時間，陸風は日没後1～2時間で始まる．海陸風は，吹き始めは海岸線に直交するように吹くが，コリオリ力の影響を受けて，北半球では右よりにずれ，時間とともに時計まわりに変化する．日中は海陸の熱のコントラストが大きく気圧傾度が大きくなるので，海風は海岸線から約20～40 kmの内陸にまで及び，風速5～6 m·s^{-1}，厚さ200～1000 mで規模が大きいが，夜間は海陸の熱のコントラストが小さく，気圧傾度が小さいので，陸風は海岸線から10 km程度しか及ばず，風速2～3 m·s^{-1}，厚さ～100 m前後で規模が小さい．

図5.1に示すように，陸面が海面より暖かいと，陸面の下層の気柱がのび，上空では陸面の気圧が海面の

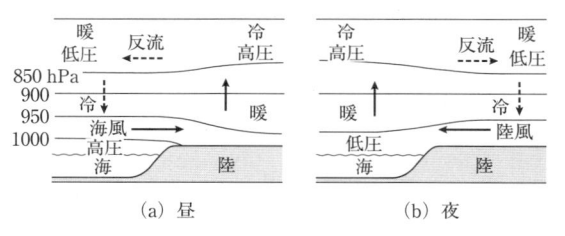

図5.1 海陸風に伴う気温・等圧面・流れの分布の模式図（浅井，1996より改変）

気圧より高くなる．このため陸から海への流れが生じ（反流），陸の下層の気圧が海の気圧より低くなり，海風が生じる．この流れの先端では空気の収束があり，下降流ができて，鉛直面内での循環（海風循環）を形成する．夜間には，気圧傾度が逆転して陸風循環となる．気温の低い海風の先頭は内陸での気温の高い領域に接して海風前線ができ，上昇流をつくり，雲列が形成されることがある．また，海岸部で排出された汚染物質が海風で内陸部まで輸送されることがある．海陸風は，一般場の風系が弱く，太陽放射の強い方が明瞭であるので，冬季よりも夏季に顕著に現れる．

（注）海面と陸面の温度差がない朝・夕は海陸風が吹かない，風が止まる（凪という）時間帯で，朝凪，夕凪となる．海陸風は，太陽放射や赤外放射に伴う海陸の温度差に支配されるので，曇雨天の場合や一般場の風系が強く，混合によって大気境界層内の気温差が小さい場合には不明瞭になる．

5.2 山谷風

山谷風は，図5.2に示すように，広い意味と狭い意味の二つがある．狭義の山谷風は，図（a）の太い矢印で示されるように谷に沿って山に向かって上昇する谷風と，図（b）の太い矢印で示される谷筋に沿って降りる山風をいう．広義の山谷風は，昼間は図（a）の細い矢印で示すように，谷から山に向かって山の斜面を滑昇する谷風が吹く．谷風は，山の斜面上の気温の方が同じ高度の谷の上の気温より高くなって，浮力が生じることによって吹くアナバティック風（斜面上昇流あるいは滑昇流）である．夜間は図（b）の細い矢印で示すように，山から谷に向かって斜面を滑降する山風が吹く．山風は，地表面付近で冷却された空気

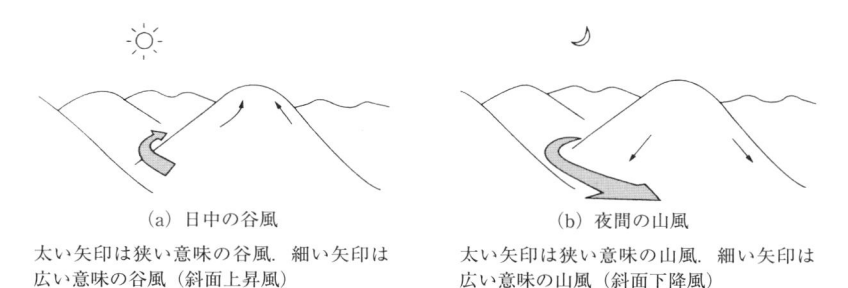

第2部　予報業務に関する専門知識〔5. 局地予報〕

(a) 日中の谷風
太い矢印は狭い意味の谷風．細い矢印は広い意味の谷風（斜面上昇風）

(b) 夜間の山風
太い矢印は狭い意味の山風．細い矢印は広い意味の山風（斜面下降風）

図 5.2　山谷風の模式図（木村，1998）

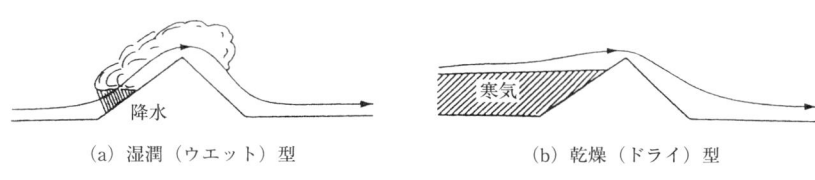

(a) 湿潤（ウエット）型

(b) 乾燥（ドライ）型

図 5.3　異なる機構によるフェーン現象（浅井，1996）

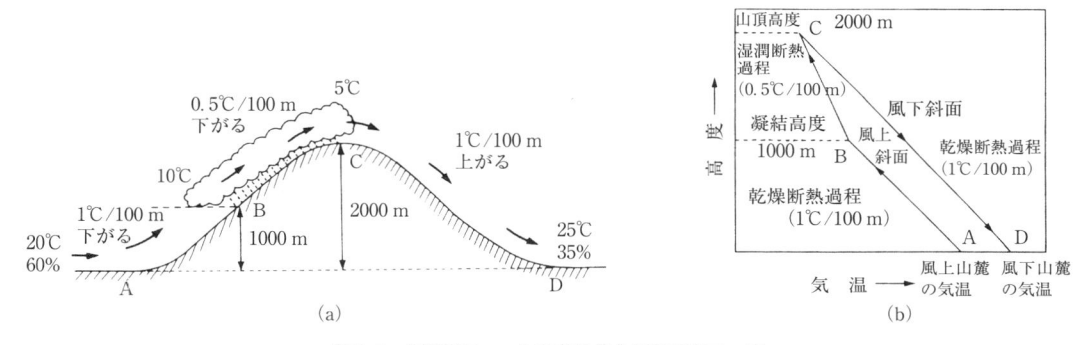

図 5.4　湿潤型フェーン現象に伴う気温変化の一例
(a) 図で，風上山麓のA点の気温20℃は，風下山麓のD点では25℃になる．
(b) 図は，山脈を上昇・下降するときの温度減率を示す．

が重力によって斜面を吹き降りる重力流であるカタバティック風（斜面下降流あるいは滑降流）である．実際には二つの山谷風は同時に存在していて，一つの循環を形成している．

5.3　おろし

おろし（颪）は山から吹き降りてくる強風で，カタバティック風（斜面下降流あるいは滑降流）の一種であり，気温の特徴によってフェーンとボラに分類される．

5.3.1　フェーン

フェーンとは山の風上側を吹き上がった気流が山を吹き降りて風下側で高温となる現象で，(1) 山の風上で降水を伴う湿潤（ウエット）型と (2) 山の風上で降水を伴わない乾燥（ドライ）型がある（図5.3）．

(1) 湿潤（ウエット）型のフェーン　湿潤型のフェーンは熱力的要因によって生じるもので，山の風上側の空気は乾燥断熱減率で上昇後，飽和に達すると湿潤断熱減率で上昇し雲が形成され降水をもたらし山越えし，風下では乾燥断熱減率で下降することによって昇温するため風上側の空気より高温・乾燥した空気となる（図5.4）．台風や発達した低気圧が日本海を通過すると，日本海側ではフェーンが発生することが多く，乾燥して異常に気温が上がる．

(2) 乾燥（ドライ）型のフェーン　ドライ型のフェーンは力学的要因で生じるもので，大気下層に気温の逆転層あるいは強い安定層があると，風上における下層の空気が山で阻止されて（山のブロッキング作

用によって），上空の温位の高い空気が下層の温位の低い空気を押しのけて，風下側の斜面を乾燥断熱的に下降することにより乾燥・昇温する．

5.3.2 ボラ

ボラは寒気が山の風上側で一部阻止され，残りの寒気があふれ出て山から吹き降り，風下側では乾燥断熱減率で昇温するが，もともと冷たい空気のため山の斜面を吹き降りた空気の温度が風下側の気温より低温だと風下側の気温は下降する（図5.5）．ボラは尾根や峠に風が集中して吹き出すことが多く，風が吹き降りるときの重力の作用もあって強風になる．赤城おろし，榛名おろし，六甲おろしなどと呼ばれる風が代表例である．

5.4 積雲，積乱雲

積雲，積乱雲によって局地的にもたらされる顕著現象について記述することにする．

5.4.1 集中豪雨

豪雨を直接もたらすのは積乱雲であるが，図5.6に示すように，大規模（温帯低気圧），中間規模（台風，前線），中規模（クラウドクラスター），小規模（積乱雲）により複合的に発生する．集中豪雨は狭い地域に短時間に集中して降る大雨で，代表的なものは梅雨前線に伴って発生する．大気下層に高温多湿の南西風がしばしば下層ジェットとして流入し，湿舌が形成され，成層が不安定化し，さらに上層に乾燥・寒冷な空気が流入すると，一層不安定化する．このような状況下で積乱雲の集団であるクラウドクラスター（中規模擾乱）が発生し，状況が繰り返され，大雨をもたらす．風の鉛直シアが大きく，積雲に流入して上昇する一般場の暖湿気流と降雨に伴う下降気流とが分離され，下降流と一般場の下層風との間に収束が生じ，次々と新しい積雲が発生する世代の交代が進むと豪雨域が停滞する．

5.4.2 竜巻（トルネード）

竜巻は積乱雲の強い上昇流に伴って発生する鉛直軸のまわりの激しい渦で，雲底から下方に向かって伸びる漏斗状や柱状の雲を伴う．竜巻には，① スーパーセルによって生じるものと，② 局地的な前線に伴うものがある．竜巻の発生は積乱雲の中にある強い上昇流と雲底付近にある鉛直軸のまわりの回転が必要である．竜巻は地表付近を除いて遠心力と気圧傾度力が釣

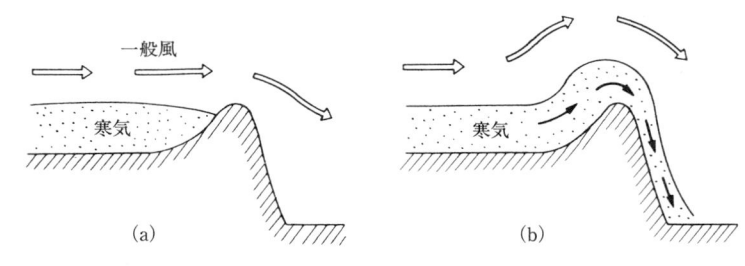

図 5.5 ボラの発生の仕組み（白木，2000）
(a) 風上側に寒気がたまる，(b) たまった寒気が山を越えてあふれ出る．

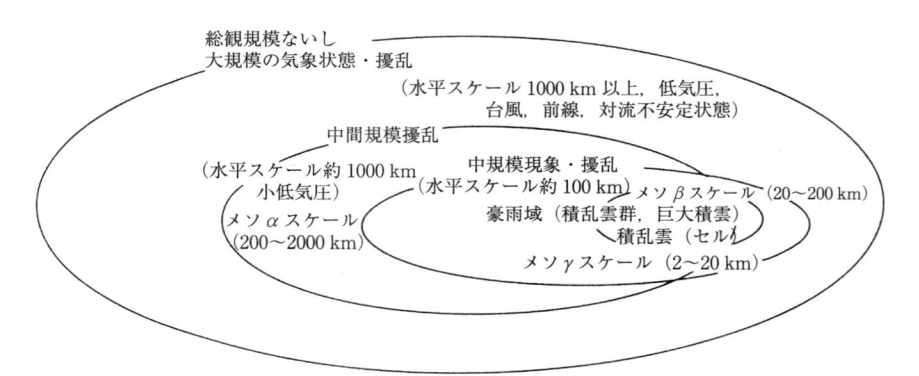

図 5.6 集中豪雨発現時の気象状態（近藤，1987を一部改変）

り合う旋衡風平衡が成り立っている．中心付近では周辺より数十hPa気圧が低く，中心に吹き込んだ空気は急速に断熱膨張して冷え，水蒸気が凝結して特有の漏斗状または柱状の雲ができる．竜巻の平均寿命は10分程度で，直径はおよそ10mから数百mで，中心付近の上昇速度は50 m·s^{-1}を超し，竜巻に伴う風速は100 m·s^{-2}を超す場合もある．アメリカ合衆国ではトルネードと呼ばれ，スケールが大きく，現象も激しく，スーパーセルに伴って発生することが多い．竜巻の強さは地上の被害状況から藤田（F）スケール（表5.1）というF0～5の風力階級で表すことが多い．アメリカ合衆国ではF4，F5の非常に強いトルネードが発生するが，日本の竜巻はF3が最大である．年間の発生数は日本では年間およそ20個であるが，アメリカ合衆国では1000個程度といわれている．日本での竜巻は台風に関連して9月に多く，3月が最も少ない．時刻別では，10～17時に多く，21～24時に少ない．沿岸部，特に太平洋沿岸部で多い．

表5.1 竜巻の風速階級に関する藤田（F）スケール

スケール	名称	風速 (m·s^{-1})	風速の平均時間(s)	木造住家の被害
F0	微弱な竜巻	18～32	約15	ちょっとした被害
F1	弱い竜巻	33～49	約10	瓦が飛ぶ
F2	強い竜巻	50～69	約7	屋根をはぎとる
F3	強烈な竜巻	70～92	約5	倒壊する
F4	激烈な竜巻	93～116	約4	分解してバラバラになる
F5	想像を絶する竜巻	117～142	約3	跡形もなく吹き飛ぶ

（藤田，1971）

5.4.3 ダウンバースト

ダウンバーストは積雲または積乱雲の下で発生する地上付近に破壊的な風の吹き出しを起こす下降流で，地上の構造物や離着陸時の航空機などに被害をもたらす．ダウンバーストの平均寿命は約15分で，風速は10～75 m·s^{-1}に及ぶ．水平スケールが4 km以上のものをマクロバースト，4 km未満のものをマイクロバーストと呼ぶ．

① 大気下層が乾燥し中層が湿潤で，降水を伴わないドライダウンバースト
② 大気下層が湿潤でその上が乾燥している降水を伴うウエットダウンバースト

の2種類があるが，日本などの湿潤な地域では，ウエットダウンバーストが多く，強いダウンバーストは雹を伴っている．ウエットダウンバーストは，雲底が低く，対流圏中層が比較的乾燥している環境で起こりやすい．積乱雲が発達すると，雲頂付近に形成された雹などの降水粒子が落下して周辺空気を引きずり降ろし，乾燥した中層で蒸発・昇華して空気を冷却して強い下降流が生じ，地表付近で発散して突風となる．日本でのダウンバーストは6～9月に多く，時刻別では，13～19時に多い．

5.5 都市気候

人間活動に伴う地表面の変化とエネルギー消費に伴う人工排熱の作用によって都市，特に大都市の気象・気候が大きく影響を受け，人為的な温暖化がみられる．

5.5.1 ヒートアイランド

図5.7の例に示すように，都市が郊外より気温が高くなる現象で，都市部と郊外を含めた地域の等温線分布が，島の等高線分布の形に似ていることから，熱の島（ヒートアイランド）と呼ばれている．

（1） ヒートアイランドの特徴 都市と郊外の気温差は，①夜間に大きく日中に小さい．②冬に大きく夏に小さい．③風の弱い晴天日に大きく曇雨天日に小さい．

ヒートアイランドの高さは，大都市ほど高く（東京では200～250 m），地方小都市では低い（30～50 m）．都市部の高温域では上昇流が生じ，地上では郊外から都心に向かって吹き込み，上空では都心から郊外に向

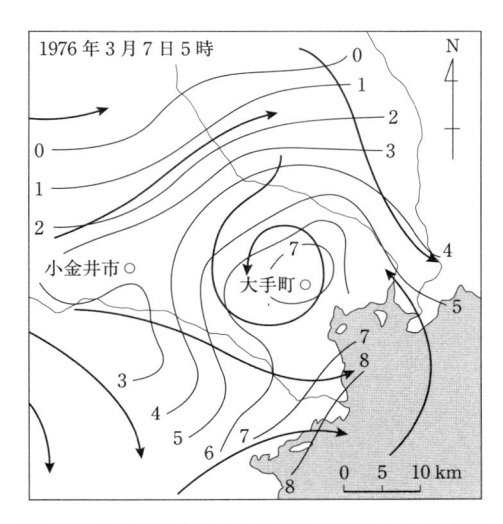

図5.7 早朝の東京都心と周辺地域の地上気温（℃）分布と風系（太実線）（河村，1977）

かって吹き出す風系が形成され，郊外風または都市風と呼ばれているが，その風速は弱くせいぜい 1 m·s^{-1} 程度のものである．

(2) ヒートアイランドの成因　地表面の改変，人工排熱，都市形態の変化などの諸要因が複合して，都市部の熱収支を変化させ，ヒートアイランドを形成している（表5.2）．

表 5.2　ヒートアイランド現象の成因
（東京都のホームページ）

事　例	要　因
地表面被覆の人工化	緑地，水面，農地，裸地の減少による蒸散効果の減少
	舗装面，建築物（アスファルト，コンクリート面など）の増大による，熱の吸収蓄熱の増大，反射率の低下
人工排熱の増加	建物（オフィス，住宅など）の排熱
	工場など事業活動による排熱
	自動車からの排熱
都市形態の変化	都市形態の変化による弱風化
	都市を冷やすスポット（大規模な緑地や水面）の減少

5.5.2　その他の都市気象

気温の上昇とともに，近年は水蒸気量の減少もあって相対湿度が下降する傾向がみられ，ドライアイランドともなっている．都市部での道路の舗装や建造物の増加，草地や樹木の減少などによる地表面状態の変化に伴う蒸発散の減少が乾燥化の原因とみられる．また，都市部は高層建築物のため，風の乱れが大きく，平均風速は郊外より弱くなる．

〈初心者の方々へのメッセージ〉

局地予報のうち，強制モード現象は，現象的にはスケールがやや大きく，激しい現象ではないので防災上はさほど注目されるものではないが，自由モード現象の積雲・積乱雲は集中豪雨，大雪，大雷雨，竜巻，ダウンバーストなど激しい現象を伴うことがあり，防災的にも非常に重要な気象現象である．基礎知識とともに，実技試験にも十分対応できるようにしっかりと学習することが望まれる．

【例題 5.1】（平成 19 年度第 2 回　学科専門知識　問 10）

日本における海陸風について述べた次の文 (a)～(d) の下線部の正誤について，下記の①～⑤の中から正しいものを一つ選べ．

(a) 陸面では海面に比べて日射や放射冷却による昼夜の温度変化が大きいため，<u>日中と夜間で海面上と陸面上の相対的な気温の高低が逆転することにより，海陸風循環は 1 日周期の変化が卓越する</u>．

(b) 一般に，海風に比べて<u>陸風の方が層の厚さが厚く風速が大きい</u>．

(c) 夏季の方が大規模場の気圧傾度が小さく風が弱いため，<u>明瞭な海陸風循環は冬季よりも夏季の方が一般に出現しやすい</u>．

(d) 関東地方の内陸部で山沿いの地域にまで達する大気汚染は，<u>晴天日の日中に中部地方の山岳地帯に発生する熱的低気圧に吹き込む下層風と海風が重なって</u>，海から内陸に向から風が広い範囲で強まることにより，臨海部で大気中に排出された物質が輸送されることが大きな要因である．

① (a) のみ誤り
② (b) のみ誤り
③ (c) のみ誤り
④ (d) のみ誤り
⑤ すべて正しい

（ヒント）
(c) 夏季の気圧傾度は冬季に比べて小さく一般場の風が弱いので，海陸風循環は冬季より夏季の方がより明瞭である．
(d) 日中，日射による地表面の加熱が原因で発生する熱的低気圧に，海風が加わり，広域海風となる．

（解答）　②

【例題 5.2】　局地風について述べた次の (a)～(c) の正誤に関する組み合わせの①～⑤のうち正しいものを一つ選べ．

(a) 陸風は熱的要因によって生じる局地風であるが，山谷風は力学的要因で生じる局地風である．

(b) 海陸風は地上付近の風とは逆方向の反流が上空に生じるが，山谷風の上空には反流は生じない．

(c) 山岳波は気流が山を越えるときに発生する定常波で，気流の上昇下降により生じるローター

雲やレンズ雲により可視化される．

	(a)	(b)	(c)
①	誤	正	正
②	正	誤	正
③	正	正	誤
④	誤	誤	正
⑤	誤	正	誤

（ヒント）
(a)(b) 山谷風も海陸風と同様で熱的要因で生じ，上空には反流が生じる．
(c) 気流が山脈を越えるとき，安定な成層状態のもとで山頂に達した気流が下降すると断熱昇温により周辺空気より軽くなり上昇するが，上昇すると冷却して周辺空気より重くなる．このような上昇・下降を繰り返し，上昇流のところで雲を生じる．
（解答） ④

【例題 5.3】（平成 11 年度第 2 回　学科専門知識　問 9）
局地風について述べた (a)～(d) の文の正誤に関する①～⑤の記述のうち，正しいものを一つ選べ．
(a) 日射の強い夏は，日中における地面温度の大きな上昇により海上と陸上の間に大きな気温差ができるため，一般に冬よりも海風が強い傾向がある．
(b) カタバティック風（斜面下降風）とは，地面近くの空気が放射冷却によって周りの空気より重くなり流れ下る重力流である．
(c) ボラは山脈の風下側に吹き降りる風という点でフェーンに似ているが，フェーンと異なって風下側で断熱昇温しない．
(d) 山脈の風下側でフェーンが発生している場合，必ずしも，風上側で水蒸気の凝結を伴わない．
① (a) のみ誤り
② (b) のみ誤り
③ (c) のみ誤り
④ (d) のみ誤り
⑤ すべて正しい

（ヒント）
(a) 夏季は冬季に比べて地表面温度の日変化が大きく，海上と陸上の間の温度差が大きいので，海陸風循環は冬季より夏季の方がより明瞭となる．
(b) カタバティック風は重力流である．
(c) ボラもフェーンと同様，斜面を下降するとき断熱昇温するが，斜面下の既存の空気よりなお温度が低い．
(d) 乾いたフェーンは風上側で凝結現象を生じない．
（解答） ③

【例題 5.4】（平成 9 年度第 1 回　学科専門知識　問 9）
集中豪雨についての (a)～(d) の文の正誤に関する次の①～⑤の記述のうち，正しいものを一つ選べ．
(a) 集中豪雨は，梅雨前線など前線の近傍で発生するばかりでなく，台風や太平洋高気圧の縁辺に沿って流れ込む暖かく湿った気流によっても発生する．
(b) 集中豪雨の発生に前後して，下層ジェットと呼ばれる非常に湿った強風が観測されることがある．
(c) 集中豪雨では，地形によって降水が強化される効果も大きいので，予報作業に際しては，地形と下層の風向・風速との関係に着目することが重要である．
(d) 集中豪雨は，発達した積乱雲群が次々に通過することによって発生する場合は希で，単一の大きな発達した積乱雲によって発生する場合が多い．
① (a) のみが誤り
② (b) のみが誤り
③ (c) のみが誤り
④ (d) のみが誤り
⑤ すべて正しい

（ヒント）
(a) 集中豪雨の発生環境は暖湿気の流入．太平洋高気圧の縁辺に沿って暖湿気が流入しやすい．
(c) 集中豪雨は地形の効果も大きい．地形と下層の風向・風速との関係に着目すると，集中豪雨の起きやすい場がある程度特定できる．
(d) アメリカ合衆国の集中豪雨は単一の大きな積乱雲（スーパーセル）で発生する場合が多いが，日本では複数の積乱雲（マルチセル）によるものが多い．
（解答） ④

【例題 5.5】（平成 20 年度第 2 回　学科専門知識

問10を改変）
　日本付近の対流雲とそれに伴う現象に関する次の文章（a）～（c）の正誤の組み合わせとして正しいものを，下記の①～⑤の中から一つ選べ．
　（a）複数の積乱雲で構成され組織化された雲システムの移動方向は，雲システムを取り巻く一般場の風向の鉛直シアが大きい場合には，個々の積乱雲の移動方向と同じである．
　（b）南西から北東に伸びるにんじん状の雲域では，その南西端付近で対流雲が次々に発生・発達しながら風下側に移動しており，その通過時には短時間強雨や突風などが発生しやすい．
　（c）ガストフロントは，最盛期あるいは衰弱期の積乱雲内で降水粒子が落下に伴う周辺空気を引き摺り下ろし，あられなどの氷粒子の融解や雲底下での雨滴の蒸発などによって冷気が下降し，これにより生じた地面付近のメソスケールの高気圧から周辺に吹き出した冷気の先端に発生する局地前線である．

	(a)	(b)	(c)
①	正	正	正
②	誤	正	正
③	正	誤	正
④	正	正	誤
⑤	誤	正	誤

（ヒント）
　（a）組織化された雲システム（マルチセル）は鉛直シアが大きい場合に形成され，その移動方向は個々の積乱雲の移動方向より一般に右側にずれる．
　（b）気象衛星画像でみられるテーパリングクラウドで，風上側の南西端付近で発生した対流雲が発達しながら風下側に移動し，にんじん状の雲域を形成する（p.118，1.4.4項（8）参照）．
　（c）積乱雲内の降水粒子による周辺空気の引き摺り効果と降水粒子の融解・蒸発に伴う潜熱の吸収により冷却された冷気の下降で生じたメソ高気圧から流出した冷気の先端に発生する局地前線がガストフロント（突風前線）．
（解答）②

【例題5.6】
　竜巻とダウンバーストについて述べた次の文章（a）～（d）の正誤について，下記の①～⑤の中から正しいものを一つ選べ．

　（a）ともに積乱雲に伴って生じるが，竜巻は上昇流によって，ダウンバーストは下降流によって引き起こされる．
　（b）竜巻に伴う突風は地表付近の空気が中心に向かう収束する風であるのに対して，ダウンバーストに伴う突風は地表付近で発散する風である．
　（c）竜巻は気圧傾度力と遠心力とがほぼ釣り合う施衡風平衡が成り立ち，低気圧性回転と高気圧性回転のものがある．
　（d）竜巻の強さの階級として，被害と風速との関係をもとにした藤田スケール（Fスケール）が使われるが，F1の方がF3より階級が強い竜巻である．

① （a）のみ誤り
② （b）のみ誤り
③ （c）のみ誤り
④ （d）のみ誤り
⑤ すべて正しい

（ヒント）
　（c）竜巻は半径が小さく，コリオリ力（fv）≪遠心力（v^2/r）なので，旋衡風平衡が成り立ち，$v^2/r = P_n$，これから $v^2 = rP_n$ で，$v = \pm\sqrt{rP_n}$ となる（ここで，v：風速，r：半径，f：コリオリ因子，P_n：気圧傾度力）ので，低気圧性回転，高気圧性回転の両方があるが，地球の自転と同じ渦度をもつ低気圧性回転の方が多い（日本では85％）．
　（d）表5.1に示すように，F3の方が強い．
（解答）④

【例題5.7】（平成19年度第2回　一般知識　問11）
　都市域の気候について述べた次の文（a）～（c）の下線部の正誤の組み合わせとして正しいものを，下記の①～⑤の中から一つ選べ．
　（a）都市域はコンクリートやアスファルト等に広く覆われ植生の量も少ないため，<u>郊外の草原・耕地や森林などに比べてボーエン比（顕熱の輸送量／潜熱の輸送量）が小さい</u>．
　（b）都市域では建物等による日中の蓄熱や人工排熱のために夜間における気温の低下が抑えられており，<u>郊外に比べて放射冷却による接地逆転層は形成されにくい</u>．
　（c）都市域と郊外の気温差は，<u>冬季の風の弱い夜間に大きい</u>．

	(a)	(b)	(c)
①	正	正	誤
②	正	誤	正
③	誤	正	正
④	誤	正	誤
⑤	誤	誤	誤

(ヒント)
(a) 都市域では，土壌や植物による蒸発散量が少なく潜熱の輸送量が小さく，顕熱の輸送量が大きい．すなわち，ボーエン比（顕熱の輸送量/潜熱の輸送量）が大きい．
(b) 都市域では，夜間地表面の温度が下がらないので，放射冷却による接地逆転層が形成されにくい．
(c) 都市と郊外の温度差は，夜間に大きく，冬に大きい．

(解答) ③

(長谷川隆司)

6. 降水短時間予報，降水ナウキャスト

第I編第2部1章の1.2節で記述されているが，レーダーエコー強度およびエコー頂高度のデータと雨量計データの全国合成により1kmメッシュの「レーダー合成値」が5分ごと「解析雨量」が30分ごとに提供されている．このレーダーエコー強度を初期値とした降水予測システムが「降水ナウキャスト」であり，解析雨量を初期値としたものが「降水短時間予報」である．降水短時間予報が6時間先までの予報であるのに対して，降水ナウキャストは1時間先までの予報である．主な仕様の比較を表6.1に示す．

また，雨量観測とレーダー観測から，降水ナウキャストおよび降水短時間予報のプロダクトが作成されるまでの一連のデータの流れが図6.2に示されている．

6.1 降水短時間予報

気象庁の発表する降水短時間予報システムは，①実況補外型の予測システム，②メソ数値予報モデルによる予測で構成されている．

システムの概要

まず1km格子ごとの解析雨量を用いて算出した移動ベクトルによって初期の降水分布（1時間降水量）を移動させ，6時間後までの降水分布を30分ごとに予想している．この部分は実況補外予測（EX6）による降水量予測である．ところで，この実況補外予測は予報時間の経過に伴い，その精度が急速に低下するという特徴がある．それに対してメソ数値予報モデル（MSM）による降水予測は，目先の精度は実況補外予測に劣るものの予報時間に伴う精度の低下が緩慢であるため予報後半には実況補外予測をしのぐ精度を保っている（図6.1）．そこで，降水短時間予報では実況補外予測とメソ数値予報モデルの両者から得られる6時間後までの予報を時間に応じて適度の割合で組み合わせることにより，より高い精度の予報をめざしている．この降水短時間予報は目先6時間の降水域および1時間降水量を提供する情報であることから，注意報・警報などと合わせて，防災上の利用価値が大きい．

なお予報士試験においては，降水短時間予報をテーマとする設問がほとんど毎回1題の割で出題されている．手法の詳細にこだわる必要はないが，こうした手法によって，最終的なプロダクトの特性にどのように影響しているかを理解しておく必要がある．

6.1.1 初期値の作成，解析雨量

初期値となる降水量データは「解析雨量」であって，気象庁が独自に展開したアメダス観測網に基づく雨量計による観測値と，やはり全国をカバーするレー

表6.1 降水短時間予報・降水ナウキャストの主な仕様の比較

	降水短時間予報	降水ナウキャスト
予報期間	30分ごと，6時間先まで	10分ごと，1時間先まで
解像度（格子間隔）	1km	1km
初期の雨量分布・強度	解析雨量（雨量換算係数はそのつど算出）	レーダー合成（過去（10分前の前1時間）の解析雨量における雨量換算係数を利用）
初期の移動ベクトル	パターンマッチングにより決定（強雨域と一般の領域を別に算出）	降水短時間予報の過去（20～40分前）の移動ベクトルを利用
予測手法	実況補外予測とメソ数値予報による数値予測を適当な比率で合成	移動ベクトルによる補外予測
地形性降水の予測	地形による降水の強化を取り入れている	地形性降水は取り入れない

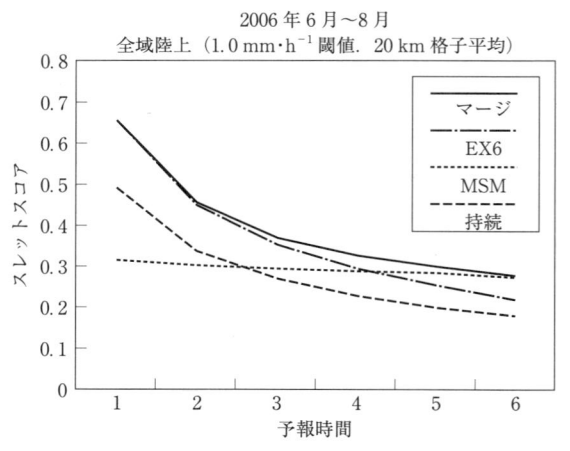

図6.1 降水短時間予報のスレットスコアの例
（気象庁予報部：『平成18年度量的予報研修テキスト』）

2006年6月～8月
全域陸上（$1.0\,\mathrm{mm\cdot h^{-1}}$閾値，20km格子平均）

マージ／EX6／MSM／持続

第2部 予報業務に関する専門知識〔6. 降水短時間予報，降水ナウキャスト〕

図6.2 降水短時間予報システムの流れ
（気象庁予報部：『平成18年度量的予報研修テキスト』）

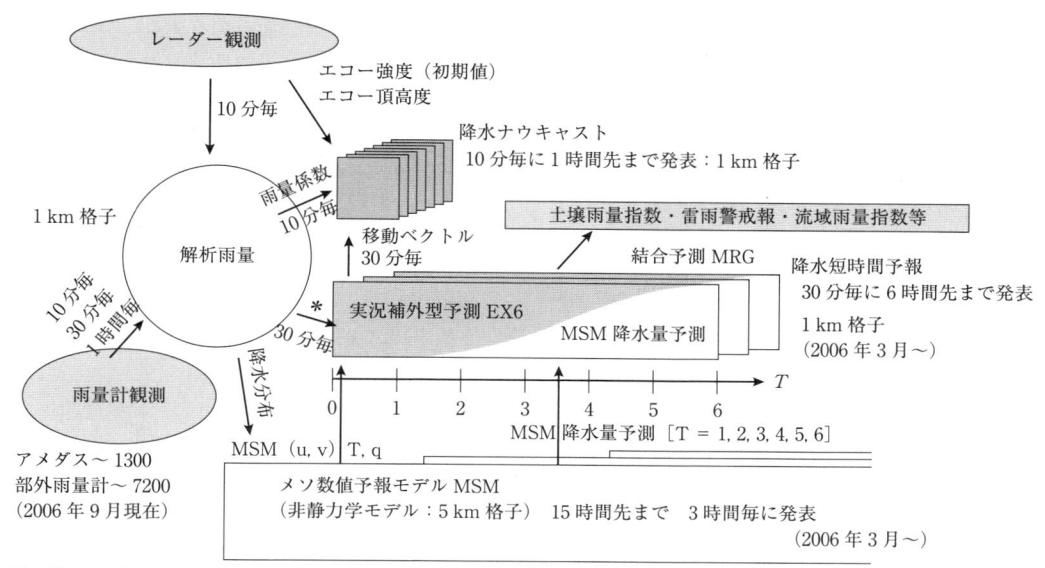

* ［解析雨量］→［実況補外型予測］
・1時間積算降水量［$T=-3, -2, -1, -0.5, 0$］，降水強度［$T=-1, 0$］，エコー頂高度［$T=-2, 0$］，アメダス埋め込み雨量［$T=0$］

ダー観測のデータが主体となっている．最近はこれに加えてレーダーデータの1kmメッシュ化と気象庁以外のデータの利用（自治体設置の雨量計データのオンライン化や国土交通省のレーダーの利用）が進み，より精度の高い初期値として「解析雨量」が用いられるようになった．

アメダスの雨量計のみでは山岳地などの部分にデータの過疎な部分がでて精度に影響を与えることから，精度は雨量計に劣るものの面的に広範な領域をカバーできるレーダーから見積もる降水量を組み合わせて全国をカバーする均質な降水量データを得ることができる．この二つ（雨量計とレーダー）の特性を考慮して統合したデータが解析雨量である．

レーダーデータについては，地形によるエコーの消え残りや海上の波浪によるシークラッターなどの異常エコー（非降水エコー）は降水分布の誤解析の原因になるので排除することが必要だが，現段階では完全に除去することはむずかしい．このため，地形エコーの残りそうなところでの局地的な強い降水域や海上で弧状に降水域などが表現されている場合にはシークラッターと判断して，異常エコーによる意味のない降水域である可能性を考えておかねばならない．この場合，時間によって移動するかどうかが判別手段の一つである．

6.1.2 実況補外予測

この計算過程は，現状の降水域を過去の進行速度を参考に移動させる補外法であって，いわゆる運動学的方法と呼ばれる予測法である．これは現状の降水域をそのまま移動させるもので，擾乱の活動に起因するような新たな降水域の生成や移動・衰弱は対象としていない．ただし，地形効果が原因となる降水量の増減は含まれている．

降水域の移動を決定する「移動ベクトル」は過去3時間の解析雨量を用いてパターンマッチングという手法によってその移動ベクトル（移動量と移動方向）を見積もっている．ただ降水域の特徴として弱い降水域と強雨域の移動は異なった動きをする場合があり，そのため移動ベクトルも一般の降水域と強雨域を別々に算出している．これは，それぞれの降水域を形成する擾乱の鉛直構造の相違によるもので，異なる高度の風系がそれぞれの移動にかかわっているからである．

一般に補外手法では，予報時間内に新たに降水が発生することはないが，地形に起因する降水量の強化や減衰は表現されるようになっている．地形性降水の見積もりはやや複雑である．山岳の斜面を滑昇する湿潤気塊については一般的に降水が強化されるが，すでに気塊が最高地点を通過し第二のピークに向かうような場合は降水増加に寄与する水蒸気は残っていないとし

て降水が減衰するようになっている．

予報の最初は実況補外からスタートする．初期時刻ですでに現れている小規模な降水域は当然補外の対象になるが，このような小規模の降水をもたらす擾乱は寿命も短いので，急激に減衰することが多い．そのため実際は，降水が無くなったにもかかわらず，予報上は消え残ったりする．逆に，予報時間内に発生し急激に発達するような小規模で活発な擾乱による降水域は，この補外手法では予報できない．こうした場合に予想精度が低下することになる．

また実況補外が解析雨量のパターン移動から算出される移動ベクトルに依存しているので，基本的には直線的な移動に適合する．そのため大規模な擾乱であれば構造を保ったまま移動するので，精度は高いが，台風縁辺のようにスパイラル（曲線状）に降水域が運動するような場所では必ずしも適切な追随ができない．

6.1.3 メソ数値予報による数値予測

このメソ数値予報モデルは，5 km 格子，鉛直 50 層で 3 時間ごとに 1 日 8 回予報が行われる．この水平解像度であれば 30〜40 km 程度のメソ β スケールの現象が予報できる可能性がある（モデルで十分表現可能なスケールは格子間隔の 5〜8 倍程度とされる）．このため，個々の積乱雲を記述することはできないが，雷雨・集中豪雨などによる降水域を予測できる可能性は高い．したがって，この程度の規模の擾乱に伴う新たな降水系の発生・発達・衰弱も降水短時間予報に組み込まれているといえる．

6.1.4 実況補外予測と MSM 予測の結合手法

実況補外予測と MSM 予測を結合させる考え方は次の通りである．

① 補外予測は一定の領域ごとに 3 時間前の初期値による 3 時間予測と実況を比較してスコアを決める．

② 数値予測は現在時刻で予想と実況からスコアを決める．

③ スコアの良い方に重みをかけて結合させる．

④ 前半では補外予測の割合を高くとり，時間とともに次第に低くなるように設定する．

この結果，おおむね予報時間の前半では実況補外予測の部分が大勢を占めており，地形性降水は考慮されているが大規模な雨域と小さな強雨域が混在するなど複雑な降水域の場合には，移動ベクトルの設定が困難な場合がある．予報時間後半に関しては，メソ数値予報の結果が大勢を占め，降水域が急に広がったり，強雨域の予想が不十分であったりする．

後半に導入されるメソ数値予報モデルは，実況補外予測との結合割合に応じて表現される降水域の有様が変わってくることは避けられない．1 km 格子で解析された解析雨量の補外と 5 km 格子のメソモデルによる降水域を合成するため，予報期間の中間で不自然な弱い降水域の広がりや，強雨域のピークなどが平滑化されて弱く表現されることがある．したがって，実際の利用に当たっては注意する必要がある．

予測手法の違いによる不自然な移動を平滑化するため，強雨域の移動に係る「強雨ベクトル」を含む「基本移動ベクトル」（強雨ベクトル＋一般移動ベクトル）を時間とともに強雨を含まない一般移動ベクトルへ漸近させ，さらに「一般移動ベクトル」も時間とともにメソ数値予報モデルによる 700 hPa の風ベクトルに漸近させていく．

6.1.5 防災情報への利用

降水短時間予報は，防災のために目先 6 時間までの定量的な降水予測を提供している．この利用は，注意報・警報の発表・解除のタイミング，土壌雨量指数・流域雨量指数の予測値作成にも利用されている．これには次のような問題点にも留意が必要である．

予報前半では実況補外予測，後半にはメソ数値予報モデルのように，異なる予測システムからの結果を結合させたプロダクトという特殊性があり，それぞれの利点を融合する一方，予報期間を通してその精度が対象や合成比率によって変動するということも考慮しなければならない．大規模な擾乱に伴う降水量予測の信頼性は高いが，十数 km 程度の小さいスケールの急激に発達したり衰弱したりする擾乱に伴う降水量変動には十分対応はできない．このような信頼性は，基本となる雨量観測の展開，手法の高度化，数値予報モデルの改善に大きく影響されている．したがって，これを利用するためには，現状の観測システムや予報システムの動向について，常に新しい情報を得ておく必要がある．

6.2 降水ナウキャスト

「降水短時間予報」は，1 km メッシュの 1 時間降水量を 30 分ごとに 6 時間先まで予報したものであり，その初期値は「解析雨量」であることから，出力までに 20 分程度の時間がかかる．そのため，1 時間以内の雨量予測には対応できないことから，手順を簡略化

して迅速に予測を行う「降水ナウキャスト」がある．
　これはレーダー観測から得られる「合成レーダーエコー強度」を初期値として，アメダス雨量観測から得られる雨量換算係数を用い，降水短時間予報で計算される移動ベクトルに従ってエコーを流すことで雨量を予測するものである．迅速に結果を出すために，① 雨量換算係数は短時間では大きく変化しないことを前提に前1時間のデータを使用している．② 移動ベクトルもそれほど大きく変化しないことを期待して，降水短時間予報から30分ごとに採取した過去データ（20～40分前程度）を用いている．③ 時間の関係で地形による降水の増大・減衰の効果は入っていない．代わりに10分ごとの発表により，エコーの変化に迅速に対応できることにもなる．
　このような処理による「降水ナウキャスト」は，1 kmメッシュで10分ごとに1時間先までの10分間雨量を予測発表している．
　以上のように，予測対象時間にはエコーの変化が顕著ではないことを前提にしているので，利用に当たっては初期値（解析雨量分布）の過去からの変化を頭において，変化の著しいときは予測値にその効果を考慮しておかねばならない．

〈初心者の方々へのメッセージ〉

　本章のエッセンスは図6.2の流れ図にある．短時間予報・ナウキャストともに，いかにして降水域の実況を迅速に把握するかに大きな課題があった．ここで用いている運動学的手法とは，基本的に外挿にほかならない．降水短時間予報で目先6時間，降水ナウキャストでは1時間の予報期間の間では降水域の極端な変動はないものとされている．そのためには，可能な限り正確な降水域の把握が生命線となる．入手可能なあらゆるデータを駆使すれば，それなりの降水域が把握されようが，わずかな予報期間の中でデータの入手や解析に多くの時間をかけるわけにはいかない．レーダーエコーを雨量計実測値で補完する解析雨量が別途開発されていたので，こうした既成のデータを利用して効率良く予報ステップを踏む方式となっている．データの迅速性と完全性は一面で相反する要求である．これはまた短時間予報における数値予報結果の導入の仕方でも現れている．6時間の予報時間では当然のことながら単な

る外挿だけで精度の良い予測が期待されるはずはない．そこで後半を中心に精度を維持するように滑らかに数値予報結果に移行する方式がとられている．
　本章に関係する気象予報士試験では，ほぼ毎回1問程度の出題がある．内容は本章で記述しているような予測方式をとっていることで，雨域の表現にどのような特徴があるかが中心である．最近，ナウキャストに関する設問が現れた．表6.1のような比較に留意して欲しい．

【例題と解説】
　下記の問題は，各項目の正誤を問う問題になっているが，実際の予報士試験では，5種類の正誤の組み合わせから，適切な組み合わせを答える問題となっている．しかし，基本はそれぞれの事項の正しい知識が問われるわけであるから，下記のような各項の正誤を判断する訓練が必要である．

【例題 6.1】
　次に示す各項の文章の正誤について答えよ．
① 「解析雨量」の目的は，雨量計による直接観測値をレーダー観測による推定降水量で補完することで広範囲のより均質なデータを得ることにある．
② 実況補外予測における降水域は，第一段階では700 hPa面の風ベクトルを移動ベクトルとして利用している．
③ 実況補外予測については，運動学的に降水域を移動させるので，新たな降水域が発生することはない．
④ 実況補外予測では，一般の降水域と強い降水の移動ベクトルは分けて取り扱う．
⑤ 降水短時間予報に用いられるメソ数値予報モデルは，5 km格子であるので，30〜40 kmスケールのメソβスケールの降水域を表現することができる．
⑥ 降水短時間予報の後半は一般的にメソ数値予報による数値予測の比重が高まるので，強雨域の予想の精度は高くなる．
⑦ 実況補外予測での誤差は，期間中間で次第に数値予測に入れ換わるので，後半の数値予測においてもその誤差が引き継がれる．

⑧ 実況補外予測と数値予測の合成比率はその日の天気により統計的に定められた比率によって決められる．
⑨ 降水短時間予報は1時間雨量を30分ごとに6時間先まで予報しており，降水ナウキャストは前1時間雨量を10分ごとに1時間先まで予報している．
⑩ 降水ナウキャストでは，速やかに結果を出さねばならないので，解析雨量の作成を待たずレーダーエコーの合成とアメダス降水量の雨量換算係数を利用して作成される．

(解説)
① 記述通りでよい．雨量計の設置が困難な山岳部や沿岸海上での雨量分布を得るために，レーダーによる雨量換算を利用している．
② 初期の降水域の移動は，過去の解析雨量をもとにパターンマッチングの手法で移動ベクトルを定める．これは強雨域と強雨を含まない雨域を別々に求めるが，期間中の雨域の不自然な移動を除去するために，予想時間とともに強雨域のベクトルを一般の雨域のベクトルに漸近させ，さらに数値予測によるパターンへ近づけるように数値予報モデルから得られる700hPaの風に移動ベクトルをあわせるように工夫されている．したがって，「第1段階から700hPaの風ベクトルを使う」ことはない．この記述は誤りである．
③ こうした設定はよく出題される．実況補外では運動学的な手法が基本とはいえ，それだけで移動させたとしても山岳の乗り越えなどで新たな雨域を発生させる要因はあるので，これについては表現できるように加味されている．したがって，この記述は誤り．
④，⑤ この記述は正しい．6.1.2項および6.1.3項を参照．
⑥ メソ数値予報による降水域の表現は次第に精緻化されてきているが，強雨域を構成する規模の小さい擾乱は必ずしも十分には表現され得ない．特にこうした擾乱は寿命も短く短時間予報の予報時間の間で消長を繰り返すことから，目先の実況補外の精度を上回る精度には達し得ていない．したがって，この記述は誤り．
⑦ 数値予報の雨量分布は実況補外とは独立に予測しているので，誤差をそのまま引き継ぐことはない．合成段階で実況補外の誤差が混入することはあるが，漸次数値予測に置き換わっていく．したがって，この記述は誤りである．
⑧ 合成比率は，現時点での補外予測とメソ数値予報による予測の結果を比較して精度の良い方に重みを掛けてそのつど決定する．天気によって一日その比率を固定することはない．したがって，この記述は誤り．
⑨ この記述は降水短時間予報については正しいが，降水ナウキャストは1時間雨量ではなく10分間雨量を示している．降水域の変動を速やかに表現することが目的だからである．したがって，この記述は誤り．
⑩ この記述は正しい．6.2節参照．

(解答)
① 正，② 誤，③ 誤，④ 正，⑤ 正，⑥ 誤，⑦ 誤，⑧ 誤，⑨ 誤，⑩ 正

(足立　崇)

7. 気象災害

7.1 気象災害と気象情報

「気象災害」とは、気象が原因で生じる災害を指す。気象の物理要素たとえば風の力が、建造物といった対象に作用を及ぼし、建造物の倒壊などの被害をもたらす。気象が作用を及ぼすべき対象がなければ災害が成立しないという意味で、対象を災害の「素因」、被害を発生させる気象を災害の「誘因」と呼ぶ。この素因・誘因・災害の関係は、すでに発生した災害が誘因となり新たな災害を引き起こし、時間とともに二次災害、さらには三次災害へと、連鎖的に波及・拡大する場合がある。

防災対策は、① 自然の猛威に耐える対策、② 自然の猛威を避ける対策に大別できる。前者は、堤防構築による洪水防止など工学的な方法で、いわばハード防災である。後者は、交通機関の運行中止など気象情報や災害に関する知識を活用する対策で、いわばソフト防災である。ハード防災を基本としつつも、費用などの制約から、ソフト防災を活用して、効果的な防災が行われる。

防災対策の想定・計画を上まわる気象の出現は、重大な災害に至るが、そのような場合に被害を最小限にとどめる「減災」のために「危機管理」が重視されている。ハザードマップ、災害履歴などが公開されて「危機管理」の観点での災害対策が一層進められるようになっている。

気象資料および気象情報は防災において即時的あるいは非即時的に利用される。非即時的な利用には、災害に関する知識の普及や防災計画の策定における気象資料の活用がある。災害に関する知識とは、① 災害をもたらす気象状況、② 災害の発生しやすい地理的条件、③ 過去の災害事例などに関する知識である。こうした知識の習得により、住民一人ひとりが、災害を避ける行動や危険を察知して的確な行動をとる能力を高めることができる。また災害に関する知識に基づき防災計画を策定することにより、公共機関などによる、① 災害の防止・軽減のための恒久的な対策、② 災害の危険が迫っている場合にとるべき応急対策、などが明確になる。

気象資料の即時的な利用では、予測等に基づき気象災害の発生に関する「警報」、「注意報」および「気象情報」が気象庁から発表される。「警報」や「注意報」、「気象情報」は、関係行政機関、都道府県や市町村へ伝達され防災活動等に利用されるほか、市町村や報道機関を通じて地域住民にも伝えられる。これらは、災害をもたらすおそれのある気象状況が迫っていることを周知し、気象災害に対する警戒を促し、防災活動の意思決定に資するものである。これらの情報をもとに、公共機関などでは、災害に備えての待機・準備・応急といった災害発生の切迫度に応じた対策などを実施するとともに、住民らに対して災害を避けるための準備や行動を促す。また、住民らは自ら災害を避けるための準備や行動をとる。

7.1.1 気象庁の発表する警報と注意報

重大な災害が起こるおそれのあるときには「警報」で警戒が呼びかけられる。また、災害が起こるおそれのあるときには「注意報」で注意が喚起される。注意報・警報には、特記事項として、注意報から警報へ切り替える可能性、土砂災害および浸水災害への注意・警戒が明示され、付加事項として、発表した注意報・警報に関連して留意すべき気象の特徴が表示される。

(1) 警報の種類と警戒内容（7種類）
- 大雨警報：大雨による重大な災害が発生するおそれがあると予想されたときに発表される。対象となる重大な災害として、浸水災害や土砂災害などがあげられる。雨がやんでも、重大な土砂災害などのおそれが残っている場合は、発表が継続される。
- 洪水警報：大雨、長雨、融雪などにより河川が増水し、重大な災害が発生するおそれがあると予想されたときに発表される。対象となる重大な災害として、河川の増水や氾濫、堤防の損傷や決壊による災害があげられる。なお、河川を特定する場合は、指定河川洪水警報（後述）が発表される。
- 大雪警報：大雪により重大な災害が発生するおそれがあると予想されたときに発表される。
- 暴風警報：暴風により重大な災害が発生するおそれがあると予想されたときに発表される。

- 暴風雪警報：雪を伴う暴風により重大な災害が発生するおそれがあると予想されたときに発表される．この警報は「暴風による重大な災害」に加えて「雪を伴うことによる視程障害（見通しが利かなくなること）などによる重大な災害」のおそれについても警戒を呼びかけるもので，「大雪害＋暴風害」の意味ではない．大雪により重大な災害が発生するおそれがあると予想されたときには，「大雪警報」が発表される．たとえば，暴風雪警報の基準を超える風および大雪警報の基準を超える大雪が予想されたときは，暴風雪警報に加えて大雪警報が発表される．
- 波浪警報：高い波により重大な災害が発生するおそれがあると予想されたときに発表される．この「高波」は，地震による「津波」とは全く別ものである．
- 高潮警報：台風や低気圧等による異常な海面の上昇により重大な災害が発生するおそれがあると予想されたときに発表される．

(2) 注意報の種類と注意内容（16種類）
- 大雨注意報：大雨による災害が発生するおそれがあると予想されたときに発表される．対象となる災害として，浸水災害や土砂災害などがあげられる．雨がやんでも，土砂災害などのおそれが残っている場合は，発表が継続される．
- 洪水注意報：大雨，長雨，融雪などにより河川が増水し，災害が発生するおそれがあると予想されたときに発表される．対象となる災害として，河川の増水や氾濫，堤防の損傷や決壊による災害があげられる．なお，河川を特定する場合は，指定河川洪水注意報（後述）が発表される．
- 大雪注意報：大雪により災害が発生するおそれがあると予想されたときに発表される．
- 強風注意報：強風により災害が発生するおそれがあると予想されたときに発表される．
- 風雪注意報：雪を伴う強風により災害が発生するおそれがあると予想されたときに発表される．「強風による災害」に加えて「雪を伴うことによる視程障害（見通しが利かなくなること）等による災害」のおそれについても注意を呼びかけるものであって，「大雪害＋強風害」の意味ではない．
- 波浪注意報：高い波により災害が発生するおそれがあると予想されたときに発表される．「高波」は，地震による「津波」とは全く別ものである．
- 高潮注意報：台風や低気圧等による異常な海面の上昇により災害が発生するおそれがあると予想されたときに発表される．
- 濃霧注意報：濃い霧により災害が発生するおそれがあると予想されたときに発表される．対象となる災害として，著しい交通障害などの災害があげられる．
- 雷注意報：落雷により災害が発生するおそれがあると予想されたときに発表される．また，発達した雷雲の下で発生することの多い突風や「雹」による災害についての注意喚起が付加されることもある．
- 乾燥注意報：空気の乾燥により災害が発生するおそれがあると予想されたときに発表される．具体的には，火災の危険が大きい気象条件が予想された場合に発表される．
- なだれ注意報：「なだれ」により災害が発生するおそれがあると予想されたときに発表される．
- 着氷注意報：著しい着氷により災害が発生するおそれがあると予想されたときに発表される．具体的には，通信線や送電線，船体などへの被害が起こるおそれのあるときに発表される．
- 着雪注意報：著しい着雪により災害が発生するおそれがあると予想されたときに発表される．具体的には，通信線や送電線，船体などへの被害が起こるおそれのあるときに発表される．
- 融雪注意報：融雪により災害が発生するおそれがあると予想されたときに発表される．具体的には，洪水，浸水，土砂災害などの災害が発生するおそれがあるときに発表される．
- 霜注意報：霜により災害が発生するおそれがあると予想されたときに発表される．具体的には，早霜や晩霜により農作物への被害が起こるおそれのあるときに発表される．
- 低温注意報：低温により災害の発生が予想されたときに発表される．低温による災害は，季節によってその起こり方が違い，冬は凍結によるため短い期間でも起こるが，夏は気温の低い状態が何日か続くことによって起こる．しかし，どちらも低温注意報によって注意が呼びかけられる．具体的には，低温のために農作物などに著しい被害が発生する，あるいは，冬季の水道管凍結や破裂による著しい被害の起こるおそれがあるときに発表される．

大雨警報・注意報と洪水警報・注意報は，独立した警報または注意報であり，一方の警報または注意報の

みが発表されることがある．たとえば，日本では大河川といわれる河川をもつ二次細分区域（後述）では，大雨警報・注意報は解除されたが，洪水警報・注意報は継続して発表されているなどのケースがある．

(3) **警報・注意報の発表区域** 各地の地方気象台など府県区予報官署は，担当の都道府県を数地域の区域（一次細分区域）に分割して天気予報を発表しているが，注意報・警報については一次細分区域をさらに分割した二次細分区域（全国373区域）ごとに発表する．細分区域は気象庁が地域の気象特性と災害特性などに基づき都道府県などの防災機関と協議して決める．予報区を細分することにより，地域の気象特性に適した注意報・警報の発表ができ，きめ細かな防災活動（活動が必要な市町村の限定）につながるので，技術の進展にあわせて，細分が進められる．

(4) **警報・注意報の発表基準** 警報・注意報は，雨量や土壌雨量指数（後述），流域雨量指数（後述），風速，波の高さ，潮位など対応する気象要素が基準に達すると予想された区域に発表される．災害が発生する気象条件は，地質や地形，土地利用形態など，地域の特性によって異なる．そのため注意報・警報の発表基準も予報対象区域ごとに，あらかじめ気象と災害の関係を調査し，具体的な値を決める必要がある．したがって，基準は，災害の発生と気象要素の関係を調査したうえで，都道府県などの防災機関と調整して決定される．当然，基準は地域ごとに異なる．社会環境の変化等により，大気現象と災害の発生可能性が変化することがあるため，注意報・警報の発表基準は，災害発生状況の変化や防災対策の進展を考慮して適宜見直し，必要に応じ改定される．

強い地震や規模の大きい火山噴火などは地域の状況に変化をもたらすことがあり，その後数か月～数年の間，少ない雨量でも山崩れやがけ崩れ，泥流などの発生する可能性が高くなると想定される．このような場合には当該地域では大雨警報の基準を暫定的に下げて運用される．このため，大地震で地盤がゆるんだり，火山の噴火によって火山灰が積もったりして災害発生にかかわる条件が変化した場合，通常とは異なる基準で発表されることもある．

隣接した二つの予報区で大雨警報の基準が同じであっても，その二つの予報区で常に同時に大雨警報が発表されるわけではない．隣接した二つの予報区で大雨警報に該当する降雨の状態や現象発生の時刻の違いがほとんどない場合と，違いがある場合の両方がある．それに応じて，警報の発表は同時であったり，別々であったりする．

指定河川洪水予報（後述）とは別に，気象庁が単独で行う洪水注意報や洪水警報は，対象地域にある不特定の河川の増水における災害に対して発表されるもので，対象地域それぞれについて，1時間雨量，3時間雨量，流域雨量指数（後述）について発表基準を定めている．河川を特定しないため，水位や流量の予測はない．

強風注意報・暴風警報の基準値は平均風速であり，風圧の大きさではない．波浪警報は波高が警報基準値を超えると予想されるとき発表される．

高潮警報・注意報は担当する予報区の海岸について，東京湾平均海面（TP）または，現地の平均潮位面からの高さ，あるいは標高を基準として発表される．

低温注意報については，冬季の夜間に発生する水道管凍結や，夏季の数日にわたる低温による農作物被害など，季節によって発生する被害が異なるため，夏と冬で別の発表基準を設けている地域がある．

乾燥注意報の発表基準は，ほとんどの地域で，実効湿度と最小湿度に基づいている．一部の地域では風速も加えている．これらの基準値を超えると予報された場合に乾燥注意報が発表される．実効湿度は，火災予防の目的で，数日前からの相対湿度に経過時間による重みをつけて算出した木材などの乾燥度を表す指数（％）のことで，通常，次式の H_e をいう．$H_e = (1-r) \cdot (H_0 + rH_1 + r^2H_2 + \cdots)$．ここで，$H_0$, H_1, $H_2 \cdots$ はそれぞれ当日，前日，前々日…の平均相対湿度，r は1より小さい値の定数で0.7とする場合が多い．空気が乾燥し火災の危険性が高いと予想されると，各地気象台からおのおのの都道府県にその旨を知らせる「火災気象通報」が通報される（報道機関等へは通報されない）．これは，市町村が発表する「火災警報」の判断資料となる．火災に関する警報を発表するのは市町村長である．

(5) **警報・注意報の切り替え** 状況の変化に伴って現象の起こる地域や時刻，激しさの程度などの予測が変わることがある．そのようなとき，発表中の警報や注意報の内容を更新する「切り替え」が行われる．災害のおそれがなくなったときには，警報や注意報は解除される．警報や注意報は，切り替えまたは解除が行われるときまで継続する．切り替えによりそれ以前の警報は解除されたことになるので，引き続き必要な警報事項については，新たな警報事項についての警報とともに再度警報が発表される．

台風の接近などで，数時間後に大雨注意報の発表基

準に達し，半日以上先に大雨警報の発表基準に達すると予想される場合，先立って発表される大雨注意報の中で警報級の現象の発生が予告されることがある．

7.1.2 「気象情報」

災害に結びつく現象が24時間から2〜3日先に発生する可能性のあるときに，現象を予告し住民や防災機関等へ注意を呼びかける目的で，警報や注意報に先立って，その旨を盛り込んだ「気象情報」が発表される．また，発表中の警報や注意報を補完する目的で，大気現象の推移や量的要素（量・時刻・地域など）の現状と見込みおよび防災上の注意事項などを盛り込んだ「気象情報」が，警報や注意報と一体のものとして発表される．

「気象情報」には，対象となる地域による種類，対象となる現象による種類がある．対象となる地域では，「全般気象情報」，「地方気象情報」，「府県気象情報」の3種類がある．対象となる現象では「大雨」，「大雪」，「暴風」，「暴風雪」，「高波」，「低気圧」，「雷」，「降雹（こうひょう）」，「少雨」，「長雨」，「潮位」，「強い冬型の気圧配置」，「黄砂」などがあり，「大雨と暴風」や「暴風と高波」，「雷と降雹」のように組み合わせて発表することもある．「気象情報」のタイトルには，「大雨に関する◎◎県気象情報」のように対象となる地域と現象が明示される．「全般気象情報」の対象地域は全国であって，対象現象がおおむね二つ以上の地方予報区（後段で説明）にまたがる場合に，全国予報中枢（気象庁）が発表する．ただし，大きな災害が発生すると予想される場合には，一つの地方予報区であっても発表されることがある．「地方気象情報」の対象地域は全国を11に分けた地方予報区の一つであり，対象現象が当該地方予報区内の二つ以上の府県にまたがる場合に，地方予報中枢（管区気象台と特定の地方気象台）が発表する．「府県気象情報」の対象地域は各都府県（複数に分割している道県もある）であり，府県予報区担当官署（地方気象台等）などが，その担当する予報区内に災害の発生するおそれがある場合に発表する．

これら以外に，「台風情報」，「記録的短時間大雨情報」，「土砂災害警戒情報」，「竜巻注意情報」，「異常天候早期警戒情報」がある．特別な目的をもって発表されるこれらについては，必要に応じ，以下の関連の節で述べる．

7.2 風害

風害は風によって引き起こされる災害である．風から受ける風圧が直接働く被害は，台風や低気圧などによる長時間続く強風の害，竜巻やダウンバースト，塵旋風などが原因の突風害がある．風に伴う海面の変化に伴う災害として，高波や高潮などによる災害もある．そのほか風が運び来るものによる被害もある．

7.2.1 風について

風は絶えず変化しているので，平均風速や瞬間風速で表現される．気象庁の地上気象観測における平均風速は，観測時刻の前10分間の測定値を平均しその時刻の値としている．毎時の平均風速の1日の最大は日最大風速という．瞬間風速とは時々刻々変動する風の，ある瞬間の時刻における風向・風速を表す．気象庁の地上気象観測では0.25秒ごとに更新される3秒（12サンプル）平均を瞬間風速としている．1日の瞬間風速の最大値を日最大瞬間風速という．わが国における平地での記録は，最大風速は室戸岬の $69.8\,\mathrm{m\cdot s^{-1}}$（1965年9月10日），最大瞬間風速は宮古島の $85.3\,\mathrm{m\cdot s^{-1}}$（1966年9月5日）である．

風害では風圧による直接の被害が多い．風圧は風速の2乗に比例する．強風時の災害は最大瞬間風速のときに集中する傾向がある．最大瞬間風速がその時間帯の平均風速に比べていかに大きいかを表すには，突風率が使用される．突風率はある時間内（ふつう10分間）最大瞬間風速と平均風速の比で定義され，風害の調査などには，日最大瞬間風速と日最大風速の比が使用されることが多い．突風率の代表的な値として1.5〜2が使用されるが，実際の強風害で突風率が3を超える場合も観測されている．

7.2.2 風の強さと吹き方

風の強さと被害等との関係を気象庁がモデル化したものが表7.1である．「強い風」や「非常に強い風」の階級以上の風が吹くことが予想されるときは強風注意報や暴風警報が発表されるが，その発表基準は地域によって異なる．表中の風速の値や，天気予報などで伝えられる最大風速，暴風域の風速 $25\,\mathrm{m\cdot s^{-1}}$，強風域の風速 $15\,\mathrm{m\cdot s^{-1}}$ はすべて平均風速である．台風などで最大風速 $20\,\mathrm{m\cdot s^{-1}}$ と発表された場合はその2倍の $40\,\mathrm{m\cdot s^{-1}}$ 程度の突風が吹く可能性がある．この表を参照すれば，予報の風速（平均風速）から被害リス

表7.1 風の強さと吹き方（気象庁，一部省略）

平均風速 (m·s^{-1})	予報用語	速さの目安	人への影響	屋外・樹木の様子	車に乗っていて	建造物の被害
10以上15未満	やや強い風	一般道路の自動車	風に向って歩きにくくなる．傘がさせない．	樹木全体が揺れる．電線が鳴る．	道路の吹流しの角度が水平（10 m·s^{-1}）で，高速道路で乗用車が横風に流される感覚を受ける．	取り付けの不完全な看板やトタン板が飛び始める．
15以上20未満	強い風		風に向って歩けない．転倒する人もでる．		高速道路では，横風に流される感覚が大きくなり，通常の速度で運転するのが困難となる．	ビニールハウスが壊れ始める．
20以上25未満	非常に強い風	高速道路の自動車	しっかりと身体を確保しないと転倒する．	小枝が折れる．		鋼製シャッターが壊れ始める．風で飛ばされた物で窓ガラスが割れる．
25以上30未満			立っていられない．屋外での行動は危険．	樹木が根こそぎ倒れ始める．	車の運転を続けるのは危険な状態となる．	ブロック塀が壊れ，取り付けの不完全な屋外外装材がはがれ，飛び始める．
30以上	猛烈な風	特急列車				屋根が飛ばされたり，木造住宅の全壊が始まる．

クの推定が可能であるが，一般に以下の注意が必要である．

- 風速は，風速計が置かれている地点での観測値であり，同じ市町村であっても周辺の地形や地物の影響で風速は異なる．
- 風速が同じであっても構造物の状態や風の吹き方によって被害が異なる．
- 突風率が著しく大きい場合もあり，その場合は瞬間的に加わる力も大きくなる．

7.2.3 藤田スケール

被害状況から突風の強度を推定しそれを階級で表示するために藤田スケール（Fスケール）がよく使用される（表7.2）．藤田スケールのFの値は，$V = 6.3(F+2)^{1.5}$ m·s^{-1} で風速 V (m·s^{-1}) と関係づけられる．ただし，風速と被害との関係は，個々の建造物の特性や風の吹き方に影響を受けるため単純ではなく，被害から推定したFスケールを風速の測定値と混同してはならない．

7.2.4 強風による被害の様態

風は場所によって風向と風速が大きく異なる．したがって，強風による災害は発生場所による差が大きい．風が強いほどその違いは大きい．

風による建造物への被害は，風圧による建物全体の「倒壊」と屋根・窓などの破損・飛散といった「一部損壊」がある．直接の風圧のほか，強風で飛ばされた飛散物により，窓ガラスが破られ，そこから強風が吹き込むことにより，屋根や家財が飛ばされる場合も多い．建築中の足場やクレーンの倒壊，看板の飛散，ビニールハウスなど仮設物の倒壊がある．倒壊や飛散による電力線の切断，電車架線への障害，通信回線の遮断も起きる．

人的災害としては，倒壊した建造物の下敷，飛散物に当たるなどによる死傷がある．強風によりさまざまな飛散物があるので，強風時の屋外は危険に満ちている．また，強風時の屋根修理など高所作業での転落や登山中の滑落などの事故例があることにも留意すべきである．

農林業への影響として，表7.1では，樹木の折損は平均風速15 m·s^{-1} 以上で小枝が折れ始め，25 m·s^{-1} 以上になると根こそぎになるとしている．ただし，倒木は，土壌や植林の状態および枝葉の状態に依存する．果樹の場合，強風は落果および擦り傷が果実の商品価値を低下させる．稲の場合，開花期の強風は受精不良による不結実を発生させる．

表7.2　藤田スケール（Fスケール）

F	風速	被害
F0	$17\sim32$ m・s^{-1}（約15秒間の平均）	テレビアンテナなどの弱い構造物が倒れる．小枝が折れ，根の浅い木が傾くことがある．非住家が壊れるかもしれない．
F1	$33\sim49$ m・s^{-1}（約10秒間の平均）	屋根瓦が飛び，ガラス窓が割れる．ビニールハウスの被害甚大．根の弱い木は倒れ，強い木の幹が折れたりする．走っている自動車が横風を受けると，道から吹き落とされる．
F2	$50\sim69$ m・s^{-1}（約7秒間の平均）	住家の屋根がはぎとられ，弱い非住家は倒壊する．大木が倒れたり，ねじ切られる．自動車が道から吹き飛ばされ，汽車が脱線することがある．
F3	$70\sim92$ m・s^{-1}（約5秒間の平均）	壁が押し倒され住家が倒壊する．非住家はバラバラになって飛散し，鉄骨づくりでもつぶれる．汽車は転覆し，自動車が持ち上げられて飛ばされる．森林の大木でも，大半が折れるか倒れるかし，引き抜かれることもある．
F4	$93\sim116$ m・s^{-1}（約4秒間の平均）	住家がバラバラになってあたりに飛散し，弱い非住家は跡形なく吹き飛ばされてしまう．鉄骨づくりでもペシャンコ．列車が吹き飛ばされ，自動車は何十mも空中飛行する．1トン以上もある物体が降ってきて，危険この上もない．
F5	$117\sim142$ m・s^{-1}（約3秒間の平均）	住家は跡形もなく吹き飛ばされるし，立木の皮がはぎとられてしまったりする．自動車，列車などが持ち上げられて飛行し，とんでもないところまで飛ばされる．数トンもある物体がどこからともなく降ってくる．

運輸交通関係では人的・物的な被害に加え，リスク回避のための運休など，経済的被害もある．列車や自動車が強風や突風の場所を通過するとき急な横風を受けて，列車の脱線や自動車の暴走が発生する場合がある．橋梁や高架の道路や線路では，平地より強風の危険が大きく，さらに川筋・谷筋などに位置する場合，地形の効果による強風の危険が大きい．高速で走行する車両ほど影響を受けやすい．鉄道では，強風の吹きやすい場所に風速計を設け速度規制や運転中止を行っている．高速道路では，橋梁や高架のほかトンネルの出口で急な横風にハンドルを取られることがあるので，危険箇所には注意喚起の標識が設けられている．航空機への風の影響は，離着陸時には低層の乱気流，ウィンドシア，ダウンバーストが，また，巡航中には山岳波など地形性の晴天乱気流（CAT）またはジェット気流周辺の晴天乱気流が事故の原因となる．船舶への風の影響は，波浪による座礁や転覆がある．帆船やヨットなどでは強風により転覆することもある．

7.2.5　波浪害

波浪は風浪とうねりを総称する．風浪は風が水面に作用して周期的な上下動を起こさせることにより発生する波である．波は強い風が長時間続き，長い距離を吹走するとき大きく発達する．

波長に比べて水深が浅い遠浅の海を伝播する重力波の伝播速度 C は，水深を H，重力加速度を g として，$C=\sqrt{gH}$ で表され，波の伝播速度は深さに関係する．波が海岸に近付くと，水深が浅くなるため波の伝播は遅くなる．そのため，海岸近くでは後続の波が前の波に接近して波高が増し，砕け波となる．また，波の進行方向は海の等深線に直角になる．このため，遠浅の海に突出した突堤の先端付近では，突堤の両側から突堤に向かって進む波が回折して集中するため波高が増し，砕けやすくなる．

風浪の長周期（長波長）成分は短周期成分に比べ減衰しにくいので，遠方に伝播しうねりとなる．「土用波」は遠方の台風で発生した風浪から来るうねりである．うねりの波高は高い場合には4mを超える．うねりの波長は長いもので400m以上にも達する．波長400mの場合，波の伝播速度は約25 m・s^{-1}（90 km・h^{-1}）であり，台風の移動速度を20 km・h^{-1}とすると，うねりは台風より4〜5倍の速度で伝播することになる．つまり，台風のうねりは，台風に先駆けて伝播する．このため，強風が吹いていなくても，うねりにより高波が発生して，釣りや海水浴などで被害が発生する場合がある．台風が遠方にある場合でもうねりに対する警戒が必要である．

波はやや不規則に高低を繰り返すが，その代表的な波の高さは有義波高で表す．有義波高とは，ある点を連続的に通過する波を観測したとき，波高の高い方から数えて波の全数の3分の1までの波の高さを平均した値で，目視の波高に近いといわれている．同じような波の状態が続くとき，100波に1波は有義波高の1.5倍，1000波に1波（2時間に1回程度）は2倍近い巨大波が出現する．この巨大波のことを「一発大波」などともいう．確率としては小さいが，しけが長引くほど巨大波の危険が増す．気象庁の波浪予報では波高は有義波高で報じ，「しけ」は波高4〜6m，「大しけ」は6〜9m，「猛烈なしけ」は9m以上の高い波を意味している．

波浪による災害は海難のほか，沿岸施設や住宅に対

する災害，欠航などの交通障害がある．海難は，船舶の沈没，転覆，損傷，漂流，座礁などがある．一般に船舶は予報や観測により波が高いときは欠航や船路変更により安全を図っているので，海難の大部分は，そうした事前の情報では予期できなかった波浪に遭遇した場合で，操船，運行，積載，船体管理が不適切な場合に発生している．近年は海上レジャーにおいて気象・海象情報を軽視し安全対策を怠ったことによる海難が目立つ．沿岸施設や住宅に対する波浪災害は，港湾施設の損壊，海岸浸食，停泊船舶の損壊・漂流・座礁，水産業施設の損壊・流出，沿岸家屋の損壊・浸水，釣りや遊泳中の人身事故などがある．台風が近づいて波が高くなってきている最中にサーフィンに出かけたり，高波を見るために海岸へ出かけたりして，高波にさらわれる事故が発生している．台風接近時には海岸を突然大波が襲うことは珍しくないので，むやみに海岸へ近づかない．

波浪害の予防にはまず，広域の強風害をもたらす気象への注意が重要であるが，同時に，被災地域から離れたところに原因のあるうねりや，海底地形などが関与する局地的な波浪など，波浪に特有の現象による災害もあるので，遠方の台風や低気圧についても波浪害との関係で注意が必要である．

7.2.6 高潮害

海面は月や太陽の引力により1日に1～2回の割合で周期的に満潮と干潮を繰り返す．こうした効果による海面の高さ（潮位）は前もって計算することができる．これを推算潮位という．実際の潮位と推算潮位との差を潮位偏差と呼ぶ．

台風や発達した低気圧の接近などで発生する大きな潮位上昇を高潮という．高潮発生の仕組みは海水の「吹き寄せ」と「吸い上げ」という二つの効果が重要である．「吹き寄せ」効果は，台風などに伴う風が沖から海岸に向かって吹くとき，海水を岸に向かって吹き寄せて海岸付近の海面が上昇する効果である．吹き寄せによる海面上昇は風速の2乗に比例するので，風速が2倍になれば海面上昇は4倍になる．特にV字形の湾の場合は奥ほど狭まる地形が海面上昇を助長させ，湾の奥ではさらに海面が高くなる．南に開いた湾の場合は台風が西側を北上した場合には南風が吹き続け高潮が発生する．「吸い上げ」効果は，気圧の低いところで海水が吸い上げられて海面が持ち上がる効果である．この効果により，外洋で気圧が1 hPa低いと海面は約1 cm上昇するので，1000 hPaだったところへ中心気圧が950 hPaの台風が来れば，台風の中心付近では海面は約50 cm高くなる．

吹き寄せ効果と吸い上げ効果による水位上昇に，潮汐の満潮，地形の影響および波浪が重なってさらに潮位が高まる場合もある．潮位偏差が比較的少ない場合でも満潮（特に大潮）と重なると被害が発生することがある．一方，満潮時でなくても，潮位偏差が大きいと被害が発生することがある．

日本付近の海水温は，気温の年変化より遅れて，夏から秋にかけて最も高く，海水は膨張して潮位を増し，平常時の潮位が1年を通して最も高くなっている．このように，台風の接近しやすい夏から秋にかけては，1年の中で最も平常時の潮位が高い時期にあたるため，同じ規模や強さをもった台風や低気圧でも，他の時期に比べて高潮の災害が発生しやすい．

高潮のほかに，異常潮位および副振動（またはセイシュ）と呼ばれる潮位現象があり，時には浸水害をもたらす．異常潮位は潮位が比較的長期間（1週間から3か月程度）継続して平常より高く（もしくは低く）なる現象である．府県より広い範囲に及ぶことが多く，原因として暖水渦の接近，黒潮の蛇行などがあげられるが，さまざまである．暖水渦は周囲より水温が高く，北半球で時計まわりの循環をもつ渦で，渦の中心では水位が周囲に比べて高いという特徴がある．副振動は日々繰り返す満潮・干潮の潮位変化を主振動としてそれ以外の潮位の振動に対して名づけられたものである．湾や海峡など陸や堤防に囲まれた海域等で観測され，周期が数分から数十分程度の海面の昇降現象をいう．主な発生原因は，台風，低気圧などの気象擾乱に起因する水位変動や津波などの長波成分が湾内などに入り，湾内の水と共鳴したとき，著しく大きい潮位の変動が生じる場合がある．

7.2.7 その他の風害

風害は必ずしも風圧の直接的な効果や，高潮および波浪によるものだけではない．その他の風による被害として簡単な説明を以下に示した．砂嵐（砂じん嵐），黄砂，乾風，風冷，塩風，ビル風によるものなどがある．さらに，風は，火山灰・火山ガスおよび事故に伴う有害物質や放射性物質を離れた地域に輸送・拡散するなどにより，被害をもたらす場合がある．

- 砂嵐：土壌や砂などが強風により大量に輸送されて発生する．畑地では耕土が吹き飛ばされて被害が起きることがある．
- 黄砂：中国大陸の黄土が輸送されて発生する．主

に春に発生し，航空機の運行に影響を与えるほど大きな視程障害を起こすこともある．
- 乾風：フェーン現象に伴う乾燥した高温の強風は，火災のリスクを高めるほか，植物から多量の水分を奪い取り，立枯れや稲の白穂を発生させることがある．
- 風冷：低温時の風は凍傷や凍死などの風冷害を発生させる場合がある．人が体で感じる寒さは体感温度で指標化される．体感温度は，身体の表面の熱の出入りによって決まり，この熱の出入りは気温や風速などに関係している．寒いとき同じ気温でも風が強いほど身体の表面から熱を奪い冷やす効果が強いので，体感温度は低くなる．冬季の山岳域では通常風が強いため，体感温度は気温よりかなり低くなる．
- 塩風：台風など顕著な擾乱に伴って海上から陸上に向かって強い風が吹くと，海水飛沫が陸上の地物に付着して被害が発生することがある．この被害を塩風害と呼んでいる．海水のしぶきの蒸発によりできる海塩粒子は海岸沿いの送電塔の碍子等に付着し，湿気を吸収して絶縁不良による被害をもたらす．ただし，一般に降水量が多いと付着した塩分は洗い流されるので被害の程度は小さい．また，日本海沿岸地域に冬季発生する「波の花」は，プランクトンの出す粘液で海水が石けん泡のようになったもので，その飛散による塩害もある．
- ビル風：高層ビル周辺で風が強められることにより，歩行困難や，物が飛ばされるなどの風害の起きることがある．

7.2.8 風害を発生させる気象条件

台風，温帯低気圧，前線，季節風，寒気内小低気圧などに伴い，長時間，広域にわたる強風が発生し，広い範囲に風害をもたらすことがある．台風は中心付近で急激に風が強まるのに対し温帯低気圧による強風は広範囲にわたるのが特徴である．したがって，台風が日本付近で温帯低気圧に変わると，強風域が広がり中心から遠く離れた地域で風害が発生する場合がある．台風に伴う強風や暴風は，地形の影響によって予想された以上の風速になる場合があるため，台風のコースを考慮した地域の風の特性を知ることが防災対策上重要である．一般に台風の進行方向に向かって右側では台風自身の風に台風を移動させている一般場の風の速度が加わり風速が強い．逆に，左側では風速は弱い．しかし，このことがただちに台風進行方向の左がより安全であることを意味するわけではない．たとえば，太平洋側から上陸後に日本海側へ抜ける台風が，日本海沿岸のある地域の東側を通ると，その地域で北からの強風が吹き，暴風や高潮の危険度が高まる可能性がある．したがって，台風がどちら側を通過すると危険度が大きいかは一概にはいえない．熱帯低気圧でも，強風による災害をもたらすことがある．熱帯低気圧は最大風速が $17\,\mathrm{m\cdot s^{-1}}$ 未満なので台風とは呼ばれないだけであって，局所的・瞬間的には強風を吹かせ，風による災害をもたらすことがある．

高温で乾燥した強風は火災のリスクを高める．火災の延焼には，風の強さ，空気の乾燥度，木材の乾燥度などが関係する．日本では一般に，寒候期の方が暖候期よりも相対湿度が低く，気温が低いため空気中の水蒸気量も少ないことから，春先のフェーン現象で「大火」となっている例がある．フェーン現象はその成因により二つの型に大別できる．その一つは熱力学的フェーンで，風上で湿潤断熱的に上昇し降水粒子を落とした後の空気が，風下の斜面を乾燥断熱的に吹き降り昇温する場合である．他の一つは力学的フェーンで，風上側の下層に寒気が滞留し寒気の上の空気が山を吹き降りる場合で，降水を伴わなくても断熱昇温する．日本海を低気圧が発達しながら通過する場合，低気圧に吹き込む南からの高相当温位の空気が山越えして昇温・乾燥しながら日本海側に入り込むためにフェーン現象が起こる．

比較的狭い範囲で短時間に起きる突風については，気象庁ホームページ掲載の「竜巻等の突風データベース」に気象庁が把握した突風事例のデータが収録されている．そのなかから，1991～2007年を抜き出してみると，突風事例570のうち半数以上が竜巻またはその関連である．ダウンバーストやガストフロントなど積乱雲の冷気外出流関連の事例は1割以下で，その他（不明を含む）が3割強といった割合である．塵旋風はきわめて少ない．突風が観測されたときの気象は，多い方から順に，寒冷前線が2割弱，台風が1割強，日本海低気圧1割弱，気圧の谷と寒気移流がほぼ同数で合わせて2割弱となっている．そのほか，雷雨，停滞前線，梅雨前線，暖気移流がそれぞれ2桁の事例で続いており，それらの合計で2割強を占める．

7.2.9 竜 巻

上記のように，わが国の突風事例はそのほぼ半数が竜巻関連である．竜巻は台風，寒冷前線，低気圧に伴って季節を問わず，日本のどこでも発生する．1991～2006 年の統計では，年平均約 17 個発生し，特に，台風シーズンの 9 月に最も多い．竜巻が多いといわれるアメリカ合衆国では，2004～2006 年の統計で年平均約 1300 個発生しているが，単位面積に換算すると日本での発生数はアメリカ合衆国の約 3 分の 1 である．年間通して沿岸部で多く発生し，夏は内陸でも発生する．発生場所は，夏は全国的に分布し，秋は特に西日本の太平洋側に多い．竜巻発生時の主な気象は，冬と春は低気圧，寒冷前線，寒気の流入，夏は停滞前線，雷雨，台風，秋は台風，寒冷前線，低気圧といった特徴がある．

竜巻被害には，以下の特徴がある．
- 突発的に発生する．
- 猛烈な風が吹く．激しく渦巻く上昇気流により進路上の物体を巻き上げながら移動する．
- 車が持ち上げられて飛ばされるほどの強風（風速 $70\,\mathrm{m\cdot s^{-1}}$ 以上）が吹く場合もある．
- 短時間に幅が 1 km 以下の狭い範囲に集中して被害が起きる．
- 竜巻自体の移動が速いと被害が大きくなる．
- 高速の飛来物が体などに当たる危険がある．
- 飛来物が建物を壊す危険がある．飛来物により窓ガラスが割れると，建物内部の気圧の急変により屋根が飛ぶこともある．
- 飛来物が建築物に衝突し，そこから飛散した物体が新たな被害を生み，被害を拡大する．

竜巻の発生の仕組みはまだ十分に解明されていない．積雲や積乱雲，あるいはスーパーセルと呼ばれる巨大積乱雲に伴い発生することがわかっている．強い上昇気流を伴う雲の内部に，何らかの原因で回転上昇気流からなる局所的な低圧部（メソサイクロンと呼ばれる）ができると，その下に竜巻が発生する傾向がある．他の大気現象に比べて渦度が圧倒的に大きいので，地表面摩擦が無視できる高さでの風の場は，遠心力と気圧傾度力とが釣り合った旋衡風バランスが成り立っており，コリオリ力は重要でない．したがって，北半球で右巻き左巻きいずれも存在する．

目撃証言に基づく，竜巻接近時に現れる視覚的特徴には，空が急に暗くなる，大粒の雹が降る，漏斗状の雲が目撃される，飛散物が筒状に舞い上がる，などがある．その他，聴覚的特徴として，ゴーというジェット機のような轟音がする，気圧の変化で耳に違和感を感じる，などがある．こうした視覚的あるいは聴覚的な特徴のいずれかが感知された場合，竜巻接近の予兆として，ただちに安全確保の行動をとるのがよい．ただし，夜間は視覚的な確認がむずかしくなることに留意する．

屋内にいるときに竜巻に遭遇した場合，とりあえずの安全を確保するため，① 地下室や建物の最下階に移動する，② 窓は開けないでカーテンを引き，窓から離れる，③ 雨戸やシャッターは閉める，④ 家の中心部に近い窓のない部屋に移動する，⑤ 部屋の隅，ドア，壁からは離れる，⑥ 頑丈な机の下に入り両腕で頭と首を守る（ヘルメットがあれば着用する），などの可能な事項を実施する．

屋外で竜巻に遭遇した場合，① 近くの頑丈な建物に避難する，② 車，車庫，物置，プレハブなど地面にしっかり固定しないものを避難場所にしない，③ 橋や陸橋の下は風が強まる場所であるから近づかない，④ 近くの頑丈な建物がない場合，水路やくぼみに身を伏せ，両腕で頭と首を守る，⑤ 飛来物に注意する，などに留意して安全確保に努める．

7.2.10 ダウンバースト

竜巻以外にもダウンバーストによる突風被害がある．ダウンバーストは，積乱雲が強い突風をもたらす現象で，航空機の離着陸時における事故で注目された．その発生の仕組みは次の通りである．発達した積乱雲の中で雹や雨滴が落下を始めると，摩擦により周囲の空気が引き下ろされ，下降気流が発生する．落下してきた雹は下層で周囲の気温が高くなると，融解して雨滴となり融解の潜熱を周囲から奪うので，下降している気塊は冷えて重くなり，下降気流は加速される．落下途中に乾燥した層があると雹や雨滴は蒸発し周囲の空気から潜熱を奪うので，下降気流はさらに冷却し加速される．これらのことが合わさって寒冷な空気塊が急降下して地表に激突し，その場から四方に噴出し，局地的に大きな被害をもたらす突風となる．地上の突風は，ダウンバーストを発生させた積乱雲からはるか遠方にまで及ぶので，頭上に降雨現象がなくてもその強い気流のため，突風被害が発生することがある．直径 4 km 未満のダウンバーストをマイクロバースト，直径 4 km 以上はマクロバーストと呼ぶ．マイクロバーストは発生から消滅まで数分から十数分であるため，観測，予測がむずかしい．また，連続してダウンバーストが発生することもある．

7.2.11 突風に関する情報

竜巻,ダウンバーストなどの激しい突風をもたらすような気象状況になったことを速報するため,「竜巻注意情報」が気象庁から発表され,防災機関や報道機関に伝達される.また,気象庁ホームページを通じても提供される.この情報は,気象官署のドップラーレーダーによりメソサイクロンが検出され,気象レーダーによるエコー強度とエコー頂高度,数値予報資料による指標を合わせた総合判断で,竜巻,ダウンバーストなどの激しい突風をもたらすような発達した積乱雲が存在しうる気象状況と判断されたときに,雷注意報を補足する府県気象情報として発表される.情報の有効時間は発表から約1時間である.

7.2.12 突風被害の調査

竜巻もダウンバーストも発達した積乱雲に伴う突風である.被害が生じた場合,その原因の特定には,地上気象観測記録やドップラーレーダー記録,気象解析予測データなどが活用されるが,地上に残った被害痕跡も有力な手がかりである.地上風は,ダウンバーストの場合はある一点から外に向く発散性の風向分布になり,竜巻の場合はある一点に収束する渦状となる.このことから,倒壊の方向がある点や線に集まる場合は竜巻の可能性があり,方向が一様もしくは広がる場合はダウンバーストの可能性があるとされる.ただし,必ずしもすべての突風の被害痕跡からこうした方法による原因の特定が可能とは限らない.

7.3 水害,大雨害

水害は降水に起因する災害であるが,高潮害や融雪害を含む場合もある.災害の形態から洪水や浸水による災害と,がけ崩れなど土砂災害に大別できる.水害は,降雨時やその直後のみではなく,過去に降った雨が,地面の保水能力や地盤の強さなどに影響を与え,大きな災害をもたらすことがある.土砂災害は主に災害発生場所での降雨が原因となるが,洪水・浸水による災害は発生場所の河川上流での降雨が大きな災害をもたらすことがある.雨の強さと被害等との関係を気象庁がモデル化したものを表7.3に示す.

7.3.1 洪水・浸水による災害

「洪水害」は大雨や融雪などを原因として河川の流量が異常に増加することによって起こる災害である.「浸水害」は,河川に流れ込むべき水が居住地側で氾濫することによって起こる災害である.洪水や浸水の後,低湿地や耕地などの水が引かない状態が幾日も続くことによって起こる災害は「たん(湛)水害」と呼

表7.3 雨の強さと降り方(気象庁,一部省略)

1時間雨量(mm)	予報用語	人の受けるイメージ	人への影響	屋内木造住宅を想定	屋外の様子	災害発生状況
10以上20未満	やや強い雨	ザーザーと降る.	地面からの跳ね返りで足元がぬれる.	雨の音で話し声がよく聞き取れない.	地面一面に水たまりができる.	この程度の雨でも長く続くときは注意が必要
20以上30未満	強い雨	どしゃ降り.				側溝や下水,小さな川があふれ,小規模の崖崩れが始まる.
30以上50未満	激しい雨	バケツをひっくり返したように降る.	傘をさしていてもぬれる.		道路が川のようになる.	山崩れ・崖崩れが起きやすくなり危険地帯では避難の準備が必要.都市では下水管から雨水があふれる.
50以上80未満	非常に激しい雨	滝のように降る(ゴーゴーと降り続く).		寝ている人の半数くらいが雨に気がつく.		都市部では地下室や地下街に雨水が流れ込む場合がある.マンホールから水が噴出する.土石流が起こりやすい多くの災害が発生する.
			傘は全く役に立たなくなる.		水しぶきであたり一面が白っぽくなり,視界が悪くなる.	
80以上	猛烈な雨		息苦しくなるような圧迫感がある.恐怖を感ずる.			雨による大規模な災害の発生するおそれが強く,厳重な警戒が必要.

ばれる．以下，洪水害と浸水害の説明においては，河川の堤防を境に居住地側を堤内地，河川側を堤外地と呼ぶ．

(1) 洪水害　洪水害には，堤外地にあるダムや堤防，護岸，橋などの損壊，および「外水はん濫」すなわち堤外地から河川の水が堤内地に氾濫することによる被害がある．一般に洪水といえば後者の外水氾濫を指すことが多い．外水氾濫は堤防の決壊（破堤）だけでなく，河川水位の上昇によって河川の水が堤防を越える「越水」や，堤防のないところでは「溢水」によって起きる．

日本は地形が急峻なため，河川勾配が急で流れが速く，しかも流路が短いので，大陸上の大河川に比べれば，大雨の後，短時間で河川が増水し，短時間の強雨で洪水となる．しかし国内的には中小の河川に比べ，大河川では，はるか上流域での大雨が降水のない下流域に洪水をもたらす場合が多く，あるいは雨の止んだ後しばらくしてから下流域に洪水が起きる場合もある．都市化の拡大に伴い，地表がコンクリートやアスファルトなどでおおわれた部分が多くなり，地中にしみこむ雨の量が少なくなっている．また，都市近郊の水田や低湿地が開発により消失し，一時的に雨水をたくわえる場所がなくなっている．このため，大雨が降り始めてから短時間で河川が増水し，小規模河川の氾濫などの災害が増加する傾向にあり，地域によっては，鉄砲水として大きな被害をもたらすこともある．これに対して，原生林のように軟らかな腐葉土でおおわれた土地では，降った雨が地中に浸透し地表を流れる水が少ないため安全かというと，こちらの方も，浸透しきれなくなった水が急にあふれてくる場合があり先行雨量への注意が必要である．

(2) 浸水害　「内水はん濫」ともいい，河川の水があふれるのではなく，短時間の大雨により地表水の増加に排水が追いつかず，あるいは，河川の増水や高潮によって河川の水位の方が高いために排水困難となって，下水溝や用水溝があふれる場合などに起きる．近年，大河川の改修工事などにより，大規模な水害は減少する傾向にあるが，都市域では開発などにより，水はけが悪くなったところも多く，浸水被害が増加傾向にある．降った雨が河川に流入しきれないで起きる浸水（内水はん濫）は，堤防が決壊して起こる洪水（外水はん濫）に比べ災害規模が小さいと思いがちであるが，都市で発生した場合，人口密度が高く，建造物が密集し，地下空間の利用が多いところでは，大災害になることがある．特に，局地的な豪雨が原因の，地下室の浸水によるビル機能の停止，地下街や地下鉄への浸水などは「都市型水害」と呼ばれている．都市型水害における，電気，水道，交通といったライフラインの被災は局地的であっても，影響は広範囲かつ多岐にわたる場合があり，復旧に長期間を要するものがある．また，農村部で発生した場合でも，農作物などに被害があり影響は少なくない．

(3) 指定河川洪水予報　気象庁は国土交通省または各都道府県と共同で「指定河川洪水予報」を発表している．それは，河川とその区間を指定し，洪水のおそれがある場合に基準地点の水位または流量を示して行う洪水予報である．気象庁と国土交通省が共同で行う洪水予報の対象河川は，洪水によって重大な損害が生ずるおそれのあるものとして，国土交通大臣が指定する．気象庁と都道府県が共同で行う洪水予報の対象河川は，洪水によって相当の被害が発生するおそれのあるものについて気象庁と協議して都道府県知事が指定する．

洪水の危険に際し，的確な水防活動および住民の安全確保のためには，河川の危険の状況等の防災情報が，迅速に伝達されるだけでなく，受け手や伝達者である住民や市町村の防災担当者，報道機関に正確に理解され，的確な判断や安全な行動につながる内容や表現となっていることが肝要である．そのための工夫として，指定河川洪水予報では，市町村や住民がとるべき避難行動等との関連が理解しやすいように，洪水予報の標題，および水位の名称が，洪水の危険レベルの順に対応付けされている．また，橋脚や量水標に危険レベルがわかるよう全国統一したカラー表示にも対応している．危険レベルごとの予報の標題とそれに対応する水位名称，市町村と住民に求める行動等は，表 7.4 の通りである．指定河川洪水予報の標題は，はん濫注意情報，はん濫警戒情報，はん濫危険情報，はん濫発生情報の四つがあり，河川名を付して「○○川はん濫注意情報」「△△川はん濫警戒情報」のように発表される．気象庁の出す洪水予報の種類との対応でいうと，はん濫注意情報が洪水注意報に相当し，はん濫警戒情報，はん濫危険情報，はん濫発生情報が洪水警報に相当する．洪水予報は関係行政機関，都道府県や市町村へ伝達され水防活動等に利用されるほか，市町村や報道機関を通じて地域住民にも伝えられる．気象庁ホームページや各関係機関・自治体のホームページからも閲覧できる．

（注）気象庁と都道府県が共同で発表する指定河川洪水予報については一部でまだ，準備が整わず，表 7.4 の通

表7.4 洪水の危険のレベルに対応した表現等（気象庁資料）

洪水の危険のレベル	洪水予報の標題 [洪水予報の種類]	水位の名称	市町村・住民に求める行動等
レベル5	はん濫発生情報 [洪水警報]	（はん濫発生）	逃げ遅れた住民の救助等，新たにはん濫が及ぶ区域の住民の避難誘導
レベル4	はん濫危険情報 [洪水警報]	はん濫危険水位	住民の避難完了
レベル3	はん濫警戒情報 [洪水警報]	避難判断水位	市町村は避難勧告等の発令を判断，住民は避難を判断
レベル2	はん濫注意情報 [洪水注意報]	はん濫注意水位	市町村は避難準備情報（要援護者避難情報）発令を判断，住民ははん濫に関する情報に注意，水防団出動
レベル1	（発表なし）	水防団待機水位	水防団待機

りでないところもある．

(4) 流域雨量指数 流域雨量指数とは，河川の流域に降った雨水が，どれだけ下流の地域に影響を与えるかを，これまでに降った雨（解析雨量）と今後数時間に降ると予想される雨（降水短時間予報）から，河川に流れ込む過程，河川を流下する過程を計算して指数化したものである．流路延長がおおむね15 km以上の全国すべての河川の流域を対象としている．計算に必要な河川流路や地質，傾斜，土地利用など地理的資料は，国土数値情報を使用している．

大雨によって発生する洪水災害（河川の増水，はん濫など）は，河川に流れ込む水量が多いほど発生の可能性が高いが，上流の降雨の場合は，下流に集まるまでの時間差も考慮しなければならない．降った雨が地表を流れる，あるいは，地中に浸透するなど，河川に流れ込むまでの水の挙動は，次節で述べる「土壌雨量指数」の計算と同様の「タンクモデル」を使用して評価される（図7.1）．単位区画（5 km四方）の地面を，側面と底面に孔の開いたタンクでモデル化する．ここで，タンク側面の孔は水が周囲土壌に流れ出すことを表すための流出孔，底面の孔は水がより深いところに浸み込むことを表すための浸透流出孔である．都市域では，地面舗装のため降水はほとんど地下に浸透せず地表を流れるので，地表流出が主体の1段タンクでモデル化，非都市域では，上下に直列した3段タンクでモデル化している．5 km四方の地面の状態（コンクリート舗装，水田，畑，山林など）の比率に応じて両者を使い分ける．河川を流下する水量は，河川流速の式（マニングの式）と，水量保存の式（連続方程式）を用いて，5 km格子単位で求める．マニングの式は河川の勾配が大きく水深が深いほど流れが速いことを表す式で，5 km格子内の河道を，流れに沿って6領域に分割してそれぞれに適用する．連続方程式は5 km格子で切り取られた河川区間の上流から流れてくる水，下流へ流れる水，その格子のタンクから河川へ流入する水から勘定される川の水の増減を表す式である．

流域雨量指数は，このようにして，降水の河川への影響を概算により指数化したもので，厳密に計算した水位や流量でないことに留意すべきである．水位，流量を正しく推計するには，さらに，たとえば，① ダムや堰，水門，生活排水など，流水の人為制御の効果，② 河川の形状や雨水の河川への流入経路など，詳細な河川環境，③ 海の干満による流出・流入なども勘案する必要がある．

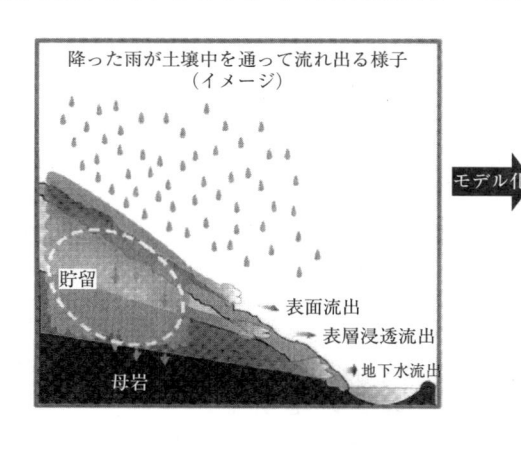

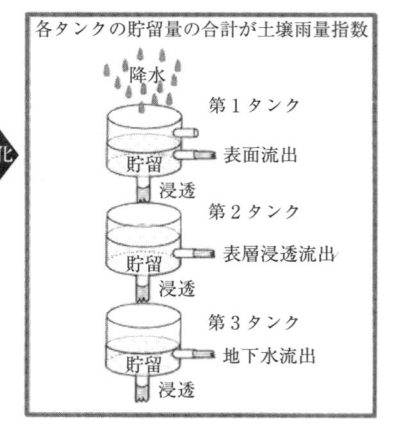

図7.1 土壌雨量指数のタンクモデル（気象庁ホームページ）

7.3.2 土砂災害

山崩れ，がけ崩れ，地すべり，土石流，落石などを総称して土砂災害と呼ぶ．山崩れ，がけ崩れをまとめて，斜面崩壊ともいう．

- 斜面崩壊は，山崩れ，がけ崩れ，人工斜面（切通し，盛土など）の崩壊の総称である．
- 落石も斜面崩壊に含めることがある．急斜面で突発的に発生する．崩壊した土砂が被害を及ぼす範囲は，崩れた斜面の高さのおおむね2倍以内である．
- 土石流は，土砂や岩屑および泥が水と混合し一体となって，渓流や谷を流下する現象である．大きな岩石や樹木を先頭に流下することが多い．破壊力が大きく，しばしば家屋や田畑等に大きな災害をもたらす．流出は最大数kmを超えることもあり，流出した土砂の堆積は広い範囲に及ぶ．渓流が大雨によって崩れた土砂等でせき止められ，その後一気に土砂が押し流されて土石流となることがある．大雨の継続中，渓流の水量が少なくなる，水が急に濁りだす，などの現象がみられたときは，土石流の危険があるので速やかに避難する．
- 地すべりは，緩い斜面において，緩やかな速度で持続的に土砂が移動するものである．粘土層などをすべり面とする特定の地質構造の地域で発生することが多い．地中の水分はこのすべり面で，土砂の移動を容易にするように働く．地下水が主たる誘因で斜面崩壊や土石流に比べ降水量との関連は小さい．

土砂災害は，土砂の移動が強大なエネルギーをもつことから建造物などに壊滅的な被害を与える場合が多く，また突発的に発生することから人的被害につながりやすい．日本列島では地形が急峻なところが多く，脆弱な地質域が多いこともあって，降雨や融雪などの気象の原因のほか，地震などでも土砂災害が発生する．近年，丘陵地や急傾斜地に居住など人間活動の場が及んでいるため，土砂災害による被害が多くなっている．短時間の強雨によって発生することが多く，発生前数時間の雨量が最も密接に関係する．しかし，それ以前の降雨で地盤が軟弱になっている場合には，強雨がなくても災害の発生することがあるので，降雨状況の時間的推移に注意する必要がある．また，大雨が止んだ後もしばらくその危険性は続く．春先には，それまで積もった雪が気温の上昇や雨で融け，少しずつ地中にしみ込んでいるため，大雨などの異常な現象がなくても，地すべりやがけ崩れなどの土砂災害が起こることがある．気象庁は，府県予報区内のどこかで，大雨による山崩れ，がけ崩れの可能性が高いと予想される場合，大雨警報，大雨注意報のなかでその旨を警告している．

(1) 土砂災害に関する防災気象情報　斜面崩壊は，大雨ごとに異なる斜面が崩壊・流動する，一種の破壊現象であるため，発生場所に規則性は見いだしにくい．このため発生場所を特定して予測することは困難である．しかし災害誘因である地中の水分量は，発生地域の地形や地質および植生などの条件をそろえれば，斜面崩壊の有無の間に統計的に有意な違いが見いだされる．したがって，地中の水分量を表すパラメータを工夫すれば，発生の可能性を評価できる．そうした目的で開発されたのが「土壌雨量指数」で，現在は防災気象情報に活用されている．

「土壌雨量指数」とは，降った雨が地中に水分量としてどれだけたまっているかを，前節で述べた「流域雨量指数」と同様に，これまでに降った雨（解析雨量）と今後数時間に降ると予想される雨（降水短時間予報）などの雨量データから「タンクモデル」を用いて指数化したものである（図7.1）．

5km四方の格子ごとに，降った雨が土壌中を通って流れ出る様子を側面と底面に孔の開いたタンクを用いて表現する．タンクは3段に重ね，各最上段の第1タンクの側面の流出孔からの流出量は表面流出に，中段の第2タンクからのものは表層での浸透流出に，最下段の第3タンクからのものは地下水としての流出に対応する．なお，第1タンクへの流入は降水に対応し，第2タンクへの流入は第1タンクからの浸透流出，第3タンクへの流入は第2タンクからの浸透流出である．各タンクに残っている水分量（貯留量）を合計して土壌雨量指数とする．こうして算出された土壌雨量指数は，土壌中の水分量に相当し，これを用いると先行降雨の影響や雨が降り止んでからの土壌水分の減少を時間経過とともに定量的に評価できるため，土砂災害の危険度の時間変化を把握することができる．ただし，土砂災害の発生は地形や地質，植生などの地域特性に大きく左右され指数の絶対値の大小だけから危険度の判定を行うことは困難である．過去の災害発生事例と指数値の関連性の調査により，土壌雨量指数の履歴順位（過去の指数値の最大が履歴順位1位）が上位の事例と土砂災害の発生との対応はよいことが確認されている．このようにして，土壌雨量指数は，土砂災害の危険性を示す指標として有用であることが確認さ

れ，各地気象台が発表する土砂災害警戒情報および大雨警報・注意報の発表基準に活用されている．

土壌雨量指数の利用にあたっては，以下の二点に留意すべきである．① 全国一律のパラメータを用いており，個々の傾斜地における植生，地質，風化などを考慮していない．② 比較的表層の地中をモデル化したもので，深層崩壊や大規模な地すべりなどにつながるような地中深い状況を対象としたものではない．

(2) 土砂災害警戒情報 土砂災害警戒情報は，大雨により土砂災害の危険度が高まった市町村を特定し，都道府県と気象台が共同して発表する．市町村長が避難勧告等の災害応急対応を適時適切に行えるよう，また，住民の自主避難の判断などに利用できることを目的としている．土砂災害警戒情報は，降雨から予測可能な土砂災害のうち，避難勧告等の災害応急対応が必要な土石流や集中的に発生する急傾斜地崩壊を対象としている．しかし，土砂災害は，それぞれの斜面における植生・地質・風化の程度，地下水の状況などに大きく影響されるため，個別の災害発生箇所・時間・規模などを詳細に特定することはできない．また，斜面の深層崩壊，山体の崩壊，地すべりなどは技術的に予測が困難であるため，土砂災害警戒情報の発表対象とはしていない．2005年から準備の整った都道府県から順次発表が開始され，2008年8月現在，兵庫県を除くすべてで実施されている．

急傾斜地域では，土砂災害警戒情報等の発表がなくても，常に斜面の状況に注意を払い，普段と異なる状況に気がついた場合には，ただちに周りの人と安全な場所に避難するとともに，市町村役場等に連絡する．また，日頃から危険箇所や避難場所，避難経路を確認しておくことも重要である．

7.3.3 水害をもたらす雨量

どの程度の大雨で災害が発生するかは，地域の地形・地質などの自然条件と，堤防や排水設備などの社会基盤によって異なる．通常は1か月かかって降るような雨が1日で降ると，河川のはん濫や，山崩れ・がけ崩れなどが発生して人々の生活や生命を脅かすようになる．災害が起こる一つの目安として，その地域の平年の年間降水量の約20分の1に相当する雨が1日に降った場合といわれている．

災害の発生につながる雨量は一般に雨の多い地域では大きな値であり，雨の少ない地域では比較的小さい値である．しかし近年は，土地開発によって地形や植生が変わり，土地利用が被災の危険の大きい地域に広がってきたため，災害の発生条件が一層複雑になってきている．大河川の洪水は広域の大雨で発生し，小河川・都市河川の洪水や浸水は局地的な大雨でも発生する．

記録的短時間大雨情報 各都道府県の気象台などが，大雨警報を発表して警戒を呼びかけているときに，1時間に100 mmといった，その地域で数年に1回程度しか発生しないような1時間雨量を，地上の雨量計で観測した場合，また，気象レーダーと地上の雨量計を組み合わせた「解析雨量」で検出した場合，府県気象情報の一種として「記録的短時間大雨情報」を発表する．その発表基準は，1時間雨量歴代1位または2位の記録を参考に，二次細分区ごとに決めてある．この情報は，現在の降雨がその地域にとって災害の発生につながるような，まれにしか観測しない雨量であることを知らせるために発表する．

7.3.4 水害をもたらす気象

狭い地域に数時間以内に大量の雨が降り，山崩れやがけ崩れ，浸水による被害を引き起こすような場合，集中豪雨という言葉が広く報道などで用いられるが，狭い地域の雨量が周辺地域と比べてどのくらい多いとき集中豪雨というか明確な定義はない．一般に，激しい雨ほどその範囲が狭く長続きしない傾向がある．しかし，台風や梅雨前線などは，発達した雨雲を次々につくり，激しい雨を広い範囲に降り続かせ大雨をもたらす．大雨は，基本的には大気中に水蒸気の多い夏季に多発する．梅雨前線などの前線が停滞する場合や，温帯低気圧や台風などが接近する場合に大雨となる．短時間に局地的豪雨をもたらす雷雨も都市の水害をもたらす気象として重要である．一般に，大雨をもたらす気象は，雷雨，低気圧・前線，および台風の三つに代表される．日本国内での10分間降水量，1時間降水量，3時間降水量および日降水量それぞれの上位20位を記録したときの気象状況をみると，10分間降水量では雷雨と低気圧・前線が主役を争い，1時間降水量は低気圧・前線が主役，3時間降水量は低気圧・前線と台風が主役を争い，日降水量では台風が主役を占めている．

短時間（1時間程度）の激しい雨は，全国で発生しているが，一日中続く大雨は九州や関東以西の太平洋側の地方で多発している．単一の発達した積乱雲の場合，降水の継続時間は数十分かそれ以下と短く，総降水量数十 mm あるいはそれ以下と少ない．20 mm を超える夕立のような雨が何時間も続く集中豪雨は，積

乱雲群が次々に発生し，同一地域を次々通過し雨を降らせることにより起きる．そうした積乱雲群には多量の水蒸気が持続的に運び込まれている．

梅雨の時期に西日本を中心に顕著な大雨になりやすいのは，その時期，太平洋高気圧の縁辺をまわる南よりの風が暖湿気をこの地域に持続的に運び込みやすいためである．梅雨前線は同じ地域に長時間停滞している場合だけでなく，南北に揺れている場合にも猛烈な雨を降らせて災害を引き起こすことがある．梅雨前線に伴って局地的に発生する集中豪雨は，一日のうちで起こりやすい時間帯といったものは決まっていない．

台風が日本に近づいてくるときに，日本付近に梅雨前線や秋雨前線などが停滞していると，台風が遠くにあるうちから強い雨が降り出すことがある．このようなときには，雨が降る時間が長くなることが多く，さらに台風が通過するときに一層激しい雨が加わって大雨となり，大きな災害につながることがある．台風に伴う豪雨は台風そのものが通る地域のほか，台風の周辺で，暖湿気が強く吹き込むところで起こりやすい．台風に伴う暴風域からは遠く離れている地域でも，下層に暖湿気が流入し大雨を降らせることがある．台風まで発達していない熱帯低気圧でも，大雨による災害をもたらすことがある．

7.4 雪 害

雪害は日本海側では，豪雪地帯で季節風による大雪が降る場合に発生する．冬季の西高東低の気圧配置に伴う日本海側の雪雲は脊梁山脈により阻止されるので，太平洋側の関東地方南部にこの雪雲が入ってくることはまれである．冬季に関東地方南部に発生する雪害は，本州の南海上を通過する低気圧に吹き込む北側の気流によってもたらされ，低気圧の経路や発達の程度，温度場の状態などによって大雪となる．

雪害は，① 空中にある雪による風雪害，② 地上や建物などに達した雪による積雪害，雪圧害，着雪害，③ 積雪の形態変化による融雪害，なだれ害，落雪害がある．

7.4.1 風雪害

風雪は吹雪ともいう．風雪害は，強風を伴った降雪により発生する場合と強風によって積雪が舞い上がる地吹雪によって発生する場合がある．地吹雪の発生は風速および積雪の雪質に関係し，風速が大きく気温が低いほど顕著である．顕著な風雪害は，降雪に地吹雪が加わることによって発生する．冬季，日本海側では寒気の吹き出しが数日間継続することが多く，その間風雪害も継続することになる．被害は，悪視程による交通障害や歩行の危険，吹きだまりによる地物の埋没や交通障害があり，立ち往生した車内での凍死や排気ガス中毒，歩行者の遭難による凍傷や凍死がある．地吹雪を防ぐ施設として，防雪林，防雪柵，スノーシェルターがある．

7.4.2 積雪害

積雪による交通障害は社会・経済活動に影響を及ぼす．積雪後の路面凍結による交通事故や歩行者の転倒，消火栓など路上設備の埋没など，日常の活動への支障も起きる．雪の少ない太平洋側の地域では，積雪への備えが弱いため，比較的少ない積雪で障害が発生する．積雪害は，積雪の深さのほか積雪の密度にも依存するものがある．気温が高い場合，積雪に含まれる水分が多く，いわゆる重い雪となり除雪作業に手間取る．

7.4.3 雪圧害

雪圧害は，積雪の重みにより発生し，建築物の倒壊や変形，樹木の折損などがある．積雪層全体の沈降・移動によるガードレールの変形や屋上施設の破損が発生する．少雪地域では大雪を想定していないので，降雪があると，ビニールハウスや街路樹などに被害が発生する場合がある．積雪荷重は積雪の深さと密度によって決まる．積雪の密度は気温や積雪の状態で変わる．新雪に比べ融雪期の積雪は2～3倍の密度をもつ．

7.4.4 着雪害

着雪は電線などに雪が付着することをいう．着雪に類似した現象として着氷と雨氷の害がある．着氷は着雪に比べて気温がさらに低いときにも発生する．電線への着雪は，電線上に積もった雪の重みで電線が回転するが，雪が落下せず電線の下側に回り，新たに電線上に雪が積もり，これを繰り返して雪が筒状に電線をおおう．筒状の雪の直径が20 cmにも達すると，雪の重みに加え，風抵抗の増加による電線の振動，着雪の落下時の大きな振動などが生じ，電線同士の接触での短絡による断線，電柱・鉄塔への大きな張力による倒壊を発生させる．このため，広範囲の停電や通信途絶，鉄道交通途絶などの被害が発生し，社会・経済活動への影響は大きい．

着雪は，気温0℃前後で大雪が持続するときに発生

し，近年の大規模な着雪災害は太平洋側の大雪時に発生している．日本列島の南岸に沿って低気圧が発達しながら東北東に進むとき，太平洋側に大雪がもたらされることがある．このとき地上付近の気温は雨と雪の境界付近であることが多く，この場合，水気を多く含んだ降雪となる．この湿った雪は電線や架線などに付着しやすく，降雪量は多くなくても，湿った雪が電線や架線などに付着または凍結し着雪害をもたらす．電線への着雪防止対策は電線にリングや突起をつけ，着雪を成長させない方法が中心である．

7.4.5 なだれ

なだれは斜面上の雪がすべり落ちる現象である．大別して，「表層なだれ」と「底なだれ」がある．「表層なだれ」は「新雪なだれ」ともいい，気温の低い状況で，積雪面の上にさらに数十cm以上の大雪が降った場合に，新雪の層が重みによって崩れ，すべり出す現象である．すべり面が積雪の内部にあり，厳冬期に多い．また，日射などにより気温が上昇すると，雪の強度が減り，比重が増すため，また，風や積雪の荷重などの影響で雪の強度が変化し，下層の雪との間に隙間ができるなどの理由で表層なだれが発生することもある．降雪中・降雪後，また昼夜の区別なく，広い面積から一斉に動き出し，大規模のことが多い．

「底なだれ」は，すべり面が積雪の底部にある．気温が高い状況で，地面と積雪層の間に雪解け水や雨水が流れてすべりやすくなり，積雪層全体がすべり落ちる．大規模なものが多く，破壊力が大きい．なだれによる死傷者の大部分を占める．

一般に，「なだれ」を発生させる気象条件は，① 多量の新しい積雪，② 高温，③ 降雨があり，発生の引き金となる要因として，① 突風などの風圧，② 地震，③ 発破などの空気振動，④ 雪庇の落下などがある．どこでなだれが発生するかは，地形・積雪状態・雪質などの局地的な条件によるため，日時・場所を特定したなだれの予測はむずかしい．なだれ災害の防止には，① なだれ危険地域への立ち入り禁止など，② なだれ防止施設の整備，③ 人工なだれなどの対策がある．

7.4.6 融雪害

春先の気温上昇や降雨によって，それまでに積もった雪が融けて災害をもたらすことがある．この災害には浸水，洪水，地すべりのほかに全層なだれも含まれる．10cmの融雪はおよそ50mmの降水量に相当する．融雪に関係する気象要素は，気温，日射量，風速，湿度，降水量で，気温の効果が最も大きい．積雪期に温度が上がり大雨が降ると大雨による出水が加わり，災害リスクが高まる．ただし，大雨などの異常な現象がなくても現れ，多雪地帯では春季に最も警戒が必要な災害である．

その他の雪害として，屋根などからの落雪による人身事故，物損事故，ガス管・電線などの切断などの害，路面凍結によって転倒・スリップ事故などがある．直接の雪害ではないが，屋根の雪下ろし作業中の転落事故など除雪・排雪作業中の事故は，死傷者数で雪害を上回っている．

7.5 寒冷害，凍霜害，濃霧

7.5.1 寒冷害

寒冷害には，外部の氷による「氷害」，内部の水の凍結による「凍害」，表面に付いた霜による「霜害」がある．氷害には，過冷却雲粒の付着による「着氷害」，過冷却雨の付着による「雨氷害」，海氷や船体着氷による被害がある．着氷害は，航空機，電線，鉄塔，樹木に対して被害がある．雨氷害は，着雪・着氷と同様の被害のほか，電車架線に付着し集電不能を起こす．海氷害は海上で船舶の損傷，沈没，航行障害および漁業の操業障害を起こし，沿岸では港湾施設の破損，港湾機能の障害，漁業施設の損傷を起こす．船体着氷は海水のしぶきが船体上部に凍りつき船の復原力を低下させ，転覆や浸水を起こす．

7.5.2 凍害

凍害のひとつ，凍上害は土壌中の水分が凍結により膨張し地面が隆起することによる障害である．北海道などの雪の多くない寒冷地で，2～3月に発生する．隆起量は最大1m程度で，建築物の傾斜，鉄道線路のゆがみ，道路の亀裂，水道管やガス管の亀裂，電線の切断などが起こる．防止には土壌の交換，断熱材の地中への挿入，薬剤の注入などの対策がとられる．その他の凍害として，水道管の凍結・破損，農作物の凍害があるが，低温への対策が不十分な地域や場合に発生する．

7.5.3 霜害

霜害は農作物の表面に霜が降り，細胞が凍死することにより生ずる被害である．春や秋のよく晴れた夜間に発生する．地形によって冷気のたまりやすいよう

ところで被害が大きくなる．夜間の放射冷却は，地表面での冷却が大きいので，地表面に接する空気塊は冷やされる．地表面が傾斜している場合，斜面に接している空気塊が冷やされると重くなり，山風となって斜面を滑降し，盆地や谷には冷気がたまり，地表付近の気温低下が大きく，霜の害も大きい．霜害が発生するとき，地物表面の温度は地上気象観測で観測される地上1.5m付近の気温より2～5℃低い．このため霜注意報はおおむね最低気温4℃を基準としている．霜害の防止方法には農作物をおおう被覆法，冷気を滞留させない送風法，表面を氷でおおい植物自体は0℃に保つ散水氷結法，資材などを燃して保温する燃焼法などがある．

7.5.4 濃霧の害

霧は道路交通や海上船舶などへの交通障害となる．その成因によって移流霧，放射霧などのように呼び方が違い，発生時間帯や継続時間が異なる．放射霧は夜間の放射冷却により発生し日射により消散するので，その出現時間帯はおよそ決まっている．移流霧は気象状況によっては長時間続くこともあり，発生の時間帯もケースによって異なる．

7.6 雷災，雹害

7.6.1 雷災

雲と地物間に起きる瞬間放電を対地放電または落雷という．雷災とは，落雷が原因の災害であり，落雷害，雷害とも呼ぶ．なお広義には落雷にしばしば付随する降雹や突風による災害を含めて雷災と総称することがある．落雷を受けるのは雷雨に見舞われる地域のうちのごく限られた場所であり，事前に発生場所を特定して予報することは困難である．

雷による災害は，積乱雲が発達する晩春から初秋にかけて多い．日本全国で，発雷頻度は夏の午後から夕方にかけて高い．上空の動きの遅い寒冷低気圧（寒冷渦）の東から南東の下層に，相対的に暖かい海面からの暖湿気，または，日射加熱を受けた地面からの熱気が入り込み，対流活動が活発化することがある．夏季はこうした積乱雲の発達により雷が発生する．

北陸を中心とする日本海側では，夏季よりも冬季に発雷頻度が高い．冬季，シベリアから吹き出す寒気が日本海の対馬暖流の上で気団変質を受け，不安定となった大気中で積乱雲が発達し発雷する．冬季に日本海側で発生する積乱雲は，夏季に上空の寒気の影響で発生する積乱雲に比べ，雲頂までの高さが低い．しかし背が低くても，雲頂の温度は－20℃以下のため，電荷分離に関係する氷晶が十分存在し，雷が発生しやすい．日本海側の沿岸部で発生する冬の雷は，1回の落雷当たりの雷電流は夏季雷より大きく被害も大きいことが多い．

落雷の人的被害は屋外作業や屋外スポーツ，登山などでの被害が多く，海上のサーファーに落雷した例もある．雷の直撃を受けた場合はほとんどが感電死する．直撃を受けなくても，近くの樹木に落ちた雷の電流から分岐した電流を受けて，また地面を伝わってきた電流を受けて，死傷することがある．また，落雷による衝撃で飛ばされ，転倒・転落などによって外傷を受けることがある．外出または屋外活動をする場合には，事前に天気予報で雷の可能性をチェックし心の準備をするのがよい．高所作業など避難に時間を要する屋外活動の場合，中波ラジオを携帯し放電雑音が聞こえはじめたら避難するのがよい．屋外で雷鳴や稲妻を検知した場合は，ただちに屋内や車内に避難する．雷鳴と稲妻の間隔が3秒以内になると，雷災の危険が大きい．建物や車など避難場所がない場合には，4m以下の低い樹木や塔には近づかない．4m以上の樹木や塔などは枝先などその物体の横への広がりの先端から2m以上離れ，物体の最高部を45度以上の角度で見上げる場所は安全圏である．それがなければ，窪地や側溝に避難し，接地面積を最少に，安定した姿勢でできるだけ身を低くする．つまり，2足でしゃがみひざを抱えて身体を丸める姿勢をとる．近くに1回落雷があれば，次の落雷までの約1分間が移動のチャンスである．この間を利用してより安全な場所に避難する．

鉄塔など送電施設は落雷を受けやすい．送電施設への落雷による停電は，広範囲かつ大規模な被害と混乱につながる．このため，電力会社では自前の観測施設で雷を監視し，送配電系統を制御して停電を防止している．落雷時には，雷の放電電流だけでなく，大きな誘導電流（サージ）が電線または通信線に流れ，それらにつながる電子機器その他に使用されている集積回路が破損される．また，送電施設への落雷時には，送電施設を保護するよう，自動的な瞬間停電が起きる．これら，サージや瞬間停電が原因で，直接の落雷でなく，近所の落雷でも電子機器に破損・誤動作が起きる．コンピュータネットワークの進んだ現在，1か所の障害でも影響は社会の広範囲に及ぶ．重要な電子機器については，サージや瞬間停電の対策が普通行われている．一般家庭レベルでも同様の対策が必要であ

る．

家屋，山林への落雷から火災に至ることがある．一般に航空機の雷災はまれであるが，小松空港付近で自衛隊機が落雷により墜落した事例がある（1969年）．

7.6.2 雹害

強い上昇気流によって発達した積乱雲ができると，強い雷雨に伴って雹が降る．直径5mm以上の氷の降水粒子を雹と呼ぶ．直径の大きな雹ほど落下速度が大きく衝撃力も大きい．国内では大きなもので直径3cm程度のものが気象官署で観測されている．

降雹による被害は，農作物の損傷が最も大きく，そのほかに，屋根瓦，窓ガラス，ビニールハウス，車のフロントガラスなどの破損，まれに，人畜の傷害が発生する．降雹域は，幅10km以下，長さ数kmから数十km，最大100kmの帯状である．降雹域内において被害は場所によって大きな相違があり，被害区域とまったく被害のない区域とが500m以内で接近している場合もある．

日本の気象官署での年間の降雹日数は年平均1日以下である．雹害は関東甲信地方，東北地方に多く，季節は5〜7月，初夏から盛夏期にかけて発生しやすい．初夏から盛夏にかけては大気下層の水蒸気量が多く圏界面の高度が高い．また対流圏中層から上層の気温は0℃以下である．このような状況のもとで，圏界面まで達する背の高い積乱雲が発達する．背の高い積乱雲中では氷粒は大きく成長しやすい．十分に成長した氷粒は気温の高い下層に落下しても融けきらず，雹として地上に達する．

農作物の雹害の防止には，果樹園などで防雹ネットが用いられる．人的被害防止は，戸外に出ないこと，車を停止させること，窓ガラスから離れることである．

7.7 冷害，干害，高温害

冷害や干害，高温害などのタイプの気象災害は，大雨や暴風のように短期に激甚な形で起こる災害に対し，緩慢ではあるが長期間持続することにより大きな影響をもたらす災害といえる．一定の気圧配置が平年に比べて長く継続するなど，平年と大きく異なった天候が，暖冬，寒冬，暑夏，冷夏，長雨，日照不足などとして，社会経済に悪影響を及ぼす災害である．

7.7.1 冷害

冷害とは夏期の低温，日照不足のために起こる農作物，主として稲・豆類への被害をいう．日照不足は日照時間で計られ，日照時間とは日光が直達日射量 $0.12\,\mathrm{kW\cdot m^{-2}}$ 以上で地表を照射した時間である．梅雨前線の活動が例年より長期間に及ぶ場合，全国的な長雨や日照不足，北日本の太平洋沿岸部分に冷たい北東風をもたらす「やませ」が継続し，冷害を起こす．そうした状況は，ブロッキング現象を伴うことが多い．ブロッキング現象とは，中・上層の偏西風の蛇行が増大し，ついには大きな切離高気圧が発生し，通常東に移動する総観規模の低気圧やトラフ，移動性高気圧などが動きを妨げられ，長期間停滞した状態を指す．中緯度の偏西風の流れは，主に偏西風がほぼ緯度圏に沿って流れる東西流型，偏西風が南北に蛇行する南北流型，それよりさらに蛇行が強くなり偏西風が阻止されるようになるブロッキング型の三つに分けられる．このうち，東西流型では偏西風の蛇行が小さいので高緯度に寒気が蓄積される．偏西風の蛇行の大きい南北流型やブロッキング型のときは，寒気が日本に低温などの異常気象をもたらす．北半球では，ブロッキング現象が起こりやすい地域はおよそ決まっている．日本への影響の大きいのは，梅雨期から盛夏にかけて，沿海州からオホーツク海付近に発生するブロッキング現象である．そのとき天気図上では，たとえば，100hPaの7月の平均高度・平年偏差図では日本付近は負の偏差域，つまり太平洋高気圧の日本付近への張り出しが弱い状態となっていて，高緯度側には正偏差域があり，沿海州付近にリッジがある．これに対応して地上の天気図にオホーツク海高気圧がみられる．

7.7.2 干害

干害は，梅雨や台風の来襲による降水量が平年を極端に下まわる場合に発生し，渇水による生活用水や農業・産業用水の不足をもたらす．水不足の発生地域は，水源の配置状況や水利権に伴う給水系統によって左右されるため，気象影響の現れ方は地域的に大きく異なる．暑夏は干害を伴うことが多い．

7.7.3 長期予報

干ばつなどの災害をもたらす比較的長期にわたる異常気象（天候）については，気象庁が発表する注意報・警報の対象となっていない．予報としては，週間天気予報および長期予報（季節予報）がある．長期予報には，1か月予報，3か月予報，さらに，3月から8

月までを予報期間とする暖候期予報，10月から翌年2月までを予報期間とする寒候期予報がある．長期予報で気温の平年との差の表現に用いる「低い，平年並，高い」の3階級は，平年値の作成期間30年の間に，それぞれの階級に含まれる値の数が3:4:3となるように決めている．平年値とは，10年ごとに更新される過去30年間の平均値を指し，2000年以降使われている平年値は1971～2000年の平均値である．

7.7.4 異常天候早期警戒情報

特に，平年からの隔たりの大きな天候が発現する可能性が高まった場合に，その出現確率とともに影響に対する注意を呼びかける情報として，「異常天候早期警戒情報」が気象庁から発表される．その情報は，発表日の5～14日後を対象に，全国11の地方予報区について，7日間平均気温が平年より「かなり高い」または「かなり低い」となる確率がアンサンブル予報で30%を超える場合に，その確率や注意事項などを情報文に盛り込んで発表される．ここで，平年より「かなり高い」または「かなり低い」気温の閾値は，それぞれの予報区での観測値に基づく統計上の出現確率が10%以下となる温度である．

7.7.5 猛暑とヒートアイランド現象

近年，都市化の進展に伴い顕著となりつつあるヒートアイランド現象は，夏季に，夏日（日最高気温が25℃以上の日），真夏日（同30℃），猛暑日（同35℃），熱帯夜（夜間の最低気温が25℃以上）を増加させ，不快感を増大させ，熱中症等の健康への被害を生じさせている．光化学オキシダント生成の助長や短時間集中豪雨との関連も懸念されており，ヒートアイランド現象の緩和や影響回避へ向けた対策が急がれている．また，冬季についても，植物の開花時期の変化や，蚊など感染症を媒介する生物の越冬など，生態系の変化も懸念されている．

ヒートアイランド現象（heat island；熱の島）とは，都市の気温が周囲よりも高い状態のことである．気温分布図を描くと等温線が都市を取り囲む様子が地形図での島のような形になることから，このように呼ばれる．都市の高温化は，人為的な熱の排出が多いことに加え，道路などの舗装のため水分の蒸発が少なく気化熱による冷却効果が抑制されることなどが主な原因である．これらの効果は，年間を通して作用する．全国各地の長期的な観測データを調べた結果，都市化が進むほど長期的な気温上昇率が大きい傾向があり，熱帯夜の日数も大きく増えている．東京の熱帯夜は，10年当たり3.7日の割合で増加してきている．都市気候モデルを用いた関東地方および近畿地方のシミュレーションの結果，都市化の影響による気温上昇量は，夏季においては日中の午後に最大となるのに対し，冬季においては夜間に最大になることが確認されている．

熱中症

夏季の高温は熱中症を多発させる．熱中症とは，高温，多湿，風が弱いなどの環境や，激しい労働や運動によって体にたまる熱などに体が十分に対応できず体内の水分や塩分のバランスが崩れ，また体温の調節機構が破綻するなどの原因で起こる症状の総称である．以前は炭鉱などの厳しい環境下での労働や，高温環境下での無理なトレーニングによる発生がよく知られていた．近年，都市を中心とする夏の気温の上昇により，ふだんの生活のなかでも熱中症の危険性が高まっており，その患者数は年々増加している．熱中症は，気象状況を把握し，正しい対策をとることで防ぐことができ，また，患者のまわりの人々の配慮と迅速な応急処置で症状の増悪を防ぐことができる．熱中症の危険度の評価にはWBGT（Wet-bulb Globe Temperature：湿球黒球温度）が用いられる．

〈初心者の方々へのメッセージ〉

専門知識「気象災害」の過去の試験問題は，カバーする範囲がきわめて広いことが一つの特徴である．気象災害の種類とその内容については当然カバーしているが，たとえば，エルニーニョ現象，ダウンバースト，ブロッキングなど，災害につながる気象のメカニズムに関する出題，警報の発表基準や警報の切り替えなど防災情報についての出題など，他の試験分野の出題ではないかと思われるようなものまで気象災害の試験問題として出題されており，いわば受験者の気象知識の総合力を問うような問題が出題されている．初心者には，本章の学習に取り組む前に，他章について，十分な学習をしておくことをすすめる．

【例題7.1】（風害）（平成15年度第1回 学科専門知識 問14）

台風による災害について述べた次の文章（a）～（d）の正誤について，下記の（1）～（5）の中から正しいも

のを一つ選べ．
(a) 台風が日本付近で温帯低気圧に変わると，強風域が拡がり中心から遠く離れた地域で風害が発生する場合がある．
(b) 台風に伴う強風や暴風は，地形の影響によって予想された以上の風速になる場合があるため，地域の風の特性を知ることが防災対策上重要である．
(c) 台風域で発生したうねりは，波長が長く減衰しにくいため遠く離れた海域まで伝播するので，台風が遠方にある場合でもうねりに対する警戒は必要である．
(d) 台風に伴って海上から陸上に向かって強い風が吹くと，海水の飛沫が陸上の地物や電線などに付着して被害が発生することがあるが，一般に降水量が少ないときほど被害の程度は小さい．
(1) (a) のみ誤り
(2) (b) のみ誤り
(3) (c) のみ誤り
(4) (d) のみ誤り
(5) すべて正しい

（ヒント） 台風から温帯低気圧に変わると，一般に風速は弱まるが，強風域が広がる場合がある．風は地形の影響を受けるので，台風に限らず，強風時の風の地域特性を把握しておくことが，防災対策上重要である．うねりは波長の長いものほど伝播速度は速く，波長 400 m の場合，時速 90 km であり，台風の移動速度を $20\ \mathrm{km\cdot h^{-1}}$ とすると，10時間後にはうねりは台風より 700 km 先に進んでいる．台風が遠方にあってもうねりに対する警戒が必要である．(d) は強風による塩害の問題である．台風に限らず，海から陸に向かって強風が吹くとき，海水の飛沫が送電線の碍子に付着して絶縁不良の被害が発生することがあるが，降水量が多いと付着した塩分は洗い流されるので被害の程度は小さい．
（解答） (4)

【例題 7.2】（大雨害）（平成 15 年度第 2 回 学科専門知識 問 14）
わが国の大雨による災害に対する留意すべき事項について述べた次の文 (a)～(d) の正誤について，下記の (1)～(5) の中から正しいものを一つ選べ．
(a) 都市化が進んだ地域では，コンクリートやアスファルト等による地表面の被覆率が増加し地中にしみこむ雨の量が減少することにより，降雨後短時間での河川の増水に注意が必要である．
(b) 低い土地に大雨が降ると，雨水の排水が追いつかず浸水被害が発生することがあり，河川周辺では大雨や潮汐等により河川の水位が高いときには特に注意が必要である．
(c) 大雨によって起こる山崩れやがけ崩れは主に災害発生現地の降雨が原因となるが，洪水は災害発生現地より河川の上流の降雨に注意が必要である．
(d) 山崩れやがけ崩れは，短時間強雨によって起こることが多いが，それ以前の降雨の状況にも注意が必要である．
(1) (a) のみ誤り
(2) (b) のみ誤り
(3) (c) のみ誤り
(4) (d) のみ誤り
(5) すべて正しい

（ヒント） 都市化を進めるため，農地や林を開発し地表面をコンクリートやアスファルトでおおうことは，地域の遊水機能を変え，降雨から出水までの状況に大きな影響を及ぼす．また，低い土地や河川周辺では雨水の河川への排水が追いつかず浸水被害が発生することがある．大きな河川では，はるか上流での大雨から下流の増水・洪水まで時間的なずれがあることに注意する必要がある．土砂災害は，先行降雨による地盤の緩みがその後わずかの雨での災害に結びつくことがあるので，降雨状況の時間的推移に注意が必要である．
（解答） (5)

【例題 7.3】（雪害）（平成 16 年度第 1 回 学科専門知識 問 13）
冬季に発生する気象に関連した災害について述べた次の文 (a)～(d) の下線部の正誤について，下記の (1)～(5) の中から正しいものを一つ選べ．
(a) 電線や架線などに湿った雪が付着すると着雪害が発生し，鉄道や電力施設への被害が発生する．<u>着雪害は，豪雪地帯のみならず，低気圧の接近によりそれ以外の地方でも発生することがある</u>．
(b) 積雪が多い時期に気温上昇や降雨によって雪崩（なだれ）が発生することがある．どこで雪

崩が発生するかは，地形・積雪状態・雪質などの局地的な条件によるため，日時・場所を特定した雪崩の予測は難しい．
(c) 冬の日本海側では，寒気の吹き出しによって積乱雲が発生し雷が発生することがある．この場合，夏の日射によって発生する積乱雲より雲頂高度が低く，夏より雷日数が少なく，雷災もほとんどない．
(d) 冬型の気圧配置が強まり，季節風が強い日本海側では，吹雪が発生して視程障害など交通機関への影響が数日間継続して出ることがある．
(1) (a) のみ誤り
(2) (b) のみ誤り
(3) (c) のみ誤り
(4) (d) のみ誤り
(5) すべて正しい．

(ヒント) (a)(b)(d) は雪害の問題である．着雪害は豪雪地帯に多いが，普段雪のない地域では対策が弱くさほどの雪でなくても被害にあう場合がある．冬季の太平洋岸では南岸沿いを北上する低気圧による雪で大きな被害が起きている．なだれの発生は局所的な地形，積雪状況，雪質などに大きく左右されるため，発生原因の一つである気象条件から，日時・場所まで特定した雪崩の予測はむずかしい．冬季，日本海側では，数日間継続する強い季節風に伴う「吹雪」や「地吹雪」による視程障害のため交通機関などへの影響が数日続くことがある．(c) は雷に関する問題である．冬季の日本海側の沿岸部を中心に多く発生する雷は，夏の雷に比べ弱いとはいえず，送電線事故など被害も大きい．

(解答) (3)

【例題 7.4】(寒冷害・凍霜害)（平成 16 年度第 1 回学科専門知識　問 12）
気象庁が行う注意報・警報に関して述べた次の文 (a)～(d) の正誤について，下記の (1)～(5) の中から正しいものを一つ選べ．
(a) 空気が乾燥して火災の危険があると予想されるときは，乾燥注意報を発表する．ほとんどの地域ではその発表基準は，実効湿度と最小湿度に基づいている．
(b) あらかじめ指定された河川について洪水の恐れがある場合には，国土交通省あるいは都道府県と共同して洪水注意報・警報を発表する．
(c) 低温による被害が予想される場合には，低温注意報を発表する．冬期の夜間に発生する水道管凍結や，夏期の数日にわたる低温による農作物被害など，季節によって発生する被害が異なるため，夏と冬で別の発表基準を設けている地域がある．
(d) 地震や火山噴火等の後に，大雨注意報の発表基準より少ない雨で土砂災害などが発生することがある．このような場合には，大雨注意報の発表基準を暫定的に下げて運用する．
(1) (a) のみ誤り
(2) (b) のみ誤り
(3) (c) のみ誤り
(4) (d) のみ誤り
(5) すべて正しい．

(ヒント) 注意報・警報の基準に関するものであるが，そのうち，(c) が低温関連の設問である．(a) の乾燥注意報の発表基準は，風速も加えているところもあるが，ほとんどの地域で実効湿度と最小湿度に基づいている．(b) の指定河川洪水注意報・警報には気象庁が河川局と共同で行うものと，都道府県と共同で行うものがある．(c) の低温注意報の発表基準は，たとえば茨城県（水戸地方気象台）では冬期に−7℃以下の最低気温が予想される場合，夏期は15℃以下の最低気温が2日以上継続すると予想される場合となっている．災害の発生する気象条件は，地域または季節によって異なるので，府県予報区担当官署等は自らが担当する予報対象区域について，あらかじめ気象と災害の関連を調査し，注意報や警報の発表基準を具体的に決めている．気象庁は，地震や火山の噴火などのため地面状況が変化し，発表基準に満たない雨でも災害の発生するおそれがある場合には，大雨注意報の発表基準を暫定的に下げて運用している．

(解答) (5)

【例題 7.5】(落雷害・雹害)（平成 12 年度第 1 回学科専門知識　問 15）
わが国の気象災害に関して述べた下記の (1)～(5) の記述の中から，誤っているものを一つ選べ．
(1) 台風による高潮災害は，潮汐の変化に気圧の低下による海面の上昇や，強風による吹き寄せ効果が加わって発生する．
(2) 雹による災害は，秋から冬にかけて多く発生し，初夏から盛夏期にかけてはほとんど発生し

ない．これは，夏は気温が高いため雲中の雨粒が氷にまで成長できないことによる．
(3) 多雪地域では春先に，それまで積もっていた雪が気温の上昇や雨で融け，大雨などの異常な現象がなくても，地滑りや崖崩れなどの土砂災害や，浸水や洪水などの災害が起こることがある．
(4) 都市化の進行や都市構造の変化により，都市部では地下空間への浸水など新しい形の災害が発生している．
(5) 大規模な地震や火山噴火の後には，大雨とはいえない程度の少ない降雨によっても，山崩れや崖崩れが発生することがあるので，大雨注意報・警報の基準値を暫定的に下げて運用している．

（ヒント）(2)が雹害についての記述である．雹は背の高い積乱雲中で成長した氷塊が気温の高い下層を落下しても融けきらず地上に達するものである．雹害は背の高い積乱雲の発達しやすい初夏から盛夏期にかけて発生しやすい．初夏から盛夏の時期には，① 大気下層の水蒸気量が多く，② 圏界面の高度が高く，③ 対流圏中〜上層の気温は 0℃ 以下であるといった，圏界面まで達する背の高い積乱雲の発達しやすい状況がしばしば現れる．

（解答）(2)

【例題 7.6】（冷害・干害・高温害）（平成 12 年度第 2 回 学科専門知識 問 14）
わが国の気象災害について述べた次の文章（a）〜（d）の正誤について，下記の (1)〜(5) の中から正しいものを一つ選べ．
(a) がけ崩れや土石流などの土砂災害は大雨に伴って発生するが，大雨がやんだ後もしばらくその危険性は続く．
(b) 雷による災害は，積乱雲が発達する晩春から初秋にかけて多いが，日本海側では冬にも多くなる．
(c) うねりは，波長が長いため外洋域では減衰しにくく，台風等により発生したうねりは遠く離れた海域まで達する．このため，強風が吹いていなくても高波が発生して，釣りや海水浴などで被害が発生する場合がある．
(d) 梅雨期から盛夏期にかけて，沿海州からオホーツク海付近にブロッキング現象が発生すると，長雨や日照不足，低温などによる災害が発生することがある．

(1) (a) のみ誤り
(2) (b) のみ誤り
(3) (c) のみ誤り
(4) (d) のみ誤り
(5) すべて正しい

（ヒント）(d)が冷害関連の設問である．ブロッキング現象とは，偏西風の蛇行から発生した切離高気圧が総観規模の低気圧やトラフなどの動きを妨げ長期間ある地域に停滞させる状態を指す．梅雨期から盛夏にかけて，沿海州からオホーツク海付近にブロッキング現象が発生すると，日本列島，特に北日本では長雨や日照不足による災害が発生しやすい．

（解答）(5)

（伊藤朋之）

8. 予想の精度の評価

予報士試験では，予報の精度評価はほとんど毎回出題されており，当初の評価手法の特性を問う問題から最近はデータを示して直接計算させる問題が目立つ．したがって，基本的な評価の指標の定義式は覚えておく必要がある．将来的には具体的な評価結果から解釈を問う設問が現れてくるであろう．

8.1 評価に用いるスコア

8.1.1 カテゴリー予報

現象の有無のようなカテゴリー予報の評価については，分割表を活用した指標が有効である．
いま，2カテゴリーの場合の分割表を下記のようにする．（FO, XO, FX, XX はそれぞれの頻度である．）

		実況	
		現象あり	現象なし
予報	現象の予報あり	FO	FX
	現象の予報なし	XO	XX

FO + XO + FX + XX = N とする．N は事例の総数となる．

(1) 適中率
$$\frac{(FO + XX)}{N}$$
値の範囲 0 から 1　　最適値 1

(2) 見逃し率
$$\frac{XO}{N}$$
値の範囲 0 から 1　　最適値 0

(3) 空振り率
$$\frac{FX}{N}$$
値の範囲 0 から 1　　最適値 0

(4) バイアススコア (bias score)
$$\frac{(FO + FX)}{(FO + XO)}$$
値の範囲 0 から $+\infty$　　最適値 1

(5) スレットスコア (threat score)
$$\frac{FO}{(FO + FX + XO)}$$
値の範囲 0 から 1　　最適値 1

スレットスコアについては，「現象あり」の場合である．「現象なし」の場合は，FO の代わりに，XX が入る．

8.1.2 量的予報

量的予報については，分割表によることはできず，次のような指標で評価することが多い．ここで，F は予報値，O は観測値である．

(1) ME (mean error；平均誤差；単に「バイアス」ともいう)
$$\frac{1}{N}\sum_{i=1}^{N}(Fi - Oi),$$
値の範囲：$-\infty$ から $+\infty$，　最適値：0

(2) RMSE (root mean square error；平方根平均二乗誤差)
$$\sqrt{\frac{1}{N}\sum_{i=1}^{N}(Fi - Oi)^2},$$
値の範囲：0 から $+\infty$，　最適値：0

ME が 0 であっても，全く誤差のない予報であったというわけではなく，その場合は RMSE をみることによって検証することができる．RMSE が 0 であって，初めて完全な予報といえる．

8.1.3 注意報・警報

注意報・警報の場合は，現象が出現すると予想される場合のみ発表されるものである．この条件から注意報・警報の精度評価は分割表においては，「現象なし」のときに「予報なし」であるのは当然なので，その場合（XX）を除いて評価することが妥当である．

したがって，注意報・警報に関する評価は下記のようになる．

(1) 適中率
$$\frac{FO}{FO + FX}$$
値の範囲 0 から 1　　最適値 1

(2) 見逃し率
$$\frac{XO}{FO + XO}$$
値の範囲 0 から 1　　最適値 0

(3) 空振り率
$$\frac{FX}{FO + FX}$$
値の範囲 0 から 1　　最適値 0

8.2 降水有無の評価

○ 大雨の有無については，降水の特性（雷雨のよ

うに局地性の大きい雨，台風による大雨のように比較的大規模な雨域かなど）によって，予報の癖が現れやすい．こうした予報についてはバイアススコアによって検証することが適当である．このバイアススコアは1のときにバイアスのない実況と同様の傾向の予報であることを示している．

○ 大雨の有無のような出現確率の小さい現象の評価は，スレットスコアによることが適当である．このスレットスコアは1に近いほど，予報が適正であったことを示す．

○ 雨量の予報では，ME（平均誤差）を計算すると，符号が＋（正）の場合は実際よりも雨量を多めに予報し，－（負）の場合は少なめに予報しているというバイアスを知ることができる．したがって0に近いほど，適正な予報である．

8.3 気温の精度評価

気温については他の量的予報と同一で，MEやRMSEが多く用いられる．

8.4 確率予報の評価

降水確率予報のように現象（降水）の有無を確率で表した予報の評価は，確率を小数で表し，実際の現象（降水）ありを1，なしを0で表示したときの二乗平均誤差を用い，これをブライアスコア（Brier score）という．

降水確率予報では10％ごとに区切られて予報されるので，次の定義式によるブライアスコアが用いられる．

$$\sum_{i=1}^{N}(PFi-POi)^2/N,$$

値の範囲：0から1，　最適値：0

ここで，PFi は確率予報値（0.0〜1.0），POi は観測値（雨あり；1，雨なし；0）である．N は事例の総数である．

8.5 予報の検証

予報の評価は，扱う要素の特性およびその予報に求められる情報価値に応じてその評価方法が選択される．それを誤るとその予報の利用価値が評価されなかったり，冬季，関東地方で晴天を予報するように気候統計値と大差のない予報を価値あるように理解したりという不都合な判断が下されかねない．

評価方法の選択には，扱う要素の特性を把握したうえで選択されなければならない．各種のスコアの特徴と組み合わせて判断することが求められる．

○ 台風の進路については，短期的にはこれまでの進路を維持すると考えて外挿するのが持続予報として考えられるが，進路予報の場合，こうした持続予報によるスコアと比較してどれだけ改善されるかが予報価値として評価されることになる．

○ 予報として価値があるのは単にこれまでの経過を外挿するだけでなく，必要な技術によって単純な持続予報に対してどれだけ改善されるかによって評価される．これは，技術を要しない気候値予報やランダムな予報に対して，改善される程度を評価することになる．いわばどれだけ技術（スキル）が向上したかである．

○ 予報の「見逃し」と「空振り」については，どちらを重視するかによって予報の利用価値が定まる．「現象あり」と予報した回数と実際に現象のあった回数の比はバイアススコアであり，その予報の「見逃し」と「空振り」の傾向をみるのに適した指標である．

○ バイアススコアは，スコアが1の場合に最適であり，「見逃し」も「空振り」も同程度であることを表している．1より小さければ「見逃し」が多く，1より大きければ「空振り」が多いと判断される．これは評価として適正か否かというものではなく，予報の利用者のニーズに応じて判断されるべきものである．たとえば，ガイダンスのバイアススコアに応じて予報を修正するという手段に用いられることもできる．

○ 「気候値予報」とは，対象とする期間の値が平年（過去30年間の平均）と同様であることを前提とした予報ということになる．気候値予報のRMSEが低いということはそれだけ平年の状態に近い気候状態であったことを示している．

○ 発表予報が気候値予報と比べてどれだけ改善されたかについては，RMSEを用いて
［気候値予報のRMSE］－［発表予報のRMSE］
の値がどれだけ大きくなっているかを求めればよい．この差の分は予報技術（スキル）によって価値ある情報となっていることを示している．

なお，改善率としての評価は，
（［気候値予報のRMSE］－［発表予報のRMSE］）／［気候値予報のRMSE］

とすれば，気候値のままだと0，完全に予報すれば1という値になる．ここのRMSEは他の指標（たとえば，ブライアスコア）でもよい．

〈初心者の方々へのメッセージ〉

精度評価については，気象予報士試験において毎回1問程度出題されている．使用される評価式は本章で示したものが大半であって多くはない．したがって出題形式もそれほど変化がない．傾向としては，この5年間くらいは降水有無の評価が多かったが，これは評価の中心テーマが降水の予報精度向上にあることの反映であろう．評価方法についての設問はこの5年ほどないが，章の初めに記述したように，評価の結果をどのように解釈するかという視点に移行するかもしれない．

【例題と解説】

下記の問題は，各項目の正誤を問う問題になっているが，実際の予報士試験では，5種類の正誤の組み合わせから，適切な組み合わせを答える問題となっている．しかし，基本はそれぞれの事項の正しい知識が問われるわけであるから，下記のような各項の正誤を判断する訓練が必要である．

【例題8.1】

次に示す各項の文章の正誤について答えよ．

① バイアススコアが1より大きいということは，現象の予報の見逃しの頻度が空振りの頻度よりも大きいということである．
② 持続予報や気候値予報は，特に手を加えることなく過去の傾向に依存するものであるから，予報の価値を評価する場合には，持続予報や気候値予報からどれだけ改善されたかという観点で評価することが大事である．
③ 梅雨期のように降水の頻度が高くなると適中率も高くなる．
④ ある地点での気温予報RMSE（平方根平均二乗誤差）が1.5であった．一方，同じ地点での降水量の予報のRMSEが0.7であった．このとき，この地点では降水量予報の精度が気温予報のそれよりも高かったということができる．
⑤ 気温予報でME（平均誤差）が0.7であった．これは，予報値が実況値に対して平均して0.7℃高かったことを意味する．
⑥ 確率予報を評価するブライアスコアは，予報値と実況値の比を積算するので，最適な値は1である．

（解説） 以下の解説のなかでは，次の分割表で用いられる符号を用いることとする．

		実況	
		現象あり	現象なし
予報	現象の予報あり	FO	FX
	現象の予報なし	XO	XX

FO + XO + FX + XX = N とする．Nは事例の総数となる．

① バイアススコアの定義式は（FO+FX）/（FO+XO）であるが，ここでFXは空振りの頻度を意味し，XOは見逃しの頻度であるから，これが1より大きいということは，FX＞XOすなわち空振りの頻度が見逃しの頻度より大きいことにある．したがって，設問の記述は逆であり，誤りである．
② 持続予報とは，現在の状態をそのまま持続させただけの予報（「今日が晴れであれば，明日も晴れ」など），気候値予報とは気候的な平均値をそのまま予報値とするもので，いずれも何の技術もいらない．したがって，これと同等の予報の場合には何ら価値がないわけであり，そこからさらに精度を高めればそれが予報技術（スキル）の効果ということができる（8.5節参照）．したがって，この記述は正しい．
③ 降水の頻度 FO+XO が大きくなると，FO+XX も連動して高くなるかという問題であることを考えると，XOやXXの大きさに関係することがわかるので，ただちにこの記述が誤りであることがわかる．
④ RMSEは，量的な予測値に対して適用するものであり，異なる気象要素間での比較はもともとできない．したがって，気温予報と降水量予報を比較するこの設問は成り立たないことがわかる．したがって，この記述は誤り．
⑤ これは，記述の通りで正しい．
⑥ ブライアスコアは確率予報を評価するものであるが，個々の事例の分散を表している．したがっ

て現象の有無を1または0で表すと，すべて完全に0%か100%で当てた場合には，ブライアスコアは0となり，これが最適値であることがわかる．したがって，最適値を1とする設問の記述は誤りである．

(解答)
① 誤，② 正，③ 誤，④ 誤，⑤ 正，⑥ 誤

(足立　崇)

9. 気象の予想の応用

9.1 気象情報

　気象予測の結果は，いわゆる天気予報として公表されており，各分野で利用や応用がなされている．気象情報という言葉は，一般に観測データや予報などを指しているが，気象庁の行っている気象予報サービスをみると，気象情報は三つの分野で構成されている．一つは，実況値あるいはリアルタイム情報と呼ばれるもので，気温，降水量や平均風速などの気象要素の観測値である．二つは，天気予報に代表される種々の予報および予測情報である．三つは，気象予報および注意報や警報を補完する情報である．気象情報の全体像は図 9.1 のように整理できる．以下では，予報と情報について取り上げる．

9.2 気象予報と予報区

　気象庁が行っている具体的な気象予報の種類と内容は，気象業務法施行令によって規定されている．表 9.1

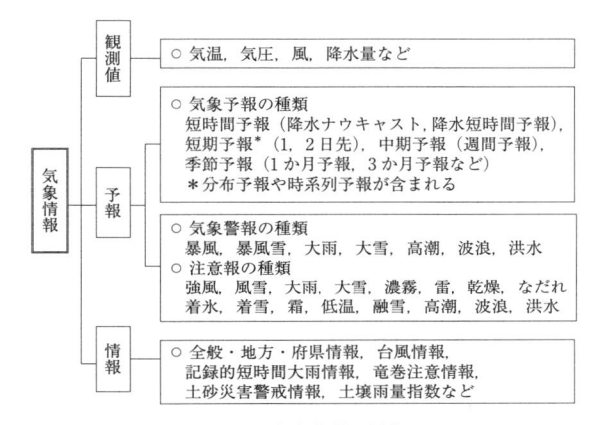

気象情報
- 観測値
  - ○ 気温，気圧，風，降水量など
- 予報
  - ○ 気象予報の種類
    短時間予報（降水ナウキャスト，降水短時間予報），
    短期予報*（1，2 日先），中期予報（週間予報），
    季節予報（1 か月予報，3 か月予報など）
    ＊分布予報や時系列予報が含まれる
  - ○ 気象警報の種類
    暴風，暴風雪，大雨，大雪，高潮，波浪，洪水
  - ○ 注意報の種類
    強風，風雪，大雨，大雪，濃霧，雷，乾燥，なだれ，
    着氷，着雪，霜，低温，融雪，高潮，波浪，洪水
- 情報
  - ○ 全般・地方・府県情報，台風情報，
    記録的短時間大雨情報，竜巻注意情報，
    土砂災害警戒情報，土壌雨量指数など

図 9.1　気象情報の総体

表 9.1　予報，注意報・警報の種類と内容

種　類	内　　　容
天気予報	当日から 3 日以内における風，天気，気温等の予報
週間天気予報	当日から 7 日間の天気，気温等の予報
季節予報	当日から 1 か月間，当日から 3 か月間，暖候期，寒候期，梅雨期等の天気，気温，降水量，日照時間等の概括的な予報
津波予報	津波の予報
波浪予報	当日から 3 日以内における風浪，うねり等の予報
気象注意報	風雨，風雪，強風，大雨，大雪等によって災害が起こるおそれがある場合に，その旨を注意して行う予報
地面現象注意報	大雨，大雪等による山崩れ，地滑り等によって災害が起こるおそれがある場合に，その旨を注意して行う予報
津波注意報	津波によって災害が起こるおそれがある場合に，その旨を注意して行う予報
高潮注意報	台風等による海面の異常上昇の有無及び程度について一般の注意を喚起するために行う予報
波浪注意報	風浪，うねり等によって災害が起こるおそれがある場合に，その旨を注意して行う予報
気象警報	暴風雨，暴風雪，大雨，大雪等に関する警報
高潮警報	台風等による海面の異常上昇に関する警報
波浪警報	風浪，うねり等に関する警報
海面水温予報	海洋の表面における水温の予報
海流予報	海流の状況の予報
海氷予報	沿岸における海氷の状況の予報
浸水注意報	浸水によって災害が起こるおそれがある場合に，その旨を注意して行う予報
洪水注意報	洪水によって災害が起こるおそれがある場合に，その旨を注意して行う予報
浸水警報	浸水に関する警報
洪水警報	洪水に関する警報

表9.2　飛行場予報，海上警報など

種　類	内　　容
飛行場予報	公共の用に供する飛行場及びその附近を対象とする気象，地象，津波，高潮及び波浪の予報
空域予報	国土交通大臣の指定する航空路その他の国土交通省令で定める空域を対象とする気象及び火山現象の予報
飛行場警報	公共の用に供する飛行場及びその附近を対象とする気象，地象，津波、高潮及び波浪に関する警報
空域警報	国土交通大臣の指定する航空路その他の国土交通省令で定める空域を対象とする気象及び火山現象に関する警報
海上予報	国土交通省令で定める予報区を対象とする船舶の運航に必要な海上の気象，火山現象，津波，高潮及び波浪の予報
海上警報	国土交通省令で定める予報区を対象とする船舶の運航に必要な海上の気象，火山現象，津波，高潮及び波浪に関する警報

表9.3　水防活動用注意報・警報

種　類	内　　容
水防活動用気象注意報	風雨，大雨等によって水害が起こるおそれがある場合に，その旨を注意して行う予報
水防活動用気象警報	暴風雨，大雨等によって重大な水害が起こるおそれがある場合に，その旨を警告して行う予報
水防活動用高潮注意報	台風等による海面の異常上昇の有無及び程度について注意を喚起するために行う予報
水防活動用高潮警報	台風等による海面の異常上昇に関する警報
水防活動用洪水注意報	洪水によって災害が起こるおそれがある場合に，その旨を注意して行う予報
水防活動用洪水警報	洪水に関する警報

〜9.3は，それぞれ一般を対象としたもの，航空機および船舶を対象にしたもの，水防活動を対象にしたものを表している．これらの表には，気象警報も合わせて示した．

この施行令によると，普段，よく使われる「天気予報」という言葉は，「当日から3日以内における風，天気，気温等の予報」と規定されており，また，週間天気予報は「当日から7日間の天気，気温等の予報」となっている．

ここで示した予報以外に，気象庁ではガイダンスと呼ばれる天気予報を支援するための情報を定常的に作成している．ガイダンスは，数値予報モデルの出力であるGPV（グリッドポイントバリュー：格子点値）から，あらかじめ用意された計算式を用いて，自動的に計算されるもので，担当予報者の修正および確認を経て，部外にも提供されている．テレビなどでよく紹介される時系列予報（正確には地域時系列予報）および分布予報（地方天気分布予報）も天気予報の一種であり，地方官署予報業務規則で規定されているが，やはり両予報ともガイダンスに基づいている．また，気象キャスターや気象事業者が行っているピンポイント予報なるものも，ほとんどがこのガイダンスに基づい

ている．こうした短期予報に関連する天気や気温，風，さらに降水確率に関するガイダンスなどは，別項で記述される20 km格子の全球モデル（GSM）あるいは5 km格子のメソモデル（MSM）に基づいている．

次に，気象予報を行う際には，対象地域を特定する必要があり，その地域を予報区と呼ぶ．ただし，航空機を対象とする場合は空域と呼ぶ．各気象予報の予報区および空域は，気象業務法施行規則によって，表9.4のように定められている．

予報区で注意すべきことは，通常の天気予報の場合と注意報・警報の場合とで，区域の細かさが異なっている点である．通常の天気予報の場合，予報区の広がりは，表9.4に示されているように府県規模あるいはそれを複数に細分した区域が対象となっており，一次細分区域と呼ばれている．注意報・警報の場合は，この一次細分区域をさらに分割した二次細分区域と呼ばれる地域を対象に行っている．ちなみに，福島県の場合，図9.2に示すように，天気予報の予報区（一次細分区域）は，太平洋岸から西の陸域に向かって，浜通り，中通り，会津と三つに細分されており，注意報および警報の予報区は，一次細分区域をそれぞれ南北方向に三つに細分した地域を対象にしている．

第 2 部　予報業務に関する専門知識〔9. 気象の予想の応用〕

表 9.4　各種予報，注意報・警報と予報区

種　類	内　容
全国予報区（本邦全域（沿岸の海域を含む．）を範囲とするものをいう．）	週間天気予報及び季節予報
地方予報区（二以上の府県を含む区域又はこれに相当する区域（沿岸の海域を含む．）を範囲とするものをいう．）	天気予報，週間天気予報，季節予報及び波浪予報
府県予報区（一府県の区域又はこれに相当する区域（海に面する区域にあっては，沿岸の海域を含む．）を範囲とするものをいう．）	天気予報，週間天気予報，波浪予報，気象注意報，地面現象注意報，高潮注意報，波浪注意報，気象警報，地面現象警報，高潮警報，波浪警報，海氷予報，浸水注意報，洪水注意報，浸水警報及び洪水警報
津波予報区（海に面する一府県の区域又はこれに相当する区域（沿岸の海域を含む．）を範囲とするものをいう．）	津波予報，津波注意報，津波警報並びに津波に関する海上予報及び海上警報
航空予報空域（気象庁長官の指定する空域を範囲とするものをいう．）	空域予報及び空域警報
全般海上予報区（東は東経 180 度，西は東経 100 度，南は緯度 0 度，北は北緯 60 度の線により限られた海域を範囲とするものをいう．）	海面水温予報，海流予報，海上予報及び海上警報（津波に関する海上予報及び海上警報を除く．）
地方海上予報区（気象庁長官の指定する海域を範囲とするものをいう．）	海面水温予報，海氷予報，海上予報及び海上警報（津波に関する海上予報及び海上警報を除く．）

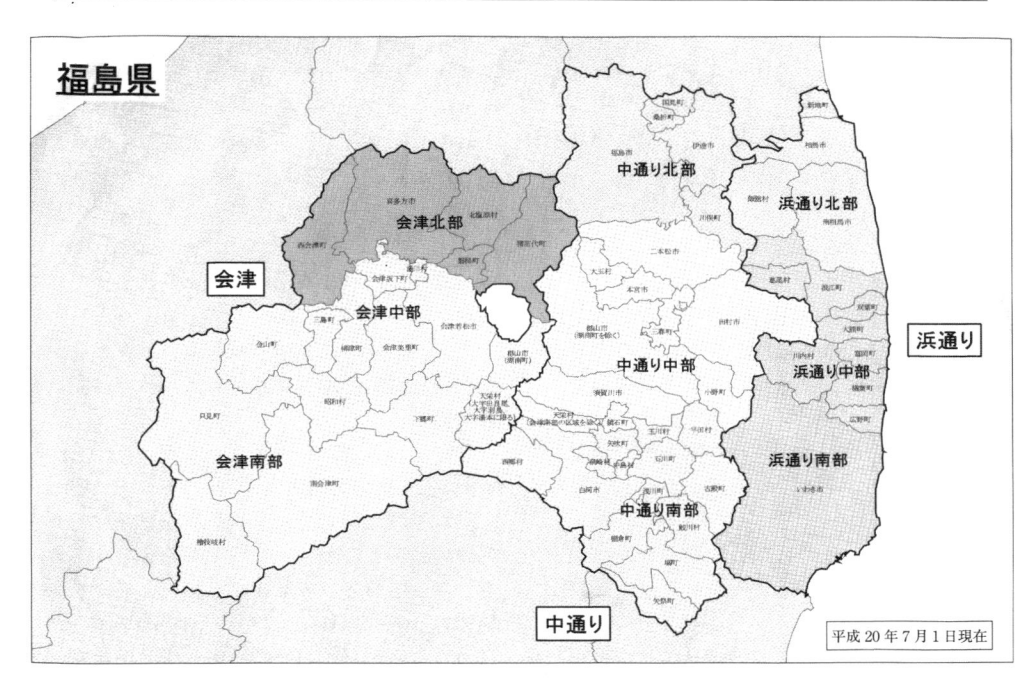

図 9.2　福島県の予報区（気象庁提供）

　なお，季節予報に属する 1 か月予報や 3 か月予報などでは，予報区は複数の県をまとめた広域が対象となっている．たとえば，関東地方では東京都，千葉県など 9 都県が含まれる．

　上述の各種の予報を担当する気象官署は，気象庁予報警報規程で規定されている．このうち，天気予報および注意報・警報は，各都道府県に設置されている地方気象台の担当である．ただし，東京都の場合は気象庁本庁が代行している．

9.3 注意報・警報,伝達,発表基準

　注意報および警報は,いずれも災害の防止や軽減を目的としているが,その法律的位置づけは異なる.「警報」とは,重大な災害の起こるおそれのある旨を警告して行う予報をいうと,気象業務法のレベルで規定されている.一方,「注意報」は災害が起こるおそれがある場合に,その旨を注意して行う予報と,気象業務法施行令のレベルで規定されている.いずれも予報の範疇である.警報は法律上の規定であることから,伝達機関とその任務も法律レベルで規定されている.しかしながら,注意報の運用も,実態上は警報に準じた扱いがなされている.

9.3.1　気象警報の伝達

　気象警報の伝達に関して,「気象庁は,気象,地象,津波,高潮,波浪及び洪水の警報をしたときは,直ちにその警報事項を警察庁,国土交通省,海上保安庁,都道府県,東日本電信電話株式会社,西日本電信電話株式会社又は日本放送協会の機関に通知しなければならない」と,気象業務法で規定されている.さらに,気象庁から警報の伝達を受けた各機関は,関係機関や公衆などに対して,以下のような伝達義務を負っている.

　なお,ここで規定されている気象庁という言葉は,実務上は前述の地方気象台を指している.
・警察庁,都道府県,東日本電信電話株式会社及び西日本電信電話株式会社の機関は,直ちにその通知された事項を関係市町村長に通知するように努めなければならない.
・市町村長は,直ちにその通知された事項を公衆及び所在の官公署に周知させるように努めなければならない.
・国土交通省の機関は,直ちにその通知された事項を航行中の航空機に周知させるように努めなければならない.
・海上保安庁の機関は,直ちにその通知された事項を航海中及び入港中の船舶に周知させるように努めなければならない.
・日本放送協会の機関は,直ちにその通知された事項の放送をしなければならない.

　テレビやラジオ放送で,警報がテロップや番組を中断して放送されるのは,この規定の中の「直ちに」によっている.なお,民間放送も日本放送協会に準じて,警報の放送を行っている.

9.3.2　気象警報の種類と内容

　表9.1～9.3に示した.

9.3.3　警報・注意報の発表,切替,継続

　警報および注意報は,上述のように,重大な災害や災害のおそれがある場合に行われる(発表される)が,状況の変化に伴って現象の起こる地域や時刻,激しさの程度などの予測が変わりうる.そのようなときには,新たに警報あるいは注意報を発表して,発表中の警報や注意報の「切替」を行って,内容が更新される.警報あるいは注意報が行われた場合,それらは解除されるまで継続される.また,災害のおそれがなくなったときには,警報や注意報は解除される.

9.3.4　警報・注意報の発表基準

　警報あるいは注意報は,気象要素(雨量,土壌雨量指数,流域雨量指数,風速,波の高さ,潮位など)が基準に達すると予想された場合に,当該区域を対象に発表される.この発表基準は,災害の発生と気象要素の関係を調査したうえで,都道府県などの防災機関との調整を踏まえて設定されており,基準は地域(二次細分区域)ごとに異なっている.ただし,大地震で地盤がゆるんだり,火山の噴火によって火山灰が積もったりして災害の発生にかかわる条件が変化した場合は,通常とは異なる基準で発表されることに留意する必要がある.

　なお,警報・注意報の基準値は,災害発生状況の変化や防災対策の進展を考慮して,適宜,見直しが行われている.

9.3.5　指定河川洪水予報

　洪水予報に関しては,気象庁が単独で行うものとそれ以外があることに注意しておく必要がある.すなわち,表9.1および表9.3に示したように,気象庁が単独で行うもの以外に,特定の河川の増水やはん濫などに対する水防活動のため,気象庁が国土交通省または都道府県の機関と共同して,あらかじめ指定した河川について,区間を決めて水位または流量を示して行う洪水の予報がある.指定河川洪水予報の標題には,はん濫注意情報,はん濫警戒情報,はん濫危険情報,はん濫発生情報の四つがあり,河川名を付して「〇〇川はん濫注意情報」「△△川はん濫警戒情報」のように発表される.はん濫注意情報が洪水注意報に相当し,

はん濫警戒情報，はん濫危険情報，はん濫発生情報が洪水警報に相当する．

なお，気象庁が単独で行う洪水注意報および洪水警報は，対象地域内にある不特定の河川の増水における災害を対象に発表しており，河川を特定しないため，水位や流量の予測は行っていないことに留意しておく必要がある．

9.4 その他

気象庁は，注意報および警報を補完するために，種種の気象情報を発表している．以下に主要なものを掲げる．

9.4.1 土砂災害警戒情報，土壌雨量指数

土砂災害警戒情報は，大雨による土砂災害発生の危険度が高まったとき，市町村長が避難勧告等を発令する際の判断や住民の自主避難の参考となるよう，都道府県と気象庁が共同で発表する防災情報である．この土砂災害警戒情報は，降雨に基づいて予測可能な土砂災害のうち，避難勧告等の災害応急対応が必要な土石流や集中的に発生する急傾斜地崩壊を対象としている．なお，予測が困難である地すべり等は，発表対象とはなっていない．

大雨によって発生する土石流・がけ崩れなどの土砂災害は，土壌中の水分量が多いほど発生の可能性が高く，また，数日前に降った雨も影響する場合がある．土壌雨量指数はこうした土砂災害の危険性を示す尺度として開発されたもので，各地気象台が発表する土砂災害警戒情報および大雨警報・注意報の発表基準に使用されている．

なお，土壌雨量指数は，降った雨が土壌中に水分量としてどれだけたまっているかを，これまでに降った雨と今後数時間に降ると予想される雨などの雨量データから「タンクモデル」という，地面を一種の水分貯留器と見なした手法を用いて指数化したものである．地表面を5km四方の格子（メッシュ）に分けて，それぞれの格子で計算される．

9.4.2 降水短時間予報，降水ナウキャスト

降水短時間予報および降水ナウキャストは，予報の一つのメニューであるが，外出などで目先の情報として日常生活でも利用されるので，ここで簡単にふれておく．これらの予報は，直近の過去の雨域の動きと現在の雨量分布をもとに，それぞれ目先1時間～6時間までおよび1時間先までの雨量分布を1km四方の細かさで予測するものである．気象庁本庁が一括して担当している．降水短時間予報は，毎正時を基準に30分間隔で発表され，6時間先までの各1時間雨量を予報している．たとえば，9時の予報では15時までの，9時30分の予報では15時30分までの，各1時間雨量である．降水ナウキャストは，さらに短い5分間隔で発表されるが，予報期間はわずか1時間先までで，各10分間雨量を予報している．たとえば，9時10分の予報では10時10分までの各10分間雨量を合計6コマ予測している．

なお，降水ナウキャストの雨量の表示は，10分間雨量を6倍した1時間雨量に換算された値であることに注意する必要がある．したがって，50ミリという表示は，その状態があくまで1時間持続すれば50ミリになるという意味である．

9.4.3 記録的短時間大雨情報

記録的短時間大雨情報は，数年に一度程度しか発生しないような激しい短時間の大雨を，地上の雨量計により観測あるいは解析雨量で求めたときに，府県気象情報の一種として発表される．その基準は，1時間雨量についての歴代1位または2位の記録を参考に，前述の二次細分区域ごとに決められている．この情報は現在の降雨がその地域にとって災害の発生につながるような，まれにしか観測しない雨量であることを意味しており，近くで災害の発生につながる事態が生じている可能性を強いと認識すべき重要な情報である．

なお，解析雨量とは，気象庁と国土交通省河川局・道路局が全国に設置しているレーダーによる降水強度をアメダスなどの地上の雨量計を用いて校正し，降水量分布を1km四方の細かさで求めたものである．解析雨量は正時を基準に30分ごとに作成され，たとえば，9時の解析雨量は8時～9時，9時30分の解析雨量は8時30分～9時30分の1時間雨量である．

9.4.4 竜巻注意情報

竜巻注意情報は，積乱雲の下で発生する竜巻，ダウンバーストなどによる激しい突風を対象に注意を呼びかける気象情報で，地方気象台が雷注意報を補足する情報として発表される．激しい突風をもたらす竜巻などは，急激に発生し，発現時間も短かく，さらに発現場所が狭いなどの特徴をもっている．竜巻注意情報は，数値予報の結果や気象レーダーの情報などに基づいて発表される．この注意報は比較的広い領域（県域

など）を対象に発表されるため，その地域内で必ず竜巻などの突風に遭遇するとは限らないことに注意する必要がある．

9.4.5 台風情報

台風情報は，台風の実況と予報から構成されており気象庁本庁が一元的に発表している．台風の実況の内容は，台風の中心位置，進行方向と速度，中心気圧，最大風速（10分間平均），最大瞬間風速，暴風域，強風域である．現在の台風の中心位置を示す×印を中心とした実線の円は暴風域を示し，風速（10分間平均）が $25\,\mathrm{m\cdot s^{-1}}$ 以上の暴風が吹いているか，地形の影響などがない場合に吹く暴風の可能性のある範囲を示している．

台風の進路予報は，2009年より，従来の72時間から5日先までに延長された．図9.3は台風の72時間先までの進路予報の表示例である．

破線の円は予報円で，台風の中心が到達すると予想される範囲を表す．予報した時刻にこの円内に台風の中心が入る確率は70%である．予報円の中心を結んだ点線は，台風が進む可能性の高いコースを示している．予報円の外側を囲む実線は暴風警戒域で，台風の中心が予報円内に進んだ場合に72時間先までに暴風域に入るおそれのある範囲全体を示している．

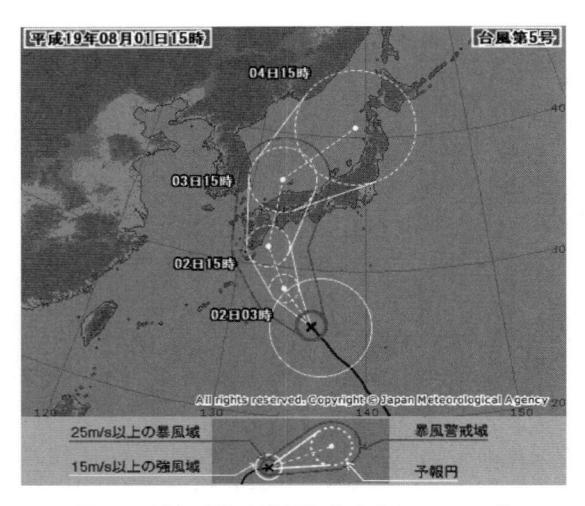

図9.3 台風の進路予報表示（気象庁ホームページ）

9.4.6 火災警報，火災気象通報

火災警報は，消防法の規定に基づいて，市町村長が発令するものであり，気象状況が次のいずれかの基準に該当し，火災発生などの危険が極めて大きいと認められるときに発令される．① 実効湿度が60%以下であって，最低湿度が40%を下り，最大風速が8mを超える見込みのとき．② 平均風速13m以上の風が1時間以上連続して吹く見込みのとき．③ 実効湿度が60%以下であって，最低湿度が30%以下となったとき．火災気象通報は，同じく消防法の規定により，気象の状況が火災の予防上危険と認められるときに，気象庁（地方気象台）から都道府県知事に対して行われる通報で，市町村長が発令する火災警報の基礎となる．実効湿度，風速などにより通報基準を定めている．

なお，実効湿度は，木材の乾燥の程度を表す指数で，数日前からの湿度を考慮に入れて計算される．火災警報は，気象庁が行うものではないことに注意すべきである．

9.4.7 異常天候早期警戒情報

気温の中期的な推移に関する警戒情報であり，気象庁本庁が発表している．5日先から8日先を最初の日とする7日間平均気温の予測値（平年より，「かなり低い」，「並」，「かなり高い」の3階級に入る確率で表される）が，「かなり高い」または「かなり低い」確率が30%以上と見込まれるときに発表される．原則として毎週火曜日と金曜日に発表される．

〈初心者の方々へのメッセージ〉

「気象の予想の応用」では，気象の予想に基づいて気象庁から提供される種々の気象情報の内容や伝達形態などが設問される．これらの情報は気象予報士が実務に当たる場合にたちまち直面する事柄でもある．それぞれの定義はもちろん，全体を体系化して理解しておく必要がある．大雨警報などの気象警報の伝達形態は法律事項であり，頻繁に出題されている．実際に発表される天気予報や気象警報，記録的短時間大雨情報などを，試験の例題と捉えて，普段から定義や作成方法などを確認しておこう．

【例題 9.1】

次の文章の正誤について検討せよ．

(1) 地震や火山噴火等の後に，大雨注意報の発表基準より少ない雨で土砂災害などが発生することがある．このような場合には，大雨注意報の

発表基準を暫定的に下げて運用する．
(2) 大雨警報が発表されているか否かにかかわらず，数年に1回程度発生する激しい1時間雨量を観測または解析した場合には，記録的短時間大雨情報を発表する．
(3) あらかじめ指定された河川について洪水のおそれがある場合には，国土交通省あるいは都道府県と共同して洪水注意報・警報を発表する．
(4) 警報発表の基準となる雨量は予報区毎に定められているため，隣接した二つの予報区で同程度の雨量が予想されても，大雨警報が一方の予報区にしか出されない場合がある．
(5) 大雨警報が発表されている予報区に，新たに波浪・高潮警報が発表された場合は，大雨警報に加えて波浪・高潮警報が発表されたことを意味する．
(6) 予報対象時刻に，予報円の中に台風の中心が入る確率は約90%である．
(7) 台風の大きさは平均風速 $15\,\mathrm{m\cdot s^{-1}}$ 以上の領域（強風域）の半径の大きさで区分し，強風域の半径が800 km 以上の台風を「超大型の台風」という．
(8) 水防法の規定により，国土交通大臣と気象庁長官が共同で洪水予報を行っている河川は，気象庁が発表する洪水注意報・警報の対象には含まれない．
(9) 雷現象に付随して発生する突風や降雹によって災害の起こるおそれがあるときは，雷注意報を発表し，落雷とそれらの現象に対する注意を喚起する．
(10) 地方海上警報は，船舶に利用されることを目的として，海岸線からおよそ300海里以内の海域を対象に気象庁が発表している．
(11) 「大雨，洪水警報」が出ている地域に，新たに暴風，波浪警報を発表する場合に，「暴風，波浪警報」と発表すると，「大雨，洪水警報」は解除されたことになる．
(12) 台風が弱まっていったん弱い熱帯低気圧になった後，再び発達して台風となった場合には，別な台風として新たな番号を付ける．
(13) 空気が乾燥して火災の危険性が高いと予想されるとき乾燥注意報を発表するが，さらに具体的に注意を呼びかけるため，自治体と共同して火災警報も発表している．
(14) 風に関する注意報，警報では，風速から計算した風圧の大きさをその発表の基準としている．
(15) 強い上昇気流によって発達した積乱雲ができると，強い雷雨に伴って雹が降り，農作物などが被害を受ける．このため，雷注意報の中で雹に対する注意を呼びかけている．
(16) 波浪予報や波浪の注意報，警報で使われる波の高さ（波高）には，有義波高を用いる．これは観測した波を高さの順に並べ，高い方から1/3の個数の波の平均をとったものに相当する．
(17) 大雨注意報や大雨警報などで「レーダー・アメダス解析雨量」を使う場合には，解析雨量であることを明示したうえで「○○市付近でおよそ何十ミリ」のように幅をもたせた表現をする．

(ヒント) (1) (2) (3) 本文中に記述．(4) 警報の発表基準は二次細分区域ごと．(5)～(14) 本文中に記述．(15) 風に関する注意報・警報は風速に基づいている．(16) 雷注意報の定義．(17) 波浪予報と有義波高の定義．

(解答)
(1) 正，(2) 正，(3) 正，(4) 正，(5) 正，(6) 誤，(7) 正，(8) 正，(9) 正，(10) 正，(11) 誤，(12) 誤，(13) 誤，(14) 誤，(15) 正，(16) 正，(17) 正

(古川武彦)

■参考文献

第Ⅰ編第2部

1章

気象庁予報部：量的予報研修テキスト，平成16年度，平成19年度．

日本気象学会編：気象科学事典，東京書籍（1998）．

長谷川隆司・入田 央・隈部良司：天気予報の技術，オーム社（2000）．

長谷川隆司・上田文夫・柿本太三：気象衛星画像の見方と使い方，オーム社（2006）．

二宮洸三：気象がわかる数と式，オーム社（2000）．

気象衛星センター：3.7μm帯画像の解析と利用，（財）気象業務支援センター（2005）．

気象衛星センター解析課：気象衛星画像の見方と利用，（財）気象業務支援センター（1997）．

山岸米二郎：気象予報のための風の基礎知識，オーム社（2002）．

山岸米二郎：前線の知識，オーム社（2007）．

2章

気象庁予報部：量的予報研修テキスト，平成19年度．

3章

気象庁予報部：数値予報研修テキスト，平成19年度，平成20年度．

小倉義光：一般気象学（第2版），東京大学出版会（1999）．

大野久雄：雷雨とメソ気象，東京堂出版（2001）．

気象庁気候予報課：季節予報研修テキスト，平成19年度．

4章

古川武彦・酒井重典：アンサンブル予報－新しい中・長期予報と利用法－，東京堂出版（2004）．

気象庁気候予報課：季節予報研修テキスト
　平成16年度：気候の変動と季節予報
　平成17年度：2003年，2004年の異常気象とその要因
　平成18年度：エルニーニョ/ラニーニャ現象と日本の天候－平成18年豪雪とその要因
　平成19年度：日本の天候に影響を与える循環場の特徴
いずれも（財）気象業務支援センター発行．

5章

浅井冨雄・新田 尚・松野太郎：基礎気象学，朝倉書店（2000）．

浅井冨雄：ローカル気象学（気象の教室2），東京大学出版会（1996）．

日本気象学会：新教養の気象学，朝倉書店（1998）．

近藤純正：身近な気象の科学，東京大学出版会（1987）．

白木正規：百万人の天気教室，成山堂（2000）．

6章

気象庁予報部：数値予報研修テキスト，平成18年度．

7章

高瀬邦夫：防災と気象．気象ハンドブック（第3版），朝倉書店（2005）．

気象庁：ヒートアイランド監視報告（平成19年冬・夏－関東・近畿地方）（2008）．

竜巻等突風対策検討会：竜巻等突風対策の強化に向けた検討会報告（平成19年6月）（2007）．

（財）気象業務支援センター：気象予報士試験「問題と正解」，平成6年度第1回から平成19年度第2回までシリーズ．

第II編
実技試験

第1部　気象概況およびその変動の把握

　第1部では，実況天気図や予想天気図等の資料を用いて，気象概況，今後の推移，特に注目される現象についての予想上の着眼点について学ぶ．大気現象は三次元の立体構造なので気象状況を把握するためには，地上天気図，高層天気図，数値解析図等の実況図や気象衛星画像，レーダーエコー図，雨量解析図，ウィンドプロファイラ観測等の観測データにみられる気象現象を総合的に理解する必要がある．1.1節では天気図・解析図による気象概況の把握について，実技試験の出題傾向に沿って焦点を絞った形で，気象概況を把握するための地上気象観測，レーウィンゾンデ観測，ウィンドプロファイラ観測，気象レーダー観測，気象衛星観測などによる各種観測データの解析，天気図解析の中で実技試験ではしばしば出題されるが受験生には苦手な前線解析，天気予報の根幹をなす温帯低気圧の発達・衰弱理論，日本の天気変化に影響をもたらす北高型・冬型など典型的な天気パターンの着目点について学習する．1.2節では予想図による気象概況の把握，天気予報の作業手順，天気予報作成の具体例について学び，1.3節週間天気予報に採用されているアンサンブル予報について学習する．

　なお，天気概況を把握する際の気圧の谷や尾根の解析，ジェット気流解析，等圧線・等温線等の各種等値線解析などが実技試験の中で取り上げられているが，紙数の制約からここでは割愛している．

1.1　気象概況の把握

　気象概況を把握するために，各種実況図・解析図を用いて総観規模現象の解析を行う．
　(1)　**地上天気図**　　天気図の月日から季節がわかり，季節に応じた天気の特徴を想定する．気圧配置から等圧線の分布状況や低気圧，前線，高気圧の位置，中心気圧などから発達の程度や移動状況を知り，各地の天気や海上警報の発表状況等を把握する．着目している擾乱が低気圧の場合には，低気圧の中心気圧，前線の有無，前線の種類，移動方向・速度，低気圧に伴う警報の有無等から気象実況をつかむ．
　(2)　**850 hPa 天気図**　　低気圧周辺の等温線分布や湿潤域分布に着目し，寒気や暖気の中心，等温線の集中の度合いや温度場の谷（サーマルトラフ）や尾根（サーマルリッジ），湿潤域や乾燥域，前線の有無や強化・衰弱をみて，低気圧の発達過程の程度をみる．低気圧周辺の風の場と温度場との関係に着目し，低気圧の前面で暖気移流，湿潤域の流入があり，後面での寒気移流，乾燥域の流入があれば，低気圧は発達段階にある．風の場から，収束・発散や合流の場，下層ジェットなどの存在をみる．
　(3)　**700 hPa 天気図**　　高度場，温度場から気圧の谷や温度場の谷をみる．700 hPa 面での湿潤域は中層雲が形成されるレベルにあたり，雲域の存在がわかる．
　(4)　**500 hPa 天気図**　　気圧の谷（トラフ），尾根（リッジ）に着目し，深まりの程度をみる．サーマルトラフ，サーマルリッジとの対応から傾圧性をみる．地上天気図と対比して，地上低気圧の中心と 500 hPa トラフの鉛直方向の傾きをみる．気圧の谷の軸が西に傾いていれば低気圧は発達段階にある．寒気の中心や強さ，寒気の南下の度合いをみる．切離低気圧（寒冷低気圧）がある場合は，特に温度場を重視し，寒気の南下に着目する．
　(5)　**300 hPa 天気図**　　気象予報士試験で使用される天気図で最も気圧が低い（高度が高い）面での大気状態を示す天気図で，ジェット気流を把握する．寒帯前線ジェット気流の流れを把握し，地上低気圧との位置関係に着目する．低気圧の発達段階では，寒帯前線ジェット気流は地上低気圧の北側にあるが，閉塞過程に入ると閉塞点付近を通り，閉塞化が進むと低気圧の南を通るようになる．亜熱帯ジェット気流は 200 hPa 面付近にあるが，300 hPa 面でもおおよそ把握することができ，梅雨期には特に注目される．
　(6)　**500 hPa 高度・渦度解析図**　　500 hPa 面は水平発散が小さく，渦度が近似的に保存されることから，トラフ・リッジに対応する正渦度極大域・負渦度極大域に着目し，トラフ・リッジの移動や発達・衰弱をみる．地上低気圧と正渦度極大域との鉛直方向の渦軸は，低気圧の発達過程につれて渦軸の傾きは鉛直に立ち上がってくるので，傾きから低気圧の発達の程度

第1部　気象概況およびその変動の把握

をみる．渦度0線はジェット気流にほぼ対応し，温度風の関係から温度傾度が大きく前線に対応しているので，850 hPaの等温線集中帯と関連させてみる．

(7) 850 hPa気温・風，700 hPa鉛直p速度解析図　低気圧前面のサーマルリッジと上昇流，後面のサーマルトラフと下降流の分布状況をみる．前面での南寄りの風が強く等温線を大きく横切って暖気移流が強いか，後面での北よりの風が強く等温線を大きく横切って寒気移流が強いかどうかで，暖気の上昇と寒気の下降による位置エネルギーの減少，運動エネルギーの増加の程度がわかり，低気圧の発達状況を知る．

1.1.1 地上天気図・高層天気図等の解読

地上天気図・高層天気図に記入されている天気記号の各種気象要素等を解読することによって，気象状況を知ることができる．各気象要素のコードは別途参考書等を参照し，学習する．

(1) 地上天気図の観測データ

① 全雲量　下・中・上層雲の区別なく全天を10としたときの雲量で，8分雲量で表示されているが，読み取りは10分雲量に換算する．

② 風向・風速　風向は36方位で表示されているが，通常，16方位で読み取る．風速の表示はkt（短矢羽：5ノット，長矢羽：10ノット，旗矢羽：50ノット）である．

③ 気圧・気圧変化　気圧は，海面気圧で10位，1位，0.1位を3桁で表す．たとえば，「064」は1006.4(hPa)，「986」は998.6(hPa)を意味する．気圧変化量は，前3時間の変化量で，+は上昇，-は下降で，0.1 hPa単位で示す．たとえば，+07は，0.7 hPa上昇．変化傾向は記号（たとえば，✓）で気圧が下降後上昇を示し，前線通過の一つの判断要素として利用できることもある．

④ 気温・露点温度　小数位を四捨五入し10位，1位を1℃単位で示す．

⑤ 視程　km単位，2桁数字で表示されているが，視程5 km以下（0.1 kmごと），6～30 km（1 kmごと），35 km以上（5 kmごと）で数字のコード表現が異なる．

⑥ 空の状態　上層雲（C_H）・中層雲（C_M）・下層雲（C_L）を10種雲形の記号で示す．

⑦ 現在天気　大気現象の強度とその変化傾向により100種で表示されている．

⑧ 過去天気　前3(6)時間の大気現象を10種で表示されている．

⑨ 天気　天気（国内式）は現在天気（国際式）と異なることに注意する．天気は大気現象と雲量に着目した大気の総合的な状態を15種で表現している．大気現象（じん象・水象・電気象）がある場合は，その現象によるが，2種以上の大気現象がある場合は激しい現象を選ぶ．たとえば，雨と雷があれば，天気は雷となる．大気現象がない場合は，全雲量により，快晴（1以下），晴れ（2～8），曇り（9以上で，上層雲が主体の場合は薄曇り）のいずれかになる．

(2) 高気圧・低気圧の中心気圧　高気圧・低気圧の中心気圧は，中心を囲む最も内側の等圧線の値である．等圧線は4 hPaごとに実線で表示されているが，中心を囲む最も内側の等圧線は2 hPaを破線で示されることがある．

(3) 高気圧・低気圧の移動方向・速度　地上天気図上での高気圧・低気圧の移動方向・速度は，該当時刻の前6時間のもので，移動方向（36方位）を白抜き矢印で示すが，通常，16方位で読む．速度はKT．なお，〔SW〕のdeveloping (developed) lowに表示される予報円（台風の場合と同じで，低気圧中心位置が入る確率が70%以上）に表示される移動方向・速度は24時間後のものである．

低気圧（高気圧）の移動方向は，当該時刻の2枚の天気図で，対象となる低気圧（高気圧）の中心を結ぶ方向（36方位）を求めればよいが，通常は16方位で表現する．移動速度は，移動距離を緯度の間隔で読み取ると，緯度1度=60海里なので，6時間では60海里/6時間=10ノット，つまり6時間で緯度1度移動した場合は10ノットとなる．したがって，12時間で緯度にして4度移動した場合には，6時間では2度に相当するので，移動速度は20ノットとなる．なお，1 KT = 1.852 km・h^{-1}である．

(4) 高層天気図の観測データ

① 風向・風速　地上天気図での風向・風速と同じ．

② 気温・湿数　気温は0.1℃単位で示され，露点温度は湿数=（気温）-（露点温度）で示されているので，換算して求める．たとえば，気温15.6，湿数2.4の場合は，露点温度は，15.6-2.4=13.2℃となる．

(5) アメダス実況図の観測データ　アメダス観測データである気温・風・降水量・日照時間のほかに，多雪地方の積雪の深さの実況図で，局地的な高気圧・低気圧，収束域・発散域，シアーラインなどの解析には有効である．

① 気温　小数位を四捨五入し10位，1位を1℃単位で示す．

② 風　風向は36方位で表示されているが，通常，16方位で読み取る．風速は m·s^{-1}（短矢羽：1 m·s^{-1}，長矢羽：2 m·s^{-1}，旗矢羽：10 m·s^{-1}）で国際式とは異なる．

③ 降水量：0.5 mm 単位で観測されるが，データ表示は通常 1 mm 単位である．

④ 日照時間：1分単位で表示される．

【演習問題】

xx年1月20日9時（00 UTC）の地上天気図（図1.1）と地上気圧・降水量・風24時間予想図（図1.2）を用いて以下の問いに答えよ．

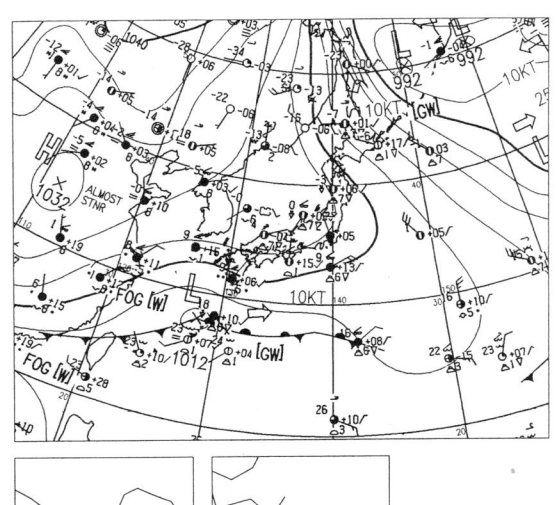

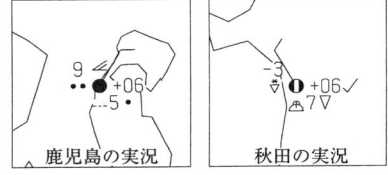

図 1.1　xx 年 1 月 20 日 9 時（00 UTC）の地上天気図
実線：気圧（hPa），矢羽：風向・風速（ノット）
（短矢羽：5 ノット，長矢羽：10 ノット，旗矢羽：50 ノット）

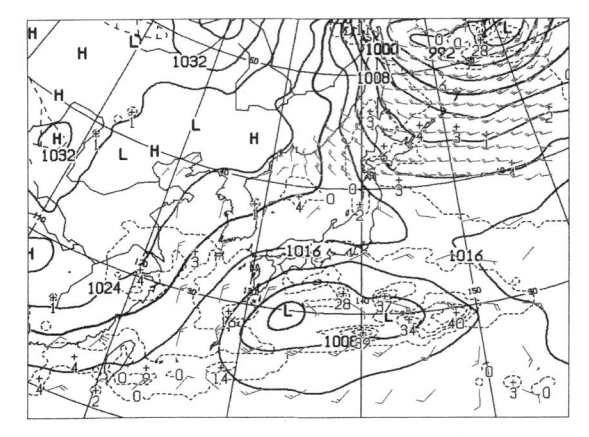

図 1.2　地上気圧・降水量・風 24 時間予想図

(1) 図 1.1 の欄外に示した鹿児島（鹿児島県）と秋田（秋田県）の観測データを読み取り，表 1.1 の空欄を埋めよ．ただし，該当事項がない場合は―とする．

(2) 図 1.1（$T=0$）で東シナ海にある低気圧は，図 4.2（$T=24$）で四国沖に予想されている．この低気圧について以下の問いに答えよ．

① 図 1.1 で東シナ海にある低気圧の中心気圧と中心位置（度単位）を求めよ．

② 図 1.1 で東シナ海にある低気圧の移動速度（ノット）と移動方向（16 方位）を記せ．

③ 図 1.2 で四国沖に予想されている低気圧の中心気圧と中心位置を求めよ．

④ $T=0\sim24$ の低気圧の移動方向・速度を求めよ．

(解答例)

(1) 鹿児島：① 連続した弱い雨　② 雨　③ 10
④ 北東　⑤ 10　⑥ 9　⑦ ―　⑧ ―　⑨ ―
⑩ 雨　⑪ 6　⑫ ―　⑬ 乱層雲（高層雲）　⑭

表 1.1　各種気象要素の解読

	現在天気	天気	全雲量 10分雲量	風向 16方位	風速 (ノット)	気温 (℃)	露点温度 (℃)
鹿児島	①	②	③	④	⑤	⑥	⑦
	視程 (km)	気圧 (hPa)	過去天気	下(中)層雲量	上層雲形	中層雲形	下層雲形
鹿児島	⑧	⑨	⑩	⑪	⑫	⑬	⑭
	現在天気	天気	全雲量 10分雲量	風向 16方位	風速 (ノット)	気温 (℃)	露点温度 (℃)
秋田	⑮	⑯	⑰	⑱	⑲	⑳	㉑
	視程 (km)	気圧 (hPa)	過去天気	下(中)層雲量	上層雲形	中層雲形	下層雲形
秋田	㉒	㉓	㉔	㉕	㉖	㉗	㉘

第1部　気象概況およびその変動の把握

層雲または積雲
　　秋田：⑮ 弱いしゅう雪　⑯ 雪　⑰ 9～10⁻
⑱ 北西　⑲ 10　⑳ −3　㉑ −　㉒ −　㉓ −
㉔ しゅう雨性降水　㉕ 9～10⁻　㉖ −　㉗ −
㉘ 積乱雲
　(2) ① 1012 hPa，北緯28度，東経128度　② 東10ノット　③ 1004 hPa，北緯30度，東経133度　④ 東北東，10ノット

(解説)
(1) ⑪と㉕の下層雲量は8分量なので，10分量に換算する．(2)④ 24時間で緯度4度移動しているので，6時間で1度となるから，移動速度は10ノットとなる．

1.1.2　状態曲線（エマグラム）解析

エマグラムに記入されている気温と露点温度の状態曲線から大気の各層における気温，露点温度のほかに，混合比，飽和混合比，温位，水蒸気圧，飽和水蒸気圧等を直接読み取ることができる．ただし，一般に，エマグラム上に飽和水蒸気圧の線が示されていないことが多いので，この場合は，混合比 (q) を読み取った後に，混合比の式 $q = 0.622(e/p)$ から，計算して求めることになる．ここで，e：水蒸気圧，p：気圧．さらに，作図・計算によって，相対湿度，相当温位，湿球温度，湿球温位，持ち上げ凝結高度（LCL），自由対流高度（LFC），対流凝結高度（CCL），ショワルター安定指数（SSI），CAPE・CIN等多くの情報を求めることができる．また，状態曲線からは，気団の性質，大気の安定性，逆転層・等温層・湿潤層，前線解析などができ，風の鉛直プロフィールからは，各層での風向・風速，強風（上層や下層のジェット気流），暖気移流や寒気移流等の判断ができる．

【例題 1.1】（平成20年度第1回　実技2　問4）
xx年5月10日9時（00 UTC）の米子（鳥取県）の状態曲線と相当温位の鉛直分布図（図1.3）を用いて以下の問いに答えよ．
(1) 図1.3から作図によって米子のSSIを1℃刻みの値で求めよ．
(2) 前問（1）で求めたSSIと図1.3を用いて，米子の850～500 hPaの大気の鉛直安定性について，安定か不安定かを答えよ．また，そのように判断した根拠をSSI，状態曲線および相当温位の鉛直分布に基づき45字程度で述べよ．

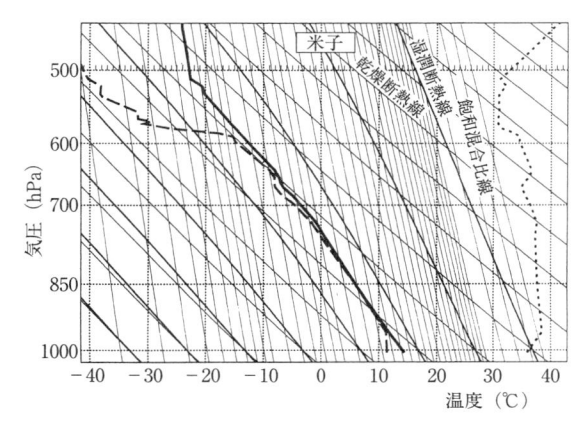

図 1.3　米子の状態曲線と相当温位の鉛直分布
xx年5月10日9時（00 UTC）

(解答例)
(1) −3（℃）
(2) 鉛直安定性：不安定．根拠：SSIが0（℃）以下，700 hPa付近まで湿潤であり，相当温位が高さとともに減少している．

(解説)
(1) 850 hPaで気温と露点温度が同じで飽和しているので，図1.4に示すように湿潤断熱線に沿って500 hPaでの温度を読むと−20℃で，500 hPaでの状態曲線の温度は−23℃なので，SSI =（−23℃）−（−20℃）= −3（℃）となる．なお，通常，SSIは（℃）は付けないのが普通であるが，気象業務支援センターの解答例では（℃）を付けている．
(2) SSIが−3（℃）で，850 hPaの空気塊を500 hPaまで持ち上げたときの温度が周囲の温度より高いので，鉛直不安定となる．相当温位が高さとともに減少しているのは対流不安定な気層になっている．

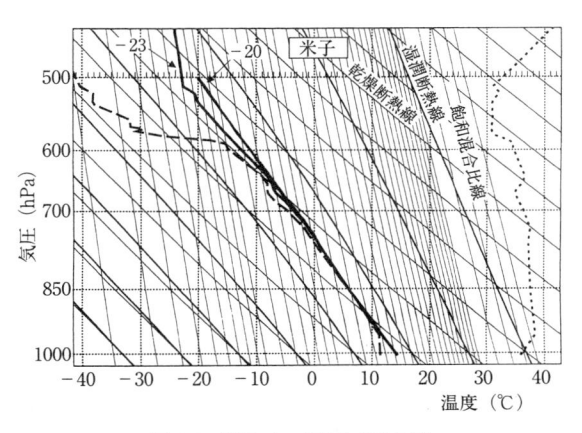

図 1.4　米子でのSSIを求めた図

【例題 1.2】（平成 20 年度第 1 回　実技 1　問 2 を一部改変）

図 1.5 は，xx 年 12 月 28 日 21 時（12 UTC）を初期値とする地上気圧・降水量・風 24 時間予想図で，図 1.6 ア，ウは図 1.5 に該当する時刻の状態曲線と高層風の鉛直分布図で，根室（北海道）と福岡（福岡県）のいずれかのものである．

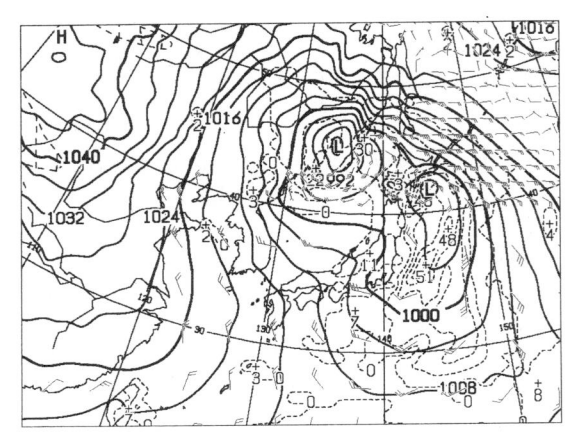

図 1.5　xx 年 12 月 28 日 21 時（12 UTC）を初期値とする地上気圧・降水量・風 24 時間予想図

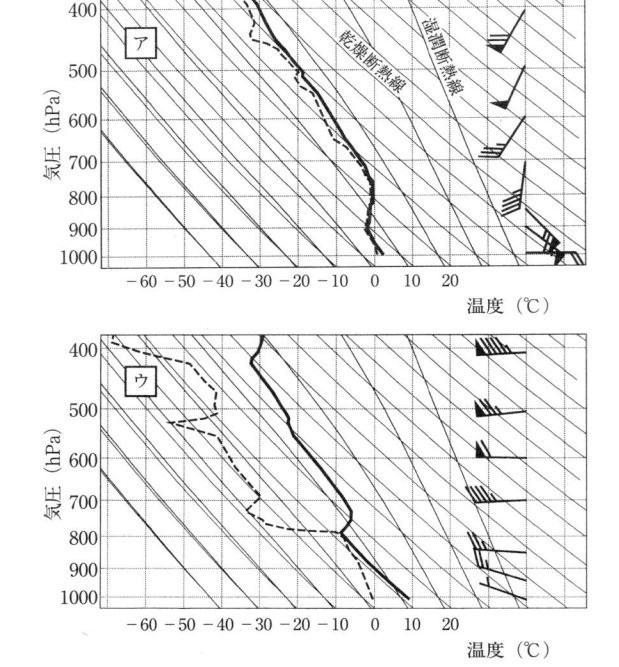

図 1.6　状態曲線と高層風の鉛直分布図　xx 年 12 月 29 日 21 時（12 UTC）
根室（北海道）と福岡（福岡県）のいずれか．

(1) 図 1.6 ア，ウにおける高層風の鉛直分布に基づき，地上から 500 hPa までの層の温度移流は暖気移流か寒気移流かを答えよ．

(2) 根室（北海道）と福岡（福岡県）はア，ウのどちらの図に該当するか．

(3) 上記 (1) で該当する図を選択した根拠を図 1.6 の地上～500 hPa の状態曲線と高層風の鉛直分布をもとに 45 字程度で述べよ．

(4) 当該地点と地上前線との相対的な位置関係を簡潔に述べよ．

（解答例）　(1) ア：暖気移流　　ウ：寒気移流

根室：(2) ア　(3) 900～750 hPa に前線性の安定層があり，全層でほぼ湿潤である．下層で南東風である．(45 字)　(4) 温暖前線の前面．

福岡：(2) ウ　(3) 800 hPa 付近に沈降性の逆転層があり，その上で乾燥している．全層が西寄りの風である．(43 字)　(4) 寒冷前線の後面．

（解説）　高層風の鉛直分布から温度移流をみる場合，各層での風が地衡風とみなすと，温度風の関係から，高度が高くなるにつれて時計まわりに風向が変化している場合は暖気移流（根室が該当）となり，高度が高くなるにつれて反時計まわりに風向が変化している場合は寒気移流（福岡が該当）となる．

根室：温暖前線に伴う安定（逆転）層があり，温暖前線前面の気層．暖気移流．

福岡：寒冷前線後面の下降流に伴う沈降性逆転層があり，その上は乾燥している．寒気移流．

1.1.3　鉛直断面図解析

鉛直断面図は大気を鉛直に捉えた解析図で，ジェット気流，転移層，圏界面高度，最大風速高度，風の鉛直シアなど立体的な大気の状態を把握することができる．

(1) 転移層は，等温線の傾斜が大きく，転移層の寒気側と暖気側の両面で等温線が不連続になっており，等圧面上では等温線が集中している前線帯となる．また，温位と風速の鉛直・水平の傾度が大きく，等温位線と等風速線は転移層にほぼ沿って分布する．

(2) 圏界面は，圏界面高度マーク（☼）をもとに，同一温位線を連ねることによって求まる．

(3) 等風速線によってジェット気流の位置と強さを把握する．

(4) 等風速線の混んでいるところに着目して風の

第1部 気象概況およびその変動の把握

鉛直・水平シアを把握する．

(5) 気温と湿数から雲底高度，雲頂高度の大略が推測できる．雲が存在している可能性は，中・下層では湿数<3℃，上層では湿数<5℃が目安となる．

【例題1.3】（平成18年度第1回 実技2 問2(2)を改変）

図1.7で，(1) 転移層を太破線で示し，(2) 850 hPa面での前線の位置は緯度で何度付近かについて答えよ．

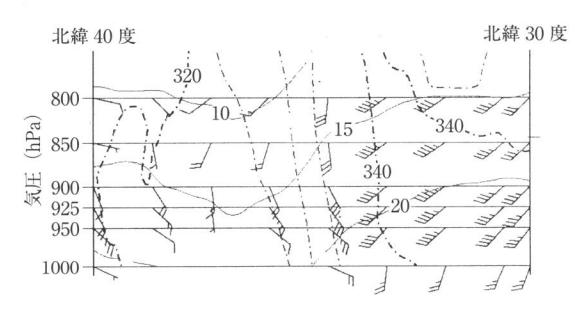

図1.7 東経140度に沿う断面図の24時間予想図
実線：気温（℃），一点鎖線：相当温位（K）
矢羽：風向・風速（ノット）
初期時刻：xx年6月2日9時（00 UTC）

（解答）
(1) 図1.8
(2) 北緯34度

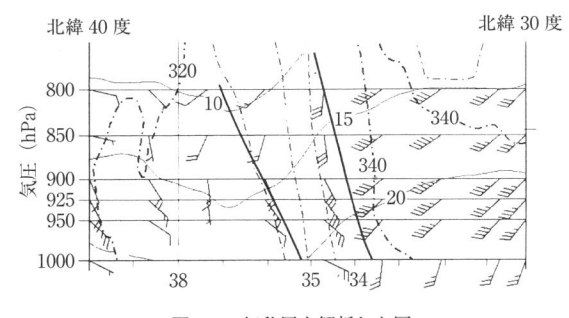

図1.8 転移層を解析した図

（ヒント）
(1) 等温線が急な傾斜をもち，相当温位線が混んでいるところに着目する．
(2) 前線帯の南縁が前線で，風向のシアにも着目する．

1.1.4 ウィンドプロファイラ解析

ウィンドプロファイラによる観測データの高度別の水平風時系列図（風向・風速の時間−高度の断面図）は，横軸が時刻で10分間隔，縦軸が高度で約300 mごとに平均約5 kmまでの風向・風速を示した図で，局部的に非常に乾燥しているところや乱れの大きいところでは，観測不能域となり，空白域になっている．風向・風速の時間-高度の断面図から，各層の風系，前線の通過時刻，前線面，暖気移流・寒気移流，下層ジェットなどの解析に有効である．図1.9は，寒冷前線が通過する前後の風の鉛直プロファイル時系列で，前線通過前の南成分の風向から通過後の北成分の風向に変化している．太実線は風向が変化している境界で前線面を表し，前線面が通過した高度と時刻が推定でき，700 m付近を寒冷前線が通過したのは，20:00頃である．寒冷前線通過後は，風向が下層から上層に向かって反時計まわりに変化しており，寒気移流の場になっている．

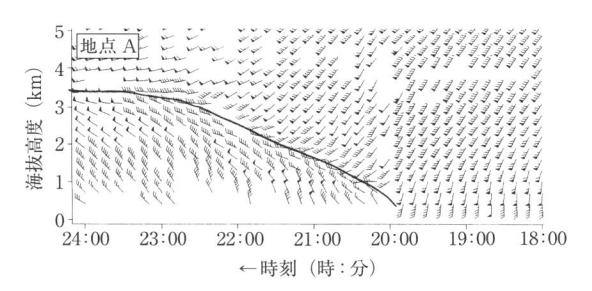

図1.9 寒冷前線が通過する前後の風の鉛直プロファイル時系列図．太実線が寒冷前線面を表す．

【例題1.4】（平成17年度第1回 実技2 図8を一部改変）

図1.10で，(1) 温暖前線面を太実線で示し，(2) 高度0.7 km付近を温暖前線が通過したのは何時頃か，(3) 温暖前線通過後の温度移流について答えよ．

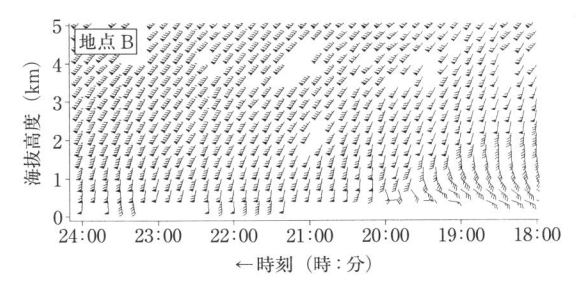

図1.10 風の鉛直プロファイル時系列図 xx年12月4日18時（09 UTC）〜5日0時（4日15 UTC）

(**解答**) (1) 図1.11 (2) 20:00～20:10 (3) 暖気移流

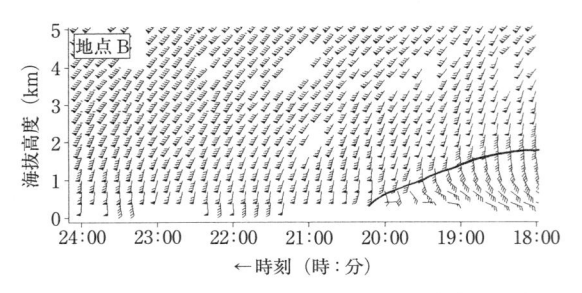

図1.11 風の鉛直プロファイル時系列図に温暖前線面を解析した図

(**解説**)
(1) 温暖前線通過前の東分の風向から通過後の西成分の風向の変化に着目する．
(2) 南南東風から南風に変化した時刻をみる．
(3) 温暖前線が通過後は，風向が上層に向かって時計まわりに変化しており，暖気移流の場になっている．

1.1.5 気象レーダー解析

各気象レーダーで観測されたレーダーエコーを合成したレーダーエコー合成図は，1kmメッシュで5分ごとに作成されており，最近の図はカラー表示で青色のところは弱い雨で，黄色や赤色と暖色系になるにつれて強い雨を表している．レーダーで観測されたレーダー雨量とアメダス観測雨量との比較を行い，レーダー雨量係数を算出し，レーダー雨量に乗じることによって求めた解析雨量図は1kmメッシュの1時間積算雨量分布で30分ごとに作成され，降水短時間予想図の初期値データとなっている．降水強度の表示はレーダーエコー合成図同様，青いところが弱く，黄色や赤色と暖色系になるにつれて強い雨域となる．これらの図から，低気圧，前線，台風，太平洋高気圧の縁辺流などに伴うレーダーエコー強度や降水強度の状態，変化，移動をみることができ，他の気象資料と合わせ参照し，どのような気象状況のもとに形成されるかを考察し，予報や注意報，警報等の発表のための資料として利用される．

ドップラーレーダー観測によるドップラーレーダー図では，ドップラー速度分布から風の発散域，収束域，シアラインなどを検出し，ウィンドシア，ダウンバーストの存在を知るのに有効である．ドップラーレーダー図に関する出題はまだなく，解析は熟練を要するが，レーダーサイトから遠ざかる風の暖色系の部分（＋風速）とサイトに近づく風の寒色系の部分（－風速）の分布から風系の状況をみることは可能である．気象レーダー解析に関する実技試験では，気温や風の場との関係，衛星画像との対応，前線，シアライン，地形との関係など降水域とそれをもたらす要因や状況などと関連付けて出題されている．

1.1.6 気象衛星画像解析

気象衛星画像については，第Ⅰ編第2部1.4節の学習をもとに，実技試験対応としては以下のような点に着目する．水蒸気画像の明域（中・上層で水蒸気量が多い領域）と暗域（中・上層で水蒸気量が少ない領域）の分布から大気中・上層の流れ，トラフやリッジ，ジェット気流，上層渦などを確認できる場合も多く，今後は水蒸気画像に含まれる情報に関する出題頻度が高くなろう．可視画像・赤外画像の雲分布から低気圧，前線，台風，高気圧などに伴う雲パターンの特徴の変化を把握する．可視画像による反射率の違い，赤外画像による雲頂温度（高度）の違いから雲形が判断でき，他の気象資料と合わせて検討し，どのような気象状況のもとに形成されるかなどについても着目し学習をする．

1.1.7 前線の解析

密度の異なる二つの気団が接する境界には転移層が形成され，上層に向けて寒気側に傾いている．転移層が等圧面を切ったところが前線帯で，その南縁を前線と定義している．密度はほぼ気温で表されるので，前線は気温傾度極大域（等温線集中帯）の南縁となる．前線は気圧の谷となるので，前線を挟んで風の水平シアがみられる．

〔各種前線〕

(1) **寒冷前線**　寒冷前線は寒気が暖気の中に突っ込んでできる前線なので，前線付近の水平温度傾度が大きく，地表面となす傾斜角は1/50～1/100である．寒冷前線前面の暖気移流域では上昇流域で，後面の寒気移流域では下降流域で乾燥している．寒冷前線の暖気側で南西の風，寒気側では北西の風に変わり，前線が通過すると，一般に気温は下降する．寒冷前線の通過前は気圧が下降し，通過後は気圧が上昇する．典型的な場合は，エマグラムでは逆転（安定）層がみられ，鉛直方向に風向が反時計まわりに変化してい

る．前線付近では暖気が強制的に上昇させられるため積乱雲ができて短時間に強い降水や突風を伴い，時には雷雨となることもある．

(2) **温暖前線** 温暖前線は暖気が寒気の上を滑昇してできる前線なので，前線付近の温度傾度は小さく，上昇流域は前線の前方に広範囲に及ぶ．地表面となす傾斜角は寒冷前線より小さく1/100～1/200である．温暖前線の前面の寒気側では東よりの風で，暖気側では南～西よりの風だが，一般に風向の変化は顕著でない．エマグラムでは逆転（安定）層がみられることが多く，鉛直方向に風向が時計まわりに変化している．前線のはるか前方に上層雲が現れ，前線に近づくにつれて高層雲・乱層雲が現れて降水が観測されるが，暖気が不安定な成層状態にあるときには大雨を伴うこともある．

(3) **閉塞前線** 温帯低気圧の発達過程で，寒冷前線が温暖前線に追いついて，低気圧の中心付近に地上付近で暖域をもたなくなる現象を閉塞といい，地上に残った前線を閉塞前線という．寒冷前線と温暖前線が交わり閉塞前線に移行する点を閉塞点という．閉塞前線は850 hPa面では気温（相当温位）の高いくさび状の尾根線にあたり，閉塞点は尾根線の起点部分で，上昇流極大域や降水量極大域付近に位置していることが多く，ジェット気流が近傍を横切っている．

(4) **停滞前線** 移動速度が遅い前線で，等圧線が前線に平行な場合や前線に直角方向の風速成分がないか，小さい場合は，前線の移動がないか，非常に小さい．

(5) **梅雨前線** 梅雨前線は梅雨期に中国から日本列島にかけて東西に伸びる停滞前線で，中国～西日本の梅雨前線は，気温傾度が小さい（等温線の集中がない）が，下層での水蒸気量の水平傾度が大きい．850 hPa面の梅雨前線は，等相当温位線集中帯の南縁で，それをもとに地上前線を解析する．

〔前線解析〕

(1) **予想図による地上前線** 850 hPa面での前線をベースにして地上の前線を決める．① 前線面は寒気側に傾いているので，一般には，850 hPa面の前線より寒冷前線で約1～1.5度，温暖前線で約1.5～2度，暖気（南）側に地上の前線はある．② 気圧の谷線に沿い，風の水平シアを考慮する．③ 降水量の予想分布も参考にする．

(2) **地上実況図による地上前線** ① 等圧線の分布にみられる気圧の谷に沿い，② 寒冷前線の前面では南西風を主とする南より，後面では北西風を主とする北～西の風向．温暖前線の前面では東より，後面では南～西よりの風向，③ 前線を挟んで前面と後面の気温差，露点温度差，気圧変化，④ 降水や雲分布などを考慮して前線を決めるが，地形や海陸分布などで変質していることが少なくなく，かなり変形していることが多い（例題1.8参照）．

(3) **前線をどこまで描くか** 前線をどこまで描くかは一概には特定しがたく，個人差もあるが，① 850 hPaで温度（相当温位）傾度が大きいか，② 地上で気圧の谷になっているか，③ 700 hPaで上昇流域はあるか，④ 700 hPaで湿潤域になっているか，⑤ 降水（予想）域はみられるかどうかなどが判断の目安になる．

(4) **前線上のキンク（折れ曲がり）の表現** 前線の折れ曲がりを表現する場合の目安としては，① 850 hPaの前線にキンクがあるか，② 700 hPaで上昇流極大域があるか，③ 地上の気圧の谷線が不連続になっているか，④ 降水量極大（予想）域がみられるところが対象となることが多い．

〔アナフロント/カタフロント〕

寒冷前線には，アナフロントとカタフロントの2種類がある．アナフロントは前線面を暖気がはい上がる滑昇型寒冷前線で，前線の後面の寒気が前面の暖気より顕著に早く進むために，前線面で暖気が持ち上げられ，対流雲が発生し強い降水を伴う．一般的にいわれる寒冷前線である（図1.12(a)）．一方，カタフロントは前線前面の暖気が後面の寒気より早く進むために生じた前線前面の隙間に前線面に沿って暖気が下降している滑降型寒冷前線で，地上前線の近傍では対流雲

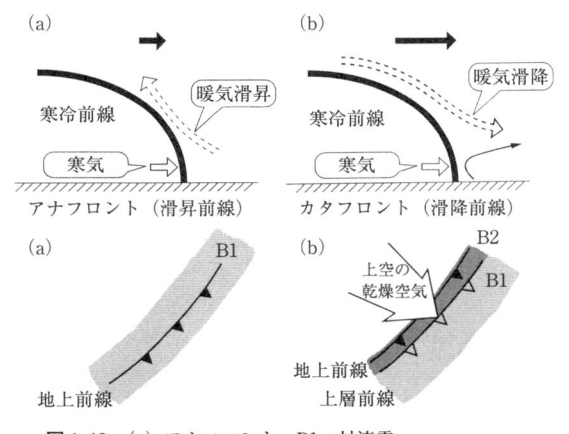

図1.12 (a) アナフロント　B1：対流雲，
　　　　(b) カタフロント　B1：対流雲，B2：層状雲

が発生しにくく降水を伴わない．中・上層の風が強く，乾燥した相当温位の低い空気が地上の寒冷前線を追い越して，前線前面の高相当温位の空気の上に重なって，地上前線の前方に上空の寒冷前線（UCF）を形成する（図1.12(b)）．UCFでは高相当温位の空気の上に低相当温位の空気があることから対流不安定な成層となり，対流雲が発生しやすい．地上前線前面の雲バンドは雲頂高度が低く，上空の寒冷前線前面の雲バンドは雲頂高度が高い．前線が分離して位置することから「スプリット前線」と呼ばれることもある．

〔前線解析の実例演習〕
【例題1.5】（平成20年度第1回 実技1 問2を一部改変）

xx年12月28日21時（12 UTC）に山陰沖にあった1004 hPaの低気圧Aと紀伊半島付近にあった1008 hPaの前線を伴った低気圧Bは，それぞれ北北東および東北東に進み，24時間後の29日21時（12 UTC）には，図1.13(a)で低気圧Aは沿海州に，低気圧Bは北海道南東海上に予想されている．図1.13(a)，(b)，(c)を用いて，以下の問いに答えよ．

(1) 図1.13(a)で低気圧Lに伴う前線（閉塞前線，寒冷前線，温暖前線）を前線の記号を付して描け．

(2) 前問において閉塞点，寒冷前線，温暖前線の位置を決定する際に考慮した850 hPa面におけるそれらの位置を推定した根拠を，図1.13(b)の気温と図1.13(c)の相当温位の場をもとに，閉塞点については35字程度，寒冷前線と温暖前線については45字程度で述べよ．

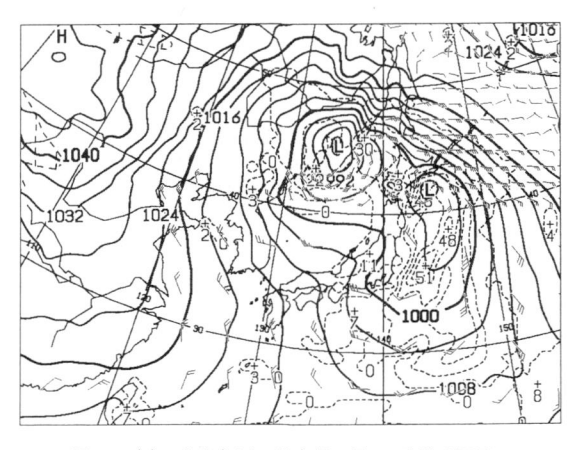

図1.13(a) 地上気圧・降水量・風24時間予想図

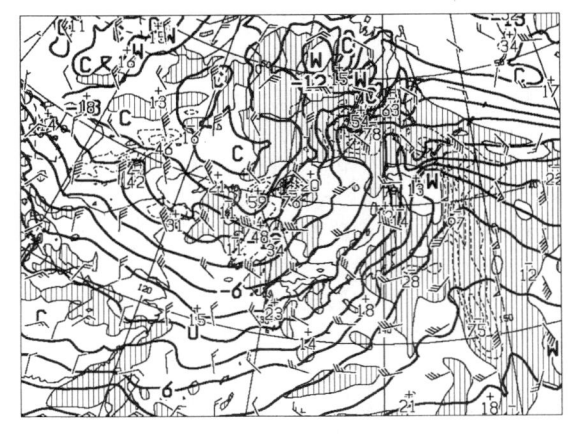

図1.13(b) 850 hPa気温・風，700 hPa鉛直 p 速度24時間予想図

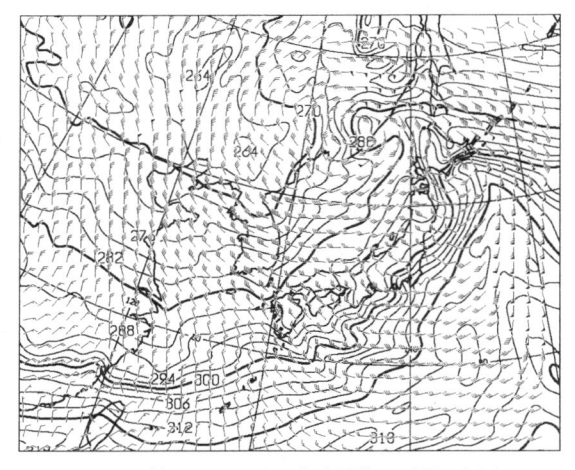

図1.13(c) 850 hPa風・相当温位24時間予想図
初期時刻：xx年12月28日21時（12 UTC）

（解答）
(1) 図1.14

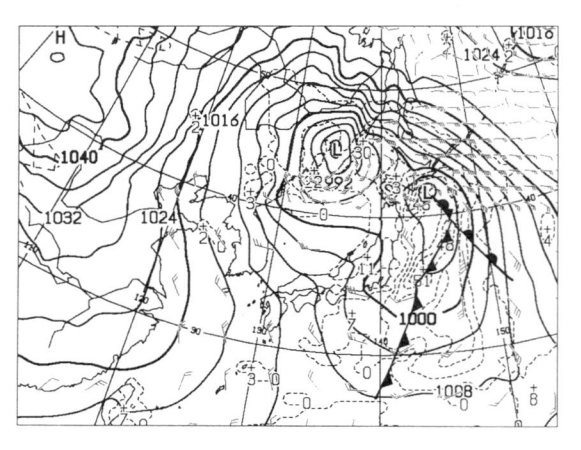

図1.14 地上解析図

第1部　気象概況およびその変動の把握　　235

(2)　閉塞点：9℃の等温線および315Kの等相当温位線がくさび状（極側）に侵入した北端付近．（35字）寒冷前線：閉塞点から南西に伸びる9℃の等温線付近および等相当温位線の集中帯の南東縁の315K付近．（44字）温暖前線：閉塞点から南東に伸びる9℃の等温線付近および等相当温位線の集中帯の南西縁の315K付近．（44字）

（解説）　850hPa面の前線は，等温線・等相当温位線の集中帯の南縁に着目し，風の水平シアも考慮する．閉塞点は，等温線・等相当温位線がくさび状に進入する先端に着目する．地上前線は850hPa面の前線の南側にある．寒冷前線は温度傾度が小さくなり，上昇流がなくなり，降水分布もなくなる付近まで．

【例題1.6】（平成17年度第1回　実技1　問3を一部改変）

図1.15(a)〜(d)はxx年7月3日9時（00UTC）を初期時刻とする24時間予想図である．これらを用いて以下の問いに答えよ．

(1)　九州北部から黄海にかけて，(b)図の850hPa等温線の間隔が広いが，(c)図の850hPa等相当温位線の分布では帯状に密に

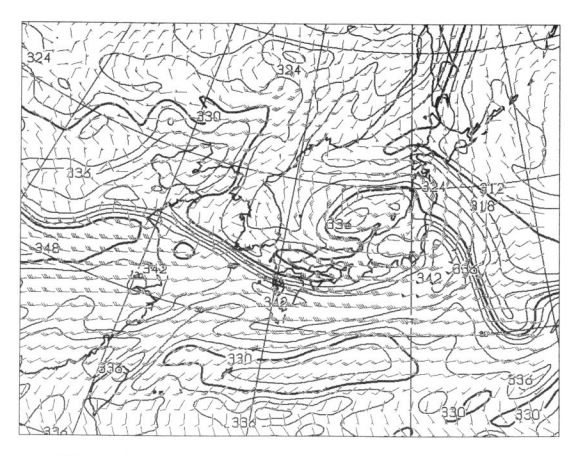

図1.15(c)　850hPa風・相当温位24時間予想図
　　　　　初期時刻：xx年7月3日9時（00UTC）

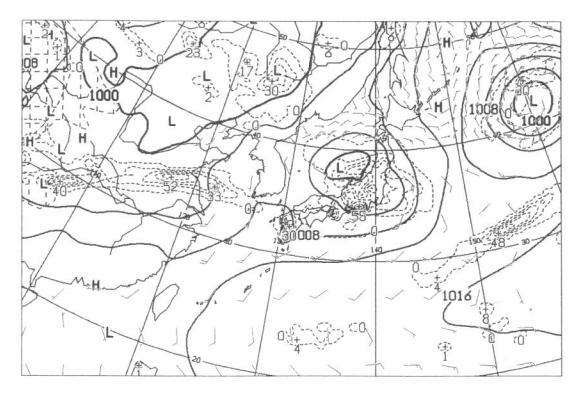

図1.15(d)　地上気圧・降水量・風24時間予想図
　　　　　初期時刻：xx年7月3日9時（00UTC）

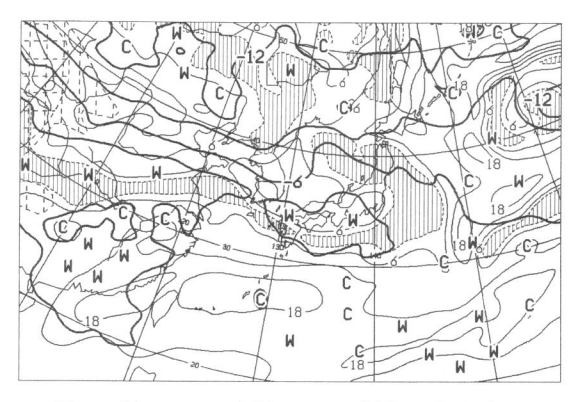

図1.15(a)　500hPa気温，700hPa湿数24時間予想図

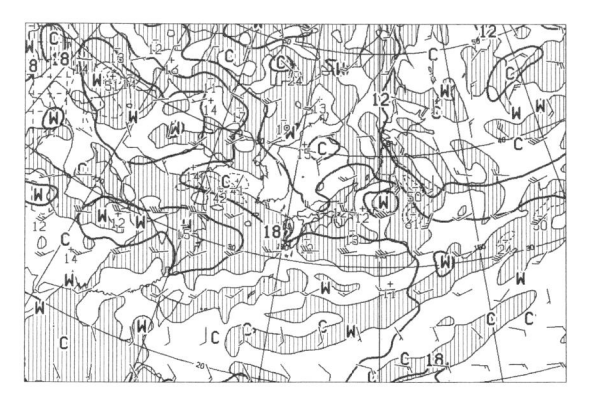

図1.15(b)　850hPa気温・風，700hPa鉛直p速度24時間予想
　　　　　図　初期時刻：xx年7月3日9時（00UTC）

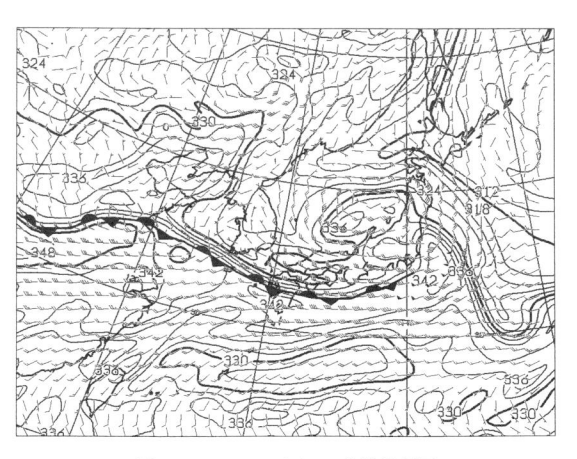

図1.16　850hPa面での前線解析図

なっている理由を簡潔に述べよ．
(2) (c)図の850 hPa 風・等相当温位予想図を用いて，東経110〜140度の範囲で850 hPa 面における前線を記号を付して解析せよ．
(3) 前問(2)で求めた850 hPa 面での前線をもとに地上前線を記号を付して解析せよ．

(解答例)
(1) 湿数の傾度が大きい（水蒸気量の傾度が大きい）．
(2) 図1.16　(3) 図1.17

(解説) 梅雨前線の解析の問題．(1)梅雨前線は温度傾度が小さいが，(a)図でみるように水蒸気の傾度が大きいので，(c)図で相当温位傾度が大きい．(2)等相当温位線集中帯の南縁に着目する．(3) 850 hPa 面での前線の南側で，降水量極大値，気圧の谷を考慮して地上前線を描く．

【例題1.7】（平成17年度第2回　実技1　問3を一部改変）

図1.18は xx 年5月18日9時（00 UTC）の地上

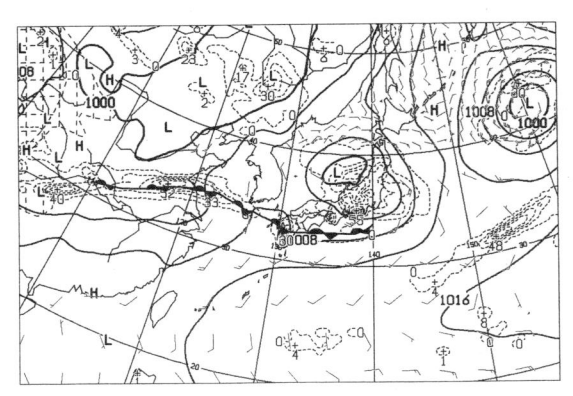

図1.17　地上天気図での前線解析図

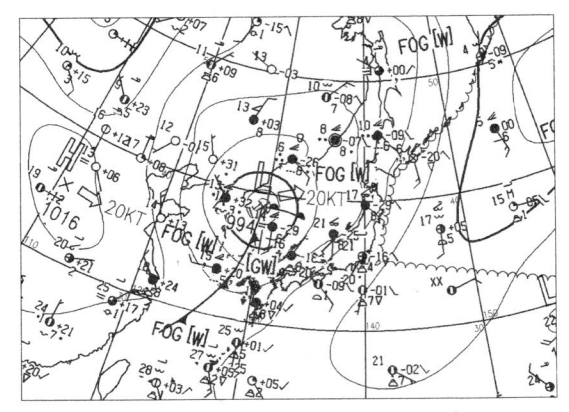

図1.18　地上天気図　xx 年5月18日9時（00 UTC）

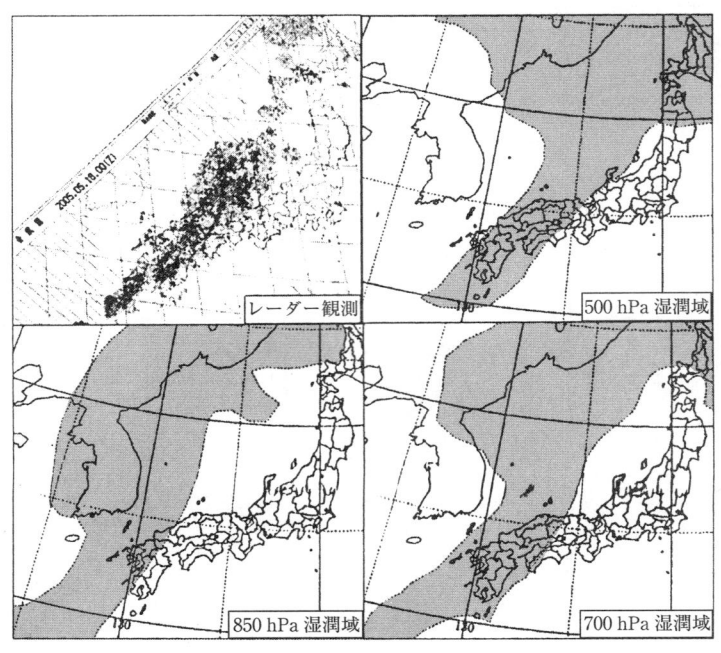

図1.19　(a)（左上）レーダーエコー合成図
　　　　(b)（左下）850 hPa 湿数3℃以下の湿潤域
　　　　(c)（右上）500 hPa 湿数3℃以下の湿潤域
　　　　(d)（右下）700 hPa 湿数3℃以下の湿潤域

第1部　気象概況およびその変動の把握

実況図，図 1.19(a) は同時刻のレーダーエコー合成図，図 1.19 (b)(c)(d) は同時刻のそれぞれ 850 hPa，500 hPa，700 hPa の湿数 3℃ 以下の湿潤域の分布図である．

(1) 図 1.19(a) のレーダーエコー域は，図 1.18 で日本海西部の低気圧から南西に伸びる寒冷前線とどのような位置関係にあるか 15 字程度で述べよ．

(2) 図 1.19(a) のレーダーエコー域は，図 1.19(b, c, d) のどの面の湿潤域と最もよく対応しているか．

(解答例)
(1) およそ 200 km 東にある．(13 字)
(2) 500 hPa

(解説)　カタフロントの寒冷前線の問題で，地上前線，レーダーエコー（降水）域，湿潤域との位置関係について理解する．

【例題 1.8】（平成 17 年度第 1 回　実技 2　問 5)
図 1.20 は xx 年 12 月 5 日 3 時（4 日 18 UTC）の地上実況図で，一部等圧線と寒冷前線が記入してある．この図に 988 hPa，990 hPa の等圧線を実線で，温暖前線を前線の記号を含んだ線で書き加えよ．

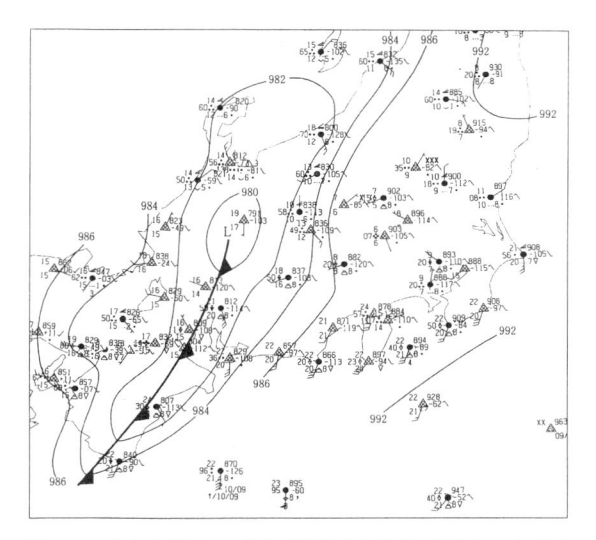

図 1.20　地上実況図に一部等圧線と寒冷前線が記入してある図　xx 年 12 月 5 日 3 時（4 日 18 UTC）

(解答)　図 1.21
(解説)　内陸の前線は地形の影響を受け，単純では

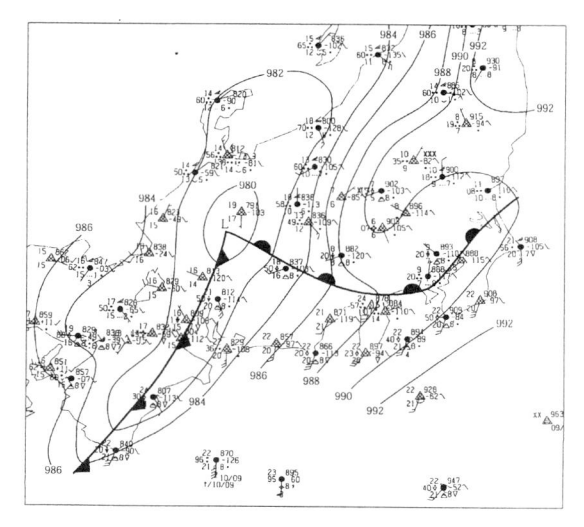

図 1.21　解 答 図

ないのでデータをよくみて解析する．前線を挟んでその南北での風，気温，露点温度に大きな違いがある．解析されている寒冷前線の北側と南側での気温，露点温度，風の違いを理解する．温暖前線の北側では風が弱く，気温は 9℃ 前後，露点温度は 7℃ 前後だが，南側では南より風が強く，気温は 21℃ 以上，露点温度は 20℃ である．温暖前線に沿う気圧の谷を考慮し，気圧値に着目して等圧線を描く．

1.1.8　温帯低気圧の発達・衰弱

日本の天気を支配する気象擾乱の中で，実技試験出題の定番になっている温帯低気圧に伴う天気解析・予報は，基本的なもので，重要である．日本付近を通る低気圧は，その経路によって，南岸低気圧，日本海低気圧，二つ玉低気圧などに分類されており，それぞれ特有な気象現象をもたらすが，個々のケースについての実例は他の参考書類に委ねることとし，ここでは天気図から低気圧の発達をみる傾圧不安定論についてのみの記述にとどめる．

(1) 上層（通常 500 hPa）の気圧の谷が地上低気圧の西に位置し，地上低気圧と上層の気圧の谷を結ぶ気圧の谷の軸が上層に向かって西に傾いている．500 hPa 高度・渦度分布図では気圧の谷で渦度極大域が対応している．

(2) 傾圧場では気圧の谷の西側に温度場の谷が，東側に温度場の尾根があるので，発達中の低気圧は気圧の谷の前面（東側）は暖気移流で，後面（西側）は寒気移流の場となる．

(3) 気圧の谷の前面は暖気域で上昇流域，後面では寒気域で下降流域である．

(4) 暖気の上昇，寒気の下降から，（有効）位置エネルギーが減少し運動エネルギーが増加して低気圧は発達する．

数値予報資料を用いて，総観規模の温帯低気圧を対象として有効位置エネルギーを運動エネルギーに変換させる上昇流と下降流を見積もるには，準地衡風近似の仮定のもとで，渦度方程式と熱力学の式を組み合わせた ω（オメガ）方程式から解釈するとわかりよい．

ω 方程式は，次式で表される．

$$S\nabla^2\omega + f_0^2\frac{\partial^2\omega}{\partial p^2} = f_0\frac{\partial}{\partial p}\left[V_g\cdot\nabla\left(\frac{1}{f_0}\nabla^2\phi + f\right)\right] + \nabla^2\left[V_g\cdot\nabla\left(-\frac{\partial\phi}{\partial p}\right)\right] \quad (1.1)$$

式 (1.1) は，以下のように解釈することができる．
鉛直 p 速度 ∝ 渦度移流の鉛直差＋温度移流で，
　上昇流 ∝ 正渦度移流の鉛直差＋暖気移流
　　　　∝ 上層での正渦度移流＋下層での暖気移流
　下降流 ∝ 負渦度移流の鉛直差＋寒気移流
　　　　∝ 上層での負渦度移流＋下層での寒気移流
上昇流の場合，水蒸気凝結の潜熱の放出に伴う加熱効果が加わる．

数値予報資料では渦度移流は 500 hPa 高度・渦度解析図（予想図）で，温度移流は 850 hPa 温度・風解析図（予想図）を用い，鉛直 p 速度は，700 hPa 鉛直 p 速度解析図（予想図）から読み取る．

通常，700 hPa 鉛直 p 速度，850 hPa 温度・風解析図（予想図）と 500 hPa 高度・渦度解析図（予想図）は，上下セットで示されているので上昇流・下降流をもたらす渦度移流と温度移流との関係を把握し，暖気上昇・寒気下降から低気圧の発達状況が判別できる．低気圧の発達・衰弱は数値予報で与えられている地上気圧・降水量・風予想図の時系列的な経過から判断する．

【例題 1.9】（平成 18 年度第 1 回　実技 1　問 2 を一部改変）

図 1.22〜1.26 を用いた低気圧の発達過程における以下の問いに答えよ．

(1) 図 1.22 の xx 年 11 月 28 日 21 時（12 UTC）で日本海西部にある低気圧が発達している根拠について図 1.22 と図 1.23 を用いて次の問いに答えよ．

① 500 hPa のトラフと地上低気圧の位置関係について 25 字程度で述べよ．

② 850 hPa の風と気温および 700 hPa の鉛直 p 速

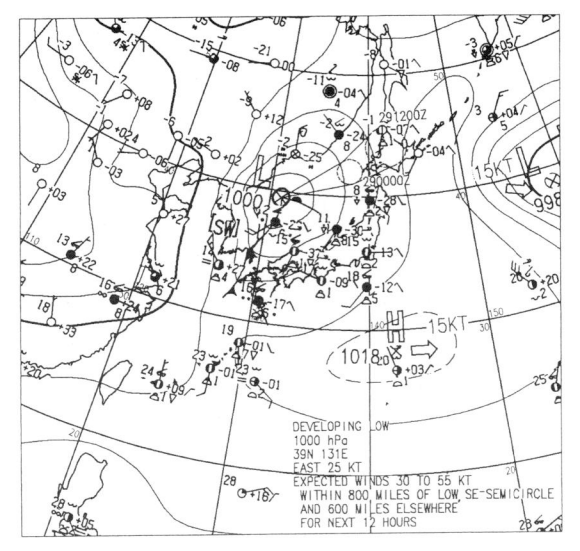

図 1.22 地上天気図　xx 年 11 月 28 日 21 時（12 UTC）

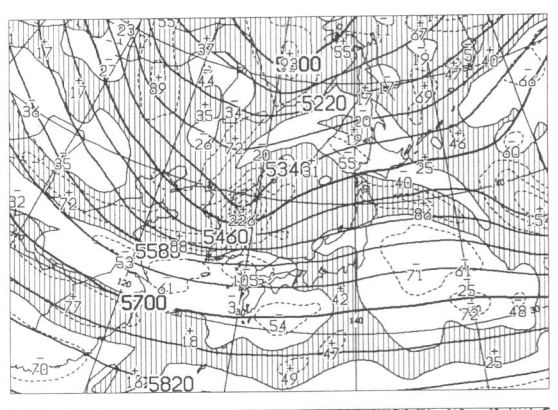

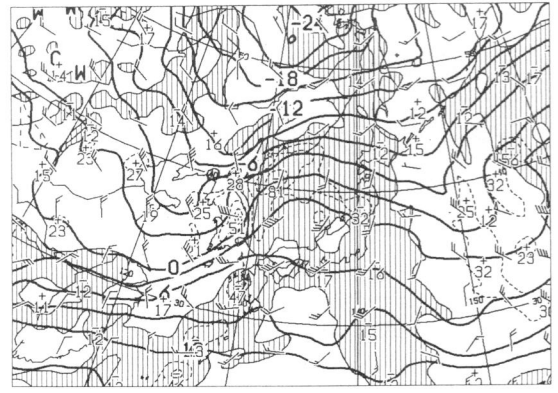

図 1.23 （上）500 hPa 高度・渦度解析図
　　　　　　xx 年 11 月 28 日 21 時（12 UTC）
　　　　（下）850 hPa 気温・風，700 hPa 鉛直 p 速度解析図
　　　　　　xx 年 11 月 28 日 21 時（12 UTC）

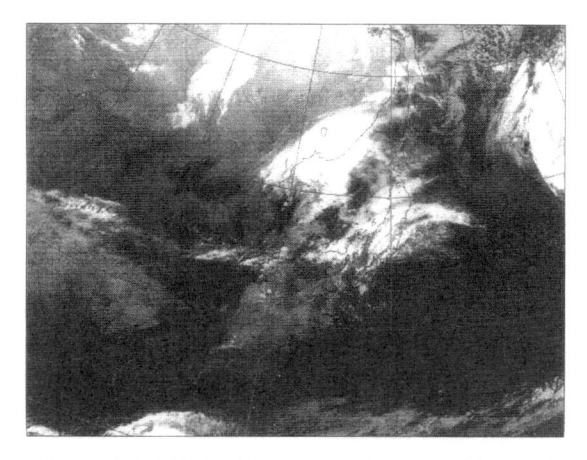

第1部　気象概況およびその変動の把握

図 1.24　気象衛星赤外画像　xx年11月28日21時（12 UTC）

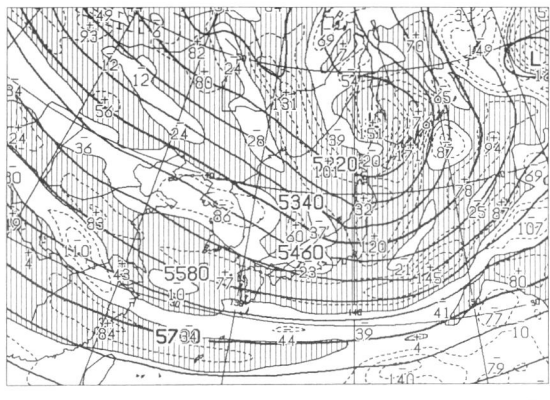

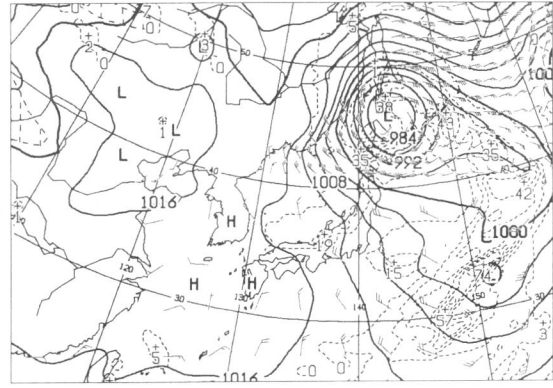

図 1.25　（上）500 hPa 高度・渦度 36 時間予想図
　　　　　　　初期時刻：xx年11月28日21時（12 UTC）
　　　　　（下）地上気圧・降水量・風 36 時間予想図
　　　　　　　初期時刻：xx年11月28日21時（12 UTC）

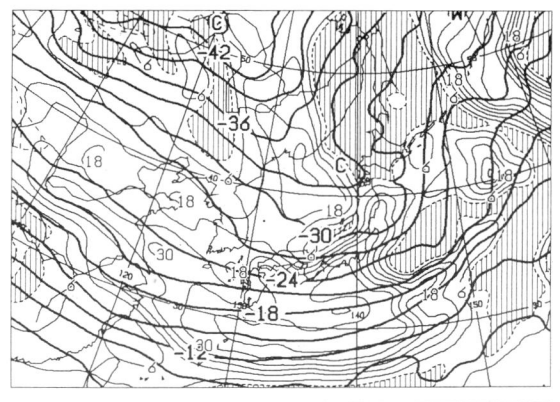

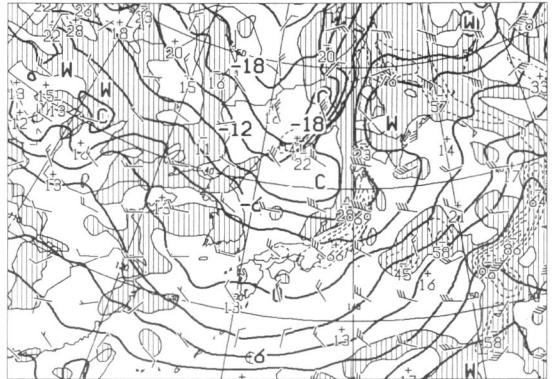

図 1.26　（上）500 hPa 気温，700 hPa 湿数 36 時間予想図
　　　　　　　初期時刻：xx年11月28日21時（12 UTC）
　　　　　（下）850 hPa 気温・風，700 hPa 鉛直 p 速度 36 時間予想図　初期時刻：xx年11月28日21時（12 UTC）

度に着目して 40 字程度で述べよ．

（2）図 1.24 の気象衛星赤外画像で，日本海にある低気圧の中心の北〜北東側に広がる雲域には，発達中の低気圧に伴う雲としてみられる雲頂高度と形状の特徴について 35 字程度で述べよ．

（3）低気圧の発達は 24 時間後の 29 日 21 時（12 UTC）には止まり，36 時間後の図 1.25, 1.26 によると，中心気圧が穏やかに上昇すると予想されている．低気圧が最盛期を過ぎて発達が止まると判断される根拠を，図 1.25 および図 1.26 の予想図と，初期時刻の図 1.22 および図 1.23 を比較して次の問いに答えよ．

①　500 hPa のトラフと地上低気圧の位置関係について 30 字程度で述べよ．
②　850 hPa の風と気温および 700 hPa の鉛直 p 速度に着目して 50 字程度で述べよ．

（解答例）
（1）①500 hPa のトラフが地上低気圧の西にある．（22 字），②低気圧の前面の暖気移流と暖気の上昇および後面の寒気移流と寒気の下降がある．（37 字）

(2) 雲頂高度が高く，雲域の北縁が明瞭で高気圧性の曲率が顕著になっている．(34字)

(3) ① 500 hPa のトラフが地上低気圧のほぼ真上に位置している．(28字)，② 低気圧の進行方向前面の暖気移流と暖気の上昇および後面の寒気移流と寒気の下降が，それぞれ弱まっている．(50字)

(解説) 発達期の低気圧と最盛期を過ぎた低気圧の違いを，500 hPa のトラフと地上低気圧の位置関係および 850 hPa の風・気温と 700 hPa の鉛直 p 速度に着目して答える．最盛期を過ぎた低気圧は，低気圧前面の暖湿気が北上して低気圧の後面に流入し，後面の乾燥した寒気が南下して低気圧の前面にまで流入して，それぞれ暖気の上昇と寒気の下降が弱まり，傾圧不安定による発達条件がなくなってくる．低気圧が発達すると，高気圧性曲率をもつバルジ(雲域の膨らみ)を形成する．

1.1.9 重要な天気パターン

前節で述べた温帯低気圧のほかに，日本の天気を支配する天気パターンのうち，実技試験の対象となる，重要なものに絞ってここで述べる．

(1) 北東気流型／北高型 東北地方から関東地方の太平洋側で北東風が卓越して，冷たく湿った気流が流入し，気温が低く，曇天で弱い降水をもたらすこともある．北東気流型，北高型と呼ばれており，次の二つのケースがある．① オホーツク海方面にある高気圧が三陸沖・日本海に張り出し，東北〜関東地方に北東風が進入するタイプ，② 大陸の高気圧が北日本に張り出している場合や高気圧が日本海や北日本にあって中心がおよそ北緯 38 度以北にある気圧配置で，本州の南岸沖に前線が停滞している場合もある．

およそ 800 hPa 以下の下層に千島海流(親潮)上を吹走してくる湿潤で冷たい北東風が流入し，その上部の温度の高い層との間に逆転層が生じる．逆転層下で形成される下層雲は層雲または層積雲で，雲頂高度が低いため脊梁山脈を越えることができない．海上では，霧または層雲となる．下層雲の上部の 800〜500 hPa にかけて乾燥した西よりの風が吹いて 700 hPa 付近に沈降性逆転層を形成する．晩春から夏にかけて，北日本や東日本の太平洋側の地方で吹く冷涼で湿った北東気流を「やませ」と呼んでいる．北東気流は，衛星画像の雲分布(p.117，図 1.12 参照)で明瞭にみられ，その構造はエマグラムによる状態曲線・高層風，ウィンドプロファイラの風時系列の解析によってみることができる．

【例題 1.10】(平成18年度第1回 実技2 問3を一部改変)

地上天気図(図 1.27)で東北地方はオホーツク海の高気圧に北からおおわれ，北東風が吹いている．やませの影響を受けている三沢(青森県)の状態曲線と高層風に該当するものは図 1.28 の P か Q のどちらか．また，選択した図をもとにやませの構造に関する風，気温および湿数についての特徴を秋田との比較で 60 字程度で述べよ．やませが数日から1週間以上続いたときに，農作物などに被害を及ぼす気象状況を二つ述べよ．

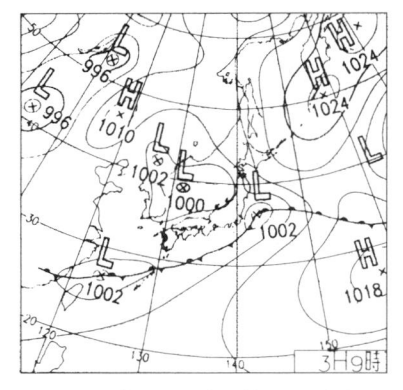

図 1.27 地上天気図 xx 年 6 月 3 日 9 時 (00 UTC)

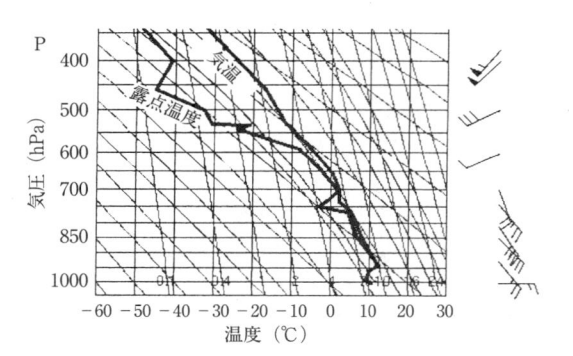

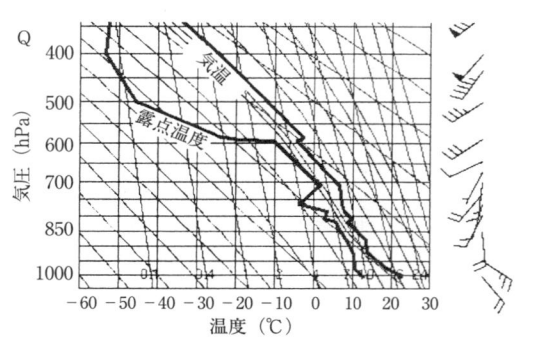

(図 1.28 の一部)

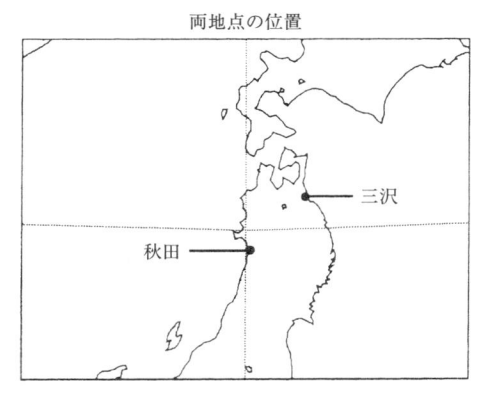

第1部 気象概況およびその変動の把握

両地点の位置

図1.28 秋田と三沢いずれかの状態曲線と高層風
xx年6月3日9時（00 UTC）矢羽風向，風速（ノット），（短矢羽5ノット，長矢羽：10ノット，旗矢羽：50ノット）

（**解答例**）　三沢：P，特徴：800 hPa付近より下層で風向が東〜南東，湿数がほぼ0℃となり，950 hPa付近より下層で気温が秋田より約10℃低い．（59字），気象状況：低温，日照不足．
（**解説**）　背の低い北東気流は脊梁山脈（奥羽山脈）を挟んで太平洋側（三沢）と日本海側（秋田）に見られる風，気温，湿度の気象状況の顕著な違いを述べる．この例は①のケースに該当している．

（2）　**日本海側の大雪**　　西高東低の冬型の気圧配置で，日本海側に大雪をもたらすパターンには山雪型と里雪型がある．

①　**山雪型**　　500 hPaの気圧の谷が日本付近〜日本の東にある日本谷〜東谷の場合は，地上天気図では等圧線がほぼ南北に走る縦縞模様となって，強い北西の季節風が吹き，山間部に降雪が多いタイプで「山雪型」という．シベリア気団の寒冷・乾燥な空気が大陸から北西風として吹き出し，対馬暖流よりなる暖かい日本海を吹き渡る間に海面から顕熱と水蒸気を供給されて気団変質を受け，下層は暖かい湿った空気となって大気が不安定となる．その結果，対流が活発になり積雲・積乱雲が発生・発達し，風の鉛直シアーが強い場ですじ状の雲列をなして日本海側に達し，山間部に大雪を降らせる．すじ状雲の形成地点が大陸との離岸距離が狭いほど，すじ状雲の発生密度が大きいほど，雲頂高度が高いほど寒気が強いことを示唆している．

②　**里雪型**　　500 hPaの気圧の谷が日本の西〜日本付近にある西谷〜日本谷の場合は，日本海上空に寒気が入り，地上天気図では等圧線の間隔が広く「袋型」となり，時にポーラーロー（寒帯気団内低気圧）が発生・発達したり，収束帯（JPCZ：日本海寒帯気団収束

帯）が形成され，降雪は平野部に多くなる．
冬型の気圧配置の場合は，季節風が脊梁山脈を越えると，下降気流となるので雲は消散して，太平洋側では晴れて乾燥する．寒気の強さや持続期間によって降雪の量や期間が左右される．大雪の予想には，上空の気温，500 hPaで-36℃，850 hPaで-12℃を目安にしているので，-36℃の等温線，-12℃の等温線の南下状況に着目する．降雪量の予測は，地上気圧・降水量・風12時間予想図で予想時刻前12時間降水量に着目し，降水量を降雪量に換算して予測する．

【**例題1.11**】（平成15年度第2回　実技1　問2を一部改変）

（1）　xx年1月2日9時（00 UTC）の気象衛星画像の赤外画像と可視画像（図1.29）について述べた下記の文章の空欄（①）〜（⑥）に適切な語句を入れよ．

日本海，九州の西，四国の南，東海道沖には（①）移流に伴う（②）状の雲が広く分布している．日本海

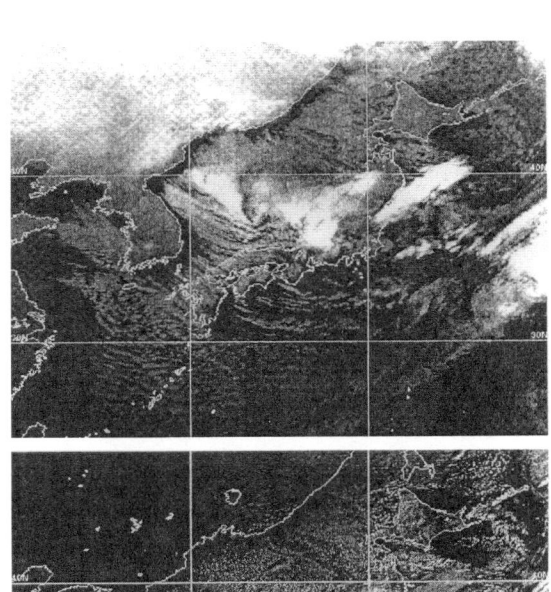

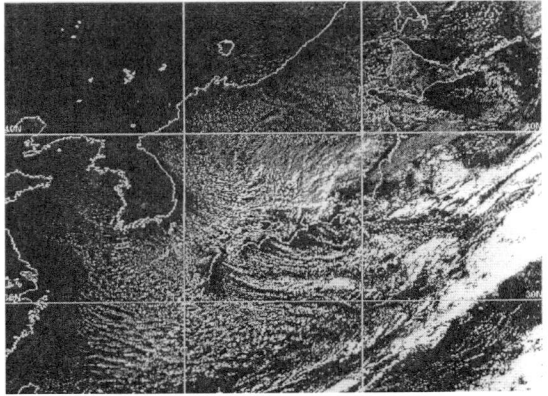

図1.29　（上）赤外画像，（下）可視画像
xx年1月2日9時（00 UTC）

では，対流雲の大陸からの離岸距離が小さく，（①）移流が（③）いことを示している．特に，日本海西部の朝鮮半島北東部から能登半島方面にかけて，赤外画像において白く写った帯状の雲がみられる．この雲は周囲の雲より雲頂温度が（④）く，雲頂高度が（⑤）いと考えられ，ここでは対流雲が（⑥）していると推定される．

(2) 図1.30の925 hPa初期値図を用いて以下の問いに答えよ．
① 日本海にみられる収束線を太実線で記入せよ．
② 前問①で記入した収束線付近ではどのような相当温位分布か．
③ 前問①で記入した収束線付近は上昇流域か下降流域か．

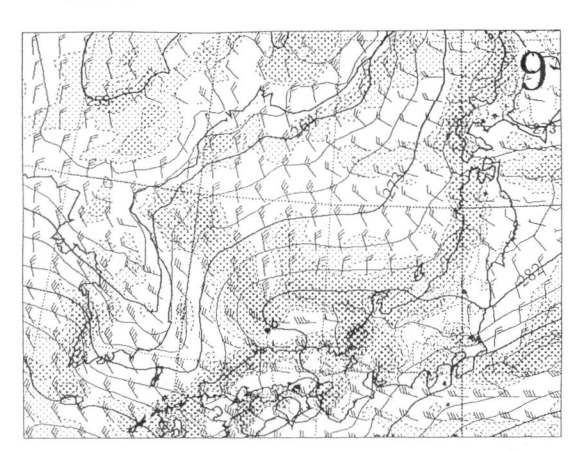

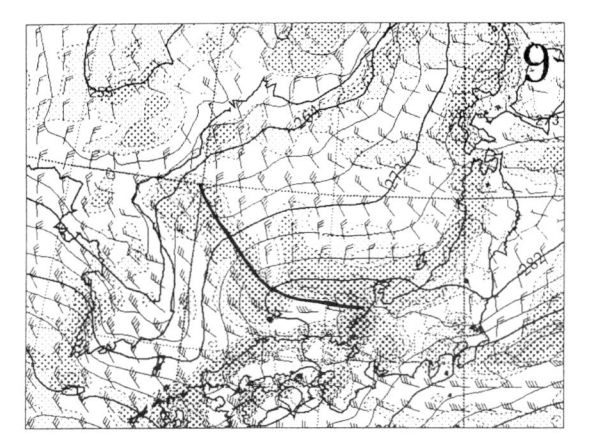

図1.31 日本海西部における収束線
xx年1月2日9時（00 UTC）

(3) **太平洋側の大雪** 冬から春先に低気圧が東シナ海で発生し，日本列島の南岸沿いを発達しながら東北東〜北東進する場合に，太平洋側で雪をもたらすことがあり，関東地方南部の大雪がこれにあたる．関東地方の場合，低気圧が伊豆大島と八丈島の間を通過するコースの場合に多く，① 日本海北部から関東地方北部にかけて気圧の尾根となる場合と，② 東北地方から関東地方にかけて気圧の尾根が楔形に張り出す場合のいずれかで，どちらも寒気が北東方向から流入するタイプで，典型的な大雪パターンである．850 hPaでの気温が−6℃以下で，地上気温が2℃以下で雪，4℃以上で雨となることが多いが，850 hPa以下で逆転層が存在する場合には，850 hPaでの気温が−3℃程度でも雪の可能性が高くなる．雪片が落下中に融けて雨になるかは，主に大気下層の気温によるが，湿度の大小にも関係する．湿度が低いと雪片の表面から昇華・蒸発の潜熱が奪われるため，空気が冷却し，雪片の温度の上昇を抑え融解を遅らせる．そのため湿度が低いと，同じ気温でも雪の可能性が高くなり，統計的には図1.32のように気温・湿度による雨雪判別図が一つの判断材料となっている．通常，雪の密度を0.1 g·cm^{-3}として降水量1 mmは降雪量1 cmと換算するが，雪の密度が小さいほど降雪量は多くなる．つまり，水分の少ないふわふわした雪は密度が小さく降雪量は多く（1 cm以上），水分の多いべたべたした雪（べた雪，湿り雪）は密度が大きく降雪量は少なくなる（1 cm以下）．太平洋側の雪は密度が0.1 g·cm^{-3}より大きい湿った雪（べた雪）で，電線等の着雪害をもたらしやすく，着雪注意報が発表されることが多い．

鉛直p速度
（hPa·h^{-1}）

0
−10
−30
−70

図1.30 925 hpa 相当温位・風・鉛直p速度初期値図
xx年1月2日9時（00 UTC）

（解答）
(1) ①寒気 ②すじ ③強 ④低 ⑤高 ⑥発達
(2) ①図1.31 ②周囲に比べて相当温位の高い領域 ③上昇流域

（解説） (1) 冬型気圧配置のときの気象衛星画像にみられる雲の特徴で，帯状の雲は，(2) ①の収束線にみられる日本海寒帯気団収束帯で，周囲に比べて相当温位の高い領域で，上昇流（鉛直p速度：$\omega<0$）の場に形成されている．

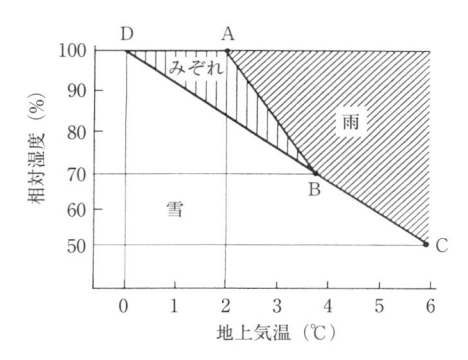

図 1.32 地上気温と相対湿度による雨雪判別図

【例題 1.12】（平成 18 年度第 2 回 実技 2 問 2，問 3 を改変）

xx 年 1 月 20 日 9 時（00 UTC）を初期時刻とし，図 1.33 は地上気圧・降水量・風 24 時間予想図，図 1.34 は地上気圧・風・前 3 時間降水量の 27 時間～36 時間予想図，図 1.35 は 850 hPa 気温および 925 hPa 湿数の 27 時間～36 時間予想図である．

(1) 東京で地上と 850 hPa との高度差が 1440 m，気温減率が 5℃・km^{-1} としたとき，図 1.35 で 21 日 12 時（03 UTC）の 850 hPa 気温予想値を 1℃ 刻みで読み取り，この時刻での東京地上気温を求めよ．

(2) 21 日 12 時（03 UTC）における東京近傍での卓越風向および風速（ノット）と 925 hPa 湿数は何度以上かを図 1.33 および図 1.34 から求めよ．この時刻で東京の降水は雨と雪のどちらの可能性が高いか．

(3) 図 1.34 で 21 日 15 時（06 UTC）から 21 時（12 UTC）までの 3 時間刻みの予想降水量を求め，降水がすべて雪で降ったとして，この期間の合計の降雪

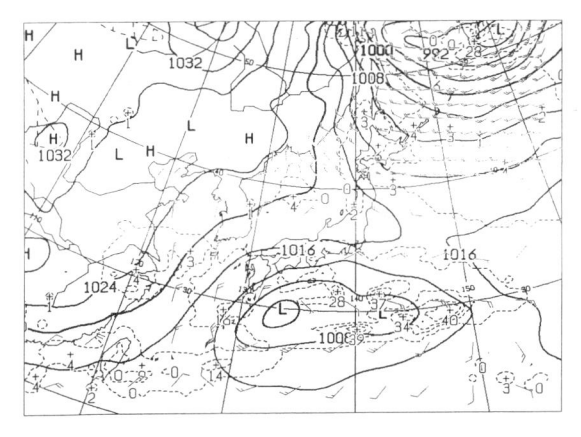

図 1.33 地上気圧・降水量・風 24 時間予想図
　　　　初期時刻：xx 年 1 月 20 日 9 時（00 UTC）

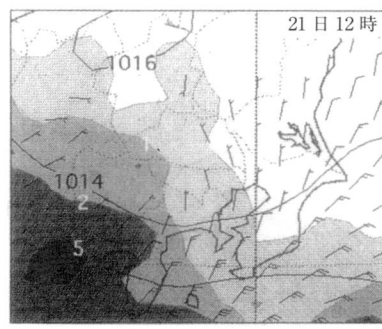

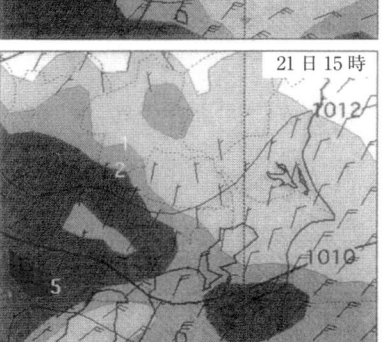

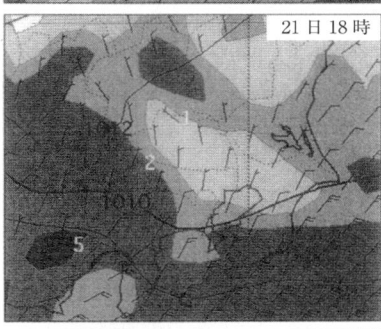

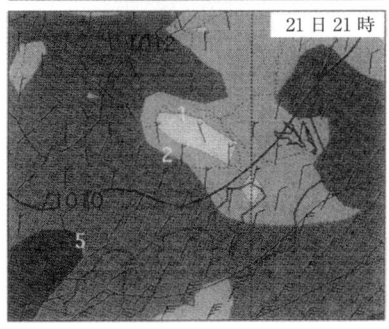

図 1.34 地上気圧・風・前 3 時間降水量の 27 時間～36 時間予想図　初期時刻：xx 年 1 月 20 日 9 時（00 UTC）

量を求め，単位を付して答えよ．降水量を算出するにあたっては次頁の表を用い，雪の密度は 0.125 g・cm^3 とする．

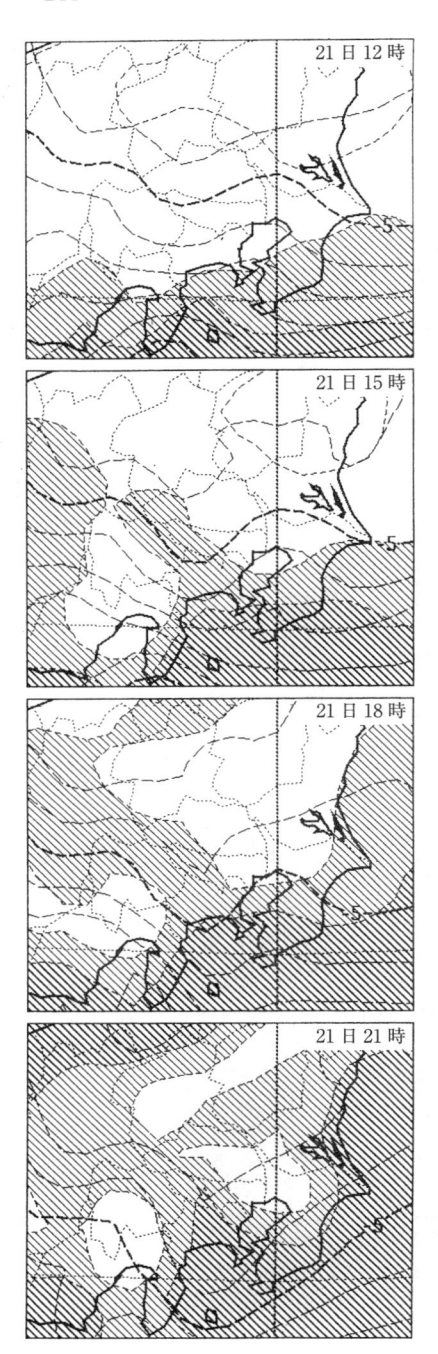

図 1.35 850 hPa 気温および 925 hPa 湿数の 27 時間〜36 時間予想図 初期時刻：xx 年 1 月 20 日 9 時（00 UTC）

領域を囲む等値線	その領域の降水量（mm）
0.2〜1	0.5
1〜2	1.5
2〜5	3.5

（解答）
(1) 850 hPa の気温：−4℃，地上の気温：3℃
(2) 北北東 5 ノット，3℃以上，雪 (3) 2 cm

（解説）
(1) 850 hPa の気温は −4℃ で，地上気温は −4℃ + 5℃·km^{-1} × 1.44 km = −4℃ + 7.2℃ = 3.2℃ で 1℃刻みでは 3℃ となる．
(2) 気温が 3℃ で，地上に近い 925 hPa での湿数が 3℃以上で，北北東風に伴いより湿数の大きな乾燥した空気が流入する予想なので，雪の可能性が高い．
(3) 降水量の合計は，0.5 mm (15 時) + 0.5 mm (18 時) + 1.5 mm (21 時) = 2.5 mm で，降雪量（積雪の深さ）=（降水量）÷（雪の密度）= 2.5 ÷ 0.125 = 20 mm = 2 cm となる．

(4) 寒冷渦（寒冷低気圧） 寒冷渦（寒冷低気圧）について述べた以下の文章の空欄に適切な語句を記入せよ．

偏西風の波動の振幅が増大し，南北に大きく蛇行して切り離された低気圧は（①）と呼ばれており，温度場でみると，周囲より寒冷な低気圧なので寒冷低気圧または寒冷渦という．寒冷低気圧は対流圏の（②）層や（③）層では明瞭だが，地上や（④）層では明瞭でないことも多い．一般に，寒冷低気圧の移動速度は（⑤）い．寒冷低気圧は季節に関係なくみられるが，冬期には（⑥）側の豪雪，暖候期には梅雨期や夏の集中豪雨や 5 月を中心として 4〜6 月に多い（⑦）は雷や突風などをもたらす．これらの顕著現象は寒冷低気圧の南下に伴うことが多い．

2008 年 5 月 13 日 21 時（12 UTC）の 500 hPa 天気図（図 1.36）によると，華北方面から南下して日本海西部にみられる（⑧）℃の寒気をもつ寒冷低気圧があり，その南側を（⑨）ジェット気流が走っている．気象衛星水蒸気画像（図 1.37）では，寒冷低気圧に対応する上層の渦（矢印）がみられ，寒冷低気圧を含む気圧の谷の後面から乾燥した寒気移流に伴う下降流域を示す（⑩）域が形成されており，さらにその南にも，（⑪）ジェット気流に対応している（⑩）域がみられる．850 hPa 気温・風，700 hPa 鉛直 p 速度解析図（図 1.38）をみると，寒冷低気圧の前面にあたる東〜南東象限にあたる日本海南部から四国沖にかけては（⑫）気が流入し，（⑬）流場で，図 1.37 でみられる発達した帯状の積乱雲域となっている．レーダーエコー合成図（図 1.39；カラー口絵 4 参照）では，（⑭）mm·h^{-1} 以上の強雨域もあり，この領域にあたる四国では激しい雷が観測されている．

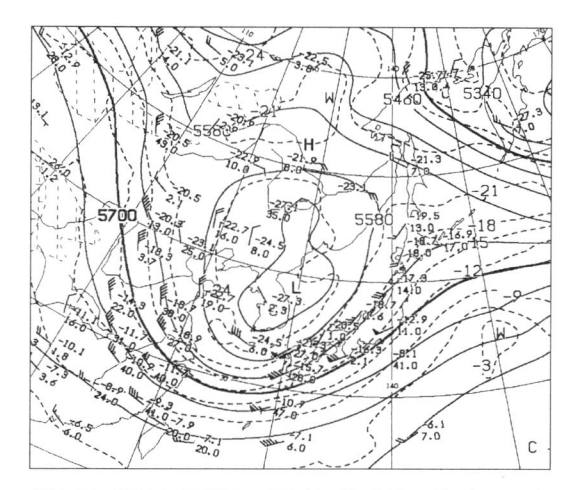

第1部　気象概況およびその変動の把握

図 1.36　500 hPa 天気図　2008 年 5 月 13 日 21 時（12 UTC）

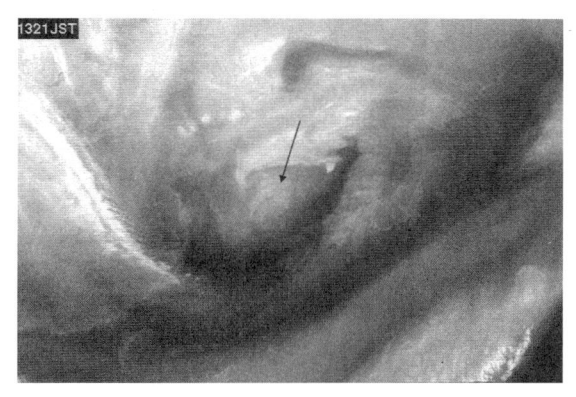

図 1.37　気象衛星水蒸気画像　2008 年 5 月 13 日 21 時（12 UTC）

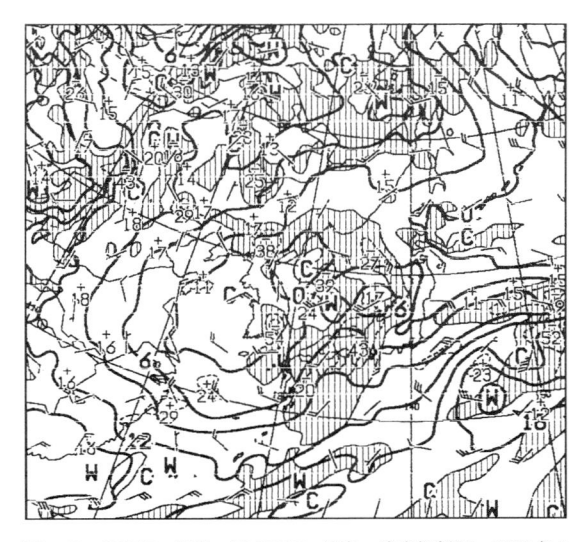

図 1.38　850 hPa 気温・風 700 hPa 鉛直 p 速度解析図　2008 年 5 月 13 日 21 時（12 UTC）

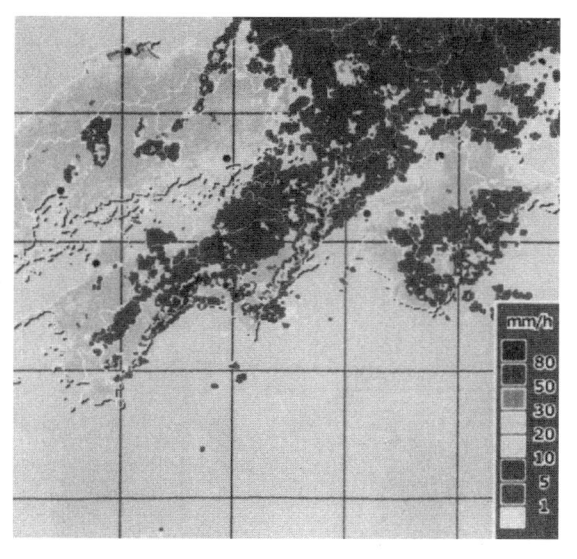

図 1.39（カラー口絵 4 参照）　レーダーエコー合成図　2008 年 5 月 13 日 21 時（12 UTC）

（解答）　① 切離低気圧　② 上　③ 中　④ 下　⑤ 遅　⑥ 日本海　⑦ 雹　⑧ −27　⑨ 寒帯前線　⑩ 暗　⑪ 亜熱帯　⑫ 暖　⑬ 上昇　⑭ 80

(5)　**ポーラーロー（寒帯気団内小低気圧）**　ポーラーローは寒候期に寒帯前線ジェット気流または前線帯の極（北）側の寒気内の海上で形成され，強風・大雪など激しい現象をもたらすこともある中規模または中間規模低気圧である．衛星画像では，雲渦またはコンマ雲としてみられるが，地上天気図上では気圧の谷または閉じた低気圧として解析される．ポーラーローの形成は，傾圧不安定によるものといわれているが，対流による潜熱の放出の効果も指摘され，発生・発達機構については，必ずしも確立されていない．

おおよそ，次の 2 種に分類される．

(A)　寒冷渦または寒冷トラフの南下に伴って形成されるポーラーロー（p.116，図 1.9 参照）

寒冷渦または寒冷トラフの南下に伴い 500 hPa でおよそ −42℃ 以下（日本付近ではこれより高い）の寒気が海上に流入してくると，暖かい海洋上で海面からの顕熱と水蒸気の供給を受け，寒気域内で深い対流が生じ，雲渦を形成する．中心付近に雲がなく，暖気核を形成し，熱帯低気圧と類似構造を示すこともある．つまり，第二種条件付不安定（シスク：CISK）によって形成されるという説（Rasmussen）である．上陸すると組織的な構造は崩れるが，しばらく対流雲は維持される．

(B)　大規模温帯低気圧の発達の副産物として形成

されるポーラーローで，日本付近では次の二つのタイプがある．

B1　上層トラフの正渦度移流域に形成される「コンマ雲」で，主傾圧帯のかなり近傍で発生・発達する．

B2　寒気内の第二の傾圧帯上に形成される「コンマ雲」で，傾圧不安定が重要な形成プロセスで発生・発達する（p.116，図1.10参照）．

② ポーラーローに伴う天気（p.253，例題2.3参照）
(i) 断続的または連続的降雪をもたらし，短時間に大雪を降らすことがある．
(ii) 強風が起こり，特にB2型では西縁で顕著な強風を生じる．
(iii) 通常上陸後は急速に衰弱する．

(6) **梅雨前線**　梅雨期になると，チベットやヒマラヤの南側を流れていた亜熱帯ジェット気流はチベットやヒマラヤ山塊の北側を流れるようになり，北側を流れる寒帯前線ジェット気流は蛇行してオホーツク海高気圧を形成する．梅雨前線は亜熱帯ジェット気流にほぼ平行して発生する．梅雨前線は，東経135度付近を境に，その西側と東側で性格がかなり異なる（p.117，図1.13参照）といわれている．

135度以東では，オホーツク海気団（冷涼多湿）と小笠原気団（高温多湿）の境に形成されることから，温度傾度は比較的大きい．この点からみれば，通常の寒帯前線と似た構造をもっており，冷たい海洋性寒帯気団からの気流がしばしば侵入し曇天と低温をもたらす．衛星画像では層状雲主体の雲域としてみられることが多く，130度以西に比べて下層ジェットも入りにくい．

一方，135度以西では，大陸上の空気は日射のためかなりの高温となり，海洋性熱帯気団との間の温度傾度は小さく，この領域の梅雨前線は水蒸気傾度が大きいことで特徴付けられている．したがって，前線での等温線集中帯が不明瞭で，等相当温位集中帯がより明瞭になる．前線の南側には高相当温位の空気が太平洋高気圧の縁辺に沿う南西風および南シナ海方面からの西南西風が流入し，対流不安定となり，クラウドクラスターからなる対流雲主体の雲バンドを形成しやすい．しばしば湿舌（湿った空気が舌状に流入）を伴う900〜700hPa（高度およそ1000〜3000m）で西南西〜南西の風速40ノット前後の下層ジェットが観測される．上層に寒気が入り，成層状態の不安定が強化されるような場では，豪雨になりやすい．

(7) **太平洋高気圧の縁辺流**　太平洋高気圧の縁辺に沿って暖湿気流が積乱雲の雲バンドを形成して局部的に流入し，しばしば集中豪雨をもたらすことがある．この場合，台風，熱帯低気圧，低気圧などが絡んでいることが多く，台風等に吹き込む気流と太平洋高気圧の縁辺流と合流した下層風が引き金となっている．さらに，上層に寒気が南下するような場では，集中豪雨の可能性がより高くなる．（p.257，例題2.6参照．）

1.2　気象概況の変動の把握

気象概況の変動を把握するために，実況図による解析の着目点を適用し，12〜48時間後の予想図を用いて初期時刻からの総観規模に伴う気象状況の変化を検討する．実況図・解析図にない物理量の予想図として次のものがある．

(1) **地上気圧，降水量，海上風予想図**　低気圧や高気圧の予想位置，中心気圧から発達状況，等圧線分布から風向・風速のほかに，前12時間予想降水量と海上風が表示されているので，降水域，降水量，海上風の風向・風速を検討する．

(2) **500hPa気温・700hPa湿数予想図**　500hPaの等温線分布から寒気の強さや南下状況を検討する．寒冷渦の南下や降雪の強さの目安になる特定等温線などの変化に着目する．700hPaの湿数分布は天気分布に密接に結びついているので，湿潤域や乾燥域の変化に着目し，鉛直p速度とも対応させ，雨・曇り，晴れ域に関連づける．また，寒冷前線・温暖前線・閉塞前線等の前線の変遷をみる．

(3) **850hPa相当温位・風予想図**　相当温位（θ_e）は保存量なので，前線解析，特に温度傾度が小さく，水蒸気傾度が大きい梅雨前線の動向の解析に優れている．高相当温位域を把握し，高温多湿の気団の目安としておよそ$\theta_e \geqq 318$K，大雨のおそれのある気団の目安としておよそ$\theta_e \geqq 336$Kの領域に着目し予想する．風向・風速の分布から収束域・発散域や合流域，下層ジェット等に着目する．

(4) **各種ガイダンス**　数値予報に基づく各種ガイダンスを用い，各種予想図と対照し，予測因子の状況・変化を把握する．

1.2.1　予報作業の流れ

天気予報の流れは以下のようなステップで成り立っており，実技試験は各ステップにおける気象現象の把握・解析・予想について問われている．

ステップ1：実況監視

現況だけでなく，過去からの経過をチェックし，実況経過と過去の予測の違い・ずれの原因を考察する．各種実況解析資料に基づき着目すべき現象や気象要素の変化などを理解する．

ステップ2：数値予報，ガイダンス資料の解釈

各種数値予報資料，ガイダンス資料に基づき，着目すべき現象や気象要素について今後の変化や移動などを予想する．

ステップ3：現象の抽出

ステップ1，2での実況の経過と予測から気象現象の推移を把握し，注目すべき現象を抽出し現象の発現の可能性の有無，時間的・空間的規模，強弱の程度，影響度などの見積もりを行う．

ステップ4：顕著現象の発現のチェック

天気現象の経過に伴い予想される顕著現象の有無，発現の時刻・場所，現象の強度，継続時間，変化傾向などを検討する．

ステップ5：防災事項

顕著現象に伴い発生が予想される気象災害などへの対策に資する注意報・警報等の発表など防災面での検討をする．

1.2.2 天気予報

地上予想天気図，ガイダンスをもとに作成された天気時系列図，地方天気分布図などから直接対象地点（地域）の天気・風は読み取れるが，各層での鉛直 p 速度，湿数，風分布図等も検討し予報する．

【例題1.13】（平成16年度第1回 実技2 問4）

xx年3月1日9時（00 UTC）に九州西海上にある低気圧は発達しながら東北東進して24時間後には三陸沖に達すると予想されている．図1.40（p.248）は1日9時（00 UTC）を初期時刻とする1日21時（15 UTC）から3時間おきの700 hPa上昇流（1段目），850 hPa 相当温位・風（2段目）および湿数（3段目），地上気圧・風・前1時間降水量（4段目）の予想図である．図1.41（p.249）は図1.40の3段目左端の図に示した地点Gにおける925 hPa～500 hPaの気温・露点温度・風の3時間ごとの時系列予想図である．図1.40と図1.41を用いて地点Gでの1日24時～2日6時の各時刻に予想される天気と風向を答えよ．

時刻	1日24時	2日03時	2日06時
天気			
風向			

（解答例） 24時：雨，西　　3時：曇り，北西
6時：晴れ，北西

（解説） 24時は前1時間降水量があり雨．3時は降水なしで，下層は乾燥してきているが，500 hPaは湿数0なので，中層に雲があり，曇り．6時は降水なし，下降流で，各層とも乾燥して晴れ．風は，4段目の地点G付近の風向と等圧線の走向から読み取る．

1.3 週間天気予報

3日先以降の週間天気予報については，第Ⅰ編第2部3章の「短期予報・中期予報」で述べているが，全球数値予報モデルによる192時間先までのアンサンブル予報をもとに行っている．アンサンブル予報はわずかに異なる初期値を与えて個々の予報（メンバーといい，全メンバー（現在のメンバー数は51）の数値予報）を実施することにより，その平均（アンサンブル平均）をとると，個々の予報の誤差同士が打ち消しあって平均的な大気の状態を予測でき，予報精度を上げることができる．メンバー間のばらつきをスプレッドといい，スプレッドの大きさから予報の確からしさ（スプレッドが小さいほど信頼度が高い）を見積もることができ，予報値の分布を確率分布とみなして確率値を求めることができる．

【例題1.14】（平成19年度第1回 実技2 問6を一部変更）

図1.42（p.249）はアンサンブル予報による850 hPaにおける気温偏差予想の時系列図である．週間天気予報に用いるアンサンブル予報について次の文章の空欄（①）～（⑯）に入る適切な語句または数値を記入せよ．

アンサンブル予報とは，少しずつ異なる多数の初期値を用意して予想を行い，多数の予想結果を統計的に処理して，有効な情報を引き出す予報法である．初期値のわずかに違う予想結果の一つ一つを（①）といい，全（①）（51個）の中で，予想結果が類似しているもの同士を集めてグループに分けたものをクラスターという．それぞれのクラスターを構成する（①）の平均をそれぞれクラスター平均という．また，全（①）の平均を（②）平均といい，センタークラスターは（②）平均に近い順に選んだ六つの（①）から構成され，それらの（①）の平均をセンタークラスター平均という．図1.42で，各地点のセンタークラスター平均を太実線の折れ線で，各クラスター平均を実線の折れ線で示してある．これらは，各地点における850 hPaの気温

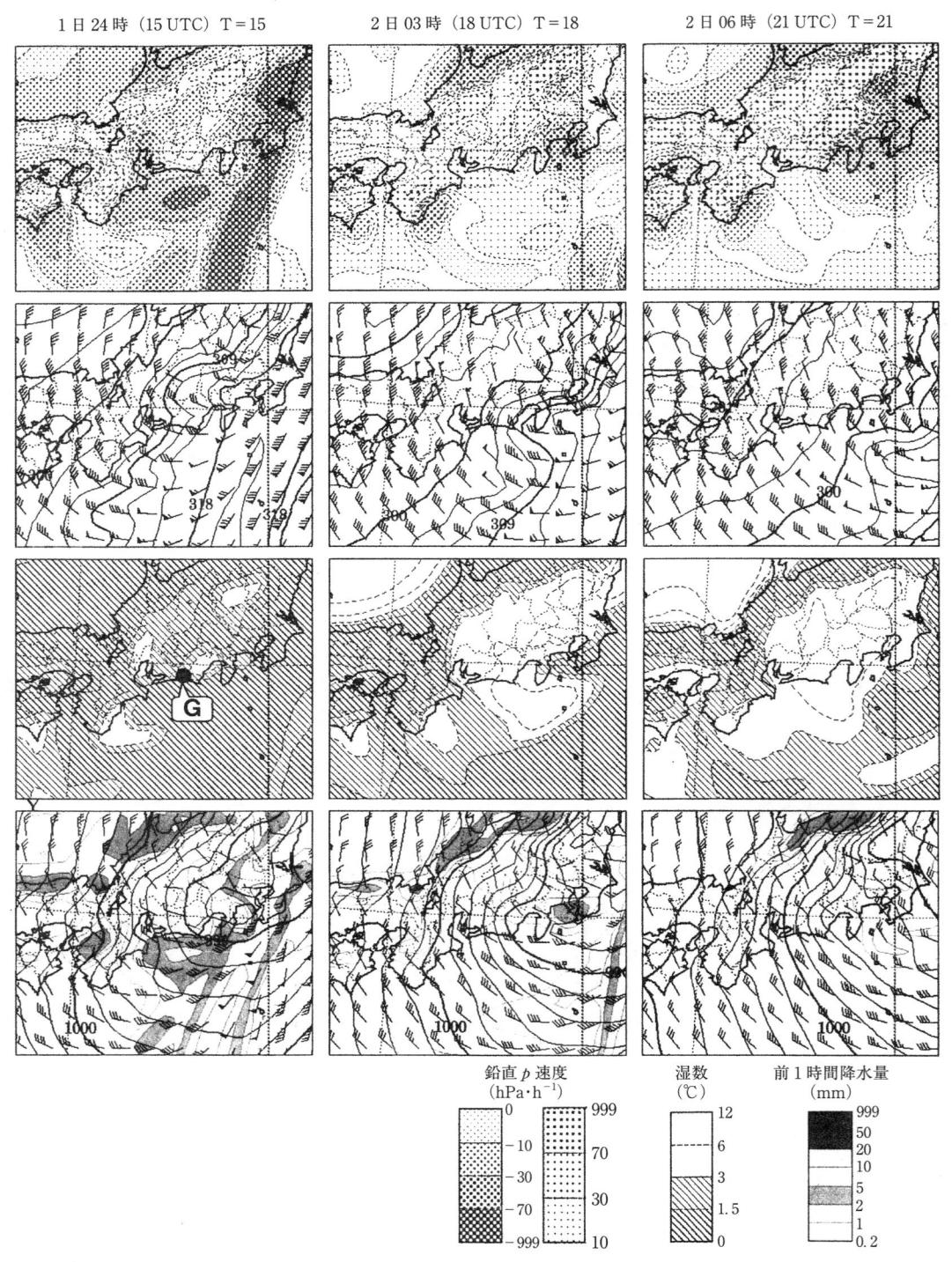

図 1.40 （1段目） 700 hPa 鉛直 p 速度の 15〜21 時間予想図
　　　　（2段目） 850 hPa 相当温位・風の 15〜21 時間予想図
　　　　（3段目） 850 hPa 湿数の 15〜21 時間予想図
　　　　（4段目）地上気圧・風・前1時間降水量の 15〜21 時間予想図　初期時刻：xx 年 3 月 1 日 9 時（00 UTC）

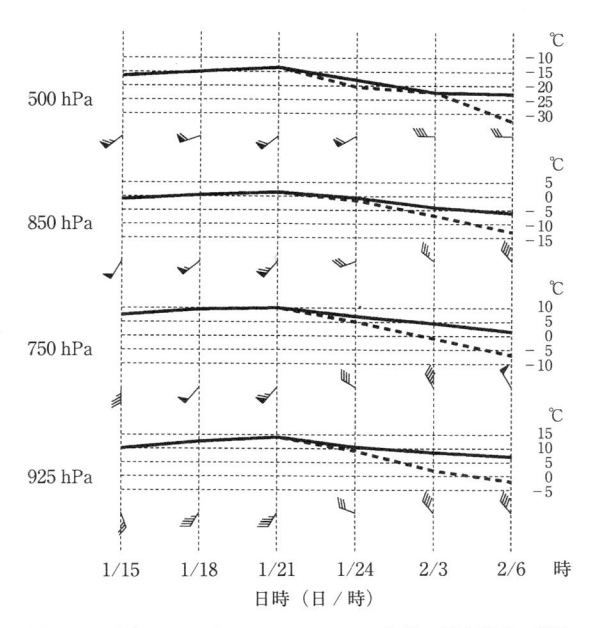

第1部 気象概況およびその変動の把握

図 1.41 地点 G における 925～500 hPa の気温・露点温度・風時系列予想図 初期時刻：xx 年 3 月 1 日 9 時（00 UTC）

予想を平年からの偏差として表している．この気温予想をみると，札幌（北海道）では 12 日からほぼ平年並みかやや（③）めに推移し，ほかの 3 地点では変動が（④）く，このうち，福岡（福岡県）では 12 日は平年より（⑤）いが，14 日から 15 日にかけては平年より（⑥）くなると予想されている．

各クラスターの予想値のばらつきから，週間天気予報の（⑦）に関する情報を得ることができる．図 1.42 で，51 個の全（①）の 80% が含まれる範囲について 16 日の館野（茨城県）と札幌を比較すると，札幌は（⑧）～（⑨）℃であるのに対し，館野は（⑩）～（⑪）℃であり，館野の気温予想のばらつきが（⑫）予想となっている．また，全（①）が含まれる範囲は，札幌は（⑬）～（⑭）℃であるのに対し，館野は（⑮）～（⑯）℃となっていて，ばらつきが非常に（⑫）．

（解答例）
① メンバー　② アンサンブル　③ 低　④ 大き　⑤ 低　⑥ 高　⑦ 信頼度（精度）　⑧ 1　⑨ -4　⑩ 7　⑪ -7　⑫ 大きい　⑬ 6　⑭ -6　⑮ 12　⑯ -8

（解説）アンサンブル予報とは何かを穴埋め形式で問うもので，図 1.42 を対照してみていけば容易に答えられる．

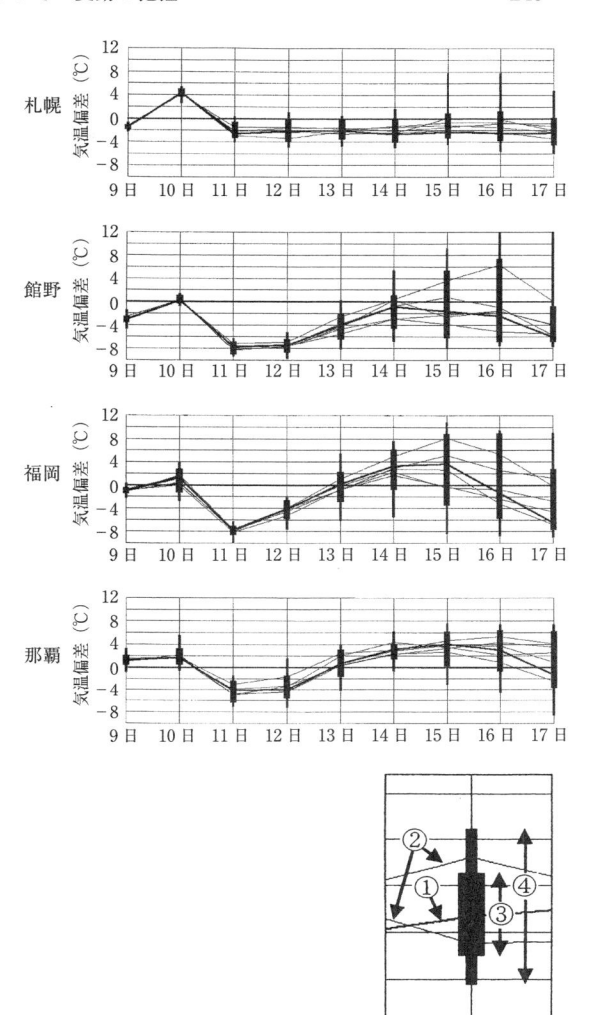

図 1.42　850 hPa における気温偏差予想の時系列図（札幌，館野，福岡，那覇）
横軸方向の太実線：センタークラスター平均（凡例の①）
横軸方向の実線：各クラスター平均（凡例の②）
横軸方向の太実線：それぞれの予想日で 80% のメンバーが含まれる範囲（凡例の③）
横軸方向の実線：それぞれの予想日で全メンバーが含まれる範囲（凡例の④）
初期時刻：xx 年 3 月 9 日 21 時（12 UTC）
※センタークラスター平均とは，アンサンブル平均に近い順に選んだ六つのメンバーを平均したもの．

〈初心者の方々へのメッセージ〉

　実技は，学科一般・専門での知識をベースにした気象現象の総合的な応用編である．各種気象擾乱が複合された形での気象現象の変動を把握することにあるので，種々の観測資料，天気図・解析図・予想図等の見方・読み方・書き方についてしっかり学習し，迅速に的確に情報を引き出すことができるようにしたい．そのためには，日々の天気変化に常に関心をもち，気象庁ホームページやその他のWeb上で各種気象資料に日常的にふれ，気象実況を把握し，予報を考えてみることをお勧めする．

（長谷川隆司）

■参考文献

小倉義光：総観気象学入門．東京大学出版会（2000）．
Bader, M. J. *et al.*：Images in Weather Forecasting, Cambridge University Press（1995）．

第2部　局地的な気象の予想

　気象現象は，大小のスケールの現象の複合系として発現するが，局地的な気象は地形や海陸の影響を受ける強制メソ擾乱あるいは静的安定度に依存する自由メソ擾乱としてみられる．局地的な気象現象は，地上気象観測での気温，露点温度，風，気圧，降水量等の種々の気象要素にみられ，雨は気象レーダーや気象衛星により，風はウィンドプロファイラやドップラーレーダーにより有効な情報が得られる．雨・風は地形的な要因も受けやすく，顕著な気象災害をもたらすことが多いことから特に重要である．局地的な気象のなかで最も顕著な現象としての集中豪雨・雪は表2.1，表2.2に示す各種擾乱に伴う積乱雲によって生じる．時間・空間スケールが小さい発達した対流雲（積乱雲）の集合体である中規模対流系のクラウドクラスターによってもたらされ，団塊状やバンド状・線状の構造を示すことが多く，気象衛星や気象レーダーで発達・衰弱過程を把握することができる．きわめて顕著な局地的な気象現象である竜巻やダウンバーストの観測はドップラーレーダーで検出できることもあり，竜巻注意情報の有力な観測データとなっている．

　気象予報士試験では，総観規模に含まれる現象の側面として局地気象の予報を取り扱っており，実況データの解析を主体とし，数値予報と実況との違いについて解釈する観点から出題されている．したがって，局地気象の予報は各種気象観測機器に基づいた実況データの解析が第一で，メソβスケール以上の現象についてはメソ数値モデルの数値予報によるが，降水については降水短時間予報も対象となる．竜巻やダウンバーストなどの突風については，数値予報資料を利用した突風に関連するCAPE, SReH, EHIなどの突風関連指数をもとにした竜巻注意情報がある．以下に，局地的な気象の解析および予想の具体例についてみてみる．

（注）　SReH：竜巻の鉛直軸まわりの回転である鉛直渦度を積乱雲に吹き込む風に伴う水平渦度の地上から高度3kmまでの鉛直積分値として表したもの．
EHI：CAPEとSReHを用いて竜巻の発生しやすさを指標化したもの．

2.1　降水短時間予報

　30分ごとに発表される降水短時間予報と，より迅速な情報として10分ごとに発表され，1時間先までの各10分間雨量を予報するナウキャスト予報については第Ⅰ編第2部6章で述べられている．降水短時間予報は30分ごとに1〜6時間先までの雨量分布を1km四方の細かさで予測するもので，予測の計算では，雨域の単純な移動だけではなく，山の斜面で雨が強まったり，山を越えて雨が弱まったりする地形の効果も考慮されている．また，予報時間が延びるにつれて，次第に雨域の位置や強さのずれが大きくなるので，予報後半には数値予報の結果も加味される．しかし，運動学的な予測が主体であるので，大規模で持続性のある降水系の予測精度は高いが，局地的な雷雨など短時間で急激に発達・衰弱する降水系の精度は低い．一般に，弱い降水域の予測精度は高いが，強い降水域の精度は低い．

表2.1　集中豪雨をもたらす擾乱等

擾乱等	豪雨の発生箇所・要因
温帯低気圧	中心付近・前線の近傍
前線	梅雨前線・秋雨前線に暖湿気流の流入
台風	中心を取り巻く壁雲・スパイラルバンド
寒冷渦	上層寒気と南東象限での下層暖湿気流の流入
太平洋高気圧	暖湿な縁辺流と地形効果による強制上昇

表2.2　集中豪雪をもたらす擾乱等

擾乱	豪雨の発生箇所・要因
寒冷渦	上層寒気と寒気ドーム
ポーラーロー	寒帯気団内の傾圧不安定・CISK
JPCZ	中国長白山脈風下の日本海寒帯気団収束帯

【例題2.1】　（平成17年度第2回　実技2　問5(2)）
　図2.1（カラー口絵5参照）の降水短時間予報に関する以下の問いに答えよ．

（1）　初期時刻に地点Kから地点Aの間にある1時間雨量60mm以上の非常に激しい雨の領域の予想される移動方向を8方位で答えよ．

(2) 地点 K および地点 A それぞれにおいて，初期時刻から2時間先までの降水量の推移について述べた以下の文の空欄 (a) ～ (d) に入る最も適切な語句および数値を以下の中から選べ．空欄 (a) と (c) に入る数値は，「5 mm～20 mm」，「30 mm～60 mm」および「80 mm 以上」からそれぞれ一つ，空欄 (b) と (d) に入る語句は，「強まる」，「弱まる」および「同じ強さが続く」からそれぞれ一つ選べ．

地点 K では，2時間先は1時間雨量が (a) となり初期時刻と比べて (b) と予想される．

地点 A では，2時間先は1時間雨量が (c) となり初期時刻と比べて (d) と予想される．

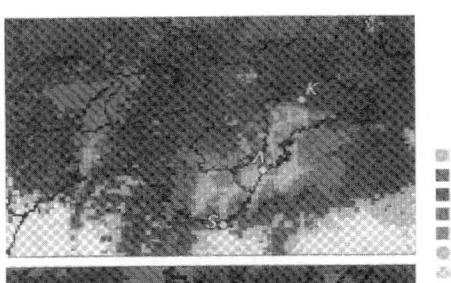

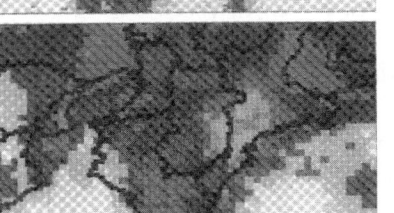

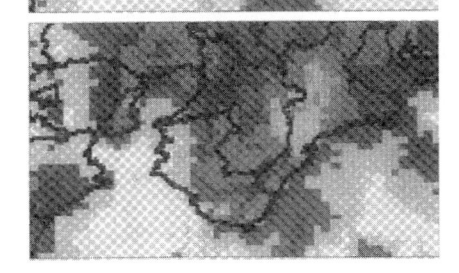

図 2.1（カラー口絵 5 参照） レーダー・アメダス解析雨量図および降水短時間予報
実況（上）xx 年 9 月 29 日 8 時（28 日 23 UTC）
1 時間予報（中）xx 年 9 月 29 日 9 時（00 UTC）
2 時間予報（下）xx 年 9 月 29 日 10 時（01 UTC）

（解答例） (1) 北，(2) (a) 30 mm～60 mm，(b) 強まる，(c) 5 mm～20 mm，(d) 弱まる．

（解説） (1) トレーシングペーパーを用いて初期時刻の 60 mm・h^{-1} 以上の強雨域をマークして，1時間予報，2時間予報の図に重ねて強雨域がどの方向に移動しているかを8方位で答える．この種の降水域の移動を求める問題は多いが，ていねいに位置合わせをして，対象降水域の移動（方向・速度）を求めることが肝要である．(2) トレーシングペーパーで初期時刻での地点 K と地点 A をマークし，それぞれ地点での降水量を読み取り，1時間予報，2時間予報の図に重ねて地点 K と地点 A での降水量がいくらになっているかを読み取り，その強弱の変化を求める．

2.2 時系列解析

一地点での気象要素（気温，露点温度，風向・風速，降水，気圧等）の時系列的な変化に着目すると，気象擾乱に伴う局地的な現象を把握することができる．

【例題 2.2】
図 2.2 は，2007 年 2 月 14 日 9 時の地上天気図で，日本海に低気圧があって中心から温暖前線が南東に，寒冷前線が南西に伸びている．図 2.3 の高知県安芸のアメダス時系列図で，温暖前線，寒冷前線が通過した時刻（△～○時）と判断した根拠を示せ．

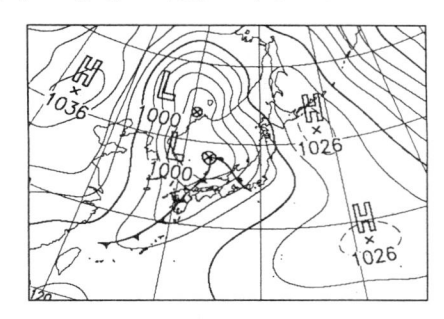

図 2.2 地上天気図〔2007 年 2 月 14 日 9 時（00 UTC）〕

（解答例） 温暖前線の通過時刻：14 日 02～03 時，根拠：14 日 02 時まで弱い北寄りの風で，03 時には南寄りの風に代わり風速が増大した．気温は 10.6℃から，風向の変化とともに 16.5℃まで約 6℃昇温した．

寒冷前線の通過時刻：14 日 13～14 時，根拠：14 日 13 時まで強い南寄りの風で，14 時には西寄りの風に変わり，前線通過前後に降水が急激に増大している．

（解説） 温暖前線・寒冷前線の通過に伴う風・気温の変化，降水現象に着目する．なお，図 2.3 の 1 時間ごとの時系列図では寒冷前線通過時の 13 時と 14 時の気温下降量は 0.5℃で小さいが，図には示していないが 10 分ごとの気温変化では 1.5℃の気温下降がみられる．

第 2 部　局地的な気象の予想　　　　　　　　　　　　　　　　　　　　　　　　　　　253

安芸 2007 年 2 月 13 日 24 時〜2007 年 2 月 14 日 24 時

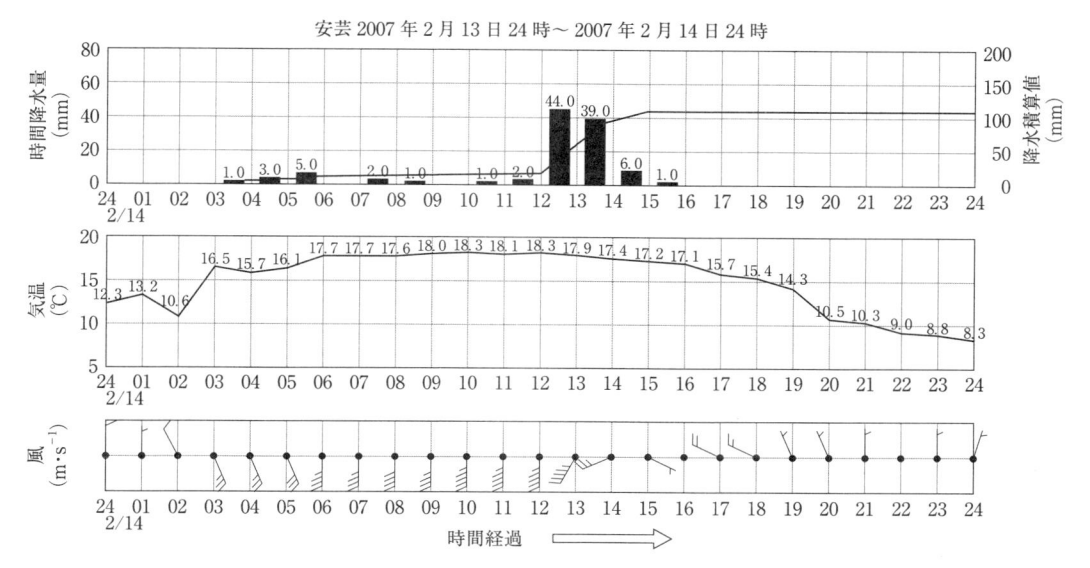

図 2.3　安芸（高知県）のアメダス時系列図（2007 年 2 月 14 日，1 時間ごと）

【例題 2.3】

図 2.4 は，2003 年 12 月 20 日 9 時の地上天気図で，図 2.5 は秋田沖にみられるポーラーロー（p.116, 図 1.9 参照）が上陸したときに能代（秋田県）での風・降水量・雪（積雪，積雪差）の時系列図である．これから，以下の問いに答えよ．

(1) ポーラーローは能代の北方，南方のどちらを通過したか．
(2) 降水の始まりと風の変化との関係を述べよ．

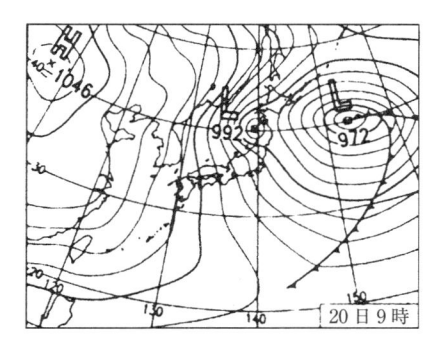

図 2.4　地上天気図〔2003 年 12 月 20 日 9 時（00 UTC）〕

（解答例）　(1) 南方，(2) 南寄りの風から東寄りの風に変わり，風速が強まった．

（解説）　ポーラーロー通過時の気象変化に関する問題．(1) 風向が反時計まわりに変化しているので，ポーラーローは南方を通過した．(2) 雲域の通過に伴う降

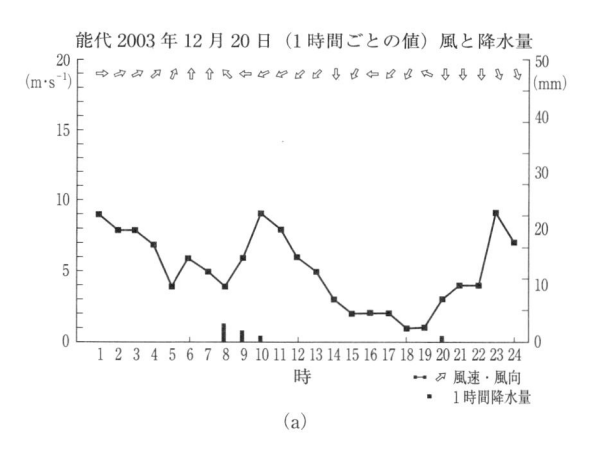

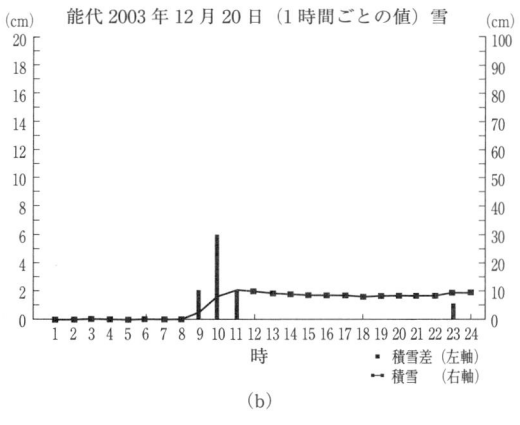

図 2.5　能代（秋田県）での気温・風・降水量・雪の時系列図
(a) 風向・風速と降水量，(b) 雪（積雪，積雪差）

水開始時刻の9時の風向と風速に着目する．

2.3 シアライン，収束線解析

一般に，シアとは，風（風向・風速）の不連続をいい，水平シア，鉛直シアがある．風向・風速の水平シアが最も大きい（風向・風速が急変している）ところを連ねた線がシアラインで，収束や発散を伴う．シアラインは気流の収束に着目すると，収束線となり，下層での収束線は上昇流を生じ，降水域では降水量を強める．逆に，気流の発散に着目すると，発散域となり，下層での発散域は下降流を生じる．また，暖気と寒気の気流の接点となると，等温線の集中（温度傾度の増大）をもたらし，暖気側と寒気側の風向によるシアラインと関連していることが多い．

【例題2.4】（平成14年度第1回 実技1 問3を一部改変）

図2.6はxx年1月26日21時（12UTC）を初期時刻とする27日9時（00UTC）の地上天気図の予想図で，関東地方には低気圧が最も接近する27日9時（00UTC）頃まで，まとまった降水がもたらされると予想されている．図2.7は，27日3時（26日18UTC）の関東地方周辺を拡大した予想図である．図2.7を用いて以下の問いに答えよ．

（1）次の文章は，関東地方における気象の予想について述べたものである．文章の空欄（①）〜（⑥）に入る適切な語句を記入せよ．

図2.7(a)の地上気圧・風予想図によれば，内陸に存在する（①）気圧の北東部からの（②）寄りの風と海上からの（③）の風との境に不連続線（シアライ

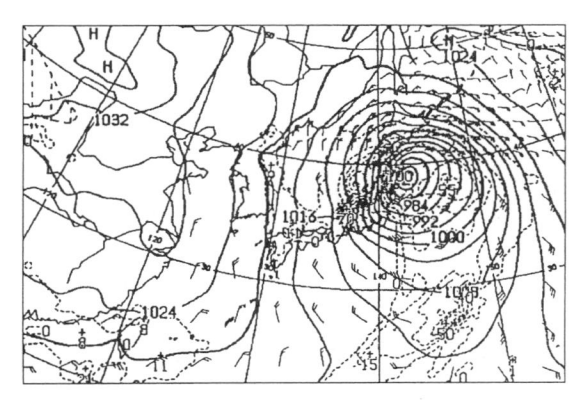

図2.6 xx年1月26日21時（12UTC）を初期時刻とする27日9時（00UTC）の地上天気図の予想図

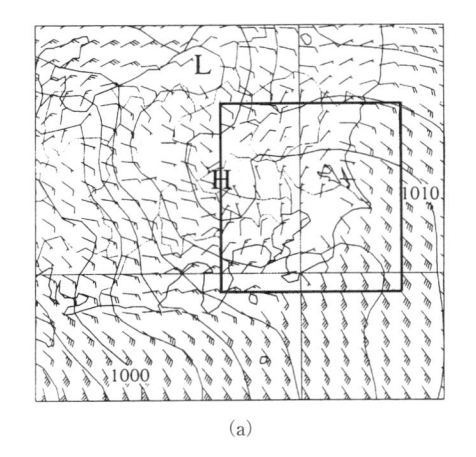

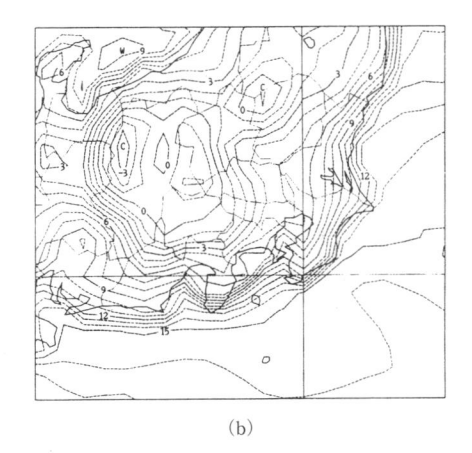

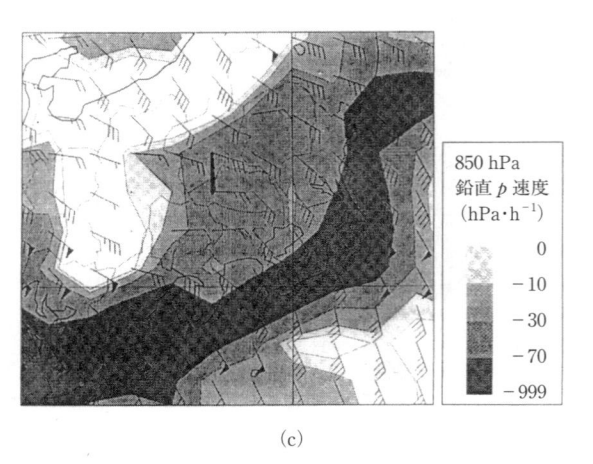

図2.7 26日21時（12UTC）を初期時刻とする27日3時（26日18UTC）の関東地方周辺を拡大した予想図
(a) 地上気圧・風6時間予想図
(b) 地上気温6時間予想図
(c) 850hPa鉛直 p 速度・風6時間予想図

ン）が存在し，図2.7(b)の地上気温予想図での（④）集中帯にほぼ対応している．図2.7(c)の850 hPa鉛直p速度・風予想図によれば，不連続線付近上空の850 hPa面には強い（⑤）流が存在すると予想されている．関東地方にはまとまった降水が予想されており，この不連続線周辺では降水が（⑥）可能性が高い．

(2) 図2.7(a)の太線で囲った四角の枠内に，(1)で述べた不連続線を太実線で記入せよ．

（解答例） (1) ① 高　② 北　③ 南東　④ 等温線　⑤ 上昇　⑥ 強まる

(2) 図2.8

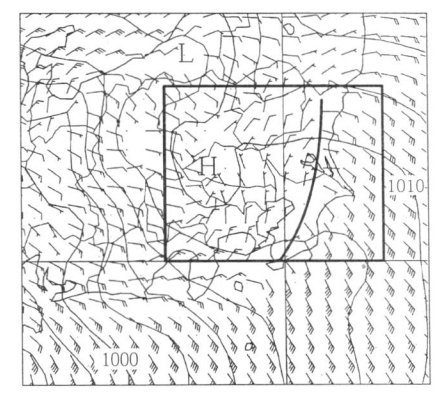

図2.8　解答例

（解説）

(1) 関東地方には北東から寒気が流入して高気圧が形成され，そこから吹き出す北寄りの風と海上から暖かい南東風との間にシアラインができ，等温線の集中帯となっている．そこでは，下層の850 hPa面での収束線で，鉛直p速度（−）の極大域で強い上昇流域となり降水が強まると予想されている．

(2) 高気圧から吹き出す北寄りの風と海上からの南東の風に着目し，不連続なラインを描く．

【例題2.5】（平成17年度第1回　実技1　問4を一部改変）

図2.9はxx年7月3日21時（12 UTC）から4日6時（3日21 UTC）までの3時間ごとの地上風と前1時間降水量の予想図である．図2.10（カラー口絵6参照）は，4日0時（3日15UTC）および4日2時（3日17 UTC）のレーダー・アメダス解析雨量図である．また，図2.11は静岡県の地域名と数値予報モデルの

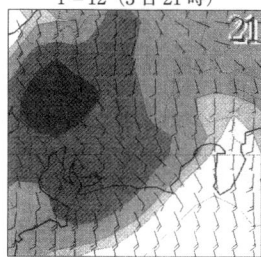

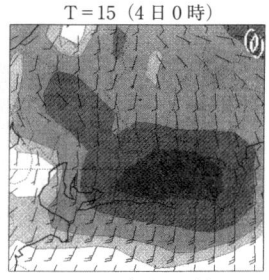

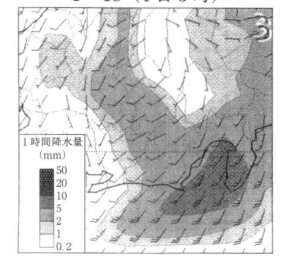

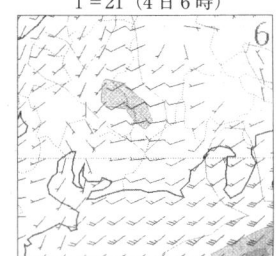

図2.9　xx年7月3日9時（00 UTC）を初期時刻とする3日21時（12 UTC）から4日6時（3日21 UTC）までの3時間ごとの地上風・前1時間降水量の予想図

矢羽：風向・風速（ノット），短矢羽：5ノット，長矢羽：10ノット．

地形図，図2.12は，4日0時におけるアメダスの気温・風分布である．静岡県付近における降水の予想と実況に関して，以下の問いに答えよ．

(1) 4日0時（3日15 UTC）の予想図（図2.9（上）右）と実況図（図2.10（上））を比べて，静岡県西部から伊豆にかけての降雨域の形状はほぼ合っているが，降水の強さと集中性にみられる違いを50字程度で述べよ．

(2) 図2.12のアメダス気温・風分布図によると静岡県沿岸から伊豆半島にかけて存在する気温（高度補正をしてある）・風の不連続線がみられる．太線で囲った四角の枠内に不連続線を太実線で記入せよ．

(3) (1)で検討した降水の強さと集中性の実況と予想との違いをもたらす理由を不連続線付近の風の場の予想（図2.9（上）右）と実況（図2.10（上））の違いに着目して，その特徴を50字程度で述べよ．

(4) 4日2時（3日17 UTC）過ぎに静岡県地方に防災気象情報が発表された．図2.10（上）（下）の実況の経過と図2.9の予想図をもとに，次の文章の括弧内に当てはまる適当な語句または数値を記入せよ．

なお，(a)は8方位，(b)の時間細分は下表の用語を用いる．

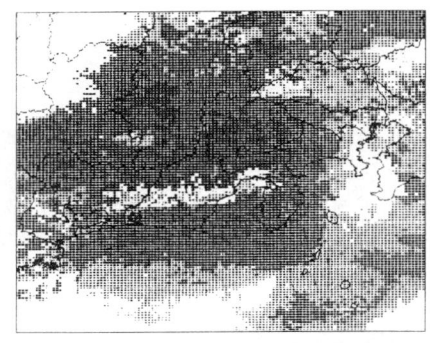

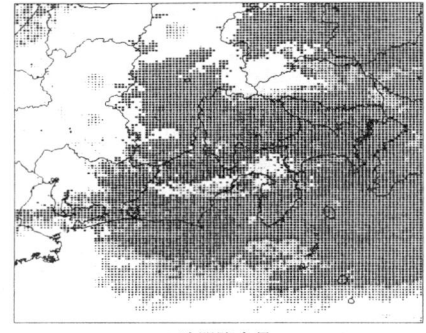

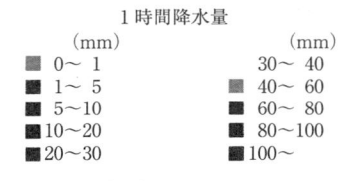

図2.10（カラー口絵6参照） レーダー・アメダス解析雨量図 (上) 4日0時（3日15UTC），(下) 4日2時（3日17UTC）．

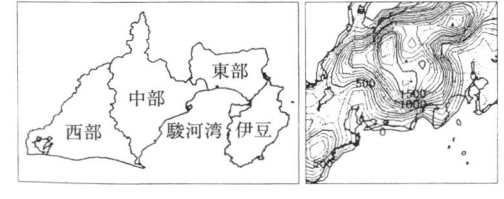

1時間降水量
(mm)　　　　　(mm)
- 0～1　　　　30～40
- 1～5　　　　40～60
- 5～10　　　60～80
- 10～20　　80～100
- 20～30　　100～

図2.11 （左）静岡県の地域名，（右）数値予報モデルの地形図

0	3	6	9	12	15	18	21	24
午前3時頃まで	明け方	朝のうち	昼前	昼過ぎ	夕方	宵の内	夜遅く	

駿河湾から静岡県中部に伸びる1時間30mm以上の降雨域が停滞またはゆっくり（a）に移動しながら発達しています．静岡県中部から東部および伊豆地方では，これから（b）にかけて最大で1時間（c）mm以上の非常に激しい雨となる見込みです．（d）や（e），（f）などの災害の発生に警戒してください．

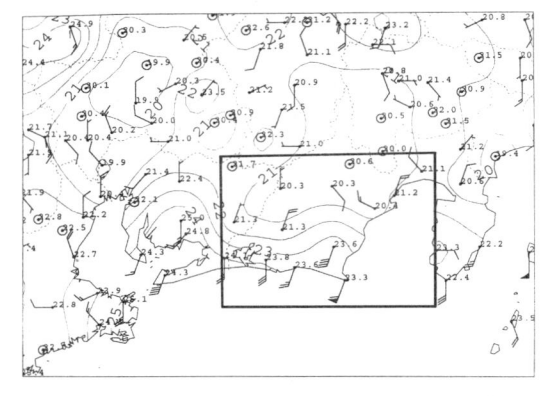

図2.12 4日0時（3日15UTC）におけるアメダスの気温・風分布
数字：標高0mの温度に補正した気温（℃），矢羽：風向・風速（m·s^{-1}），短矢羽：1m·s^{-1}，長矢羽：2m·s^{-1}，旗矢羽：10m·s^{-1}．

（解答例）

（1） 実況では1時間30mm以上の降水域が帯状に集中しているが，予想では20mm以下となり集中性が緩やか（弱い）．（50字）

（2） 図2.13

（3） 実況では不連続線が存在し南風と北風との間で強い収束となっているが，予想では収束が相対的に弱い．（47字）

（4） a：東，b：明け方，c：60，d：がけ崩れ（山崩れ），e：低地の浸水，f：中小河川の増水

（解説） （1）降水の強さと集中性について実況と予想の違いを述べる．（2）南風と北風，等温線分布と降水強度分布との関係に留意して解析する．（3）降水の強さと集中性は収束の強弱に関係している．（4）30mm以上の降雨域の移動から最大降水量とその移動時刻をみる．短時間強雨に対する災害について述べ

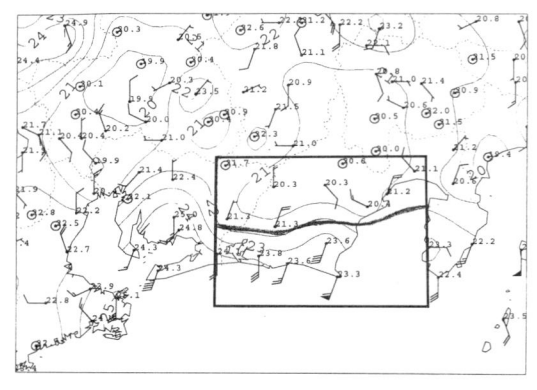

図2.13 解答例

る．(d)～(f) は順不同．

2.4 集中豪雨

集中豪雨は，表 2.1 に示す擾乱に伴って大気の鉛直不安定な状態が引き起こされる環境のもとで発生する．以下に一例を示す．

【例題 2.6】
図 2.14 は，2008 年 8 月 29 日 2 時（28 日 17 UTC）の気象衛星水蒸気画像である．この画像と関連した資料をもとに集中豪雨について述べた以下の文章の空欄 (①)～(⑯) に入る適切な語句を記入せよ．

図 2.14 の水蒸気画像から大規模な流れをつかみ，そこから集中豪雨をもたらす環境を見いだすことができる．サハリンの東には顕著な気圧の (①) を示唆する極側に凸状になった明域がみられ，一方，中国東北部の上層渦は切離低気圧で 300 hPa 天気図では気温が低い (②) 渦で，その南には (③) 域が凹状に広がり，気圧の (④) となっており，500 hPa 天気図によると寒気が西日本から東日本にかけて南下している．関東の東海上には広範囲にわたって (③) 域がみられ，850 hPa 天気図によると太平洋高気圧となっている．中部地方と関東地方にみられる雲域（それぞれ雲域 C，雲域 K とする）の雲形は，非常に白く団塊状なので (⑤) 雲であると判断できる．雲域 C に接してその西側にも (③) 域がある．この (③) 域は (⑥) サージと呼ばれ，(⑦) 層で水蒸気量が (⑧) い領域で，雲域 C の (⑦) 層に水蒸気量が (⑧) い空気を流入させ，雲域 C を一層 (⑨) 不安定にさせている．本州のは

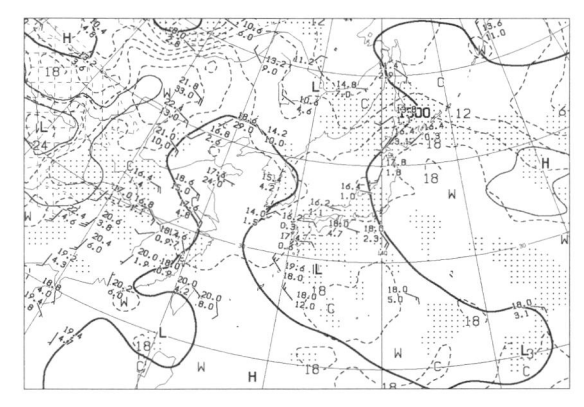

図 2.15 850 hPa 天気図〔2008 年 8 月 28 日 21 時（12 UTC）〕

るか南海上には (⑩) 性循環の渦（渦 O とする）がみられ，また，四国沖にも不明瞭だが (⑩) 性循環の渦があり，850 hPa 天気図（図 2.15）で (⑩) となっている．渦 O から中部地方～関東地方に伸びる灰色の水蒸気量が相対的に (⑪) い帯がみられ，この帯は太平洋高気圧と四国沖の (⑩) に伴う風系による (⑫) 場にあたり，暖湿な空気を持続的に流入させている．このような場で，雲域 C，雲域 K は発達し，局地的に大雨を降らせたと考えられる．28 日 21 時（12UTC）の静岡県浜松の高層気象観測によると，CAPE＞CIN で真正 (⑬) で，SSI（ショワルター安定指数）＜0 で，大気の安定度は (⑭) く，対流活動は活発になることが予想されている．この時刻（29 日 2 時），雲域 C にあたる愛知県岡崎では，1 時間降水量 146.5 mm の観測史上第 7 位の集中豪雨となった．雲域 C，雲域 K に伴う強雨域の動向は気象衛星や気象レーダーで把握し，降水短時間予報によって対応するとともに，記録的 (⑮) 大雨情報，土砂災害の発生の恐れがあることから地元の県と気象台とで (⑯) 情報を共同発表して気象災害を防止・軽減すべく対応することになる．

図 2.14 2008 年 8 月 29 日 2 時（28 日 17 UTC）の気象衛星水蒸気画像

（**解答例**）①尾根 ②寒冷 ③暗 ④谷 ⑤積乱 ⑥ドライ ⑦中・上 ⑧少 ⑨対流 ⑩低気圧 ⑪多 ⑫合流（収束）⑬潜在不安定 ⑭悪（小さ）⑮短時間 ⑯土砂災害警戒

（**解説**）水蒸気画像は中・上層の水蒸気量の多寡から中・上層の大気の流れをみるのにきわめて有効である．上層に寒気がある場で，850 hPa 天気図で日本の東海上にみられる太平洋高気圧の縁辺流が暖湿空気を流入させ，大気の安定度を小さくする．集中豪雨が引き起こす土砂災害警戒情報は府県と気象台とで共同発表する防災情報である．

2.5 地形効果

地形は種々の気象状況にきわめて大きな影響をもたらしている．地形の影響を受けて発生する局地風には，熱的要因によるものに海陸風，山谷風などがあり，力学的要因によるおろしや山岳波などがある．おろしは，フェーンやボラなどがその代表で，フェーンは山脈の風下側の気温が風の吹く前より上昇し，湿度が下がる．ボラは山脈の風下側の気温も湿度も風の吹く前より下降する．大規模現象に伴う地形効果には，2.5.1項に述べるような例があるが，地形効果による局所的な気象現象として実技試験で主な対象とされているのは，2.5.2項で述べる地形による強制上昇に伴う降雨の強まりである．

2.5.1 大規模な現象に伴う地形効果の例

① 日本海を発達した低気圧や台風が北東進する場合，南寄りの風が脊梁山脈を越え日本海側でフェーン現象を起こし，気温の異常な上昇や乾燥をもたらし，春先には融雪・洪水・なだれや大火の発生するおそれがある．

② 北東気流の場合，雲頂高度の低い下層雲は東北地方の脊梁山脈や中部山岳を越えることができないため，太平洋側では下層雲におおわれて曇天（弱い雨天）となるが，日本海側では晴天をもたらす．

③ 日本海低気圧が北東進する場合，下層で強い西南西風が吹くと，関東東部の山の風下側では吹き降ろし現象によって，関東地方平野部では降水現象がない（弱い）．

④ 日本海を低気圧が東進して寒冷前線が関東地方を通過した後や冬型の気圧配置が弱まっていく場合に，中部山岳の北まわりの相対的に冷たい風と南まわりの相対的に暖かい風が合流してシアラインが関東南部～房総半島沖で形成されることがあり，関東地方南部では下層雲におおわれ，曇天をもたらす．

⑤ ボラ型おろしの例として関東の空っ風や東北地方の太平洋側で寒冷前線通過後に吹く強風がある．

2.5.2 局地的な地形効果

気流が山岳などの斜面にあたると，地形により風上側では強制上昇して上昇流を強め，風下側では下降流となる．降水をもたらす気象状況下で，暖湿気流が吹き付ける場合，この地形効果によって，上昇流により降水が強化されるところと下降流により弱まるところが生じる．地形による上昇流は，山の傾斜が強く，風向と山並みとのなす角度が大きく，風速が強いほどその効果は大きくなる．したがって，下層風の風向によって，地形性降雨が強まるところを特定することが可能である．たとえば，南西風の場合は，九州・四国・紀伊半島・中部山岳などの南西斜面が，南東風の場合は，九州・四国・紀伊半島・中部山岳などの南東斜面が主な対象地域となる．

【例題2.7】（平成18年度第2回　実技1　問4を一部改変）

図2.16はxx年4月10日9時（00 UTC）を初期時刻とする11日9時（00 UTC）の予想図で，10日から11日日中にかけて西日本の太平洋側で大雨となった．図2.17（カラー口絵7参照）は高知県で雨が最も強くなった時刻（11日10時（01 UTC））の解析雨量図，図2.18は四国地方の地形図，図2.19はその時間帯を含む水平時系列図である．高知県の大雨に関する以下の問いに答えよ．

（1）図2.19に示す連続した風向・風速の鉛直分布から，図2.17の解析雨量図に対応する時刻11日10時（01 UTC）で，地上付近から高度5 km付近までの層における移流は寒気移流か暖気移流か．

（2）図2.17の解析雨量図で高知県における前1時間降水量16 mm以上の強雨域はどのようなところに分布しているか，図2.18の地形図に着目して答えよ．

（3）高知県における大雨の成因について，前問の(1)，(2)および図2.18の地形図と図2.19の水平風時系列図をもとに考察し50字程度で述べよ．

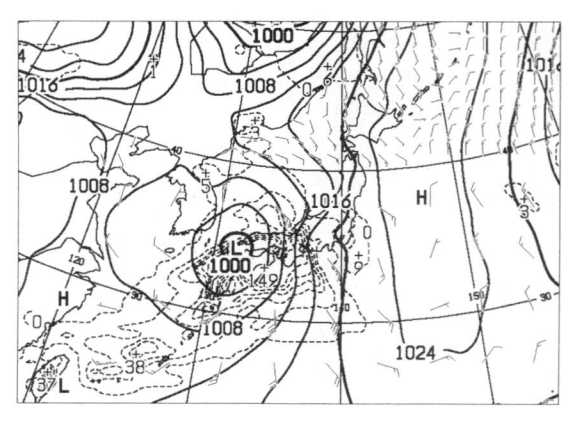

図2.16　xx年4月10日9時（00 UTC）を初期時刻とする11日9時（00 UTC）の予想図

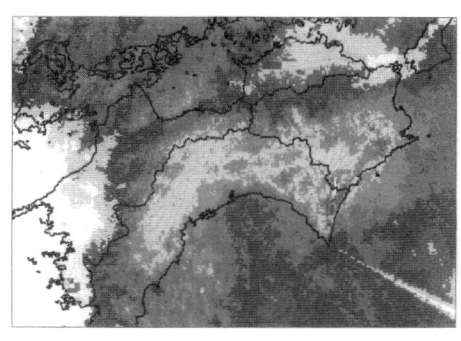

第 2 部　局地的な気象の予想　　　　　　　　　　　　　　　259

図 2.17（カラー口絵 7 参照）　xx 年 4 月 11 日 10 時（01 UTC）の四国地方における解析雨量図
室戸岬から東南東に伸びる白い線状の領域は，レーダーサイト近傍の建物の影響によってできたもの．

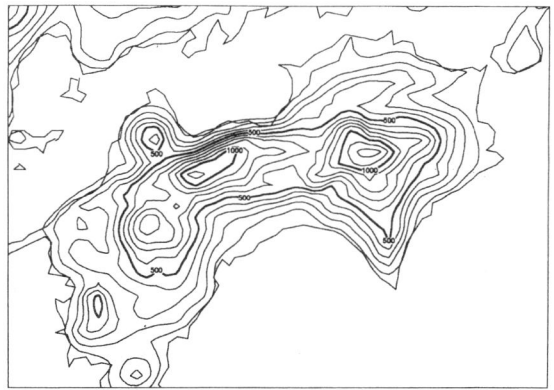

図 2.18　四国地方の地形図
実線：標高（m）

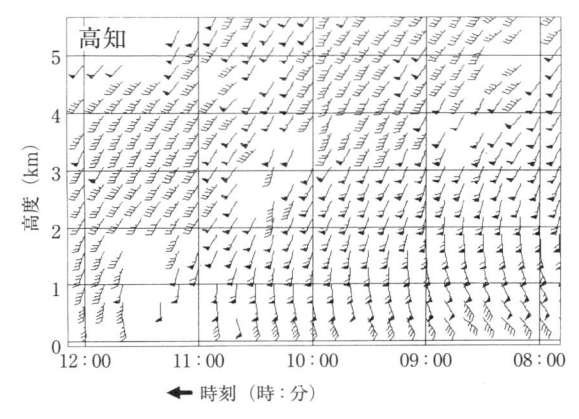

図 2.19　高知でのウィンドプロファイラ観測による水平時系列図
xx 年 4 月 11 日 8 時（10 日 23 UTC）〜12 時（11 日 03 UTC）

（解答例）
（1）　暖気移流
（2）　強雨域が主に陸上にあり，南西から南東に向いた斜面に集中している．
（3）　地上付近から上空までほぼ一様な強い南寄りの風が吹き，暖かい気塊が地形に沿って強制上昇させられたため．（50 字）

（解説）
（1）　約 0.4 km の最下層から約 5.1 km の上層にかけて風向が時計まわりに変化している．
（2）　16 mm 以上の強雨域は四国山脈の南西〜南東斜面にみられる．
（3）　50 ノット前後の南寄りの風が南西〜南東斜面による地形効果により強制上昇し，地形性降雨を強め，大雨をもたらす．

〈初心者の方々へのメッセージ〉

　局地的な気象現象は，時間・空間スケールが小さいが，顕著な現象をもたらすことがあることから非常に重要である．しかし，スケールが小さいことから現象をうまく観測できないことや的確な予報がむずかしいという側面もあり，今後の気象業務の進展に負うところが大きい．気象現象は複合現象なので，局地的な気象現象といえども，よりスケールの大きな現象に組み込まれて発生するので，その背景を理解し，どのような場で現象が発生・発達するのかを考え，学習されるとよい．

（長谷川隆司）

第3部 台風等緊急時における対応

3.1 第3部で扱う範囲と最近の出題傾向

3.1.1 緊急時とは

台風等緊急時とは，大雨，強風，高潮などにより災害の起こるおそれがあり，注意報，警報（情報を含む）などの防災気象情報が発表される気象状況と考えられるので，いわゆる緩慢災害への対応は説明から除く．

注意報・警報の発表は気象庁の業務であるが，気象予報士は緊急時に気象の状況や発表された注意報・警報の内容をわかりやすく解説したり，関係者に気象の面からアドバイスしたりして災害軽減に寄与する重要な役割を担っている．したがって自ら注意報・警報を発表すると同等な観点で，注意報・警報に関する事項を理解しておく必要がある．

3.1.2 注意報・警報関連の出題範囲

学科試験一般知識と学科試験専門知識，実技試験を合わせて注意報・警報に関するあらゆる側面が出題されている．

学科試験一般知識ではいわゆる洪水予報指定河川についての気象庁長官と国土交通大臣および都道府県知事との共同発表，あるいは気象庁以外の者が発表する警報（火災警報（市町村長），水防警報（国土交通大臣，都道府県知事））等，あるいは警報の伝達など主として法令に関することが出題されている．これらは第Ⅰ編第1部8章「気象業務法その他の気象業務に関する法規」で扱われる．

学科試験専門知識では，注意報・警報の種類や注意報・警報名と注意，警戒すべき現象の対応関係，注意報・警報の発表基準，注意報・警報の発表地域区分，台風情報の内容等の基礎的知識が出題されている．本書では主に第Ⅰ編第2部9章「気象の予想の応用」で扱われる．

実技試験では実際例の現象の予想に基づいて，どんな災害のおそれを注意，警告すべきかという判断が問われる．特に最近はどんな注意報・警報をどのようなタイミングで発表すべきか等，注意報・警報の名称を問う問題も出題されている．実例に基づいてこの点を学習するのが第Ⅱ編第3部の主題である．

第3部の学習には，気象関連の災害にはどのようなものがあるかという基礎知識をもっていることが前提となる．これは第Ⅰ編第2部7章「気象災害」で詳しく説明されている．

ここでは注意報・警報の基本的事項に関する包括的な説明は割愛し，特に注意すべき事項を問題の解説で補足する．

3.1.3 新しい防災気象情報

気象災害の発生は気象現象と社会との相互の関係により決まるから，社会基盤の整備や生活様式の変化により気象災害の発生要件も変わる．これに対処するため注意報・警報の発表基準を変更する等の改善がなされる．また観測システムの改良や予測技術の進歩により，新たな防災気象情報が開始される．すなわち防災気象情報は常に改善が図られている．

この1，2年の間に台風情報の発表形式の変更，土砂災害警戒情報や竜巻注意情報の開始などさまざまな改善がなされている．この改善には，新たに開発された土壌雨量指数や流域雨量指数を注意報・警報の基準として採用したこと，ドップラーレーダーの展開など観測システムが高度化したことが大きく貢献している．以下の解説でも必要に応じて簡潔にふれるが，たえず改善が続けられるので気象庁のホームページで最新の状況を把握する必要がある．

実技試験対策なので以下では例題を解きながら学ぶ形式とし，例題ごとに解答と解説を配置して解説を通して理解を深める．

3.2 短時間大雨関連の防災気象情報

【例題3.1】（平成17年度第2回 実技試験2 問5の図10の一部を図3.1として使用．設問は独自作成）．

図3.1はxx年9月29日1時（28日16 UTC）～8時（28日23 UTC）の某県のある地点の地上気象観測時系列図である．この地点では1時から8時までに200 mmの降水が観測されている．7時を初期値とす

第3部 台風等緊急時における対応

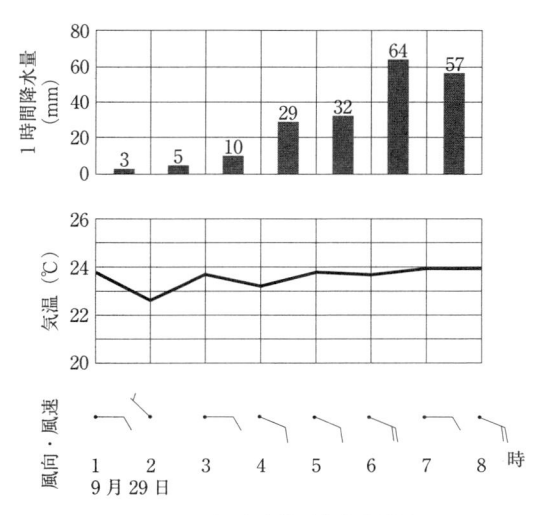

図3.1 地上気象観測値時系列図
xx年9月29日1時（28日16 UTC）〜8時（28日23 UTC）．
棒グラフ：前1時間降水量（mm），折れ線グラフ：気温（℃）．
矢羽：風向・風速（m・s^{-1}）（短矢羽：1 m・s^{-1}，長矢羽：2 m・s^{-1}，旗矢羽：10 m・s^{-1}）．

る降水短時間予報図によればこの地点ではこの後さらに8時から9時，9時から10時の各1時間雨量がそれぞれ40〜60 mm，100 mm以上と予想されている．これに基づき，降水に関連して以下の問いに答えよ．

(1) この地点における今後数時間の間の防災上警戒すべき気象災害を三つ挙げよ．

(2) この地点を含む二次細分区域には8時にはそれ以前に発表された一つの注意報と二つの警報が継続されていた．最も可能性の高い注意報と二つの警報の名称を記し，注意報・警報が注意，警告する気象災害をそれぞれの注意報・警報名の後に（ ）に入れて記せ．

(3) この二次細分区域内の一つの市と一つの町に対して気象台と県が共同で，土砂災害の危険性に特に警戒を呼びかける情報を29日8時に発表した．この情報の名称を記せ．

(4) 8時30分頃ドップラーレーダーの観測に基づき特に激しい突風に対して注意を呼びかける府県気象情報が発表された．この情報名を記せ．

（解答）

(1) 突風，落雷，降雹，山（がけ）崩れ，土石流，低地の浸水，洪水の中から三つ．

(2) (1)で挙げた災害を注意，警告する注意報・警報は雷注意報（落雷，降雹，竜巻などの激しい突風），大雨警報（山（がけ）崩れ，土石流，低地への浸水），洪水警報（洪水）

(3) 土砂災害警戒情報

(4) 竜巻注意情報

（解説）

(1) 現象を予測したとき，警戒すべき災害名を問うのは実技試験の定番である．

1時間60 mmを越すような短時間強雨は発達した積乱雲によりもたらされ，雷の発生が予想される．したがって落雷，突風，降雹の危険がある．また大雨によって土砂災害（土石流，がけ崩れ），低地への浸水，小河川の急激な増水と洪水の危険が生ずる．なお竜巻が発生するポテンシャルが高いときは，雷注意報では単に突風ではなく，竜巻などの激しい突風として注意が呼びかけられる．

(2) 気象庁が発表する警報には，気象警報（暴風警報，暴風雪警報，大雨警報，大雪警報），地面現象警報，高潮警報，波浪警報，浸水警報，洪水警報があり，注意報には気象注意報（強風注意報，風雪注意報，大雨注意報，大雪注意報のほか乾燥，雷，濃霧，霜，なだれ，融雪，低温，着雪，着氷の各注意報），地面現象注意報，高潮注意報，波浪注意報，浸水注意報，洪水注意報がある．

浸水を警告（注意）する浸水警報（注意報）と土砂災害を警告（注意）する地面現象警報（注意報）は警報（注意報）の表題としては用いられず，その警報（注意報）事項は気象警報（注意報）に含めて行われる．実際の作業では通常大雨警報（注意報）に含めて行われる．

上記から大雨に関連する警報としては大雨警報，洪水警報であり，同種の警報と注意報が同時に発表されることはないから，残るのは雷注意報である．

(3) 土砂災害警戒情報は，大雨警報を発表しているなかで大雨により土砂災害が発生する危険性が非常に高まった場合に都道府県と気象庁が共同で発表する情報で，市町村単位で発表される．

この情報の発表に活用されるのが「土壌雨量指数」である．これまでに降った雨と今後数時間以内に予想される雨量データから，土壌中の水分量を指数化したもので，土砂災害警戒情報および大雨注意報・警報の発表基準に用いられている．

(4)「竜巻注意情報」は，竜巻，ダウンバースト等による激しい突風に対して注意を呼びかける府県気象情報で，ドップラーレーダーによる観測から今まさに竜巻，ダウンバースト等の激しい突風が生じやすい気象状態になったと判断されたときに発表される．竜巻

等の寿命が短いので，情報の有効時間は発表から1時間である．

気象情報は機能面から三つのタイプに分けられる．一つ目は顕著現象の発生を事前に予告し，注意を呼びかけるもので，現象が起こると予想される24時間程度前に発表される．二つ目は注意報・警報が発表されているときに発表され，現象の変化や量的要素の現状，見込みなどを解説，周知するもので，注意報・警報の補完的機能をもっている．三つ目は注意報・警報の発表中に発表され，重大な災害のおそれが差し迫っていることを伝えるもので，警報に準ずる意義をもっている．最後の例としては「記録的短時間大雨情報」，「土砂災害警戒情報」，「竜巻注意情報」がある．

3.3 注意報と警報の発表と解除

【例題3.2】（平成19年度第2回 実技試験2 問4を一部変更）．

図3.2はxx年1月6日9時（00 UTC）の地上天気図である．四国の南の低気圧は今後発達して東北地方の太平洋岸に沿って北上すると予想されている．

図3.3は6日9時（00 UTC）を初期値とする12時間予想図で地上気圧・降水量・風（図上），850 hPa気温・風，700 hPa鉛直流（図下）である．図3.4と図3.5はそれぞれ図3.3に対応する24時間予想図と36時間予想図である．また図3.6は6日朝から7日早朝にかけての網走，青森，宮古の前1時間降水量時系列図である．

このような状況で網走，青森，宮古で表3.1に示す

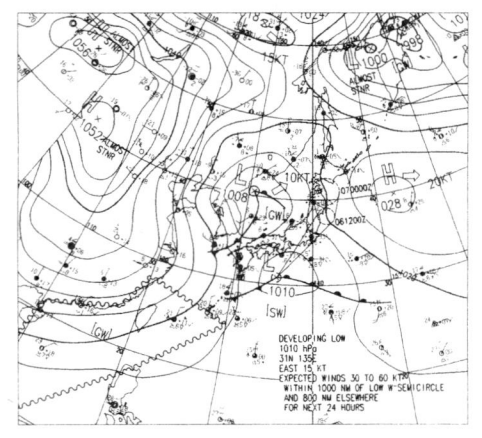

図3.2 地上天気図　xx年1月6日9時（00 UTC）
実線：気圧（hPa），矢羽：風向・風速（ノット）（短矢羽：5ノット，長矢羽：10ノット，旗矢羽：50ノット）．

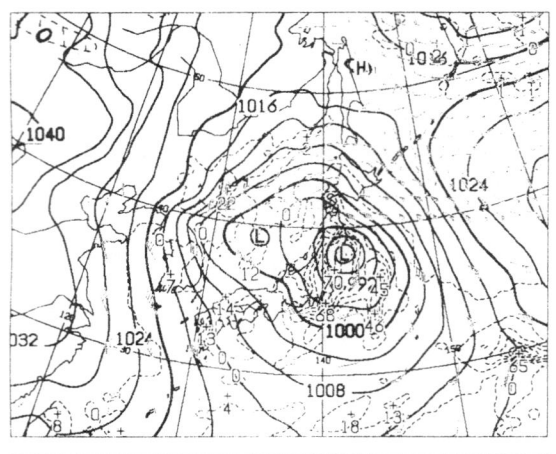

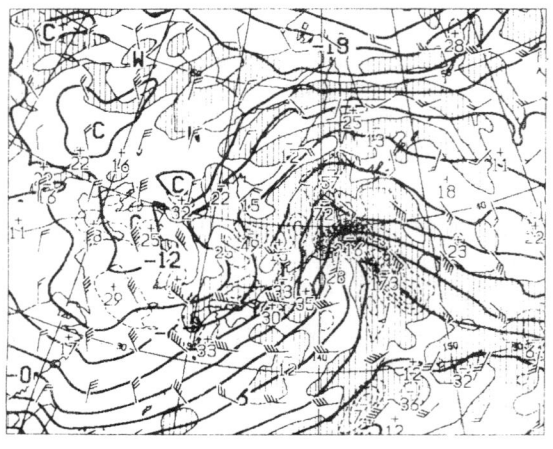

図3.3
（上）地上気圧・降水量・風12時間予想図
実線：気圧（hPa），破線：予想時刻前12時間降水量（mm），矢羽：風向・風速（ノット）（短矢羽：5ノット，長矢羽：10ノット，旗矢羽：50ノット）．
（下）850 hPa気温・風，700 hPa鉛直流12時間予想図
太実線：850 hPa気温（℃），破線および細実線：700 hPa鉛直p速度（hPa·h^{-1}）（網掛け域：上昇流），矢羽：850 hPa風向・風速（ノット）（短矢羽：5ノット，長矢羽：10ノット，旗矢羽：50ノット）．
初期時刻：xx年1月6日9時（00 UTC）

注意報・警報の発表と解除があった．これらに関連して以下の問いに答えよ．

(1) 図3.3～3.6をもとに，表3.1の新たに発表された警報・注意報を参照して，空欄カ～クに対応するのが網走，青森，宮古の三地点のいずれを含む二次細分区域であるかを答えよ．

(2) 風雪注意報はどのような大気現象や気象要素を基準として発表されるか，25字程度で述べよ．

(3) 表3.1の記号P，Q，Rはそれぞれ新たに発表された警報または注意報の名称である．それぞ

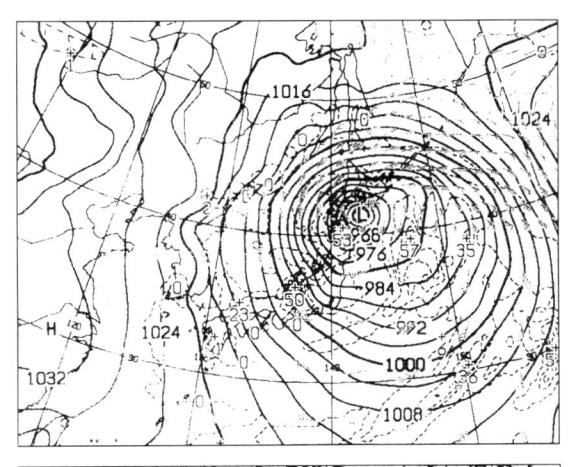

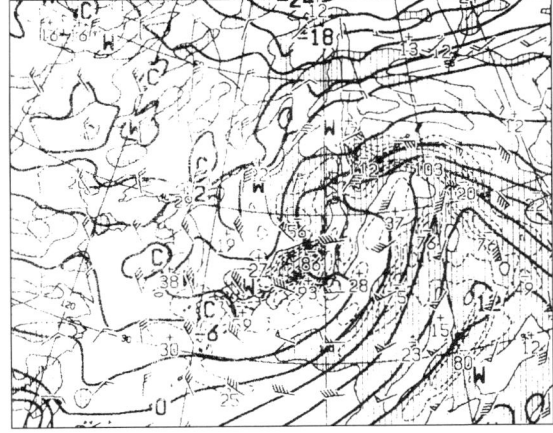

第3部　台風等緊急時における対応

図3.4
(上) 地上気圧・降水量・風24時間予想図
実線：気圧 (hPa), 破線：予想時刻前12時間降水量 (mm), 矢羽：風向・風速(ノット)(短矢羽：5ノット, 長矢羽：10ノット, 旗矢羽：50ノット).
(下) 850 hPa 気温・風, 700 hPa 鉛直流24時間予想図
太実線：850 hPa 気温 (℃), 破線および細実線：700 hPa 鉛直 p 速度 (hPa·h^{-1}), (網掛け域：上昇流), 矢羽：850 hPa 風向・風速 (ノット)(短矢羽：5ノット, 長矢羽：10ノット, 旗矢羽：50ノット).
初期時刻：xx年1月6日9時 (00 UTC)

れの名称を記せ.
(4) 表3.1のカにおいては7日1時 (6日16 UTC) 頃に大雨・洪水警報が解除されると同時に, 洪水注意報だけが発表・継続され, 約5時間後に解除されている. どのような理由で洪水注意報だけが継続されたと考えられるかを40字程度で述べよ.

(解答)
(1) カ：宮古, キ：青森, ク：網走

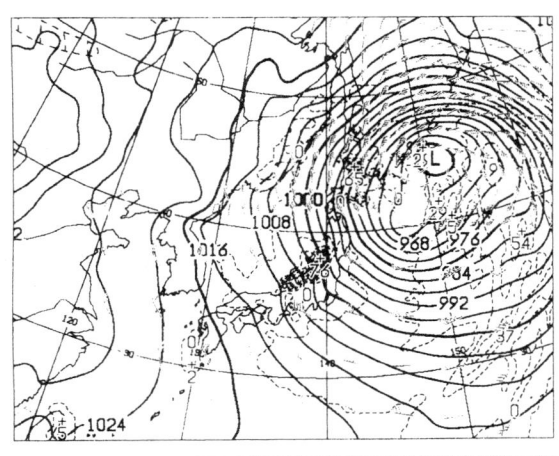

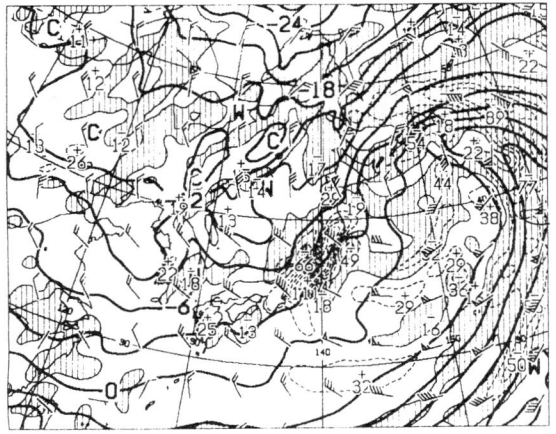

図3.5
(上) 地上気圧・降水量・風36時間予想図
実線：気圧 (hPa), 破線：予想時刻前12時間降水量 (mm), 矢羽：風向・風速(ノット)(短矢羽：5ノット, 長矢羽：10ノット, 旗矢羽：50ノット).
(下) 850 hPa 気温・風, 700 hPa 鉛直流36時間予想図
太実線：850 hPa 気温 (℃), 破線および細実線：700 hPa 鉛直 p 速度 (hPa·h^{-1}), (網掛け域：上昇流), 矢羽：850 hPa 風向・風速 (ノット)(短矢羽：5ノット, 長矢羽：10ノット, 旗矢羽：50ノット).
初期時刻：xx年1月6日9時 (00 UTC)

(2) 降雪または地吹雪の有無と風速を基準としている.
(3) P：波浪　Q：大雪　R：着雪 (Q：着雪, R：大雪でも可)
(4) 大雨の後の土砂災害と低地への浸水の危険はなくなったが, その後も河川の増水が続くと予想されたため.
(解説)
(1) 表3.1をみると地点カでは雪に関する注意報・警報がなく17時頃大雨注意報と洪水注意報が発表さ

表 3.1 警報・注意報発表状況
（それぞれ網走，青森，宮古のいずれかを含む二次細分区域）

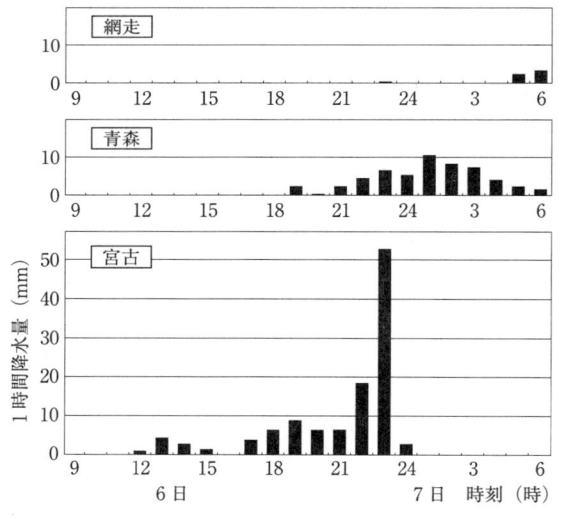

	種別	9時現在	6日 12時	15時	18時	21時	24時	7日 3時
カ	警報		☆暴風P				☆大洪雨水	★大洪雨水解除
カ	注意報	強風P	☆高潮		☆大洪雨水		☆洪水	★洪水解除
キ	警報					☆暴風P	☆暴風雪 ★暴風解除	
キ	注意報	強風P なだれ融雪		☆高潮		☆大洪雨水	☆QR ★大洪雨水融雪解除	
ク	警報					☆暴風雪P 高潮		
ク	注意報	なだれ			☆風雪PQR			

図 3.6 前1時間降水量時系列図 網走（上），青森（中），宮古（下）
xx 年 1 月 6 日 9 時（00 UTC）〜 7 日 6 時（6 日 21 UTC）

れ23時頃にはともに警報に切り替えられた．気温が高く降水は雪とならなかったが降水量は多かった．また融雪注意報が発表されていないから積雪量は多くなかったと考えられる．

地点キでは6日9時現在融雪注意報が発表されており，22時頃大雨注意報と洪水注意報が発表された．7日3時過ぎ大雨，洪水，融雪の各注意報が解除され，暴風雪警報が発表された．すなわち6日は温度が高かったが7日になって温度が低下して雨から雪に変わった（変わると予想された）．強い風は持続したが降雪量は大雪警報基準に達しないと予想された（(2)参照）．

地点クでは雨に関する注意報・警報はなく雪に関する注意報・警報のみである．この地点では気温が低くて降水は雪のみである．また降雪量は大雪警報基準に達しないと予想されている（(2)参照）．

図 3.3〜3.5 の予想図と表 3.1 についての上の説明からカが宮古であることはすぐわかる．また大雨注意報の発表の有無からキは青森である．

(2) 風の強さが注意報基準を越え，雪を伴うときに発表される．強風災害に加え，降雪や地吹雪による視程障害による災害のおそれを注意する注意報である．風に加えて降雪量も注意報基準を越えるときは「強風注意報」＋「大雪注意報」もしくは「風雪注意報」＋「大雪注意報」が発表される．

暴風雪警報も風雪注意報と同様の運用である．たとえば「暴風雪警報」＋「大雪注意報」が発表されるのは，風速が警報基準を越えると予想され，降雪量は大雪注意報基準を越えるが大雪警報基準以下と予想された場合である．

(3) 三地点とも海に面しているから風が注意報・警報基準を越えれば波浪注意報・警報の発表が考えられる．したがってPは波浪である．

QとRはともに雪に関係した注意報と推定される．風雪注意報あるいは暴風雪警報が発表されているから雪による視程障害はすでに注意，警告されている．なだれ注意報もすでに発表されている．これ以外としては大雪注意報，着雪注意報が考えられる．図3.6によれば青森も網走も5時以降降水が観測されていて，上の推定と矛盾しない．また前12時間降水量の予想は図3.4では青森県で53 mm，図3.5では北海道北部に65 mmで，設問で問われている地域で大雪のおそれがある．

1月に融雪やなだれの注意報を発表するなどは，南の地方の人には思いつきにくいことであろう．社会生活との関連で災害が生ずるから，防災気象情報は単に気象のみでなく，季節と地域を考慮することが必要である．

(4) 大雨の後の土砂災害と浸水のおそれはなくなった．しかし河川の流域で地下に浸透した降水が河川に流れ込み増水が続くおそれがあるので洪水注意報が継続された．

これまでに河川流域に降った雨と今後数時間に降ると予想される雨から，流出過程と流下過程の計算によって河川に流れ込む量を指数化したのが「流域雨量指数」である．これを洪水注意報・警報の発表基準の新たな指標として導入することにより洪水注意報・警報の改善が図られた．

3.4 沿岸波浪

【例題3.3】（図は平成16年度第1回 実技1 図10より．設問は独自作成）

図3.7はxx年は8月9日9時（00 UTC）の沿岸波浪実況図である．図には日本海に領域F，日本の南海上に領域Gの枠が示され，枠内の二つの点について風向，風速および白抜き矢印と数値が示されている．これに基づいて以下の(1), (2)の問いに答えよ．

(1) 枠内でより風の強い点をそれぞれFp, Gpとし，それぞれについて下表の空欄を埋めよ．ただし，風向と卓越波向は16方位，波高は0.5 m

地点	風向	風速	波高	卓越周期	卓越波向
Fp		35ノット	m	秒	
Gp		ノット	5.0 m	秒	

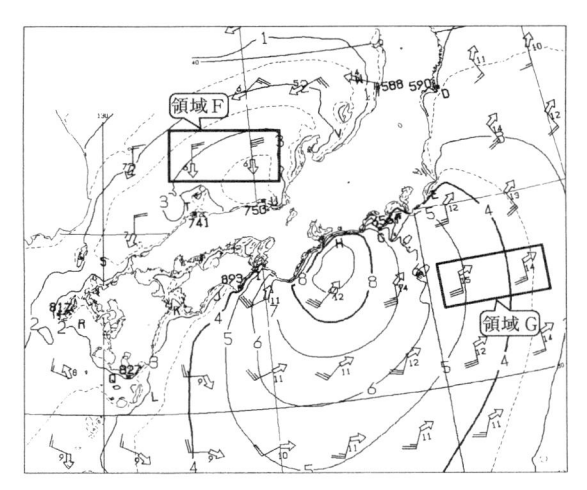

図3.7 沿岸波浪実況図 xx年8月9日9時（00 UTC）

刻み，卓越周期は1秒刻みとする

(2) 図3.7の領域Fと領域Gのうち，うねりが卓越している領域を答えよ．またその判断の理由を30字以内で記せ．

(解答)

(1)

Fp. 風向：北，波高：3.5，卓越周期：6，卓越波向：南

Gp. 風向：南，風速：30，卓越周期：15，卓越波向：東北東

(2) 領域G

風向と卓越波向が大きく異なり，卓越周期が長い．

(解説) 船舶の安全を支援するために「全般海上予報区」と「地方海上予報区」を対象にそれぞれ全般海上予報・警報と地方海上予報・警報が発表される．気象予報士試験では，沿岸波浪実況（予想）図の内容を読み取る問題と地上天気図に併記されている英文海上警報の内容を読み取る問題がよく出題される．

海岸線からおよそ20海里以内の沿岸の海域は天気予報の予報区に含まれるから，沿岸波浪図は陸上の予報，警報にも必須の資料である．

(1) 沿岸波浪実況図の実線は有義波高の等値線で4 m未満の領域では0.5 mごとの補助線が点線で示される．白抜き矢印の向きは卓越波の進んでゆく方向を示す．矢印の近くの数値は波の周期（秒）である．

(2) 波浪には風浪とうねりがある．風浪はその海域で吹く風によって直接起こされた波であり，風が吹いてゆく向きと同じ向きに進む．発生した風浪が他の海域に伝播してゆく波がうねりであり，その海域の風

向とは必ずしも一致しない．また伝播途中で周期の短い成分ほど早く減衰するので，うねりの周期は風浪の周期よりも一般に長くなる．

3.5 全般海上警報

【例題 3.4】
図 3.8 は xx 年 9 月 18 日 9 時（00 UTC）の地上天気図である．この図で九州の南西にある台風の実況に関して以下の①～⑧に答えよ．
① 中心気圧
② 中心位置
③ 中心位置の精度
④ 進行方向・速さ
⑤ 中心付近の最大風速
⑥ 最大瞬間風速
⑦ 略号［SW］の名称（和名）
⑧［SW］の発表基準（最大風速について）を 50 字程度で答えよ．

(解答)
① 985 hPa
② 30.0 N（北緯 30 度 0 分），129.0 E（東経 129 度 0 分）
③ ほぼ正確
④ 北，6 ノット

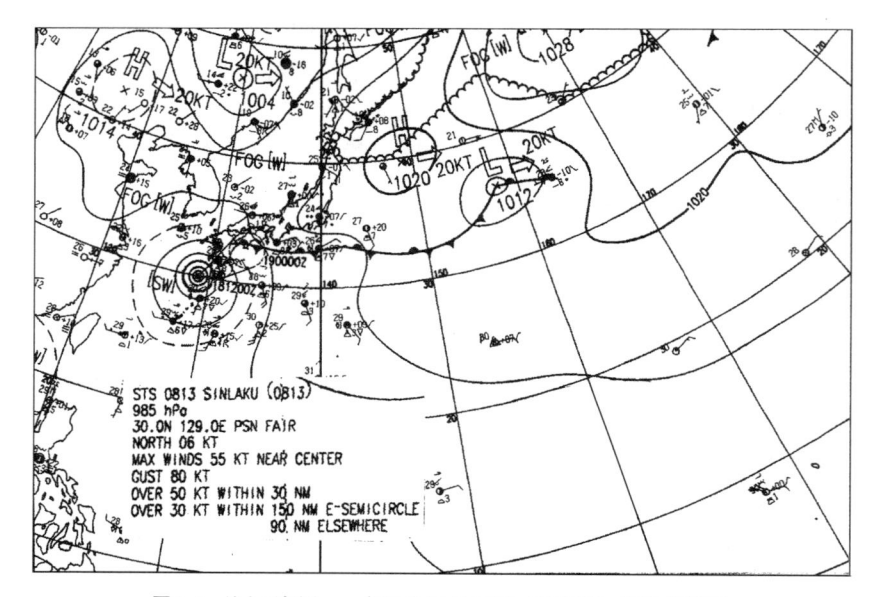

図 3.8 地上天気図 xx 年 9 月 18 日 09 時（00 UTC）（気象庁提供）

表 3.2 海上警報の種類

略号（天気図表示）	警報名	発表基準*
[W]	海上風警報（warning）	最大風速 28 kt 以上 34 kt 未満（14 m·s^{-1} 以上 17 m·s^{-1} 未満）（風力階級 7）
[GW]	海上強風警報（gale warning）	最大風速 34 kt 以上 48 kt 未満（17 m·s^{-1} 以上 25 m·s^{-1} 未満）（風力階級 8, 9）
[SW]	海上暴風警報（storm warning）	台風以外：最大風速 48 kt 以上（25 m·s^{-1} 以上）（風力階級 10 以上） 台風：最大風速 48 kt 以上 64 kt 未満（25 m·s^{-1} 以上 33 m·s^{-1} 未満）（風力階級 10, 11）
[TW]	海上台風警報（typhoon warning）	台風のみ：最大風速が 64 kt 以上（33 m·s^{-1} 以上）（風力階級 12）
Fog [W]	海上濃霧警報（warning）	霧などにより視程が 0.3 海里未満，瀬戸内海は視程 1 km 以下

* 実況または 24 時間以内に予想される最大風速または視程．

第3部　台風等緊急時における対応

表3.3　熱帯低気圧 (tropical cyclone) の分類と英略名

域内 最大風速	34 kt 未満 ($17\,\mathrm{m\cdot s^{-1}}$ 未満)	34 kt 以上 48 kt 未満 ($17\,\mathrm{m\cdot s^{-1}}$ 以上 $25\,\mathrm{m\cdot s^{-1}}$ 未満)	48 kt 以上 64 kt 未満 ($25\,\mathrm{m\cdot s^{-1}}$ 以上 $33\,\mathrm{m\cdot s^{-1}}$ 未満)	64 kt 以上 ($33\,\mathrm{m\cdot s^{-1}}$ 以上)
和名	熱帯低気圧	台風	台風	台風
英名 (略号)*	TD	TS	STS	T

* TD：tropical depression,　TS：tropical storm,　STS：severe tropical storm,　T：typhoon

⑤　55ノット
⑥　80ノット
⑦　海上暴風警報
⑧　台風では最大風速48ノット以上64ノット未満の場合（台風以外の擾乱では最大風速48ノット以上）．

(解説)　天気図に記入されている全般海上警報から読み取って解答する．全般海上警報の英文は簡単な単語だけなので，定義を理解しておけば容易に解答できる．

海上警報の対象は風と霧である．天気図に示す海上警報の略号，種類と発表基準を表3.2に示す．警報対象の風をもたらす擾乱と天気図に用いられる略号は「熱帯低気圧（TD）」，「台風（TS, STS, T）」，「発達中の低気圧（DEVELOPING LOW）」，発達した低気圧（DEVELOPED LOW）」である．

熱帯低気圧は域内の最大風速により4階級（TD，TS, STS, T）に分類される．表3.3に熱帯低気圧の分類と英略名を示す．後で示す国内気象業務での台風の大きさ，強さの分類と混同しないよう注意すること．

なお熱帯低気圧に付加されている中心位置の精度の英語と日本語の対応は以下の通りである．GOOD（正確），FAIR（ほぼ正確），POOR（不正確）．

3.6　台風情報

【例題3.5】
図3.9は図3.8で九州の南西にある台風の，xx年9月18日10時（01 UTC）の実況と3日先までの進路予報図である．この図および関連する台風予報について以下の(1)～(5)の問いに答えよ．なお①ないし⑥には適当な用語または数値を入れよ．
(1)　台風情報で台風の実況として示されるのは，台風の中心位置，進行方向と速度，（①），最大風速（10分間平均），（②），暴風域，（③）である．
(2)　図3.9の円 C_1 は暴風域を示している．暴風域の意味を45字程度で記せ．

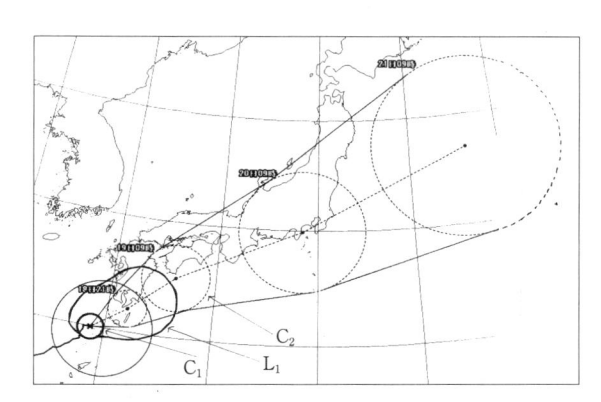

図3.9　台風情報（気象庁提供）
xx年9月18日10時

(3)　図3.9の円 C_2 は（④）と呼ばれる．予報された時刻に台風の中心がこの円内に入る確率は（⑤）％である．
(4)　予報円の外側を囲んでいる実曲線 L_1 は（⑥）と呼ばれる．その意味を40字程度で記せ．
(5)　19日9時以降は（⑥）が描画されていない．これは何を意味するか．30字程度で記せ．

(解答)
(1)　①　中心気圧，②　最大瞬間風速，③　強風域
①，②，③の順番は違ってもよい．
(2)　暴風域の意味：風速（10分間平均）$25\,\mathrm{m\cdot s^{-1}}$（50 KT）以上の暴風が吹いているか吹く可能性のある範囲を示す．
(3)　④　予報円，⑤　70
(4)　⑥　暴風警戒域

暴風警戒域の意味：台風の中心が予報円内に進んだ場合に暴風域に入るおそれのある範囲全体を示している．
(5)　19日9時以降は暴風域がなくなると予想されている．

(解説)　2007年4月から台風に関する情報が改善

された．台風に関する情報には図表示の「台風情報」，「暴風域に入る確率」と気象庁本庁が発表する文章情報の「台風に関する気象情報」の三つがある．

「台風情報」は台風の実況と予報からなり，台風の実況の内容は，台風の中心位置，進行方向と速度，中心気圧，最大風速（10分間平均），最大瞬間風速，暴風域，強風域である．図情報では現在の台風の中心は×印で示す．

暴風域とは風速（10分間平均）が $25\,\mathrm{m\cdot s^{-1}}$（50 KT）以上の暴風が吹いているか吹く可能性のある範囲を示す．強風域は暴風域の説明文で暴風を強風（$15\,\mathrm{m\cdot s^{-1}}$）に置き換えて理解する．

台風予報の内容は72時間先までの各予報時刻の台風の中心位置（予報円），中心気圧，最大風速，最大瞬間風速，暴風警戒域である（図3.9）．

台風予報で従来と大きく異なるのは
(1) 予報円の中心を結ぶ線が付加された．
(2) 実況の暴風域は円で示されるが予報の暴風警戒域は予報円の外側を囲む実曲線で示される．
(3) 全国を374に分けた地域ごとに暴風域に入る確率が3時間ごとで示され，暴風域に入る確率の分布図も発表される．
(4) 最大瞬間風速も予報される
などである．

図3.10は図3.9の台風の暴風域に入る確率の分布図で，確率値 0～5%，5%～30%，30%～70%，70%～100% の4段階に分けて示されている（気象庁のホームページではカラー表示である）．すでに述べたように19日9時では暴風域がないと予想されているので，その時刻より先では確率は0である．

図3.11は図3.9の台風の場合の宮崎県の日南・串間地区が暴風域に入る確率を3時間ごとに示している．値の絶対値のみでなく，値の増加と減少の変化に

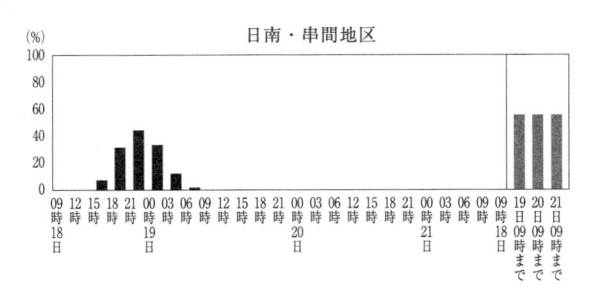

図3.11 台風の暴風域に入る確率（気象庁提供）

表3.4 台風の大きさ

大きさの表現	
階級	風速 $15\,\mathrm{m\cdot s^{-1}}$ 以上の半径
台風	500 km 未満
大型の（大きい）台風	500 km 以上 800 km 未満
超大型の（非常に大きい）台風	800 km 以上

表3.5 台風の強さ

強さの表現	
階級	域内の最大風速
台風	$33\,\mathrm{m\cdot s^{-1}}$ 未満 （64ノット未満）
強い台風	$33\,\mathrm{m\cdot s^{-1}}$ 以上 $44\,\mathrm{m\cdot s^{-1}}$ 未満 （64ノット以上 85ノット未満）
非常に強い台風	$44\,\mathrm{m\cdot s^{-1}}$ 以上 $54\,\mathrm{m\cdot s^{-1}}$ 未満 （85ノット以上 105ノット未満）
猛烈な台風	$54\,\mathrm{m\cdot s^{-1}}$ 以上 （105ノット以上）

も着目する．値の増加が最も大きな時間帯に暴風域に入る可能性が高く，減少の最も大きな時間帯に暴風域から抜ける可能性が大きい．1日先，2日先，3日先までまとめた値も示される．この例では19日9時以降暴風域がないので，19日9時以降は同じ確率値である．

台風情報では台風の大きさを台風，大型の台風，超大型の台風に分け，台風の強さを強い台風，猛烈な台風などとわかりやすく表現する．大きさと強さの階級分けを表3.4と表3.5にそれぞれ示す．

台風の72時間先までの予報は6時間ごとに実施される．また台風が日本列島に接近しているときは1時間毎に台風の中心位置が発表される．図3.9は10時の現在位置と9時の実況に基づく予報とを示している．

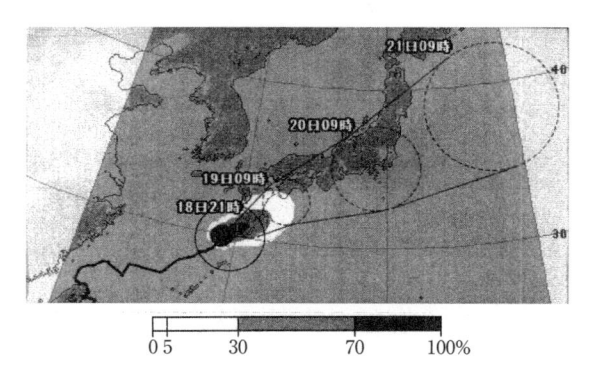

図3.10 暴風域に入る確率（分布表示）（気象庁提供）

3.7 台風と高潮

【例題 3.6】（平成 16 年度第 1 回　実技 1　問 5 を一部変更）

台風接近に伴う高潮に関する以下の (1)〜(4) の問いに答えよ．なお潮位偏差とは実際の潮位とその時刻の天文潮位との差をいう．

(1) 中心気圧 955 hPa の台風が真上を通過したとき，平常時（気圧 1010 hPa）と比較して気圧の低下による海面上昇（海面の吸い上げ効果）は何 cm になるか．整数で答えよ．ただし重力加速度は $10\,\mathrm{m\cdot s^{-2}}$，海水の密度は $1.0\times10^3\,\mathrm{kg\cdot m^{-3}}$ とする．

(2) 台風接近時に潮位偏差を引き起こす主要な原因として，海面の吸い上げ効果のほかに気象に関連したもう一つの効果がある．その効果を 15 字程度で答えよ．

(3) 図 3.12 は台風が接近したときの高知県の中部沿岸における天文潮位および (1) と (2) で述べた効果などを合わせた潮位偏差の予想図である．高潮に最も警戒すべき日時を答えよ

(4) 台風との距離が同じでも，湾によって潮位偏差の大きさは一般に異なる．台風との距離が同じ湾でも潮位偏差が一層大きくなるのはどのような湾かを三つ簡潔（おおむね 15 字もしくはそれ以内）に述べよ．ただし台風が陸地に向かって接近しつつある時を想定する．

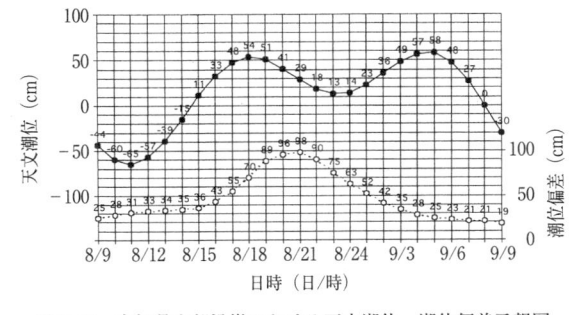

図 3.12　高知県中部沿岸における天文潮位・潮位偏差予想図
xx 年 8 月 8 日 9 時（00 UTC）〜9 日 9 時（00 UTC）
実線・黒丸：天文潮位（東京湾平均海面からの高さ (cm)）：左目盛，破線・白丸：潮位偏差 (cm)：右目盛．

（解答）
(1)　55 cm
(2)　強風による吹き寄せ効果
(3)　8 日 19 時
(4)　次の四つの中から三つ
　　台風の進行方向右側に位置する湾
　　風上側に開いている湾
　　遠浅の湾
　　V 字型の湾

（解説）

(1) 高潮は台風などにより海水面が高くなる現象であり，その主要な原因は「強風による吹き寄せ効果」と「気圧の低下による吸い上げ効果」である．実際の潮位は天文潮位に高潮と波浪が重なったものであるが，ここでは波浪は考えない．

吸い上げ効果は台風中心と台風の周辺の気圧差によって海面が静力学的な釣り合いで盛り上がることで生じる．周辺の気圧は平常時の気圧と等しいと仮定すると，海水の密度を ρ，気圧差を Δp として海面の盛り上がり ΔZ は

$$\Delta p = -\rho g \Delta Z$$
$$\Delta p = -55 \times 100\,(\mathrm{Pa})$$
$$\rho g \Delta Z = -10^3 \times 10 \times \Delta Z\,(\mathrm{m})$$

これから

$$\Delta Z = 55 \times 10^{-2}\,(\mathrm{m}) = 55\,(\mathrm{cm})$$

(2) 強風が吹くと空気との摩擦により海水が風下側に吹き寄せられ，海岸近くで海面が高くなるのが「強風による吹き寄せ効果」である．

(3) 天文潮位と高潮による潮位偏差を合わせた潮位が最も高くなる時刻が高潮を最も警戒すべき時刻である．

図 3.12 から読み取って，いくつかの時刻について計算してみる（表 3.6）．表から求める時刻は 8 日 19 時である．

(4) 設問から気圧低下による吸い上げ効果は同じと考える．

台風が陸地に接近しつつある場合だから，台風の進行方向左側では陸地側から風が吹き，吹き寄せ効果がない．潮位がより高くなるのは進行方向右側に位置する湾である．

遠浅であれば海水がより高まりやすい．また湾が風下ほど狭くなっていれば集まった海水の盛り上がりが

表 3.6　潮位の計算

	17 時	18 時	19 時	20 時	21 時	22 時
天文潮位	48	54	51	41	29	18
潮位偏差	55	70	89	96	98	90
潮　　位	103	124	140	137	127	108

高くなる.

　図3.12によれば，この期間の天文潮位の最低値は8日11時の−65 cm，最高値は9日5時の58 cmで，満潮と干潮の潮位差は123 cmである．一方，高潮の潮位偏差は最高が8日21時の93 cm，最低が9日9時の19 cmで，その差は79 cmであり，天文潮位の満干潮の潮位差123 cmよりはるかに小さい．したがってこの事例では潮位偏差の最大値が干潮時の8日11時に起こったとすると，実際の潮位は33 cm（−65＋98）となり，9日5時の満潮時の天文潮位より25 cm低く，高潮災害の心配は低い．

　天文潮位の満干潮の差は場所や季節により異なるし，台風による高潮の潮位偏差も事例により異なるから，高潮が起こっても干潮時なら安全と考えるのは間違いだが，高潮災害は高潮が満潮時に起こるか干潮時に起こるかで大きな差がでることに注意する必要がある．また満干潮の潮位差は大潮のときが小潮のときよりも大きい．高潮予想ではこの二つを常に考慮する必要がある．

〈初心者の方々へのメッセージ〉

　現代の天気予報は数値予報が基本資料であり，大規模場の変化や降水，気温，風などの天気要素の予想を数値予想図（GPV）から把握することができる．また気象衛星画像は大規模場の状況変化の監視に有効である．一方，降水現象の詳細な監視と把握にはレーダー合成図および降水短時間予報などを利用できる．

　気象専門家（気象予報士）としての緊急時の防災対応には，二つの面がある．一つは上に述べた資料から，災害に結びつく可能性のある状況を読み取ることである．これはこのハンドブックに説明されている気象および気象現象に対する理解が基礎になる．二つはどんな現象によりどんな災害のおそれがあり，どんな防災気象情報が発表されるかという知識である．これは一般的にいえる部分と，その土地特有の事項がある．これについてはいろいろな実例に当たって学んでおくことが必要である．このハンドブックの実例で知識を確実にし，さらに機会があれば他の実例にも当たって学んでいただきたい．

（山岸米二郎）

■ 付録1　まとめのポケット知識

　　以下の各項目は，筆者（稲葉）が気象予報士試験を受験した際にメモがわりに作成し，常に携帯して反復しながら身につけようとしたものである．いわば，気象の素人が気象用語・予報用語や気象学・気象技術，特に天気予報技術にかかわるキーワード，キーデータと思われる知識を集大成したものである．

　　したがって，必ずしも学問的に体系化されたり整理されたりしたものではなく，むしろ受験のための「虎の巻」的な「ティップ集」である．受験体験記に類する，便利帳のように利用して役立てていただければ幸いである．

雲粒と雨粒の大きさ
　代表的な雲粒の半径：10 μm（＝0.01mm）
　代表的な雨粒の半径：1000 μm（＝1 mm）
　　→雨粒は雲粒に比べて，半径で100倍（10^2倍），
　　　体積では100万倍（10^6倍）大きい

気体の分子量
　窒　素　：約28
　酸　素　：約32
　水蒸気　：約18
　乾燥空気：約29

地球平均の年降水量と可降水量
　・地球平均の年降水量：約1000 mm
　・可降水量の平均値：約25 mm
　　　→水蒸気が大気中に滞留する平均時間：約9日

気象庁の風観測
　・風の測定：0.25秒ごとに風向・風速をサンプリング
　・瞬間風速：前3秒間の平均値（12個の計測値の平均値）
　　　→2007年12月に変更された（それ以前は，0.25秒ごとの測定値）
　・最大瞬間風速：期間中（1日や1年間など）の瞬間風速の最大値
　・風速：前10分間の平均値

気圧・高度・大気全体に占める重量の割合の関係
　100 hPa － 約16 km － 約90%
　10 hPa － 約32 km － 約99%
　1 hPa － 約48 km － 約99.9%

500 hPa の渦度0線
　強風軸，大まかにみた前線帯に対応

500 hPa の強風軸と渦度〔渦度分布図の渦度の単位：$10^{-6}\,\text{s}^{-1}$〕
　北側は正渦度域
　南側は負渦度域
　　→風向の左直角方向に風速が減少している領域は正渦度域
　　　風向の右直角方向に風速が減少している領域は負渦度域

700 hPa 面の風
　降水雲を流す最も一般的な指向流

850 hPa の旗矢羽（50 kt）
　地上の最大風速の目安

地上風速と850 hPaの風速の関係（おおよその経験則）
　850 hPaの風速×1/2≒地上風速の最大風速（10分間の最大平均風速）
　850 hPaの風速×3/4≒地上風速の最大瞬間風速

鉛直的不安定エネルギーの大きさへの影響
　・上層の寒気（上層の寒冷低気圧（寒冷渦）や上層の谷に伴って南下する寒気の侵入）
　・下層の暖湿な空気（高気圧の西端や前線の南側）

対流有効位置エネルギー（CAPE：convective available potential energy）：対流圏下層の暖湿空気塊が上昇する過程で示す鉛直温度分布（湿潤断熱線）と周囲の空気の鉛直気温分布（状態曲線）で囲まれる領域
　　→大気の潜在不安定の大きさを表す

水蒸気画像
　大気中の水蒸気分布を示す衛星画像，水蒸気による吸収が大きい波長帯を利用している
　　→大気の上・中層における水蒸気の多寡を知ることができる
　・ジェット気流の位置の推定
　　一般に北半球では偏西風ジェット気流の北側の気団は乾燥し，南側の気団は湿っているので，暗域（乾燥域）と明域（湿潤域）の境界はジェット軸

の位置にあたると推定できる
・トラフの推定
暗域の境界が南に凸の形状をしているとき，偏西風帯では流れが低気圧性の曲率をしていることを表す．また，上・中層の乾燥域（暗域）は，寒気を伴うことが多い．したがって，南に凸の形状をした暗域は，上・中層のトラフに対応している場合が多い

対流不安定と相当温位
対流不安定は，下層に比べ上層の相当温位が小さな気層が全体として持ち上げられた結果生じる不安定
→ 水蒸気画像の暗域の先端は乾燥域が中・上層に侵入してきている部分であり，対流不安定を増加する状態を示す．

緯度と距離の対応
緯度 10 度 = 600 n.m. ノーティカルマイル（海里）（= 1110 km）
緯度 1 度 = 60 n.m.
緯度 1 分 = 1 n.m.

標準大気の気温減率
0.65℃/100 m

1 hPa に対応する高度
地上付近では 1 hPa が，ジオポテンシャル高度にして 8 m に対応する

地衡風と緯度の関係
同じ気圧傾度力ならば，地衡風の風速は高緯度ほど小さい

温度風と温度移流
風向が高度とともに時計まわりに変化（順転）
　　　　　　　　　　　　　　　　→ 暖気移流
風向が高度とともに反時計まわりに変化（逆転）
　　　　　　　　　　　　　　　　→ 寒気移流
（シアベクトルの方向に向かって，左側は寒気，右側は暖気）

水平温度移流の着目点
水平温度移流の定義：$-\boldsymbol{v}\cdot\nabla T$
・温度傾度の大きさは？
・風向は高温側から低温側に吹いているか，その逆か？
・風向と等温線の角度は？
・風の強さは？

鉛直 p 速度 ω から鉛直流 w に換算する
700 hPa の鉛直 p 速度 ω（単位：hPa·h^{-1}）の数値に -0.3 を乗ずると，近似的に単位：cm·s^{-1} で表した鉛直速度 w の数値が求まる

換算：$w \sim -\dfrac{1}{\rho g}\omega$　この式に ρ, g の近似値 $\rho \sim 1\,\mathrm{kg\cdot m^{-3}}, g \sim 10\,\mathrm{m\cdot s^{-2}}$ と ω の単位 $10^2\,\mathrm{kg\cdot m^{-1}\cdot s^{-2}}/3600\,\mathrm{s}$ を代入すると，w の数値 $[w] \sim (-0.3)[\omega]$ となる．$[\omega]$ は ω の数値．

大気状態の判定と 850 hPa の相当温位
318 K 以上：高温多湿
330 K 以上：気層は対流不安定（上層の相当温位はほとんどの場合，850 hPa の相当温位より低くなるので）
336 K 以上：豪雨をもたらす気団の目安

大規模（総観規模）擾乱の鉛直 p 速度を決める三つの効果
・500 hPa での強い正渦度移流（渦度移流の鉛直シアの効果）
・850 hPa での強い温度移流（温度移流の効果）
・降水に伴う凝結の潜熱の放出による加熱効果（非断熱効果）

寒冷前線の解析
上空の前線の暖気側で閉塞点から（以下のような）
・地上の等圧線の谷（気圧の谷線）
・地上の風向シア（風向の急変する線）
・850 hPa の等相当温位線（または等温線）の集中帯の南縁
・降水量極大域の東側（前 12 時間降水量であることに注意）
の種々の条件を満たして結ぶ線
→ ・寒冷前線の暖気側では南西風，寒気側では北西風．通過前に気圧が下降し，通過後上昇する
・鉛直方向に風向の急激な逆転（反時計まわり）がある

寒冷前線の種類
・アナフロント（滑昇前線）：後面の寒気が前面の暖気よりも顕著に速く東進するので，前線面で暖気が持ち上げられる
→ 対流活動が活発化し，強い降水を伴う
・カタフロント（滑降前線）：前面の暖気が後面の寒気よりも相対的に速く東進するので，前線面を暖気が滑降する
→ 対流雲は発生しにくく，降水を伴うことは少ない

温暖前線の解析
閉塞点から 850 hPa 等温線の集中帯の南縁を結ぶ線
→ ・通過後，東または南東の風から南西または

南の風に，あるいは東北東の風から東南東の風に変わる
- 鉛直方向の風向変化は前線を挟んで上方へ順転（時計まわり）する

低気圧が閉塞状態であることの判定
- 500 hPa のトラフ，閉じた等高線の中心または正渦度極大域が地上低気圧の中心の真上にある（気圧の谷の軸が直立）
- 850 hPa の気温は，暖気が中心の北側へ，寒気が南側へまわり込む分布をしている．850 hPa の相当温位についても同様である
- 500 hPa の気温にも同様の傾向がみられ，寒気が中心域を占めている

閉塞前線の解析（判定条件として）
- 700 hPa の湿潤域と上昇流域の西側の境界線が，地上の等圧線の谷，風向の急変する線とほぼ一致する線
- 地上低気圧の中心から 850 hPa 等相当温位線の集中帯の南縁を通り，700 hPa の上昇流の強い領域（閉塞点）まで

閉塞点の解析
- 850 hPa の等温線が狭い舌状になっているところの南端
- 上昇流の極大点付近
- 上空の前線と地上の前線の位置が一致している（閉塞前線）の南端
- 降水量極大域の近くの東側

閉塞前線の種類
- 寒冷型閉塞前線：前線後方の寒気が前線前方の寒気より強い
- 温暖型閉塞前線：前線後方の寒気が前線前方の寒気より弱い

傾圧性の大きい部分（前線帯）— 断面図上での前線帯の見つけ方
- 等圧面上の気温傾度が大きい部分
  → 断面図上では等温線と等圧線の交差角が大きい
- 温位の水平傾度，鉛直傾度がともに大きい部分
  → 等温位線の集中帯が傾斜している
- 風速に関しては，水平シア，鉛直シアともに大きい部分
  → 等風速線の間隔は狭い

停滞前線の北側と南側の風向
前線を挟んで北側と南側で気圧が高い場合，北側は東よりの風，南側は西よりの風となる

逆転層の上側の湿数が小さい場合
一般に前線性逆転層（前線帯）で上昇流の中にある

300 hPa の強風軸（50 kt 以上）
ジェット気流，強風軸のやや南にジェット巻雲の北縁が位置する
シーラスストリーク／トランスバースライン：強風軸に対応する等高線に沿う

ジェット気流と等高線の関係
ジェット気流に沿って風速分布が変わっていると，ジェット気流は等高線を横切って流れる
- 等高線が風下に向かって狭くなる地域
  → 流線は等高線の高い方から低い方へ横切る
- 等高線が風下に向かって広くなる地域
  → 流線は等高線の低い方から高い方へ横切る

850 hPa の相当温位 280 K がシベリア気団の目安
シベリア気団が，舌状に日本海に突き出ている場合は，その周辺は不連続帯（気温・風）で，活発な対流活動を伴う降雪帯が形成される

寒冷低気圧（寒冷渦）の構造上の特徴
- 対流圏上層の低気圧がカットオフされている
- 対流圏上層の中心付近に寒気核がみられる
- 対流圏界面が中心付近でたれさがり，下部成層圏には相対的に暖気がみられる
- 対流圏下層に寒気があるため，地上天気図では低気圧が不明瞭なことが多い
- 下層と上層の低圧部の鉛直軸の傾きが小さい（円筒状）

寒冷低気圧（寒冷渦）の中心温度（500 hPa）と大雪
−40℃：大雪に注意

寒冷低気圧（寒冷渦）による大雨
寒冷低気圧（寒冷渦）の南東〜東側の縁辺部（または外側）
  → 下層に相当温位の高い空気の流入によって活発な積乱雲が発達し，大雨が起こる
寒冷低気圧（寒冷渦）の内部
  → 中・上層の寒気のため，下層の状況によっては大気の成層状態が不安定となり，積乱雲による短時間強雨が発生する

寒気内小低気圧（ポーラーロー）の構造上の特徴
- 850 hPa の中心付近は暖気域かつ 700 hPa の上昇流域
- 後面は寒気（移流）域かつ下降流域
- 500 hPa では寒気場内にある
  → 気層の不安定による積乱雲発達の場
- 寒冷低気圧（寒冷渦）縁辺の寒気側に発生

梅雨前線

気温傾度は比較的小さいが，水蒸気量（水蒸気圧，混合比，比湿）の水平傾度は大きい（通常の前線は水平の温度傾度が大きい）

→ 梅雨前線は 850 hPa 面の相当温位の分布に明瞭に現れやすい（特に東経 130 度以西で）

→ 西日本で水蒸気の混合比（湿数）の水平傾度が大きく，東日本では温度の水平傾度が大きい

梅雨前線に伴う積乱雲

- 積乱雲は梅雨前線の南に主として発生しており，そこは顕著な暖湿気流の移流域で，下層ジェット気流もみられる
- 積乱雲域の上空ではチベット高気圧の尾根の張り出しによる発散場である
- 積乱雲の多発域の北西側には，上層寒冷低気圧が接近して鉛直的に不安定な場が形成されつつある

梅雨時の集中豪雨

- 500 hPa の 5820〜5880 m の等高線帯に発生
  → 5880 m 等高線より南ではふつう発生しない
- 下層ジェットの北側に発生

雨の強さの表現

弱い雨：1 時間雨量が 3 mm 未満の強さの雨
やや強い雨：1 時間に 10 mm 以上 20 mm 未満の雨
強い雨：1 時間に 20 mm 以上 30 mm 未満の雨
激しい雨：1 時間に 30 mm 以上 50 mm 未満の雨
非常に激しい雨：1 時間に 50 mm 以上 80 mm 未満の雨
猛烈な雨：1 時間に 80 mm 以上の雨
大雨：大雨注意報基準以上の雨
小雨：数時間続いても雨量が 1mm に達しないくらいの雨

風の強さの表現

やや強い風：10 m・s^{-1} 以上 15 m・s^{-1} 未満（20 ノット以上 30 ノット未満）
強い風：15 m・s^{-1} 以上 20 m・s^{-1} 未満（30 ノット以上 40 ノット未満）
非常に強い風：20 m・s^{-1} 以上 30 m・s^{-1} 未満（40 ノット以上 60 ノット未満）
猛烈な風：30 m・s^{-1} 以上（60 ノット以上）

英文海上警報の種類

表示	内容	発表基準
[W]	海上風警報 (Warning of Wind)	最大風速 28 kt 以上 34 kt 未満（風力階級 7）
[GW]	海上強風警報 (Gale Warning)	最大風速 34 kt 以上 48 kt 未満（風力階級 8〜9）
[SW]	海上暴風警報 (Storm Warning)	台風以外：最大風速 48 kt 以上（風力階級 10 以上） 台風：最大風速 48 kt 以上 64 kt 未満（風力階級 10〜11）
[TW]	海上台風警報 (Typhoon Warning)	台風のみ：最大風速 64 kt 以上（風力階級 12 以上）
Fog [W]	海上濃霧警報 (Warning of Fog)	霧などにより海上視程がおおむね 500 m（瀬戸内海では 1 km）以下

台風の分類と英略名の表示

和名	英略名と英名 （国際分類）	域内最大風速
熱帯低気圧	TD (Tropical Depression)	〜17.2 m・s^{-1}（34 kt）未満
台風	TS (Tropical Storm)	17.2 m・s^{-1}（34 kt）以上〜24.5 m・s^{-1}（48 kt）未満
	STS (Severe Tropical Storm)	24.5 m・s^{-1}（48 kt）以上〜32.7 m・s^{-1}（64 kt）未満
	T (Typhoon)	32.7 m・s^{-1}（64 kt）以上〜

台風位置の信頼度の表示

GOOD：正確（位置誤差 30 NM 以下）
FAIR：ほぼ正確（位置誤差 30 NM 超 60 NM 以下）
POOR：不確実（位置誤差 60 NM 超）

台風の特徴

- 低気圧性循環（あるいは渦度）の中心がほぼ鉛直である
- 中心付近の気温が周囲よりも高い（暖気核の存在）
- 等圧線がほぼ同心円状である

台風の進路に関する経験則

- 500 hPa（弱い台風は 700 hPa）の等高度線に沿って進む傾向
- 等高度線の間隔が狭い場合（風が強い場合）動きは速い

- 台風の東側で南風が強まると，北上するか北上速度を増す
- 暖域に向かって進み，前面に寒域が現れると停滞するか転向する
- 気圧の最も下降する区域や収束場に向かって進んでいる

海水面から潜熱（水蒸気）が供給されやすい状態
- 空気が乾燥していること（すなわち湿数が大きい）
- 海面水温よりも空気の露点温度が低く，その差が大きい
- 風速が大きい

台風における特に風速が強い範囲
台風中心からおおむね30〜100 km以内

台風の特徴
- 中心付近に暖気核や暖気がある
- 地上の等圧線が同心円を保っている
- 相当温位図で台風の中心付近で等相当温位線が混んでいる
- 相当温位図で寒気が台風の南まで侵入していない

風向の順転と逆転
- 台風の進行方向の右側（東側）にあたる地点
  → 風向は時計まわりに変化（風向の順転）
- 台風の進行方向の左側（西側）にあたる地点
  → 風向は反時計まわりに変化（風向の逆転）

高潮
台風などで海水面が異常に高くなる現象
- 吸い上げ効果：1 hPaで1 cm（静力学の式より）
- 吹き寄せ効果（台風の進行方向右側に開いた湾内）：風速の2乗に比例
- 天文潮位（天文潮）の満潮

圧力の次元：$1\,\text{hPa}=100\,\text{Pa}=100\,\text{N/m}^2=100\,\text{kg}\cdot\text{m}^{-1}\cdot\text{s}^{-2}$
$N = \text{kg}\cdot\text{m}\cdot\text{s}^{-2}$
$Pa = N\cdot m^{-2} = \text{kg}\cdot\text{m}^{-1}\cdot\text{s}^{-2}$
$J = Nm = \text{kg}\cdot\text{m}^2\cdot\text{s}^{-2}$

気圧降下と海面上昇
50 hPaの気圧降下はおおむね50 cmの海面上昇

月と潮汐の満潮と干潮の潮位差の関係
満月と新月：最も大きい→大潮
上弦，下弦：最も小さい→小潮

海面水温とその上の大気下層の気温の差が大きい場合
大気下層の寒冷な気塊が海上で熱と水蒸気の補給を受け，対流雲が生じる

筋状雲
対流不安定な気層中で，鉛直方向の風向シアが小さくかつ風速シアが大きいとき，このシアの方向に沿って形成される積雲や雄大積雲からなる雲列．オープンセル（開細胞型対流）やクローズドセル（閉細胞型対流）の場合に比べて風速シアが大きい風系下で観測される．この筋状雲の走向は下層の風向にほぼ一致している．

ベナール型対流
開細胞（オープンセル）型：上層がより不安定　積乱雲（寒気の強いとき）
閉細胞（クローズドセル）型：下層がより不安定　層積雲（寒気の弱いとき）

積雪の深さの表現
10 cm：相当の雪
20 cm：大雪

東京で雪になる地上気温の目安
3℃

関東地方で雪になる850 hPa気温の目安
850 hPaの気温が−6℃以下（−6〜−3℃：雪/みぞれ，−3℃以上：雨）

24時間の降雪の深さと警報
50 cm以上：全国どこでも大雪警報級

大雪の目安となる上層の気温
500 hPaの−36℃等温線
850 hPaの−12℃等温線

雪になる地上気温の目安
0℃以下：雪
6℃以上：雨

降雪の深さと降水量
降水量1 mmに対して1 cm（湿った雪の場合）
（北日本・日本海側・山間部などでの乾いた低温の雪の場合：降水量1 mmに対して2〜3 cm）

日本海側における降雪
ほとんどが対流雲からのものである
- 山雪型：（地上天気図）顕著な西高東低型
- 里雪型：（地上天気図）日本海に袋状の気圧の谷
降雪の要因は，
- 寒冷かつ乾燥したシベリア気団
- 海水温度の高い日本海
- 地形性の収束線（帯）（日本海寒帯気団収束帯（JPCZ））
- 脊梁山脈による強制上昇
- 寒冷低気圧（寒冷渦）やメソスケール擾乱

積乱雲発達の必要条件
- ごく下層における温暖で湿潤な空気の存在
- ごく下層の暖湿空気を持ち上げる上昇流の存在（下層における気流の収束や地形による強制上昇

など）
・大気の鉛直不安定の存在

発雷の確率の急増する条件
・降水強度が1mm/h以上の降水域の存在
・雲頂温度が$-20℃$より低い積乱雲の存在

スーパーセルの存在
鉛直不安定な気層ではいったん対流が発生すると，積乱雲から生じる下降気流やガストフロントなどにより隣接地域の気流についても影響を与え，対流を活発にする
→活発な積乱雲が形成されたということは，その近傍においても同様に活発な対流活動が生じる可能性がある

ジェット気流と竜巻の関係
通常，竜巻を伴う積乱雲は亜熱帯ジェット気流と寒帯前線ジェット気流が分かれた地域に発生する

ジェット前線
ジェット気流の南側にある等温線の密集した領域で，二つの気団の境目にできる通常の前線ではなく，鉛直運動に起因して形成されると考えられている．そこでは温度風の関係から風速の鉛直シアが大きい

晴天乱気流の発生率の高い領域
・寒帯前線ジェット気流と亜熱帯ジェット気流の周辺
・圏界面の付近
・ジェット気流に伴う巻雲（ジェット巻雲の中）

ケルビン–ヘルムホルツ波が不安定になる必要条件
リチャードソン数が0.25以下
→実用上では1より小さければ強い晴天乱気流が発生する場合がある

巡航中の航空機に重要な影響を及ぼす現象（悪天：significant weather）
・台風
・積乱雲
・乱気流
・着氷

波浪（風浪）を高くする要素
・風速が強い
・風の持続時間（吹続時間）が長い
・風が吹く距離（吹走距離）が長い

積乱雲に伴って予想される激しい現象
落雷（雷），降雹，短時間強雨，突風，竜巻

大雨に伴って起こることが予想される警戒すべき防災事項
・河川の洪水（増水）（河川の氾濫）
・低地の浸水
・土砂災害（山・がけ崩れ，地滑り，土石流）

寒気内小低気圧（ポーラーロー）に伴う気象現象で，防災上注意しなければならないこと
・突風を伴う強風（海上では三角波）
・大雪
・落雷

フェーン現象に伴う防災事項
・大火
・雪解け洪水
・なだれ

北東気流（北から南下した北高型で持続する場合）に関わる防災上留意すべき事項
・低温と日照不足による農作物の生育不良（北海道，東北，関東地方の太平洋側）
・霧による視界不良
　高速道路の速度制限や鉄道の遅延
　航空機の有視界飛行の制限や空港の閉鎖
　船舶の航行障害

土壌雨量指数
土壌中に降水がどのくらい貯留されているかを示す指数．解析雨量と降水短時間予報などの雨量データから，川などに流出した量と地下に浸透した量を差し引いた雨量（土壌雨量）を合計したもの．5kmメッシュごとに作成される
→2008年5月より，大雨警報・注意報の実施基準として導入

土壌雨量指数の履歴順位
過去10年間の土壌雨量指数値を現在の指数値と比較し，何番目に高い数値であるかを相対的に示したもの

「重要変更！」
大雨警報発表中，土壌雨量指数の履歴順位が1位になったときに切り替えて発表される警報の注意警戒文の先頭に付加されるもの．土砂災害警戒情報の発表開始をもって終了となる

流域雨量指数
河川の流域に降った雨水がどれだけ下流の地域に影響を与えるかを示す指数．解析雨量と降水短時間予報などの雨量データから，降った雨が河川に流出する過程と河川を流下する過程を計算したもの．5kmメッシュごとに作成される
→2008年5月より，洪水警報・注意報の実施基準として導入

土砂災害警戒情報
　大雨警報発表中に，土砂災害の危険度が高まったときに都道府県と気象庁が共同して発表する防災情報．市町村長が避難勧告等を発令する際の判断や住民の自主避難の参考となることを目的としている

竜巻注意情報
　雷注意報を補完するもので，いままさに，竜巻やダウンバーストなどの激しい突風が発生しやすい気象状況であることを速報する気象情報．有効時間は約1時間で，さらに継続が必要な場合には改めて発表される

大雨に関する気象情報
　大雨警報・注意報に先立って現象を予告し，注意を呼びかけるための気象情報で，大雨の可能性が高くなると予想されるときに発表される

気温にかかわる気象用語
　冬日　：日最低気温が0℃未満の日
　真冬日：日最高気温が0℃未満の日
　夏日　：日最高気温が25℃以上の日
　真夏日：日最高気温が30℃以上の日
　猛暑日：日最高気温が35℃以上の日
　熱帯夜：夜間の最低気温が25℃以上のこと

気象予報に用いられる1日の時間細分の用語

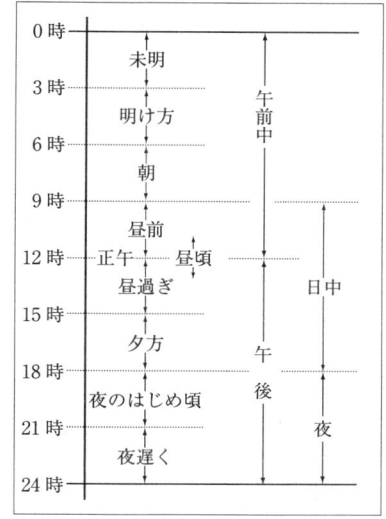

時刻	細分	区分
0時 – 3時	未明	午前中
3時 – 6時	明け方	午前中
6時 – 9時	朝	午前中
9時 – 12時	昼前	午前中
12時	正午／昼頃	日中
12時 – 15時	昼過ぎ	日中／午後
15時 – 18時	夕方	日中／午後
18時 – 21時	夜のはじめ頃	午後／夜
21時 – 24時	夜遅く	夜

（気象庁ホームページより）

（稲葉弘樹）

付録2 参考表

参考表1 国際式天気図記号と解説（気象庁提供）　WWは現在天気，W1, W2は過去天気

WW	0	1	2	3	4	5
00〜19 観測時または観測時前1時間内（ただし09, 17を除く）に観測所に降水，霧，氷霧（11, 12を除く），砂じんあらしまたは地ふぶきがない．	00 前1時間内の雲の変化不明．	01 前1時間内に雲消散中または発達がにぶる．	02 前1時間内に空模様全般に変化がない．	03 前1時間内に雲発生中または発達中．	04 煙のため視程が悪い．	05 煙霧．
	10 もやあり．	11 地霧または低い氷霧が散在している（眼の高さ以下）．	12 地霧または低い氷霧が連続している（眼の高さ以下）．	13 電光は見えるが雷鳴は聞こえない．	14 視界内に降水があるが地面または海面に達していない．	15 視界内に降水，観測所から遠く5km以上あり．
20〜29 観測時前1時間内に観測所に霧，氷霧，降水電があったが観測時にはない．	20 霧雨または霧があった．しゅう雨性ではない．	21 雨があった．しゅう雨性ではない．	22 雪があった．しゅう雪性ではない．	23 みぞれまたは凍雨があった．しゅう雨性ではない．	24 着水性の雨または霧雨があった．しゅう雨性ではない．	25 しゅう雨があった．
30〜39 砂じんあらし，地ふぶきあり．	30 弱または並の砂じんあらし，前1時間内にうすくなった．	31 弱または並の砂じんあらし，前1時間内変化がない．	32 弱または並の砂じんあらし，前1時間内に始まった，またはこくなった．	33 強い砂じんあらし，前1時間内にうすくなった．	34 強い砂じんあらし，前1時間内変化がない．	35 強い砂じんあらし，前1時間内に始まった，またはこくなった．
40〜49 観測時に霧または氷霧あり．	40 遠方の霧または氷霧，前1時間観測所にない．	41 霧または氷霧が散在する．	42 霧または氷霧，空を透視できる，前1時間内にうすくなった．	43 霧または氷霧，空を透視できない，前1時間内にうすくなった．	44 霧または氷霧，空を透視できる，前1時間内変化がない．	45 霧または氷霧，空を透視できない，前1時間内変化がない．
50〜59 観測時に観測所に霧雨あり．	50 弱い霧雨，前1時間内に止み間があった．	51 弱い霧雨，前1時間内に止み間がなかった．	52 並の霧雨，前1時間内に止み間があった．	53 並の霧雨，前1時間内に止み間がなかった．	54 強い霧雨，前1時間内に止み間があった．	55 強い霧雨，前1時間内に止み間がなかった．
60〜69 観測時に観測所に雨あり．	60 弱い雨，前1時間内に止み間があった．	61 弱い雨，前1時間内に止み間がなかった．	62 並の雨，前1時間内に止み間があった．	63 並の雨，前1時間内に止み間がなかった．	64 強い雨，前1時間内に止み間があった．	65 強い雨，前1時間内に止み間がなかった．
70〜79 観測時に観測所にしゅう性でない固体降水あり．	70 弱い雪，前1時間内に止み間があった．	71 弱い雪，前1時間内に止み間がなかった．	72 並の雪，前1時間内に止み間があった．	73 並の雪，前1時間内に止み間がなかった．	74 強い雪，前1時間内に止み間があった．	75 強い雪，前1時間内に止み間がなかった．
80〜89 観測時に観測所にしゅう性降水などあり．	80 弱いしゅう雨あり．	81 並または強いしゅう雨あり．	82 激しいしゅう雨あり．	83 弱いしゅう雨性のみぞれあり．	84 並または強いしゅう雨性のみぞれあり．	85 弱いしゅう雪あり．
90〜94 観測時にはないが前1時間内に雷電あり． 95〜99 観測時に雷電あり．	90 並または強いひょう，雨がみぞれを伴ってもよい，雷鳴はない．	91 前1時間内に雷電があった．観測時に弱い雨あり．	92 前1時間内に雷電があった．観測時に並または強い雨あり．	93 前1時間内に雷電があった．観測時にみぞれ，雪，あられ，氷あられ，またはひょう．	94 前1時間内に雷電があった．観測時に並または強いみぞれ，雪，あられ，氷あられまたはひょう．	95 弱または並の雷電，観測時に雨，雪またはみぞれを伴う．

注1：カッコ（　）の記号は「視界内」，右側の鈎カッコ」は「前1時間」内に現象があったことを意味する．
注2：雨雪などの記号が横に並ぶのは「連続性」，縦に並ぶのは「止み間がある」ことを表す．左側に付した垂直の線は「現象の強化」，右側の線は「現象の衰弱」を表す．
注3：該当する天気が複数あるときは，最も大きい数字が観測者から通報される（ただし，17の雷は20〜49に優先する）．

付録2 参　考　表

6	7	8	9	コード	W
06 空中広くじんあいが浮遊(風に巻き上げられたものではない).	07 風に巻き上げられたじんあいあり.	08 前1時間内に観察所または付近の見渡したじん旋風あり.	09 視界内または前1時間内の砂じんあらしあり.	0	雲量5以下.
16 視界内に降水，観測所にはない，5km未満.	17 雷電，観測時に降水がない.	18 前1時間内に観測所または視界内にスコール.	19 前1時間内に観測所または視界内にたつまき.	1	雲量5〜6.
26 しゅう雪またはしゅう雨性のみぞれがあった.	27 ひょう，氷あられ，雪あられがあった，雨を伴ってもよい.	28 霧または氷霧があった.	29 雷電があった，降水を伴ってもよい.	2	全部曇 雲量6以上.
36 弱または並の地ふぶき，眼の高さより低い.	37 強い地ふぶき，眼の高さより低い.	38 弱または並の地ふぶき，眼の高さより高い.	39 強い地ふぶき，眼の高さより高い.	3	砂じんあらしまたは高い地ふぶき.
46 霧または氷霧，空を透視できる，前1時間内に始まった，またはこくなった.	47 霧または氷霧，空を透視できない，前1時間内に始まった，またはこくなった.	48 霧，氷霧が発生中，空を透視できる.	49 霧，氷霧が発生中，空を透視できない.	4	霧・氷霧または濃煙霧.
56 弱い着氷性の霧雨あり.	57 並または強い着氷性の霧雨あり.	58 霧雨と雨あり，弱.	59 霧雨と雨あり，並または強.	5	霧雨.
66 弱い着氷性の雨あり.	67 並または強い着氷性の雨あり.	68 みぞれまたは，霧雨と雪あり，弱.	69 みぞれまたは，霧雨と雪，並または強.	6	雨.
76 細氷，霧があってもよい.	77 霧雪，霧があってもよい.	78 単独結晶の雪あり.	79 凍雨あり.	7	雪またはみぞれ.
86 並または強いしゅう雪あり.	87 雪あられまたは氷あられ，弱，雨かみぞれを伴ってもよい.	88 雪あられまたは氷あられ，並または強，雨かみぞれを伴ってもよい.	89 弱いひょう，雨かみぞれを伴ってもよい，雷鳴はない.	8	しゅう雨性降水.
96 弱または並の雷電，観測時にひょう，氷あられまたは雪あられを伴う.	97 強い雷電，観測時に雨，雪またはみぞれを伴う.	98 雷電，観測時に砂じんあらしを伴う.	99 強い雷電，ひょう，氷あられを伴う.	9	雷電.

参考表2 国内式天気種類・説明と天気記号（気象庁提供）

種類番号	天気種類	説　　明	天気記号
1	快晴	雲量が一以下の状態	○
2	晴	雲量が二以上八以下の状態	◐
3	薄曇	雲量が九以上であって，巻雲，巻積雲又は巻層雲が見かけ上最も多い状態	◍
4	曇	雲量が九以上であって，高積雲，高層雲，乱層雲，層積雲，層雲，積雲又は積乱雲が見かけ上最も多い状態	◎
5	煙霧	煙霧，ちり煙霧，黄砂，煙若しくは降灰があって，そのため視程が一キロメートル未満になっている状態又は視程が一キロメートル以上であって全天がおおわれている状態	∞
6	砂じんあらし	砂じんあらしがあって，そのため視程が一キロメートル未満になっている状態	S
7	地ふぶき	高い地ふぶきがあって，そのため視程が一キロメートル未満になっている状態	+
8	霧	霧又は氷霧があって，そのため視程が一キロメートル未満になっている状態	≡
9	霧雨	霧雨が降っている状態	,
10	雨	雨が降っている状態	●
11	みぞれ	みぞれが降っている状態	⁕
12	雪	雪，霧雪又は細氷が降っている状態	✳
13	あられ	雪あられ，氷あられ又は凍雨が降っている状態	△
14	ひょう	ひょうが降っている状態	▲
15	雷	雷電又は雷鳴がある状態	⚡

（注）　天気とは，雲と大気現象（附表参照）に着目した大気の総合的状態をいい，同時に二種類以上の天気に該当する場合には，種類記号の大きいもの一つを選ぶものとする．

参考表2　附表　大気現象と説明（気象庁提供）

天気種類	説　　明
煙霧	肉眼では見えないごく小さなかわいた粒子が大気中に浮遊している現象
ちり煙霧	ちり又は砂が風のために地面から吹き上げられ，風がおさまった後まで大気中に浮遊している現象
黄砂	主として大陸の黄土地帯で多量のちり又は砂が風のために吹き上げられ全天をおおい，徐々に降る現象
煙	物の燃焼によって生じた小さな粒子が大気中に浮遊している現象
降灰	火山灰（火山の爆発によって吹き上げられた灰）が降る現象
砂じんあらし	ちり又は砂が強い風のために高く激しく吹き上げられる現象
高い地ふぶき	積もった雪が風のために高く吹き上げられる現象
霧	ごく小さな水滴が大気中に浮遊し，そのため視程が一キロメートル未満になっている現象
氷霧	ごく小さな氷の結晶が大気中に浮遊し，そのため視程が一キロメートル未満になっている現象
霧雨	多数の小さな水滴が一様に降る現象
雨	水滴が降る現象
みぞれ	雨と雪が同時に降る現象
雪	氷の結晶が降る現象
霧雪	ごく小さな白色で不透明な氷の粒が降る現象
細氷	ごく小さな分岐していない氷の結晶が徐々に降る現象
雪あられ	白色で不透明な氷の粒が降る現象
氷あられ	白色で不透明な氷の粒が芯となりそのまわりに水滴が薄く氷結した氷の粒が降る現象
凍雨	水滴が氷結したり雪片の大部分が溶けてふたたび氷結したりしてできた透明又は半透明の氷の粒が降る現象
ひょう	透明又は透明な層と半透明な層とが交互に重なってできた氷の粒又は固まりが降る現象
雷電	雷光（雲と雲との間又は雲と地面の急激な放電による発光現象）と雷鳴がある現象
雷鳴	雷光による音響現象

■ 付録3　天気図分類

　地上天気図にみられる重要な循環系として，まず各季節の天候を決める高気圧に注目する．夏の太平洋高気圧，冬のシベリア高気圧，そして春と秋の移動性高気圧である．移動性高気圧は温帯低気圧と交互に現れることから天気図（そして天気）は周期変化し，冬には小春日和（本来は晩秋から初冬にかけての暖かく穏やかな日和を指す）をもたらすこともある．このほか季節は限定できないが，ブロッキング高気圧の一つで暖候期に冷夏をもたらすオホーツク海高気圧も重要である．

　そして，低気圧と前線も大切な循環系である．春と秋に移動性高気圧とともに「周期変化」をもたらす温帯低気圧は，冬にはシベリア高気圧から寒気を引き出す役割を果たす．熱帯低気圧（台風）は，暖候期に西からではなく南の海上から日本に接近し荒天をもたらす．そのスケールは，発達した温帯低気圧と比べると小さい．暖かい太平洋高気圧と冷たいオホーツク海高気圧や移動性高気圧との間に顕在化する停滞前線が，夏を挟む梅雨と秋霖の時期に現れると，それぞれ梅雨前線，秋雨前線と呼ばれる．このほか，寒冷低気圧（寒冷渦）は，前線は伴わないが上空に寒気を伴い，雷や突風そして局地的な大雨や大雪をもたらす．また，温帯低気圧や熱帯低気圧よりスケールの小さい低気圧として，シベリア高気圧圏内の日本海などの海上で発生する寒気内小低気圧（ポーラーロー）と，梅雨時の降雨の集中をもたらす梅雨前線上の小低気圧も重要である．

　日本の天候に大きく関わる循環系に着目して，代表的（典型的）な状況を示すためにいくつかの天気図型の分類がなされている．以下，ほぼ季節順に各天気図型について説明する（「移動性高気圧」を「移動高」，「温帯低気圧」を「温低」などと略記する）．なお，天気図は，本来時間変化をしている総観場のある時点でのスナップショット的な大気の状態や循環系を表した図であり，普通1枚だけを取り出して循環系の時間発展などの予想に利用するものではない．ここで紹介する天気図型についても，実況監視，数値予報の予想図の天気解釈などその適用に当たっては，それぞれの目的に応じて適切に利用する必要がある．

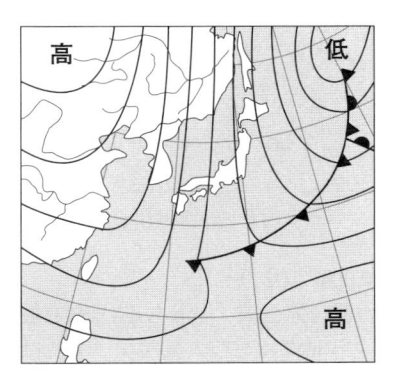

図1　冬　型

・**冬　型**（図1）

　大陸に停滞するシベリア高が日本付近まで張り出す冬の代表的な天気図型で，「西高東低」の気圧配置と南北に走る等圧線が特徴．シベリア高の西からの張り出しの主たる軸は南西諸島方面にあり，天気図の東側には日本付近で発達して季節風を呼び込んだ低気圧が位置している．日本海などで発生した低気圧の通過時に一時的に西高東低の気圧配置が緩むが，東海上へ抜けると再び強まるというサイクルを繰り返すと，「冬型」が長期にわたり持続する．また，西高東低の気圧配置がゆるみ季節風が弱まったタイミングで，日本海などの海上に渦状またはコンマ状の雲を伴う寒気内小低気圧が発生することがある．スケールは小さいが，天気図上に解析されることも多く，雷や突風をもたらす．

　天気分布は，北西季節風が吹き付ける日本海側では雪，山越えとなる太平洋側では晴れて乾燥する．日本海側の降雪分布は，季節風が強く風向が海岸線に直角に近いと山雪型に，日本海に低圧部が袋状にできて平行に近いと里雪型となる．シベリア高の張り出しの軸が日本海から北日本方面に片よると，東日本や西日本の太平洋側でも悪天となることがある．低気圧が通過した後に，大陸から冷たい季節風ではなく移動高が出てくると，いわゆる「小春日和」となる．寒気内小低気圧が沿岸に近づくと，強い風が吹き局地的な大雪を降らせる．このとき，降雪分布は里雪型になることが多い．

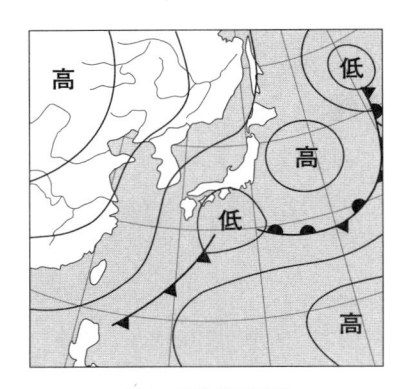

図2 南岸低気圧型

- **南岸低気圧型**（図2）
　温低が台湾付近や東シナ海あるいは四国沖で発生，発達しながら北東に進む天気図型．温低は，時にはもっと東の関東近海で発生することもある．早春に多く，急発達しながら東日本から北日本にかけての太平洋岸沿いを北上する．その前後（東西）には移動高があり，天候の周期的変化をもたらす．
　温低が太平洋岸沿いを北東あるいは北北東進する場合は，北日本を含めた太平洋側でまとまった雨が降り，季節によっては雪となる．北上傾向が小さく東に進む場合には，雨や雪が降らないこともある．

- **北高型**（図3）
　移動高が日本海から北日本を東進する，「北高南低」の天気図型．「北高型」の表現は，以下の「南高型」を含め，注目する地域と移動高のコースとの相対的な南北関係に依存する．
　この高気圧の前後（東西）に温低がある．このとき，前の温低の寒冷前線と後の温低の温暖前線は，移動高の南側の（解析されないことも多い潜在的な）停滞前線を介してつながっていると考えることができる．
　移動高の中心より南側に位置する地域では「北高型」となり，たとえ高気圧の前面でも（潜在的な）停滞前線の影響で雲が出やすい．こうした地域では一般に東よりの風が卓越することから，特に太平洋沿岸では，海からの相対的に冷たく湿った空気が下層雲を伴って流入し，曇ったり霧雨が降ったりする．

- **日本海低気圧型**（図4）
　温低が大陸から移動してきたり黄海などで発生，日本海を発達しながら北東に進む天気図型．低気圧前後（東西）に移動高がある．
　温低が日本海で急発達すると，南よりの強風が吹く．春先に吹くと「春一番」などと呼ばれ，日本海側ではフェーンとなり気温が上がり乾燥する．寒冷前線の通過時には，雷，竜巻や突風そして局地的強雨となることもある．

- **南高型**（図5）
　移動高が日本の南海上あるいは西日本から東日本の上空を東進する，「南高北低」の天気図型．その東西

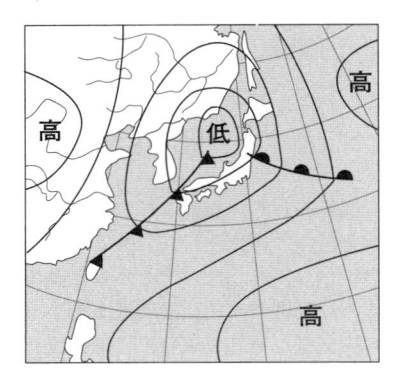

図4 日本海低気圧型

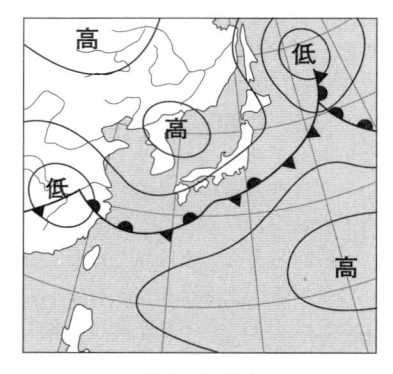

図3 北高型

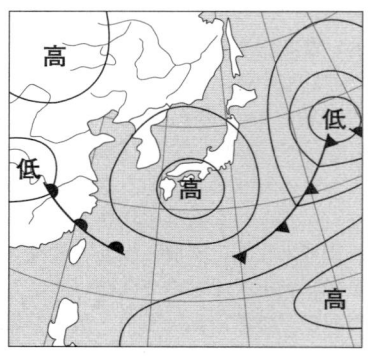

図5 南高型

にある温低により周期的な天気変化がもたらされる．

移動高のコースやそのすぐ北側に位置する地域では「南高型」となり，春の穏やかな晴れや秋のさわやかな晴れの天気となるが，中心が通過した地域では雲が出やすい．雲は，後に続く温低が近づくほど高度が低くなる．

- **帯状高気圧型**（図6）

移動高が通過した後も，日本付近から大陸にかけて帯状の高圧帯が続く天気図型．

高圧帯が日本の上空や南に位置する場合には西日本や関東では「南高型」となり，通常の「周期変化」に比べて好天が長続きする．

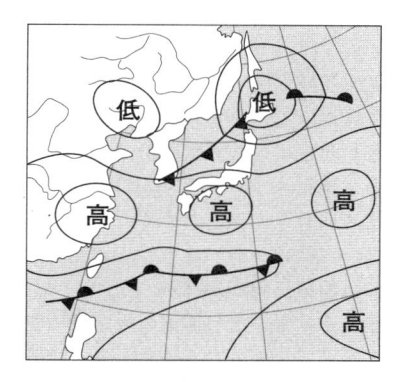

図6 帯状高気圧型

- **梅雨型（前期）**（図7）

梅雨前半に多い天気図型で，梅雨前線は日本の南海上にある．前線の南側は太平洋高の勢力圏で，北側ではオホーツク海高（上層では寒冷低気圧（寒冷渦））が停滞しているが，その中間域が温低と春の移動高の通り道となっている．

夏至前後の強い日射のため大陸上は低圧部となり，梅雨前線の活動は西日本で活発である．前線上に小低気圧が発生，接近してくると前線も活発となり雨が強くなる．通過後は前線が南下し，梅雨の晴れ間となることもある．

- **梅雨型（後期）**（図8）

梅雨後半に多い天気図型で，梅雨前線は日本付近まで北上している．

前線には南の太平洋高からの暖湿流が流入しており，これが収束してできる「湿舌」が向かう地域では集中豪雨が降りやすい．

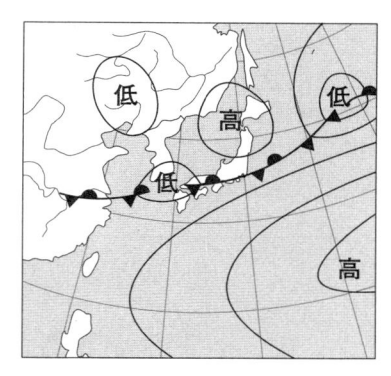

図8 梅雨型（後期）

- **夏 型**（図9）

太平洋高が日本の南海上に張り出す夏の代表的な天気図型で，西日本，東日本とも高気圧の圏内に入る．春には日本付近を通っていた移動高と温低の経路は，北日本以北に北上．天気図に示した西日本での高圧部の北へ張り出しは，その形から「鯨の尾型」と呼ばれることがある．北を通る温低に対応する上層の気圧の谷が，日本の東海上へ抜けた時点で現れることが多い．「鯨の尾型」になると，尾の部分に当たる高気圧の勢力が増す形になるので西日本が暑いのはもちろん，く

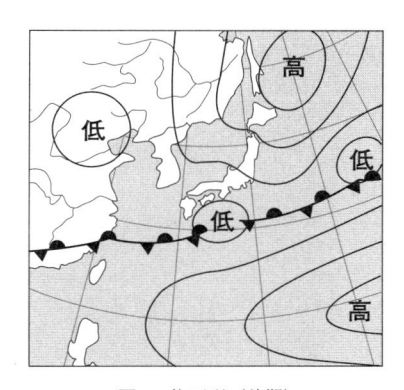

図7 梅雨型（前期）

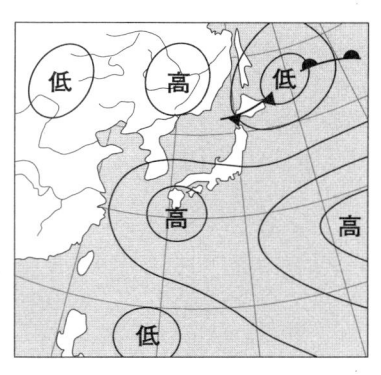

図9 夏 型

びれの部分に近い関東でも中部山岳越えの風（フェーン）の効果で35℃を超える気温となることがある．

西日本や東日本では安定した暑い好天が続くが，張り出しの軸がさらに南に下がると低温傾向となり，東からの張り出しが弱くなると高気圧縁辺を北上する暖湿流のために短時間強雨が降りやすくなる．

- 台風型（図10）

台風（熱低）が，南海上から日本列島に接近する天気図型．太平洋高の南側で発生した熱低は，高気圧周辺の流れに乗って発達しながら西進した後転向して北上，日本列島に近づく．偏西風に乗ると，移動速度が急に速まったり温低として再発達することがある．

台風の接近時には強い風と雨となるが，「危険半円」と呼ばれる進行方向右側では風が特に強くなる．北上時には風が南よりで暖湿流が強い東側の区域と「危険半円」が重なり，風だけでなく雨も多くなる．

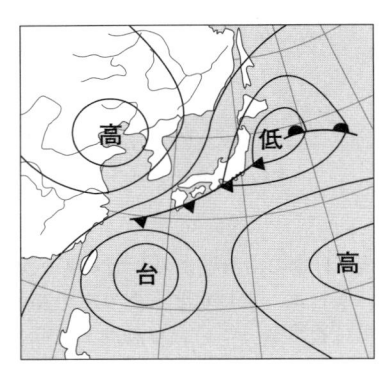

図10　台風型

- 秋霖型（図11）

秋霖時の天気図型で，梅雨時と同じく日本付近で停滞前線（秋雨前線）が再び顕在化する．前線の南側は太平洋高の勢力圏で，北側は温低と秋の移動高の移動経路となっている．梅雨時とは違い，オホーツク海高が停滞することは少ない．

梅雨時と比較すると日射は弱く大陸上は高圧部となり，前線活動は東日本で活発である．秋雨前線に台風（熱低）が接近すると，台風からの暖湿気流が収束す

る（「湿舌」が向かう）地域では集中豪雨が降りやすい．

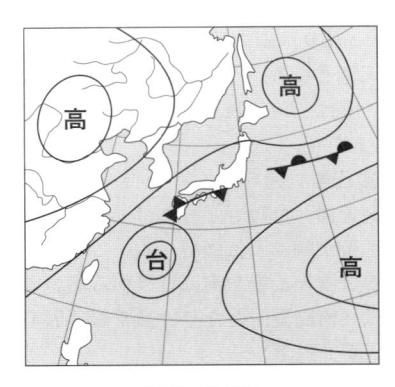

図11　秋霖型

- 二つ玉低気圧型（図12）

二つの温低が，本州を挟む太平洋岸沿いと日本海を発達しながら北東に進む天気図型．それぞれが前線をもつ場合と，本来一つの低気圧が日本列島を挟んで南北に分裂する場合とがある．いずれの場合も，日本の東海上に進んだ後は一つになりさらに発達することが多い．その東西に移動高がある．

二つの温低が太平洋と日本海の海岸近くを東進する場合は，広範囲で悪天となり雨量も多くなる．二つの温低の中心が離れている場合には，それらの間に位置する地域では雨が降らないところもある．

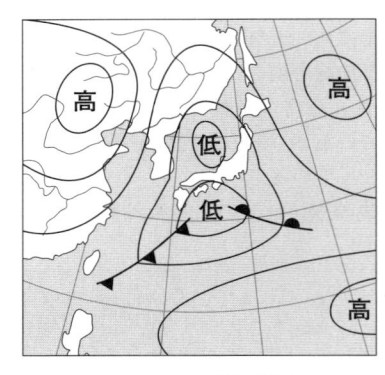

図12　二つ玉低気圧型

（澤井哲滋）

索　引

欧　文

3.8 μm 画像　114
300 hPa 天気図　226
500 hPa 気温・700 hPa 湿数予想図　246
500 hPa 高度・渦度解析図　226
500 hPa 天気図　226
700 hPa 天気図　226
850 hPa 気温・風, 700 hPa 鉛直 p 速度解析図　227
850 hPa 相当温位・風予想図　246
850 hPa 天気図　226

AMeDAS　106
AO　169

B 領域の紫外光　84

CAPE　24, 144, 147
CCA　172
CFL 条件　125
CIN　24, 147

EANET　87
EHI　144
El Nino　74
ENSO　65, 75, 169
EU パターン　166

Fog [W]　266
F スケール　181, 195

GPS ゾンデ　110
GPV　131
[GW]　266

IPCC　82, 83
ITCZ　139

JPCZ　142

La Nina　74
LCL　23

ME　213, 214
MJO　166
MSM 最大降水量ガイダンス　131
MSM 最大風速ガイダンス　131

OCN　172

pH　86
PNA パターン　166
PSC　85
p 座標系　51

QBO　16

RMSE　213

SSI　147
STS　267
[SW]　266

T　267
TD　267
TS　267
[TW]　266

UVB　84

[W]　266

ω 方程式　60

ア　行

秋雨前線　284
暖かい雨　31
暖かい雲　31
アナバティック風　178
アナフロント　233
亜熱帯高気圧　141
亜熱帯ジェット気流　162
アプリケーション　130
アメダス実況図　227
アメダス等統合処理システム　107
雨の強さの表現　274
あられ　33
アルベド　72

暗域（水蒸気画像の）　114
アンサンブル数値予報　156
アンサンブル平均　128, 152, 170
アンサンブルメンバー　128
アンサンブル予報　128, 170, 173
アンサンブル予報モデル　123
（大気の静止）安定度　23
安定同位体比　76

異常潮位　197
異常天候早期警戒情報　172, 209, 222
一次細分区域　218
1 か月アンサンブル予報モデル　123, 172
1 か月予報　155, 208
一酸化塩素　85
一酸化二窒素　81
一発大波　196
一般の利用に適合する警報・注意報の実施　96
移動性高気圧　141, 281
緯度・経度座標　54
緯度と距離の対応　272
移流霧　36
インデックスサイクル　164

ウィンドシア　196
ウィンドプロファイラ（解析）　46, 110, 231
ウィーンの法則　42
ウォーカー循環　65, 74, 167
渦位　59
渦状エコー　108
渦度　145
　　──の偏微分的時間変化　59
渦度方程式　58
渦粘性係数　56
内暈　37
うねり　140, 196
雨氷　205
雨氷害　206
海風循環　178
雨量換算係数　108, 189
雲核　29
雲形の判別　114
運動エネルギー　67

運動方程式 50, 123
雲粒付き雪結晶 33
雲粒と雨粒の大きさ 271
雲列 118

エアロゾル（エーロゾル） 27
英文海上警報の種類 274
エクマンスパイラル 56
エクマン層 56
エマグラム 22, 146
エマグラム解析 229
エルニーニョ（現象） 66, 74, 166
エルニーニョ監視海域 166
エルニーニョ現象発生時の気温の出現
　確率 176
エルニーニョ/南方振動（エンソ）
　65, 75, 169
沿岸波浪 265
沿岸波浪実況図 265
エンゼルエコー 108
エンソ（ENSO）→エルニーニョ/南方
　振動
鉛直渦度 56
鉛直断面図解析 230
鉛直p速度 51, 145
鉛直方向の運動方程式 123
鉛直流 56

オイラー法 125
大雨警報 191, 261
大雨注意報 192, 261
大雨に関する気象情報 277
大潮 270
大しけ 196
大雪警報 191, 261
大雪注意報 192, 261
大雪の目安 275
小笠原気団 156
オゾン 84
オゾン層 16, 84
オゾン層破壊 84
オゾン層問題 84
オゾンホール 85
お天気マップ 131
帯状高気圧型（天気図） 283
オープンセル 118
オホーツク海気団 156
オホーツク海高気圧 141, 157, 208
おろし 142, 179
温位 25
温室効果ガス（気体） 44, 80
温帯低気圧 70, 138, 198, 281
　——の発達 59
温暖化の現状認識 83
温暖前線 233
温暖前線の解析 272

温低化（台風の温帯低気圧化） 139
温度移流 272
温度風 18, 53
温度躍層 75

カ 行

海塩粒子 29
海上強風警報 266
海上警報 266
海上台風警報 266
海上濃霧警報 266
海上風警報 266
海上暴風警報 266
外水はん濫 201
解析雨量 186, 187, 188
解析予報サイクル 127
回折（光の） 43
階層構造 149
ガイダンス 142
　各種—— 246
ガイダンス一般 131
回転座標系 49
海氷害 206
海面更正（気圧の） 104
海面上昇 82
海陸風 68, 178
夏期の低温 208
暈（かさ） 37
火災気象通報 222
火災警報 222, 260
火山噴火 78
可視画像 113
可視光 42
ガストフロント 109, 143
風 141
　——の強さの表現 274
風・気温の鉛直構造 17
下層雲 34
下層ジェット（気流） 140, 146
カタバティック風 179
カタフロント 233
学科試験
　——の科目 4, 5
　——の勉強の仕方 6
滑昇霧 36
活性化温度 32
カテゴリー予報 155, 213
壁雲（台風の） 139
過飽和度 28
雷注意報 192, 261
空振り率 213
仮温度 20
カルマンフィルター 145
過冷却雲 32
過冷却水 32

干害 208
寒気移流 111
寒気内小低気圧 140, 245, 273, 278
寒候期予報 155, 209
干渉（光の） 43
乾性沈着 86
乾性沈着速度 87
慣性抵抗 30
乾燥型のフェーン 180
乾燥空気の状態方程式 20
乾燥断熱過程 21
乾燥断熱減率 21
乾燥注意報 192, 261
観測に関する遵守事項 92
寒帯気団 45
寒帯気団内低気圧 116
寒帯ジェット気流 46
寒帯前線 45
寒帯前線ジェット気流 161
寒帯前線帯 138
乾風 198
寒冷渦 115, 140, 244, 273, 281
寒冷前線 232
　——の解析 272
寒冷低気圧 115, 140, 244, 273, 281

気圧傾度力 50
気温にかかわる気象用語 277
幾何散乱（光） 36
気候 72
気候系（システム） 72
気候値予報 214
気候変動 76
気候変動に関する政府間パネル 82, 83
気候モデル 73
気象衛星 113
気象衛星画像解析 232
気象衛星観測 46
気象業務法における罰則 97
気象警報 261
　——の伝達 220
気象災害 191
気象情報 97
気象資料 9
気象注意報 261
気象庁の風観測 271
気象予報士資格の取得 93
気象予報士試験について 2
気象予報士とは 93
気象予報士の登録等 94
気象レーダー（解析） 46, 107, 232
季節予報 155
気体の状態方程式 124
気体の分子量 271
偽断熱変化 23

索　引

逆転層　17
客観解析　126
吸収（光の）　43
吸収線　42
強雨ベクトル　188
境界層　55
凝結核　29
凝結過程　29
凝結高度　23
凝結成長　29
凝集　34
強風域　268
強風注意報　192, 261
業務用数値予報モデル　123, 124
極気団　46
極座標　54
極ジェット気流　46
極循環　45
局所直交座標系　50
極成層圏雲　85
極前線　45
霧　35, 119, 142, 143
記録的短時間大雨情報　204, 221, 262

空気の気体定数　50
屈折（光の）　43
雲　34
雲凝結核　29
雲（クラウド）クラスター　118, 139, 140
雲バンド　118
クラウド（雲）クラスター　118, 139, 140
クラスター　28, 128
クラスター平均　128, 152
クーラン-フリードリッヒ-ルーイーの条件　125
黒潮の蛇行　197
クローズドセル　118

傾圧性擾乱　138
傾圧不安定　46, 59
傾向方程式　60
傾度風　54
警報　191, 220, 260
警報・注意報
　――の切り替え　193
　――の周知　96
　――の種類　95
　――の定義　94
　――の発表基準　193, 220
　――の発表, 切替, 継続　220
　――の発表区域　193
警報の実施制限と例外　96
決定論的カオス　128
巻雲　34

幻日　37
巻積雲　34
巻層雲　34

降雨　142
光冠　38
高気圧　141
航空気象予報　131
黄砂　119, 197
高指数　163
格子点値　131
格子点法　125
降水　105
洪水害　201
降水確率　152, 214
降水強度　107
洪水警報　191, 261
降水短時間予報　186, 221, 251
洪水注意報　192, 261
降水ナウキャスト　186, 188, 189, 221
高積雲　34
降雪　142
高層雲　34
高層観測　109
高層断面図　146
高偏差確率　171
氷あられ　33
国際式天気図記号　278
黒体　79
国内式天気種類・説明　280
小潮　270
コリオリ因子　49
コリオリの力　49
混合霧　36
混合層　55
混合比　20
コンベアベルト　78

サ　行

災害対策基本法　97
最適気候値予測　172
最適内挿法　127
再発達（台風の）　139
里雪型　241
サブグリッドスケール　125
サブ・トロピカルハイ（サブハイ）　156
作用温度　32
3か月, 暖（候期）・寒候期アンサンブル予報モデル　123, 172
3か月予報　155, 208
三次元変分法　127
酸性雨　86
酸性雨長期モニタリング計画　87
酸性沈着　86

酸性物質の平均滞留時間　87
散乱（光の）　43
散乱計　46
シアライン　108, 109, 254
ジェット気流　145, 146, 146, 161
ジェット前線　276
塩風（害）　198
時間・高度断面図　110
シークラッター　108
しけ　196
時系列予報　218
時系列解析　252
試験科目について　4
試験の目的　2
自己採点　11
地すべり　203
持続予報　215
実技試験
　――の科目　4, 6
　――の主テーマ　10
　――の勉強の仕方　8
実技（試験）の壁　10
湿球温位　23
湿球温度　23
実況監視　150
実況図　9
実況補外予測　187
湿潤型のフェーン　179
湿潤空気の状態方程式　20
湿潤断熱減率　21
湿潤断熱線　22, 26
湿性沈着　86
湿度　105
質量保存の法則　124
視程　35
指定河川洪水予報　201, 220
支配方程式　123
自発凝結　29
シベリア気団　156
シベリア高気圧　141, 158, 281
地面現象警報　261
地面現象注意報　261
霜注意報　192, 261
斜面風　68
斜面崩壊　203
週間アンサンブル予報　151
週間アンサンブル予報モデル　123
週間天気予報　150, 247
周期法　171
収束線解析　254
自由大気　55
自由対流高度　23, 147
終端速度　30
集中豪雨　180, 204, 257
重力　49

287

秋霖型（天気図）　284
主虹　37
出現確率　155
10種雲形（雲級）　34
順圧不安定　59
瞬間風速　104, 194
純酸素理論　84
準地衡風近似　60
準2年周期振動　16
昇華　32
昇華凝結　32
昇華蒸発　32
昇華成長　32
蒸気霧　36
条件付き不安定　23
上昇霧　36
小スケール（規模）現象　51
上層雲　34
上層トラフ　138
状態曲線　110, 147
状態曲線解析　229
状態方程式　50
小氷期　78
晶癖　33
消防法の火災警報　97
縄文海進　78
擾乱　59, 138
　――の位置エネルギー　60
　――の運動エネルギー　60
　――のスケール　59, 149
初期結晶　32
初期値依存性　128
初期値の作成　126
ショワルターの安定指数　24
シーラスストリーク　117
資料作成の流れ（数値予報の）　122
蜃気楼　38
人工降雨　32
浸水害　200, 201
浸水警報　261
浸水注意報　261
新雪なだれ　206
信頼度（降水予報の）　151

吸い上げ効果　140, 197, 269
水温躍層　75
推算潮位　197
水蒸気画像　114, 271
水蒸気吸収帯　47
水蒸気の輸送方程式　124
水蒸気の連続の式　51
水平発散　56
水平方向の運動方程式　123
水防警報　260
数値気候モデル　73
数値計算　124

数値予報　122, 170
　――の原理　122
　――の手順　122
　――のデータの流れ　131
数値予報モデル　122
筋状雲　118, 275
ステファン-ボルツマン定数　42
ステファン-ボルツマンの法則　42
ストーリー展開（実技試験の）　10
ストレンジアトラクター　128
砂嵐　197
スパイラルバンド　139
スーパーセル　70, 143
スプレッド　129, 171
スプレッド-スキルの関係　129, 170
スペクトル法　125
スレットスコア　213, 214

セイシュ　197
正順相関分析　172
成層圏　15, 64
成層圏界面　15
成層圏突然昇温　16
静力学の式　124
静力学平衡　21, 51, 104
積雲　34
赤外画像　113
赤外線　42
積雪害　205
赤道域季節内振動　66
積乱雲　34, 67, 70, 207
雪圧害　205
接触凍結核　32
接線成分　56
絶対安定　23
絶対渦度　58, 52
絶対不安定　23
接地逆転層　17
接地境界層　55
摂動方程式　60
雪片　34
セミラグランジュ法　126
全球モデル　123
旋衡風　55
潜在不安定　24
線状エコー　108
洗浄比（酸性雨の）　87
前線　138
　――の解析　232
前線霧　36
前線帯　146
船体着氷　206
センタークラスター　129, 152
全般海上警報　265, 266
全般海上予報　265
全般海上予報区　265

全般気象情報　194
全微分的時間変化　50
層厚　53
層厚温度　53
　――の移流　53
層雲　34, 119
霜害　206
相関法　171
層積雲　34
相対渦度　56, 58
相対湿度　20, 27
相当温位　23, 146
相当温度　23
測高公式　21, 110
底なだれ　206
外暈　37
ゾーナルインデックス　162

タ　行

第一種条件付き不安定　59
大気
　――の鉛直構造　14
　――の温室効果　79
　――の数値モデル　122
　――の組成　14
　――の窓領域　42
大気海洋結合モデル　73
大気境界層　17
大気現象と説明　280
大気光学現象　43
大気光象　36
大気大循環　66
大規模現象　64
対数法則　55
大スケール（規模）現象　51
第二種条件付き不安定　59
第8世代数値解析予報システム　130
台風　67, 70, 116, 139, 198, 204, 281, 284
　――の強さ　268
　――の大きさ　268
台風アンサンブル予報モデル　123
台風型（天気図）　284
台風情報　222, 260, 267
太平洋側の大雪　242
太平洋高気圧　140, 156, 281
　――の縁辺流　246
太平洋・北米パターン　166
太陽高度角　43
太陽黒点　78
太陽柱　37
太陽定数　43
太陽天頂角　47
太陽放射　79

索引

対流境界層　17
対流圏　15
対流圏界面　15, 146
対流不安定　24
対流有効位置エネルギー　24
対流抑制　24
ダウンバースト　68, 70, 109, 143, 181, 196, 199, 261
高潮　140, 269, 275
高潮害　197
高潮警報　192, 261
高潮注意報　192, 261
卓越周期（沿岸波浪の）　265
卓越波向（沿岸波浪の）　265
だし　142
立上り項　58
竜巻　55, 68, 70, 143, 180, 199, 261
竜巻注意情報　144, 200, 221, 260, 277
ダルトンの分圧の法則　20
暖気移流　111
タンクモデル　202
暖候期予報　155, 209
暖水渦　197
断熱図　110
断熱変化　21
短波放射　79

地域気象観測システム　106
地域時系列予報　148
地球
　——と大気の熱収支　44
　——の反射率　44
　——の万有引力　49
地球温暖化（問題）　81〜83
地球自転による遠心力　49
地球放射　79
地形効果　258
地形性上昇流　56
地衡風　52
地上気圧，降水量，海上風予想図　246
地上気象観測　104
地上天気図　226
チベット高気圧　141, 157
地方海上警報　265
地方海上予報　265
地方海上予報区　265
地方気象情報　194
着雪　205
着雪害　205
着雪注意報　261
着氷　205
着氷害　206
着氷注意報　192, 261
注意報　191, 220, 260
中間圏　16

中スケール現象　51
中層雲　34
着雪注意報　192
潮位偏差　197
長期予報　155
　——の確率的表現　155, 172, 173
　——の種類　155
　——の方法　170
長期(季節)予報用のアンサンブル予報モデル　172
長波放射　79
直交座標（系）　49, 54

冷たい雨　31
冷たい雲　31

低温注意報　192, 261
低気圧の発達と傾圧不安定　60
抵抗係数　30
低指数　163
定常ロスビー波　169, 170
停滞前線　233, 281
適中率　213
テーパリングクラウド　118
テレコネクション　166
天気記号　279
電気式気圧計　104
天気分布予報　148
天気翻訳　149
天気予報　247
天気予報ガイダンス　144
天気予報作業の流れ　8
転向力　49
電磁波　42
天文単位　43
天文潮位　270
電離圏　16

等圧面天気図　52
凍害　206
透過計　46
等価黒体温度　47
統計的手法　156
　——による予報　171
凍結核　32
東西指数　161, 162, 173
東西流型（偏西風帯の）　163
凍上害　206
等飽和混合比線　22
都市型水害　201
都市気候　181
土砂災害　203
土砂災害警戒情報　204, 221, 260, 277
土壌雨量指数　203, 221, 260, 276
土石流　203
突然昇温　64

突風　143
突風関連指数　144
突風危険指数　144
突風率　194
ドップラーレーダー　46, 108, 261
トランスバースライン　117
トルネード　55, 180

ナ　行

内水はん濫　201
内部エネルギー　21
凪（なぎ）　178
なだれ注意報　192, 261
夏型（天気図）　283
夏日　209
波の花　198
南岸低気圧　139
南岸低気圧型（天気図）　282
南高型（天気図）　282
南方振動　74, 169
南北流型（偏西風帯の）　163

逃げ水　38
二酸化炭素　81
虹　37
二次細分区域　218
西谷型　165
日照　105
日照不足　208
日本海側における降雪　275
日本海側の大雪　241
日本海寒帯気団収束帯　142
日本海低気圧　138
日本海低気圧型（天気図）　282
日本の天候に影響する熱帯の循環　165
日本の天候に影響を与える高気圧　156
日本付近の気団　156
日本付近の天候と循環場の特徴　173
ニューラルネットワーク　145

ねじれの項　58
熱塩循環　78
熱圏　16
熱帯・亜熱帯気団　45
熱帯収束帯　65, 139
熱帯低気圧　139, 281
熱帯夜　209
熱中症　209
熱力学第一法則　21, 50, 52
熱力学的フェーン　198
熱力学方程式　124
粘性抵抗　30

濃霧注意報　192, 261
濃霧の害　207

ハ 行

バイアススコア　213, 214
梅雨型（天気図）　283
梅雨ジェット　164
梅雨前線　117, 140, 204, 233, 246, 274, 282
梅雨前線帯　164
バタフライ効果　128
パターンマッチング　187
ハドレー循環　45, 65, 69
パラメタリゼーション　125
バルジ　117
波浪　196
波浪害　196
波浪警報　192, 261
波浪注意報　192, 261
波浪を高くする要素　276
反射（光の）　43

ピーエッチ（pH）　86
日傘効果（火山灰の）　78
東アジア酸性雨モニタリングネットワーク　87
東谷型　165
比湿　20
非静力学状態の式　123
ヒートアイランド（現象）　181, 209
比熱　21
非発散大気　58
雹　34
評価　213
氷害　206
雹害　208
標準気圧　104
標準大気　16
氷晶核　32
氷晶過程　31
氷床コア　77
表層海流　78
表層なだれ　206
表面張力　28
ビル風　198

風車型風向風速計　104
風成循環　78
風雪害　205
風雪注意報　192, 261, 262
風冷　198
風浪　140, 196
風浪を高くする要素　276
フェレルセル　65
フェーン（現象）　179, 198

吹き寄せ効果（風の）　140, 197, 269
不均質系反応　85
副虹　37
副振動　197
府県気象情報　194
府県天気予報　147
藤田スケール　181, 195
二つ玉低気圧型（天気図）　284
フックエコー　108
物理過程　124, 125
冬型（天気図）　281
冬の雷　207
ブライアスコア　214
ブライトバンド　34, 108
ブラッグ散乱　43
プラネタリー波　64, 69, 170
プランクの法則　79
ブロッキング型（偏西風帯の）　163
ブロッキング現象　159, 208
ブロッキング高気圧　141
フロン　80
分布予報　218

平均風速　104, 194
併合過程（雲粒の）　31
平衡蒸気圧　28
閉塞前線　233
　　──の解析　273
閉塞点の解析　273
平年値　72
べき乗法則（風速分布の）　55
ベナール型対流　275
ペーハー（pH）　86
偏西風　17
偏西風の変動と日本の天候　161
偏西風波動擾乱　138
偏微分的時間変化　50

防災気象情報　260
放射　42
　　──と熱源の緯度分布　45
　　──の距離逆2乗法則　42
　　──のスペクトル　42
放射霧　36
放射性同位体比　76
放射対流平衡　44, 45
放射平衡　43, 79
放射平衡温度　43
放電電流　207
暴風域　268
暴風警戒域　222, 267
暴風警報　191, 261
暴風雪警報　192, 261
飽和(水)蒸気圧　20, 27
飽和水蒸気密度　27
飽和断熱減率　21

飽和断熱線　22
北東気流　116
北東気流型/北高型　240
補正法（数値予報開始時の）　127
北極振動　169
北高型（天気図）　282
ボラ　180
ポーラーロー　116, 140, 245, 273, 278

マ 行

マイクロバースト　181, 199
毎時大気解析　131
マウンダー極小期　78
マクロバースト　181, 199
摩擦がある場合の定常状態　54
摩擦収束　56, 70
摩擦力　50
マッデン-ジュリアン振動　66, 166
真夏日　209

ミクロスケール現象　64
ミー散乱　36, 43
見逃し率　213
ミランコビッチ仮説　77

明域（水蒸気画像の）　114
メソサイクロン　70, 109, 144, 143, 200
メソ数値予報モデル　123
メソスケール現象　64
メタン　81

猛暑日　209
猛烈なしけ　196
持ち上げ凝結高度　147
モンスーン　69
問題(実技試験)のシナリオ　10

ヤ 行

やませ　141, 208
山谷風　68, 178
山雪型　241
ヤンガードリアス　78

有義波高　196, 265
有効位置エネルギー　67
融雪害　206
融雪注意報　192, 261
誘導電流　207
雪あられ　33
雪結晶　33

ユーラシアパターン　166

ヨウ化銀　32

揚子江気団　156
四次元変分法　127
予想図　9
予測誤差の予測　128
予測資料　9
予報円（台風進路予報の）　222, 267
予報業務
　　——の許可　91
　　——の許可を受けた者の義務　92
　　——の変更, 休・廃止　91
予報区　217
予報とは　91
予報方程式　123
予報用語　150

ラ　行

雷雨　143
雷災　207
ライミング　33
ライン状エコー　108
落石　203
ラニーニャ（現象）　74, 166
乱気流　196
乱層雲　34

力学的手法　156
力学的不安定　59
力学的フェーン　198

陸風循環　178
理想気体の状態方程式　20
リモートセンシング　46
流域雨量指数　202, 260, 276
量的予報　213

冷害　208
レイリー散乱　36, 43, 107
レーウィンゾンデ　109
レーダーエコー合成図　108
連続の式　50, 52, 124

ロスビー波　170
露点温度　20

気象予報士合格ハンドブック　　　定価はカバーに表示

2010 年 4 月 20 日　初版第 1 刷

編　集　気象予報技術研究会
発行者　朝　倉　邦　造
発行所　株式会社　朝　倉　書　店
　　　　東京都新宿区新小川町 6-29
　　　　郵便番号　　162-8707
　　　　電　話　03（3260）0141
　　　　Ｆ Ａ Ｘ　03（3260）0180
　　　　http://www.asakura.co.jp

〈検印省略〉

ⓒ 2010〈無断複写・転載を禁ず〉　　　印刷・製本　東国文化

ISBN 978-4-254-16121-2　C 3044　　　Printed in Korea

試験場での臨場感をバーチャルに体験できる初の『予行演習書』
気象予報士模擬試験問題
気象予報技術研究会編
A4判 176頁 本体2900円

- 模擬試験（学科15問，専門15問，実技1・2）（はがすまで見えません），解答・解説を収載。
- 過去の問題の検証のみのものとは一線を画し，傾向に合わせた模擬試験を作成。
- 問題形式ならびに問題用紙など本番そのものを意識し，実際の緊張感を実体験でき，自己採点で今の実力が量れる。
- 試験前の浮き彫りになった弱点は，解説を読むことでその場でカバー。
- 試験直前，最後の追い込みに最適の書。
- 本書と「合格ハンドブック」をリンクし，ハンドブックによる学習→「模擬試験問題」による力試し→自己採点の結果から自分の弱点を発見する→復習のためにハンドブックに戻り，知識を確認する→本「模擬試験問題」を完全にクリアーできるようにする。

気象ハンドブック（第3版）
■ 新田　尚・住　明正・伊藤朋之・野瀬純一編
B5判 1032頁 本体38000円
現代気象問題を取り入れ，環境問題と絡めたよりモダンな気象関係の総合情報源・データブック

雪と氷の事典
■ 日本雪氷学会監修
A5判 784頁 本体25000円
日本人の日常生活になじみ深い雪氷を科学・技術・生活文化の多方面から解説。コラム多数掲載

応用気象学シリーズ4 豪雨・豪雪の気象学
■ 吉﨑正憲・加藤輝之編
A5判 196頁 本体4200円
日本に多くの被害をもたらす豪雨・豪雪について，最新の数値モデルを駆使してその複雑なメカニズムを解明

大気放射学の基礎
■ 浅野正二著
A5判 280頁 本体4900円
気象学等の大気科学，気候変動・地球環境問題，リモートセンシングに関心もつ読者向け入門書

上記価格（税別）は2010年3月現在

気象予報士試験・実技試験
―気象庁における天気予報作業の

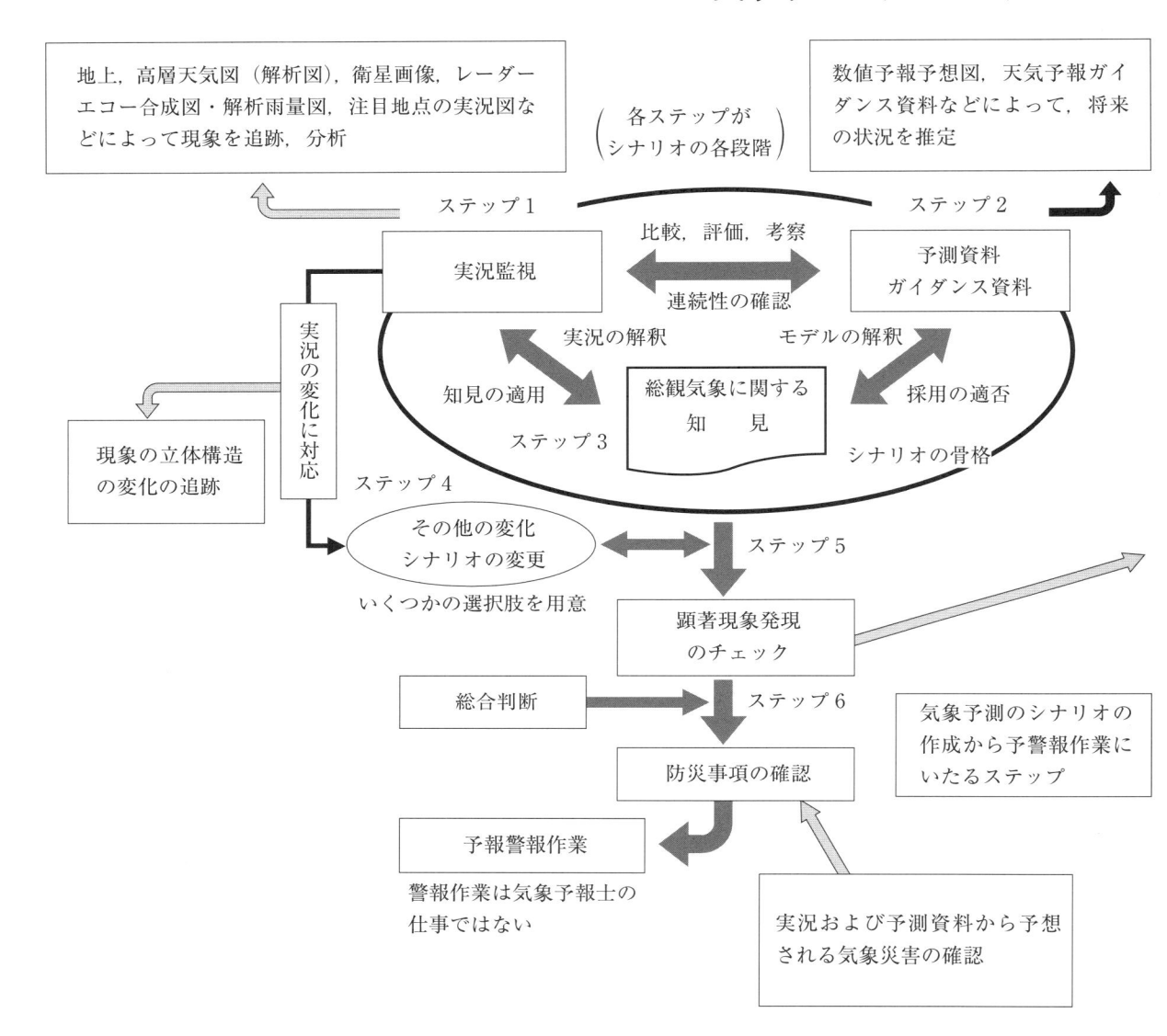

ステップ1: 地上，高層天気図（解析図），衛星画像，レーダーエコー合成図・解析雨量図，注目地点の実況図などによって現象を追跡，分析

ステップ2: 数値予報予想図，天気予報ガイダンス資料などによって，将来の状況を推定

（各ステップがシナリオの各段階）

- 実況監視 ⇔ 予測資料ガイダンス資料
  - 比較，評価，考察
  - 連続性の確認
- 実況の解釈／モデルの解釈
- 知見の適用／採用の適否
- **ステップ3**: 総観気象に関する知見
- シナリオの骨格

実況の変化に対応 → 現象の立体構造の変化の追跡

ステップ4: その他の変化・シナリオの変更（いくつかの選択肢を用意）

ステップ5: 顕著現象発現のチェック

総合判断 → **ステップ6**: 防災事項の確認

予報警報作業（警報作業は気象予報士の仕事ではない）

気象予測のシナリオの作成から予警報作業にいたるステップ

実況および予測資料から予想される気象災害の確認

実技試験の試験科目
① 気象概況およびその変動の把握
② 局地的な気象の予想
③ 台風等緊急時における対応

リマーク!!
受験者は最初に問題全体をさっと見渡して，その問題全体の成り立ちを見きわめる．上の流れ図に沿って，① 主テーマを特定する，② ストーリー展開・シナリオの筋道を把握する，③ 枝問がどのステップに対応しているかを見きわめる，④ 文章題の解答に必要なキーワードを特定する．